U0190895

新型电力电子器件丛书

功率半导体器件
——原理、特性和可靠性

（原书第 2 版）

Semiconductor Power Devices：
Physics，Characteristics，Reliability，2nd edition

约瑟夫·卢茨（Josef Lutz）

[德] 海因里希·施兰格诺托（Heinrich Schlangenotto） 著
乌维·朔伊尔曼（Uwe Scheuermann）
里克·德·当克尔（Rik De Doncker）

卞 抗 杨 莺 刘 静 蒋荣舟 译
陈治明 校

机械工业出版社

本书介绍了功率半导体器件的原理、结构、特性和可靠性技术，器件部分涵盖了当前电力电子技术中使用的各种类型功率半导体器件，包括二极管、晶闸管、MOSFET、IGBT 和功率集成器件等。此外，还包含了制造工艺、测试技术和损坏机理分析。就其内容的全面性和结构的完整性来说，在同类专业书籍中是不多见的。

本书内容新颖，紧跟时代发展，除了介绍经典的功率二极管、晶闸管外，还重点介绍了 MOSFET、IGBT 等现代功率器件，颇为难得的是收入了近年来有关功率半导体器件的最新成果，如 SiC，GaN 器件，以及场控宽禁带器件等。本书是一本精心编著、并根据作者多年教学经验和工程实践不断补充更新的好书，相信它的翻译出版必将有助于我国电力电子事业的发展。

本书的读者对象包括在校学生、功率器件设计制造和电力电子应用领域的工程技术人员及其他相关专业人员。本书适合高等院校有关专业用作教材或专业参考书，亦可被电力电子学界和广大的功率器件和装置生产企业的工程技术人员作为参考书之用。

Translation from the English language edition：
Semiconductor Power Devices：Physics，Characteristics，Reliability，2nd，edition
by Josef Lutz，Heinrich Schlangenotto，Uwe Scheuermann，Rik De Doncker
Copyright © Springer International Publishing AG 2018
All Rights Reserved

本书由 Springer 授权机械工业出版社在中国大陆地区（不包括香港、澳门特别行政区以及台湾地区）出版与发行。未经许可之出口，视为违反著作权法，将受法律之制裁。

北京市版权局著作权合同登记　图字：01-2018-2430 号。

图书在版编目（CIP）数据

功率半导体器件：原理、特性和可靠性：原书第 2 版/（德）约瑟夫·卢茨（Josef Lutz）等著；卞抗等译. —北京：机械工业出版社，2019.10（2024.8 重印）

（新型电力电子器件丛书）

书名原文：Semiconductor Power Devices：Physics，Characteristics，Reliability，2nd edition

ISBN 978-7-111-64029-5

Ⅰ.①功…　Ⅱ.①约…　②卞…　Ⅲ.①功率半导体器件　Ⅳ.①TN303

中国版本图书馆 CIP 数据核字（2019）第 230681 号

机械工业出版社（北京市百万庄大街 22 号　邮政编码 100037）
策划编辑：付承桂　责任编辑：付承桂　翟天睿
责任校对：李　杉　封面设计：马精明
责任印制：单爱军
北京虎彩文化传播有限公司印刷
2024 年 8 月第 1 版第 6 次印刷
169mm×239mm·35.75 印张·695 千字
标准书号：ISBN 978-7-111-64029-5
定价：150.00 元

电话服务　　　　　　　　　网络服务
客服电话：010-88361066　　机　工　官　网：www.cmpbook.com
　　　　　010-88379833　　机　工　官　博：weibo.com/cmp1952
　　　　　010-68326294　　金　书　网：www.golden-book.com
封底无防伪标均为盗版　　　机工教育服务网：www.cmpedu.com

译 者 的 话

本书是根据德国 J. Lutz、H. Schlangenotto、U. Scheuermann 和 R. De Doncker 所著的第 2 版 Semiconductor Power Devices：Physics，Characteristics，Reliability（2018 年出版）翻译的。

作者 J. Lutz 博士是开姆尼茨工业大学的教授，H. Schlangenotto 博士是达姆施塔特工业大学的教授，R. De Doncker 博士是亚琛工业大学的教授。他们长期从事功率半导体器件的研究和教学工作，在业内享有盛誉。U. Scheuermann 博士在德国 Semikron 公司从事功率半导体器件的开发研究工作，特别在封装、可靠性和系统集成方面做出了重要贡献。

本书系统地阐述了各种功率半导体器件的原理和特性，详细地介绍了它们的设计、工艺、测试、可靠性以及损坏机理。书中介绍的功率半导体器件涵盖了各种二极管、晶闸管，以及现代功率器件 MOSFET 和 IGBT 等。此外，还介绍了 SiC、GaN 器件和场控宽禁带新器件。书中论述特别注重对这些现代功率器件研发新成果的评价。本书对该专业的师生和从事功率半导体器件的研发、生产和应用的工程技术人员很有帮助，是该领域难得一见的好书。

本书前言、第 1~6 章由原西安电力电子技术研究所高级工程师卞抗翻译，第 7~10 章和附录 A~E 由西安理工大学副教授杨莺博士翻译，第 11 章的 11.1~11.5 节、第 12 章的 12.1~12.6 节、第 13~15 章由西安理工大学副教授刘静博士翻译，第 11 章的 11.6 节、第 12 章的 12.7~12.10 节由原西安电力电子技术研究所高级工程师蒋荣舟翻译，全书由西安理工大学陈治明教授校阅。限于译者水平，书中难免有误译和欠妥之处，敬请读者批评指正。

在本书的翻译过程中得到了清华大学自动化系顾廉楚教授的支持和指导，还得到蒋毅敏博士的多方支持和帮助，在此表示衷心感谢。西安理工大学的译者和校者也借此机会对学生李峰、梁洪甲、张欢欢、高占军、黄磊等的协助表示感谢。

译　者

原书第 2 版序言

本书第 1 版被业界的专业人士广泛使用并接受。功率器件的快速发展使得有必要对原书更新再版修订。

在第 2 版里，修改并大幅增加了扩散原理的阐述。增加了 300mm 硅 IGBT 的工艺。辐射引入掺杂和 GaN（氮化镓）工艺是全新的章节。在关于肖特基二极管的章节里，对金属-半导体结物理学的改进处理做了修订，并增加了关于组合肖特基二极管的内容。在晶闸管章节，增加了门极换流晶闸管 GCT 的描述。MOS 晶体管和场控宽禁带器件章节取代了之前 MOSFET 的章节。尽管宽禁带器件取得了长足进步，但 IGBT 依然被认为是未来功率器件的主流。本书增加了逆导型 IGBT 的描述，并讨论了 IGBT 的未来潜力。

基于封装技术的快速进步，之前关于封装的章节由下面两个章节来取代："功率器件的封装"以及"可靠性和可靠性试验"。关于可靠性的章节被大幅扩展，尤其是新的试验方法和宽禁带器件。一个关于宇宙射线引发的失效的综述也加在这个章节里面。

最后，本书还增加了关于瞬态雪崩振荡的最新研究成果及单片集成的 GaN 器件的进展。

功率器件行业的几位研究人员在本书编写过程中提供了有用的讨论、建议和评论，他们是 ABB Semiconductors（ABB 半导体）的 Arnost Kopta 和 Munaf Rahimo，EpiGaN 的 Markus Behet，Fraunhofer IAF Freiburg 的 Richard Reiner，Fuji Electric（富士电机）的 Daniel Hofmann，Infineon（英飞凌）的 Thomas Laska，Roland Rupp，Hans-Joachim Schulze 和 Ralf Siemieniec，Navitas 的 Dan Kinzer，Semikron 的 Marion Junghänel，丰田汽车的 Tomoyuki Shoji，Bremen 大学的 Nando Kaminski，Chemnitz 工业大学的 Ulrich Schwarz，Kassel 大学的 Christian Felgemacher，Baden-Wuerttemberg Cooperative 州立大学的 Axel Richter。在 Chemnitz 工业大学的几位硕士和博士研究生也提供了大力支持，特别是 Menia Beier-Möbius、Riteshkumar Bnojani、Haiyang Cao、Susanne Fichtner、Jörg Franke、Christian Herold、Shanmuganathan Palanisamy、Peter Seidel 和 Guang Zeng。Stefanie Glöckner 帮助修改了英文。最后，作者要感谢功率电子行业很多其他的学者和学生，感谢他们对第 2 版的点评和讨论。

Josef Lutz

Heinrich Schlangenotto

Uwe Scheuermann

Rik De Doncker

原书第 1 版序言

电力电子技术在工业和社会中变得越来越重要。它有显著提高电力系统效率的潜力，而这是很重要的。为了发掘这一潜能，不论是开发或改进器件的工程师，还是电力电子技术领域的应用工程师，都需要理解功率半导体器件的基本原理。另外，因为半导体器件只有在适当的环境下才能实现它的正常功能，为了可靠的应用，连接技术、相关材料的封装技术和冷却问题都必须加以考虑。

本书的读者包括学生和功率器件设计及电力电子技术应用领域工作的工程师。本书侧重于现代半导体开关器件（例如功率 MOSFET 和 IGBT），以及必需的续流二极管。在实践中，工程师可以从本书中对某个器件的内容入手展开工作。每一个章节先开始描述器件的结构和通用特性，然后针对其物理工作原理仔细加以阐述。深入地讨论所需的半导体物理原理，pn 结的工作原理和基本工艺技术。这些题目在本书中有深入分析，所以本书对半导体器件的专业人士也具有价值。

本书中的某些题目是第一次在关于功率器件的英文教科书中仔细阐述。在器件物理中，我们将详细讨论现代功率器件里用来控制正向和开关特性的发射极复合。我们会给出关于发射极复合特性参数影响的详细讨论。另外，基于对用于可靠性应用的封装技术重要性的认知日益增强，本书还包含了关于封装和可靠性的章节。在电力电子系统的开发中，工程师们经常会遇到失效及其没有预见到的后果，以及为了查找失效的根本原因而费时工作。所以，本书还给出了关于从长期实践中获得的失效机理和供电电路中的振荡效应的章节。

本书是 J. Lutz 在 Chemnitz 科技大学有关"功率器件"的讲义，以及早前 H. Schlangenotto 在 Darmstadt 科技大学于 1991~2001 年有关"功率器件"的讲义的基础上编写而成的。基于这些讲义和附加的关于新器件、封装、可靠性和失效机制的大量内容，Lutz 于 2006 年发表了德文教科书 *Halbleiter-Leistungsbauelemente：Physik, Eigenschaften, Zuverlässigkeit*。这本英文教科书不是德文版的简单翻译，而是增添了大量新的内容。

关于半导体性质和 pn 结的章节，以及 pin 二极管章节的一部分内容是由 H. Schlangenotto 改写和充实的。J. Lutz 增添了关于晶闸管、MOSFET、IGBT 和失效机理的章节。U. Scheuermann 撰写了关于封装技术、可靠性和系统集成的章节。R. De Doncker 提供了作为核心器件的功率器件的介绍。所有的作者都为其他非他们主笔的章节做出了贡献。

一些功率器件领域的学者在本书编写过程中提供了翻译、建议和评论上的支持，并进行了有益的讨论。这些学者包括 ABB 半导体公司的 Arnost kopta、Stefan

Linder 和 Munaf Rahimo，BMW 公司的 Dieter Polenov，英飞凌（Infineon）公司的 Thomas Laska、Anton Mauder、Franz-Josef Niedernostheide、Ralf Siemieniec 和 Gerald Soelkner，斯德哥尔摩皇家工学院（KTH Stockholm）的 Martin Domeij 和 Anders Hallén，SATIE 公司的 Stephane Lefebvre，Secos 公司的 Michael Reschke，Semikron 公司的 Reinhard Herzer 和 Werner Tursky，SiCED 公司的 Wolfgang Bartsch，不来梅（Bremen）大学的 Dieter Silber，罗斯托克（Rostock）大学的 Hans Günter Eckel。开姆尼茨（Chemnitz）工业大学的几位本科生和博士生也为本书提供了支持，他们是 Hans-peter Felsl、Birk Heinze、Roman Baburske、Marco Bohlländer、Tilo Pollera Matthias Baumann 和 Thomas Basler。亚琛工业大学（RWTH Aachen）的 Thomas Blum 和 Florian Mura 翻译了关于 MOSFET 的章节，Mary-Joan Blümich 为英文文字进行了润色。最后，作者向为本书提供了重要意见和讨论的众多其他电力电子技术的学者和学生致谢。

德国开姆尼茨，Josef Lutz
德国新伊森堡，Heinrich Schlangenotto
德国纽伦堡，Uwe Scheuermann
德国亚琛，Rik De Doncker

常 用 符 号

符号	单位	含义
A	cm^2	面积
B	cm^2/V	Fulop 常数（300K 时 Si 中 $B \approx 2.1 \times 10^{-35}$）
$c_{n,p}$	cm^6/s	电子/空穴的俘获系数
$c_{An,p}$	cm^6/s	电子/空穴的俄歇俘获系数
C	$A \cdot s/V$	电容
C_j	$A \cdot s/V$	结电容
D	cm^2/s	扩散常数
D_A	cm^2/s	双极扩散常数
$D_{n,p}$	cm^2/s	电子/空穴扩散系数
$e_{n,p}$	$1/s$	电子/空穴发射率
E	J，eV	能量
E_c	eV	导带底能级
E_F	eV	费米能级
E_g	V	禁带宽度
E_V	eV	价带顶能级
E_{off}	J	关断能量
E_{on}	J	导通能量
E	V/cm	电场
E_c	V/cm	雪崩击穿电场
F	—	统计分布函数
$g_{n,p}$	$1/(cm^3 \cdot s)$	电子/空穴的热产生率
$G_{n,p}$	$1/(cm^3 \cdot s)$	电子/空穴的净产生率
G_{av}	$1/(cm^3 \cdot s)$	雪崩产生率
$h_{n,p}$	cm^4/s	n/p 发射极的发射参数
i	A	$= I(t)$；电流、时间关系
I	A	电流
I_C	A	集电极电流
I_D	A	漏极电流
I_E	A	发射极电流

I_F	A	二极管正向电流
I_R	A	阻断方向的电流
I_{RRM}	A	反向恢复电流最大值
j	A/cm^2	电流密度
$j_{n,p}$	A/cm^2	电子/空穴电流的电流密度
j_s	A/cm^2	饱和电流密度
k	J/K	玻耳兹曼常数 （$1.38066×10^{-23}$J/K）
L	H	电感
L_{par}	H	寄生电感
L_A	cm	双极扩散长度
L_{DB}	cm	德拜长度
$L_{n,p}$	cm	电子/空穴的扩散长度
n, p	1/cm^3	自由电子/空穴浓度
n_0, p_0	1/cm^3	热动态平衡载流子浓度
n^*, p^*	1/cm^3	非热平衡少数载流子浓度
n_i	1/cm^3	本征载流子浓度
n_L, p_L	1/cm^3	自由载流子分布区左侧浓度
n_R, p_R	1/cm^3	自由载流子分布区右侧浓度
n_{av}, p_{av}	1/cm^3	雪崩产生的电子/空穴浓度
N_A	1/cm^3	受主浓度
N_C	1/cm^3	导带底有效态密度
N_D	1/cm^3	施主浓度
N_{eff}	1/cm^3	正电荷的有效浓度
N_r	1/cm^3	深中心浓度
N_{r+}, N_{r-}	1/cm^3	带正/负电荷的深中心浓度
N_V	1/cm^3	价带顶有效态密度
q	A·s	元电荷 （$1.60218×10^{-19}$C）
Q	A·s	电荷
Q_F	A·s	双极型器件中输运正向电流的电荷
Q_{RR}	A·s	二极管实测的存储电荷
$r_{n,p}$	1/(cm^3·s)	电子/空穴的热复合率
$R_{n,p}$	1/(cm^3·s)	电子/空穴的净复合率
R	Ω	电阻
R_{off}	Ω	关断时的栅极电阻
R_{on}	Ω	开通时的栅极电阻

R_{pr}	cm	投影范围
R_{th}	K/W	热阻
s	—	二极管软因子
S	$1/cm^2$	单位面积粒子数
t	s	时间
T	℃，K	温度
v	V	$=V(t)$；电压、时间关系
V	V	电压
V_{bat}	V	电池电压/DC 母线电压
V_B，V_{BD}	V	雪崩击穿电压
V_C	V	晶体管的正向电压
V_{drift}	V	n^-层两端的电压降
V_{bi}	V	pn 结内建电压
V_F	V	正向电压（二极管）
V_G	V	栅极电压
V_{FRM}	V	二极管正向恢复电压峰值
V_M	V	电压峰值
V_R	V	阻断电压
V_s	V	二极管/晶闸管/IGBT 的阈值电压
V_T	V	沟道 MOSFET，IGBT 的阈值电压
$v_{n,p}$	cm/s	电子/空穴的速度
$v_{d(n,p)}$	cm/s	电子/空穴的漂移速度
v_{sat}	cm/s	高电场下的饱和漂移速度
w_B	cm	n^-层宽度
w，w_{SC}	cm	空间电荷区宽度
x	cm	坐标
x_j	cm	pn 结深度
α	—	共基极电路的电流增益
α_T	—	传输因子
$\alpha_{n,p}$	$1/cm$	电子/空穴的电离率
α_{eff}	$1/cm$	有效电离率
β	—	共发射极电路的电流增益
γ	—	发射系数
ε_0	F/cm	真空介电常数（8.85418×10^{-12}F/m）
ε_r	—	相对介电常数（Si：11.9）
$\mu_{n,p}$	$cm^2/(V\cdot s)$	自由电子/空穴的迁移率

ρ	A·s/cm^3	空间电荷密度
σ	A/(cm·V)	电导率
$\tau_{n,p}$	s	电子/空穴载流子寿命
$\tau_{n0,p0}$	s	电子/空穴的少数载流子寿命
$\tau_{A,n}$, $\tau_{A,p}$	s	电子/空穴俄歇载流子寿命
τ_{eff}	s	有效载流子寿命
τ_{HL}	s	大注入载流子寿命
τ_{rel}	s	弛豫时间
τ_{sc}	s	产生载流子寿命
ϕ	—	电离积分

注：通常在制造商的数据手册中常使用 V_{CE}（集电极-发射极电压）而不是 V_C，对于 V_G，在 IGBT 中用 V_{GE} 或在 MOSFET 中用 V_{GS}，对于 V_T 用符号 $V_{GS(th)}$ 表示。对电流用相同的符号，本书中都采用简写的短符号。

目　　录

第1章 功率半导体器件——高效 电能变换装置中的关键器件

1.1 装置、电力变流器和功率半导体器件

在一个竞争的市场中，可依靠自动化和过程控制来提高技术装置的生产率。最初，为了提高产量而扩大生产规模或者减少劳动密集型的工序，以节省成本。今天，注意力集中则在能源的效率上，主要是全球气候的变化还与能源价格的提高、能源的安全性以及城市化进程的加快有关。所以可以预期，在未来的几十年里，发展更多的电气装置的趋势将会延续和加速。因此，高效处理电能的需求将显著增加。

自从有了电力系统并被作为关键的应用技术后，可以将电能从一种形式变成另一种形式，也就有了可以进行电能变换的器件，在技术上有了重大的突破。例如，若没有变压器，大功率电能的产生、传输和分配是不可能的。有趣的是，今天很少有人知道，若没有最初被称为二次发电机(secondary generator)[Jon04]的发明，我们就不可能创造出如此高效、安全和(当地)环境清洁的电力供应系统。当然，作为变压器或者通常说的电磁器件，只能变换电压或者控制电抗，它们在自动化系统中的应用依然受到限制。在电气化的初期，频率和相位的控制只能用机电变换设备(即电动机、发电机)来实现。然而，这些设备比较笨重、需要维护，且损耗高、昂贵。此外，这些机电产品控制带宽窄。因此，它们通常工作在固定的给定值上。今天，大多数自动化和过程控制系统需要更加灵活的能量变换方法来改变动态电压或者调节电流、频率和相角等。

现在，电力电子技术是最先进的电能变换技术，它具有高灵活性和高效率两个特点。作为一个工程领域，大约在50年以前，依靠所谓的硅可控整流器，即今天大家都知道的晶闸管[Hol01,Owe07]的开发和市场引入，电力电子技术就已经存在了。显然电力电子技术和功率半导体器件是紧密相连的领域。确实，在它的操作手册中，IEEE电力电子学会把电力电子技术的领域定义为："这个技术涵盖了电子元器件的有效使用，电路理论的应用和设计技术，以及分析工具的发展，其对象是电能的高效电子变换、控制和调节"[PEL05]。

简单地说，电力电子装置是一个采用功率半导体器件的高效的能量变换工具。图1-1给出了一个电力电子装置的示意图。

电气传动是电力电子装置的一个特殊门类。图1-2给出了电气传动的框图。电气传动用于驱动系统、发电装置(风力机)、工业和商业的传动，例如用于加热通

风和空调装置中，以及运动控制。在电气传动中，机电能量变换器的控制是纳入电力电子变流器的控制范畴中的，而从控制的视角来看，机电能量变换器是一个非常精密的负载。大多数涉及电力电子变流器技术的研究机构也从事电气传动技术的研究，因为这个领域一直是电力电子变流器的最大应用领域之一(体现在已安装的表观功率上)[Ded06]。在不久的将来，尽管在光伏装置和计算机电源中电力变流器的应用会不断增加，但是可以预期，

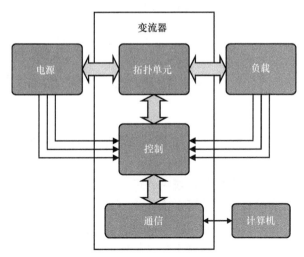

图 1-1   在电源和负载之间，电力电子装置以一种高效率的方式变换和控制电能(连接电源和负载的传感器以及信息和通信环节通常是集成的)

传动将依然占主导地位。大多数专家预言，当前的传动产业市场将继续扩大，并将打入新兴市场，例如风力机，更多的电动船舶和飞行器，以及电动交通工具，即火车、有轨电车、无轨电车、汽车、轻便摩托车以及自行车等。

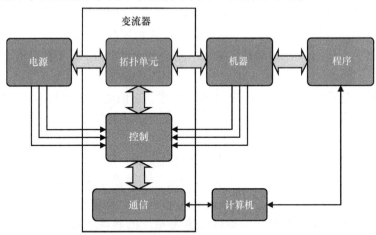

图 1-2   高动态电气传动装置，由电力电子变流器和电机或者和带有专用的控制电能变换成机械运动的传动装置组成

1.1.1   电力变流器的基本原理

当考虑现代电力电子变流器的运行原理和拓扑时，从图 1-1 所示的普通电力电子变流器的框图中能看到更多的详细情况。从根本上讲，制造电力电子变流器需要三种类型的元器件：

1) 有源器件，即功率半导体器件，它能开通和关断变流器中的能流。这种器

件工作在关断状态(正向阻断或反向阻断)或是工作在开通状态(导通)。

　　2)无源元件,即变压器、电感器和电容器,它们在变流器装置中暂时储存能量。根据其工作频率、电压、冷却方式和集成的水平,来选用不同的磁性材料、电介质和绝缘材料。对于给定的额定功率,变流器较高的工作(开关)频率就能使用较小的无源元件。

　　3)控制单元,即模拟和数字电子设备,信号变换器、处理器和传感器,用它们控制变流器中的能量流,使内部变量(电压、电流)跟随计算的参考信号而变动,这个信号按照外部的指令保证变流器所需的性能(这个指令是通过数字通信链路获得的)。今天大多数控制单元也给出了状态信息和装置电平的诊断功能。

　　作为电力电子变流器应该高效地变换电能(效率大约为95%),功率器件不能选择线性工作状态。更确切地说,器件是以开关方式工作的。因此,在电源领域里做一个区分,电力变流器被称为"开关型电源"。它是用来控制和变换流过变流器的电能的,所有电力变流器背后的基本原理是把连续的能量流切割成能量小包,处理这些小包,并输送能量,在输出端再重新成为另一种连续的能流。所以,电力变流器是真正的功率信息处理机。在这种情况下,所有变流器拓扑必须遵守基本的电路理论原理。最重要的原理是,电能只能通过开关网络进行有效交换,即当能量是在两个元件之间交换时,储存在电容器或电压源中的能量应该被转移到电感器或电流源中。

　　正如在指导准则和标准(例如 IEEE 519—1992[IEE92] 和 IEC 61000-3-6[IEC08])中所描述的,为了保护电源和负载,在变流器输入端和输出端的能流必须是连续的,而且几乎不受谐波和电磁噪声干扰。为了使能流连续,滤波器是必要的。需要指出的是,在许多应用场合,滤波器可能是电源或者负载的组成部分。为了尽可能降低滤波器的成本,可采用国际标准,并提高效率。逆变器、DC-DC 变流器和整流器的控制单元倾向于在固定的开关频率下开关功率器件,采用有时被称为占空比控制的脉宽调制(PWM)技术。基本的电路理论和元器件设计表明,提高开关频率可使无源元件和滤波器尺寸缩小。因此,所有的变流器设计都要力求做到在提高开关频率的同时,尽可能减少变流器的总成本。然而,正如下面将要讨论的那样,提高开关频率会影响变流器的效率。因此,在所用的材料和生产成本以及效率之间,必须找到一个平衡。注意,效率也决定了变流器整个寿命周期内变流过程中的能源成本。

1.1.2　电力变流器的类型和功率器件的选择

　　电力电子变流器有各种各样的分类方法。现在用电力电子技术的知识,将电能从交流变成直流(整流器),从直流变成直流(DC-DC 变流器),以及从直流变回到交流(逆变器)都是可以的。

　　虽然有些变流器能直接将交流电变成交流电(矩阵变流器和周波变流器),但绝大多数 AC-AC 变流是用整流器和逆变器的串联来完成的。因此,大多数变流器至少具有一个直流环节,在不同的变流阶段暂时储存能量,如图 1-3 所示。根据所用的直流环节的类型,变流器可分成为电流源和电压源变流器。电流源变流器用一个电感器以磁能的形式来储存能量,并且在直流环节中以近似于恒定的电流工作。相对应地,电压源变流器用一个电容器来保持直流电压的恒定。

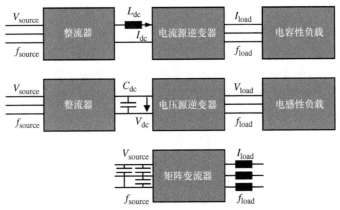

图 1-3　直流环节变流器和矩阵变流器能够在(三相)交流电源和
负载之间变换电能。大部分变流器是整流器和逆变器的组合

对于交流电源和负载,变流器具有电网电流或负载电流的基本分量过零的有利条件。这些变流器被称为电网换相变流器或负载换相变流器,常见于可控整流器、大功率谐振变流器,以及使用晶闸管的同步电机传动中。图 1-4 给出了一个三相桥式整流器。详细的分析显示,这些变流器产生网侧谐波和相当大的滞后的无功功率[Moh02]。因此,为了保持大功率供电的质量,需要大型滤波器和无功功率(被称为 var)补偿电路。由于这些滤波器会产生损耗,并且需要相当多的投资成本,电网

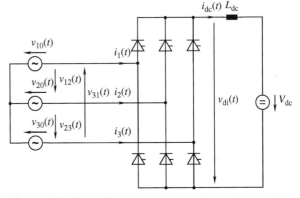

图 1-4　用晶闸管组成的电网换相变流器原理电路

换相(整流器)电路慢慢地逐步被淘汰,而选择用有源关断功率半导体器件的强迫换相电路来替代。这些功率半导体器件是功率晶体管(MOSFET,IGBT)或者可关断晶闸管(GTO、IGCT)。有源整流器电路(实际上逆变器工作在整流模式)可以不要无功补偿器,并且减少或者不要谐波滤波器。

然而,所需半导体器件的特性和类型不仅受变流器类型(整流器、逆变器、直流变直流的变流器),也受所选拓扑的类型(电压源或者电流源)的影响。图 1-5 给出了一个三相电流源逆变器和一个三相电压源逆变器的电路,并指出了这些器件运

行上的差别。

在电流源变流器中，器件
需要有正向和反向阻断能力。
这些器件被称为对称电压阻断
器件。虽然对称阻断关断器件
的确存在，但实际上，反向阻
断能力通常是与有源关断半导
体开关（晶体管或可关断晶闸
管）以串联方式连接或者集成
一个二极管来实现的。因此，
在这种情况下，与不对称阻断
的器件相比较，必须允许有更
高的导通损耗。如在本书中将
要描述的那样，根据功率半导
体开关的原理，对称阻断关断
器件（具有集成的反向阻断 pn
结）的设计以某种方式与晶闸

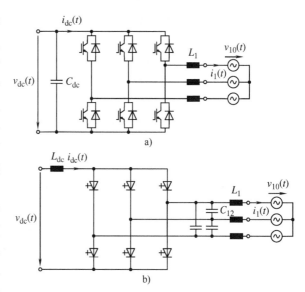

图 1-5　a）电压源逆变器（VSI）和
b）电流源逆变器（CSI）原理电路

管为基础的结构有关（参见第 8 章和第 10 章 10.7 节）。因为这些器件更适合于大功
率应用（电压在 2.5kV 以上），某些大功率变流器制造商在大功率（10MVA 以上）电
流源变流器中仍然在使用对称器件（GCT）[Zar01]。这种变流器的主要优势是电流源
变流器能耐受住内部和外部的短路。

电压源变流器需要一个逆导器件，因为在它们的交流终端必定要驱动感性负
载。所以为了避免电压尖峰，当器件关断电流时，需要续流通道。通过连接或者集
成一个反并联的二极管到关断器件上，半导体开关的反向导通或续流能力就能实
现。因为附加的结与主关断器件不是串联的，所以在变流器的电流通道上不会产生
附加的电压降。因此，用现代的器件工艺，电压源变流器比电流源变流器具有更高
的效率，特别在部分负载的情况下[Wun03]。在部分负载情况下，电流源变流器在变
流器的直流环节中仍然有一个大的循环电流，而电压源工作在电流降低了的情况
下，甚至工作在直流环节电容器带着满电压的情况下。

实际上，由于直流环节电容器比直流环节电感器损耗低，所以电压源变流器的
尺寸比电流源变流器可以小很多。此外，大部分的负载和电源都是感性的（在开关
频率下）。因此，电压源变流器不需要附加阻抗或者滤波器，而电流源变流器在输
出端需要连接电容器。考虑到所有这些工程的细节，人们能够理解发展电压源变流
器比发展电流源变流器更为有利。器件制造商对于这个市场前景已经做出了反应，
他们充分利用能更好兼顾导通和开关损耗的非对称晶体管和晶闸管，从而大大提高
效率和降低冷却成本。图 1-5a 给出了大多数电压源变流器的拓扑，这种拓扑采用

两电平臂对。这种拓扑已经通用，器件制造商已提供集成在单个模块上的完整的相位引线作为基本组件单元[被称为电力电子组件(PEBB)]，以此来降低制造成本和改善可靠性(参见第 14 章)。因为电力电子学正在成为一个成熟的领域，可以说，在不远的将来，绝大多数新型变流器(功率额定值从几毫伏安到几千兆伏安)都会是电压源型的变流器。

1.2　使用和选择功率半导体

在设计一个电力变流器时，为了达到设计目标，许多细节是需要考虑的。典型的设计规范是低价格、高效率，或高功率密度(低重量，小尺寸)。最终，出于热学方面的考虑，也就是器件损耗、冷却和最高工作温度决定了变流器设计的物理极限。当器件工作在它们的(电的)安全工作区(SOA)时，导通损耗和开关损耗主导了器件的损耗。本书描述和分析了这些损耗的基本物理现象。然而应该注意到，通过合理的设计方案，变流器设计者能够在很大程度上做到使这些损耗最小化。通常，设计的结果在很大程度上取决于下列选择：

1) 器件类型(单极型、双极型晶体管，晶闸管)和额定值(电压和电流的容限，频率范围)；

2) 开关频率；

3) 变流器的设计(最小的寄生漏电感、电容和趋肤效应)；

4) 拓扑(两电平、多电平、硬开关或软开关)；

5) 控制极(门极、基极、栅极)控制(开关换向速率)；

6) 控制(开关功能，最小的滤波器，电磁干扰)。

此外，因为损耗不可避免，冷却系统的设计(液体冷却、空气冷却)对于封装类型的选择有很大的影响。市场上通常采用分立式封装、模块封装和压接式封装。鉴于分立式和模块封装是电绝缘的，所以其允许变流器的所有器件安装在一个散热器上，而压接式封装却能双面冷却。典型的情况，分立式器件是用于开关型电源上的(功率最大可达 10kW)。更大的功率水平，达到 1MW，则需要多个半导体芯片并联，并封装成模块，而双面冷却封装(单晶圆片型设计或多芯片压接式封装)的最大功率水平可以达到几千兆瓦。系统结构的详细情况会在本书第 11 章中加以讨论。

如前所述，器件开关功率(最高阻断电压和重复关断电流的乘积)和它的最高开关频率在许多应用领域中是首选功率半导体时的重要判据。其次是理论应用极限，硅器件的实际应用范围也受制于冷却限制和经济因素。

如今已经开发了几种器件结构，每一种都有其独特的优点。图 1-6 给出了当今最重要的几种功率半导体器件的结构。然而值得提出的是，在现代应用中，IGBT(绝缘栅双极型晶体管)已经取代了传统的双极型晶体管，它基本上是一个 MOS 控制的双极型器件。第 5~10 章中将会详细阐述图 1-6 中的每一种器件。

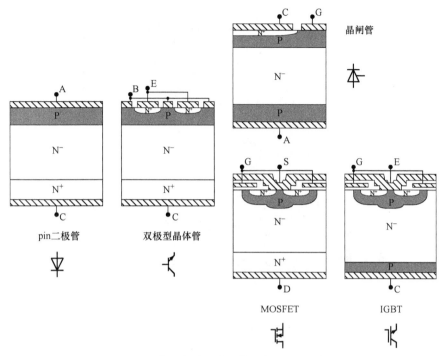

图 1-6   常用的功率半导体器件的基本结构

在过去的 50 年间，因为硅器件的生产已有了巨大的发展，其应用范围得到了扩展，人们对它有了比较好的了解。图 1-7 表示了在经典的电力变流器(整流器和硬开关电力变流器)中每类硅器件的实际应用范围。

注意，在这些应用里，工作范围是在双曲面里的。换句话说，在经典的硬开关变流器配置和相应的冷却方式下，对使用硅器件的实际变流系统，每种器件能达到的开关功率(最大电压和电流的乘积)和开关频率的乘积似乎是个常数：

$$P_{\text{sw-hard}} f_{\text{sw}} = V_{\text{max-hard}} I_{\text{max-hard}} f_{\text{sw}} \approx 10^9 \text{V} \cdot \text{A/s}$$

对于设计者，如何能够令人满意地最大限度地有效利用功率半导体和改善变流器的功率密度，频率和功率的乘积是一个很好的性能指标。实际上，正如先前所指出的那样，要提高开关频率，就是要减小变压器、装置和滤波器部件的尺寸(在恒定的表观功率下)。事实上，如果采用同样类型的(电磁的或静电的)无源元件，例如电感器、变压器和装置，当它们用相同的材料(铜、硅钢片和绝缘材料)工作在相同的最高温度下，也会遇到类似频率和功率的乘积的壁垒。

为了减少开关损耗，用软开关变流器或者用宽禁带材料，例如碳化硅(SiC)制造的器件，可以打破这种技术壁垒。例如，软开关谐振变流器已成功地应用在开关电源和 DC-DC 变流器中。在软开关变流器中，不仅减少了关断器件的开关损耗，而且也大体上消除了功率二极管的反向恢复损耗。正如本书将要阐明的那样，反向恢复在功率二极管中的影响，其不仅增加了开关损耗，而且也是变流器中产生高频

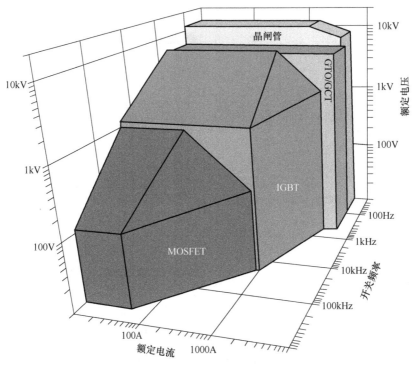

图 1-7 硅功率半导体器件的工作范围

(HF)噪声[EMI(电磁干扰)]的根源。为了限制 EMI 的影响,设计者被迫延长开关的瞬态过程,在硬开关变流器中,这使得开关损耗更高。而软开关变流器有效地利用了谐振缓冲器技术,这些损耗不再产生,从而能够提高开关频率,或者能够增加变流器的输出功率。软开关(谐振或渡越谐振)变流器可以显著提高频率和功率乘积达 5 倍之多,即

$$P_{\text{sw-soft}} f_{\text{sw}} \approx 5 \times 10^9 \text{V} \cdot \text{A/s}$$

如上所述,迄今另一种增加变流器功率密度的方法就是采用 SiC 二极管。SiC 二极管的反向恢复电流近似于零。因此,硅关断器件可以在较高的开通和关断的转换速率下工作。当前正在研究混合型硅-SiC 的设计,因为 SiC 二极管可以工作在较高的功率水平上。把混合概念和高频软开关原理结合起来,也就是用器件的寄生元件(电容)和封装的寄生元件(电感)作为谐振元件,即可得到最高的功率密度。这些概念已应用在超小型电源中了。此外,大功率的 DC-DC 变流器也开始采用这些原理。人们预测,在这些混合型的变流器中,硅开关的频率和功率乘积能够高达 10^{10}V · A/s。

1.3 功率半导体的应用

可以断定,电力电子技术和功率半导体领域仍在快速发展。不久的将来,这种

扩展不仅是通过铜、绝缘材料或者磁性材料的改良提高效率，而且也要通过半导体材料的更新换代，往往要好几次，因为绝大多数应用需要能量变换，或是在这些能量变换过程中需要提高效率。

如前所述，变流器可以在很宽的功率范围内应用，额定值从几毫瓦或几毫伏安（从技术上讲，用表观功率更为正确）到几千兆瓦。根据所需的功率半导体器件的电压和电流的额定值，来选用不同类型的功率半导体器件。在低功率端（1V·A～1kV·A），开关型电源用于电池充电器，主要用于便携式通信装置和电动工具，以及电子系统（音频、视频设备和控制器）和个人计算机系统，这些形成了一个重要的全球市场。凭借法律的推动，通过改进控制和开发较好的功率器件和无源元件，这些电源效率已稳步提高。现代电源也已降低了待机损耗。其趋势是朝更高的开关频率发展，因为这样可使滤波器所需材料较少。因此在这个功率范围内，绝大多数电源是用功率 MOSFET 来变换电能的。

电力电子系统的另一重要市场是照明系统中的电子镇流器。新的高能效光源［荧光灯、气体放电灯、发光二极管（LED）、有机发光二极管（OLED）］等工作时需要控制和变换电能。主要的具有挑战性的任务是要求发展廉价的可以大批量生产的电力电子电路。此外，对光源的全寿命周期的评估（评估对环境的影响），似乎有利于更高效率的照明系统[Ste02]。在欧盟，已通过新的法律，将逐步淘汰白炽灯。

传动应用的功率范围是从几十伏安到 100MV·A。在汽车应用领域里，许多小的传动（100V·A～1kV·A）是由板上标称为 12V 或 24V 电源提供的，因此在这些应用中，MOSFET 是最常见的。另一方面，与电网连接的传动必须符合不同电网标准的电压水平。例如，在北美，家庭用的单相系统和航空工业中的电源系统使用60Hz 或 400Hz 下的 115V（rms）相电压。更大功率的单相供电系统提供 230V 线电压。在欧洲，单相系统是 230V，而三相线电压是 400V。加拿大和美国也有 460V的三相供电系统。最高的低压供电系统有 660V 线电压的（IEC60038 定义低电压系统为 1000V 以下）。为了符合所有标准和降低生产成本，器件制造商已经解决了几个电压等级，它们覆盖了大多数电网连接的应用（整流器和逆变器）。因此，已经开发出了击穿电压为 600V、1200V 和 1700V 的功率器件。因为晶体管类型的器件在低成本下提供了短路保护，IGBT 主要用于电网供电的传动中。中等电压传动（电网电压为 1000V～36kV）使用晶体管（IGBT）和门极关断晶闸管（GTO 或 GCT）型器件，这取决于传动的额定值。在 3kV 以上，也就是在更高的电压和功率额定值（5MW 以上）下，基于 GCT 的三电平变流器[Nab81]似乎主导了市场。然而，在15MW 以上的功率等级中，使用晶闸管的负载换相逆变器（LCI），某些制造商仍然在生产，例如用在轧机和压缩机的传动中[Wu08]。

传动在牵引应用领域中（例如，牵引机车、火车和电车）也面临许多不同的电压标准。在欧洲，使用几个直流（600V、1500V 和 3000V）和交流（16.7Hz 和 50Hz）

系统。比较老的变流器的设计是用晶闸管来控制各种类型机器的转矩(直流电机、同步电机和异步电机)。典型的是,一个变流器可驱动多个电机(多轴设计)。越来越受欢迎的是采用 IGBT 的变流器驱动单个电机(单轴设计)。因此,在牵引系统中,变流器需要的额定值已经降低,它的设计选用晶体管类的器件。最重要的,由于可靠性的要求,特别在牵引应用中,变流器负载循环容量是一个最根本的参数。在这个领域,改善器件的封装和冷却系统的可靠性,来降低延长变流器寿命周期的成本,这些研究正在进行中(更多详情参看第 14 章)。

在较低功率范围(10W),还有另一个现代的传动应用是电子牙刷。这种家用电器确实是电力电子技术的一个奇迹。开关电源把交流线路相电压(115V 或 230V)的功率变换成中频(50kHz)交流功率,允许以无接触的方式将能量转送(通过一个抽头的变压器)到(给牙刷供电的)手把里的电池上。整流器把中频电变换成直流电。用降压变流器调节供给电池和电子装置的充电电流。电子换向无刷永磁(PM)电机驱动机械齿轮,从而使牙刷振动。请注意,这种牙刷的复杂性接近于一辆电动汽车。在这种功率水平上,控制和功率器件是高度集成的,使其有可能在合理的成本下做到大量生产。通常情况下,这些低功率的应用是一个先兆,就是将来有可能用高度集成达到更高的功率水平。

电力电子技术用于发电机系统中,无论何时都不能保证涡轮机或发动机的恒速运行。一个典型的应用是内燃机(10~1000kW)驱动的发电机的最大功率点跟踪。最近,用风力机来发电,这是由逆变器驱动的。从 1985 年的 50kW 到 2004 年的 5.0MW,风力机的功率水平有了很大发展[Ack05]。风力机制造商预计海上风力机在未来可达到每机组为 10MW。这些大机组将是"全变流器"机组,这是与双馈发电机系统相比较而言的,该系统目前主要在陆上应用。双馈发电机(也称为旋转变压器)采用交-交变流器,它的额定值一般低于涡轮机功率的 60%。从经济利益角度考虑,倾向于用低电压(400V 或 690V)发电机,功率在 5.0MW 以下。请注意,在最近十年期间,全世界已安装了表观峰值功率接近 120GV·A 的逆变器,以满足风力发电的需求[WEA09]。

另一个大功率应用领域是超长距离高压直流(HVDC)输电。经典的 HVDC 输电系统是用晶闸管组成的三相桥式整流器。有些直接改用光触发晶闸管,然而这需要状态的诊断反馈[通过一根光纤,由于高压基本绝缘水平的要求]。经常选用分立的光触发晶闸管,或用经典的门极驱动器来触发的晶闸管(两种方法都是用储存在吸收电容器中的能量通过光纤来触发晶闸管)。第一个 HVDC 输电系统诞生于 1977年,至今仍然在使用。然而,超长距离输电有增加功率的需求(主要指水力发电),例如在所谓的 BRIC 国家(巴西、俄罗斯、印度和中国)已经把 HVDC 输电的电压提高到一个新的水平。HVDC 输电技术现在是工作在 ±500kV,输送功率为 3GW,而新的系统将运行在 ±800kV,输送功率为 6GW[Ast05]。这些输电系统为电流源变流器,其设计传输功率的方式为从点到点。电压源输电系统现在用于那些分布式发电的地区。这些系统(被称为 HVDC Light 或 HVDC Plus)当前用的是压接式封装的 IGBT 或者 IGBT 模块。电压源系统的功能优势有：独立的有功功率和无功功率控制、脉宽调制(PWM)电压控制、较低的谐波和要求较小的滤波器。这些优势使电压源变流器技术在经济上能够和功率水平在 1GW 以下的经典的 HVDC 输电相抗衡[Asp97]。当前海上的风力发电场，就是用电压源系统建造的，并通过海底电缆传输电力。

用于电解和电镀的电解槽也是电力电子技术中另一大功率应用场合。与 HVDC 输电相反，在适中的电压(200~500V)下，电解装置需要控制很大的直流电流[Wie00]。用晶闸管整流器已经制造出可提供 100kA 以上电流的装置。在未来，当来自可再生能源的电能通过变换储存在氢中时，对电解装置的要求还会进一步增长[Bir06]。

用于光伏(PV)系统的变流器是电力电子装置的一个正在发展的市场，特别是与电网连接的 PV 系统。高效率，也是在部分负载下，正在高效地推动着 PV 变流器的设计。从 150W(模块变流器)、5kW(串联变流器)直到 1MW(中央变流器)装置都在制造中[Qin02]。大部分设计采用 IGBT。这与地理纬度有关，光伏电池(PV cell)制造商的大部分产品路线图预计是，到 2015 年(南部欧洲)和 2020 年(中部欧洲)，PV 与现用能源成本相当。可以展望，在不久的将来，在赤道周围，会出现大规模的 PV 系统和太阳热能系统。为了输送电能，横跨整个大陆的 HVDC 输电系统将是需要的。超高压电网正在研究，而且使用当今的现代电力电子技术，是一定能够实现的[Zha08]。

世界上越来越多的能源需要依靠可再生电源，这就需要更多的电储存容量。大功率电池储能系统在日本已示范了十多年，它用的是高温硫酸钠电池[Bit05]。锂离子电池技术将进一步提高功率密度和能量密度[Sau08]。此外，如果大规模使用全电力电子变流器驱动的电动汽车，那么可以预料，这些汽车能为该负载水平的可再生电源提供充足的储存容量。

1.4　用于碳减排的电力电子设备

电力电子设备对未来社会的意义重大。功率半导体元件是推动碳减排技术进步的驱动器。在日本，人们讨论的是未来的生活方式和实践将是一个"智能电气化的社会"。功率元件将担负起提高各种应用程序的效率，它们将成为各个领域的关键元件。

2010 年日立公司的 Mutsutiro Mori 发表了一篇名为"功率半导体器件开创舒适的低碳社会"的论文[Mor10]，他预测到 2050 年功率半导体的市场容量将增长 10 倍。这包含了长期的技术趋势，这些趋势被本章参考文献[Pop12]和其他资料进一步延伸，它们都将在下面的章节中进行简短的论述。

1. 能源效率

在 2013 年亚太经合组织 APEC 开幕式上 B. J. Baliga 指出，在过去的 20 年里，基于 IGBT 的电力电子设备共节省了"75 万亿磅"的 CO_2 的排放，这相当于大约 334 亿吨的 CO_2，假设 2013 年的排放系数为 1kWh 对应 0.596kg CO_2，平均负荷系数为 84%，相当于 390 个每个为 1GW 的大发电厂 20 年的排放量。因此，功率半导体器件能提高效率，这就可以代替 390 个中心发电厂。然而，这一见解在社会中并没有得到重视。它是一个不需要生产的"最环保"的电力。

大约全球总用电量的 50% 是消耗在工业和其他应用领域中的电机上。40%~50% 的应用显示，利用了电力电子变速电机驱动的效率有所提高。今天 80%~85% 的驱动早已用电力电子器件控制。综合所有这些因素，进一步用变速驱动的总电能节省潜力在用现有功率器件的情况下，占欧洲电力消耗总量的 5%~6%[Pop12]。下一步要用损耗更小的功率器件来装备电机驱动。

大约 21% 的电能用于照明[EPE07]。用带电子镇流器的高效率荧光源取代传统的荧光源，能耗减少了 61%[Pop12]。进一步节能与建立在固态照明(LED)基础上的新技术有关，这需要有效数字控制的电力变流器。所有这些都需要应用功率器件。电力电子产业具有较大的生态潜力且在能效方面有较强的增长空间。

2. 电动汽车

流动性和交通必须是可持续的，即不会有过多的 CO_2、微粒和噪声的排放。电力电子逆变器是所有未来运输系统基本的子系统，无论是电动汽车、混合动力车、轨道交通工具还是燃料电池驱动的车辆。目前，对未来交通的看法过于局限于电动汽车。个人的流动性是体现生活水平中的一个重要方面。如果能确保不同的运输模式，即铁路运输、公共交通、个人交通互相补充，那么这与生态是相容的。

在这种情况下，未来的驾驶人将是不固定的且不一定拥有汽车，他或她当需要用时才会有。因此，汽车共享组织只是车辆另一种用途的开始。良好的铁路系统同样是至关重要的方面。未来的交通需要大量的功率器件。在本章参考文献[Mar10]中给出的预测中，个人的流动性被认为是功率器件的最大增长点。

3. 信息技术

早在 2006 年，信息技术(IT)已消耗了世界电力的 10%[EPE07]，而预测指出其增长强劲，因此，2017 年最好假设为 15%。日本北九州可持续发展研究小组估计，到 2025 年，数据流量将增加 200 倍，所需耗电量将增加 5 倍。从可持续发展的角度来看，这将是一个灾难。

2007 年欧洲的数据中心和服务器需要的电能是 56TWh，预计到 2020 年将增至 104TWh。在一个典型的数据中心，只有不到一半的电能传输到计算单元，包括微处理器、内存和磁盘驱动器。其余的电能都损失在功率转换、分配和冷却过程中[Pop12]。由于转换步骤较多，传统交流配电架构的效率很低，所以使用 400V 的高压直流配电和高效的 DC-DC 变流器，整体效率可以从 5% 提高到 70%。为了减少微处理器等的能耗，进一步努力工作是必要的。

无线通信是高耗电的，主要是由于基站的效率较低。一个典型的基站(2007)配置了 2kW 的输入功率，而平均功率为 1.3kW。辐射输出功率为 20W，相对于一般的短距离传输，这是一个比较高的功率。一个具有 120W 输出功率的典型无线电信基站，其功率消耗大于 10kW，转换为系统效率只有 1.2%[Pop12]，这非常低。

功率发射器的效率仅为 6%[Pop12]。创新的解决方案像使用多级变流器和线性调节器那样，可以使开关频率等于包络信号的带宽[Vas10]。关于 RF 器件，GaN HEMT⊖的进展表明它有可能实现微波频率的高效开关模式放大器[Pop12]。

IT 将广泛应用于日常生活以及以"物联网"和"工业 4.0"为口号的，甚至被冠以"下一次工业革命"的工业生产中。不幸的是，在物联网和工业 4.0 的沟通大纲和路线图中很少考虑能源效率。不考虑能源和能源效率，这些"革命"将会与生态制约冲突。此外，下一次工业革命必须考虑可持续发展，从线性经济(自然资源—生产—消费—废物)到全球循环经济[Vo115]。

4. 可再生能源和智能配电

风能和太阳能需要电力电子逆变器。风能和太阳能逆变器制造商的销售早已成为电力设备公司业务的重要组成部分，而且具有强劲的增长率。根据全球风能理事会的报告，到 2016 年已累积安装了 487GW 的风力机[Gwe16]。考虑到 50%-50%混合的双馈和全变流器风力发电机，De Doncker 在 IEEE PEDG 2017 年会议上估计，这代表了大约 750GV·A 的三相电力电子逆变器。此外，Power Web 的数据[Pow17]也表明 2016 年全球已安装 285GW 的光伏系统，大约安装了 315GV·A 的光伏并网逆变器(假设有 10%的无功补偿容量)。因此，每 kV·A 的变流成本大为降低，过去的几十年从 500/kV·A 下降到现在不到 25/kV·A，与当今 50Hz 标准变压器的成本大致相同[Ded 14]。根据 Bloomberg 报告，2016 年光伏模板成本已降至 0.22 美元/W 以下[Blo17]，这直接导致在光伏上的投资多于风能。显然，所用的电力电子器件和光伏电池都是由二氧化硅(即沙子)生产的，它能建立一个消耗更少的铜和钢铁，可持续且低成本的能源供应体系。因此，从技术和经济的角度来看，所有部件和分系统现在可以使用 100%来自可再生资源的电力供应。由于重要的可再生资源是波动的，所以储存单元和智能控制是必要的。电力电子执行器是关键部件。它们需要控制电流流量，调整发电、储存和消耗，提供和补偿无功功率。一个非常有效的网格化配电的解决方案是实现具有基于高压 IGBT[Dor16]全桥拓扑的模块化多级变流器的高压直流输电线路。此外，正在探索研究中压和低压的直流配电系统，使配电网格比分散的发电机和"消费者"之间按固定线路输电更加灵活[Sti16]。相互连接的直流输电网络降低了基础设施和储存成本，操作比传统的径向交流网络更为有效[Sti16]。

5. 功率器件市场容量预测

本章参考文献[Mor10]进行技术趋势的分析和市场容量的预测，预期的容量如

⊖　HEMT 意为高电子迁移率晶体管。——译者注

图 1-8 所示。该论文的基础是 2008 年八国集团峰会的成果，目标是在 2050 年之前削减 50% 的 CO_2 排放量，继续使用核能，引入碳捕获储存以及目标仅为 33% 的可再生电力。但与此同时，福岛灾难发生了。考虑到即将到来的气候灾难，这使得未来几代人的生活质量存疑，必须要有更快和更强的行动。因此，我们需要早于规定的时间实现这些目标。在图 1-8 中[Lut17]，太阳能和风能的量是翻倍的，为此 IT 要付出更多的努力。图 1-8 还给出了本章参考文献[Mor10]的预测，并且加上了本章参考文献[Lut17]的"2035 年的此项工作"。政治决策和框架条件有很大影响，然而，对于现代和可持续发展的社会每次预测都会给功率器件的需求量带来巨大的增长。

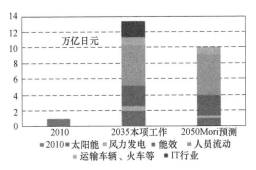

图 1-8　预期的功率半导体的需求量

M. Mori[Mor10] 对 2050 年的预测

本章参考文献[Lut17]是对本项工作在 2035 年可持续发展参与度的预测

本章从应用的角度讨论了电力变换系统，随后将深入讨论功率电子器件和元件的原理和工艺技术，在本书的最后部分，将以自下而上的视角回到系统的设计上来。

人们可以得出这样的结论，利用电力电子技术，能节省大量的能源（由于对过程的有效控制）。此外，电力电子技术是一项可以实施的关键技术，它使得电能供应更加稳定和灵活，以实现更加可持续的能源供给。根据定义，功率半导体器件是电力电子技术的核心，它能实现高效的能量转换。因此，任何希望对世界可持续发展做出贡献的电气工程师，深入理解功率半导体是必需的。

参 考 文 献

[Ack05]　Ackermann, T.: Wind Power in Power Systems. Wiley, Chichester (2005)

[Asp97]　Asplund, G., Eriksson, K., Svensson, K.: DC transmission based on voltage source converters. In: CIGRE SC14 Colloquium, South Africa (see also library.abb.com) (1997)

[Ast05]　Astrom, U., Westman, B., Lescale, V., Asplund, G.: Power transmission with HVDC at voltages above 600 kV. In: IEEE Power Engineering Society Inaugural Conference and Exposition in Africa, pp. 44–50 (2005)

[Bir06]　Birnbaum, U., Hake, J.F., Linssen, J., Walbeck, M.: The hydrogen economy: technology, logistics and economics. Energy Mater. Mater. Sci. Eng. Energy Syst. **1**, 152–157 (2006)

[Bit05]　Bito, A.: Overview of the sodium-sulfur battery for the IEEE stationary battery committee. Power Eng. Soc. General Meeting **2**, 1232–1235 (2005)

[Blo17]　Bloomberg New Energy Finance. https://about.bnef.com/new-energy-outlook/visited. Oct 2017

[Ded06]　De Doncker, R.W.: Modern electrical drives: design and future trends. In: CES/IEEE 5th International Power Electronics and Motion Control Conference (IPEMC 2006), 1, pp. 1–8 (2006)

[Ded14]　De Doncker, R.W.: Power electronic technologies for flexible DC distribution grids. In: 2014 International Power Electronics Conference (IPEC-Hiroshima 2014—ECCE ASIA), Hiroshima, 2014, pp. 736–743 (2014)

[Dor16]　Dorn, J., et al.: Full-bridge VSC: an essential enabler of the transition to an energy system dominated by renewable sources. In: IEEE Power and Energy Society General Meeting (PESGM) (2016)

[EPE07]　EPE/ECPE.: In: Position Paper on Energy Efficiency—The Role of Power Electronics, March (2007)

[Gwe16]　Global Wind Statistics 2016.: Report of the Global Wind Energy Council. www.gwec. net

[Hol01]　Holonyak, N.: The silicon p-n-p-n switch and controlled rectifier (thyristor). IEEE Trans. Power Electron. **16**, 8–16 (2001)

[IEE92]　IEEE 519-1992.: IEEE Recommended Practices and Requirements for Harmonic Control in Electrical Power Systems, Institute of Electrical and Electronics Engineers (1992)

[IEC08]　IEC 61000-3-6.: Electromagnetic compatibility (EMC)—Part 3–6: limits—assessment of emission limits for the connection of distorting installations to MV, HV and EHV power systems. International Electrotechnical Commission (2008)

[Jon04]　Jonnes, J.: Empires of Light: Edison, Tesla, Westinghouse, and the Race to Electrify the World. Random House, New York NY (2004)

[Lut17]　Lutz, J.: Semiconductor power devices as key technology for a future sustainable society. In: Proceedings 7. ETG Fachtagung Bauelemente der Leistungselektronik und ihre Anwendungen, Bad Nauheim, ETG Fb. 152 (2017)

[Moh02]　Mohan, N., Undeland, T.M., Robbins, W.P.: Power Electronics: Converters, Applications, and Design, 3rd edn. Wiley, New York NY (2002)

[Mor10]　Mori, M.: Power semiconductor devices creating comfortable low carbon society. Hitachi, CiteWeb id: 20081073821 (2010)

[Nab81]　Nabae, A., Takahashi, I., Akagi, H.: A new neutral-point-clamped PWM inverter. IEEE Trans. Indus. Appl. **1**, 518–523 (1981)

[Owe07]　Owen, E.L.: SCR is 50 years. IEEE Indus. Appl. Mag. **13**, 6–10 (2007)

[PEL05]　PELS Operations Handbook.: IEEE PELS Webpages. http://ewh.ieee.org/soc/pels/pdf/ PELSOperationsHandbook.pdf (2005)

[Pop12]　Popovic-Gerber, J., et al.: Power electronics enabling efficient energy usage: energy savings potential and technological challenges. IEEE Trans. Power Electron. **27**(5), 2338–2353 (2012)

[Pow17]　Powerweb—Forecast International's Energy Portal. http://www.fi-powerweb.com

[Qin02]　Qin, Y.C., Mohan, N., West, R., Bonn, R.H.: Status and needs of power electronics for photovoltaic inverters. Sandia National Laboratories Report, SAND2002, pp. 1535 (2002)

[Sau08]　Sauer, D.U.: Storage systems for reliable future power supply networks. In: Droege, P. (ed.) Urban Energy Transition—from Fossil Fuels to Renewable Power. Elsevier, pp. 239–266 (2008)

[Ste02]　Steigerwald, D.A., Bhat, J.C., Collins, D., Fletcher, R.M., Holcomb, M.O., Ludowise, M.J., Martin, P.S., Rudaz, S.L.: Illumination with solid state lighting technology.

IEEE J. Sel. Top. Quantum Electron. **8**, 310–320 (2002)

[Sti16]   Stieneker, M., De Doncker, R.W.: Medium-voltage DC distribution grids in urban areas. In: 2016 IEEE 7th International Symposium on Power Electronics for Distributed Generation Systems (PEDG), Vancouver, BC, pp. 1–7 (2016)

[Vas10]   Vasic, M., Garcia, O., Oliver, J.A., Alou, P., Diaz, D., Cobos, J.A.: Multilevel power supply for high-efficiency RF amplifiers. IEEE Trans. Power Electron. **25**(4), 1078–1089 (2010)

[Vol15]   Volkert, C.A.: Wirtschaft gegen Umwelt: Grundsatzkritik an der Wegwerfproduktion. Tagungsband Offene Akademie (2015)

[Wea09] World Wind Energy Association.: World Wind Energy Report 2008. http://www.wwindea.org. (2009)

[Wie00]   Wiechmann, E.P., Burgos, R.P., Holtz, J.: Sequential connection and phase control of a high-current rectifier optimized for copper electrowinning applications. IEEE Trans. Indus. Electron. **47**, 734–743 (2000)

[Wu08]   Wu, B., Pontt, J., Rodríguez, J., Bernet, S., Kouro, S.: Current-source converter and cycloconverter topologies for industrial medium-voltage drives. IEEE Trans. Indus. Electron. **55**, 2786–2797 (2008)

[Wun03] Wundrack, B., Braun, M.: Losses and performance of a 100 kVA dc current link inverter. In: Proceedings of European Power Electronics Association Conference EPE 2003, Toulouse, topic 3b, pp. 1–10 (2003)

[Zar01]   Zargari, N.R., Rizzo, S.C., Xiao, Y., Iwamoto, H., Satoh, K., Donlon, J.F.: A new current-source converter using a symmetric gate-commutated thyristor (SGCT). IEEE Trans. Indus. Appl. **37**, 896–903 (2001)

[Zha08]   Zhang, X.P., Yao, L.: A vision of electricity network congestion management with FACTS and HVDC. In: IEEE Conference on Electric Utility Deregulation and Restructuring and Power Technologies, 3rd conference, pp. 116–121 (2008)

第 2 章 半导体的性质

2.1 引言

对半导体的研究已有很长的历史[Lar54,Smi59]。从现象上看，半导体被定义为这样一种物质，它的电阻率覆盖范围很宽，大约为 $10^{-4} \sim 10^9 \Omega \cdot cm$，介于金属和绝缘体之间，并在高温下，随着温度的升高而降低。其他的特性是光灵敏度、整流效应以及最典型的是其特性极大地取决于掺入的微量杂质。在 20 世纪 30 年代和 40 年代，在对半导体的物理性质有了基本的理解以后，现在经常用能带模型和杂质能级来解释在半导体中观察到的现象：半导体是固体，其导带和价带被禁带 E_g 分开，在足够低的温度下，导带是完全空的，而价带却处于被电子占满的状态。然而，在器件应用中最重要的一点是在一个宽的温度范围内，其电导率可用杂质控制，这儿有两种类型的杂质，施主释放电子，形成 n 型电导率；受主提供正的载流子，即空穴，形成 p 型电导率。这样就可能构成 pn 结。

制造功率器件的半导体必须有一个足够宽的能隙或"禁带"，以确保在没有掺杂的情况下，在一个足够高的工作温度下，例如 450K，本征载流子浓度低于最轻掺杂区的掺杂浓度。这是掺杂结构有效保持不变的前提。足够的禁带宽度在其他方面也是有利的，因为临界电场强度随禁带变宽而增加，在该临界电场强度下，材料能够经受住而不被击穿。当然，过宽的禁带也有不利的一面，因为杂质的电离能随着禁带宽度增加而变得更大，因此它们在室温下只能释放少量载流子。而且，自建电势和阈值电压也会随着禁带宽度的增大而变得更高。

半导体的其他性质也很重要。首先，一个重要的要求就是自由电子和空穴的迁移率要足够高。此外，大多数基于高载流子注入的功率器件需要有间接禁带的半导体，例如硅（参看第 2.4 节）。只有这些半导体才能充分控制过剩载流子的寿命，而这是决定动态和静态特性的。当然，杂质的性质对于 pn 结构也是需要的，调节寿命是绝对必要的。作为重要的半导体化学特性，提到了稳定的天然氧化硅，这几乎是整个现代半导体工艺的先决条件。有关半导体性质将在本章中详细论述，但它们对器件特性和工艺的影响将会在本书的后面章节中加以讨论。

用于功率器件的半导体总是以单晶形态存在的晶体，因为，首先只有单晶才能保证器件在阻断偏置下的空间电荷是单一的，并在禁带中有尽可能少的能级。只有在这些条件下，高的阻断电压和小的漏电流才有可能。第二，载流子的迁移率在单晶体中比在多晶体中高得多。这才符合较高电流密度和较小器件的要求。

从多晶材料到单晶材料的演变得到的好处，可以在用多晶硒（Se）制成的第一批商用功率半导体整流器上看到。这些整流器大约是在 1940~1970 年间生产和使用的[Spe58,Pog64]。最高电流密度为 1A/cm²，每单元阻断电压最高只有 40V。为了达到给定的电流和电压，需要相当大体积的封装。这种器件的特性不太好，部分归咎于半导体 Se 本身，但主要是由于多晶状态的原因。硅二极管取代硒整流器和锗(Ge)二极管始于 20 世纪 50 年代末，它的电流密度和阻断电压比 Se 和 Ge 的高出两个数量级以上。

现代半导体时代起始于 20 世纪 40 年代末，伴随着超纯单晶 Ge 的出现和对于 pn 结理解上的突破以及晶体管的发明而到来。用 Si 取代 Ge 是在 20 世纪 50 年代，当今，对于功率器件，Ge 已是不重要了。它的主要缺点是，禁带宽度相对较小，仅有 0.67eV(在 300K 时)，其结果是允许的工作温度低(约为 70℃)。Si 是目前最常见的用于半导体器件和功率器件的材料，人们可以在本书中读到更多的关于它的知识。禁带宽度 1.1eV 和 Si 的其他特性是很适合于大多数应用的。Si 属于(元素)周期表中的Ⅳ族，位于碳(C)之后，Ge 之前。由Ⅲ族元素镓(Ga)和Ⅴ族元素砷(As)组成的化合物半导体是砷化镓(GaAs)。这种半导体对于微波器件很重要，因为它的开关频率高。它的禁带宽度有 1.4eV，并有很高的电子迁移率(是 Si 的 5 倍)。在功率器件的领域中，高的电子迁移率使它适合于做高压肖特基二极管。市场上已经有了 300V 和更高电压的 GaAs 肖特基二极管。

还有一种化合物半导体，在过去的几十年里经过大量的研究和开发工作，对于功率器件来说，现在已经变得非常重要，那就是碳化硅(SiC)[Fri06]。它的禁带宽度范围大，从 2.3~3.3eV，这取决于结晶形态的变化(同素异形体，参见 2.2 节)。因此，其最高工作温度和临界电场强度比 Si 高得多。最高工作温度是指到此温度时，本征载流子浓度仍是足够的小；而临界电场强度是指在此值时击穿才会发生。不过，迄今为止，SiC 可能达到的更高温度，因为金属接触的性能和封装的限制，常常不能被充分利用，但高临界电场确实有利于应用的扩展，这就允许高得多的掺杂浓度，并且对于给定阻断电压所需要的基区宽度较小。这意味着能够制造高压快速肖特基二极管和别的单极器件，并有可能做出有超高阻断电压(可能高到 20kV)和低功耗的 pn 器件。SiC 器件的主要优点是允许有更高的工作频率，而与 Si 工艺的一个区别在于它不能用杂质扩散来作为掺杂方法，因为 SiC 中杂质的扩散系数太小。尽管 SiC 的工艺还不够多样化，开发也不够，而且开发费用比 Si 高，但 SiC 器件在电力电子领域的潜力是很大的。市场上不仅已有电流 50A，电压 1700V 的肖特基二极管和 MOSFET，而且也有电流数百安培和电压 1200V 以上的“全 SiC”模块。现在正在进行密集的试验，以期扩大应用领域，发挥其开关时间很短的优点，必须重新调整栅极电路和电子环境，以保持感应电压峰值和高频振荡处于危险水平以下。在本书的适当章节将会讨论 SiC 器件。

近年来，在以 GaN 为基础的微波和功率器件方面已进行了深入的研究[Ued 05]。这是一种半导体，它有 3.4eV 的禁带宽度和相应的高临界电场，这一点与 4H-SiC

相似。尽管这项技术从 LED 领域的发展中获益良多，但大型单晶的制造和 GaN 晶片的提供仍然是个问题。直到现在，被演示的 GaN 器件都是使用 GaN 薄膜的横向器件，而薄膜是用外延生长在 Si、4H-SiC 或蓝宝石（Al_2O_3）的衬底上的。与此同时，以 8 英寸 Si 晶片为衬底的 GaN 也能生产。GaN 器件的基本元素是一个由 GaN 和 AlGaN 的高度极化引入的高导电电子层（"二维电子气"，2DEG），后者是沉积在 GaN 上的一个薄层。由于具有高的临界电场，尺寸可以选择小些，所以每个区域可以获得小的导通电阻。阻断电压高达 1.8kV 和电流大于 100A 的场效应晶体管已被演示[Ike08]。对于高开关频率的应用，主要感兴趣的是中等电压（<1kV）的。市场上已有了 600V 级的特定器件等级[Mar14,Ish 15,Hoh15]，与 SiC 相比，目前的发展尚处于早期阶段。

对未来可能用于功率器件的材料，研究关注的对象是碳的金刚石型结晶体。金刚石有 5.5eV 的禁带宽度，纯净金刚石是绝缘体。它的临界电场非常高（10～20MV/cm）。如果它含有像硼或磷这样的杂质，则会表现为半导体，而它的载流子比硅有更高的迁移率。金刚石的困难是杂质的电离能高，特别是施主。因此，在室温下，只有小部分杂质被电离。部分克服此缺点的想法已经提出来了，而高压肖特基二极管的样品也已经有演示[Twi04,Ras08]。预计在电力电子技术领域中，金刚石器件会是一个需要较长时间的工作项目。

2.2　晶体结构

晶体中的原子排列在三维晶格的晶格点上，围绕格点它们可以振动。晶格在很大程度上是由原子之间的结合类型决定的。在所有已知的半导体中（除 Se 外），在所有方向上的结合都是广泛共价的，亦即由自旋方向相反的电子对所构成。这是Ⅳ族元素的规律，因为它们在外壳上有 4 个价带电子，一个原子能经过共价键拥有 4 个最近邻原子，每个相邻原子像中心原子一样，贡献一个电子给相连的键。这样，得到 8 个共用电子的闭合壳层，使每个原子形成一个非常稳定的结构。类似的见解适用于Ⅲ-Ⅴ族化合物，例如 GaAs，它的每个原子平均有 4 个价带电子。按照对称排列，这 4 个最近邻原子位于四面体的顶角上，四面体的中点，被它们的共同结合伙伴所占据。对于元素半导体，这种四面体结合方式只能通过一种晶格结构来实现，即金刚石结构。因此，这就是 Ge、Si 和碳的金刚石化的晶格结构。

图 2-1a 展示了金刚石晶格的立方晶胞。它可以看成是两个面心立方晶格（*fcc*）作为子晶格的叠加，前已阐明，子晶格的格点在立方体侧面的角和中心点上。这两个子晶格移动了空间对角线的 1/4。在图的左下部分标明的是在空间对角线上的一个原子能够和它的 4 个最近邻原子按照形成共价结合的原则结合在一起。这个图的这部分再一次画在图 2-1b 上，以便更清楚地展示四面体结合的几何结构。

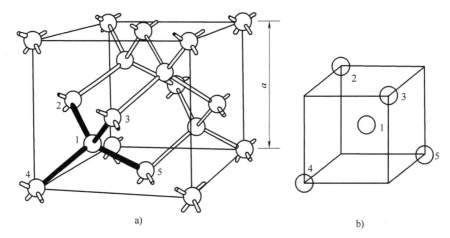

图 2-1 硅的晶格常数是 $a = 5.43$Å,硅原子的中心之间的距离

$d = \sqrt{3}/4a = 2.35$Å(引自参考文献[Sze81]和[Hag 93])

a) 金刚石晶格的立方晶胞,标出了空间对角线上的原子 1 和最近的 4 个相

邻原子 2~5 之间的四面体结合   b) 中心原子和四面体角上的 4 个相邻的原子

GaAs 有相同的晶格结构,只是一个面心立方子晶格由 Ga 原子占据,而另一个由 As 原子占据。如果在图 2-1b 中是 As 原子在中心,那么在角上的 4 个相邻原子就是 Ga 原子,反之亦然。这种被称为闪锌矿的晶格是大多数Ⅲ-Ⅴ族半导体的结构[Mad64]。

GaN 是一个例外,它在纤锌矿结构中结晶最好,这是一种六方晶系晶格,是 ZnS 在闪锌矿之外出现的第二个同素异形体的叫法。GaN 出现的变形闪锌矿结构是较不稳定的,也不用在器件中。在纤锌矿晶格中,同时有两种类型的相邻原子之间的四面体结合,只是相邻的四面体晶向彼此相对,不同于闪锌矿的结构。实际上,*XY* 化合物的四面体结合方式是与许多别的晶格兼容的。这可用 SiC 来说明,SiC 按闪锌矿结构并同时按许多别的同素异形体结构形成结晶,其中的大多数是六方晶系。在所有情况下,最近的相邻原子的排列是相同的,每个硅原子被 4 个碳原子围着,而碳原子是在以硅为中心的四面体的角上,反之亦然。只是更远原子的排列,同素异形体之间是各不相同的[Mue93]。最近邻原子之间的距离总是 0.189nm(即 1.89Å),差不多是原子间的平均距离,在金刚石中为 1.542Å,而在硅中为 2.35Å。对于功率器件,优先选用的是称为 4H-SiC 的六方晶系同素异形体。词头表示该结构以 4 个 Si-C 双原子面作为重复排列。按专门用语,GaN 的纤锌矿同素异形体为 2H 结构,因为晶格是两个 GaN 双原子面的重复排列。

所用的晶格结构汇总在下列表格中:

Ge,Si,金刚石 C	金刚石晶格,立方晶系
GaAs	闪锌矿晶格,立方晶系
GaN	纤锌矿晶格,2H 六方晶系
4H-SiC	4H 六方晶系

晶体晶向在某种程度上影响工艺参数和物理特性。在硅中，热氧化率、外延沉积率、表面态的密度和弹性模量取决于晶向，另一方面，由于是立方晶格，其迁移率和扩散系数是(各向同性的)标量。人们用密勒指数(Miller indices)来描述晶体晶面和方向。这是用所考虑的晶面与结晶轴之间的截距的倒数来定义的，其比值是三个最小整数。例如，立方体的六个晶面与两个晶轴相交于点∞，因此，两个密勒指数是0，这些晶面表示为(100)、(010)、(0-10)等。这些晶面统一表示为{100}晶面族。在各轴上有相等截距的晶面是{111}晶面族。在硅工艺中，用的是有{100}或{111}表面的晶片(薄片)。

2.3　禁带和本征浓度

禁带的产生是因为半导体原子的所有价带电子要求有完整的共价键，也因为电子必须要有一定的能量才能够脱离共价键而自由运动形成电流。这是用图 2-2 所示的能带图来表示的，图中画出了电子的能量与空间坐标 x 的关系。

价带里的电子处于被共价键束缚的状态，而导带则表现了自由导电时的电子状态。在价带顶 E_V 和导带底 E_C 之间没有能级出现，$E_g = E_C - E_V$ 就是禁带。这里，我们所说的"本征"半导体是指它的性质没有受到杂质的影响，而是由半导体自身形成的。为了让电子脱离共价键，而产生一个导电电子，无论如何能量 E_g 是必需的。在绝对零度下，这种能量激活不了价带电子(排除外部激活)，因为没有载流子存在，半导体的性能就像绝缘体一样。在 $T>0$ 时，一定数量的价带电子跃迁到导带中。然而，通过这种过程，不仅导电的电子产生了，而且一个数量相等的空的电子位置留在了价带中，这个空隙被称为"空穴"，同样能够传导电流。因为失去了价带电子，空穴有相反的极性，亦即正电荷。因为在电场作用下，空的位置反复地被相邻的价带电子所填充，空穴向电子的相反方向运动。这类似于水中的气泡克服重力而移动。由此可见，人们同样能够说空穴具有能量，在图 2-2 上空穴能量是标成向下的(参见下面的计算)。至此，对其他同样的价带电子的满带处于点 x 的(经典的)空位图也可成功解释。按此理解，空穴是个辅助的参量，用它可以更简单地描述所有已包含的价带电子的运动，而这些价带电子是真正的载流子。然而，另有确定性的实验，即霍尔效应(Hall effect)的详细测量，

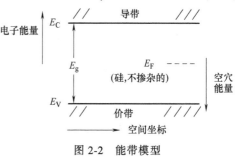

图 2-2　能带模型

它反驳了这个经典的图形，并且显示空穴自身为正电荷的载流子。这已被量子论所证实，按照量子论，空穴是独立的稳定的(准)粒子，理由是和导电电子一样的。这些特性将在下一段中详细讨论。

现在，我们来计算不掺杂的纯净半导体中载流子的本征浓度，同时引入某些对于电子和空穴更为通用的关系式，这些关系式在杂质存在时也是适用的。因为载流子的热产生是通过复合消灭它们而被平衡的，这就导致统计物理学所描述的热平衡。具有能量 E 状态的占有率被定义为电子数 n_E 除以具有该能量状态的数目 N_E，这是由费米分布给出的

$$\frac{n_E}{N_E} = \frac{1}{1 + e^{\frac{E - E_F}{kT}}} \tag{2-1}$$

式中，k 是玻耳兹曼常数；T 是热力学温度（绝对温度）；E_F 是费米能级，在统计热力学中，它被称为"化学势"。费米能级 E_F 是系统决定的常数，这样，系统各能级的 n_E 之和就是总的电子浓度。式（2-1）是量子力学原理的一个结果，一个态不能被一个以上的电子所占据。正如该式所表示的，能量小于 E_F 的状态绝大部分被电子占有，而 $E > E_F$ 的状态绝大部分是空的。占有数除以能量 E 的未占有状态的数称为占有度，即

$$\frac{n_E}{N_E - n_E} = e^{-\frac{E - E_F}{kT}} \tag{2-2}$$

在本征的情况下，以及经常也在掺杂的半导体中（参见 2.4 节），占有概率是小的，$n_E \ll N_E$。在所谓的非简并的情况下，式（2-2）转化为经典的玻耳兹曼或者麦克斯韦-玻耳兹曼分布

$$\frac{n_E}{N_E} = e^{-\frac{E - E_F}{kT}} \tag{2-3}$$

因为，基本上只是近导带底状态是被占有的，并且基本上只有近价带顶状态是空的，首先假设，在能带中的态是集中在边缘的，并且用有效态密度（单位体积的数量）N_C、N_V 以积分的形式给出它们的数量。以能量 E_C 代入式（2-3）中，得到热平衡状态下导电电子的浓度

$$n = N_C e^{-\frac{E_C - E_F}{kT}} \tag{2-4}$$

将 $E = E_V$ 代入式（2-2）中，并且考虑到在价带中未占有态的密度是和空穴浓度 p 相同的，而占有态的密度是 $N_V - p \approx N_V$，得到在热平衡状态下的空穴浓度如下：

$$p = N_V e^{-\frac{E_F - E_V}{kT}} \tag{2-5}$$

它表明，统计学上的空穴的行为像能量标识与电子相反的粒子一样。式（2-4）和式（2-5）相乘，用 $E_C - E_V = E_g$ 代入，得出

$$np = n_i^2 = N_C N_V e^{-\frac{E_g}{kT}} \tag{2-6}$$

式中，n_i 是本征浓度，$n_i = n = p$。式（2-6）是反应（0）$\leftrightarrow n + p$ 的质量定律方程式，它描述了电子-空穴对的产生和与之相反的复合。

因为公式的推导中没有用条件 $n=p=n_i$，本征导电表示的仅是式（2-4）、式（2-5）和式（2-6）的特殊情况，实际上，它们也适用于掺杂的半导体，那里，$n \neq p$。掺杂半导体将在下一节中详细讨论。玻耳兹曼分布［式（2-3）］只是针对热平衡状态的一种假设。这意味着掺杂不太重（非简并的情况）。如式（2-6）所表示的，np 的乘积是一个常数，与费米能级无关，而与禁带宽度以及温度有关。

设定 $n=p$，从式（2-4）和式（2-5）可以得到本征情况下的费米能级

$$E_i = \frac{E_V + E_C}{2} - \frac{kT}{2}\ln\frac{N_C}{N_V} \tag{2-7}$$

因为态密度 N_C、N_V 有相近的值，所以在本征半导体中的费米能级位于禁带中部的附近。

尽管简化了能带中态分布的假设，式（2-4）、式（2-5）和式（2-6）仍然适用于实际情况。考虑到随着温度 T 的升高，分别在能带边缘的上面和下面会有更多的态被占领，这会导致 N_C 和 N_V 对温度的依赖。态密度 N_E 随着离边缘的距离 ΔE 的增加，以 $\sqrt{\Delta E}$ 的方式来增加，乘以式（2-3）的玻耳兹曼常数，并且积分，再一次得到式（2-4）和式（2-5），式中 N_C、N_V 现在正比于 $T^{3/2}$[Sze02]。考虑到能带参数本身随温度的变化很小，对于硅可以得到[Gre90]

$$N_C = 2.86 \times 10^{19}\left(\frac{T}{300}\right)^{1.58}/cm^3$$
$$N_V = 3.10 \times 10^{19}\left(\frac{T}{300}\right)^{1.85}/cm^3 \tag{2-8}$$

这些数字大于大多数情况下的掺杂浓度，像以后将要看到的那样。与每立方厘米硅的原子数为 5.0×10^{22} 相比，它们是小的。

禁带宽度近似一个常数。然而，严格地考虑，它随着温度升高会有些减小。对于硅和其他半导体，它可以表示为[Var67]

$$E_g(T) = E_g(0) - \frac{\alpha T^2}{(T + \beta)} \tag{2-9}$$

对于 Si、GaAs、4H-SiC 以及 GaN，由这个公式得出的禁带宽度参数和有效态密度一起汇总在表 2-1 中[Thr75,Gre90,Lev01,Mon74]。

表 2-1　某些半导体的禁带宽度参数和有效态密度

参　　数	Si	GaAs	4H-SiC	GaN
$E_g(0)/eV$	1.170	1.519	3.263	3.47
$\alpha \times 10^4/(eV/K)$	4.73	5.405	6.5	7.7
β/K	636	204	1300	600
$E_g(300)/eV$	1.124	1.422	3.23	3.39
$N_C(300)/cm^{-3}$	2.86×10^{19}	4.7×10^{17}	1.69×10^{19}	2.2×10^{18}
$N_V(300)/cm^{-3}$	3.10×10^{19}	7.0×10^{18}	2.49×10^{19}	4.6×10^{19}

用这些数据计算出来 Si、GaAs、4H-SiC 的本征载流子浓度作为温度的函数如

图 2-3 所示，锗也包括在内。从 Si 到 SiC，由于本征浓度与禁带宽度成指数关系，因而它随给出的温度减小得非常快。设想一个给出可以接受某一热力学温度（绝对温度）的 n_i 值，如果忽略了式（2-6）中前设的指数系数和温度的关系后，则该 n_i 值与 E_g 成比例。

n_i 达到了与器件中最少掺杂区的杂质浓度相当时，它所对应的温度，规定为一个极限值，温度高于该值时，pn 结构开始消失，并且失去它的正常功能。如果 n_i 是处于主导地位，则它随温度成指数增加，相应的电阻随着减小，同时伴随着热反馈，这能引起电流集中以及器件损坏。在有 1000V 阻断电压的硅器体中，为了基区能

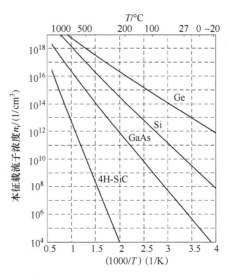

图 2-3   Ge、Si、GaAs 和 4H-SiC 的本征载流子浓度随温度的变化

承受得住电压，掺杂在 $10^{14}/\mathrm{cm}^3$ 范围内是必要的。为了满足条件 $n_i < 10^{14}/\mathrm{cm}^3$，温度必须保持低于 190℃，如图 2-3 所示。对于 4H-SiC，温度允许高于 800℃，以满足 1000V 器件的要求。但是，实际上，限于互连和封装材料，设置了一个低得多的温度上限。

式（2-6）表明，为什么宽禁带半导体一旦接近本征状态，其表现像绝缘体。在 4H-SiC 中，按上述数据给出的本征浓度在 400K 时甚至只有 $0.3/\mathrm{cm}^3$，相当于约 $2 \times 10^{16} \Omega \cdot \mathrm{cm}$ 的电阻率。不过，实际能得到的电阻率还要小几个数量级，SiC 能用作具有高热导的绝缘层。

为了供后面掺杂半导体情况使用，我们给出式（2-4）和式（2-5）的另一种形式，它们是这样得到的，用本征浓度和本征费米能级来消去有效态密度和能带边缘的能量。用 $n_i = N_C \exp\left(-\dfrac{E_C - E_i}{kT}\right)$ 这一专用式去除式（2-4），它变成

$$n = n_i \mathrm{e}^{\frac{E_F - E_i}{kT}} \tag{2-10}$$

在热平衡状态下空穴浓度可以表示如下：

$$p = n_i \mathrm{e}^{\frac{E_i - E_F}{kT}} \tag{2-11}$$

2.4   能带结构和载流子的粒子性质

除了图 2-2 所示的 $E(x)$ 能带图之外，有更详细的在 k 空间的能带图 $E(\vec{k})$，它

让人们进一步深入了解基本的半导体性质。这里画出了电子能量与波包的波矢量 $\vec{k}$ 的关系曲线，它是晶体的晶格-周期势中电子的量子力学的 Schrödinger 方程式的解。有主要意义的是价带 $E(\vec{k})$ 有最高的极大值，而导带 $E(\vec{k})$ 有最低的极小值。图 2-4 表示了在 $\vec{k}$ 空间中，对于给定方向的 Si 和 GaAs 的能带。

在导带的绝对最小值和价带的最大值之间的能量差就是图 2-2 所示的禁带宽度 E_g。价带的最大值总是在接近 $\vec{k}=0$ 处。在 GaAs 中，导带的最小值同样也处在这个位置。这类半导体被称为直接禁带半导体(direct semiconductor)。在 Si 中，导带最小值远离 $\vec{k}=0$ 处，这类半导体被称为间接禁带半导体(indirect semicondutor)。在 Si 中，因为每个 {1 0 0} 方向上都有一个最小值，因此其一个晶胞中有六个最小值。

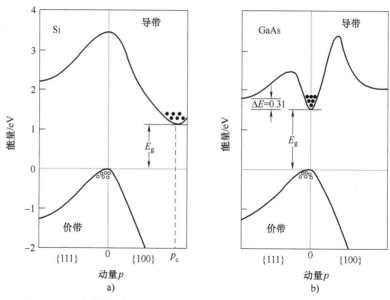

图 2-4　Si(间接禁带半导体)和 GaAs(直接禁带半导体)的能带 $E(k)$

(引自本章参考文献[Sze02]，经 John Wiley & Sons 公司授权)

无论半导体有直接禁带还是有间接禁带，禁带宽度决定了能带之间的跃迁概率。这决定了半导体适用于光器件，而对于功率器件也有某些意义。对跃迁概率的影响归结为，因为晶体动量 $\vec{p}=\hbar\vec{k}$ [$\hbar=h/(2\pi)=h/(2\pi)$，h 是普朗克常数(Planck's constant)] 有电子的动量的特点，与它对外力的反作用有关。由晶体中的周期电势引起的内力用别的途径来考虑(参见下述内容)。由电场或磁场引起的外力 $\vec{F}$ 产生一个如在牛顿第二定律中的加速度，由 $\mathrm{d}\vec{p}/\mathrm{d}t=\vec{F}$ 给出。在能带之间的跃迁中，晶体中动量 $\vec{p}$ 的变化必须用动量守恒定律来计算。导带底部 $\vec{k}=0$ 处的电子与空穴的复合发生过程中发射出光子,它吸收了几乎全部被释放的能量,但是有可以忽略的动量。在间接禁带半导体中,只有当导电电子的晶体动量能转换成晶格振动的量子,即声子时,复合才能够产生。因此相比于直接禁带半导体,例如 GaAs,那里复合发生时没有声子的参与,在间接禁带半导体中,能带到能带的辐射复合的概率低得多。所以,只有直接禁带半导体才用于 LED 和激光中。与能带到能带的辐射复合有关联的寿命代表少数载流子寿命的上限。对于 GaAs,辐射的少数载流子寿命 $\tau = 1/(BN)$(B 是复合常数),$\tau = 6\mu s$ 是对应于 $N = 1 \times 10^{15}/cm^3$ 的掺杂浓度估算出来的;对应于 $10^{17}/cm^3$,这意味着 $\tau = 60ns$[Atk85]。这足够使中等电压范围的 pin 二极管能令人满意地工作,但是它对有通常用的掺杂结构的双极型晶体管和晶闸管是不利的。在 Si 中,辐射的复合常数 B 要小 4 个数量级[Sco74]。因此,在 Si 中,很高的寿命值是可能的。在 Si 中的辐射复合,波长为 $\lambda \approx hc/E_g = 1.1\mu m$,通常用来作为研究和试验器件的内部运行的工具。除了 Si 以外,还有 Ge 和所有的 SiC 的同素异形体都是间接禁带半导体。而Ⅲ-Ⅴ族化合物半导体,有些属于直接禁带类型,像 GaAs 和 GaN,有些则属于间接禁带类型,像 GaP。

$E(\vec{k})$ 能带也是电子和空穴作为电荷载流子行为的基础。这里将简要地提一下,在 Moll[Mol64] 和 Spenke[Spe58] 的书中可以查阅更为完整的探讨。如果加上一个外力,导带最小值附近的电子被加速。但是动能的增加比较小,因为在短暂的弛豫时间之后,加速就停止了,这是由于晶体的非理想状态,即声子和杂质的散射所造成的。这样波矢量和动能衰减到接近于它们的起始值(对统计平均来说),并且留在能带中离最小值不远处。因此,动能 $E_{n,kin} = E - E_C$,能用泰勒展开式(Taylor's expansion)表示为

$$E_{n,\ kin} = \frac{1}{2} \frac{d^2 E}{dk^2} (\vec{k} - \vec{k}_m)^2 \qquad (2\text{-}12)$$

式中,$\vec{k}_m$ 表示在能带最小值处的 $\vec{k}$ 矢量。为简单起见,假设 $E(\vec{k})$ 只是 $\vec{k}$ 的绝对值 k 的函数,而与晶向无关。定义"粒子动量"为 $\vec{p}_n = \hbar(\vec{k} - k_m)$,式(2-12)变成

$$E_{n,\ kin} = \frac{1}{2\hbar^2} \frac{d^2 E}{dk^2} \vec{p}_n^{\ 2} = \frac{\vec{p}_n^{\ 2}}{2m_n} \qquad (2\text{-}13)$$

而且,式中已经定义

$$m_n \equiv \hbar^2 \bigg/ \frac{d^2 E}{dk^2} \qquad (2\text{-}14)$$

式中,m_n 是有质量的量纲,并被称为电子的有效质量。真空中,有效质量具有电子质量的数量级,但是并不等于它。电子的速度是 $\vec{v}_n = \vec{p}_n/m_n$。因为在 $\vec{p}_n = \vec{p} - \vec{p}_m$

中，导带最小值处的动量矢量 $\vec{p}_{\text{m}}$ 是常数，在力和加速度之间的关系式也能写成 $\vec{F} = \mathrm{d}\vec{p}_{\text{n}}/\mathrm{d}t$。因此，量子力学得出这样的结果，在晶格周期电势中的导电电子遵守力学关系式；它们对外力的反应像带有正的有效质量 m_{n} 和负的电荷$-q$ 的质点。与周期电势的内电场的相互作用是用有效质量来考虑的。有效质量不是一个标量，而是一个张量，但是，对于本质上理解这个模型是不重要的。

空穴表现非常相似。这可以用在满电子的价带中减去一个电子的表达方式得到证明。满电子的价带不传导电流，因为来自$+\vec{k}$ 和$-\vec{k}$ 的粒子互相补偿。一个电子对于电流密度的贡献是$-g\vec{v}_{\text{n}}$，因而失去了这个电子，亦即空穴贡献为 $+g\vec{v}_{\text{n}}$。因为空穴的速度和这个失去电子的速度相等，由运动方程式得出 $\vec{v}_{\text{n}} = \vec{F}_{\text{n}}/m_{\text{n,v}} = \vec{v}_{\text{p}} = \vec{F}_{\text{p}}/m_{\text{p}}$。这里，$\vec{F}_{\text{n}}$ 表示作用在电子上的力，而 $\vec{F}_{\text{p}}$ 表示作用在空穴上的力，由于它们的电荷相反，其电场和磁场有相反的符号，$\vec{F}_{\text{p}} = -\vec{F}_{\text{n}}$。$m_{\text{n,v}}$ 是价带电子的有效质量。因此，为了得到在力和加速度之间的经典方程式，必须定义 $m_{\text{p}} = -m_{\text{n,v}}$。因为在价带顶 $\mathrm{d}^2 E/\mathrm{d}k^2 < 0$，价带电子的有效质量 $m_{\text{n,v}}$ 是负的，这样空穴的有效质量就是正的：

$$m_{\text{p}} = -\hbar^2 \bigg/ \frac{\mathrm{d}E}{\mathrm{d}k}(E = E_{\text{V}}) \qquad (2\text{-}15)$$

对于 $E_{\text{kin,p}} \equiv E_{\text{V}} - E$，得到与电子类似的结果：$E_{\text{kin,p}} = \vec{p}^2/2m_{\text{p}} = m_{\text{p}}\vec{v}_{\text{p}}^2/2$。由此，得到了空穴也遵守力学关系式，它们表现像带有正电荷 q 和正的有效质量的质点。量子力学引入了一个粒子的概念，被称为准粒子模型，它证明空穴与导电电子基本相同。这一概念应用广泛，并被用于整个器件物理。

在定量上，情况更是错综复杂，因为在 Si 和别的半导体中，电子的有效质量是一个张量，并且强烈地取决于晶向。但是，引入到迁移率和电导率的有效质量，即"电导率有效质量"$m_{\text{n,c}}$ 是在 k 空间中对等效最小值求得的一个平均值，这一平均使立方晶体中的有效质量变成一个标量[Smi59]。在 Si 中，电导率有效质量是 $m_{\text{n,c}} = 0.27m_0$ (m_0 是自由电子的质量)[Gre90]。同样，对于 Si 中的空穴，电导率有效质量用的也是标量。在 300K 时，$m_{\text{p,c}} = 0.4m_0$。这两个有效质量对温度只有很弱的依赖关系。

关于空穴的准粒子模型，与前面提到的大量键合电子中的空隙或气泡的经典概念相比，问题在于，它是否意味着有本质上的不同。回答是肯定的。最明显的是可用霍尔效应(Hall effect)来证明，测量霍尔效应是研究构成电导率基础的基本过程的主要实验手段。在这些实验中，磁场 $\vec{B}$ 是垂直加于流过一个纵向电流的半导体长条上，测量在长条上侧向产生的电压 V_{H}，如图 2-5 所示。

因为载流子是被迫沿着长条流动的，洛仑兹力(Lorentz force) $Q\vec{v} \times \vec{B}$ 被侧向电

场 $\vec{E}_H = -\vec{v} \times \vec{B}$ 产生的力所平衡，式中，$\vec{v}$ 是载流子的（漂移）速度的矢量，而 Q 是它们的电荷。如果 x 和 z 坐标方向分别是 $\vec{v}$ 和 $\vec{B}$ 的方向，那么，"霍尔电场"$\vec{E}_H$ 有正的 y 坐标方向。在这个坐标系

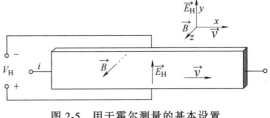

图 2-5　用于霍尔测量的基本设置

中，用规定的字母来表示标量分量[结果 $\vec{v} = (v, 0, 0)$，$\vec{B} = (0, 0, B)$，$\vec{E}_H = (0, E_H, 0)$]，得出

$$E_H = vB = \frac{j}{QC}B = R_H jB, \quad R_H = \frac{1}{QC} \qquad (2\text{-}16)$$

这里，用电流密度按照 $j = QCv$ 来代替速度，其中 C 表示载流子浓度，R_H 被称为"霍尔系数"。如果在 p 型半导体中，空穴电流基本上是通过如在经典的气泡模型中的价带电子的运动而获得的，霍尔系数会有相同的负的符号，如同 n 型样品，$Q = -q$ 同样适用。此外，因为价带电子的浓度 C 比空态的浓度高得多，而且，同样也比在有相同电导率的 n 型半导体中的电子浓度高得多，按照经典的气泡模型，R_H 的绝对值应该是很小的。实际上，无论如何，用受主掺杂的样品测量的霍尔系数都是正的，与 n 型样品的相反，而在大小上，对于两种掺杂类型，它是可以比拟的。因此，空穴表明它们本身像独立存在一样，在磁场里像带正电的质点一样受到了洛仑兹力。所以，p 型电导率是它自己的电导率类型，等价于 n 型导电。在发展固态量子理论之前，在许多样品中发现正的霍尔系数是非常令人兴奋的不平常的事情。

2.5　掺杂的半导体

如果在硅晶体中，在晶格上的某些原子被元素周期表中的 V 族元素的原子，例如磷的原子所置换，每个杂质原子在外壳上多一个电子，这个电子是比四个共价键所必需的电子多出来的一个。所以，多出的这个电子仅被松散地束缚着，而且只需要少量的能量（多半可得到的如热能）使该电子从杂质原子上脱离变成自由的，从而导电。贡献它们的第五个电子到导带中的这些元素被称为施主。这是非本征的 n 型半导体，用"n"来表明载流子带负电的。另一方面，如果在硅原子的某些格点上用 Ⅲ 族元素的原子，例如硼的原子来置换，每个杂质原子的电子数，比四个共价键所必需的电子数少一个。因为杂质和邻近硅原子之间的结合几乎和硅原子本身之间的结合一样紧密，只要存在少量必需的能量，就能将一个电子从附近的 Si-Si 结合中移走，移到杂质原子上，从而完成它和四个相邻硅原子的结合。接受价带的电

子，以及因此产生可移动的空穴，这些导致 p 型电导率的杂质被称为受主。在能带图里，施主的能级在禁带中接近于导带，而受主的能级接近于价带的边缘。在 Si 和 4H-SiC 中的重要掺杂物的能级表示在图 2-6 上。

在定量模型中，Ⅲ 和 Ⅴ 族的杂质被认为是类氢化系统，它们的基态能量表现为电离能 $\Delta E_D = E_C - E_D$，$\Delta E_A = E_A - E_V$ [Smi59,Koh57]。在一个中性的施主中，不用于晶格键的电子被电场束缚在离子 D^+ 上，该电场被理想化为均质介质中的库仑场形式 $E = q/(4\pi\varepsilon r^2)$。利用半导体的宏观介电常数 $\varepsilon = \varepsilon_r\varepsilon_0$ 和电子在主晶体中的有效质量 m_n，结果氢原子的公式仅被 ε 和 m_n 的数值所修改。因为用这种方式得到的轨道半径明显大于半导体原子之间的距离，该假设被证明是一个粗略的近似，从而得到电离能为

$$\Delta E = \frac{m_n q^4}{8\varepsilon^2 h^2}$$

式中，h 是普朗克常数。在 Si 中的施主（$\varepsilon = 11.7\varepsilon_0$，$m_{\text{eff}} = 0.27m_0$，$m_0$ 是自由电子的质量），得到 $\Delta E_D = 26.8\text{meV}$。与此相似，中性的受主被理解为离子 A^-（由完全的共价键束缚在晶格中），被理想库仑场中的空穴所包围。当空穴有效质量为 $0.4m_0$ 时，得出的硅中受主的电离能 $\Delta E_A = 40.0\text{meV}$。如图 2-6 所示，实验的电离能和这些模型值是一个数量级，但稍微偏高些。在 SiC 中，差异就更大。除了忽视了邻区杂质的影响，在模型中被分配到离子轨道上的电子或空穴在某种程度上可能会被晶格中的离子所键合。复合中心所示的禁带中的深能级（参见 2.7.2 节）超出了该模型的范围。

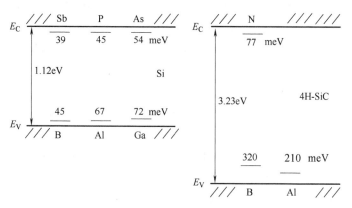

图 2-6　杂质在 Si 和 4H-SiC 中的能级。给出各个能带的差异，即分别给出电子或空穴，从中性杂质原子提升到导带或价带的电离能或激活能

因为电离能小，同时在导带和价带中有许多可供电子和空穴占据的态，在 Si 中大多数施主和受主在室温下是电离的。这是在两种掺杂的情况下，如果费米能级位于施主能级之下或者受主能级之上，根据式（2-1）或式（2-2）得出的。详细考虑电离的程度，在施主掺杂的情况下，我们用符号 N_D 表示总的杂质浓度，并分别用

N_D^0、N_D^+ 表示中性的和电离的杂质浓度。因此,在式(2-2)中,被占用的施主能级数是 $n_E = N_D^0$,而未被占用的能级数 $N_E - n_E = N_D - N_D^0 = N_D^+$,因而,两者比值为占有度,即

$$\frac{N_D^0}{N_D^+} = g e^{-\frac{E_D - E_F}{kT}} \tag{2-17}$$

式中,加入了"简并因子"g,对于施主,$g = 2$。这个因子是必要的,因为中性施主 D^0 存在两种状态,这取决于被捕获电子的自旋方向。尽管如此,仅有一个电子能被捕获,因为对于第二个电子,库仑场已不再存在。由于 D^- 态不出现,费米能级不包含 D^0 态的简并,因此,必须对它分别考虑[Spe58,Sho59]。用式(2-4)去除式(2-17),费米能级可以被消除,得出

$$\frac{N_D^0 / N_D^+}{n / N_C} = g e^{-\frac{E_C - E_D}{kT}} \tag{2-18}$$

只要本征浓度,以及空穴浓度 $p = n_i^2 / n$ 是小的,当电中性条件是 $N_D^+ = n$,因此,$N_D^0 = N_D - n$。代入此式,并且求出 n,在简单的换算后得出

$$n = \frac{N_D}{\dfrac{1}{2} + \sqrt{\dfrac{1}{4} + \dfrac{N_D}{N_C} g e^{\frac{\Delta E_D}{kT}}}} \tag{2-19}$$

对于小 ΔE_D 和 $N_D \ll N_C$,按预期得出 $n \approx N_D$。只要把 N_D、N_C 和 ΔE_D 分别换成受主的量 N_A、N_V 和 ΔE_A,即可得出掺杂受主时的空穴浓度[参见 $N_D = 0$ 时更为通用的式(2-23)]。但是,在 Si、Ge 和 SiC 中受主能级的简并因子 $g = 4$,因为 $k = 0$ 时,存在两个简并的价带,能级从中分裂出来,并且这引起除自旋简并外的进一步简并[Bla62]⊖。对于 n 型和 p 型两种电导率,简并因子分别降低了它们的电离率 n/N_D 或者 p/N_A。

可以证实,通过代入图 2-6 中的电离能和式(2-8)中的有效态密度,Si 中掺杂浓度高至 $10^{17}/cm^3$ 时在室温下都几乎完全电离。在更高的浓度下,存在可观的消电离作用。但是,在这个掺杂范围内必须考虑电离能随浓度增加而减小,对小浓度而言,是从图 2-6 中给出的值开始的。对于 Ga,$5 \times 10^{17}/cm^3$ 的杂质浓度大约是晶闸管中 p 基区的最高掺杂浓度,确定的激活能是 65meV[Wfs60]。用 ΔE_A 得出了300K 时 Ga 的电离率,它是 Ga 总浓度的 66%。载流子浓度作为温度的函数表示在图 2-7 上,图上给出了这个例子,另外还有 $10^{14}/cm^3$ 浓度的磷掺杂的情况。其实对于 $5 \times 10^{17}/cm^3$ 的浓度,温度高至 400K 时,消电离作用才是明显的;对于 $10^{14}/cm^3$ 的掺杂浓度,温度降至 80K 电离还完全维持。在 $T > 430K$ 时,本征载流子

⊖ 实际上,受激态的占有引起一个附加的简并和 g 的增强[Bla62,P.140ff]。在 Si 中,这个影响似乎相对较小,原因是在受激态与基态之间能量差很大。因为实际条件下的计算是不用的,这个影响不加考虑。

浓度变得可与 $N_D = 10^{14}/cm^3$ 相比拟，导致载流子浓度增加。

为了计入此影响，电中性条件代入式(2-18)时，必须考虑少数载流子浓度。在 $N_D^+ = N_D$ 范围内，$n = N_D^+ + n_i^2/n$，可以得到

$$n = \frac{N_D}{2} + \sqrt{\left(\frac{N_D}{2}\right)^2 + n_i(T)^2} \tag{2-20}$$

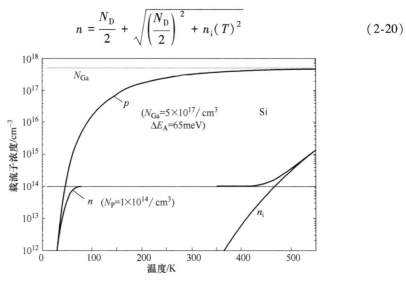

图 2-7　对于 $5 \times 10^{17}/cm^3$ 镓掺杂和 $10^{14}/cm^3$ 磷掺杂，载流子浓度随温度的变化

在 SiC 中，掺杂物的能级位于禁带的较深处(见图 2-6)，所以，掺杂原子的较大部分保持着中性，特别对于受主。Al 在 SiC 器件中是最好的受主掺杂物，以 $N_V = 2.5 \times 10^{19}/cm^3$，从式(2-19)的受主模型[Go101]推导出 300K 时，掺杂浓度 $N_A = 1 \times 10^{16}/cm^3$ 下，电离率仅为 35%，这能强烈影响器件的特性。在 SiC 中的硼，甚至显示出更小的电离程度。不完全电离是 SiC 制造高效率发射层的障碍。

在 GaN 中，硅掺杂是预期的 n-掺杂的典型选择。在 GaN 中硅的激活能是 5～9meV，这允许有效掺杂[Qua08]。Mg 作为受主，其电离能在 140～210meV[Lev01]，在本章参考文献[Qua08]中报道的是 173meV。在 GaN 中也有原生缺陷作为掺杂物的，氮位 V_N 上的空位作为施主，Ga 位 V_{Ga} 上的空位是浅受主。

在金刚石中，在禁带中能级基至更深[Gil79]。硼是深能级的受主，激活能达370meV[Gil79]。磷显示施主状态，具有 0.8～1.16eV 的激活能[Oka90]。因此，室温下的电离率是低的，很难达到电流传输所需的有效载流子浓度。

通常，知道一个给定的掺杂浓度的费米能级是很重要的。对于完全电离和对应于 $n_i \ll N_D$，N_A 的温度，费米能级以简单的方式与掺杂浓度有关。如果再限制到非简并的状态，则将 $n = N_D$ 代入式(2.4)，可以得到

$$E_C - E_F = KT\ln\left(\frac{N_C}{N_D}\right) \tag{2-21}$$

对于硅，它和类似的受主掺杂的方程被画在图 2-8 上，对应于 300K 和 400K。费米能量是掺杂浓度对数的线性函数。

根据式（2-19），比值 n/N_D 随掺杂浓度 N_D 的增大而减小，并假定 ΔE_D 是常数，在高 N_D 时变小，实际上这是观察不到的。相反在掺杂浓度为 $10^{19}/cm^3$ 及更高时，杂质完全电离。这可以用上述的电离能的减小和其他高掺杂效应来解释。ΔE_D 和 ΔE_A 的减小是由自由载流子的杂质电荷的屏蔽引起，例如 D^+ 由电子的屏蔽引起，以及由在相邻带上形成的态的带尾造成的，因为统计分布的杂质的库仑场干扰了周期晶格势。此外，杂质原子的能级扩展并形成了一条杂质能带，因为束缚杂质状态的波函数在高浓度时重叠，所以能级分裂。这些影响从浓度 $N_{C,V}/2$ 以下一个多数量级起，简并开始了。由于他们还没有从理论基础上完全掌握，实际上用半理论或经验模型概念来调整参数。Kuzmicz[Kuz86]的计算考虑了所提到的杂质能带和平均电离能的减少，得出了图 2-9 所示的电离率和杂质浓度的关系曲线。

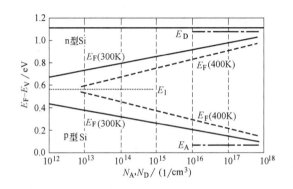

图 2-8　在 $T=300K$ 时，在 n 型和 p 型 Si 中费米能级与掺杂浓度的关系曲线

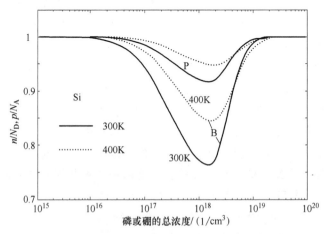

图 2-9　在 300K 和 400K 时 Si 中磷和硼的电离率作为各自总杂质浓度的函数（根据 Kuzmicz[Kuz 86]）

图中表达的是硅中最常用的磷和硼掺杂物。这些曲线是本章参考文献[Kuz86]基于数值计算开发的解析表达式重新计算的。在 300K 时，消电离有它的最大值，接近于 $2\times10^{18}/cm^3$，且总量上磷占 9%，硼占 23%。超过 $10^{19}/cm^3$，再次完全电离。在电阻率和温度的关系曲线中，消电离在中间区域变得明显。

如果施主和受主同时出现怎么办？这种情况总是存在的，在用杂质扩散来掺杂的器件中，特别在扩散的 pn 结附近，这是用条件 $N_A=N_D$ 来定义的，为了分析补偿的效果，考虑受主掺杂起主要作用这种情况，N_A-N_D 之差大于本征浓度 n_i。由于深陷的费米能级，所有施主是被电离的，$N_D^+=N_D$。因此，中性区的空穴浓度是 $p=N_A^--N_D$。通常假设受主也是完全被电离的，这样，空穴浓度是等于净杂质浓度，$p=N_A-N_D$。考虑受主的去电离化，得出净受主浓度的电离率 $N_{A,net}=N_A-N_D$，而 $r\equiv N_A^-/N_A$

$$\frac{p}{N_{A,net}}=\frac{rN_A-N_D}{N_{A,net}}=r-(1-r)\frac{N_D}{N_{A,net}}$$

与减少的净受主掺杂有关，受主的去电离化变得更有分量，因此，$p/N_{A,net}$ 随补偿掺杂 N_D 而减少。但是，受主电离率 r 本身也依赖于浓度 N_D。用式(2-2)表示的 N_A^-/N_A^0 与式(2-5)相乘，得到

$$\frac{N_A^-}{N_A^0}p=\frac{N_V}{g}\exp\left(-\frac{E_A-E_V}{KT}\right)\equiv C \tag{2-22}$$

再一次包含了简并因子 g，以允许增加中性杂质态的占有概率。浓度 C 是反应 $N_A^-+p\Leftrightarrow N_A^0$ 的质量定律常数。因为现在 p 被补偿掺杂剂所减少，占有度 $\gamma=N_A^-/N_A^0$ 增加，因而电离率 $r=\gamma/(1+\gamma)$ 也增加。将电中性条件 $N_A^-=p+N_D$ 和方程 $N_A^0=N_A-N_A^-=N_A-p-N_D$ 代入式(2-22)，可以得到空穴浓度

$$\frac{(p+N_D)p}{N_{A,net}-p}=C \tag{2-23}$$

其解为

$$p=\frac{2N_{A,net}}{1+\frac{N_D}{C}+\sqrt{\left(1+\frac{N_D}{C}\right)^2+4\frac{N_{A,net}}{C}}} \tag{2-24}$$

式(2-24)是受主表示式(2-19)的通式，当 $N_D=0$ 时，此式就会转换。此式清楚地表明，电离的净受主掺杂的部分除了依赖于 $N_{A,net}=N_A-N_D$ 本身，还依赖于补偿掺杂物浓度 N_D。因为 C 的数量级是 $10^{18}\sim10^{19}/cm^3$，这种效果只有当 $N_D\geq5\times10^{16}/cm^3$ 时才非常重要，因此，为了真实地描述必须考虑高掺杂的影响。浓度不太高时，这些可以近似地用电离能 $\Delta E_A=E_A-E_V$ 随掺杂浓度的实际减少来表达。因为

这导致了浓度 C 按照式（2-22）而增加，p 随式（2-24）给出的 N_D，其减少大为削弱。据报道硼的电离能与掺杂浓度有关，为 $\Delta E_A = 46 - 3 \times 10^{-5} \left(N_A^+ + N_D \right)^{1/3}$ mev[Li78]。图 2-10 画出了两种温度下用 ΔE_A 得到的 $p = N_{A,\text{net}}^-$ 与 N_D 的关系曲线。净受主浓度 $N_A - N_D$ 是常数，等于 $1 \times 10^{16}/\text{cm}^3$。在 300K 时电离率减少到 80%，达 $N_D = 2 \times 10^{18}/\text{cm}^3$。因此，在低的净掺杂浓度下，强补偿区域的消电离作用已经相当可观。在无补偿的情况下，$N_D = 0$，由式（2-24）得到的与 $\Delta E_A(N_A)$ 式所阐明的受主电离率在近于 $N_A = 2 \times 10^{18}/\text{cm}^3$ 时，与图 2-9 上硼的曲线大致一致，超过这种掺杂，此近似就不对了。在本章参考文献 [Bla63, p.132ff] 中，使用多种杂质的掺杂被广泛地用类似式（2-24）来处理。

到现在为止，我们假设了：半导体是中性的，并且处于热平衡状态。然而，在器件中存在有空间电荷的区域，其中载流子是耗尽的，而另一方面，存在有注入的载流子的区域，载流子是由掺杂物提供的。与上述计算不一致的是在空间电荷区中的电离几乎总是全部的，因为载流子的耗尽（$p \ll N_A^-$）把反应 $A \Leftrightarrow A^- + \oplus$ 推向更高的 N_A^- 值。在大注入条件下，然而消电离增强，特别在这种情况下，它能影响器件的工作。

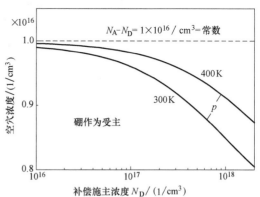

图 2-10　对于恒定的净受主掺杂 $N_A - N_D$，空穴浓度与补偿施主浓度 N_D 的关系

这些效应可以用式（2-18）和式（2-22）来进行定量计算。

尽管这个讨论显示了局限性，但硅中的掺杂原子通常在工作温度 $T \geqslant 250K$ 时达到相当高的电离程度。实际上，大多数的分析计算和器件模拟的程序恰恰建立在整个器件和整个所考虑的开关时间过程中完全电离的假设上的。以上讨论表明，更精确的处理方法可能是值得加倍努力的。对于 SiC 和 GaN 器件来说，这是通常的情况。

上述高掺杂的影响是造成其他现象的主要原因，它影响着功率器件的特性：在高掺杂浓度的情况下，禁带宽度减小，相应的本征浓度 n_i 增加。通过对双极型晶体管 p 基区进行的测量，Slotboom 和 De Graaff[Slo76] 得出了关于禁带宽度变窄的下列以实验为根据的关系式，ΔE_g 和掺杂浓度 N 有关

$$\Delta E_g = 9 \times 10^{-3} \text{eV} \times \left[\ln \frac{N}{10^{17}/\text{cm}^3} + \sqrt{\left(\ln \frac{N}{10^{17}/\text{cm}^3} \right)^2 + 0.5} \right]$$

$$\approx 18 \text{meV} \times \ln \frac{N}{10^{17}/\text{cm}^3}, \text{ 对于 } N > 5 \times 10^{17}/\text{cm}^3 \tag{2-25}$$

考虑了能带带尾和杂质能带的计算，得出的结果与式(2-25)大体一致[Slo77]。受主掺杂区所观察到的关系也适用于高掺杂的 n 区。Lanyon 和 Tuft[Lan79]证明了导致禁带宽度有效变窄的另一影响是静电场能量，这种能量是在多数载流子的环境中，当一个电子-空穴对产生时所需要的。这包含在禁带宽度中的储能随着(多数)载流子浓度的增加由于屏蔽而变得更少。根据力学，在此范围内，下列理论公式已经被推导出来，公式中用了麦克斯韦-波耳兹曼统计学[Lan79]：

$$\Delta E_{\mathrm{g}} = \frac{3q^2}{16\pi\varepsilon}\left(\frac{q^2 n}{\varepsilon kT}\right)^{\frac{1}{2}} = 22.6\left(\frac{n}{10^{18}}\frac{300}{T}\right)^{\frac{1}{2}}\mathrm{meV} \tag{2-26}$$

式中，ΔE_{g} 和载流子浓度 n 有关(在 n 型掺杂的情况下)，而不是和掺杂浓度有关，这是重要的，特别在空间电荷区中。对于 Si，式(2-26)右边数字表达式是用介电常数 $\varepsilon = 11.7\varepsilon_0$ 得到的。虽然没有考虑能带带尾和杂质能带，式(2-26)也自称能用来描述大量的测试结果，而这些是部分被重新解释过的[Lan79]。不同于 Slotboom 和 DeGraaff 的结果，即式(2-25)，按照式(2-26)，禁带宽度的变窄是与温度有关的。

两者之间的关系曲线示于图 2-11 上。在 $10^{18}/\mathrm{cm}^3$ 附近，Lanyon 和 Tuft 的公式得出的禁带宽度的变窄比 Slotboom 和 De Graaff 得出的小很多，在 $2\times10^{19}/\mathrm{cm}^3$ 以上，这是刚好相反的。这两种估算都不是没有假设的，式(2-25)的实验结果在本章参考文献[Slo 77]中获得了理论上的支持。

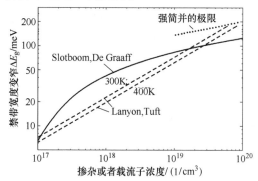

图 2-11　禁带宽度的变窄随掺杂或载流子浓度的变化，分别按照本章参考文献
[Slo76]式(2-25)(实线)和本章参考文献[Lan79]式(2-26)(虚线)，
虚线代表强简并下的极限表现[Lan79]

在本章参考文献[Slo76]中主要确定的量是本征载流子浓度 n_{i} 与掺杂浓度的依赖关系。为了转换为禁带变窄，假设相关能带的有效态密度 N_{V} 或 N_{c} 是不变的。因此，将变窄的禁带 $E_{\mathrm{g}} = E_{\mathrm{g0}} - \Delta E_{\mathrm{g}}$ 代入式(2-6)，得到用于 n_{i} 和 ΔE_{g} 之间换算的式(2-27)

$$np = n_{\mathrm{i}}^2 = N_{\mathrm{C}} N_{\mathrm{V}} \mathrm{e}^{-\frac{E_{\mathrm{g}}(N)}{kT}} = n_{\mathrm{i0}}^2 \mathrm{e}^{\frac{\Delta E_{\mathrm{g}}}{kT}} \tag{2-27}$$

式中，n_{i0} 表示在低掺杂(或载流子)浓度相当于禁带宽度 E_{g0} 时的本征浓度。在以后的 3.4 节和 5.4.5 节中，将用这些结果来研究注入效率，即高掺杂发射区复合对

于器件特性的影响。

在本节末尾，我们提到了一些常用的表示法。术语多数载流子和少数载流子被用来识别载流子的类型，它们是由占支配地位的掺杂原子提供的，第二种类型的载流子占少数并在热平衡下通过质量定律方程 $np = n_i^2$ 与第一种相关联。在这种情况下，在硅中少数载流子的浓度比多数载流子的浓度低很多数量级。对于 $N_D = 1 \times 10^{14}/cm^3$ 的施主浓度，室温下得到 $n_i \approx 10^{10}/cm^3$，多数载流子浓度 $n = 1 \times 10^{14}/cm^3$，而少数载流子浓度 $p = n_i^2/n = 1 \times 10^6/cm^3$。在较高的温度下，将式(2-20)代到 $p = n_i^2/n$，可以计算少数载流子浓度，也可参看图2-7。然而在热平衡条件下，少数载流子对本体材料的性质是不重要的，它们对基于少数载流子的注入和抽取的 pn 器件的功能起着至关重要的作用。这将在以后进行研究。

在带有不同掺杂水平层的器件中，加在上面的符号"–"或"+"是加到表示电导率型号的符号上的，用来表示掺杂水平。这样，n^- 和 p^- 表示具有比邻近区域更低掺杂水平的 n 和 p 层；同样，n^+ 和 p^+ 表示具有更高掺杂水平的层。以这种方式表示的典型的掺杂范围如下：

n^-，p^-：$10^{12} \sim 10^{14}/cm^3$

n，p：$10^{15} \sim 10^{18}/cm^3$

n^+，p^+：$10^{19} \sim 10^{21}/cm^3$

通常，一个功率器件在其内部包含有一个弱掺杂 n^- 区域，该区域基本上是决定特性的。重掺杂 n^+ 和 p^+ 层接近金属化的表面。

2.6　电流的输运

2.6.1　载流子的迁移率和场电流

如在2.3和2.4节中讨论过的，在半导体中电子和空穴的表现基本上像自由粒子，但是它被振动的晶格原子、杂质离子和别的散射中心所散射。像气体中的分子一样，它们有热动能，按照统计平均，它是

$$E_{kin} = \frac{m}{2} v_{th}^2 = \frac{3}{2} kT \tag{2-28}$$

式中，v_{th} 是平均热速度；m 表示有关载流子的有效质量。在室温下，平均热速度是很高的：用电子有效质量 $m = m_n = 0.27 m_0$ 从式(2-28)中得出，在 300K 时，$v_{th} = \sqrt{3kT/m_n} = 2.2 \times 10^7 cm/s = 220 \mu m/ns$。在两次散射之间的平均自由程，在轻掺杂的 Si 中是 10nm 数量级，如果有许多杂质存在，则更小。因为热运动是统计分布在所有方向上的，由大量载流子产生的电流在相同电位端点之间是零。式(2-28)中热速度被定义为速度的方均根值，对于平均绝对速度作了大致的测量。与之相反，如果不存在电场，则对于电子和空穴，两者都考虑了它们的方向后，其热速度的一般线

性平均值是零。

当加上一个电场 E 时，每一个载流子都经受了一个力 $\pm qE$，并且在两次碰撞之间被加速。因此，热速度被叠加上了一个附加速度，对于空穴，它与电场同方向，而电子则相反。对每种类型的载流子在时间上求线性平均值，现在得出电子和空穴的非零的平均速度 v_n、v_p。这些速度是由电场引起的，被称为漂移速度。弱电场是按此条件定义的，即漂移速度比热速度 v_{th} 小，两次碰撞之间的平均自由时间 τ_C 取决于总速度，而与电场无关。因此，在此范围内，漂移速度正比于电场强度

$$v_{n,p} = \mp \mu_{n,p} E \qquad (2\text{-}29)$$

式中，比例因子 μ_n 用于电子，而 μ_p 用于空穴，被称为迁移率。由于负号用于电子，因而两个迁移率都是正的系数。把式(2-29)代入到条件 $v \ll v_{th}$ 中，现在省去了符号 n 或 p，得出对于恒定的迁移率，电场必须满足的条件：

$$E \ll \frac{v_{th}}{\mu} \qquad (2\text{-}30)$$

迁移率的重要性在于它是与宏观电流密度相关的。这些得自式(2-29)

$$\begin{aligned} j_n &= -qnv_n = q\mu_n nE \\ j_p &= qpv_p = q\mu_p pE \end{aligned} \qquad (2\text{-}31)$$

电子和空穴的浓度分别是 n 和 p。两者之和是总电流密度 j

$$j = j_n + j_p = q(\mu_n n + \mu_p p)E = \sigma E = E/\rho \qquad (2\text{-}32)$$

式中

$$\sigma \equiv q(n\mu_n + p\mu_p) = 1/\rho \qquad (2\text{-}33)$$

式中，σ 是电导率；ρ 是电阻率。按照这些公式，迁移率是材料的参数，它决定了给定电流密度下的欧姆电压降 $V = E\Delta x = \rho j\Delta x$，因此，决定了功率损耗密度 jV 和热量的产生。所以，迁移率决定了器件的最大允许电流密度，和别的特性一起决定了功率半导体器件的适用性。

表 2-2 给出了各种半导体中迁移率的概况。首先，它显示，在所有的情况下空穴的迁移率是明显地小于电子的。因此，在器件中 n 区与 p 区是不相同的。特别是在单极器件中，它的导电电流仅靠多数载流子，为了阻断电压的需要，弱掺杂区是优先选择 n 型掺杂的。正如 2.1 节所述，GaAs 有很高的电子迁移率，为做具有低通态电压降的肖特基二极管提供了可能，同时为了有高的阻断电压，相对大的厚度是必要的。六方晶系的半导体 SiC 和 GaN 迁移率是各向异性的，也就是说，在平行于 ($\mu_\parallel$) 和垂直于 ($\mu_\perp$) 六方晶系轴方向上，迁移率是不同的。表中的值是平行于六方晶系轴的迁移率，在纵向器件中，它是主电流方向。在 4H-SiC⊖ 中，各向异性小，$\mu_{n\parallel} \approx 1.2\mu_{n\perp}$ [Scr94]，其同素异形体 6H-SiC 与之相比较，它们的电子迁移率 $\mu_{n\parallel}$ 约是 $\mu_{n\perp}$ 的 1/5，并且也小于 4H-SiC 中的 $\mu_{n\parallel}$。这是为什么现在 4H-SiC 比 6H-

⊖　原文为 4H-Si，应为 4H-SiC。——译者注

SiC 更受欢迎的主要原因，在 20 世纪 90 年代，它的同素异形体吸引了大量的研究工作。为了比较不同半导体在器件中的导通损耗，必须利用迁移率和其他相关的参数，诸如对于给定的阻断电压所允许的必要厚度和掺杂浓度。虽然 4H-SiC 的迁移率小于 Si 的迁移率，但与薄得多的厚度和基区所允许的较高的掺杂相结合，更小的通态电阻的单极器件是可以做出来的。与 GaAs 相比，这同样是适用的。关于迁移率，GaN 是可与 SiC 相比的，然而，在二维电子气(2DEG)中 AlGaN 异质结附近测得电子迁移率高达 $2000 \mathrm{cm}^2/(\mathrm{V} \cdot \mathrm{s})$，参见第 4 章。在金刚石中测得高的迁移率，但是因为掺杂物的电离能大，所以载流子的浓度小。

迁移率对于电场是恒定的(如果电场足够小)，但是和掺杂浓度以及温度有关。准确理解它们对掺杂浓度的依赖关系是很重要的，特别因为迁移率决定了电阻率和掺杂浓度之间的关系，日常就是从简单测量电阻率用来推断掺杂浓度 N 的。假设完全电离，对于 n 型晶片，有

$$\rho(N) = \frac{1}{q\mu_\mathrm{n}n} = \frac{1}{q\mu_\mathrm{n}(N)} \frac{1}{N} \tag{2-34}$$

表 2-2　在室温和轻微掺杂下，各种半导体的迁移率。此表给出了 4H-SiC 的迁移率平行于六方晶系轴，GaN(2H 型)的迁移率垂直于基体材料中的六方晶系轴，附带给出了提及的二维电子气(2DEG)中的电子迁移率。此表还包含了电子的饱和漂移速度，特性在本章最后讨论

	$\mu_\mathrm{n}/[\mathrm{cm}^2/(\mathrm{V} \cdot \mathrm{s})]$	$\mu_\mathrm{p}/[\mathrm{cm}^2/(\mathrm{V} \cdot \mathrm{s})]$	$v_{\mathrm{sat}(\mathrm{n})}/(\mathrm{cm/s})$
Ge	3900	1900	6×10^6
Si	1420	470	1.5×10^7
GaAs	8000	400	1×10^7
4H-SiC	1000	115	2×10^7
GaN	990	150	2.5×10^7
GaN2DEG	2000	—	—
金刚石	2200	1800	2.7×10^7

在无掺杂和弱掺杂的半导体中，迁移率是由声子，也就是振动的晶格原子上的散射决定的。掺杂浓度超过 $10^{15}/\mathrm{cm}^3$，迁移率引人关注，在较高的浓度下，由于与掺杂离子的碰撞而迁移率急剧减小。在更高的浓度时，由离子引起的散射受到载流子的限制，这是它们本身被杂质电荷屏蔽造成的。在 Si 中迁移率分别对施主或受主离子浓度(＝多数载流子浓度)的实验关系曲线画在图 2-12 上，与测量结果相吻合的曲线也表示在图上。在室温下，此图是正确的。这些实验曲线是 Thurber 和他的合作者对磷掺杂硅中的 μ_n [Thu80a] 和硼掺杂硅中的 μ_p [Thu80b] 所得到的测量结果进行分析后提供的。对于 $n > 8 \times 10^{18}/\mathrm{cm}^3$，Masetti 等人用实验得到的电子迁移率也表示在图上。他们测定了很高的掺杂水平下的迁移率。虚线是与实验吻合的，虚线是用常用的 Caughey 和 Thomas 的公式得出的 [Cau67]

$$\mu = \mu_\infty + \frac{\mu_0 - \mu_\infty}{1 + (N/N_{\mathrm{ref}})^\gamma} \tag{2-35}$$

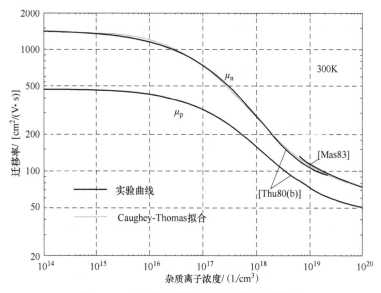

图 2-12　硅中迁移率随杂质离子浓度的变化

对于低浓度和高浓度下的极限值 μ_0 和 μ_∞，以及在浓度 N_{ref} 上的迁移率采用它们之间的平均值，与实验相符。N 表示杂质离子浓度。所用的与之相吻合的参数值在附录 A 里给出，其中也给出了它们随温度的变化。正如所看到的那样，这个简单的近似很适合描述杂质浓度在 $1 \times 10^{20} \mathrm{cm}^{-3}$ 以下的实验曲线。约在 $2 \times 10^{18} \mathrm{cm}^{-3}$，载流子浓度明显偏离总的杂质浓度，如在前段中所讨论的那样。为了得出在此范围内给定的总杂质浓度下的迁移率，首先必须用图 2-8 来决定电离了的杂质浓度。虽然式(2-35)也能把 N 定义为总的杂质浓度，但曲线作为离子浓度的函数却更好，因为已电离的杂质浓度是可以定量决定迁移率的，而杂质的散射在电中性状态可以忽略不计。因此，曲线以良好的准确性也可用到有 As、Ga 和 Al 的掺杂中去，它们的电离程度是不同的。在器件工作温度范围内，讨论迁移率时，经常假设是完全电离的，在下文中也将这样做。

同样对于碳化硅，Caughey-Thomas 公式(2-35)也可以使用来描述迁移率对掺杂浓度的依赖关系。4H-SiC 的参数也已在附录 A 中给出。

迄今为止，已经讨论了热平衡状态下多数载流子的迁移率。在功率器件处于通态期间，大量的电子和空穴注入弱掺杂基区。因此，电子被空穴散射，空穴被电子散射(电子-空穴散射)，这导致了迁移率像被离子散射那样降低。基区的电压降强烈地依赖于这种效应。在大注入下，此时电子和空穴的浓度彼此相等($n \approx p \gg N_{dop}$)，它们迁移率的总和 $\mu_n + \mu_p$ 作为载流子浓度的函数已由 Damhäuser 和 Krause[Dan72, Kra72]测得。图 2-13 显示了他们的实验曲线。在理论上，电子-空穴散射经常是用 Fletcher[Fle57]的经典公式与 Debye 和 Conwell[Deb54]的晶格散射迁移率的表达式相结合来描述的。由这个理论得出的迁移率之和作为 n 的函数也显示在图 2-13

上。考虑到进入公式的电子和空穴的有效质量不匹配,与测量的一致性是好的。Klaassen[K1a92]利用量子力学散射理论建立了更为普通的迁移率模型。附带把 $\mu_n + \mu_p$ 模型的结果画在图 2-13 中。这条曲线与先前的曲线很接近,除了高于 $3 \times 10^{17}/cm^3$,那里 Klaassen 的结果要高得多。与测量结果的差别在本章参考文献[Kla92]中得到解释,这是由本章参考文献[Dan72,Kra72]测试中所用电流脉冲对样品加热引起的。然而理论的简化假设也可能是造成这种差异的原因。

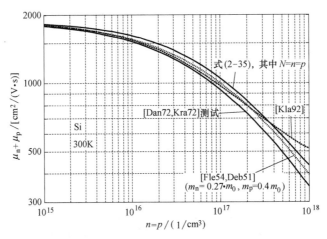

图 2-13　大注入下迁移率之和作为载流子浓度的函数

由于迁移率理论非常复杂,其简化的描述可用于调查研究。为了达到这一目的,人们的兴趣集中在大注入下迁移率随载流子浓度如何变化,并与热平衡状态下对掺杂浓度的依赖关系进行实际比较。为了展示这一点,用载流子浓度 $n = p$ 取代 N,由式(2-35)得到的 $\mu_n + \mu_p$ 也被绘制在图 2-13 中。再一次用给出在附录 A 里的参数集 μ_n 和 μ_p。正如所见,获得的迁移率之和随载流子浓度的变化曲线与其他曲线相差不大。如果与实验关系曲线的差异证明是正确的,则考虑到可能的加热和测量的扩展(与匹配的曲线差约为±10%),电子-空穴散射比离子散射更为有效。

然而,在粗糙的近似中,测量表明在热平衡状态下的杂质离子与在大注入下的载流子几乎同样有效地减小了迁移率总和。这也适用于单个迁移率。由于散射发生在两种类型的散射体上,离子和载流子具有相反的电荷,可以假设是相互独立的,(近似的)两者的混合物也同样如此。因此,定义式(2-35)中的 N 作为散射体的总浓度 $N = N_D + p$ 在 $\mu_n(N)$ 表达式中,而在 $\mu_p(N)$ 中 $N = N_A + n$,该方程式描述了杂质和电子-空穴散射的影响。n 区域的电子迁移率和 p 区域的空穴迁移率,每一种都有任意的少数载流子注入水平,因此得出

$$\mu_n = f_n(N_D + p) \tag{2-36a}$$

$$\mu_p = f_p(N_A + n) \tag{3-36b}$$

式中，$f_n(N)$ 和 $f_p(N)$ 分别是有 μ_n 和 μ_p 参数集的函数[见式(2-35)]。电子对电子和空穴对空穴的散射没有考虑，因为它们的影响是次要的[◯]。就像载流子散射一样，它也包含在一个重要的部分中，因为它包含在热平衡状态下所用的经验关系式中和大注入下的再生依赖关系中。式(2-36a)和式(2-36b)的近似有效性范围在少数载流子浓度约为 $5 \times 10^{17}/cm^3$，如下面指出的。

该模型可以扩展到存在补偿掺杂的情况。迁移率除了受吸引也受排斥的杂质离子的影响。虽然有相当大的实际兴趣，但在补偿过的半导体中很难找到迁移率的实验结果。理论上讲，排斥性库伦场有（近似的）相同的散射截面，因此，对迁移率的影响令人关注[Mol64,Smi59,Kla92]，在正常工作温度下，只要浓度小于 $5 \times 10^{17}/cm^3$，就有了限制，因为载流子速度和从库仑中心散射出来的粒子的最小距离平均起来不能太小。所以，在排斥性离子浓度的限制下，热平衡状态下在补偿区域的迁移率用带有浓度 N 的式(2-35)给出，N 被定义为施主和受主浓度之和，$N = N_D + N_A$。一般情况下，如果也有注入载流子出现，则迁移率可以给出如下：

$$\mu_n = f_n(N_D + N_A + p) \tag{2-37a}$$

$$\mu_p = f_p(N_A + N_D + n) \tag{2-37b}$$

式中，$f_n(N)$ 和 $f_p(N)$ 再一次分别是 μ_n 和 μ_p 参数集的函数[见式(2-35)]。迁移率是由掺杂浓度的总和决定的（然而多数载流子浓度等于正差），式(2-37)也适用于少数载流子的迁移率。例如在热平衡状态下，$N_A = 0$ 的 n 区域的空穴迁移率由式(2-37b)[◯]得出，$\mu_p = f_p(N_D + n) = f_p(2N_D)$。因为多数载流子额外的散射，少数载流子的迁移率是小于相等掺杂浓度时的多数载流子的迁移率。

但是，在较高的浓度下，排斥性离子的散射截面比有吸引力的库仑场要小得多，这是从严格的量子力学散射理论中得出的[Kla92]。在高载流子浓度下，电子空穴散射也变得不那么有效。这些影响可以在式(2-37)中考虑，该式提供了排斥性杂质离子的浓度和权重因子小于 1 的散射载流子的浓度。其结果是，在掺杂浓度高于 $2 \times 10^{18}/cm^3$ 时，发现少数载流子的迁移率高于各自的多数载流子的迁移率，尽管电子-空穴的散射增加了排斥性杂质的散射。另一方面，在 $2 \times 10^{17}/cm^3$ 以下，载流子浓度的权重因子略大于 1，达到约 1.4[kla92]。这可能是从式(2-35)得到的关系曲线偏离图 2-13 上的实验曲线的原因。如前所述，另一种高浓度效应是来自相反电荷的载流子的库仑中心的屏蔽。与经验拟合式(2-35)相反，扩展的式(2-36)和(2-37)不包括高浓度下由注入和补偿产生的屏蔽效应。与式(2-37)相比，注入增强了，而补偿降低了屏蔽和迁移率。Klaassen[Kla92]的模型粗略地包含了屏蔽。这个模

◯ 类载流子(Like-Carrier)散射不会直接影响迁移率，因为两个碰撞粒子的总动量以及它们所传输的电流不会因碰击而改变。然而，它通过随机化载流子的速度分布来降低迁移率，使离子和声子的散射更为有效[Deb54,Luo71]。类载流子散射对电子-空穴散射有效性的影响目前还不清楚。

◯ 原文为式(2-37a)，应为(2-37b)。——译者注

型的理论部分忽略了载流子的散射。

迁移率对温度的依赖性如同对掺杂浓度的依赖性，是以相同的效应来确定的。在轻掺杂时，热晶格振动引起的散射起主导作用，从而使迁移率随温度近似地按 $1/T^2$ 比例减小。如果忽略屏蔽作用，杂质散射理论上可以推导出迁移率 μ_i 随温度以近似于 $T^{3/2}$ 而增加。这是由于热速度的增大导致库仑中心散射的减少。然而，热速度的增加也牵涉到屏蔽作用的减少，在很高的掺杂浓度时，它使 μ_i 的温度依赖关系倒转到随温度慢慢地减小。发现部分迁移率 μ_1 和 μ_i 的这些影响它们本身也在总的迁移率 μ 中，按照近似的 Matthiesen 规则，得出

$$\frac{1}{\mu} = \frac{1}{\mu_1} + \frac{1}{\mu_i} \tag{2-38}$$

考虑的温度范围为 250~450K，其结果是在低掺杂时，硅中的(总)迁移率表现出随温度 T 的增加而急剧减小，在掺杂范围 $10^{18} \sim 10^{19}/\mathrm{cm}^3$ 时则和温度近似于无关，而在很高的掺杂下减小较少。用在式(2-35)中与温度有关的参数 μ_0、μ_∞、N_{ref} 和 γ，实验的温度依赖关系和掺杂依赖关系可以能得到很好的描述，如附录 A 中给出。

图 2-14 上表示了两种掺杂浓度下的 μ_n 和 μ_p 在硅中与温度的关系，一种是典型地用于功率器件的 n 基区的(左边)，而另一种是用于晶闸管、IGBT 和双极晶体管的 p 基区的(右边)。在 $3 \times 10^{17}/\mathrm{cm}^3$ 时的温度依赖关系明显弱于 $1 \times 10^{14}/\mathrm{cm}^3$ 时的。上述器件的 p 基区的电阻率 $\rho = 1/(q\mu_p N_A)$ 随 T 增加相对较弱，这一点对 p 基区的横向电阻是非常期望的(参见第 8 章和第 10 章)。特别是通态压降包括 MOS-FETS 的通态电阻本质上取决于迁移率和它们对温度的依赖关系。式(2-36)、式(2-37)和附录 A 中的参数集一起也提供了大注入和补偿情况下迁移率的温度依赖关系的模型。

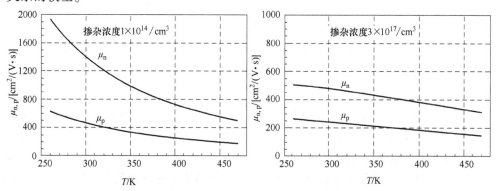

图 2-14   在两种掺杂浓度下，硅中迁移率和温度的关系

2.6.2   强电场下的漂移速度

在强电场下，条件[见式(2-30)]是不满足的，漂移速度不再正比于电场，而增长较弱。在很高的电场强度下，它趋近一个极限值，饱和漂移速度 v_{sat}。电子和

空穴的漂移速度对于电场的关系经常表示如下[Cau67,Tho80]：

$$v_{n,\,p} = \cfrac{\mu_{n,\,p}^{(0)}E}{\left[1 + \left(\cfrac{\mu_{n,\,p}^{(0)}E}{v_{sat(n,\,p)}}\right)^{\beta}\right]^{\frac{1}{\beta}}} \tag{2-39}$$

式中，$\mu_{n,p}^{(0)}$ 是如上面所讨论的低电场下的迁移率。引入了附加的符号，因为式（2-29）也用于电场的非线性区域，式中迁移率 $\mu_{n,p} \equiv v_{n,p}/E$ 是和电场有关的。对于小的 E，以 $\mu_{n,p} = \mu_{n,p}^{(0)}$，式（2-39）转化为式（2-29）。指数 β 是 Caughy 和 Thomas 提出来的[Cau67]，$\beta_n = 2$ 用于电子，而 $\beta_p = 1$ 用于空穴。Jacobini 和他的合作者[Jac77]已经确定了 β 的更新值，并且作为温度的函数。他们得出 $\beta_n = 2.57 \times 10^{-2} \times T^{0.66}$，$\beta_p = 0.46T^{0.17}$，推导出在两种情况下在 300K 时的值接近 1。除了 $\mu_{n,p}$ 和 $\beta_{n,p}$ 外，饱和速度也是温度的函数。根据 Jacobini 等人[Jac77]的文章，它们随 T 按 $v_{sat(n)} = 1.53 \times 10^9 / T^{0.87}$（cm/s）；$v_{sat(p)} = 1.62 \times 10^8 / T^{0.52}$（cm/s）减小[⊖]。

用式（2-39）中的这些结果得出了 300K 时漂移速度和电场的关系，并示于图 2-15 上。在导通状态下，器件中存在的电场在 10^3 V/cm 以下，得到以恒定的迁移率所画出的线性关系。然而，随着 v_n 的增加以及稍后 v_p 的增加，上述关系变成了亚线性关系，也如同条件[见式（2-30）]预期的那样。在 3×10^4 V/cm 时，漂移速度接近于各自的饱和速度 $v_{sat(n)}$ 或 $v_{sat(p)}$。其范围接近于 1×10^7 cm/s，并且早已达到平均热速度的数量

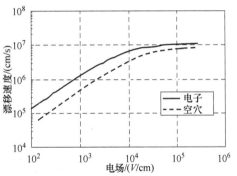

图 2-15 温度为 300K 时，电子和空穴的漂移速度随电场的变化

级。在器件阻断状态下，出现在空间电荷区域电场典型值高至 2×10^5 V/cm。因此，在一个宽的阻断电压范围内，在空间电荷区的载流子是以饱和速度运动的。

在不掺杂的硅中，关系式（2-39）已被实验所验证[Jac77]，对于掺杂的硅，高电场漂移速度的实验数据还没有。但是，用式（2-39）中与掺杂有关的迁移率 $\mu_{n,p}^{(0)}(N)$，得出了和 E 以及掺杂浓度 N 的物理上合理的关系式，它满足了一般的换算要求[Tho80]。假设饱和速度 $v_{sat(n,p)}$ 与 N 无关。$v_{n,p}$ 作为 E 和 N 的函数的另一项研究已由 Scharfetter 和 Gummel[Scf69]给出，参见附录 A1。

2.6.3 载流子的扩散，电流输运方程式和爱因斯坦关系式

不像在金属中的情况，在半导体器件中的电流的产生通常不仅靠电场，而且也

⊖ 在本章参考文献[Jac77]里给出了第二个电子饱和速度的表达式：

$$v_{sat(n)} = \frac{2.4 \times 10^7 cm/s}{1 + 0.8\exp(T/600)}$$

靠载流子的扩散。一般来说，如果某些游离的粒子在空间上有可变的浓度 C，它们从高浓度区向低浓度区扩散。由此产生的粒子流密度 J 是正比于负的浓度梯度的 [费克第一定律（Fick's first law）]

$$J = -D \nabla C \tag{2-40}$$

式中，比例因子 D 是扩散系数。适用于电子，也适用于空穴，它们的浓度能随掺杂浓度的变化或载流子注入而变化。由于载流子带电，粒子流是与电流有关的。乘以 $\pm q$ 并且假设浓度梯度是指向 x 方向的，这带电的扩散流密度是

$$j_{n,\ diff} = qD_n \frac{dn}{dx} \tag{2-41}$$

$$j_{p,\ diff} = -qD_p \frac{dp}{dx} \tag{2-42}$$

和场电流一起，用式（2-31），总电流密度用输运方程式给出

$$j_n = q\left(\mu_n nE + D_n \frac{dn}{dx}\right) \tag{2-43a}$$

$$j_p = q\left(\mu_p pE - D_p \frac{dp}{dx}\right) \tag{2-43b}$$

扩散系数 D_n、D_p 像迁移率一样与同样的散射机理有关。实际上，它们与迁移率的关系可用以下简单的关系式表示：

$$D_{n,\ p} = \frac{kT}{q}\mu_{n,\ p} \tag{2-44}$$

这被称为爱因斯坦关系式（Einstein relation）。这能从热平衡的情况下推导出来[Sho59]：根据式（2-43b）在热平衡条件 $j_p = 0$ 下，浓度梯度 dp/dx 是与电场 E 有关的，因而也与电位 $V(x) = -\int Edx$ 有关。这里空穴遵守玻耳兹曼分布

$$p(x) \propto \exp\left[-\frac{qV(x)}{kT}\right] \tag{2-45}$$

这也能从式（2-3）推导出来。此处，能态分布在空间的不同点上。另一方面，用 $j_p = 0$ 从式（2-43b）得出

$$\frac{d\ln p}{dx} = \frac{\mu_p}{D_p}E = -\frac{\mu_p}{D_p} \cdot \frac{dV}{dx}$$

$$p \propto \exp\left[-\frac{\mu_p}{D_p}V(x)\right] \tag{2-46}$$

这是与玻耳兹曼分布式（2-45）一致的，唯一的条件是 $D_p/\mu_p = kT/q$。我们可以用类似的方法处理电子。所以，爱因斯坦关系式（2-45）是玻耳兹曼分布的直接推论。在式（2-45）中的因子 kT/q 有电压的量纲，并被命名为热电压。在 300K 时，它的值是 25.85mV。因此，以 cm^2/s 表示的扩散系数其值大约只有相应迁移率（以 cm^2/Vs 表示）的 1/40。

爱因斯坦关系式不仅被广泛应用于热平衡假设下的推导，而且也用于非平衡状态直至高电流密度和大注入水平。在一系列论文中（见本章参考文献[Mua87a，Mua87b，Kan93，Mna98]）开发和应用了一个模型，声称在大注入下，通态时电子和空穴漂移速度相反，由于相互拖曳，会导致爱因斯坦关系式完全破坏。这个模型在一定程度上与传统的迁移率理论相矛盾，并导致显著不同的器件特性[〇]。因此，问题就产生了，这两者中哪一种方法适用于功率器件的模拟。

答案来自这样的一个事实：人们的兴趣都集中在载流子的漂移速度相对小于其热速度

$$v_{n,p} \ll v_{n,p\,therm} \tag{2-47}$$

例如，在 pin 二极管基区的电子电流密度 j_n 是 $5 \times 10^3 A/cm^2$，而最低的电子浓度为 $5 \times 10^{17}/cm^3$，电子的漂移速度 $v_n = j_n/qn$，在 300K 时，仍然小于其平均热速度的 1%。在整个工作温度范围内，甚至低至 100K，条件式（2-47）也能很好地满足直至高电流密度。在高电场中，式（2-47）是不能满足的，扩散电流通常可以忽略，因此和扩散系数无关。由于载流子速度大致保持麦克斯韦分布，决定迁移率和扩散系数的微观散射过程与热平衡状态下的相同。因此，这些常数之间的关系式应该不变。与掺杂浓度相似的是，注入载流子的浓度决定有源和无源散射体的数量，而不影响 $\mu_{n,p}$ 和 $D_{n,p}$ 之间的关系。

为了证明这类似于热平衡情况，需要考虑上述推导过程中所用的场和扩散电流的相互补偿作用一般不会在高电流密度下发生。但是对于空穴的情况，可以假设一个电场强度 $E_{eq,p} \equiv D_p/\mu_p\,dlnp/dx$（空穴的平衡场），在此场强下，空穴扩散电流被场电流所补偿，电场的欧姆部分是与被忽略的空穴电流成比例的。根据注入载流子的分布，电场 $E_{eq,p}$ 随空间坐标 x 而变化。因为，对于 $E = E_{eq,p}$，$j_p = 0$，式（2-46）随上述电场产生的电势 $V(x)$ 而变化。因为条件式（2-47），玻耳兹曼分布式（2-45）也是近似有效的，μ_p 和 D_p 之间的爱因斯坦关系式的结果为 $E_{eq,p}(x)$。但是因为式（2-47）也是与电场无关的迁移率的条件[见式（2-30）和式（2-29）]，关系式（2-44）遵循包含了欧姆部分的整个电场。类似的论证适用于 μ_n 和 D_n。因此，在功率器件的工作条件下，包括高电流密度和大注入水平，爱因斯坦关系式具有良好的精度。

2.7 复合-产生和非平衡载流子的寿命

在热平衡状态下，电荷载流子是靠热激发连续地产生的，它们通过复合以

〇 例如，双极扩散系数 $D = 2D_nD_p/(D_n + D_p)$ 与大注入下的载流子分布相关的（见 5.4.1 节），而所引用的文献提出与载流子浓度 $n = p$ 无关。D_n 随 n 的增加而减少，而空穴扩散系数则增大。这显然与式（2-45）不相符，因为它是随 n 的增加，μ_n 和 μ_p 减小，还有，引用的文献得出迁移率之比 μ_n/μ_p 是常数，与传统理论相矛盾。这导致了不对称 pn^-n^+ 二极管的大电流特性非常不同。

同样的速率消失。但是在器件工作过程中,在激活区的载流子浓度与热平衡状态下不同,它们是高于或低于按平衡公式[见式(2-4)、式(2-5)和式(2-6)]得出的浓度的。非平衡状态趋向于恢复到它本身的平衡状态。在此期间系统力求达到这样一种状态,此时注入/抽出和表面产生停止,这个时间是由非平衡载流子的寿命 τ 来决定的。这是一个可以调整的参数,它是决定功率器件的动态和静态特性的。

寿命的定义用电子和空穴的净复合率 R_n 和 R_p,它们被定义为热复合率 $r_{n,p}$ 与热产生率 $g_{n,p}$ 之差

$$R_n \equiv r_n - g_n, \quad R_p \equiv r_p - g_p$$

这些热动态参数,在热平衡状态下是零。由于是净热复合,n 和 p 随时间而减少。所以有

$$R_n \equiv r_n - g_n = -\left(\frac{\partial n}{\partial t}\right)_{rg}$$

$$R_p \equiv r_p - g_p = -\left(\frac{\partial p}{\partial t}\right)_{rg} \tag{2-48}$$

式中,符号"rg"表示的时间导数部分仅由复合和产生造成。对所考虑的体积元,在里面流出来的和在外面流进去的载流子,以及例如通过光照表面产生的载流子,式(2-48)都排除在外。R_n、R_p 与掺杂和载流子浓度有关,并且随各自的载流子浓度偏离平衡浓度 n_0 或 p_0 的程度的增加而增加。R_n、R_p 和额外浓度之间的关系式分别为 $\Delta n \equiv n - n_0$,$\Delta p \equiv p - p_0$,一般偏离线性关系不太远。因此,用以下公式来定义寿命 τ_n、τ_p:

$$R_n \equiv \frac{\Delta n}{\tau_n}, \quad R_p \equiv \frac{\Delta p}{\tau_p} \tag{2-49}$$

与 R_n、R_p 相比,寿命不是非常强烈地依赖于各自的额外浓度,而且在某些重要情况下,它们实际上是不变的。这适用于注入的少数载流子的寿命,这个少数载流子寿命指的是在小注入下的(少数载流子浓度小于多数载流子的浓度)。

对于均匀的额外浓度的衰减,例如,$\Delta p(t)$ 由式(2-48)和式(2-49)导出

$$\frac{d\Delta p}{dt} = -\frac{\Delta p}{\tau_p}, \quad \Delta p = p(0)e^{-\frac{t}{\tau_p}} \tag{2-50}$$

式中,假设 τ_p 是常数。从中看出,τ 作为额外载流子的寿命是显而易见的。在稳态的情况下,由于复合造成的载流子的消失($R_n > 0$)被载流子的净流入或表面产生所补偿。在这种情况下,电子和空穴的净复合率是相等的

$$R_n = R_p = R \tag{2-51}$$

因为离开导带的电子数必须等于进入价带的电子数,这样,在稳态的情况下,在可能的中间能级上的电荷是不变的。如果在禁带中的能级不包括在内,式(2-51)与时间相关的过程也是有效的。

到现在为止，我们已经讨论过了半导体体内的复合。在继续讨论之前，这里要注意的是，在金属接触处也有复合，尤其是在阳极接触处，对于功率器件是非常重要的。在阳极金属层接触 p 区处的复合会造成电子粒子流到接触处，由式(2-52)给出

$$J_n = (n - n_0)s \qquad (2-52)$$

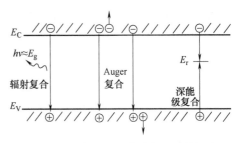

图 2-16　复合机理：带到带的辐射复合，能量转移到第三个载流子上的 Auger 复合，以及经过深能级的复合

式中，s 为接触处的表面复合速度。复合过程需要相同的空穴电流，它流向阻断方向，并在开通状态下减少了总的空穴电流。因此，它被用来控制发射极效率。s 通常大小在 $10^5 \mathrm{cm/s}$ 数量级并近似是常数。高表面复合速度是由高密度连续分布在禁带上的界面态引起的，器件内接触处的复合是通过在其前面的整体掺杂浓度控制的。因为在本书后面要与对开关特性的影响一起处理（见 5.7.4.3 节），这里的提示已经足够了。

回到体内复合，讲述了三种复合的物理机理：①在复合中心上复合，复合中心由"深能级杂质"或陷阱构成，而陷阱能级在禁带的深处；②带到带的 Auger 复合；③带到带的辐射复合。后两种机理发生在半导体晶格本身上，只与载流子浓度有关，而与常态的和深处的杂质浓度没有直接的关系。图 2-16 说明了这三种机理。总的复合率是由单个部分相加构成的，因此，按式(2-48)总寿命的倒数是单个寿命 τ_i 的倒数值相加计算出来的。

$$\frac{1}{\tau_{\text{tot}}} = \sum \frac{1}{\tau_i} \qquad (2-53)$$

这也适用于陷阱，如果存在的话，则由其不同的独立个体造成的单一寿命相叠加。在下面的部分将首先描述本征机理。

2.7.1　本征复合机理

1. 带到带的辐射复合

如在 2.4 节中表明的，在释放的能量转移到光量子的过程中电子和空穴的直接复合，只有在直接半导体中才有高的概率。按照简单的统计，净复合率是

$$R = B(np - n_i^2) \qquad (2-54)$$

式中，B 为辐射的复合概率。

辐射的寿命，例如在 n 型半导体中空穴的寿命用式 (2-49) 得出为 $\tau_{p,\text{rad}} = \Delta p/R = 1/(Bn)$，因为 $np - n_i^2 = n_0 \Delta p + p_0 \Delta n + \Delta n \Delta p = n \Delta p$，假设 $p_0 \ll n_0$。因此，辐射的少数载流子的寿命反比于多数载流子的浓度。在大多数情况下，$np \gg n_i^2$，结果 $R \approx Bnp$。在 GaAs 中，辐射的寿命在掺杂浓度 $N = 1 \times 10^{15}/\mathrm{cm}^3$ 时估计是 $6\mu s$，在 $1 \times 10^{17}/\mathrm{cm}^3$ 时约是 60ns[Atk85]。这样短的寿命限制了 GaAs 在双极器件中的应用范围。

在硅中，300K 时的复合系数是 $B \approx 1 \times 10^{-14} \text{cm}^3/\text{s}^{[\text{Sco74}]}$，推导出在多数载流子浓度 $n = 1 \times 10^{17}/\text{cm}^3$ 时 $\tau_{\text{rad}} = 1\text{ms}$。实际上，如此高的寿命在硅器件中是没有测到过的，因为别的复合机理更为有效(参见下面章节)。利用注入载流子浓度和复合辐射强度之间的联系，辐射被用来研究器件内部的运行。

2. 带到带的 Auger 复合

在 Auger 复合中，在复合过程中释放的能量不是被转移到光量子上，而是转移到第三个电子或空穴上，为了动量守恒，声子的参与是需要的。所以，在式(2-54)中的复合概率 B 应该用正比于载流子浓度的一个系数来替代。因此，Auger 复合率是

$$R_A = (c_{A,n}n + c_{A,p}p)(np - n_i^2) \tag{2-55}$$

系数 $c_{A,n}$、$c_{A,p}$ 决定这种情况的复合率，即拿走能量的第三个载流子分别是电子和空穴。因为浓度用 3 次幂显现，这种机理的概率随载流子浓度急剧增加，而寿命就很快降低。所以，Auger 复合主要在高掺杂区是重要的。在有少量注入空穴浓度的 n⁺ 区，以 $p \ll n$ 和 $np \gg n_i^2$ 式(2-55)转化为 $R_A = c_{A,n}n^2p$，而空穴的寿命可从式(2-49)得出

$$\tau_{A,p} = \frac{p}{R_A} = \frac{1}{c_{A,n}n^2} \tag{2-56}$$

式中，忽略了非常小的平衡浓度 p_0。在 p⁺ 区电子寿命的公式是用类似的方法产生的。在硅中 Auger 系数在 $10^{-31}\text{cm}^6/\text{s}$ 的范围，按照本章参考文献[Dzi77]，它们的值是

$$c_{A,n} = 2.8 \times 10^{-31}\text{cm}^6/\text{s}, \quad c_{A,p} = 1 \times 10^{-31}\text{cm}^6/\text{s} \tag{2-57}$$

它们近似地与温度无关。对于 $1 \times 10^{19}/\text{cm}^3$ 的掺杂浓度，p⁺ 区的 Auger 电子寿命是 $\tau_{A,n} = 1/(c_{A,p}p^2) = 0.1\mu\text{s}$，而 n⁺ 区空穴的寿命是 $0.036\mu\text{s}$。高掺杂区的小寿命是 h 参数的一个组成部分，通过它，这些区域的性质影响器件的特性。这将在 3.4 节中看到。

Auger 复合在器件中重要性的另一个情况是在弱掺杂基区中注入高浓度的载流子。忽略掺杂浓度，电中性要求 $p \approx n$，代入式(2-55)得出

$$R_{A,HL} = (c_{A,n} + c_{A,p})p^3 \tag{2-58}$$

因此，大注入的 Auger 寿命是

$$\tau_{A,HL} = \frac{1}{(c_{A,n} + c_{A,p})p^2} \tag{2-59}$$

在 $p = n = 3 \times 10^{17}/\text{cm}^3$ 时，此关系式和式(2-57)一起得出 29μs 的 Auger 寿命。在大电流密度时，在高压器件的基区中，Auger 复合变得引人注意。

2.7.2 包含金、铂和辐射缺陷的复合中心上的复合

在禁带中通过深能级的复合，由合适的"深能级杂质"或者晶格缺陷引起的，

它是硅器件中在低的和中等的掺杂区中复合的主要机理。通过这些被称为"陷阱"的复合中心，寿命能在一个很宽的范围内被控制，这通常在高频时用来减少器件的开关时间和开关损耗。用深能级杂质的掺杂是在决定电导率的正常掺杂之后进行的。在器件的工艺史上，最初在硅中，用金作为深能级杂质来控制寿命，其后许多功率器件是扩铂的，现在，最重要的是用电子、质子或 α 粒子辐射来产生具有深能级的晶格缺陷。

不幸的是，开关时间的减少是与通态压降、高温阻断电流以及补偿后基区电阻率的增加密切相关的。因为器件的动态和静态特性与寿命的调节紧密相连，所以这是开发和制造功率器件的重点。在深能级杂质上的复合分两步进行，俘获导电电子，于是它占据深能级，此后，电子下落到价带的空位上，意味着空穴被杂质俘获(参见图 2-17)。反之亦然，电子-空穴对的产生首先是靠到杂质能级的价带电子的热发射，也就是说，空穴从杂质能级到价带的发射，以及电子从杂质能级到导带的发射。

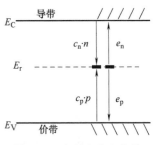

图 2-17 在复合中心上载流子的俘获和发射

在载流子俘获过程中所释放的能量是被转移到晶格振动上去的，相反地，产生所需要的能量是从晶格获取的。因为能带到能级的距离大，一连串的声子在俘获过程中被发射，相应的在发射过程中被吸收。然而，俘获和发射的多声子过程是从整体上考虑的，并用总的俘获和发射概率来描述的。使用这个概念，Shockley, Read[Sho52] 和 Hall[Hal52] 已经建立了一个理论模型(SRH 模型)，它描述了复合和产生如何依赖于能级位置，捕获和发射的概率，型号和正常掺杂的浓度，注入水平(少数载流子浓度)和温度。接下来将详细讨论这个模型。尽管大多数深能级杂质有两个或者甚至更多的能级，首先考虑的应该是中心的能级。

1. 有一个深能级的复合中心

考虑在中心 R 上的复合，它可以表现为中性和负电荷态 R^0、R^-。在这种情况下，杂质能级被称为受主能级，与它在禁带中的位置无关。同样，当能级被电子占据时，如果杂质原子的电荷态从正的变到中性，这种能级被称为施主能级。电子的俘获经过中心 R^0，引出电子复合率 $r_n = c_n n N_r^0$，式中 N_r^0 是中性中心的浓度，而 c_n 被称为俘获概率，或俘获率，是一个系数。电子产生率是由中心 R^- 到导带的电子的发射给出的，正比于负的带电中心 N_r^- 的浓度，$g_n = e_n N_r^-$，式中系数 e_n 是发射概率，也被称为电子的发射率。因此，净复合率 R_n 是

$$R_n = c_n n N_r^0 - e_n N_r^- \tag{2-60}$$

对于热平衡 $R_n = 0$，浓度用"0"表示并用式(2-21)和式(2-6)，得出在发射和俘获概率之间的下列关系式：

$$e_n = c_n \frac{n_0 N_{r0}^0}{N_{r0}^-} = c_n n_r \tag{2-61}$$

$$n_r = N_c g \exp\left(-\frac{E_c - E_r}{kT}\right) \tag{2-61a}$$

同样，在 R^- 的空穴的俘获和从 R^0 的空穴的发射（产生）推导出空穴的净复合率

$$R_p = c_p p N_r^- - e_p N_r^0 \tag{2-62}$$

式中，c_p 是空穴的俘获概率，而 e_p 是空穴的发射概率。再一次对于热平衡，$R_p = 0$ 时，用式（2-21），得出这些参数之间的关系式：

$$e_p = c_p \frac{p_0 N_{r0}^-}{N_{r0}^0} = c_p p_r \tag{2-63}$$

$$p_r = \frac{N_v}{g} \exp\left(-\frac{E_r - E_v}{kT}\right) = n_i^2 / n_r \tag{2-63a}$$

浓度 n_r，p_r 使发射概率与相应的俘获概率联系起来，在不考虑简并因子 g 情况下，在费米能级与复合能级相重合时，这两个浓度分别和电子或空穴的浓度相等。利用关系式 $n_r p_r = n_i^2$，式（2-61）和式（2-63）得出

$$e_n e_p = C_n C_p n_i^2 \tag{2-64}$$

这是由复合过程的基本反应的热平衡得出的，俘获率和发射率之间的关系称为精细平衡方程式。因为俘获率是在低电场环境中定义的，所以与之相关的发射率也是低电场发射率。然而，直至 $1 \times 10^5 \text{V/cm}$ 的电场强度，它们似乎是恒定的[LuN87]。

有了 $n_r p_r$ 的定义，式（2-60）和式（2-62）变成

$$R_n = c_n(n N_r^0 - n_r N_r^-) \tag{2-65}$$

$$R_p = c_p(p N_r^- - p_r N_r^0) \tag{2-66}$$

如较早时阐述过的，在稳态情况下，通常如果深能级上的电荷随时间的变化是可以忽略的，我们有 $R_n = R_p$。因此，式（2-65）和式（2-66）的右边相等，并用总的浓度 $N_r = N_r^0 + N_r^-$，可以解出 N_r^- 和 N_r^0 得出

$$N_r^- = \frac{c_n n + c_p p_r}{c_n(n + n_r) + c_p(p + p_r)} N_r, \quad N_r^0 = N_r - N_r^- \tag{2-67}$$

将式代至式（2-65）或式（2-66）中去，得出净复合率作为下列 n 和 p 的函数：

$$\begin{aligned} R_n = R_p = R &= c_n c_p N_r \frac{np - n_i^2}{c_n(n + n_r) + c_p(p + p_r)} \\ &= \frac{np - n_i^2}{\tau_{p0} n + \tau_{n0} \cdot p + \tau_g n_i} \end{aligned} \tag{2-68}$$

τ_{n0}、τ_{p0} 和 τ_g 定义为寿命参数

$$\tau_{p0} = \frac{1}{N_r c_p}, \quad \tau_{n0} = \frac{1}{N_r c_n} \tag{2-69}$$

$$\tau_g = \frac{n_i}{N_r}\left(\frac{1}{e_n} + \frac{1}{e_p}\right) \tag{2-70}$$

这些是 SRH 模型的中心方程式。这些公式对于施主能级同样是有效的，除了 N_r^0 必须用 N_r^+ 替代，N_r^- 用 N_r^0 替代，以及简并因子 g 用 $1/g$ 替代。对于施主能级的空穴浓度 $p_d = p_r$，式(2-63a)转化为式(2-61a)用 N_c 代替 N_V，p_d 的方程式有相同的形式，像受主能级的浓度 $n_r = n_a$。在 300K 时，俘获系数的典型值在 $10^{-9} \sim 3 \times 10^{-7}\text{cm}^3/\text{s}$ 的范围之内，它们大部分随温度有些减小。所以，只要 $1\times10^{13}/\text{cm}^3$ 的浓度 N_r 就能使寿命值 τ_{n0}、τ_{p0} 处于 $0.3 \sim 100\mu\text{s}$ 的范围之内。

首先考虑 SRH 模型的某些结果，在一个中性区域的少数载流子寿命，其后是空间电荷区的产生率。与定义式(2-49)一起，式(2-68)将寿命作为 n 和 p 的函数。在有 $n_0 \gg p_0$ 以及 $np - n_i^2 = n_0\Delta p + p_0\Delta n + \Delta n\Delta p$ 的 n 型区域，得出空穴寿命 $\tau_p = \Delta p/R$ 如下：

$$\tau_p = \tau_{p0} + \tau_{n0}\frac{p}{n} + \tau_g\frac{n_i}{n} = \tau_{p0}\left(1 + \frac{n_r}{n}\right) + \tau_{n0}\left(\frac{p + p_r}{n}\right) \tag{2-71}$$

在电中性的情况下，电子和空穴浓度是互相联系的，如果可以忽略陷阱上的电荷，则 n 按 $n = N_D^+ + p \approx n_0 + p$ 由空穴浓度给出。在一级近似中，这通常是允许的，因为陷阱浓度大多数比正常的掺杂浓度大约小一个数量级。根据式(2-61a)和式(2-63a)，n_r、p_r 随复合能级的位置和温度按指数规律变化。除了位于接近禁带中间的能级，涉及距离较远能带的浓度 n_r 或 p_r 是可以忽略不计的。至少在较高的温度下，假设浓度 n 略高于 $10^{14}/\text{cm}^3$，比较高的 n_r、p_r 浓度对 τ 的影响更明显。在小注入时($p \ll n_0 \approx n$)的寿命是

$$\tau_{p, LL} = \tau_{p0}\left(1 + \frac{n_r}{n_0}\right) + \tau_{n0}\frac{p_r}{n_0} \tag{2-72}$$

如果复合能级位于禁带的中央附近或温度较低($n_0 \gg n_r$, p_r)，它就变成等于 τ_{p0}。这同样适用于 p 区中的电子寿命 τ_n。在大注入时，规定条件 $n = p \gg n_0$, p_0，两者的寿命变成为大注入的寿命

$$\tau_{HL} = \tau_{n0} + \tau_{p0} + (\tau_{p0}n_r + \tau_{n0}p_r)/n \tag{2-73}$$

也假设了 $\tau_{p0}n_r + \tau_{n0}p_r \gg \tau_{n0}n_0$。在复合能级接近一个能带边缘，特别是在温度升高的情况下，式(2-73)显示了 τ_{HL} 随 n 增加而减少，可在相当大的浓度范围内应用。随着 n 进一步增加，直到 $n \gg n_r$, p_r，大注入寿命接近极限值

$$\tau_{HL} = \tau_{n0} + \tau_{p0} \tag{2-74}$$

寿命 τ_{HL} 是大于小注入寿命的，如果 $\tau_{p0}n_r + \tau_{n0}p_r < \tau_{n0}n_0$ 或

$$c_n/c_p n_r + p_r < n_0 \tag{2-75}$$

如果近似电中性条件 $p = n - n_0$ 可以使用，则对注入空穴浓度的依赖性是非常简单的。将其代入式(2-71)中，可以看到在小注入和大注入之间 τ_p 值的变化是单调

的，这也适用于在电中性条件下考虑的陷阱电荷。用平衡电子浓度 $n_0 = N_D - N_r/(1 + n_r/n_0)$（假设深一层的受主能级），式(2-75)是 n 区域少数载流子寿命随 p 增加而增加的一般条件。如果左手侧大于 n_0，则寿命减小。像看到的那样，将 $n = N_D + p - N_r^-$ 代入式(2-67)，N_r^-/N_r 也在 $p = p_0$ 时 p 的平衡值 $n_0/(n_0 + n_r)$ 和 $p \gg n_0$，n_r，p_r 时大注入值 $c_n/(c_n + c_p)$ 之间单调变化。

除了依赖于注入水平，还依赖于温度，也与 n_r，p_r 的量有关。如果其中之一与 n_0 可比拟或大于 n_0，则 n_r 或 p_r 随 T 的变化导致 τ 随温度急剧增加。此外结果还随掺杂浓度 $N_D \approx n_0$ 的增加而减小。从式(2-72)得出小注入寿命会减小，从

$$\tau_p = \frac{\tau_{p0} n_r + \tau_{n0} p_r}{n_0}, n_0 \ll \max(n_r, p_r) \tag{2-76}$$

到 τ_{p0}，对于 $n_0 \gg n_r$，p_r。在条件 $\max(n_r, n_p) \gg n_0$ 下，寿命 $\tau_{p,LL}$ 与 n_0 成反比。将 n 和 p 互换，除 n_0 被 p_0 替代外，相同的表达式也适用于 p 型硅小注入电子寿命。因此，有相等的陷阱和掺杂浓度的 n 型和 p 型硅中，小注入少数载流子寿命在这些条件下是相等的。

在图 2-18 中，在 n 型硅中的寿命被描述为三个例子，一个是在价带上方的 $E_r = 0.4\text{eV}$ 的施主陷阱，一个是在导带下面的 $E_r = 0.25\text{eV}$ 的受主中心，一个是自己拥有两个能级的中心(实体曲线)，这种情况将在以后讨论。为了区分受主和施主能级的俘获率，它们分别加了一个下标"d"和"a"。这些例子是用来说明寿命是怎样依赖于禁带中能级位置的。俘获概率在通常的范围。作为简并因子，用于受主能级的通常是 $g_a = 4$，用于施主能级的是 $g_d = 2$。复合中心的浓度($1 \times 10^{13}/\text{cm}^3$)明显小于正常的掺杂浓度($1 \times 10^{14}/\text{cm}^3$)。复合中心上的电荷已考虑在计算中，但它的影响并不大，因为 $N_r \ll N_D$，此外，在小注入水平下，中心通常是电中性的，因为费米能级位于受主能级下方和施主能级的上方。正如我们所看到的，施主陷阱的寿命随 p 增加，如式(2-71)和式(2-75)所预期的，因为 n_r 可忽略并按式(2-63a)(用施主形式，$g \rightarrow 1/g$)，p_r 有 $1.18 \times 10^{13}/\text{cm}^3$ 小于 n_0。另一方面，由受主中心所引起的寿命在 p 值很小时从很高的值下降到大注入时的低寿命值。因为 $n_r = 7.22 \times 10^{15}/\text{cm}^3 \gg n_0$，这也可以直接从式(2-71)得出。在较高的温度下不包括在图中，特别是受主杂质的寿命在小 p 时仍然很高，随着 p 的增加相应地急剧减小。相似的温度依赖关系可以在下面铂的情况里进一步看到。

是什么原因导致了能级位于导带附近的中心($n_r \gg n_0$)具有高的小注入寿命？电子的俘获和发射率仍然接近于热平衡时的，这意味着 $R_n \approx 0$。由式(2-65)得出的结果是 $N_r^- = n_0/n_r^0 N_r^0 \approx n_0/n_r N_r \ll N_r$。因此，只有很少的中心处于负电荷状态，在那儿它们可以俘获空穴。将 N_r^- 代入式(2-66)，对于 $p \geqslant p_0$，相对于俘获项，空穴发射项可以忽略不计，得到 $\tau_{p,LL} = 1/(c_p N_r^-) \approx \tau_{p0} \cdot n_r/n_0 \gg \tau_{p0}$。并且如果能级位于价

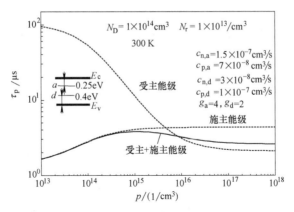

图 2-18　三种典型复合中心的 n 型硅中空穴的寿命。施主陷阱在价
带上方 0.4eV 的能级上，受主陷阱在导带下方 0.25eV 的能级上
（虚线），一个自身拥有二个能级的陷阱（实线）

带（$p_r \gg n_0$）附近，则按照式（2-72），寿命 $\tau_{p,LL}$ 是很高的。在这种情况下，空穴的
俘获和发射率近似处于平衡状态，从式（2-66）可得出 $N_r^0 = p/p_r N_r$。将其代入式（2-65）
并忽略 n_r 项，得到 $R_p = R_n = c_n np/p_r N_r$，和式（2-50）一起有 $\tau_{p,LL} = 1/(c_n N_r) \cdot p_r/n_0$。
这里，空穴寿命是通过少量 R^0 原子的电子俘获所控制的，这就留下了空穴大量的俘
获和发射近于平衡的局面。总的结果是，靠近能带边缘的能级对 $n \ll n_r$ 或 $n \ll p_r$ 的低
掺杂和小注入下的复合效果很小。

　　大注入寿命与小注入寿命之比很低，以及近带能级下随温度急剧增加的寿命这
两点对器件都是不利的。第一个属性使通态电压降与开关和恢复时间之间的关系恶
化。对于晶闸管和 IGBT，它又增加了不利因素，因为高的小注入寿命导致 $p^+ np$ 部
分晶体管空间电荷区产生电流的高度放大[Cor74,Bal77]。在这两种情况下，大注入与
小注入寿命的比值在温度升高时特别重要，高温依赖性在这里起了作用。此外，即
使在大注入时寿命随温度急剧增加能导致通态电压随温度显著下降，但这使器件不
适合并联连接[Lutoo,Sie01]（见 5.4.6 节）。因此，靠近能带边缘的复合能级是不利的。
然而对于别的能级，它们更接近于禁带中间，它可以是无害的。

　　如果平衡被削弱，例如如果 $np < n_i^2$，则式（2-71）也是有效的。在空间电荷区
中，如在反向偏置的 pn 结中建立的，然而，通常两种载流子的浓度都可忽略不计。
用 $n = p = 0$，产生率直接从式（2-68），式（2-70）得到

$$-R = G = \frac{n_i}{\tau_g} = \frac{N_r}{1/e_n + 1/e_p} \tag{2-77}$$

式中，时间参数 τ_g 称为产生寿命。但是，因为它不满足式（2-49）的要求，所以严
格地说，它不是通常意义上的载流子寿命。因此，τ_g 和 G 强烈依赖于能级在禁带

中的位置。这归因于 e_n 和 e_p 之间成倒数关系[见式(2-64)],在能量 $E_r \equiv E_{rm}$ 时,τ_g 达到它的最小值,而 G 达到它的最大值,其中 $e_n = e_p = \sqrt{c_n c_p}\, n_i$。将此代入式(2-70)得出它的最小值时的产生寿命 $\tau_{gmin} = 2/(N_r \sqrt{c_n c_p}) = 2\sqrt{\tau_{n0}\tau_{p0}}$,$\tau_g$ 的最小值两倍于 τ_{n0} 和 τ_{p0} 的几何平均值。最大 G 的能级是由

$$E_{rm} = (E_c + E_v)/2 + kT/2\ln\left[\frac{c_p N_v}{(c_n N_c g^2)}\right]$$

给出的,它是在离禁带中央不远处。产生率可以写成 $G = G_{max}/\cosh\left[(E_r - E_{rm})/kT\right]$。离 E_{rm} 几个 kT,G 正比于发射率中较小的一个,因此它随能级离更远能带距离的增加而以指数方式减小。如果器件需要短的开关时间,另一方面为了低的阻断电流,又要空间电荷区产生小,这可以用选择深能级杂质来得到,它的复合能级离禁带中央够远,而又不太靠近能带边缘中的一个。

虽然复合中心的浓度明显小得多,但与弱掺杂基区中的掺杂浓度相比,在快速器件中可能是较少的。这里陷阱上的电荷会产生不良的影响,例如,对于正常掺杂的补偿(减小电导率),击穿电压的降低或者空间电荷区的过早的穿通。陷阱对热平衡下的载流子浓度的影响和它们的能级相对于费米能级的位置有关,而且同样与能级的类型有关。例如,在中性的 n 基区中的受主状的杂质,它的能级在费米能级上面几个 kT 处,它大部分是中性的,因此它基本上将不影响自由电子的浓度。另一方面,在同样位置能级上的施主陷阱是带正电荷的,并导致中性 n 区电子浓度的增加。在反向偏置 pn 结的空间电荷区,在稳态时,电荷由下列条件给出,即电子的产生率必须等于空穴的产生率。对于受主能级,有 $e_n N_r^- = e_p N_r^0$,因此 $N_r^-/N_r^0 = e_p/e_n$。为了得到带电的深能级受主的低浓度(例如,避免穿通),发射率 e_n 比 e_p 高是需要的。通常在稳定的非平衡状态下,带电的陷阱的浓度由式(2-67)给出。

在开关过程中,浓度 N_r^-、N_r^0 跟随 n 和 p 的变化不是瞬时的,但通常比较缓慢。它们与时间的关系表示如下:

$$\frac{dN_r^-}{dt} = c_n n N_r^0 - c_p p N_r^- - e_n N_r^- + e_p N_r^0 = -\frac{dN_r^0}{dt} \tag{2-78}$$

这是直接根据俘获和发射过程使杂质再次带电得出来的。结合式(2-60)、式(2-62)和式(2-48)中 n 和 p 的微分方程,带电的陷阱浓度作为时间的函数可以用数值计算。瞬态电荷对于深能级杂质的某些影响将在 13.3 节中提出。

在上面的例子中,受主能级离导带的距离和施主能级离价带的距离被设定为常数,来计算浓度 n_a 和 p_d。因为禁带宽度随温度增加而减小,至少能级激活能中的一个,$\Delta E_n = E_c - E_r$ 或 $\Delta E_p = E_r - E_v$ 也变化,然而,大多数情况下两者都随 T 而变化,这对复合有很强的影响。ΔE 的变化本身表现在"有效"简并因子 g' 上,它通常与 2.5 节引入的"本征"简并因子 g 的值 2 或 4 有很大的偏离。如在附录 B 中指出的,浓度 n_r 和 p_r 可以计算,分别在式(2-61a)和式(2-63a)中,用恒定表观

的实验激活能 $\Delta E'$ 代替实际的激活能 $\Delta E(T)$，用有效简并因子 g' 代替简并因子 g。与 g 对照，对应 n_r 的简并因子 g'_n 不同于对应 p_r 的简并因子 g'_p。完整写出受主能级的浓度 $n_r = n_a$ 和施主能级的浓度 $p_r = p_d$，这能从下式计算出来：

$$n_a = N_c g'_{n,a} \exp(-\Delta E'_{n,a}/KT) \tag{2-79a}$$

$$p_d = N_v g'_{p,d} \exp(-\Delta E'_{p,d}/KT) \tag{2-79b}$$

p_a 和 n_d 分别被赋值为 n_i^2/n_a 和 n_i^2/p_d。附录 B 中将显示简并因子 g' 是如何构成的，以及如何从能级位置随温度的变化中求值。

实际上，在硅中用于减小寿命的所有深能级杂质在禁带中具有不止一个能级。有两个能级的 SRH 模型和它在金和铂中的应用将在下面几节中详细讨论。阐述的部分也可能有助于更好地理解辐射引入的复合中心。

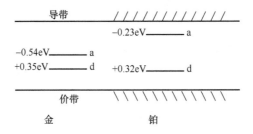

图 2-19　金和铂在硅中的能级。带有正号的数字表示能级。离价带边缘的距离，带有负号的
数字表示离导带的距离。施主能级用"d"标明，受主能级用"a"标明。
所指的值忽略了它们的温度依赖性

2. 有两个能级的复合中心

Au、Pt 和其他几个深能级杂质在 Si 中禁带的下半部分具有施主能级，而上半部分具有受主能级[Pa174]（见图 2-19）。两个能级的出现是因为这些中心有三个电荷状态，它们之间相邻的可以相互转换。能级的有效浓度是和另一个相关联，并随费米能级、注入水平和温度而变化的。描述这些的公式已在若干论文中阐述[Sah58,Kon59,Scz66,Abb84]。在本节中，介绍了双能级陷阱的一般寿命公式，讨论了数值算例和重要的极限情况。符号是适用于 Au 和 Pt 的，中心有施主能级和受主能级。

这种类型的复合中心可以带正电荷（R^+）、中性（R^0）或带负电荷（R^-）。根据上面给出的定义，施主能级表示杂质荷电状态在 R^+ 和 R^0 之间变化时所涉及的能量，而受主能级表示杂质荷电状态在 R^0 和 R^- 之间变化时所涉及的能量。在一个能级情况下，每一种转换都可以分别通过俘获或发射电子到导带来实现，而空穴的类似交换通过价带（见图 2-17）。因为在 R^+ 而不是 R^0 捕获导带电子的过程中静电能增加，所以施主能级（通常）是低于受主能级的。这不同于正常掺杂原子的施主和受主能级的常见位置（见图 2-6）。

为了得到寿命公式，总复合率表示为两个 SRH 项[式（2-68）]之和，每项对应一个能级,在两种情况下,陷阱浓度 N_r 由占据态浓度加未占据态浓度代替,因此,对施主能级用 $N_d = N_r^+ + N_r^0$,而对受主能级用 $N_a = N_r^0 + N_r^-$。这些浓度通过恒定的总浓度耦合 $N_r = N_r^+ + N_r^0 + N_r^-$,并且取决于稳态设置中得出的 n 和 p,对于每个能级 $R_n = R_p$,公式能在众多的文献中找到[Kon59,Scz66,Abb84]。从总的复合率和定义的式(2-49)可以得到 $n_0 \gg p_0$ 的 n 型半导体中空穴的寿命为

$$\tau_p^{(n\text{-}Si)} = \frac{1}{N_r c_{p,a}} \frac{\left(n + n_a \frac{c_{p,a}}{c_{n,a}}(p_a + p)\right)\left(n + \frac{c_{p,d}}{c_{n,d}} p_d\right) + \left(n_a + \frac{c_{p,a}}{c_{n,a}} p\right)\left(n_d + \frac{c_{p,d}}{c_{n,d}} p\right)}{n c_{p,d}\left(\frac{n}{c_{p,d}} + \frac{n_a}{c_{p,a}} + \frac{p}{c_{n,a}} + \frac{p_d}{c_{n,d}}\right)} \quad (2\text{-}80)$$

n_a 和 p_a 表示由式(2-61a)和式(2-63a)引入的受主能级的浓度 n_r 和 p_r;p_d 和 n_d 表示被这些公式定义的施主能级的浓度 p_r 和 n_r。在施主模式里这些公式的 N_{r0}^-、N_{r0}^0 必须分别被 N_{r0}^0 和 N_{r0}^+ 所取代且 g 被 $1/g$ 所取代。实际上式(2-79)经常会用来计算 n_a 和 p_d,用恒定的表观激活能 $\Delta E'_{n,a}$、$\Delta E'_{p,d}$ 和有效简并因子 $g'_{n,a}$、$g'_{p,d}$。大多数情况下,如果受主能级是在禁带上半部分,而施主能级在禁带下半部分,则浓度 p_a 和 n_d 可以忽略。在中性 n 区的电子浓度根据 $n = N_D + p + N_r^+ - N_r^-$ 由空穴浓度给出,式中 $N_r^+ - N_r^-$ 代表陷阱的电荷,在一级近似中经常可以被忽略。在计算中考虑使用附录 B.2 给出的式(B-17)。p 型区域的电子寿命由式(2-80)通过字母 n 和 p 以及指数 a 和 d 分别互换来求得。

在图(2-18)中,由式(2-80)得出的具有所示能级和俘获率的陷阱的寿命用实线表示。假设施主能级至价带的距离和受主能级至导带的距离与温度无关。上面讨论的陷阱用的是相同的俘获率和简并因子,它们只有两个能级中的一个能级(虚线)。如所见的,双能级中心的寿命在大约 $p = 4 \times 10^{14}/cm^3$ 时,就与只有施主能级存在时的寿命相同。在这一范围内,寿命被施主能级大幅降低。其原因是平衡浓度 n_0($\approx 9 \times 10^{13}/cm^3$)和浓度 p_d($1.18 \times 10^{13}/cm^3$)以及 n_a,后者有 $7.22 \times 10^{15}/cm^3$ 的浓度,高于 p_d 和 n_0 两个数量级。在这些条件下,对于相对低的注入水平,$n_0 + p \ll n_a$,式(2-80)简化为

$$\tau_p = \frac{1}{N_r}\left(\frac{1}{c_{p,d}} + \frac{1}{c_{n,d}} \frac{p_d + p}{n}\right) \qquad (n, p_d \ll n_a) \quad (2\text{-}81)$$

在此前提条件下,俘获系数的比值被忽略了,为简单起见,设为1。从字面上可以得出:如果施主能级至价带的距离比受主能级至导带的距离更远,而且在热平衡下的费米能级低于受主能级,则在 $n_0 + p \ll n_a$ 的范围内空穴寿命由施主能级决定。式(2-81)与忽略 n_r,$p_r \equiv p_d$ 下的式(2-71)是相同的。受主能级的近带位置的不利后果被施主能级消除。陷阱原子通常处于一种荷电状态(中性),在这种状态下,它们不能通过受主能级对少数载流子做出反应。

当注入水平增加时,式(2-81)的前提 $n \ll n_a$ 变得无效,受主能级也会影响寿命。与一个能级的情况相反,这会导致 $\tau_p(p)$ 函数的最大值,如图 2-18 所示。当 $p \gg n_0$,p_0,n_a,p_d 时,大注入寿命的极限值由式(2-80)获得

$$\tau_{HL} = \frac{1}{N_r} \frac{c_{n,a}/c_{p,a} + 1 + c_{p,d}/c_{n,d}}{c_{n,a} + c_{p,d}} \tag{2-82}$$

在图 2-18 的情况下,τ_{HL} 比单独的受主能级高,尽管两个能级对它都有贡献。

如果费米能级远高于受主能级,则会出现一个简单的极限情况,结果 $n_0 \gg n_a$。然后从式(2-80)中得到小注入空穴寿命 $\tau_{p,LL} = 1/(N_r c_{p,a}) \equiv \tau_{p0}^{(a)}$。与之类似,$P_0 \gg p_d$ 的 p-Si 中小注入电子寿命由 $\tau_{n,LL}^{(p-Si)} = 1/(N_r c_{n,d}) \equiv \tau_{n0}^{(d)}$ 给出,它是用上述方法从式(2-80)得到的 p-Si 中 τ_n 的公式中得出的。这些情况用来决定俘获概率 $c_{p,a}$ 和 $c_{n,d}$。

最后考虑几个极限情况,将会在下面再次遇到。如果 $n_a \gg p_d$,则浓度 n_0 也大于 p_d 的条件下,式(2-80)得出的 n 区小注入空穴寿命为

$$\tau_{p,LL} = \frac{1}{N_r} \frac{1 + \dfrac{n_a}{n_0}}{c_{p,a} + \dfrac{c_{p,d} n_a}{n_0}} \quad (n_0, n_a \gg p_d) \tag{2-83}$$

在这里,小注入寿命受到两个能级的影响,与式(2-81)相比,温度依赖性较弱,因为分母削弱了所提值的 T 依赖性,而且浓度 n_a 对温度的依赖性小于 p_d,因为离相关能带的距离较小。

另一方面,如果 $n_a \ll p_d$,像金的情况,则对于任意掺杂浓度,小注入少数载流子寿命由式(2-79)得出

$$\tau_{p,LL} = \frac{1}{N_r c_{p,a}} \left(1 + \frac{n_a}{n_0} \right) \tag{2-84}$$

严格地说,这里的前提是 $n_a \ll c_{p,a}/c_{n,d} p_d$。式(2-84)与式(2-72)同样适用于受主能级。

在较高温度和低掺杂的情况下,p_d 和 n_a 两者都大于平衡浓度 n_0。接着从式(2-80)得到 n-Si 中小注入空穴寿命为

$$N_r \tau_{p,LL} = \left[\left(\frac{c_{p,a}}{n_a} + \frac{c_{n,d}}{p_d} \right) n_0 \right]^{-1} \quad (n_a, p_d \gg n_0) \tag{2-85}$$

这是将式(2-76)扩展到目前双能级的情况,在此范围内的寿命与 n_0 成反比。用 p_0 替代 n_0,同样的表达式适用于 p 型硅中少数载流子的寿命。因此,对于一个能级来说,在 n 型和 p 型硅中小注入少数载流子寿命是相等的,当掺杂和陷阱浓度在这两种情况下相等时。

3. 复合中心金

金是硅中研究最多的深能级杂质,即便获得的参数值之间的不一致仍然存在。

双能级模型由于相同杂质的三种荷电态而受到质疑[Vec76,Lan80]，但已被其他作者再次确认[LuN87]。图 2-19 用粗糙的数值位置表示能级，忽略了温度的依赖关系。受主能级仅位于略高于禁带中间的位置，其明显的缺点是会在反向偏置的结上产生大的电流。尽管金因此失去了一部分应用，转到铂和辐射引入陷阱，但它仍然还在应用，因为在其他方面它有优势，所以金作为一种模型陷阱也备受关注。

因为根据能级 $n_a \ll p_d$ 的位置，在 n-Si 中，小注入空穴寿命由式（2-84）给出。因此，在 n-Si 中小注入少数载流子寿命作为掺杂浓度的函数是由受主能级决定的。对于任意注入水平，用 $n_a \ll p_d$，从式（2-80）得到

$$\tau_p = \frac{1}{N_r c_{p,a}} \frac{\left(n + n_a + \frac{c_{p,a}}{c_{n,a}}p\right)\left(n + \frac{c_{p,d}}{c_{n,d}}p_d\right) + \left(n_a + \frac{c_{p,a}}{c_{n,a}}p\right)\frac{c_{p,d}}{c_{n,d}}p}{n c_{p,d}\left(\frac{n}{c_{p,d}} + \frac{p_d}{c_{n,d}} + \frac{p}{c_{n,a}}\right)} \tag{2-86}$$

式中，n_d 以及 $c_{p,a}/c_{n,a}p_a$ 相对于 n_a 也是被忽略的。虽然受主能级靠近禁带中间，直至 450K 后者的忽略是合理的，因为受主能级的简并因子 $g'_{n,a}$ 结果是高的。

Fairfield 和 Gokhale 已经确定了一套完整的俘获率[Fai 65]，后来 Wu 和 Peaker[WuP82]也确定了它们的温度依赖关系，并列出结果加以发表。因为这些和后来的结果离散性较强，与寿命测量不完全一致，所以根据需要，首先按照下列金的寿命特性调整参数。

1）室温下 n 区域的空穴寿命大注入时增加到大约是小注入时的 5 倍。在本章参考文献[Fai65]中得到的大注入对小注入的比率是 6.3，Zimmermann 测得的比率为 4.0[Zim73]，而 Hangleiter 测得的是 5.5[Han87]。在本章参考文献[Zim73]中的掺杂浓度是 $1 \times 10^{14}/\mathrm{cm}^3$，在本章参考文献[Fai 65]和[Han 87]中用了 $N_D \gg p_d = 1.31 \times 10^{14}/\mathrm{cm}^3$ 的较高掺杂的器件。

2）掺杂浓度为 $N_A \gg p_d$ 的 p 区电子寿命与注入水平无关[Han 87]。

3）在 $N_A \gg p_d$ 的 p 区中大注入寿命 τ_{HL} 和小注入电子寿命在一个大范围内两者都正比于 T^2（$\tau_{n,LL}$ 从 100～300K）[Scm82]，τ_{HL} 从 100～400K[Sco76]（大约在本章参考文献[Han87]中确认的）。

4）金受主能级的电子发射率高于空穴发射率一个数量级[Sah 69,Eng 75]。根据详细的平衡方程式（2-61）和式（2-63），为选择俘获概率和简并因子必须考虑到这一点。

本章参考文献[Fai65]的俘获率满足准则 I，但不满足准则 II，本章参考文献[Wup82]的数据导致不切实际的大注入和小注入的比率为 25.6。正如在附录 B 中详细解释的那样，从上面的准则和已发表的著作可以得出表 2-3 所示的俘获率和简并因子。$c_{p,a}$ 的 300K 的值是从本章参考文献[Fai65]中选用的。使用此值和 Sah 等人的发射率[Sah 69]，$c_{n,a}$ 值由详细的平衡公式（2-64）确定。按照本章参考文献[WuP82]，俘获率 $c_{n,a}$ 和 $c_{n,d}$ 小于相应空穴的俘获概率一个数量级。因此根据式（2-82）大注入寿命本质上是由施主能级的俘获概率 $c_{n,d}$ 决定的。引用准则 I，小注

入和大注入之间的寿命增加 5~6 倍，因而需要 $c_{n,d}$ 以大致相同的因子小于 $c_{p,a}$，俘获率决定 300K 时 n-Si 中小注入寿命。温度依赖关系取自考虑了准则Ⅲ的文献。根据式（B-9），有效简并因子 $g'_{n,a} = 10.9$ 意味着受主能级至导带的距离以 0.795×10^{-4} eV/K 的速率随温度而缩短。这是在 350K 时禁带宽度下降率的 29%，当根据式（2-9）结合表 2-1 的参数计算时。

表 2-3　金复合中心的俘获概率、简并因子和特征浓度

受主能级	施主能级	单位
$c_{n,a} = 0.56(T/300K)^{0.5}$	$c_{n,d} = 2.32(T/300K)^{-2}$	$10^{-8} \text{cm}^3/\text{s}$
$c_{p,a} = 11.5(T/300K)^{-1.7}$	$c_{p,d} = 28.0(T/300K)^{0.5}$	$10^{-8} \text{cm}^3/\text{s}$
$\Delta E'_{n,a} = 0.5472$	$\Delta E'_{p,d} = 0.3450$	eV
$g'_{n,a} = 10.9$	$g'_{p,d} = 2.65$	
$n_a(300K) = 2.00 \times 10^{11}$	$p_d(300K) = 1.31 \times 10^{14}$	$1/\text{cm}^3$
$n_{\{a\}}(400K) = 6.26 \times 10^{13}$	$p_d(400K) = 6.29 \times 10^{15}$	$1/\text{cm}^3$

用 $g'_{p,d} = 2.65$，得到的施主能级至价带的距离几乎是恒定的。

在式（2-86）中使用这些数据计算出 n 型硅中空穴寿命和注入浓度关系曲线如图 2-20 所示，对应着几个掺杂浓度和温度，对掺杂浓度和温度的依赖性很强。由于俘获参数的选择，300K 的寿命约增加了 5 倍。此外，从 300~450K 的大注入寿命也在增加，符合与 T^2 的相关性（准则Ⅲ）。$N_D = 5 \times 10^{16}/\text{cm}^3$ 的 $\tau_p(P)$ 曲线的最小值没有用测量值表示出来（见本章参考文献[Fai65，Han87]），只是因为较弱可能观察不出来。由于一切都是好的，所以最小值与测量一致似乎是理论模型与调整所用的准则相结合的必然结果。

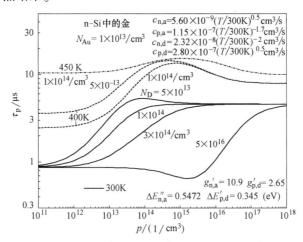

图 2-20　n 型硅中金复合中心的空穴寿命与注入空穴浓度的关系曲线。参数是掺杂浓度和温度

由于准则是重复的，所以对其他结果也可以信任。在图 2-20 中，$\tau_p(p)$ 函数在 400K 和 450K 时显示了最大值，正如图 2-18 中所示。单是受主能级就会在整个范

围内增加寿命，不仅在 300K 而且也在 400K 和 450K，因为条件式（2-75）得到了很好的满足。在 $p = 5 \times 10^{14}/cm^3$ 处达到最大值后显示的下降趋势，是通过施主能级的复合引起的。正如提到过的，大注入寿命（几乎）完全由施主能级决定，因为 $c_{n,a} \ll c_{p,a}$ 和 $c_{n,d} \ll c_{p,d}$，反之，小注入寿命由受主能级决定。大注入对小注入寿命的比值对于 $N_D = 1 \times 10^{14}/cm^3$，在 400K 时是 3.0，在 450K 时约为 1。小注入寿命甚至在升高温度时不高于大注入寿命是金的一个显著优势（参看 1. 的讨论）。因为式（2-84）中浓度 n_a 很小，一直到 400K（见表 2-3），所以小注入寿命显示相对较弱的温度依赖性，例如与铂相比（见 4.）。

$N_D = 5 \times 10^{16}/cm^3$ 和 $1 \times 10^{14}/cm^3$ 的曲线显示，n 掺杂比较高（$5 \times 10^{16}/cm^3$）的器件区域是用来作为"场阻挡层"的，对于一个给定的绝对注入水平（假定金的浓度不变）其寿命是明显小于弱掺杂基区中的。由附录 B 中的式（B-14）可知，在较宽的注入范围内的低寿命是分母中的高系数 $c_{p,d}/c_{n,a}$ 造成的，因此，是通过施主能级的复合引起的。只有在很低的注入水平下，室温下的寿命与 N_D 无关，并由 $\tau_{p,LL} = 1/(c_{p,a} N_r)$ 给出。

在 p 型 Si 中的少数载流子寿命对功率器件也很重要，以模拟晶闸管和 IGBT 中 p 区域的复合行为为例。如准则 II 所述，在掺杂浓度 $N_A \gg p_d$ 时，这是晶闸管 p 基区的情况，寿命 $\tau_n^{(p\text{-}Si)}$ 与注入水平无关。将式（2-80）改写成 $\tau_n^{(p\text{-}Si)}$ 模式并使用 $c_{n,a} \ll (c_{p,a}, c_{p,d})$ 和 $c_{n,d} \ll c_{p,d}$，在条件 $p_0 \gg c_{n,a}/c_{p,a} n_a$ 下，其简单的近似结果下至 $N_A = 1 \times 10^{14} cm^3$，上至 400K 都很满意。电子寿命作为注入水平的函数近似给出如下：

$$\tau_n^{(p\text{-}Si)} \approx \frac{1}{N_r} \frac{1 + p/p_d}{c_{n,a} + c_{n,d} p/p_d} \tag{2-87}$$

因为 $c_{n,a} < c_{n,d}$，p 型硅中的寿命随注入量 $n \approx p - p_0$ 的增加而降低。对于 $p = p_0$，式（2-87）与式（2-83）对应。温度依赖性是适度的，因为两个 p_d 项相互抵消。就像曾提到的，在掺杂浓度 $1 \times 10^{14}/cm^3$ 时，如果金的浓度相等，则小注入寿命比室温下 n 型硅中的高出约 9 倍。

此外，器件感兴趣的是在不同条件下不同电荷态的浓度。在热平衡的 n 区，金原子完全处于负电荷状态，因为费米能级远高于受主能级，平衡自由电子浓度降至 $n_0 = N_D - N_{Au}$，所以，金导致电阻率的增加（补偿）。在大注入下用 $n = p \gg n_a$，p_a，p_d，但是，从附录 B. 2 中的式（B-13）~式（B-15）得出

$$N_{Au}^+ : N_{Au}^0 : N_{Au}^- = \frac{c_{p,d}}{c_{n,d}} : 1 : \frac{c_{n,a}}{c_{p,a}} = 12.1 : 1 : 0.049$$

此处在数值上采用了 300K 时的俘获率（见表 2-3）。因此在大注入下，金主要处于正电荷状态，$N_{Au}^+ \approx N_{Au}$。另一方面，在反向偏压中的空间电荷区稳态下的产生率 $G = G_a = e_{n,a} N_{Au}^- = e_{p,a} N_{Au}^0$，得出 $N_{Au}^- = e_{p,a}/e_{n,a} N_{Au}^0 \ll N_{Au}^0 \approx N_{Au}$，因为 $e_{p,a}$ 比 $e_{n,a}$ 小一个多数量级，所以在空间电荷区中的金中心几乎是中性的。大注入时的正陷阱电荷在快速 pin 二极管从正向到反向偏置的切换过程中变得很明显，在从零到反向

偏置的切换过程中，Au^+ 和 Au^- 离子分别通过发射一个空穴和一个电子变成中性。因为时间常数 $1/e_{n,a}$ 长（$\approx 1ms$，室温时），所以浓度 N_{Au}^- 的衰减相当慢。

4. 复合中心铂

铂在硅中的能级已由一批研究人员确定[Con71,Pal74,Mil76a,Sue94]。经过一定的扩散，他们在价带上方获得了 0.32eV 的施主能级，而在导带下方获得了 0.23eV 的受主能级，如图 2-19 所示。一些作者发现了额外的能级，部分归因于第二个 Pt 位置对总浓度贡献了一定的份额[Lis75,Evw76,Sue94]。一个在价带上方 0.42eV 的受主能级被报告为占主导地位的 Pt 复合能级[Lis75]，但是后来的研究人员没有观察到[Bro82b]。自图 2-19 所示的能级图被大多数人所接受，假设如下。能量值被理解为表观的实验激活能 $\Delta E'_{p,d}$，$\Delta E'_{n,a}$，根据观察到的有效简并因子，温度的相关性是叠加的[见附录 B 和式(2-79)]。

这两个能级的俘获概率已被 Conti 和 Panchieri[Con71] 以及 Brotherton 和 Bradley[Bro82a] 确定，前者在室温附近测量，后者在 77K 左右。结果以在论文里给出的俘获截面的形式描述在表 2-4 中。为了转换成俘获概率，横截面分别乘以电子和空穴的下列平均热速度的表达式：

$$v_{th,n} = 2.25 \times 10^7 \sqrt{T/300K}\ cm/s$$

$$v_{th,p} = 1.85 \times 10^7 \sqrt{T/300K}\ cm/s$$

在式(2-28)中得到常数为有效质量 $m_n = 0.27m_e$，$m_p = 0.4m_e$。在表中所示的乘方律温度关系 $\sigma_{i,j} \sim T^n$ 的指数 n 也如此确定。正如所见，结果再次非常不同。按照本章参考文献[Con71]横截面 $\sigma_{p,a}$ 随温度以 $1/T^{4.4}$ 降低，而在本章参考文献[Bro82a]中发现是常数。本章参考文献[Con71]的简并因子从本质上不同于本征值，因此它们表明能级离各自能带的距离对温度的显著依赖关系。

表 2-4 本章参考文献[Con71]和[Bro82a]确定的硅中铂的俘获横截面。还有乘方律温度依赖关系 $\sigma_{ij} \sim T^n$ 的指数 n 和本章参考文献[Con71]给出的有效简并因子

	本章参考文献[Con71]（295K）		本章参考文献[Bro82a]（77K）	
	$\sigma(10^{-16}cm^2)$	n	$\sigma(10^{-16}cm^2)$	n
$\sigma_{p,a}$	55	-4.4	30	0
$\sigma_{n,a}$	63	0	8	0
$\sigma_{p,d}$	16.2	0	3	0
$\sigma_{n,d}$	18.8	-4.0	1	–
$g'_{n,a}$	1±0.5			
$g'_{p,d}$	25±8			

用本章参考文献[Con71]的数据计算了 n 型硅中寿命和注入的相关性，在低掺杂情况下，显示为简单的单调下降，与本章参考文献[Mil76b]测量所预期的一样。

与此相反，本章参考文献［Bro82a］完成的横截面具有合理的简并因子和 $c_{n,d}$ 的温度依赖性，导致 $\tau_p(p)$ 曲线中间明显最低。因为本章参考文献［Con71］的结果也更为完整，在下文中，它们就作为依据。

Miller 和同事们[Mil76a]发表了一系列有关寿命测量对温度和掺杂依赖性的文章。除了别人，他们观察到，在 $N_D = 2.6\times10^{14}/cm^3$ 的 n-Si 中，从 $300\sim400K$ 空穴寿命增加了 10 倍，而 $2.9\times10^{15}cm^{-3}$ 的掺杂浓度增加了 4.3 倍。在 400K 时，发现成了掺杂浓度的反比函数，$\tau_p \sim 1/n_0$，在室温时，随 n_0 的变化减少了约一半。反比例性与式（2-85）一致，说明了在 400K 时直到 $n_0 = 2.9\times10^{15}/cm^3$，条件必须满足。本章参考文献［Con71］的数据主要在 400K，$n_a = 5.70\times10^{16}/cm^3$ 和 $p_d = 1.23\times10^{17}/cm^3$ 满足了这个条件。

因为这些测量明显是在小注入水平下进行的，它们必须在 SRH 模型中用下式描述：

$$\tau_{p,LL} = \frac{1}{N_r c_{p,a}} \frac{(n_0+n_a)\left(n_0+\dfrac{c_{p,d}}{c_{n,d}}p_d\right)}{n_0\left(n_0+\dfrac{c_{p,d}}{c_{p,a}}n_a+\dfrac{c_{p,d}}{c_{n,d}}p_d\right)} \tag{2-88}$$

它遵循小注入的式（2-80）。使用本章参考文献［Con71］的参数集，计算出的温度依赖性比测得的强 5~6 倍，但是掺杂依赖性和观察到的差不多。为了更好接近测量值，降低 $\sigma_{p,a}$ 和 $\sigma_{n,d}$ 对温度的依赖性是必要的。这已被本章参考文献［Bro82a］的恒定横截面 $\sigma_{p,a}$，也被其他深能级杂质的测量[Han87]所证明，所有的都显示出吸引电荷状态的绝对 n 值明显小于本章参考文献［Con71］的值。考虑到大注入寿命 τ_{HL} 可能随温度而增加，反映知识现状的合适数值是对于 $\sigma_{p,a}$，$n = -1$，而对于 $\sigma_{n,d}$，$n = -2.5$。这些数值要用于下面的计算中。用这个修改[Con71]的数据，会导致寿命随温度的增加而增加直至高到测量值的 2.5 倍，而对掺杂的依赖大约也会重新发生。

当然，对温度的依赖关系本质上受 n_a 和 p_d 对温度的指数依赖关系的影响。对于给定的表观活化能，这可以通过有效简并因子来改变，见式（2-79）。在不违反对 n_0 的相互依赖关系下，$g'_{p,d}$ 可以降低 10 倍。但是这会增强对温度的依赖性，因为条件 $n_a \gg p_d$ 得以保持，会导致近似式（2-81）以 p_d 还有 $c_{n,d}$ 以强烈的对 T 的依赖关系为特征。在［Con71］的选择下，除了 p_d 外，n_a 和 $c_{p,a}$ 的温度依赖性较小也是有效果的。相比之下这条途径能够有些改进，使 $g'_{n,a}$ 的值降至 0.5。用此值算得的温度依赖性比测得的高 1.7 倍，而不是 $g'_{n,a} = 1$ 时的 2.5 倍。考虑到寿命测试经常遭受失误的影响，这种差别是可以接受的。目前情况下，在结上 T 依赖程度较弱的复合部分可能会影响结果。

在图 2-21 中用式（2-80）和推荐的表示某些掺杂浓度以及温度的数据集计算了 n 型硅中空穴寿命和注入浓度的关系，数据已列出。根据标有"2"和"3"的曲线，可以检查用于调整的测量值。在 $1\times10^{14}/cm^3$ 和 $2.6\times10^{14}/cm^3$ 之间小注入寿命甚至在 300K

时近似反比于掺杂浓度，因为条件 $n_0 \ll n_a$，所以即使在室温下，p_d 在此掺杂范围内也是满足的。在 $N_D = 1 \times 10^{14}/\text{cm}^3$，300K 时寿命随注入水平降低 9 倍，到 400K 时降低 140 倍。从 300~400K，小注入寿命当 $N_D = 1 \times 10^{14}/\text{cm}^3$ 时增加了 18 倍。

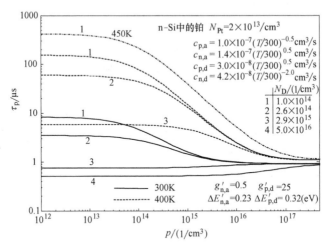

图 2-21　n 型硅中铂的少数载流子寿命作为注入空穴浓度的函数。参数是掺杂浓度和温度。300K 时的俘获率取自本章参考文献[Con71]。与本章参考文献[Con71]相比，$c_{p,a}$ 和 $c_{n,a}$ 以及受主能级的简并因子的温度依赖性降低（见正文）

在前面指出了随注入增加寿命大幅降低和随温度升高而增加的缺点。后一种特性导致铂扩散二极管的正向压降随温度升高而降低[Lut00]，对模块中并联器件是不利的特性。铂扩散二极管正向特性的温度依赖性的示例将在后面第 5 章的图 5-11 中给出。随着注入减少，寿命大幅度升高导致铂扩散器件比金扩散的恢复时间有所增加。特别是对于晶闸管和 IGBT 高的小注入寿命是不利的，铂通常不用于快速晶闸管和 IGBT。

对二极管来说，这些与能级位置有关的缺点被空间电荷区产生的小电流在大多数应用下过度补偿。在稳态下，受主能级的产生率是 $G_a = e_{n,a} N_{pt}^- = e_{p,a} N_{pt}^0$，而施主能级的产生率是 $G_d = e_{n,d} N_{pt}^0 = e_{p,d} N_{pt}^+$。因为 $e_{p,a} \ll e_{n,a}$，$e_{n,d} \ll e_{p,d}$，于是 N_{pt}^-，$N_{pt}^+ \ll N_{pt}^0 \approx N_{pt}$，即铂在空间电荷区稳态下是中性的，类似于金。总产生率是

$$G = G_a + G_d = (e_{p,a} + e_{n,d}) N_{pt} = \left(\frac{c_{p,a}}{n_a} + \frac{c_{n,d}}{p_d} \right) n_i^2 N_{pt}$$

在大 g'_{pd} 数据集中有 $p_d > n_a$，所以 G 的主要部分是由受主能级贡献的。与测量一致，得到了铂扩散二极管的漏电流即使是在 150℃ 下仍然比用金获得的漏电流小 10 倍。因此，铂扩散或粒子辐照现在用于大多数快速二极管中，以降低载流子寿命。

与金相反，铂中心在热平衡的弱掺杂 n 基区中也是中性的，因为费米能级低于受主能级。因此，电导率不会显著降低，如果二极管与单极开关元件集成在一起，则这是一个优势。此外，二极管从零到反向电压的转换过程不会受到铂离子再

荷电的干扰。在大注入时 Pt 在不同电荷状态的浓度是从附录 B.2 中的公式中得到的，在 300K 时是

$$N_{pt}^+ : N_{pt}^0 : N_{pt}^- = \frac{c_{p,d}}{c_{n,d}} : 1 : \frac{c_{n,a}}{c_{p,a}} = 0.71 : 1 : 1.40$$

所有的电荷态都明显地出现在分数中，尽管负的占主导。负电荷的净浓度 $N_{pt}^- - N_{pt}^+$ 的量占总 Pt 浓度的 22%。从正向到反向偏置的开关过程中涉及的铂的电荷，因此具有相反的符号，并小于金的情况。这些言论遇到了与俘获率相同的错误。

5. 辐射引入的复合中心

如今，常常用具有高能量的电子、质子或 He 离子的辐射产生复合中心，并降低载流子的寿命。辐射的能量一般在 1~15meV。而电子辐射产生浓度均匀的复合中心，高陷阱浓度的狭窄区域可以用 H 或 He 离子辐射来产生。辐射方法显示了良好的重复性。如图 2-22 上所画的，主要产生三种不同能级的独立的中心：双空位(VV)；A-中心，它是氧-空位

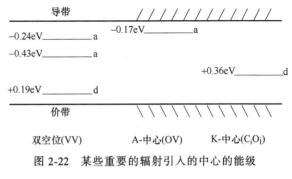

图 2-22   某些重要的辐射引入的中心的能级

的组合体(OV)；K-中心，多半是一个间隙的碳原子和一个间隙的氧原子的结合(C_iO_i)[Niw08]。能级的类型和离能带边缘的距离示于图 2-22 上。双空位有一个施主能级和两个受主能级，它们中较高的一个与 R^- 和 R^{2-} 之间的转换有关。相比之下，A-中心只有靠近导带的一个受主能级。中心相关的浓度不仅和辐射的能量有关，而且和辐射后的退火工艺有关。对于中性区的寿命控制，特别在大注入时，考虑 A-中心是最有效的，因为俘获率高和浓度高[Sie02,Sie06]。在空间电荷区中载流子的产生是由双空位决定的，它在导带下面 0.43eV 处的能级是最有效的。归因于能级由辐射得到的寿命控制导致阻断电流大大低于比用扩金得到的阻断电流，但是比扩铂的要高。在辐射引入中心的情况下计算寿命变化的可能性仍然是非常有限的。用于寿命控制的辐射工艺的更多细节在 4.9 节中介绍。

2.8   碰撞电离

碰撞电离是载流子的一种产生机制，它发生在高电场下并导致雪崩倍增。产生限制了阻断结可以维持不产生大电流的电场，因此，它是决定功率器件尺寸的基础。在硅中它确定了整个范围内的击穿电压约在 6V 以上。在低端，大约是 12V 以下，那里高场区域的延伸足够小，载流子的量子力学隧道效应对电流具有重要意义，约在 6V 以下，它对可用的阻断电压是决定性的[Hur92a,Hur92b]。虽然许多功率器

件都有低阻断结，但隧道效应对它们来说并不重要。导致雪崩击穿的"临界"场强是半导体的一种特性。对于给定的阻断电压，通过所需的基区宽度，可以确定器件的静态和动态的极限。本节将讨论碰撞电离的一般特性，功率器件的详细结果将在后面的章节中处理。

碰撞电离发生在下面的过程中，如果电场足够强，使得处于统计分布中的数量可观的电子或空穴得到足够的动能，则它们能够通过碰撞提升一个价带电子到导带中去。每一个电离的载流子产生一对自由的电子和空穴，它们能够再一次产生另外的电子-空穴对，这样导致雪崩过程。所以，碰撞和雪崩产生被作为同义词表述。因为从动量守恒出发，二次粒子的动能必须提供，所以原始载流子至少必须有的电离能大约是 $3/2E_g$[Moe69]。在零电场强度下，在热分布里的有些载流子早已具备这样的能量。但是在零电场下的产生早已被考虑成 Auger 产生，$G_{Aug} = (c_{A,n}n + c_{A,p}p)$ n_i^2；它的微观机理是和碰撞电离相同的。碰撞电离被明确定义为在电场中载流子速度提高而引起的产生。它用碰撞电离率 α_n、α_p 来表示，α_n、α_p 被定义为单位路程长度上每个电子或空穴所产生的电子-空穴对的数目，它们分别以漂移速度 v_n 或 v_p 一起运动。每单位时间产生的电子-空穴对的数目，也就是雪崩产生率 G_{av}，给出如下：

$$G_{av} = \alpha_n n |v_n| + \alpha_p p |v_p| = \frac{1}{q}(\alpha_n |j_n| + \alpha_p |j_p|) \tag{2-89}$$

在式右边，场电流密度是用总电流密度来替代，忽略了扩散电流，因为电场强。

为了决定电离率以及它们与电场的关系，进行了大量的实验和理论工作，这个关系非常强。给出了 Mönch[Moe69] 和 Maes 等人[Mae90] 的评述。理论上，Wolff 很早就推算出关系式 $\alpha \propto \exp(-b/E^2)$[Wof54]。另一方面，实验的电离率已被 Chynoweth[Chy58] 和后来的大多数其他作者所测得，关系式如下：

$$\alpha = ae^{-b/E} \tag{2-90}$$

该式适用于电子和空穴。此处用 E 表示在电场方向的正的电场强度。在对数坐标图里；作为 $1/E$ 的函数，α_n 和 α_p 的值沿直线变化。Shockley 用了一个简化的模型推导出了这个关系式[Sho61]，用这个方式求得载流子的高电离能。随后，如 Baraff 所指出的[Baf62]，Wolff 和 Chynoweth 的电场关系是更为通用理论的一个极限情况。通常，实验测定通过测量载流子的倍增因子 M_n 和 M_p 来进行，它由电离率范围内的二重积分组成（参见附录 C），随后必须提取。直至低电场测出的电场关系服从关系式（2-90），而从理论上是没有预测到此范围[Mae90,Oga65]。表 2-5 包括了室温下硅的系数 a 和 b，是从某些通常引证的论文中收集到的。根据 Ogawa 的工作[Oga65]，α_p 是分两种方式给出的，第一种是根据倍增因子确定，像表中其他的值一样。第二种描述的空穴电离率，是在本章参考文献 [Oga65] 中根据测量电子电离率 α_n 和有效电离率来确定的

$$\alpha_{eff} = \frac{\alpha_n - \alpha_p}{\ln\left(\dfrac{\alpha_n}{\alpha_p}\right)} \tag{2-91}$$

这是根据 pin 二极管的击穿电压确定的(参见下文)。按照不同的 b 值在表中 a $[=\alpha(E=\infty)]$ 的极限变化值主要是由在作为 $1/E$ 的函数的坐标图中以不同的斜率外推出来。不过,同样在实验范围内,得到的电离率分散性是大的。例如,在电场强度 2×10^5 V/cm 下,从本章参考文献[Lee64]和[Ove70]得到的 α_{eff} 值相差 4 倍以上。虽然对于给定的 α_{eff} 值电场的差别比较小,因为对电场的依赖关系强,它们也是应该注意的。在表 2-3 的最后的一列里,给出了属于 $\alpha_{eff}=100$/cm 的电场强度。这个电场可以理解为 pin 二极管的临界电场 E_c,它的本征 i 区的宽度为 $w=1/\alpha_{eff}=$ 100μm,因为 pin 二极管的击穿条件是 $\alpha_{eff}(E_c)w=1$[参见下面的式(2-93)和第 3、5 章的 pn 结和 pin 二极管]。用本章参考文献[Lee64]的数据计算得出的击穿电压 $V_B=wE_c$ 比本章参考文献[Ove70]计算得到的高 20%。对于 p^+n 结,差值仍然是大的($V_B>1000$V 时约为 35%)。

对器件严格的尺寸计算需要电离率,其结果与测得的阻断特性极其一致。我们已经对用不同的 α 组合的计算与晶闸管和二极管中的测量结果进行了比较,而晶闸管和二极管的弱掺杂的 n 基区是用中子嬗变来很均匀掺杂的(参见 4.2 节),在 1974 年以前,还没有用这个方法。对大部分在 1200~6000V 阻断范围内的器件作了比较,尽管低阻断范围内的数据也已经被研究过了。发现 Ogawa 的电离率 α_p 的第二组数据很适合阻断电压>300V 的二极管。然而,发现用本章参考文献[Oga65]两个差异很大的 α_p 曲线之间的空穴电离率的变化趋势,可以更好地描述晶闸管中 p-np 结构的阻断特性。根据这些比较并考虑了对低阻断器件的测量[Lee64,Ove70],给出在表 2-5 里最后一行中的 α 参数是被推荐用于功率器件模拟的[Sco91]。它们也完全与 Valdinoci 等人在一篇短文中所报道的重新确定的电离率相符[Val99],尽管这些作者用了一个更为复杂而拟合的表达式。

表 2-5　式(2-90)中电离率的系数来自不同的刊物

来源及其电场范围 $E/(10^5 \text{V/cm})$	电子		空穴		电场当 $\alpha_{eff}=100$/cm $/(10^5 \text{V/cm})$
	$a/(10^6$/cm)	$b/(10^6 \text{V/cm})$	$a/(10^6$/cm)	$b/(10^6 \text{V/cm})$	
Lee 等人[Lee64] 1.8<E<4	3.80	1.77	9.90	2.98	1.99
Ogawa[Oga65] 1.1<E<2.5	0.75①	1.39①	0.0188① 4.65②	1.54① 2.30②	1.88① 1.80②
Overstraaten, De Man[Ove70] 1.75<E<4	0.703	1.231	1.582	2.036	1.66
我们的选择[Sco91] 1.5<E<4	1.10	1.46	2.10	2.20	1.81

注:$T=300$K

① 直接测量。

② 根据 α_{eff}、α_n。

在图 2-23 上画出了 300K 下 Si 中电离率(表 2-5 里最后一行)与反向电场强度的关系曲线。在相对小的电场范围里，α 有几个数量级的变化。电子的电离率比空穴的大许多，而由式(2-91)定义的有效电离率是在 $\alpha_n(E)$ 和 $\alpha_p(E)$ 之间变化。正如所看到的那样，在图中 α_{eff} 也可以用具有极好近似的直线来描述，因此，也可以用式(2-90)来描述。式(2-91)和表 2-5 里最后一行中的参数组的高度一致，是由式(2-92)得出的

$$\alpha_{eff} \approx 1.06 \times 10^6 e^{-\frac{1.68 \times 10^6}{E}} = a_{eff} e^{-\frac{b_{eff}}{E}} \tag{2-92}$$

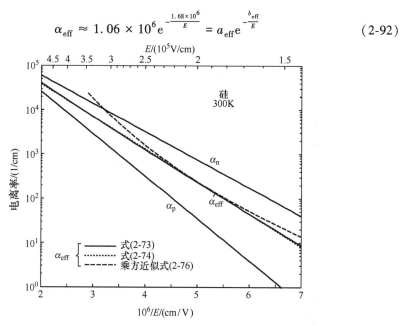

图 2-23　硅中电离率与电场的关系曲线。用式(2-95)，乘方近似式(2-94)[Fu167,Shi59]

在 $E_0 = 2 \times 10^5$ 点处与其他曲线相叠合

与 E 在 $1.5 \times 10^5 \sim 4 \times 10^5\,V/cm$ 范围内的精确的 α_{eff} 相比，它最多差几个百分点。公式(2-92)和 Ogawa 的结果相差无几[Oga65]，他得出

$$\alpha_{eff} = 1 \times 10^6 \exp(-1.66 \times 10^6/E)/cm$$

有效电离率式(2-91)在某种意义上是被定义为 α_{eff} 单独决定了 pn 结的击穿电压[Wul60,Oga65]。在击穿时，电场 $E(x)$ 和电压必须满足的击穿条件是

$$\int \alpha_{eff}[E(x)]dx = 1 \tag{2-93}$$

式中，积分延伸到整个空间电荷区。公式推导在附录 C 中给出。虽然只有比值 α_n/α_p 与 E 无关时才完全适用，但在大多数其他情况下，它也是很好的近似(见附录 C)。对于简单的电场形态，积分能容易得解，Shields[Shi59] 和 Fulop[Ful67] 用乘方律来近似表示电场关系，对电场 E_0 归一化为

$$\alpha_{eff}(E) \approx C\left(\frac{E}{E_0}\right)^n \tag{2-94}$$

在这个近似的基础上，对于击穿电压适用的和经常用的关系式可以推导出来（参见第 3 和 5 章）。如果式（2-94）和它的导数在 E_0 点处是与式（2-92）吻合的，则得出系数如下：

$$n = b_{\text{eff}}/E_0, \qquad C = a_{\text{eff}}\exp(-n) \qquad (2-95)$$

此处，按照式（2-92）$a_{\text{eff}} = 1.06 \times 10^6 \text{cm}^{-1}$ 和 $b_{\text{eff}} = 1.68 \times 10^6 \text{V/cm}$。Shields 和 Fulop 所用 $n = 7$ 的值是在 $E_0 = b_{\text{eff}}/7 = 2.40 \times 10^5 \text{V/cm}$ 得出的。在电场 $E_0 = 2 \times 10^5 \text{V/cm}$ 处叠合，式（2-95）得出 $n = 8.40$，以及 $C = 238/\text{cm}$。用这些数值，近似式（2-94）附加画在图 2-23 上。虽然这个近似在宽范围 E 内不是很好，如把叠合点 E_0 选在被考虑的电场分布的最大值附近，则可以得到非常满意的结果。

然而对于二极管只有 α_{eff} 对击穿电压是起决定性作用的，对于晶体管结构，例如 pn$^-$p 结构在晶闸管和 IGBT 中，两个电离率分别对击穿电压有影响。当然，单个电离率 α_{n} 和 α_{p} 同样可用乘方律按式（2-94）和式（2-95）来近似表达。在本书中，Shields-Fulop 近似经常用解析法作为描述雪崩倍增和阻断能力的方法。如果在式（2-93）中的电场分布不允许用解析积分，乘方近似就失去了它的意义。

电离率随温度增加而减小，这是因为与声子之间碰撞的平均自由程减小了。正如 Grant[Gra73] 和 Maes 等人[Mae90] 所表明的，温度关系可以在式（2-90）中加一个系数 b 来表示，而指数前的因子 a 可以留作系数。电子的温度系数 $\text{d}b/\text{d}T$ 在本章参考文献 [Gra73] 中确定的是 $1300\text{V}/(\text{cmK})$，而从本章参考文献 [Mae90] 中得出的是平均值 $710\text{V}/(\text{cmK})$；对于空穴，Grant 得出 $\text{d}b/\text{d}T = 1100\text{V}/(\text{cm} \cdot \text{K})$。根据观察，在这两种情况下，用 $1100\text{V}/(\text{cm} \cdot \text{K})$ 这个值，在 $-20 \sim 150\text{℃}$ 温度范围内可以很好地描述了阻断特性与温度的关系。由此，下列电场与温度的关系被发现非常适合用于功率器件：

$$\alpha_{\text{n}} = 1.1 \times 10^6 \exp\left[-\frac{1.46 \times 10^6 + 1100(T - 300\text{K})}{E}\right]/\text{cm}$$

$$\alpha_{\text{p}} = 2.1 \times 10^6 \exp\left[-\frac{2.2 \times 10^6 + 1100(T - 300\text{K})}{E}\right]/\text{cm} \qquad (2-96)$$

式中，电场的单位为 V/cm。把上式代入式（2-91），用 300K 时的式（2-92），可得到 α_{eff} 同样的温度关系

$$\alpha_{\text{eff}} \approx 1.06 \times 10^6 \exp\left[-\frac{1.68 \times 10^6 + 1100(T - 300\text{K})}{E}\right)/\text{cm} = a_{\text{eff}}\exp\left[-\frac{b_{\text{eff}}(T)}{E}\right] \qquad (2-97)$$

用最后公式中的系数 $b_{\text{eff}}(T)$ 代入式（2-95），得出在 Shields 近似中的系数的温度关系

$$n(T) = \frac{b_{\text{eff}}(T)}{E_0} = \frac{1.68 \times 10^6 + 1100(T - 300\text{K})}{E_0}$$

$$C(T) = \frac{a_{\text{eff}}}{\text{e}^{n(T)}} = \frac{1.68 \times 10^6/\text{cm}}{\exp[n(T)]} \qquad (2-98)$$

在 Valdinoci 等人[Val99]的论文中，已经描述了在 300~670K 范围内电离率和温度的关系。结果[Val99]和式(2-96)很一致。Singh 和 Baliga[Sin93]用 Shields 和 Fulop 的近似确定了 77~300K 范围内有效电离率与温度的关系。虽然他们的系数与温度的关系有一部分与式(2-98)有很大的不同，但电离率 α_{eff} 本身变化却十分相似，（温度从 300K 降至 100K，α_{eff} 增加到 2.4 倍）。

如在 2.1 节中阐述过的，SiC 有临界电场很高这个优点。4H-SiC 是优选出来的同素异形体，其电离率的测量已由 Konstantinov 等人[Kon98]、Ng 等人[Ng03]和 Loh 等人[Loh08]完成。结果符合本章参考文献[Loh08]给出的下列公式，即式(2-90)的修正形式：

$$\alpha_n = 2.78 \times 10^6 \exp\left[-\left(\frac{1.05 \times 10^7}{E}\right)^{1.37}\right]/cm \qquad (2-99)$$

$$\alpha_p = 3.51 \times 10^6 \exp\left[-\left(\frac{1.03 \times 10^7}{E}\right)^{1.09}\right]/cm \qquad (2-100)$$

式中，E 的单位应该用 V/cm。这些电离率以及硅的电离率式(2-96)与 E 的关系曲线画在图 2-24 上。由图可见，对于一个给定的电离率所需的电场，在 4H-SiC 中比在硅中高出近一个数量级。与硅相反，在 4H-SiC 中空穴的电离率 α_p 是大于电子的电离率 α_n 的。

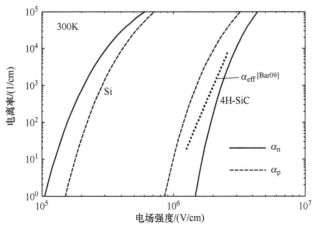

图 2-24　300K 时 4H-SiC 和 Si 的电离率，SiC 曲线在
$(\alpha_n, \alpha_p)^{[Koh98,Loh08,Ng03]}$ 和 $(\alpha_{eff})^{[Bar09]}$ 之后

关于有效电离率的独立测定已由 Bartsch 等人发表[Bar09]，他们测量了基区掺杂浓度不同的 4H-SiC 的 p^+nn^+ 二极管的击穿电压。他们从包含有与温度有关的测量结果中推断出，在 300K 时

$$\alpha_{eff} \approx 2.18 \times 10^{-48} E^{8.03}/cm \quad (E \text{ 的单位为 V/cm}) \qquad (2-101)$$

另外，这种依赖关系被绘于图 2-24 上。与其他 SiC 曲线吻合总体上是好的。然而，一方面考虑到式(2-99)、式(2-100)和式(2-91)，另一方面考虑到式

（2-101），结果的差异实际上并非不重要。在第一种情况下，在 $10^3/cm$ 附近，有效 α 可以用乘方近似写成 $\alpha_{eff} \approx 3.43 \times 10^{-54}E^{9.02}/cm$。据此，电离率 1000/cm 的场为 $1.82MV/cm$。但根据式（2-101），相同的电离率只有在 $2.04MV/cm$ 时达到。对于三角形的电场形状，这意味着根据式（2-101）得出的击穿电压[Bar09]比相同的掺杂浓度下根据式（2-99）、式（2-100）得出的值高出 25%。这可能是 SiC 晶片的材料质量改进的结果和在 SiC 器体制造工艺中早些时候测量的。

2.9　半导体器件的基本公式

器件工作与其内部载流子和电场对输出电流和电压的作用过程有关。这是用某些基本的公式来描述的，现在将讨论这些公式。这些公式的核心部分是电子和空穴的连续方程式

$$-\frac{\partial n}{\partial t} = \text{div } \overrightarrow{J}_n + R_n \tag{2-102}$$

$$-\frac{\partial p}{\partial t} = \text{div } \overrightarrow{J}_p + R_p \tag{2-103}$$

式中，$\overrightarrow{J}_n$、$\overrightarrow{J}_p$ 是粒子流矢量密度。这些公式表明载流子浓度随时间而减少（如 $-\partial n/\partial t$），因为载流子流流出所考虑的体积元（$\text{div } \overrightarrow{J}_{n,p}$）加上载流子分别以速率 R_n、R_p 消失。在这些精确的数学公式中，必须代入以前推导出来的关于载流子浓度和额外复合率 R_n、R_p 的物理关系和模型。通常，后者必须包含除了在 2.7 节处理过的热复合产生率而现在被称为 $R_{n,p,th}$ 外，还包含碰撞产生率 G_{av}，$R_{n,p} = R_{n,p,th} - G_{av}$。式（2-43）和式（2-44）给出了一维形式下的电流密度。在二维或三维中的粒子流密度是

$$\overrightarrow{J}_n = -\mu_n n \overrightarrow{E} - D_n \text{grad} n \tag{2-104}$$

$$\overrightarrow{J}_p = \mu_p p \overrightarrow{E} - D_p \text{grad} p \tag{2-105}$$

连续方程式包含了电荷的守恒定律

$$\text{div } \overrightarrow{j} + \frac{\partial p}{\partial t} = 0 \tag{2-106}$$

式中，$\overrightarrow{j}$ 是由载流子输运的总的电流密度（导电电流），$\overrightarrow{j} = q(\overrightarrow{J}_p - \overrightarrow{J}_n)$，而 ρ 是电荷密度或"空间电荷"。式（2-106）是用式（2-103）减去式（2-102）得出的，并且考虑了额外复合率之差 $R_n - R_p$，如果它是非零的，则表示杂质的再带电，该杂质一般是复合中心。因此，$R_n - R_p$ 影响电荷密度的变化，它以下面的形式包含了带电的浅的和深的能级的杂质：

$$\rho = q(p - n + N_D^+ - N_A^- + N_r^+ - N_r^-) \tag{2-107}$$

与连续方程式同级的第三个微分公式是从基本定律得出的

$$\mathrm{div}\ \vec{D} = \rho \tag{2-108}$$

它表示电荷是位移场 $\vec{D}$ 的源头。后者是正比于电场强度的，$\vec{D} = \varepsilon\ \vec{E}$，式中介电常数 ε 分成绝对介电常数（真空的介电常数）和相对介电常数 ε_r，作为材料的常数，$\varepsilon = \varepsilon_\mathrm{r} \cdot \varepsilon_0$。某些材料的 ε_r 值汇编在附录 D 中。用式(2-107)和式(2-108)可以写出

$$\mathrm{div}\ \varepsilon\ \vec{E} = \rho = q(p - n + N_\mathrm{D}^+ - N_\mathrm{A}^- + N_\mathrm{r}^+ - N_\mathrm{r}^-) \tag{2-109}$$

现在，进一步的程序是把电场的式(2-104)、式(2-105)和式(2-109)用电位 V 的负梯度表示

$$\vec{E} = -\ \mathrm{grad}V \tag{2-110}$$

然后，式(2-109)变为泊松方程：

$$\mathrm{div}\ \mathrm{grad}V = -\frac{q}{\varepsilon}(p - n + N_\mathrm{D}^+ - N_\mathrm{A}^- + N_\mathrm{r}^+ - N_\mathrm{r}^-) \tag{2-111}$$

式中，假设半导体是均匀的，ε 是各向同性的。对于非立方晶体 ε_r 是一个张量，但是，在现在的模拟程序中，它被假设是标量。式(2-111)左侧的微分算子是拉普拉斯算子，$\mathrm{div}\ \mathrm{grad} = \partial^2/\partial x^2 + \partial^2/\partial y^2 + \partial^2/\partial z^2$。

泊松方程和连续方程式[见式(2-102)和式(2-103)]，用式(2-110)代替电流密度中的 $\vec{E}$，组成了带有未知变量 V、n 和 p 的三个偏微分公式。掺杂结构和复合中心的浓度以及表面的边界条件和外部电路的特点都是需要知道的。通常，假设常态的施主和受主完全电离，而深能级杂质的浓度是小的。此外，带电杂质的浓度用净掺杂浓度 $N_\mathrm{D} - N_\mathrm{A}$ 给出，复合率 R_n、R_p 近似相等（参见 2.7 节）。这三个微分公式用于计算作为空间和时间函数的电位 V 和载流子浓度 n 和 p 是足够的。当 $N_\mathrm{D}^+ = N_\mathrm{D}$，$N_\mathrm{A}^- = N_\mathrm{A}$，$N_\mathrm{r}^+ = N_\mathrm{r}^- = 0$ 以及 $R_\mathrm{n} = R_\mathrm{p} = R$ 时，式(2-102)、式(2-103)、式(2-110)和式(2-111)就此被称为基本的半导体公式。在 Selberherr[Sel84] 的书中已经研究了这一系统的特点。以这些公式为基础的一维至三维的模拟程序已经面世。带有全部推断的二维和三维程序相当复杂。在特殊的一维情况下，公式已广泛用作分析计算的起点。

在快速开关器件中，往往深陷阱的电荷是可观的，而且常规掺杂物的未完全电离也成为另一个重要课题，特别是在像 SiC 这样的半导体中。在这种情况下，式(2-109)、式(2-110)和式(2-111)必须用它们的一般形式，对于每一种杂质能级，它们可变的部分所占据的情况必须要考虑，必须要在系统中加一个如式(2-78)形式的公式。包括这些影响的程序是 Sentaurus[TCAD][Syn07] 提出来的。

到目前为止，我们已经假设了器件在所有的点有相同的温度。通常这是一个好的近似，因为半导体芯片的厚度相对较薄，而且 Si 的热导率高。另一方面，电流收缩、热击穿现象以及在大功率负载下造成破坏的其他过程，往往是和温度分布的极不均匀相联系的。热传导是考虑功率器件面积和封装的首要依据。为了包含可变化的温度和

为热估算提供根据，以补充上述系统，我们需要加上热传导方程。热流密度，即单位面积和单位时间通过表面元传输的热能，它正比于负的温度梯度

$$J_{\text{heat}} = -\lambda \operatorname{grad} T \tag{2-112}$$

式中，比例因数 λ 是热导率。随着温度上升 ΔT，单位体积形成的热能是 $Q = \rho_m C \Delta T$，式中，ρ_m 表示材料的比重(质量)，而 c 是比热。用此式得出描述热能守恒的连续方程式如下：

$$\rho_m c \frac{\partial T}{\partial t} = \operatorname{div}(\lambda \operatorname{grad} T) + H \tag{2-113}$$

式中，H 表示单位体积的热产生率。这是由欧姆能量耗散 $\vec{E} \cdot \vec{j}$ 和由载流子的净复合所产生的热量，$R \cdot E_g$[Sel84] 所构成

$$H = \vec{E} \cdot \vec{j} + R \cdot E_g \tag{2-114}$$

式中，假设了非简并的情况。此处 R 再次被定义为包含碰撞产生的总的净复合率 $R = R_{\text{th}} - G_{\text{av}}$。把热流公式(2-113)加到上述偏微分公式的关系中，除了 V、n 和 p 以外，还能计算温度分布。在这些公式中所有的参数，例如迁移率和载流子寿命，必须用它们和温度有关的表示式。只是对于一级近似，载流子浓度的公式能够不改变。更详细的讨论可以本章在参考文献[Sel84]中找到。我们注意到，在硅中，$\rho_m c$ 几乎和温度无关，其值为 $\rho_m c = 2.0 \text{W} \cdot \text{s}(\text{cm}^3 \cdot \text{K})$，而热导率 λ 随 T 显著地减小。在 220~600K 的范围，$\lambda[\text{W}/(\text{cm} \cdot \text{K})]$ 对温度的关系用下面的公式来描述[Kos74]：

$$\lambda = \frac{320}{T - 82} \tag{2-115}$$

式中，T 是热力学温度。对于给定的负载，从芯片的下表面向其内部，温度的一维增加可用这些公式简单地估算。

直到现在，作为所有电磁现象的一般描述的麦克斯韦方程组(Maxwell equations)还没有提及。出现的问题采用上述的计算方法它们能满足到什么程度？定律式(2-108)是麦克斯韦方程组中的一个。此外，电荷守恒的式(2-106)可以从麦克斯韦第一方程用算子 div 和式(2-108)推导出来

$$\operatorname{rot} \vec{H} = \vec{j} + \frac{\partial \vec{D}}{\partial t} \tag{2-116}$$

因此，除此以外麦克斯韦方程组未被计入。按照式(2-116)，电流是伴随磁场 $\vec{H}$ 产生的，磁感应强度 $\vec{B} = \mu\mu_0 \vec{H}$。电流密度 $\vec{j}$ 和位移电流密度 $\partial \vec{D}/\partial t$ 的快速变化引起 $\vec{H}$ 和 $\vec{B}$ 的相应改变，按照麦克斯韦第二方程式：

$$\operatorname{rot} \vec{E} = -\frac{\partial \vec{B}}{\partial t} \tag{2-117}$$

这会产生一个感应电场。因为 rot $\vec{E} \neq 0$，这个场不能用如在式(2-110)中的电

位梯度来表示，因此它不包括在所描述的微分方程中。自感应效应和电流聚集(趋肤效应)在金属丝中起重要作用，因此是被忽略了。由于半导体中电流密度较小，这些效应明显较小。在上面的电流方程中另外我们省略了加在载流子上的洛伦兹力 $\pm q \, \overrightarrow{v} \times \overrightarrow{B}$。因此，用于霍尔效应的外部磁场(见 2.4 节)被排除在外。除此之外，洛伦兹力的省略与第二麦克斯韦方程是一致的，两者都忽略了感应磁场对电流分布的反馈。在这些影响变得重要的开关过程中，直到现在据我们所知还没有被证实。对于大多数可能的应用，所讨论的基本器件方程构成了为一个实际器件模拟的充分基础。

2.10 简单的结论

现在我们来考虑上述公式中的几个简单但是重要的结论。假设一个均匀的 n 型半导体，一方面研究低少数载流子浓度的衰减，另一方面研究低电荷密度的衰减，两者都是作为表面产生后时间的函数和在表面稳态产生的情况下作为离开半导体表面的距离 x 的函数。

2.10.1 少数载流子浓度的时间和空间衰减

假设在一个中性的 n 区域内的小注入空穴浓度 $\Delta p = p$，然后被一个相等的额外电子浓度 $\Delta n \equiv n - n_o = \Delta p$ 来中和。

1) 均匀空穴浓度的时间衰减。这种衰减是由式(2-103)用 $\mathrm{div} \overrightarrow{J}_p = 0$ 获得的，并已经由式(2-50)给出。少数载流子浓度随时间常数 τ_p，即少数载流子寿命而衰减。

2) 表面稳态产生的空间衰减。因为电流密度 $j_n + j_p = 0$，它由式(2-43)，即所谓的"Dember 场"得出

$$E = -\frac{D_n - D_p}{\mu_n n}\frac{\mathrm{d}p}{\mathrm{d}x}$$

维持这个条件是必要的。由于 $p \ll n$，由此电场产生的空穴电流然而是小于扩散电流，因此，$J_p = -D_p \mathrm{d}p/\mathrm{d}x$。用它在式(2-103)中与 $\partial p/\partial t = 0$ 和 $R_p = \Delta p/\tau_p$ 一起，我们得到

$$-D_p \frac{\mathrm{d}^2 p}{\mathrm{d}x^2} + \frac{p}{\tau_p} = O$$

其解为

$$p(x) = p(0)\mathrm{e}^{-x/L_p}, \qquad L_p = \sqrt{D_p \tau_p} \tag{2-118}$$

少数载流子浓度随衰减长度 L_p 而减小，L_p 被称为少数载流子(此处是空穴)的扩散长度，它表示少数载流子的扩展通过扩散而发生。L_p 可以用少数载流子的寿命 τ_p 来调节。当 $D_p = kT/q\mu_p = 12\mathrm{cm}^2/\mathrm{s}$ (对于低掺杂浓度)，$1\mu\mathrm{s}$ 的寿命得到 $34.6\mu\mathrm{m}$ 的扩散长度。由于扩散系数 D_n 较高，电子的扩散长度对于给定的寿命略

为大些。器件中的扩散长度通常是根据基区宽度 w_B 来选择的。在合适的寿命下，几百微米的扩散长度是可能的。与 2.10.2 节 2)项下考虑的电荷密度相比，少数载流子从产生点获得的距离要大得多。

2.10.2 电荷密度的时间和空间衰减

假设小电荷密度或空间电荷 $\rho = -q\delta n$ 且 $\delta n \ll n_0$，δn 与平衡浓度 n_0 之差不被相等的空穴浓度所中和。

1) 均匀电荷密度的时间衰减。从电荷守恒公式(2-106)中，用 $j = q\mu_n n_0 E$ 和 div $E = \rho/\varepsilon$ 得出

$$\frac{q\mu_n n_0}{\varepsilon}\rho + \frac{dp}{dt} = 0$$

引出时间的衰减规律

$$\rho(t) = \rho(0)e^{-t/\tau_{rel}} \tag{2-119}$$

式中，时间常数是弛豫时间

$$\tau_{rel} = \frac{\varepsilon}{q\mu_n n_0} = \frac{\varepsilon_r \varepsilon_0}{\sigma} \tag{2-120}$$

式中，τ_{rel} 和电导率 σ 成反比，而且很小；在硅中，当 $n_0 = 1 \times 10^{15}/cm^3$ [$\mu_n = 1350cm^2/(V \cdot s)$，$\sigma = 0.22A/(V \cdot cm)$] 时，得到 $\tau_{rel} = 4.8ps$。均匀的空间电荷顺其自然能够存在的时间是非常短的。

2) 空间电荷随离表面距离 x 的减少。考虑从表面一个恒定的电荷密度 $\rho(0) = -q\delta n(0)$ 开始，向内部稳定地减少，例如加一个正电压到绝缘的栅极电极上，由于空穴浓度接近于零，空穴电流可以忽略，因此总电流密度 $j = j_n$，因为 $dp/dt = 0$，所以从电荷守恒公式(2-106)，用式(2-43a)和爱因斯坦关系式(2-44)一起得出

$$0 = \frac{dj}{dx} = q\mu_n\left(n\frac{dE}{dx} + \frac{dn}{dx}E + \frac{kT}{q}\frac{d^2n}{dx^2}\right)$$

式中，$dn/dx \cdot E$ 作为两个小量的乘积是可以忽略的。

因此，用式(2-108)和 $\delta n = -\rho/q$，式(2-118)变成

$$\frac{n_0}{\varepsilon}\rho - \frac{kT}{q^2}\frac{d^2\rho}{dx^2} = 0$$

再一次得出随距离 x 的指数衰减

$$\rho(x) = \rho(0)e^{-x/L_D} \tag{2-121}$$

现在

$$L_D = \sqrt{\frac{\varepsilon_r \varepsilon_0 kT}{n_0 q^2}} = \sqrt{D_n \tau_{rel}} = 0.409\sqrt{\frac{T/3K}{n_0/10^{14}/cm^3}} \quad \mu m \tag{2-122}$$

这种决定电荷密度空间衰减的长度被称为德拜长度(Debye length)。它和平衡

载流子浓度成反比。右边的数值表达式是 $\varepsilon_r = 11.7$ 时硅的表达式。即使在 300K 时，$n_0 = 1 \times 10^{14}/\mathrm{cm}^3$，$L_\mathrm{D}$ 仅为 $0.41\mu\mathrm{m}$，因此空间电荷非常快地衰减到趋向于零。典型的情况是德拜长度比扩散长度小 2~3 个数量级。L_D 和弛豫时间之间的关系类似于少数载流子的扩散长度和寿命之间的关系。多数载流子的浓度和迁移率出现在德拜长度 [见式(2-122)] 和弛豫时间 [见式(2-120)] 中，显示出空间电荷的扩展和衰减是多数载流子的效应。

参 考 文 献

[Abb84]　Abbas CC: A theoretical explanation of the carrier lifetime as a function of the injection level in gold-doped silicon. IEEE Trans. Electron devices, ED-31 pp. 1428–1432 (1984)

[Atk85]　Atkinson CJ: "Power devices in gallium arsenide", IEE proceedings **132**, Pt.I, pp. 264–271 (1985)

[Baf62]　Baraff, G.A.: Distribution functions and ionization rates for hot electrons in semiconductors. Phys. Rev. **128**, 2507–2517 (1962)

[Bal77]　Baliga B.J., Krishna S.: Optimization of recombination levels and their capture cross section in power rectifiers and thyristors. Solid-State Electro-nics **20**, 225–232 (1977)

[Bar09]　Bartsch W., Schoerner R., Dohnke K.O.: Optimization of bipolar SiC-diodes by analysis of avalanche breakdown performance. Proceedings of the ICSCRM 2009, paper Mo-P-56 (2009)

[Bla62]　Blakemore, J.S.: Semiconductor statistics, 1st edn. Pergamon Press, Oxford (1962)

[Bro82a]　Brotherton S.D., Bradley P.: Measurement of minority carrier capture cross sections and application to gold and platinum in silicon. J. Appl. Phys. **53**, 1543–1553 (1982)

[Bro82b]　Brotherton S.D., Bradley P.: A comparison of the performance of gold and platinum killed power diodes. Solid-State Electronics **25**, 119–125 (1982)

[Cau67]　Caughey, D.M., Thomas, R.E.: Carrier mobilities in silicon empirically related to doping and field. Proceedings IEEE **23**, 2192–2193 (1967)

[Chy58]　Chynoweth, A.G.: Ionization rates for electrons and holes in silicon. Phys. Rev. **109**(5), 1537–1540 (1958)

[Con71]　Conti, M., Panchieri, A.: Electrical properties of platinum in silicon. Alta Frequenza **40**, 544–546 (1971)

[Cor74]　Cornu, J., Sittig, R., Zimmermann, W.: Analysis and measurement of carrier lifetimes in the various operating modes of power devices. Solid-State Electronics **17**, 1099–1106 (1974)

[Dan72]　Dannhäuser, F.: Die abhängigkeit der trägerbeweglichkeit in silizium von der konzentration der freien ladungsträger – I. Solid-State Electronics **15**, 1371–1375 (1972)

[Deb54]　Debye, P.P., Conwell, E.M.: Electrical properties of n-type Germanium. Phys. Rev. **93**, 693–706 (1954)

[Dzi77]　Dziewior, J., Schmid, W.: Auger coefficients for highly doped and highly excited silicon. Appl. Phys. Lett. **31**, 346–348 (1977)

[Eng75]　Engström, O., Grimmeis, H.G.: Thermal activation energy of the gold acceptor level in silicon. J. Appl. Phy. **46**, 831–837 (1975)

[Evw76]　Evwaraye A.O., Sun E.: Electrical properties of platinum in silicon as determined by deep-level transient spectroscopy. J. Appl. Phys. **47**, 3172–3176 (1976)

[Fai65]　Fairfield, J.M., Gokhale, B.V.: Gold as a recombination centre in silicon. Solid-St. Electronics **8**, 685–691 (1965)

[Fle57]　Fletcher, N.H.: The high current limit for semiconductor junction devices. Proc. IRE **45**, 862–872 (1957)

[Fri06]　Friedrichs P.: SiC power devices – recent and upcoming developments IEEE ISIE 2006, July 9-12, Montreal, Quebec, Canada (2006)

[Ful67]　Fulop, W.: Calculation of avalanche breakdown Voltages of silicon pn-junctions. Solid State Electron. **10**, 39–43 (1967)

[Gil79]　Gildenblat, G.Sh., Grot, S.A., Badzian, A.: Proc. IEEE **79**(5), 647–668 (1991)

[Gol01]　Goldberg, Y., Levinshtein, M.E., Rumyantsev, S.L.: In: Levinshtein et al. (eds) Properties of advanced semiconductor materials GaN, AlN, SiC, BN, SiC, SiGe. pp. 93–148. Wiley, New York (2001)

[Gra73]　Grant, W.N.: Electron and hole ionization rates in epitaxial silicon at high electric fields. Solid-State Electronics **16**, 1189–1203 (1973)

[Gre90]　Green, M.A.: Intrinsic concentration, effective densities of states, and effective mass in silicon. J. Appl. Phys. **67**, 2944–2954 (1990)

[Hag93]　Hagmann, G.: Leistungselektronik. Aula-Verlag, Wiesbaden (1993)

[Hal52]　Hall, R.N.: Electron-hole recombination in germanium. Phys. Rev. **87**, 387 (1952)

[Han87]　Hangleiter, A.: Nonradiative recombination via deep impurity levels in silicon: experiment. Phys. Rev. B **15**, 9149–9161 (1987)

[Hon15]　Honea, J., Zhan Wang, Z., Wu, Y.: Design and implementation of a high-efficiency three-level inverter using GaN HEMTs. Proceedings of the PCIM Europe, pp. 486–492 (2015)

[Hur92a]　Hurkx, G.A.M., Klaassen, D.B.M., Knuvers, M.P.G.: A new recombination model for device simulation including tunneling. IEEE Trans. on electron devices **39**, 331–338 (1992)

[Hur92b]　Hurkx, G.A.M., de Graaff, H.C., Klosterman, W.J., Knuvers, M.P.G.: A new analytical diode model including tunneling and avalanche breakdown. IEEE Trans. on electron dev. **39**, 2000–2008 (1992)

[Ike08]　Ikeda, N., Kaya, S., Jiang, L., Sato, Y., Kato, S., Yoshida, S.: High power AlGaN/GaN HFET with a high breakdown voltage of over 1.8 kV on 4 inch Si substrates and the suppression of current collapse. Proceedings of the ISPSD '08 pp. 287–290 (2008)

[Ish15]　Ishida, M., Ueda, T.: GaN-based Gate Injection transistors for power switching applications. Japan-EU symposium on Power Electronics December 15-16, Tokyo (2015)

[Jac77]　Jacobini, C., Canali, C., Ottaviani, G., Quaranta, A.: Review of some charge transport properties of silicon. Sol. State Electr. **20**, 77–89 (1977)

[Kan93]　Kane, D.E., Swanson, R.M.: Modeling of electron-hole scattering in semiconductor devices. IEEE Trans. on Electron Dev. **40**, 1496–1500 (1993)

[Kla92]　Klaassen, D.B.M.: A unified mobility model for device simulation—I. Model equations and concentration dependence. Solid State Electron. **35**(7), 953–959 (1992)

[Koh57]　Kohn, W.: Shallow impurity states in silicon and germanium. In: Seitz, F., Turnbull, D (eds.) Solid State Physics, vol. 5, (1957)

[Kos74]　Kokkas, A.G.: Empirical relationships between thermal conductivity and temperature for silicon and germanium. RCA Rev **35**, 579–581 (1974)

[Kon59]　Kontsevoi Y.A.: Determination of capture cross sections in the case of recombination on multicharged centers. Sov. Phys. - JETP 1177–1181 (1959)

[Kon98]　Konstantinov, A.O., Wahab, Q., Nordell, N., Lindefelt, U.: Study of avalanche breakdown and impact ionization in 4H silicon carbide. J. Electron. Mater. **27**(4), 335–341 (1998)

[Kra72]　Krause, J.: Die Abhängigkeit der Träderbeweglichkeit in Silizium von der Konzentration der freien Ladungsträger – II. Solid-St. Electron **15**, 1377–1381 (1972)

[Kuz86]　Kuzmicz, W.: Ionization of impurities in silicon. Solid-St. Electron **29**, 1223–1227 (1986)

[Lan80]　Lang, D.V., Grimmeis, H.G., Meijer, E., Jaros, M.: Complex nature of gold-related deep levels in silicon. Phys. Rev. B **22**, 3917–3934 (1980)

[Lan79]　Lanyon, H.P.D., Tuft, R.A.: Bandgap narrowing in moderately to heavily doped silicon. IEEE Trans. Electron Devices, vol. ED-26, pp. 1014–1018 (1979)

[Lar54]   Lark-Horovitz, K.: The new electronics. In: The present State of Physics (American Assn. for the Advancement of Science), Washington, 1954

[Lee64]   Lee, C.A., Logan, R.A., Batdorf, R.L., Kleimack, J.J., Wiegmann, W.: Ionization rates of holes and electrons in silicon. Phys. Rev. **134**, A761–A773 (1964)

[Lev01]   Levinshtein, M.E., Rumyantsev, S.L., Shur, M.S.: Properties of advanced semiconductor materials. Wiley, New York (2001)

[Li78]   Li, S.S.: The dopant density and temperature dependence of hole mobility and resistivity in boron doped silicon. Solid State Electron. **21**, 1109–1117 (1978)

[Lis75]   Lisial K.P., Milnes A.G.: Energy levels and concentrations for platinum in silicon, Soli-State Electronics **18**, 533–540 (1975)
           Same authors: Platinum as a lifetime-control deep impurity in silicon. J. App. Phys. **46**, 5229–5235 (1975)

[Loh08]   Loh, W.S., Ng, B., Soloviev, K., et al.: Impact ionization coefficients in 4H-SiC. IEEE Trans. Electron Devices **55**, 1984–1990 (2008)

[LuN87]   Lu, L.S., Nishida, T., Sah, C.T.: Thermal emission and capture rates of holes at the gold donor level in silicon. J. Appl. Phys. **62**, 4773–4780 (1987)

[Luo71]   Luong, M., Shaw, A.W.: Quantum transport theory of impurity scattering—Limited mobility in n-type Si. Phys. Rev. B **4**, 2436–2441 (1971)

[LuS86]   Lu, L.S., Sah, C.T.: Electron recombination rates at the gold acceptor level in high-resistivity silicon. J. Appl. Phys. vo. **59**, 173–176 (1986)

[Lut94]   Lutz J, Scheuermann U: Advantages of the new controlled axial lifetime diode. Proceedings of the 28th PCIM, pp. 163–169 (1994)

[Lut00]   Lutz, J.: Freilaufdioden für schnell schaltende Leistungsbauelemente. Dissertation, Techn. Univ. Ilmenau 2000, ISLE Publishing House

[Mad64]   Madelung, O.: Physics of III-V Compounds. Wiley, New York (1964)

[Mae90]   Maes, W., De Meyer, K., Van Overstraeten, R.: Impact ionization in silicon: a review and update. Solid-St. Electron. **33**, 705–718 (1990)

[Mas83]   Masetti, G., Severi, M., Solmi, S.: Modeling of carrier mobility against concentration in Arsenic-, Phosphorus-, and Boron-doped Silicon. IEEE Trans Electron Devices, **ED-30**(7), 764–769 (1983)

[Mil76a]   Miller M.D., Schade H., Nuese C.J.: Lifetime-controlling recombination centers in platinum-diffused silicon. J. Appl. Phys. **47**, 2569–2578 (1976)

[Mil76b]   Miller, M.D.: Differences between platinum- and Gold-Doped silicon power devices. IEEE Trans. El. Dev., **ED-23**,12 (1976)

[Mna87a]   Mnatsakanov T.T.: Transport coefficients and Einstein relation in a high density plasma of solids. Phys. stat. sol. (b), **143** 225–234 (1987)

[Mna87b]   Mnatsakanov, T.T., Rostovtsev, I.L., Philatov, N.I.: Investigation of the effect of nonlinear physical phenomena on charge carrier transport in semiconductor devices. Solid-St. Electronics **10**, 579–585 (1987)

[Mna98]   Mnatsakanov, T.T., Schröder, D., Schlögl, A.: Effect of high injection level phenomena on the feasibility of diffusive approximation in semiconductor device modeling. Solid-St. Electronics **42**, 153–163 (1998)

[Moe69]   Mönch, W.: On the physics of avalanche breakdown in semiconductors. Phys. Stat. Sol. **36**, 9–48 (1969)

[Mol64]   Moll, J.L.: Physics of semiconductors. McGraw Hill, New York (1964)

[Mon74]   Monemar, B: Fundamental energy gap of GaN from photoluminescence excitation spectra. Phys. Rev. B. **10**(2), (1974)

[Mor14]   Morita, T, Tanaka, K, Ujita, S, Ishida, M, Uemoto, Y, Ueda, T.: Recent Progress in Gate Injection Technology based GaN Power Devices. Proceedings of the ISPS, Prague, pp. 34–37, (2014)

[Mue93]   von Münch, W.: Einführung in die Halbleitertechnologie. B.G. Teubner, Stuttgart (1993)

[Ng03]   Ng, B.K., David, J.P.R., Tozer, R.C., et al.: Non-local effects in thin 4H-SiC UV avalanche photodiodes. IEEE Trans. Electron Devices **50**, 1724–1732 (2003)

[Niw08]   Niwa, F., Misumi, T., Yamázaki, S., Sugiyama, T., Kanata, T., Nishiwaki, K.: A study of correlation between CiOi defects and dynamic avalanche phenomenon of PiN diode using he ion irradiation. Proceedings of the PESC, Rhodos (2008)

[Oga65]   Ogawa, T.: Avalanche breakdown and multiplication in silicon pin junctions. Jpn. J. Appl. Phys. **4**, 473 ff (1965)

[Oka90]   Okano, K., Kiyota, H., Iwasaki, T., Kurosu, T., Ida, M., Nakamura, T.: Proc. Second Int. Conf. on the New Diamond Science and Technology, Washington D.C., pp. 917–922 (1990)

[Ove70]   Van Overstraeten, R., De Man, H.: Measurement of the Ionization Rates in Diffused Silicon p-n junctions. Solid State Electron. **13**, 583–608 (1970)

[Pal74]   Pals J.A.: Properties of Au, Pt, Pd, and Rh levels in silicon measured with a constant capacitance technique. Solid-St. Electronics **17**, 1139–1145 (1974)

[Pog64]   Poganski, S.: Fortschritte auf dem Gebiet der Selen-Gleichrichter. AEG-Mitteilungen **54**, 157–161 (1964)

[Qua08]   Quay, R.: Gallium Nitride Electronics. Springer, Berlin Heidelberg (2008)

[Ras08]   Rashid, S.J., Udrea, F., Twitchen, D.J., Balmer, R.S., Amaratunga, G.A.J.: Single crystal diamond schottky diodes – practical design considerations for enhanced device performance. Proceedings of the ISPS, Prague (2008)

[Sah58]   Sah C.T., Shockley W.: Electro-hole recombination statistics in semiconductors through flaws with many charge conditions. Phys. Rev. **109**, 1103–1115 (1958)

[Sah69]   Sah, C.T., Forbes, L., Rosier, L.I., Tasch Jr., A.F., Tole, A.B.: Thermal emission rates of carriers at gold centers in silicon. Appl. Phys. Lett. **15**, 145–148 (1969)

[Scf69]   Scharfetter, D.L., Gummel, H.K.: Large-signal analysis of a silicon Read Diode oscillator. IEEE Trans. Electron Dev. ED-16, pp. 64–77 (1969)

[Scm82]   Schmid, W., Reiner, J.: Minority carrier lifetime in gold-diffused silicon at high carrier concentrations. J. Appl. Phys. **53**, 6250–6252 (1982)

[Sco74]   Schlangenotto, H., Maeder, H., Gerlach, W.: Temperature dependence of the radiative recombination coefficient in silicon. Phys. Stat. Sol. (a) **21**, 357–367 (1974)

[Sco76]   Schlangenotto, H., Maeder, H., Dziewior. J.: Neue Technologien für Silizium-Leistungsbauelemente—Rekombination in hoch dotierten Emitterzonen. Research Report T 76-54, German Ministry of Research and Technology (1976)

[Sco91]   Schlangenotto H: Script of lectures on Semiconductor power devices, Technical University Darmstadt, 1991 (in German)

[Scr94]   Schäfer, W.J., Negley, G.H., Irvin, K.G., Palmour, J.W.: Conductivity anisotropy in epitaxial 6H and 4H SiC. In: Proceedings of Material Res. Society Symposium, Bd. 339, 595–600 (1994)

[Scz66]   Schultz, W.: Rekombinations- und Generationsprozesse in Halbleitern. Festkörperprobleme Band V, pp. 165–219, Vieweg & Sons, Braunschweig, (1966)

[Sel84]   Selberherr, S.: Analysis and simulation of semiconductor devices. Springer Vienna, (1984)

[Shi59]   Shields, J.: Breakdown in Silicon pn-Junctions. Journ. Electron. Control, no. 6 pp. 132 ff (1959)

[Sho52]   Shockley, W., Read Jr., W.T.: Statistics of the recombinations of holes and electrons. Phys. Rev. **87**, 835–842 (1952)

[Sho59]   Shockley, W.: Electrons and Holes in Semiconductors, Seventh printing. D. van Nostrand Company Inc, Princeton (1959)

[Sho61]   Shockley, W.: Problems related to p-n junctions in silicon. Solid-St. Electronics **2**, 35–67 (1961)

[Sie01]   Siemieniec, R., Netzel, M., Südkamp, W., Lutz, J.: Temperature dependent properties of different lifetime killing technologies on example of fast diodes. IETA2001, Cairo, (2001)

[Sie02]   Siemieniec, R., Südkamp, W., Lutz, J.: Determination of parameters of radiation induced traps in silicon. Solid-State Electr. **46**, 891–901 (2002)

[Sie06]   Siemieniec, R., Niedernostheide, F.J., Schulze, H.J., Südkamp, W.,

Kellner-Werdehausen, U., Lutz, J.: Irradiation-induced deep levels in silicon for power device tailoring. J. Electrochem. Soc. **153**(2), G108–G118 (2006)

[Sin93]　Singh, R., Baliga, B.J.: Analysis and optimization of power MOSFETs for cryogenic operation. Sol. State Electronics **36**, 1203–1211 (1993)

[Slo76]　Slotboom, J.W., De Graaff, H.C.: Measurements of bandgap narrowing in Si bipolar transistors. Solid-State Electronics **19**, 857–862 (1976)

[Slo77]　Slotbomm, J.W.: The pn-product in Silicon. Solid State Electron. **20**, 279–283 (1977)

[Smi59]　Smith, R.A.: Semiconductors. University Press, Cambridge (1959)

[Spe58]　Spenke, E.: Electronic semiconductors, 1st edn. McGraw Hill, New York (1958)

[Sue94]　Südkamp, W.: DLTS-Untersuchung an tiefen Störstellen zur Einstellung der Trägerlebensdauern in Si-Leistungsbauelementen, Dissertation, Technical University of Berlin, (1994)

[SYN07]　Advanced tcad manual, Synopsys Inc. Mountain View, CA. Available: http://www.synopsys.com (2007)

[Sze81]　Sze, S.M.: Physics of semiconductor devices. Wiley, New York (1981)

[Sze02]　Sze, S.M.: Semiconductor devices, physics and technology, 2nd edn. Wiley, New York (2002)

[Tac70]　Tach Jr., A.F., Sah, C.T.: Recombination-Generation and optical properties of gold acceptor in silicon. Phys. Rev. B **1**, 800–809 (1970)

[Tho80]　Thornber, K.K.: Relation of drift velocity to low-field mobility and high-field saturation velocity. J. Appl. Phys. **51** (1980)

[Thr75]　Thurmond, C.D.: The standard thermodynamic functions for the formation of electrons and holes in Ge, Si, GaAs, and GaP. J. Electrochem. Soc., Solid State Science and Technology, **122**(8) (1975)

[Thu80a]　Thurber, W.R., Mattis, R.L., Liu, Y.M., Filliben, J.J.: Resistivity-dopant density relationship for phosporous-doped silicon. J. Electrochem. Soc. **127**, 1807–1812 (1980)

[Thu80b]　Thurber, W.R., Mattis, R.L., Liu, Y.M., Filliben, J.J.: Resistivity-dopant density relationship for boron-doped silicon. J. Electrochem. Soc. **127**, 2291–2294 (1980)

[Twi04]　Twitchen, D.J., Whitehead, A.J., Coe, S.E., Isberg, J., Hammersberg, J., Wikström, T., Johansson, E.: High-voltage single-crystal diamond diodes. IEEE Trans. on Electron Dev. **51**, 826–828 (2004)

[Ued05]　Ueda, D., Murata, T., Hikita, M., Nakazawa, S., Kuroda, M., Ishida, H., Yanagihara, M., Inoue, K., Ueda, T., Uemoto, Y., Tanaka, T., Egawa, T.: AlGaN/GaN devices for future power switching systems. IEEE International Electron Devices Meeting, pp. 377–380 (2005)

[Val99]　Valdinoci, M., Ventura, D., Vecchi, M., Rudan, M., Baccarani, G., Illien, F., Stricker, A., Zullino, L.: Impact-Ionization in silicon at large operating temperature. Proc. SISPAD'99, pp. 27–30, Kyoto, (1999)

[Var67]　Varshni, Y.P.: Temperature dependence of the energy gap in semiconductors. Physica **34**, 149–154 (1967)

[Vec76]　Van Vechten, J.A., Thurmond, C.D.: Entropy of ionization and temperature variation of ionization levels of defects in semiconductors. Phys. Review B **14**, 3539–3550 (1976)

[Wfs60]　Wolfstirn, K.B.: Hole and electron mobilities in doped silicon from radiochemical and conductivity measurements. J. Phys. Chem. Solids **16**, 279–284 (1960)

[Wof54]　Wolff, P.A.: Theory of electron multiplication in silicon and germanium. Phys. Rev. **95**, 1415–1420 (1954)

[WuP82]　Wu, R.H., Peaker, A.R.: Capture cross sections of the gold and acceptor states in n-type Czochralski silicon. Solid-St. Electronics **25**, 643–649 (1982)

[Wul60]　Wul, B.M., Shotov, A.P.: Multiplication of electrons and holes in p-n junctions. Solid State Phys. in Electron. Telecommun. **1**, 491–497 (1960)

[Zim73]　Zimmermann, W.: Experimental verification of the Shockley-Read-Hall recombination theory in silicon. Electron. Lett. **9**, 378–379 (1973)

第 3 章 pn 结

　　pn 结是几乎所有功率器件的基本组成部分。它们是在同一晶体中当部分区域[⊖]电导率类型从 p 型变成 n 型时形成的。pn 结具有整流特性，它们传输电流只是在所加电压被称为正向的一个方向，而在相反的方向即阻断方向，电流是非常小的。pn 结的整流特性首先由 Davidov 从理论上作了描述[Dav38]。经过进一步研究（见本章参考文献[Sho49]），pn 结理论由 Shockley[Sho49,Sho50]以一种更完整的形式得到发展。与晶体管的发明一起，这是半导体工业到目前为止巨大发展的起点。金属-半导体整流器的工作在当时已经为人所知[Sch38,Sch39]。如今，即使是早期的多晶整流器也被认为主要是由 pn 结起作用的。

　　整流效应可以简单定性地理解（参见图 3-1）：如果一个正电压相对于 n 区加到 p 区上，则在 p 区的自由空穴和在 n 区的自由电子向结迅速运动，而且部分注入对方的区域作为额外的少数载流子。因为对电流而言，存在丰富的载流子，在这种偏置条件下的 pn 结是导电的。如果在 p 区的电压相对于 n 区是负的，则两种类型的多数载流子从结处被抽出，不能从相反电导率的邻近区域提供载流子，这里只有少量平衡少数载流子。所以，pn 结被偏置在反向或者阻断方向时只有很小的电流流动。

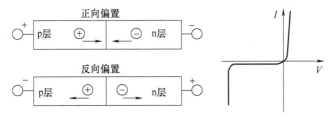

图 3-1 在正向和阻断方向的 pn 结

3.1 热平衡状态下的 pn 结

　　首先考虑 pn 结在外加电压和电流为零的热动态平衡状态。对于这种情况的公式基本上可以转换成加电压的情况，也就是在正向和反向时所用的 *I-V* 特性。如前所述，在 p 区体内，自由空穴的浓度等于电离了的受主浓度，同样，在 n 区深处，电子浓度由施主浓度给出，这样，杂质电荷被载流子中和。然而，在 p 区和 n 区之

　　⊖ "部分区域"为译者加。——译者注

间的过渡处附近，情况就不是这样，如在图 3-2 上所表示的。这里，在 p 区的空穴浓度有一个陡坡$-\mathrm{d}p/\mathrm{d}x$，它是由空穴向 n 区扩散所形成的。因为停留在后面的固定的受主没有补偿，所以在 p 区近结处产生了负的空间电荷。以同样的途

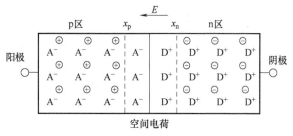

图 3-2　在热平衡状态下的 pn 结

径，电子从 n 区向 p 区扩散，结果，未补偿施主的正的空间电荷留在了 n 区近结处。在两个空间电荷区之间，一个电场建立了起来，它使空穴向 p 区运动，而电子向 n 区运动，也就是说，这两种情况粒子扩散电流运动方向相反。当场电流补偿了电子和空穴两者的扩散电流时，就达到了热平衡状态。在空间电荷区上的电场产生了一个自建的电势 $V_{\mathrm{bi}} = -\int_{x_{\mathrm{p}}}^{x_{\mathrm{n}}} E\mathrm{d}x$，式中 x_{p}、x_{n} 分别是 p 区和 n 区里空间电荷层的边界。这个自建的电势维持电子在 n 区，空穴在 p 区。V_{bi} 经常称为"扩散电势"，因为它的起因是扩散。

关于自建电势，可以推导出一个简单的通用关系式。在 2.6 节中，爱因斯坦关系式(2-44)已从玻耳兹曼分布式(2-45)中推导出来了。相反地，利用电流方程中的爱因斯坦关系式(2-43)

$$j_{\mathrm{n}} = q\mu_{\mathrm{n}}\left(nE + \frac{kT}{q}\frac{\mathrm{d}n}{\mathrm{d}x}\right) \tag{3-1}$$

$$j_{\mathrm{p}} = q\mu_{\mathrm{p}}\left(pE - \frac{kT}{q}\frac{\mathrm{d}p}{\mathrm{d}x}\right) \tag{3-2}$$

在式(3-2)中设 $j_{\mathrm{p}} = 0$，并且对括号项进行积分，得出玻耳兹曼分布

$$p(x) = p(x_{\mathrm{p}})\mathrm{e}^{-qV(x)/kT} \tag{3-3}$$

式中，电势为 $V(x) = -\int_{x_{\mathrm{p}}}^{x} E(x')\mathrm{d}x'$。同样，从式(3-1)中得出关于电子的结果

$$n(x) = n(x_{\mathrm{p}})\mathrm{e}^{qV(x)/kT} \tag{3-4}$$

根据这些公式，在空间电荷区里与位置有关的载流子浓度是和电势有关的，但是，电势作为 x 的函数也还是未知的。在 2.3 节，对于热平衡状态，关系式 $np = n_{\mathrm{i}}^2$ 已推导出来，但没有考虑电场的存在。现在，可以看到这个关系式是根据式(3-3)和式(3-4)在空间电荷区里每一个点上推导出来的，那里 n 和 p 都是随 x 变化的

$$n(x)p(x) = n(x_{\mathrm{p}})p(x_{\mathrm{p}}) = n_{\mathrm{i}}^2 \tag{3-5}$$

自建电势 V_{bi} 是根据式(3-3)或式(3-4)当 $V_{\mathrm{bi}} = V(x_{\mathrm{n}})$ 时得出来的

$$V_{bi} = \frac{kT}{q}\ln\frac{p(x_p)}{p(x_n)} = \frac{kT}{q}\ln\frac{p(x_p)n(x_n)}{n_i^2} \qquad (3-6)$$

$$\approx \frac{kT}{q}\ln\frac{N_A(x_p)N_D(x_n)}{n_i^2} \qquad (3-6a)$$

在近似式(3-6a)中，假设掺杂物是完全电离的，且在空间电荷层的边界上是电中性的(参见 2.5 节)。按照这个公式，自建电势由空间电荷区的边界上的掺杂浓度给出。

电势和载流子浓度的空间依赖关系以及空间电荷层在 p 和 n 区域的扩展可用泊松方程式(2-111)来计算。假设在杂质完全电离之前并使用式(3-3)和式(3-4)，对任意掺杂剖面有

$$\frac{d^2V}{dx^2} = -\frac{\rho}{\varepsilon} = \frac{q}{\varepsilon}\left[n - p + N_{A,tot}(x) - N_{D,tot}(x)\right]$$

$$= \frac{q}{\varepsilon}\left[n(x_p)e^{qV/kT} - p(x_p)e^{-qV/kT} - N(x)\right] \qquad (3-7)$$

式中，$N(x) \equiv N_{D,tot} - N_{A,tot}$。现在，另外用下标"tot"来表示施主和受主的浓度，以区分它们在 p 区的净掺杂浓度 $N_A(x) = N_{A,tot}(x) - N_{D,tot}(x)$ 和在 n 区的净掺杂浓度 $N_D(x) = N_{D,tot} - N_{A,tot}$，它们在式(3-6a)中出现。在空间电荷区的 p 侧边界上的载流子浓度是 $p_p(x_p) = N_A(x_p)$，$n(x_p) = n_i^2/N_A(x_p)$。通常，普通的微分公式[如式(3-7)]必须用数值法来求解，但是对于突变结，$V(x)$ 分析上可以用积分表示(参见 3.1.1 节)。然而，如将要看到的那样，一个近似的简单计算一般是足够的，甚至更为有用。式(3-7)精确的解将用来修正近似的公式，它是必要的。

从当 $N_A(x_p)$，$N_D(x_n) \gg n_i$ 时的式(3-6a)得出，自建电势比热电势 kT/q 大得多。因此，在空间电荷区的边界向内部电势变化了几 kT/q，与多数载流子浓度趋向于零有关，只需要很小的距离。因此，忽略空间电荷区的载流子浓度似乎是合理的。然后，式(3-7)简化为

$$\frac{d^2V}{dx^2} = -\frac{q}{\varepsilon}N(x) \qquad (3-8)$$

考虑空间电荷区载流子耗尽的这个方法称为耗尽近似。它将在下文中广泛应用。

3.1.1　突变结

突变的 pn 结或者突变结是被定义为在 p 和 n 区之间的过渡处，有一个陡的台阶状的掺杂分布，而在两个区的每边的掺杂却是均匀的。因为 N_A 和 N_D 与空间电荷层边界的位置 x_p 和 x_n 无关，自建电势是直接由式(3-6a)决定的。在图 3-3 上画出了在硅中两种温度下，假设 p 区有固定的掺杂浓度 $N_A = 1 \times 10^{19}/cm^3$ 的情况下，突变 pn 结的自建电势与 n 区掺杂浓度 N_D 的关系曲线。在 300K 时，在 $1 \times 10^{13} \sim 1 \times$

$10^{18}/\mathrm{cm}^{-3}$ 的范围内，V_{bi} 从 0.705V 增加到 1.00V，而在 400K 时，V_{bi} 从 0.508V 增加到 0.905V。V_{bi} 随 T 的增加而减小是由于 n_{i} 的急剧增加。随温度的减小是近似于线性的，因为在式 (2-6) 中 n_{i}^2 指数前的因子 $N_{\mathrm{C}}N_{\mathrm{V}}$ 是大于在公式应用范围中的 $N_{\mathrm{D}}N_{\mathrm{A}}$ 的，并且它的对数近似于常数，像 E_{g}。在高掺杂浓度下，无论是 p 区还是 n 区，V_{bi} 对温度的依赖性都很弱。

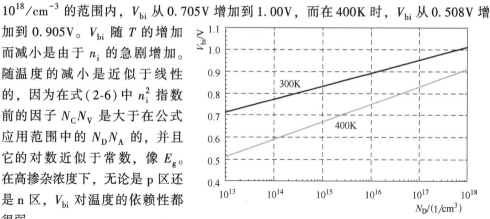

图 3-3　在硅中，在重掺杂区固定的掺杂浓度 $1 \times 10^{19}/\mathrm{cm}^3 (N_{\mathrm{A}})$ 下，突变的 pn 结的自建电势随轻掺杂一侧的掺杂浓度 N_{D} 的变化

现在，将用耗尽近似来计算在突变结中的电势和载流子浓度随 x 的变化。图 3-4 显示了 a) 掺杂浓度和载流子浓度，b) 产生的电荷密度，c) 在耗尽近似下的电场，d) 电势，以及 e) 相应的能带图。这些定性的图现在用下列计算来证明。

设 x 的原点在受主和施主掺杂之间的过渡处，合金结，掺杂分布 $N(x)$ 由下式给出：

$$N(x) = -N_{\mathrm{A}} = 常量，\quad 当\ x < 0\ 时$$
$$N(x) = +N_{\mathrm{D}} = 常量，\quad 当\ x \geqslant 0\ 时 \tag{3-9}$$

在有受主掺杂的区域，泊松方程为

$$\frac{\mathrm{d}^2 V}{\mathrm{d}x^2} = \frac{q}{\varepsilon} N_{\mathrm{A}} \tag{3-10}$$

得到电场 (见图 3-4) 为

$$-\frac{\mathrm{d}V}{\mathrm{d}x} = E(x) = -\frac{q}{\varepsilon} N_{\mathrm{A}}(x - x_{\mathrm{p}})，\quad 当\ x_{\mathrm{p}} \leqslant x \leqslant 0\ 时 \tag{3-11}$$

对于合金的 n 区，泊松方程 $\mathrm{d}^2 V/\mathrm{d}x^2 = -q/\varepsilon N_{\mathrm{D}}$ 的积分得出

$$-\frac{\mathrm{d}V}{\mathrm{d}x} = E(x) = -\frac{q}{\varepsilon} N_{\mathrm{D}}(x_{\mathrm{n}} - x)，\quad 当\ 0 \leqslant x \leqslant x_{\mathrm{n}}\ 时 \tag{3-12}$$

在 $x = 0$ 处 E 的连续性要求为

$$N_{\mathrm{A}} x_{\mathrm{p}} = -N_{\mathrm{D}} x_{\mathrm{n}} \tag{3-13}$$

这意味着，在结的两边的电荷极性相反，电荷量相等。式 (3-11) 和式 (3-12) 的积分，得出

$$V(x) = \frac{q}{2\varepsilon} N_{\mathrm{A}}(x - x_{\mathrm{p}})^2，\quad 当\ x_{\mathrm{p}} < x \leqslant 0\ 时 \tag{3-14}$$

和

$$V(x) = \frac{q}{2\varepsilon}[-N_D(x_n - x)^2 + N_D x_n^2 + N_A x_p^2], \quad \text{当 } 0 \leqslant x < x_n \text{ 时} \quad (3\text{-}15)$$

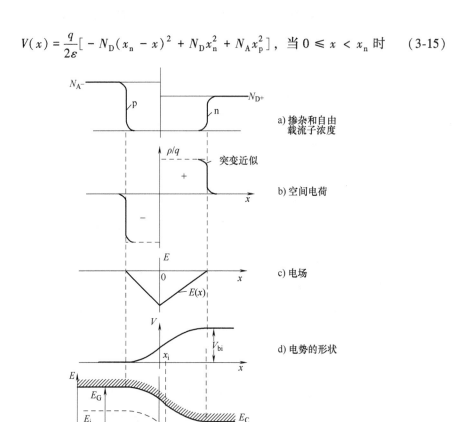

a) 掺杂和自由载流子浓度

b) 空间电荷

c) 电场

d) 电势的形状

e) 能带图

图 3-4   在耗尽近似下的突变的 pn 结

在式（3-15）中选定常数项，以得到 $x = 0$ 处的连续性。如在式（3-11）和式（3-12）中以及图 3-4c 上所显示的，电场强度在每个区随 x 的变化是线性的，而电势有抛物线趋势。在受主区域对施主区域的电势增加比值得自式（3-13）~式（3-15）

$$\frac{V_p}{V_N} = \frac{N_A x_p^2}{N_D x_n^2} = \frac{|x_p|}{x_n} = \frac{N_D}{N_A} \quad (3\text{-}16)$$

现在可以确定伸入深度 $-x_p$ 和 x_n 只要使 $V(x_n)$ 等于由式（3-6a）给出的自建电势。从式（3-15），式（3-13）得出

$$V_{bi} = \frac{q}{2\varepsilon}(N_D x_n^2 + N_A x_p^2) = \frac{q}{2\varepsilon}\left(N_D x_n^2 + \frac{N_D^2}{N_A}x_n^2\right) \quad (3\text{-}17)$$

$$x_n = \sqrt{\frac{2\varepsilon}{q}\frac{N_A/N_D}{(N_A + N_D)}V_{bi}}, \quad |x_p| = \frac{N_D}{N_A}x_n \quad (3\text{-}18)$$

空间电荷层的总厚度是

$$w_{sc} = x_n + | x_p | = \sqrt{\frac{2\varepsilon}{q} \frac{N_A + N_D}{N_A N_D} V_{bi}} \qquad (3\text{-}19)$$

最大的绝对电场强度 $E_m = | E(0) |$ 是由式(3-12)和式(3-18)得出的

$$E_m = \sqrt{\frac{2q}{\varepsilon} \frac{N_A N_D}{N_A + N_D} V_{bi}} = \frac{2V_{bi}}{w_{sc}} \qquad (3\text{-}20)$$

对于浓度 N_A，N_D 相差很大的不对称的结，如经常在器件中遇到的，这些公式可以简化，对 $N_A > N_D$ 的 p^+n 结，式(3-19)变成

$$w_{sc} \approx x_n \approx \sqrt{\frac{2\varepsilon V_{bi}}{q N_D}} \qquad (3\text{-}19a)$$

而式(3-20)变成

$$E_m \approx \sqrt{\frac{2q}{\varepsilon} N_D V_{bi}} \qquad (3\text{-}20a)$$

在图 3-4e 的能带图上，能带边缘的变化与电势的变化是相反的，这是因为导带边缘 E_C 代表电子的势能 $-qV(x)$。作为一般的平衡条件，费米能级 E_F 是不变地穿过 pn 结的，它也是用式(2-4)和式(3-4)得出的。用基本电荷 q 乘以自建电势代表能带图上能带边缘的整个变化过程，或者代表本征能级 E_i 对费米能级的变化。本征能级与费米能级相交于点 x_i，把 $p>n$ 的区域与 $n>p$ 的区域分开。通常，这点不同于图 3-4e 上表示的合金结。代替上面计算的在合金的 p 区和 n 区中的电势部分 V_P，V_N，自建电势也可以被分成一边为在中性 p 区和本征点 x_i 之间的电位差 $\Delta V_{p\text{-}i}$，以及另一边为本征点与中性 n 区之间的电位差 $\Delta V_{i\text{-}n}$。用式(2-11)，式(2-10)得出这些部分如下：

$$\Delta V_{p\text{-}i} = \frac{1}{q} \left[E_i(x_p) - E_F \right] = \frac{kT}{q} \ln \frac{p(x_p)}{n_i} \approx \frac{kT}{q} \ln \frac{N_A}{n_i}$$
$$\Delta V_{i\text{-}n} = \frac{1}{q} \left[E_F - E_i(x_n) \right] = \frac{kT}{q} \ln \frac{n(x_n)}{n_i} \approx \frac{kT}{q} \ln \frac{N_D}{n_i} \qquad (3\text{-}21)$$

如果 $N_A > N_D$，则 $\Delta V_{p\text{-}i}$ 大于 $\Delta V_{i\text{-}n}$，反之 $V_P < V_N$。

以数值为例，考虑硅中的 pn 结，有 $N_A = 2 \times 10^{15}/\text{cm}^3$，$N_D = 1 \times 10^{15}/\text{cm}^3$。在这种情况下，自建电势是 0.604V。用此值和带有硅的介电常数 $\varepsilon_r = 11.7$ 的式(3-18)，得出伸入深度 $x_n = 0.725\mu\text{m}$，$| x_p | = 0.363\mu\text{m}$。按照式(3-20)，电场的最大值是 $E_m = 1.12 \times 10^4 \text{V/cm}$。在合金的受主和施主区域，自建电势的部分是 $V_P = N_D/(N_A + N_D) \cdot V_{bi} = V_{bi}/3 = 0.201\text{V}$，$V_N = 2 \cdot V_P = 0.402\text{V}$。与此相反，式(3-20)得出，在 $p>n_i$ 区域，电势增加值 $\Delta V_{p\text{-}i} = 0.311\text{V}$，而在 $n>n_i$ 区域是 $\Delta V_{i\text{-}n} = 0.296\text{V}$。本征点被移到了较低的掺杂区域。在数值上，式(3-15)和式(3-21)一起得出 $x_i = 0.106\mu\text{m}$。

式(3-19a)和(3-20a)对于突变的不对称结的适用性非常有限，而对于扩散结，

它们是非常有用的。它们的准确性可以通过与从精确的泊松方程式(3-7)中得出的结果的比较中得到检验。只要积分式(3-7)⊖,分别在受主和施主掺杂区的电势部分 V_P,V_N 之间的下列精确的关系式,便能被推导出来,而取代式(3-16):

$$\frac{V_P - kT/q}{V_N - kT/q} = \frac{N_D}{N_A} \tag{3-22}$$

与 $V_P + V_N = V_{bi}$ 一起,它是显式的

$$V_P = \frac{N_A - N_D}{N_A + N_D}\frac{kT}{q} + \frac{N_D}{N_A + N_D}V_{bi} \tag{3-23}$$

$$V_N = V_{bi} - V_P$$

精确地计算得出最大的电场

$$E_m = \sqrt{\frac{2kT}{\varepsilon}\left[N_A e^{-qV_P/kT} + N_D\left(\frac{qV_N}{kT} + e^{-qV_N/kT} - 1\right)\right]} \tag{3-24}$$

式(3-22)~式(3-24)适用于任意浓度 N_A,N_D。如果 V_P,$V_N \gg kT/q$,则式(3-22)就变成式(3-16),式(3-24)只有线性项在 V_N 中,用式(3-23)可得到式(3-20)。对于掺杂浓度,要求 N_A/N_D 及 N_D/N_A,都要相对小于 qV_{bi}/kT。另一方面,式(3-19a)和式(3-20a)需要 $N_A/N_D \gg 1$,在 Si 中只有在 $N_A/N_D = 5$ 的小范围内,这些公式才大致有效。与式(3-20a)相比,式(3-24)在恒定的 N_D 时 E_m 随 N_A 增加。用 $N_A/N_D \gg qV_{bi}/kT$ 来定义非常不对称的 p^+n 结,按照式(3-23),电势 V_P 趋于 KT/q(而不是式(3-16)之后为零),现在式(3-24)中的 N_D 项可以忽略。因此,式(3-24)变成了

$$E_m = \sqrt{\frac{2kT}{\varepsilon}N_A/e}, \quad \text{当 } N_A/N_D \gg qV_{bi}/kT \text{ 时} \tag{3-24a}$$

根据"经典"公式(3-20a),最大电场是由弱掺杂区的掺杂浓度(和自建电势)确定的。式(3-24a)显示,它仅由高掺杂区的掺杂浓度给出。同样,在数值上结果完全不同,例如在硅中 $N_A = 5\times10^{18}/cm^3$,$N_D = 5\times10^{14}/cm^3$,由式(3-20a)得出 $E_m = 4.82\times10^3 V/cm$,而式(3-24a)和式(3-24)的结果是 $E_m = 1.21\times10^5 V/cm$。

从图 3-5 中可以看出这种强烈差异的原因,它显示了通过式(3-7)的二次积分计算出 p^+n 结的载流子分布。可见,受主掺杂的空穴浓度不只局限于 N_A 区,而是越过合金结到达 N_D 区。在后者的第一区域里,空穴浓度比掺杂浓度 N_D 高得多,甚至在 N_D 区中空穴电荷的总量大于在空间电荷区中电离了的施主的总电荷量。这就解释了按照式(3-24a)为什么在合金结上的电场与 N_D 无关。如将在 3.5 节中说明的,在空间电荷区中流动载流子的电荷对于结电容能有很大的影响。

⊖ 乘以 $2dV/dx$ 后,式(3-7)可以被积分,分析得出两个区域中电场 $E(x)$ 随 $V(x)$ 变化。从电势和电场在合金结上的连续性出发,于是确定电势部分 V_P,V_N。

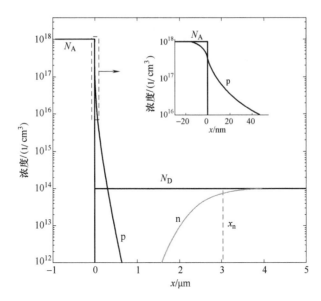

图 3-5 在突变的 p^+n 结中的载流子分布，x_n 是在耗尽近似下空间电荷区的边界

假设的严格突变主要是由宽禁带半导体（如 SiC）中的 pn 结实现的，在这种半导体中，掺杂轮廓不会被扩散消除。在硅中，低温外延形成的 pn 结突变很大。对于扩散结，式（3-24）通常是不适用的，因为高掺杂区的掺杂浓度比载流子浓度下降慢。p^+n 结的空间电荷区里的正电荷则完全由施主掺杂给出。因此，式（3-19a），式（3-20a）大致适用于广泛的扩散 p^+n 结，但不适用于 $N_A/N_D \geqslant qV_{bi}/KT$ 的突变结。这尤其适用于包括施加电压的扩展形式（见第 3.3 节）。

3.1.2 缓变结

通常，受主和施主掺杂之间的过渡不是突然的，而是以一个相当低的梯度发生，然后对结的性质变得重要。特别是由杂质的深扩散产生的 pn 结的情况（这项工艺的细节见第 4.4 节）。如果扩散掺杂物是相反的类型，比晶片的掺杂有更高的表面浓度，则在扩散杂质刚好补偿晶片掺杂的这一点上，一个 pn 结就形成了。对于受主扩散，净掺杂浓度 $N(x) = N_D - N_A(x)$，在结处改变它的符号。如果 $N(x)$ 的梯度不是太小，则可观的空间电荷建立起来，如同突变结。在图 3-6 上表示了有表面浓度为 $1 \times 10^{18}/cm^3$ 的扩散受主的分布图附加到浓度为 $1 \times 10^{14}/cm^3$ 的均匀的施主掺杂上去，以及由此产生的绝对的净掺杂浓度，还有根据数值计算的关于硅中的电子和空穴的浓度。pn 结附近，载流子浓度比净掺杂浓度小得多，表示存在大量空间电荷。在插图中，展示在扩展的线性坐标里的净掺杂浓度几乎在整个空间电荷层范围内都是变化的。忽略在空间电荷区里的载流子电荷的耗尽近似，在这种情况下也可用作近似的基础。离结足够近，净掺杂浓度可以用线性关系式来近似

$$N(x) = ax \tag{3-25}$$

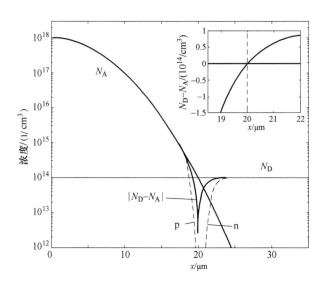

图 3-6　在硅中扩散的 p^+n 结：掺杂分布以及空穴和电子的分布，假设扩散的

分布图符合高斯函数 $N_A \propto \exp[-(x/L_A)^2]$

用结作为 x 的原点，假设它适用于整个空间电荷区，得到了线性缓变结的模型，它似乎适用于此类掺杂剖面而非突变结模型。在这种情况下，从式（3-8）和式（3-25）得出

$$\frac{\mathrm{d}^2 V}{\mathrm{d}x^2} = -\frac{\mathrm{d}E}{\mathrm{d}x} = -\frac{qa}{\varepsilon}x \tag{3-26}$$

$$E(x) = \frac{qa}{2\varepsilon}(x^2 - w^2) \tag{3-27}$$

$$V(x) = \frac{qa}{2\varepsilon}\left(w^2 x - \frac{1}{3}x^3\right) \tag{3-28}$$

式中，w 是在两个区域的每一边里空间电荷层的扩展（总的空间电荷层宽度的一半），而在结上电位设定为零。

计算自建电势 $V_{bi} = V(w) - V(-w)$，从式（3-28）可得到 w 与 V_{bi} 之间的下列关系：

$$w = \left(\frac{3\varepsilon V_{bi}}{2qa}\right)^{1/3} \tag{3-29}$$

另一方面，自建电势是由式（3-6a）给出的

$$V_{bi} = \frac{kT}{q}\ln\left(\frac{-N(-w)N(w)}{n_i^2}\right) = \frac{kT}{q}\ln\left(\frac{(aw)^2}{n_i^2}\right)$$

$$= 2\frac{kT}{q}\ln\left(\frac{aw}{n_i}\right) \tag{3-30}$$

代入式(3-29)得到一个隐式方程,通过迭代将 V_{bi} 确定为梯度 a 的函数。在 300K 和 400K 时硅的结果表示在图 3-7 上。通过与式(3-7)的精确数值解的比较,本章参考文献[Mol64,Mor60]发现,假设完全耗尽和中性之间的突变过渡的耗尽途径,在这种情况下仅仅是一个粗略的近似,主要适用于杂质梯度。

$$a > 10^4 \frac{2n_i}{L_D} \tag{3-31}$$

式中, $L_D = \sqrt{\varepsilon kT/(2n_i q^2)}$ 是本征德拜长度。对于硅,在 300K 时,右边的值是 $7.6 \times 10^{16}/cm^3$,而在 400K 时是 $8.8 \times 10^{20}/cm^3$。低于此值,图 3-7 上 400K 的线可能不够精确。该近似可推广到加外部电压的情况,并用于计算缓变结的电容。对于这些主题可以参考本章参考文献[Mor60,Mol64]。

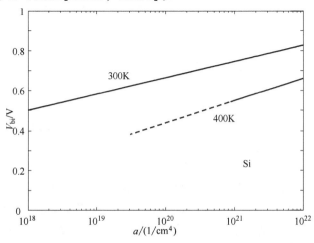

图 3-7　在硅中,线性缓变结的自建电势随掺杂梯度的变化

虽然离结较远且相对于 n_i 掺杂浓度较大,但半导体本质上是中性的,空间变化的掺杂浓度在这里生成一个自建电场和自建电势。因为在热平衡状态下,电子和空穴电流是零,电场必须要补偿由浓度梯度产生的扩散电流。用净受主浓度代替空穴浓度,从式(3-2)得出

$$E(x) = \frac{kT}{q} \frac{d\ln P}{dx} = \frac{kT}{q} \frac{d\ln N_A}{dx} \tag{3-32}$$

$$V(x) - V(x_0) = -\frac{kT}{q}\ln \frac{N_A(x)}{N_A(x_0)} \tag{3-33}$$

对于 n 区,符号是相反的。对于指数分布 $N(x) \sim e^{x/\lambda}$,假设中性是准确的,因为按照式(3-32)自建电场是常数,因此空间电荷 $\rho = \varepsilon dE/dx = 0$。(准)中性扩散区的自建电势通常是相当可观的。在图 3-6 的情况下,在 p 区的表面和 $N_A = 3 \times 10^{14}/cm^3$ 的空间电荷区的边界之间的电位差,按照式(3-33),在 400K 时,数值是

0.28V。如果扩散的 n 区也效仿均匀的 n 基区，就像在 pin 二极管中一样，则准中性区的整个自建电势是接近空间电荷区的。然而，对器件特性来说，中性区的自建电势是不重要的，这是因为即使加上一个外加电压，它仍保持(几乎)不变，但是空间电荷区的电压实质上是要变的，如将要看到的。如果不做进一步的说明，则术语"自建电势"总是指空间电荷区的。

问题出现了，为什么 p 区和 n 区外部用一根导线相连接时自建电势不会引起电流？根据在热平衡状态下费米能级通过接触结构的不变性，可以得出结论，接触半导体区域与金属之间存在接触电势，而此接触电势大体上等于半导体全部的自建电势，且方向是相反的。

作为这部分的一个结果，再讲一次，在热平衡状态下空间电荷层的扩展与包围它的(准)中性 p 和 n 区的通常厚度相比是很小的。但如果加上一个外加电压，则情况会改变。

3.2 pn 结的 *I-V* 特性

现在，相对于 n 区加一个电压 V 到 p 区。如果电压是正的，则它与自建电势 V_{bi} 方向相反。假设产生的电流是小的，而且在中性区上的欧姆电压降可以被忽略，空间电荷区两端的电压现在是

$$\Delta V = V_{bi} - V \tag{3-34}$$

为了建立这个压差，在结上的偶极层里所需的电荷是小于还是大于没有外加电压时的，和外加电压的符号有关。因为每边的电荷密度是近似地由掺杂浓度，在 p 和 n 区的空间电荷层的厚度减小或增加给出的。然而，最重要的是，$V>0$ 时，在 n 区里的空穴浓度和在 p 区里的电子浓度增加到平衡少数载流子浓度以上，而 $V<0$ 时，则减少到平衡少数载流子浓度以下。这可以从式(3-3)和式(3-4)推导出来，假设玻耳兹曼分布也能用于不是热平衡的情况。这是整个器件理论的基本假设，事实证明，偏离平衡一般是微弱的，也就是说，在空间电荷区中，电场和扩散电流基本上是相互补偿的。

下面进一步阐述，假设 pn 结是突变的，在中性的 p 和 n 区少数载流子浓度比掺杂浓度小。因此从中性来说，此外还有 $p(x_p) = N_A$，$n(x_n) = N_D$。在式(3-3)中用式(3-34)来替换 $V(x_n)$，得出在中性的 n 区域边界 $x = x_n$ 到空间电荷区域的空穴浓度为

$$p_n^* = N_A e^{-q(V_{bi}-V)/kT} \tag{3-35}$$

$$= p_{n0} e^{qV/kT} \tag{3-36}$$

此处，在 n 区的平衡空穴浓度用 p_{n0} 来表示如下：

$$p_{n0} = N_A e^{-qV_{bi}/kT} = \frac{n_i^2}{N_D} \tag{3-37}$$

　　这是从式(3-6)得出的。对于式(3-35)和式(3-36)，尚未用到它的 n 区注入水平较低。然而，这是现在提出的，求得在中性的 p 区域边界 $x=x_p$ 到空间电荷区域的电子浓度 n_p^*。类似于式(3-36)得出

$$n_p^* = n_{p0}e^{qV/kT} \tag{3-38}$$

式中，n_{p0} 是在中性 p 区的平衡电子浓度。在空间电荷区边界上的少数载流子浓度分别随包含外加电压 V 的指数因子，即玻耳兹曼因子而增加或减少。图 3-8 说明了正向偏置的情况。这里，外加电压使得浓度 p_n^* 和 n_p^* 提高 8 个数量级。在所选用的对数坐标里，少数载流子浓度随着离开空间电荷层的距离线性地减少。此图预见了下面计算的结果。

　　为了进一步可视化，特别是在反向偏置的情况下，少数载流子浓度画在图 3-9 的线性坐标上。在反向偏置的图中(图的下方)，在空间电荷区边界上的少数载流子浓度早已减少到零。这已经接近了比热电压 kT/q 高出几倍的反向电压，如从式(3-36)和式(3-38)得出的那样。空穴扩散流出 n 区和电子扩散流出 p 区，这决定了

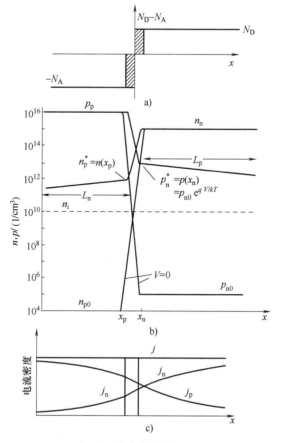

图 3-8 正向偏置的 pn 结

a) 净掺杂浓度 b) $V>0$ 和 $V=0$ 时的载流子分布 c) 空穴和电子的电流密度

反向电流不能再通过反向电压的进一步增加而得到增强。因为平衡浓度 $p_{n0} = n_i^2/N_D$，$n_{p0} = n_i^2/N_A$ 是非常小的，变换成少数载流子的浓度梯度，阻断电流也是很小的。

用式(3-3)、式(3-4)和式(3-38)一起得出在空间电荷区的 np 的乘积

$$n(x)p(x) = n(x_p)p(x_p) =$$
$$n_{p0}e^{qV/kT}p_{p0}^{\ominus} = n_i^2 e^{qV/kT} \quad (3\text{-}39)$$

在没有偏置的情况下，在空间电荷层里的 np 乘积是和 x 无关的，而是随电压 V 的符号以指数电压因子来增减的。偏离平衡，分别会导致净复合或者产生。

$I\text{-}V$ 特性由在中性区域的少数载流子电流来决定。为了计算它们，用 n 区中空穴的连续方程式，按照式(2-103)得出

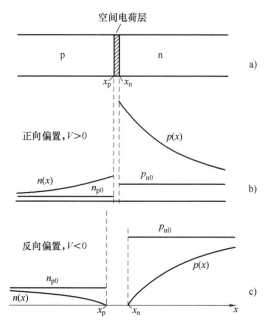

图 3-9　在一个 pn 结中少数载流子的分布
（均为线性坐标）
a）空间电荷层　b）在正向偏置下
c）在反向偏置下

$$\frac{\mathrm{d}j_p}{\mathrm{d}x} = -qR_p = -q\frac{p - p_{n0}}{\tau_p} \quad (3\text{-}40)$$

这里是假设稳态情况，按照式(2-49)，用少数载流子寿命和额外空穴浓度来表示额外复合率 R_p。因为假设空穴浓度 p 小于 n（小注入水平），此外，在中性区的电场是小的，在式(2-43b)中的电场一项可以被忽略。因此，这里涉及的是 2.10.1 节中 2)的情况。将式(3-41)

$$j_p = -qD_p\frac{\mathrm{d}p}{\mathrm{d}x} \quad (3\text{-}41)$$

代入式(3-40)，得出

$$D_p\frac{\mathrm{d}^2 p}{\mathrm{d}x^2} = \frac{p - p_{n0}}{\tau_p} \quad (3\text{-}42)$$

用边界条件 $p(x_n) = p_n^*$，此微分方程式的解是

$\ominus$　原文为 $n_{p0}e^{qV/kT}p_0$，应为 $n_{p0}e^{qV/kT}p_{p0}$。——译者注

$$p(x) - p_{n0} = (p_n^* - p_{n0}) e^{-(x-x_n)/L_p} \tag{3-43}$$

式中，L_p 是空穴的扩散长度

$$L_p = \sqrt{D_p \tau_p} \tag{3-44}$$

在式(3-36)中代入 p_n^*，得出

$$p(x) - p_{n0} = p_{n0}(e^{qV/kT} - 1) e^{-(x-x_n)/L_p} \tag{3-45}$$

用式(3-41)中的空穴分布，得出 $x = x_n$ 处的空穴电流密度如下：

$$j_p(x_n) = j_{ps}(e^{qV/kT} - 1) \tag{3-46}$$

而

$$j_{ps} = q p_{n0} \frac{D_p}{L_p} = q \frac{n_i^2}{N_D} \frac{D_p}{L_p} \tag{3-46a}$$

用类似的方法给出了在 p 区的 $x = x_p$ 处的电子电流密度

$$j_n(x_p) = j_{ns}(e^{qV/kT} - 1) \tag{3-47}$$

而

$$j_{ns} = q n_{p0} \frac{D_n}{L_n} = q \frac{n_i^2}{N_A} \frac{D_n}{L_n} \tag{3-47a}$$

式中，L_n 是电子的扩散长度

$$L_n = \sqrt{D_n \tau_n} \tag{3-48}$$

显然，少数载流子扩散电流和少数载流子浓度 p_n^*，n_p^* 之间沿用了指数的电压关系。除了这些参数，电流还与扩散系数和扩散长度 L_p，L_n 有关，而扩散长度是分别由中性区域里的少数载流子寿命决定的。

而在中性区域的复合被认为是主要的，在理想的 *I-V* 特性中，薄空间电荷层里的复合/产生是被忽略的。因为 $dj_{n,p}/dx = \pm qR$，这意味着穿过空间电荷层的电子和空穴的电流被假设是恒定的。用 $j_n(x_n) = j_n(x_p)$ 得出

$$j = j_n(x_n) + j_p(x_n) = j_n(x_p) + j_p(x_n) \tag{3-49}$$

因此，电流密度是在中性区与空间电荷层的交界处的少数载流子扩散电流的总和给出的，将式(3-46)和式(3-47)相加，得到 pn 结的 *I-V* 特性

$$j = j_s(e^{qV/kT} - 1) \tag{3-50}$$

而

$$j_s = qn_i^2 \cdot \left(\frac{D_p}{L_p N_D} + \frac{D_n}{L_n N_A} \right) \tag{3-51}$$

式(3-50)和式(3-51)是 pn 结的理想的 I-V 特性，是由 Shockley 推导出来的[Sho49]。在图 3-10 里，特性曲线是以归一化的形式 j/j_s 作为 qV/kT 的函数表示出来的。电流随正向电压以指数增长，在阻断方向，它很快接近饱和电流，而饱和电流是很小的。例如，对于

$$N_A = 1 \times 10^{16}/\mathrm{cm}^3, \ N_D = 1 \times 10^{15}/\mathrm{cm}^3$$
$$L_n = L_p = 50\mu\mathrm{m}, \ D_n = 30\mathrm{cm}^2/\mathrm{s}, \ D_p = 12\mathrm{cm}^2/\mathrm{s}$$

得出对于硅，当 $n_i(300\mathrm{K}) = 1.07 \times 10^{10}/\mathrm{cm}^3$ 时，$j_s = 5.5 \times 10^{-11}\mathrm{A/cm}^2$。这个一般形式的特性式(3-50)首先是由 Wagner 从 Cu/CuO$_2$ 整流器上推导出来的[Wag31]。同样后来的金属—半导体接触理论也导致了特性式(3-50)，但饱和电流本质上不同于式(3-51)。电流对电压的指数依赖关系总是以玻耳兹曼分布为基础的。

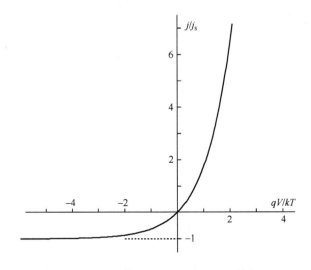

图 3-10 pn 结归一化的理想的 I-V 特性

在式(3-51)中，因子 n_i^2 最后包含了对禁带的依赖性，以及 j_s 与温度相关的主要部分。在 300K 时，由式(3-50)和式(3-51)给出的几种半导体的特性曲线画在了图 3-11 上，而坐标刻度比图 3-10 更大，反向电流用的是对数坐标。对于所有半导体有相同的 N_A、N_D 和 $D_{n,p}/L_{n,p}$，这些已用于上述 Si 的例子中，饱和电流密度相差许多数量级。到某个正向电压，对于 Si 大约是 0.7V，在正常导电电流密度的坐标上电流维持很小的值，而一旦超过此电压，电流立即迅猛增长。阈值电压可以被定义为电流密度 $j_{thr} = 5\mathrm{A/cm}^2$ 时的电压，这带有某种随机性。对于 V，由式(3-50)得

$$V = \frac{kT}{q}\ln\left(\frac{j}{j_s} + 1\right) \tag{3-52}$$

代入 $j = 5\mathrm{A/cm^2}$，得出图 3-11 情况下的阈值电压 V_{thr}，Ge 是 0.26V，Si[⊖] 为 0.65V，GaAs 为 1.09V，4H-SiC 为 2.77V。这些值接近于用式（3-6a）计算所得的自建电势 V_{bi}。阈值电流虽然接近正常使用的电流密度的低端，但已经高到所加电压必须在很大程度上平衡自建电势的程度。阈值电压随禁带宽度增加而近乎线性地增加，如果在式（3-52）代入式（2-6），即可得出。实验结果很好地被理论所再现。

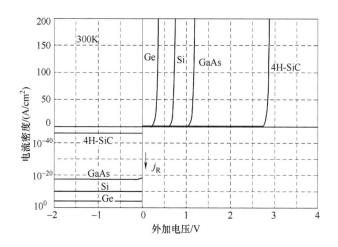

图 3-11　在 300K 时，在不同的半导体中，理想的 pn 结的电流密度与外加电压的关系曲线

当然低阈值电压是有利的，因为正向损耗小。但是，另一方面，对于低的 V_{thr} 要求高的 j_s 意味着反向漏电流大。在 Ge 的情况下，不利因素远多于低阈值电压这个有利因素。在 100℃ 时，漏电流已经大到导致发热很难控制的程度。另外，对于宽禁带半导体，高阈值电压更加重了它不利的一面。这里，pn 结经常通过金属-半导体结来避免高的阈值电压，而对于开关器件则用在电流通路上没有结的单极场效应晶体管。

在实际器件中，pn 结大部分是很不对称的。当 $N_{\mathrm{A}} \gg N_{\mathrm{D}}$，式（3-51）简化为

⊖　功率二极管数据表中给出的阈值电压约为 0.2~0.5V。因为这些二极管有一个 pin 结构（见 3.5 节），通过基区（i）和在 i-n 结上的电压降必须加上。作为阈值电压在简化的欧姆特性中用起始电压 V_{s} 表示为 $V_{\mathrm{F}} = V_{\mathrm{s}} + R_{\mathrm{diff}} I_{\mathrm{F}}$。

$$j_s = qn_i^2\left(\frac{D_p}{L_p N_D}\right) \tag{3-53}$$

　　在这种情况下,饱和电流只是由弱掺杂区的少数载流子参数决定的。用这个公式,现在考虑在给定的正向电流下,电压 V 与温度的关系,它在集成功率器件中一般用来指示和控制温度。对于 n_i^2,代入式(2-6),从式(3-53),式(3-52)在 $V>3kT/q$ 时得出

$$V(j,\ T) = \frac{E_g}{q} - \frac{kT}{q}\ln\left(\frac{qD_p N_C N_V}{L_p N_D j}\right) \tag{3-54}$$

　　因为 $qD_p N_C N_V/(L_p N_D)$ 这一项表示很高的电流密度,由于对数关系,它和温度的关系只有较小的影响,正向电压 V 随温度 T 的增加近于线性降低。用式(2-8)和式(2-9),关系式(3-54)在两种电流密度下画出在图 3-12 上,其例子是 $N_D = 1\times 10^{16}/cm^3$ 和 $\tau_p(T) = 1\mu s(T/300)^2$。这个温度关系经常被找到,在这里并导出 $D_p/L_p = \sqrt{D_p/\tau_p} \approx 3.3\times 10^3(300/T)^{3/2}cm/s$。

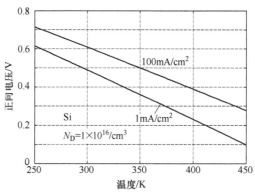

图 3-12　在恒定电流密度下,p^+n 结的正向电压和温度的关系曲线

　　考虑到构成 Shockley 特性曲线式(3-50)和式(3-51)的基础条件是忽略空间电荷区中复合的假设,在硅中有时是不满足的,甚至在正向偏置时空间电荷层的厚度很小的情况下。这可以观察到,如果在小的正向电流密度下,例如在 $100j_s \sim 1A/cm^2$ 范围内,则测到的电流与电压的关系曲线画在对数坐标上。观察到的斜率经常不是式(3-50)所需要的 q/kT,而是小得多。测得的特性因此可以描述成

$$j = j_s \cdot \left(e^{\frac{qV}{nkT}} - 1\right) \tag{3-55}$$

式中,数字 n 的范围经常在 1.7~2 之间。因为电流密度小,这不能被认为是在 p 区和 n 区的电阻性电压降所造成的。在空间电荷层中的复合是由 SRH 方程式(2-68)给出的,在正向偏置下的 $np = $ 常量 $\gg n_i^2$[见式(3-39)]。该式的分母近似有相同的数值,如同在中性区的邻近部分。但是,如果复合能级位于不太小的禁带宽度中间部位附近,那么浓度 n_r 和 p_r 两者都是小的,在式(2-68)中的分母平均来说小

于中性区的数值，那里 n 或者 p 大。所以复合率 R 是很高的，尽管空间电荷层的厚度小，总的复合 $\int R \mathrm{d}x$ 是值得关注的。只有当复合能级处在明显远离禁带宽度中间的位置，在空间电荷层中的复合可以忽略不计，并测量了理想的特性曲线。

在电流密度下，此处由 p 和 n 区中多数载流子电流产生的电阻性电压降 V_{drift} 是可观的，在上述公式中的电压 V 必须理解为结电压 $V_{\mathrm{j}} = V_{\mathrm{F}} - V_{\mathrm{drift}}$，式中 V_{F} 表示总的正向电压。电阻是由掺杂浓度和两个半导体区域的厚度给出的，因而是常数，V_{F} 作为 j 的函数是通过加漂移电压 $V_{\mathrm{drift}} = rj$（$r =$ 电阻 $\times$ 面积）到式（3-52）的右边得到

$$V_{\mathrm{F}} = \frac{kT}{q}\left(\ln \frac{j}{j_{\mathrm{s}}} + 1 \right) + rj$$

然而，与电流无关的电阻与小注入条件相结合，它同样作为式（3-50）推导时的假设。这种条件满足大范围的电流密度，但只适用于 p 和 n 区有较高掺杂浓度的情况。对于有 $\mathrm{p^{+}nn^{+}}$ 结构的功率二极管，弱掺杂基区的电阻在通常的正向电流密度下，通过大注入载流子进行强调制。功率二极管的特性将在第 5 章中讨论。

3.3　pn 结的阻断特性和击穿

3.3.1　阻断电流

特别对于反向电压，式（3-50）、式（3-51）如果要与测量结果相符，只有在限定的电压和温度范围内。往往测得的阻断电流比饱和电流[见式（3-51）]大得多，这是因为在空间电荷区中存在大量的产生。没有包括在式（3-50）和式（3-51）里的第二个效应是雪崩倍增，它发生在高反向电压导致阻断电流增加，到达某一电压时阻断能力被完全破坏。这个效应将在下一节中处理，在本节中，我们考虑的是，作为饱和电流[见式（3-51）]是由阻断电流和在空间电荷区中的产生所形成的电流。

由于反向电压导致负的额外载流子浓度（偏离平衡），热产生率 $G(x)$ 处处大于或等于 0。归因于热产生的总的反向电流密度 j_{r} 是通过对连续方程式 $\mathrm{d}j_{\mathrm{p}}/\mathrm{d}x = -qR = qG$ 求积分得到，积分从 p 区的左边界（$x = -\infty$）到 n 区的右边界（$+\infty$）。这样得出

$$q\int_{-\infty}^{\infty} G \mathrm{d}x = j_{\mathrm{p}}(\infty) - j_{\mathrm{p}}(-\infty) = -j_{\mathrm{p}}(-\infty) = -j = j_{\mathrm{r}} \tag{3-56}$$

因为在 p 区远离结处的空穴电流等于总电流。为了计算，用如前所述的在空间电荷区中有 $n \approx p \approx 0$ 的突变耗尽近似，以及用式（3-45）在 n 区中对空穴给出的中性区的少数载流子分布，现在式中 $V < 0$（见图 3-9c）。整个中性区的积分提供了式（3-50）和式（3-51）的反向电流，可以很容易验证。少数载流子从中性区域扩散出来，是由于那里负的额外浓度引起的。对由空间电荷的产生所引起的电流，用式（2-68）。为了可以忽略基于式（3-39）、式（3-15）式（3-18）的带有 n 和 p 的项，要假

设反向电压 $V_r > 3kT/q$。此外产生率是恒定的并由式（2-77）给出，在空间电荷区（边界 x_p 和 x_n，厚度 $w = x_n - x_p$）中产生的反向电流是

$$j_{sc} = q \int_{x_p}^{x_n} G \mathrm{d}x = \frac{q n_i w}{\tau_g} = \frac{q N_r w}{\dfrac{1}{e_n} + \dfrac{1}{e_p}} \tag{3-57}$$

因为在结两边的电荷密度是在所用的近似中由掺杂浓度给出的，因此与电压无关，空间电荷区向 p 和 n 区的扩展（和其他的关系）是用关于零偏置时的相同表达式给出的，除了 V_{bi} 必须用 $V_{sc} = V_{bi} - V = V_{bi} + V_r$ 替换之外。因此，对于突变的 p^+n 结的式（3-19a）通用化为

$$w = \sqrt{\frac{2\varepsilon(V_{bi} + V_r)}{q N_D}} \tag{3-58}$$

代入此式并把式（3-57）加到式（3-53）中，得出 p^+n 结的总的阻断电流密度如下：

$$j_r = j_s + j_{sc} = q \left[\frac{n_i^2}{N_D} \frac{L_p}{\tau_p} + \frac{n_i}{\tau_g} \sqrt{\frac{2\varepsilon(V_{bi} + V_r)}{q N_D}} \right] \tag{3-59}$$

式中，D_p/L_p 被写成 L_p/τ_p，用相似的方法，用浓度、长度和寿命来表达了两种电流的作用。对于扩散电流，条件 $V_r > 3kT/q$ 也是用于饱和状态的。

借助于耗尽区的宽度，现在，阻断电流随电压而增加。而扩散电流是正比于 n_i^2 的，空间电荷项只随 n_i 线性增加。因此，与空间电荷电流成正比的扩散项随本征浓度而增加，而后者是随禁带宽度的减小和温度的升高而增加的。但是，哪部分起主要作用还取决于寿命 τ_g 与 τ_p 的比较以及电压 V_r。如果产生寿命 τ_g 是可以与 τ_p 相比较，w 可与 L_p 相比较，则式（3-59）中的空间电荷项起主要作用，使 $n_i \gg p_{n0} = n_i^2/N_D$ 或 $n_i \ll N_D$。然而，如已在 2.7.2 节中讨论过的，产生寿命与复合能级有指数关系，如果 E_r 不在禁带的中间附近，产生寿命变得很大。按照 Shockley-Read-Hall 模型的式（2-70）、式（2-61）、式（2-63）和式（2-69），在耗尽区的产生寿命能被写成

$$\tau_g = \frac{n_i}{N_r} \left(\frac{1}{c_n n_r} + \frac{1}{c_p p_r} \right) = n_i \left(\frac{\tau_{n0}}{n_r} + \frac{\tau_{p0}}{p_r} \right) \tag{3-60}$$

而根据式（2-72）的小注入时的少数载流子寿命 τ_p 为

$$\tau_p = \tau_{p0} + (\tau_{p0} n_r + \tau_{n0} p_r)/N_D \tag{3-61}$$

假设费米能级等于复合能级，得出 n_r 和 p_r（简并因子除外）等于载流子浓度 [见式（2-61a）和式（2-63a）]。如果 E_r 与本征能级 E_i 一致，则有 $n_r = p_r = n_i$，并从式（3-60）和式（3-61）得出 $\tau_g = \tau_{n0} + \tau_{p0}$，它接近于 τ_g 的最小值。另一方面，如果复合能级明显远离禁带的中间，则不是 n_r 就是 p_r 小于 n_i，因而按照式（3-60），$\tau_g \gg \tau_p$。在这种情况下，空间电荷电流可小于饱和电流。

　　在图 3-13 上画出了在 Si 中 p$^+$n 结的反向电流密度与热力学温度的倒数的关系曲线，分别对应受主能级 $E_a = E_i$（本征能量）以及施主能级 $E_d = E_V + 0.32eV$（两者均以 $g = 2$ 计算）。反向电压是 1000V。$E_a = E_i$ 的情况反映了金掺杂结的性能，因为金有一个非常靠近禁带中间的受主能级（见图 2-19）。价带上方 0.32eV 的能级与 Pt 的施主能级相符。这两个能级代表了反向电流的极端情况。因为空间电荷电流是最大的，所以本征能量上的能级是最不利的。如图中虚线所示，除高端温度范围外，它解释了整个反向电流。即使在很小的反向电压下，它也能维持。另一方面，高于 E_V（或低于导带）的 0.32eV 能级代表了一个最优情况，即反向电流减小了很多，这是由于 j_{sc} 的大幅减少，在某种程度上也是由于在中性 n 区域较大的小注入寿命 τ_p 造成较低的 j_s 引起的。但是，反向电流现在几乎完全由饱和电流 j_s 组成，所以它不能通过 j_{sc} 进一步降低。通过进一步增加能级离禁带中间的距离能够降低反向电流，只是比起通过由很高寿命 τ_p 造成的饱和电流 j_s 的降低引起的反向电流下降要小些。因为这关系到寿命随注入极度减小，所以这是不利的。

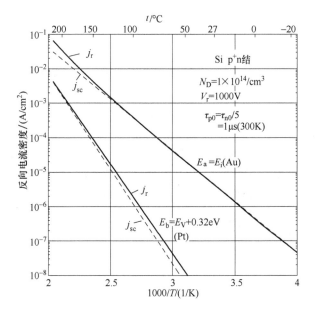

图 3-13　在 Si 中，对应两种复合能级，p$^+$n 结的反向电流密度随温度的变化。
在两种情况下，假设寿命参数 τ_{n0}，τ_{p0} 是 $\tau_{p0} = \tau_{n0}/5 = 1\mu s (T/300)^2$。
两种情况下的简并因子 $g = 2$

　　实际上，第 2.7.2 节得到的数据表明，Pt 的受主能级（E_c 以下 0.23eV）是造成 Pt 空间电荷电流的主要部分。然而，图 3-13 中 0.32eV 能级的 j_r 曲线提供了一个铂掺杂二极管反间电流特性的有用的近似描述。

　　在反向偏置期间，热耗散 $j_r V_r$ 通常比正向导通时的小得多。但是因为 j_r 随温度急剧增加,使产生的热量有可能高于传导到散热器上的热量。因为这能导致不可控的温度升高(热失控)和破坏,所以,反向电流密度必须足够小。作为 1500V 等级的二极管的上限,在 150℃ 时,所用的典型值大约是 $10mA/cm^2$。这个限制意味着必须限制复合中心的浓度,在金的情况下可以做到这一点,但开关时间可能会达不到。

3.3.2 雪崩倍增和击穿电压

在一定的击穿电压下,反向电流突然增加,阻断能力丧失。除了非常小的击穿电压,在 Si 中小于 10V,这是由于碰撞电离或雪崩倍增,如在 2.8 节中所描述的。载流子依靠电场中获得的动能提升价带的一个电子到导带中去,从而产生了一个电子-空穴对,这些第二代的粒子再一次产生电子-空穴对,于是,雪崩过程就开始了。这个效应只有在高反向偏置下产生高电场强度时才是重要的。用雪崩产生率式(2-89),在稳态一维的情况下,连续方程式(2-102)和式(2-103)变成以下形式:

$$\frac{dj_p}{dx} = \alpha_p j_p + \alpha_n j_n + qG$$

$$\frac{dj_n}{dx} = -\alpha_p j_p - \alpha_n j_n - qG \tag{3-62}$$

式中,α_n,α_p 是与电场有关的碰撞电离率,而 G 如同以前表示为热产生率。总的电流密度为

$$j_n + j_p = j \tag{3-63}$$

在稳态条件下是与 x 无关的[见式(2-106)]。雪崩效应在式(3-62)中是用产生率对电流密度的比值来表示的,在相关的电场强度下,它正比于载流子浓度。对于 p^+n 结的电场强度,电离率和电流密度的变化趋势表示在图 3-14 上(见图例)。在反向偏置下,有正的电流密度和电场强度,n 区是在左侧,而 p 区在右侧。定性说明了由于雪崩倍增在高电场区 j_n,j_p 的强劲变化。

为了定性地理解,首先假设电离率是相等的,$\alpha_n = \alpha_p = \alpha$,如同在 GaAs 中发现的。然后,用式(3-63)简化式(3-62)

$$\frac{dj_p}{dx} = \alpha j + qG = \frac{-dj_n}{dx} \tag{3-64}$$

用边界条件 $x_n = 0$ 和 $x_p = w$,在整个空间电荷区积分,得出

$$j - j_{ns} - j_{ps} = j\int_0^w \alpha dx + qwG$$

因为 $j_p(x_p) = j - j_{ns}$ 和 $j_p(x_n) = j_{ps}$,式中 j_{ns},j_{ps} 是从中性区进入耗尽层的少数载流子饱和电流密度。电流密度 j 表示如下:

$$j = \frac{j_{ns} + j_{ps} + j_{sc}}{1 - \int_0^w \alpha dx} \tag{3-65}$$

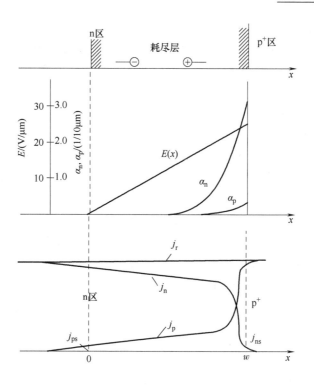

图 3-14 具有雪崩倍增的反向偏置的 p⁺n 结：电场强度、电离率和反向
电流密度随 x 的变化。关于 Si 的电离率与电场强度的关系

式中用了以前的符号 $j_{sc} = qwG$。如该公式所显示的，雪崩效应可以用倍增因子来
表示

$$M = \frac{1}{1 - \int_0^w \alpha dx} \qquad (3\text{-}66)$$

它增强了热电流密度的三个分量。如果随着电压增加，则电场通过电离率满足
这个公式

$$\int_0^w \alpha[E(x)] dx = 1 \qquad (3\text{-}67)$$

电流增加到无穷大。因此，这是击穿电压 $V_r = V_B = \int_0^w E dx$ 可以计算的条件。式
(3-65)描述的是低于击穿电压下反向电流被雪崩倍增所增大的情况。

　　所考虑的情况，$\alpha_n = \alpha_p$，允许计算简化，因为碰撞电离在该状态启动雪崩过程
对总的产生的雪崩电荷在这种情况下没有影响。在点 x 处，在电子-空穴对产生以
后，电子向中性的 n 区运动，而空穴向 p 区运动，因此两者一起覆盖了整个空间电
荷区的宽度(高电场区)。这同样适合于第二代载流子在点 x' 处产生的电子-空穴对。
因此，如果电子和空穴是同样有效的，则总的产生的雪崩电荷是与 x 无关的。这也

就是为什么所有三个电流分量 j_{ns}、j_{ps} 和 j_{sc}⊖ 用相同因子相乘的原因。

如果 $\alpha_n \neq \alpha_p$，则像在 Si 和大多数其他半导体的情况(见图 2-23 和图 2-24)，计算要复杂得多。在附录 C 中显示了雪崩倍增通常能用在电离率范围内的二重积分来表示。不出所料，对于 $\alpha_n \neq \alpha_p$ 的情况，热阻断电流的三个分量[式(3-65)的分子]，每个都是以不同的倍增因子来增加的，因此漏电流密度通常给出为

$$j = M_n j_{ns} + M_{sc} j_{sc} + M_p j_{ps} \tag{3-68}$$

在 Si 的情况下，由于 $\alpha_n > \alpha_p$，由此得出 $M_n > M_{sc} > M_p$。在同样的电压、击穿电压下，所有三个倍增因子都趋向无穷大。对于 Si 的突变的 p^+n 结按照附录里的公式用式(2-96)的电离率，用数值计算出倍增因子，并在图 3-15 上画出了它和反向电压的关系曲线。对于假设的 n 区的掺杂浓度为 $1 \times 10^{14}/cm^3$，击穿电压是 1640V。早在 1400V 时，电流密度 j_{ns} 已是以 $M_n = 5$ 来增长了，而在这个电压时倍增因子 M_p 仅仅只有 1.17。在单个 p^+n 结的情况下，更高的 M_n 对阻断电流是没有意义的，因为按照式(3-51)，电子饱和电流 j_{ns} 非常小，因为 N_A 高。然而，对于在基极和集电极之间有 p^+n 结的晶体管结构，大的 M_n 对于击穿电压影响很大，如将要看到的。

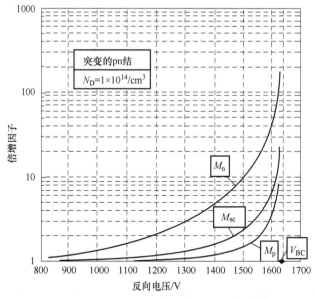

图 3-15 $T = 300K$，$N_D = 1 \times 10^{14}/cm^3$ 时，突变的 p^+n 结电压与倍增因子的关系曲线

在分析上，倍增因子作为电压的函数经常是用下面的公式来近似的[Mil57]：

$$M = \frac{1}{1 - (V/V_B)^m} \tag{3-69}$$

式中，指数 m 是用于曲线选配的。为了趋近图 3-15 上的关系曲线，M_n 和 M_p 需要

⊖ 原文误为 j_{sp}，应为 j_{sc}。——译者注

很不同的 m 值。在 $M_{n,p} = 2$ 时，两者选配的情况是，对于 M_n，得到 $m = 2.2$，而对于 M_p，得到 $m = 13.2$。这与参考文献里的值大不相同，那里分别用于 M_n 和 M_p 的经常是 $m = 4$ 和 6。虽然式(3-69)只是一个粗糙的近似，在所考虑的整个电压范围内，对于确定晶体管和晶闸管的结构尺寸，它是非常有用的。在 M_n 和 M_p 之间的巨大差别对于阻断性能有重大的影响。

如果只关心(单个)pn 结的击穿电压，则在附录 C 中复杂的电离积分可以避免。如已在 2.8 节中指出的和附录 C 中看到的，击穿电压可以用有效电离率来计算：

$$\alpha_{eff} = \frac{\alpha_n - \alpha_p}{\ln\left(\dfrac{\alpha_n}{\alpha_p}\right)} \tag{3-70}$$

在击穿时，它满足条件[Wul60, Oga65]

$$\int_0^w \alpha_{eff}[E(x)]\,dx = 1 \tag{3-71}$$

类似于式(3-67)中的 α。只有当比值 α_n/α_p 与 E 无关时，它才是正确的。虽然在大的电场范围内它不能很好满足，式(3-71)经常是一个好的近似，因为只有相对小的电场范围对积分的贡献才是重要的。

在耗尽层中，击穿发生时的最大电场强度被称为临界电场强度 E_c。对于 p^+n 结，如果高电场区的宽度是按照式(3-58)随掺杂浓度而变化的，这必须按照式(3-71)用 α_{eff} 的相反变化来补偿。但是，由于 α'_s 随 E 增长得非常快，所以电场强度只需要有一个小的变化。因此 E_c 对耗尽层厚度的依赖很小，据粗略估计，E_c 经常被假设成常数。

不设任何限制，首先假设临界电场(与 w 和 N_D 有关)是已知的，现在要问，怎样选择 pn 结的弱掺杂区的宽度和掺杂浓度来达到所要求的击穿电压 V_B。考虑突变的 p^+n 结，如图 3-14 所示，击穿电压是

$$V_B = \int_0^w E\,dx = \frac{1}{2}wE_c \tag{3-72}$$

在常数 E_c 的近似里，击穿电压正比于空间电荷区的宽度 w。按照泊松方程

$$\frac{dE}{dx} = \frac{E_c}{w} = \frac{qN_D}{\varepsilon} \tag{3-73}$$

w 和掺杂浓度 N_D 成反比。用 N_D 表示式(3-72)中的宽度 w，得出

$$V_B = \frac{\varepsilon E_c^2}{2qN_D} \tag{3-74}$$

因此，在常数 E_c 的近似里，击穿电压是反比于 n 区的掺杂浓度的。然而，如前所述，这仅是一个非常粗糙的近似。

为了用分析的形式来计算临界电场与 w 或 N_D 的关系，用本章参考文献[Shi59，Ful67]给出的乘方近似式(2-94)的形式

$$\alpha_{\mathrm{eff}} = BE^n \tag{3-75}$$

用图 3-14 的坐标，电场强度是

$$E(x) = \frac{qN_D}{\varepsilon}x \tag{3-76}$$

将式(3-75)代入到条件式(3-71)，并使 $\mathrm{d}x = \varepsilon/(qN_D)\,\mathrm{d}E = w/E_c\,\mathrm{d}E$，得出

$$\frac{Bw}{E_c}\int_0^{E_c} E^n \mathrm{d}E = Bw\,\frac{E_c^n}{n+1} = 1 \tag{3-77}$$

$$E_c = \left(\frac{n+1}{Bw}\right)^{\frac{1}{n}} = \left[\frac{q(n+1)N_D}{B\varepsilon}\right]^{\frac{1}{n+1}} \tag{3-78}$$

最后的表达式是根据式(3-77)，用了 $w = \varepsilon E_c/(qN_D)$ [见式(3-73)]得出的。如同所料，E_c 随 w 的增加略有减弱，而随 N_D 的增加则略有增强。把式(3-78)代入式(3-74)中得出击穿电压作为掺杂浓度的函数为

$$\begin{aligned}V_B &= \frac{\varepsilon}{2qN_D}\left[\frac{q(n+1)N_D}{B\varepsilon}\right]^{\frac{2}{n+1}}\\ &= \frac{1}{2}\cdot\left(\frac{n+1}{B}\right)^{\frac{2}{n+1}}\cdot\left(\frac{\varepsilon}{q\cdot N_D}\right)^{\frac{n-1}{n+1}}\end{aligned} \tag{3-79}$$

由式(3-72)式(3-78)得出

$$V_B = \frac{1}{2}\left(\frac{n+1}{B}w^{n-1}\right)^{\frac{1}{n}} \tag{3-80}$$

在击穿时耗尽区的宽度 w 作为 N_D 的函数是从式(3-78)得出的

$$w = \left(\frac{n+1}{B}\right)^{\frac{1}{n+1}}\left(\frac{\varepsilon}{qN_D}\right)^{\frac{n}{n+1}} \tag{3-81}$$

由于临界电场的变化，V_B 随 w 和随 $1/N_D$ 的增加是亚线性的。

为了调整式(3-75)到 Chynoweth 定律，常数 n 和 B 按照式(2-95)和式(2-94)来选择。对于在 300K 时 Si 中的 α_{eff}，用数值式(2-92)，得出了它和进行调整的电场 E_0 的关系式

$$n = \frac{1.68\times10^6\mathrm{V/cm}}{E_0} \tag{3-82}$$

$$B = \frac{1.06\times10^6/\mathrm{cm}}{E_0^n\exp(n)} \tag{3-83}$$

仿照 Shields[Shi59]，大多数作者设定在 Si 中的指数 $n=7$。这是根据式(3-82)在 $E_0 = 2.4\times10^5\mathrm{V/cm}$ 下得出的。相应的 B 值根据式(3-83)是 $B = 2.107\times10^{-35}\mathrm{cm}^6/\mathrm{V}^7$。用这些常数，式(3-80)和式(3-81)可以写成

$$V_{\mathrm{B}} = \frac{1}{2}\left(\frac{8}{B}\right)^{\frac{1}{4}}\left(\frac{\varepsilon}{qN_{\mathrm{D}}}\right)^{\frac{3}{4}} = 563\mathrm{V} \times \left(\frac{4 \times 10^{14}/\mathrm{cm}^{3}}{N_{\mathrm{D}}}\right)^{\frac{3}{4}} \tag{3-84}$$

$$w = \left(\frac{8}{B}\right)^{\frac{1}{8}}\left(\frac{\varepsilon}{qN_{\mathrm{D}}}\right)^{\frac{7}{8}} = 44.6\mathrm{\mu m} \times \left(\frac{4 \times 10^{14}/\mathrm{cm}^{3}}{N_{\mathrm{D}}}\right)^{\frac{7}{8}} \tag{3-85}$$

在右边的数字表达式中,掺杂浓度是与数值 $4 \times 10^{14}/\mathrm{cm}^{3}$ 相关的,大体上在该点上近似是适配的,而据此它将是非常精确的。它是考虑到在三角形电场分布中(见图 3-14)$\alpha_{\mathrm{eff}}(E)$ 的积分是最好的近似,选择 E_{0} 接近 $0.9E_{\mathrm{c}}$。因此,选择 $n = 7$, $E_{0} = 2.4 \times 10^{5}\mathrm{V/cm}$ 意味着在匹配点的最大电场是 $E_{\mathrm{c}} = 2.4 \times 10^{5}/0.9 = 2.667 \times 10^{5}\mathrm{V/cm}$。按照式(3-78),这个电场对应的掺杂浓度为 $N_{\mathrm{D}} = 4.36 \times 10^{14}/\mathrm{cm}^{3}$。

在更高和更低的电压下,精确程度取决于乘方近似与 Chynoweth 定律的偏差,如图 2-23 所表明的。在图 3-16 中,画出了指数 n 和系数 B 与电场 E_{0} 的关系曲线,曲线实现了吻合。在有关的电场范围内,n 几乎变化了 3 倍。按照式(3-83)B 随 E_{0} 急剧增加,原因是 n 的减小引起 E_{0}^{n} 的快速下降。考虑到这些变化,对于每个掺杂浓度分别选择了匹配点 E_{0} 为 $0.9E_{\mathrm{c}}(N_{\mathrm{D}})$,这是适用的。

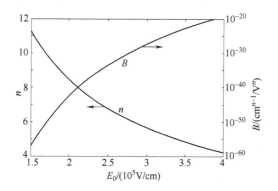

图 3-16 在乘方律 $\alpha_{\mathrm{eff}} = BE^{n}$ 中的系数随电场强度的变化,这里它与 $\alpha_{\mathrm{eff}} = a/\exp(b/E)$ 是吻合的。$a = 1.06 \times 10^{6}/\mathrm{cm}$,$b = 1.68\mathrm{V/cm}$(300K 时 Si 中)

把带有 $E_{0} = 0.9E_{\mathrm{c}}$ 的式(3-82)和式(3-83)代入到式(3-78)的右边,用逐步逼近法来求解 E_{c} 的方程式。用临界电场,击穿电压和空间电荷层的宽度由式(3-74)和式(3-73)给出,或可以从式(3-79)和式(3-81)中计算出来,因为用 E_{c} 有 E_{0},然后是 n 和 B。击穿电压和用这种方法得出的在击穿时的宽度 w 随 N_{D} 的变化画在图 3-17 上。这些结果很接近附录 C 中给出的精确计算电离积分所获得的结果。在图中,按照式(3-84)$N_{\mathrm{D}}^{-3/4}$ 的关系曲线也表示出来(虚线)。显然,在一个宽范围内,简单的公式是一个好的近似。对于掺杂浓度 $N_{\mathrm{D}} < 10^{14}/\mathrm{cm}^{3}$ 和 $N_{\mathrm{D}} > 10^{15}/\mathrm{cm}^{3}$,它低估了击穿电压。所用的近似也允许式(3-71)的分析积分用于其他电场强度与 x 有线性关系的情况。在后面第 5 章里,对于 $\mathrm{p}^{+}\mathrm{n}^{-}\mathrm{n}^{+}$ 二极管将会用到。

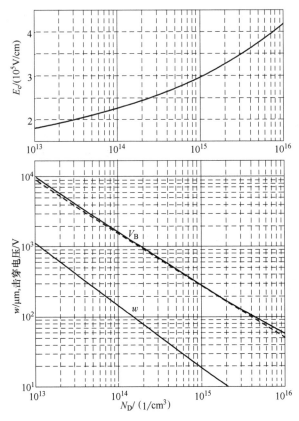

图 3-17　300K 时在 Si 中，突变的 p^+n 结的临界电场强度，击穿电压和击穿时的
耗尽层宽度随掺杂浓度 N_D 的变化[虚线表示近似式(3-84)]

由于经常使用，N_D，W_B 和 E_c 对击穿电压的明显的依赖仍然被注意到。由式
(3-79)和式(3-80)的反演得出

$$N_D = \frac{\varepsilon}{q}\left(\frac{n+1}{B}\right)^{\frac{2}{n-1}}\left(\frac{1}{2V_B}\right)^{\frac{n+1}{n-1}} \qquad (3-86)$$

$$W_B = \left(\frac{B}{n+1}\right)^{\frac{1}{n-1}}(2V_B)^{\frac{n}{n-1}} \qquad (3-87)$$

在式(3-77)右侧代入 $W_B = 2V_B/E_c$

$$E_c = \left(\frac{n+1}{2BV_B}\right)^{\frac{1}{n-1}} \qquad (3-88)$$

这些公式将在以后的书中使用。

对于具有非常陡的分布的扩散结，突变结的结果可以作为近似来用。一般来
说，对于扩散结，近似式(3-75)是无用的，因为式(3-71)的积分或电离积分只能用

数字的近似来实现。在轻掺杂区给定掺杂浓度的情况下，扩散结比突变结有更高的击穿电压。这是因为在结上的最大电场被降低了，以及电场显著地扩展到了近结处的高掺杂扩散区。在图 3-18 上画出了用数值计算出来的扩散的 p^+n 结的击穿电压与基底掺杂浓度 N_D 的关系曲线，给出了不同扩散分布陡度的两个例子。这里，$x=0$ 处在结附近的受主浓度近似于以指数 $N_A(x) \sim \exp(-x/\lambda)$ 来降低的（取向见图 3-6）。因此 λ 是近结处扩散分布的衰减长度。因为 $x=0$ 处 $N_A(x) = N_D$，所以在空间电荷区的净掺杂浓度是

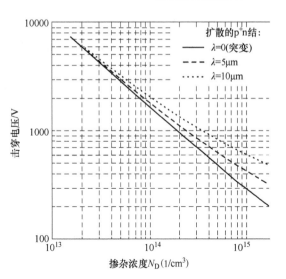

图 3-18　在 Si 中，扩散的 p^+n 结的击穿电压
（λ 是在耗尽层中扩散分布的衰减长度）

$$N(x) = N_D - N_A(x) = N_D(1 - e^{-x/\lambda}) \tag{3-89}$$

以及在结处的掺杂梯度是 $dN/dx(0) = -N_D/\lambda$。$\lambda = 3\mu m$ 是典型的用镓或硼扩散的晶闸管中 pn^-p 结构的情况，$\lambda = 10\mu m$ 是代表用很深的铝扩散获得的高压 pnp 结构的情况。

温度关系

如在 2.8 节中描述过的，电离率随温度增加而减小，式(2-97)用数字表示了有效电离率。因此，临界电场强度和雪崩击穿电压随 T 略有增加。为了给出一个分析描述，再一次使用乘方近似式(3-75)，指数 n 和系数 B 需要作为温度的函数。这是根据式(2-98)和式(3-75)一起得出的

$$n(T) = \frac{b_{eff}(T)}{E_0} = \frac{1.68 \times 10^6 + 1100(T - 300)}{E_0} \tag{3-90}$$

$$B(T) = \frac{C(T)}{E_0^{n(T)}} = \frac{a_{eff}}{E_0^{n(T)} \exp[n(T)]} = \frac{1.06 \times 10^6}{E_0^{n(T)} \exp[n(T)]}$$

式中，E_0 引入单位 V/cm。将这些关系代到式(3-79)中，对于三角形电场分布的击穿电压是作为温度的函数分析给出的。例如如果掺杂浓度是 $N_D = 1 \times 10^{14}/cm^3$，则 $2.2 \times 10^5 V/cm$ 对于 E_0 是好的选择（见图 3-17）。在 300K 时，从式(3-90)得出 $n = 7.64$，$B = 7.78 \times 10^{-39} cm^{n-1}/V^n$。用这些数值，式(3-79)给出 $V_B = 1630V$。在 $T = 400K$ 时，得出 $n = 8.14$，$B = 1.01 \times 10^{-41} cm^{n-1}/V^n$，而式(3-79)的结果是 $V_B = 1835V$，高于 300K 时的值 12.6%。由于温度从室温下降，V_B 有明显的减小，必须

从结构尺寸上保证在较低的极限工作温度下仍能维持其既定的阻断能力（≈ 250K）[⊖]。这适用于二极管。晶闸管的温度关系比较弱（并可能是相反的），因为阻断电压这里是由晶体管结构承受的，它不但取决于雪崩倍增，而且还与晶体管的电流放大系数有关，而放大系数是随温度而增加的。

3.3.3 宽禁带半导体的阻断能力

当今的理论当然也可用于别的半导体，特别是那些比 Si 禁带宽的半导体。由于把电子从价带激发到导带需要更高的能量，临界电场强度随禁带宽度而增加。临界电场的原始值一览表给出在表 3-1 上。用式（3-72）和式（3-74）中的这些值能得到一个粗略的估计，对于给定的阻断能力大约需要的耗尽区的宽度 w 和允许的最大的掺杂浓度。

最近报道了 4H-SiC 局部雪崩时 E_c 值达到 3.3MV/cm[Rup14]。用表 3-1 中给出的 SiC p$^+$n 结构的值，阻断电压 10kV 需要基区宽度 $w = 2V_B/E_c = 67\mu m$，允许的基区掺杂浓度 $N_D = \varepsilon E_c^2/(2qV_b) = 2.40 \times 10^{15}/cm^3$。为了更精确地计算，临界电场强度随耗尽区厚度的减小或掺杂浓度的减小而减小是要考虑的。已经报道的式（3-75）中 4H-SiC 有效电离率的参数 $n = 8.03$ 和 $B = 2.18 \times 10^{-48} cm^{7.03}/V^{8.03}$[Bar09]。将这些代入式（3-78），得到临界电场强度为

$$E_c = 2.58 \left(\frac{N_D}{10^{16}/cm^3} \right)^{0.111} MV/cm \tag{3-91}$$

表 3-1 关于 Si 和具有较宽禁带的半导体临界电场强度的原始值

半　导　体	$E_c/(V/cm)$
Si	2×10^5
GaAs	4×10^5
4H-SiC	2×10^6
GaN	$> 3 \times 10^6$
C（金刚石）	$(1 \sim 2) \times 10^7$

式（3-79）给出了阻断能力

$$V_B = 1770 \left(\frac{10^{16}/cm^3}{N_D} \right)^{0.78} V \tag{3-92}$$

用这种方法计算的 4H-SiC 中非对称结的击穿电压和硅的一起表示在图 3-19 上。正如能看到的那样，对于给定的阻断电压，例如 1000V，SiC 中的最大掺杂浓度比 Si 高两个数量级。这个结果是因为临界电场强度比 Si 高一个数量级，由于很高的掺杂浓度和较小的可能的基区宽度，所以在导通和开关损耗上，SiC 器件显示了优越的性能，将在后面详细说明。

⊖ 某些制造商的数据表上规定的是在+25℃时的 V_B，而在更低温度下应用，必须要关注所说的 V_B 随温度下降的情况。

在不同温度下测量 4H-SiC $p^+n^-n^+$ 二极管，Bartsch 等人[Bar09]得到参数 n 和 B 的下列温度依赖关系：

$$n = 6.78 + 1.25\frac{T}{300\text{K}}, B = 3 \times 10^{-40}\exp\left(-18.74\frac{T}{300\text{K}}\right) \tag{3-93}$$

当 $T = 300$K 时，得到式（3-91）和式（3-92）。同样成熟的 SiC 组合 pin 肖特基二极管显示出的阻断电压的温度依赖性与这些结果非常一致，这将在 6.5 节图 6-15 中显示。

多年以来，实际上在 SiC 器件的设计上限制了电场强度的最大值，只约为 1.5MV/cm。器件被规定阻断电压要低于由临界电场强度所得出的击穿电压，因为否则漏电流要超过允许的范围。反向电流增加的原因是晶格缺陷。在近代，SiC 晶体的质量已经有了很大的改善，而以前的限制正在被克服。

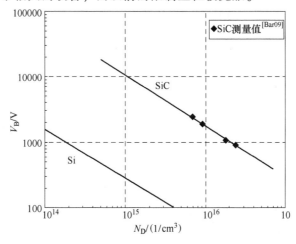

图 3-19　在 4H-SiC 和 Si 中，非对称结的击穿电压随弱掺杂区的掺杂浓度的变化

3.4　发射区的注入效率

在前面的章节中主要研究了非对称的 pn 结。它证明当掺杂比 N_A/N_D 过大或过小，在阻断情况以及正向情况下高掺杂区的性质对特性的影响会消失。因为在正向偏置下，注入的少数载流子的浓度按照式（3-36）和式（3-37）反比于掺杂浓度，主要是高掺杂区注入载流子到弱掺杂区，而不是相反。因为类似于晶体管中发射极和基区的功能，不对称结的高和弱的掺杂区也分别被称为发射极和基区。注入效率被定义为基区中的少数载流子电流对总电流的比值，被称为注入比。现在，理论和实验定量的比较显示，测量出来的注入比基本上小于以 3.2 节中的公式为基础计算出来的。这本身直接在晶体管的电流放大系数中清楚地显示了出来。对于有 p^+nn^+ 结构的功率二极管，电流从基区注入发射区，随着注入水平的提高早就变得比"经典"

公式给出的更为重要。结果是二极管和其他功率器件的正向电压降，与在上述公式的基础上得出的理论特性相比较显著增加。原因是在高掺杂区的禁带宽度的变窄至今被忽略。

本节将考虑禁带变窄的情况下发射区的注入特性。此外，在基区中的注入水平是允许任意的，还考虑了发射极里的高 Auger 复合。按照连续方程式（3-40），进入发射极的少数载流子电流在发射极的体积内被复合所吸收，而如果发射区的厚度小于几个少数载流子扩散长度，则复合在接触处发生。虽然接触复合在新型器件中被用来改善开关特性，但首先假设只有体内的复合是重要的。

1. 发射极复合的特性

在基区任意注入水平且不考虑已有的禁带变窄的情况下，首先研究正向偏置突变 n^+p 结的注入特性。假设发射区是小注入（见图 3-20），按照式（3-3）和式（3-4），在空间电荷区的一侧载流子浓度与另一侧载流子浓度之比由包含两侧总的电位差的玻耳兹曼因子给出

$$\frac{p_n^*}{p_B^*} = \frac{n_B^*}{n^+} = e^{-q\Delta V/kT} \qquad (3-94)$$

如图 3-20 所示，"$*$"表示在中性区中与空间电荷层交界处的载流子浓度。在发射极的浓度 n^+ 等于施主浓度 N_D，因为假设了此处有小注入。在发射区的少数载流子浓度由式（3-94）给出

$$p_n^* = \frac{n_B^* p_B^*}{n^+} = \frac{n_B^*(N_B + n_B^*)}{n^+} \qquad (3-95)$$

式中，$p_B^* = N_B + n_B^*$ 是根据电中性得出的。基区掺杂 N_A 这里用 N_B 来代替，包括出现在功率二极管中的 n^+n 结的情况，在 n 基区的情况下定义 $N_B = -N_D$。对于有低的基区掺杂的功率二极管，在基区有大注入时，那里 $p_B^* \approx n_B^*$，式（3-95）有重要意义，在双极型晶体管和晶闸管中，p 基区的注入水平在感兴趣的电流范围内一般是

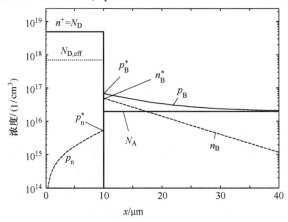

图 3-20 在 p 基区中有中等注入水平的正向偏置的 n^+p 结

中间水平。如早先所示[见式(3-46)和式(3-43)]，注入的空穴形成 n^+ 区中的少数载流子电流密度为

$$j_p(x_n) = q\frac{D_p}{L_p}(p_n^* - p_{n0}) \tag{3-96}$$

忽略非常小的平衡浓度 $p_{n0} = n_i^2/N_D$，利用式(3-95)，可以写成

$$j_p(x_n) = qh_n n_B^* p_B^* \tag{3-97}$$

式中，n 发射极的特性包含在这个系数内

$$h_n = \frac{D_p}{N_D L_p} = \frac{1}{N_D}\sqrt{\frac{D_p}{\tau_p}} \tag{3-98}$$

该参数表示发射极的复合，它降低了注入效率。除系数 qn_i^2 被忽略外，它等于式(3-46a)中所定义的发射极的饱和电流密度 j_{ps}。引入 h 参数是有用的，因为与温度密切相关的本征浓度是与给定电流时的注入效率无关的。h 参数几乎与温度无关。式(3-97)通过 $j_p(x_n)$ 和乘积 $n_B^* p_B^*$ 之间的比值来定义 h 参数，也适用于扩散的发射区。在式(3-97)基础上实验测定的 h 值[Sco69,Bur75,Sco79] 与低电流密度下 *I-V* 特性曲线确定的饱和电流密度不是完全一致的。

n^+p 结的发射极效率

$$\gamma = j_n(x_p)/j \tag{3-99}$$

用 $j_n(x_p) = j - j_p(x_p) \approx j - j_p(x_n)$，代入式(3-97)得出

$$\gamma = 1 - j_p(x_n)/j = 1 - qh_n n_B^* p_B^*/j \tag{3-100}$$

显然，为了得到高的发射极效率和电流放大系数，小的 h_n 值是需要的。

按照式(3-98)通过选择高的掺杂浓度 N_D，h_n 能被缩小。然而这又被与 N_D 直接相关的少数载流子寿命的降低所抵消，这是由在 2.7.1 节讲过的 Auger 复合造成的。对于 $N_D > 5 \times 10^{18}/cm^3$，寿命通常只由复合过程决定，因此，按照式(2-56)有 $1/\tau_p = c_{A,n}N_D^2$。代入此式，由式(3-98)得出下列高 N_D 时"限制"的 h 值

$$h_{n,\,lim} = \sqrt{D_p c_{A,\,n}} \tag{3-101}$$

但是由于扩散系数 D_p 的降低，随着 n^+ 增加，它仍然略有减小。用式(2-57)的 Auger 系数和 $D_p = 1.9 cm^2/s$，对于 $10^{19}/cm^3$ 的掺杂浓度，式(3-101)给出 $h_{n,lim} = 7.3 \times 10^{-16} cm^4/s$。用实验方法得出最低的 h 值要高一个数量级[Sco69,Bar75,Sco79,Coo83]。这是由至今仍被忽视的发射区禁带变窄引起的。

2. 禁带变窄的影响

在热平衡下，弱掺杂 p 区电子浓度与高掺杂 n^+ 区的电子浓度之比为

$$\frac{n_{p0}}{N_D} = \frac{n_{i0}^2}{N_A N_D}$$

式中，n_{i0} 是 p 区(具有低掺杂)的本征浓度。高掺杂 n^+ 区对 p 区的空穴浓度之比是

$$\frac{P_{n0}}{N_A} = \frac{n_i^2}{N_A N_D} = \frac{n_{i0}^2 e^{\Delta E_g/kT}}{N_A N_D}$$

见式(2-27),由于禁带变窄,与电子浓度方向相反,所以空间电荷区的空穴浓度相对增大。

$$\frac{P_{n0}}{N_A} = \frac{n_{p0}}{N_D} e^{\Delta E_g/kT} \qquad (3\text{-}102)$$

如果现在加一个正向电压 V,则空间电荷区中相应的电位变化以同样的方式作用在空穴也作用在电子上,除了力的方向相反。因此,式(3-102)两边以相同的因子 $\exp(qV/kT)$ 增加。这与注入水平完全无关,它在 p 区是任意的。因此,用图 3-20 的符号表示如下:

$$\frac{p_n^*}{p_B} = \frac{n_B^*}{N_D} e^{\Delta E_g/kT} \qquad (3\text{-}103)$$

$$p_n^* = \frac{n_B^* p_B^*}{N_D} e^{\Delta E_g/kT} \qquad (3\text{-}104)$$

式中,$P_B^* = N_A + n_B^*$ 定义有效掺杂浓度 $N_{D,eff} = N_D \exp(-\Delta E_g/kT)$,得到适合于所有掺杂浓度的空间电荷层两边的浓度比 $p_n^*/p_B^* = n_B^*/N_{D,eff}$(见图 3-20)。随着 N_D 增加,有效掺杂浓度只增加很少。它用以说明禁带变窄对注入特性的影响,对多数载流子浓度 $n^+ = N_D$ 完全没有意义。将式(3-104)代入式(3-96),用式(3-97)定义的 h_n 值采用以下形式:

$$h_n = \frac{1}{N_D} \frac{D_p(N_D)}{L_p(N_D)} \exp\left(\frac{\Delta E_g}{kT}\right) \qquad (3\text{-}105)$$

代入式(2-25)或式(2-26)的 ΔE_g,可以看出,h 值随禁带变窄而大大增加。随着 N_D 增加,对于 $\Delta E_g = 0$,第一项持有量的减少将在较高 N_D 时由于 ΔE_g 项的增加而过度补偿(见图 3-21)。

如上所述,迄今为止,假设高掺杂区足够厚,在接触处的复合可以被忽略。然而接触复合往往是相当大的,或者甚至故意做大。幸而,它可以简单处理,用为了适合这个目的而定义的长度 $L_{p,eff}$ 来代替式(3-105)中的扩散长度 L_p。假设接触处复合速度无穷大,表面处的少数载流子浓度降到平衡值 p_{n0},结果 $p \approx p - p_{n0} = 0$。用边界条件 $x = 0$,微分方程式(3-42)的解是 $p_n(x) = p_n^* \sinh(x/L_p)/\sinh(w_n/L_p)$ (w_n 是发射极的宽度)。在 $x = w_n$ 处载流子分布的梯度是

$$dp/dx(x_n) = p_n^*/(L_p \tanh(w_n/L_p))$$

对于 $w_n \to \infty$,它趋向于以前的形式 p_n^*/L_p。因此,对于小 w_n,用来替代 L_p 的长度是

$$L_{p,eff} = L_p \tanh(w_n/L_p) \qquad (3\text{-}106)$$

这样,最终发射极参数以这种模型给出

$$h_n = \frac{D_p}{N_D L_p \tanh(w_n/L_p)} e^{\Delta E_g/kT} \qquad (3\text{-}107)$$

式中，掺杂和载流子浓度 $N_D = n^+$ 的依赖关系已包含在 $L_p = \sqrt{(D_p \tau_p)}$，$\Delta E_g$ 和 D_p 内，除了 N_D 本身。对于很高的 N_D，该处 τ_p 是由 Auger 复合决定的，而 $L_p = \sqrt{(D_p/c_{A,n})}/N_D$ 约小于 $w_n/3$，替代式(3-101)，由式(3-107)导出

$$h_n = \sqrt{D_p c_{A,n}}\, e^{\Delta E_g/kT} \qquad (3\text{-}108)$$

对于 p 发射极的公式是用调换 n 和 p，以及 N_D 和 N_A 得到的。对于 p 发射极，式(3-107)写成

$$h_p = \frac{D_n}{N_A L_n \tanh(w_p/L_n)} e^{\Delta E_g/kT} \qquad (3\text{-}109)$$

关于后面的应用，我们也指出该公式适用于小宽度 p^+ 区。如果 $w_p < L_n/3$，则式(3-109)变成

$$h_p = \frac{D_n}{N_A w_p} e^{\Delta E_g/kT} \qquad (3\text{-}110)$$

此公式也适用于与位置有关的发射极掺杂，只要用积分 $\int N_A(x)\,dx$ 来替代 $N_A w_p$。而 ΔE_g 和 D_n 必须用相应的平均值。在图 3-21 上画出了由式(3-109)计算得出的 p^+ 区的 h 参数与掺杂浓度 N_A 的关系曲线，分别给出了很小的和较大的宽度 w_p 两种情况。少数载流子寿命 τ_n 是从假设为 $2\mu s$ 的 Shockley-Read-Hall 寿命 τ_{SRH} 并根据 Auger 复合 $1/\tau_n = 1/\tau_{SRH} + c_{A,p} N_A^2$ 计算出来的，式(2-57)中的 Auger 常数 $c_{A,p}$ 被替代了。当禁带宽度变窄 $\Delta E_g(N_A)$ 时，用本章参考文献[Slo76]的式(2-25)以及 Lanyon 和 Tuft[Lan79]的式(2-26)。少数载流子扩散系数 $D_n(N_A)$ 是从迁移率 μ_n 中计算得出的，为简单起见，用了 n^+ 区中同样的与掺杂浓度的关系：$D_n(N_A) = kT/q\mu_n$ $(N_D = N_A)$（参见 2.6 节和附录 A）。不出所料，从图 2-11 上看到，本章参考文献[Lan79]的 ΔE_g 导致 h_p 在 $10^{19}/cm^3$ 以下比 Slotboom 和 De Graaf 的小很多。用功率二极管得到的实验的 h 值与本章参考文献[Slo76]的 ΔE_g 的关系大体一致。在小 N_A 时，相应的曲线趋向于相同值，因为当时这两种情况下 ΔE_g 趋近于零。如早已从公式中看到的，当选小的发射极厚度时，h 可显著增加。对于 $w_p = 2\mu m$ 的曲线用式(3-110)来描述直到大约 $1 \times 10^{19}/cm^3$，显示在接触处的复合起主要作用。另一方面，对于 $w_n = 30\mu m$，在整个区域，在发射极体内的复合是重要的。因为 Auger 复合而寿命降低加上 ΔE_g 随 N_A 增加，所以 h_p 在 $3 \times 10^{18}/cm^3$ 处有最小值。

关于 n 发射区，可以看到，由于少数载流子扩散系数 D_p 较小且 Auger 复合常数 $c_{A,n}$ 较高，所以在相同条件下，h_n 的数值将略小于 h_p。对于小发射极厚度，对应于式(3-110)的公式用因子 D_p/D_n 得出的 h_n 小于由积分掺杂浓度给出的 h_p，在两种情况下是相等的。通常假设在 n^+ 和 p^+ 区禁带变窄是相同的。在很高的掺杂浓

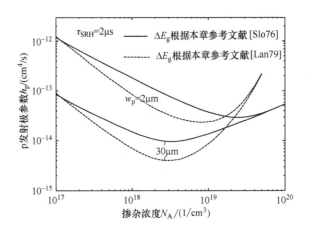

图 3-21 按照式（3-109），p⁺区的 h 参数随掺杂浓度的变化

度时参数 h_n 和 h_p 按照式（3-108）是非常相似的，因为乘积 $D_n c_{A,p}$ 和 $D_p c_{A,n}$ 差得不多。禁带变窄，通常假设在 n⁺ 和 p⁺ 区是相同的。

虽然不是所有理论模型的结论都得到了精确的验证，而且禁带变窄本身从定量上也没有完全理解，但模型已被证明完全可以用来描述发射区设计对器件性能的主要影响。

为了实验测定发射极特性，具有 p⁺nn⁺ 或者 p⁺pn⁺ 结构的二极管已用于正向电流范围，那里在基区的注入水平是高的。因此式（3-97）用了这种形式

$$j_p(x_n) = qh_n n_B^{*2} \tag{3-111}$$

典型的高掺杂发射区 h 值在 $1\times10^{-14} \sim 3\times10^{-14} \mathrm{cm}^4/\mathrm{s}$ 的范围，而观察到的最低值是大约为 $7\times10^{-15} \mathrm{cm}^4/\mathrm{s}^{[\mathrm{Sco69,Bur75,Sco79,Coo83}]}$。如将在第5章中详细讨论的，pin二极管和晶闸管两个发射区的 h 值，从中等电流密度以上主要影响它们的正向电压降。对于低频功率二极管，可以看到它们的设计正向电压降尽可能低，小的 h 值是需要的。结注入效率是高的。如果 $h = 1\times10^{-14}\mathrm{cm}^4/\mathrm{s}$ 和 $n_B^* = p_B^* = 1\times10^{17}/\mathrm{cm}^3$，电流密度 200A/cm²，则式（3-100）得出 $\gamma = 0.92$。另一方面，快速功率二极管和 IGBT 的 p 发射极的 h 值经常做得很高，通过选择小的厚度和相对低的掺杂浓度来实现。在一个典型的例子中，$h_p = 1\times10^{-12}\mathrm{cm}^4/\mathrm{s}$，在基区里 p 发射极边上的载流子浓度可能是 $1.8\times10^{16}/\mathrm{cm}^3$，在正向电流密度为 150A/cm² 的情况下由式（3-100）得出的 $\gamma = 0.65$。进入 p⁺ 区而在接触处通过复合终止的电子粒子电流大于总电流的 1/3。

观察结果不是上述理论所预期的，而是流到发射区的少数载流子电流除了含有二次项的式（3-111）外，还包含了一个重要部分，它是随浓度 n_B^* 成比例增加的$^{[\mathrm{Sco79,Coo83}]}$。因此，少数载流子电流密度实际上给出为

$$j_p(x_n) = q(h_n n_B^{*2} + s_n n_B^*) \tag{3-112}$$

不管是用扩散、外延或合金制备的所有研究样品都发现了这种现象。在式(3-112)中的线性项经常比在基区体内的复合更高。对于扩散结掺金的 pin 二极管,Cooper[Coo83] 发现在式(3-112)中线性系数 s_n 与金的浓度几乎成正比。线性复合可能是由复合中心在结上的积聚所引起的。它的存在是因为在基区中,由载流子分布所决定的高水平的寿命明显高于总的线性复合寿命,这是根据存储电荷的测量确定的,也可参见 5.5 节。

3.5 pn 结的电容

在本节中,在反向偏压或小的正向偏压下,围绕给定的稳态下的小振荡,研究 pn 结的电容。在后面的章节中将讨论功率器件实际的开关特性,包括大电流和电压在正向与反向状态之间的变换。小信号电容与外部的杂散电感一起,可能成为功率电子电路中的干扰振荡源(见第 13 章)。另一方面,电容测试被作为一个决定结的弱掺杂基区的掺杂浓度的工具。它也用在不同的方法中,来研究深能级杂质的性质,这将在 4.9 节中讨论。然而在本节中,相对于正常的掺杂浓度,深能级杂质的浓度是被忽略的。假设掺杂原子是完全电离的。

在反向偏置的 pn 结,每单位面积的电容被定义为 $c_j = dQ/dV_r$,式中 dQ 是每单位面积电荷的变化量,它是由反向电压的增量 dV_r 引起的。假设 p^+n 结在耗尽近似中的正电荷是由 $dQ = qN_D dw$ 给出的,式中 N_D 表示基区掺杂浓度,而 dw 是电压 dV_r 引起的空间电荷层宽度 w 的变化量。后者可以按照式(3-58)表示为 $dV_r = qN_D w dw/\varepsilon$。由此得出 $c_j = dQ/dV_r = \varepsilon/w$,这是熟知的平行板电容器公式。用式(3-58)代替 w,得出每单位面积电容随反向电压的变化

$$c_j = \sqrt{\frac{q\varepsilon N_D}{2(V_{bi} + V_r)}} \tag{3-113}$$

或是

$$\frac{1}{c_j^2} = \frac{2(V_{bi} + V_r)}{q\varepsilon N_D} \tag{3-114}$$

按照这个公式,画出 $1/c_j^2$ 与 V_r 的关系曲线,得出的是一条直线,其斜率可以用来决定掺杂浓度 N_D。这个测量方法与其他方法相比,它的优点是能直接决定低至 $1 \times 10^{13}/cm^3$ 的施主和受主浓度,不必用任何别的参数和材料特性。因为按照式(3-113)电容涉及耗尽的空间电荷区,它被称为耗尽层电容。

例如,如果我们假定 $N_D = 1 \times 10^{14}/cm^3$,$V_r = 600V$,而结面积 $A = 2cm^2$,电容 $C_j = Ac_j = 235pF$。与杂散电感 $L_{par} = 50nH$ 串联,电容产生频率 $f = 1/(2\pi\sqrt{L_{par}C_j}) = 46.4MHz$ 的振荡。要指出的是,这远高于通常的电力电子电路的开关频率。

如在图 3-5 上所表明的,在突变的非对称结中的空间电荷能被运动载流子的电

荷所支配,这是在电容的式(3-113)的耗尽近似中被忽略的。在突变结中,最大电场强度的准确表达式由式(3-24)给出。因为根据泊松方程在空间电荷区同一符号的绝对电荷是由 $Q = \int |\rho| \, dx = \varepsilon E_m$ 给出的,Q 直接由式(3-24)得出。假设再次使用 $p^+ n$ 结且 $N_A \gg N_D$,可以忽略 V_N 中的指数项。此外,用 V_P 按照式(3-22)表示 V_N 中的线性项得出

$$Q = \sqrt{2\varepsilon k T N_A \left[\exp\left(-\frac{qV_P}{kT}\right) + \frac{qV_P}{kT} - 1 \right]} \tag{3-115}$$

N_A 区域上的电压 V_P 由式(3-23)给出,其中自建电势在反向偏置时必须由 $V_{bi} + V_r$ 取代。因此,Q 是作为 V_r 的一个显函数给出的,它通过微分得出电容。从式(3-23)得到 $dV_P / dV_r = N_D / N_A$ 和 $qV_P / kT = 1 + \chi$,其中

$$\chi \equiv \frac{N_D}{N_A} \frac{q}{kT} (V_{bi} + V_r) \tag{3-116}$$

因为 $q(V_{bi} + V_r)/kT \gg 1$,尽管 $N_D / N_A \ll 1$,变量 χ 可以与 1 相比。接着计算单位面积的微分电容,从式(3-115)得出

$$c_j = \frac{dQ}{dV_r} = \sqrt{\frac{q\varepsilon N_D}{2(V_{bi} + V_r)}} \frac{1 - e^{-1-\chi}}{\sqrt{1 + \frac{e^{-1-\chi}}{\chi}}} \tag{3-117}$$

c_j 随 N_A 的增加而减小,即减小 χ。对于 $\chi > 2$,不太小的 N_D / N_A 和足够高的反向电压 V_r,仅剩下耗尽意义的表达式(3-113)。随着 χ 的减小,电容值明显减小,当 $\chi \ll 1$,它给出如下:

$$c_j = 1.042 \sqrt{\chi} \cdot c_{j,dpl} \tag{3-118}$$

现在式中 $c_{j,dpl}$ 是单位面积的耗尽电容,由式(3-113)给出。在适当的 N_D / N_A 下,零偏置下的突变的 $p^+ n$ 和 $n^+ p$ 的电容比耗尽电容小两个数量级。在图 3-22 中绘出了 Si 中 $p^+ n$ 结的反向电容在 $N_D = 1 \times 10^{14} / cm^3$ 和某些 N_A 值下与 $V_{bi} + V_r$ 的二次方根关系曲线。当 $N_A / N_D \leq 10^3$ 时,关系曲线立即转入描述耗尽电容的直线上。当 $N_A = 1 \times 10^{18} / cm^3$ 以至更高的 $4 \times 10^{18} / cm^3$ 时,电压的依赖关系在一个宽的或整个范围内都明显弱于耗尽电容。因此,根据 c_j 的电压依赖性确定掺杂浓度 N_D 的所述方法不适用于这些情况。

公式中假设的急剧突变的条件通常是通过 SiC 和其他宽禁带半导体的结来实现的,用低温外延制成的硅结也非常陡。在大多数扩散结中掺杂过渡相反是足够慢的,以致来自高掺杂区的载流子不会形成明显的空间电荷。因此,耗尽近似可以用。所以,扩散结展示出远高于可比的突变高-低结的电容,而这是后者的显著优势。

用 $V_r = -V_F$,如果电压保持在几 kT/q 以下,公式也适用于正向偏置的电容。在较高的 V_F 下,电容主要由中性区域内少数载流子的调整决定。关于这种称之为"扩散电容"的电容贡献见本章参考文献[Sze02]。

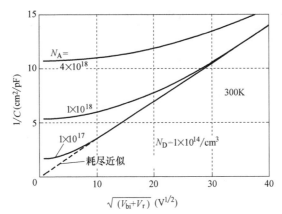

图 3-22　在 Si 中突变的 p^+n 结的反向电容与电压 $V_{bi}+V_r$ 的二次方根的关系曲线。 p^+ 区的掺杂浓度作为参数

参 考 文 献

[Bar09]　Bartsch, W., Schoerner, R., Dohnke, K.O.: Optimization of bipolar SiC-diodes by analysis of avalanche breakdown performance. In: Proceedings of the ICSCRM 2009, paper Mo-P-56 (2009)

[Bur75]　Burtscher, J., Dannhäuser, F., Krasse, J.: Die Rekombination in Thyristoren und Gleichrichtern aus Silizium: Ihr Einfluß auf die Durchlaßkennlinie und das Freiwerdezeitverhalten. Solid St. Electron. **18**, 35–63 (1975)

[Coo83]　Cooper, R.N.: An investigation of recombination in gold-doped pin rectifiers. Solid St. Electron. **26**, 217–226 (1983)

[Dav38]　Davydov, B.: The rectifying action of semiconductors. Techn. Phys. UdSSR **5**, 87–95 (1938)

[Ful67]　Fulop, W.: Calculation of avalanche breakdown voltages of silicon pn-junctions. Solid State Electron. **10**, 39–43 (1967)

[Lan79]　Lanyon, H.P.D., Tuft, R.A.: Bandgap narrowing in moderately to heavily doped silicon. IEEE Trans. Electron. Devices **ED-26**(7), 1014–1018 (1979)

[Mil57]　Miller, S.L.: Ionization rates for holes and electrons in silicon. Phys. Rev. **105**, 1246–1249 (1957)

[Mol64]　Moll, J.L.: Physics of Semiconductors. McGraw Hill, New York (1964)

[Mor60]　Morgan, S.P., Smits, F.M.: Potential distribution and capacitance of a graded p-n junction. Bell Syst. Tech. J. **39**, 1573–1602 (1960)

[Oga65]　Ogawa, T.: Avalanche breakdown and multiplication in silicon pin junctions. Japan. J. Appl. Phys. **4**, 473–484 (1965)

[Rup14]　Rupp, R., Gerlach, R., Kabakow, A., Schörner, R., Hecht, C., Elpelt, R., Draghici, M.: Avalanche behaviour and its temperature dependence of commercial SiC MPS diodes: Influence of design and voltage class. In: Proceedings of the 26th ISPSD, pp 67–70 (2014)

[Sch38]　Schottky, W.: Halbleitertheorie der Sperrschicht. Naturwissenschaften **26**, 843 (1938)

[Sch39]　Schottky, W.: Zur Halbleitertheorie der Sperrschicht- und Spitzengleichrichter. Zeitschrift für Physik **113**, 376–414 (1939)

[Sco69]　Schlangenotto, H., Gerlach, W.: On the effective carrier lifetime in psn-rectifiers at high injection levels. Solid St. Electron. **12**, 267–275 (1969)

[Sco79]   Schlangenotto, H., Maeder, H.: Spatial composition and injection dependence of recombination in silicon power device structures. IEEE Trans. Electron. Dev. **Ed-26** (3), 191–200 (1979)

[Shi59]   Shields, J.: Breakdown in silicon pn-junctions. Journ. Electron. Control **6**, 132–148 (1959)

[Sho49]   Shockley, W.: The theory of p-n junctions in semiconductors and p-n junction transistors. Bell Syst. Techn. J. **28**, 435–489 (1949)

[Sho50]   Shockley, W.: "The Theory of pn Junctions in Semiconductors", in Electrons and Holes in Semiconductors. D. van Nostrand Company Inc, Princeton (1950)

[Slo76]   Slotboom, J.W., De Graaff, H.C.: Measurements of bandgap narrowing in Si bipolar transistors. Solid St. Electron. **19**, 857–862 (1976)

[Sze02]   Sze, S.M.: Semiconductor Devices, Physics and Technology, 2nd edn. Wiley, New York (2002)

[Wag31]   Wagner, C.: Zur Theorie der Gleichrichterwirkung. Physikaliche Zeitschrift **32**, 641–645 (1931)

[Wul60]   Wul, B.M., Shotov, A.P.: Multiplication of electrons and holes in p-n junctions. Solid State Phys. Electron. Telecommun. **1**, 491–497 (1960)

第4章 功率器件工艺的介绍

下面将叙述功率器件生产工艺的一些基本情况。有相当一部分致力于不同的掺杂方法，它构成半导体工艺的核心。

4.1 晶体生长

用于硅器件的材料必须有很高的纯度。把冶金硅变成三氯氢硅（$SiHCl_3$），它是液体，通过分馏提纯。特别是清除金属氯化物。在氢的保护气氛中还原 $SiHCl_3$，制成纯硅多晶棒。详情见本章参考文献［Ben99］。

用于制造功率器件的半导体材料必须是单晶体。为了生产这种单晶，有两种重要的工艺方法。

在 Czochralski（CZ）工艺中，晶体的生长是在一个坩埚中进行的，在坩埚中熔化的硅保持一个确定的温度。熔液中加入所需 p 型或 n 型掺杂物。然后在熔液中浸入一个小的单晶籽晶（见图 4-1）。籽晶在缓慢旋转期间，坩埚向相反方向旋转，硅的单晶层被沉积在籽晶上，并保持籽晶的晶体结构。生长棒同时缓慢地向上提升。

用 CZ 工艺可以生长成非常大的单晶。长达几米，直径大于 30cm，用于制造 300mm 晶片的硅棒，已能工业规模生产，直径 45cm 的晶片已被引入[Cla11,Lap08]。但是用 CZ 工艺，单晶的纯度和质量受到限制，因为在晶体生长过程中熔液是与坩埚接触的。在 CZ 硅中氧含量一般大于 $10^{17}/cm^3$，而杂质碳的含量也在这个范围。CZ 晶片主要用作生长外延晶片时的衬底（参见 4.3

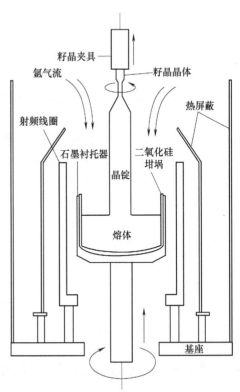

图 4-1　CZ 法生产硅单晶棒（图取自本章参考文献［Ben99］，转载经 John Wiley & Sons 公司许可）

节),由外延片再来生产集成电路,等等。某些功率器件像 MOSFET 也是用 CZ 衬底的外延晶片来生产的。对于用单个晶片的功率器件,在大多数情况下,CZ 晶体的纯度是不够的。然而,这方面有很大的进步。

与此同时,300mm 的磁性 Czochralski 晶片被用于制造 IGBT[Scu16]。对于生产工作,这是一个很大的进步。稳定磁场和交变磁场用于抑制对流和稳定晶体生长条件[Galo2]。

区熔(FZ)工艺是没有坩埚的晶体生长方法。原料是一根高纯度的多晶硅棒。籽晶被夹住并与多晶棒的末端相接触(见图 4-2)。棒周围套一个感应加热线圈,一小段熔区紧接着籽晶晶体。当沿棒缓慢移动线圈时,熔区开始是在籽晶晶体和多晶硅棒之间的交界面上,然后沿着棒的长度方向缓慢移动。多晶硅熔化,而单晶硅以和籽晶晶体相同的晶向再生长。因为没有坩埚,晶体有较高的纯度,用区熔工艺可以生长出更高质量的晶体。也因为杂质在熔区溶解度较高而趋向于聚集在那里。碳的含量小于 $5\times10^{15}/cm^3$,氧含量小于 $1\times10^{16}/cm^3$。用区熔法可以生产直径 20cm 的单晶硅棒。

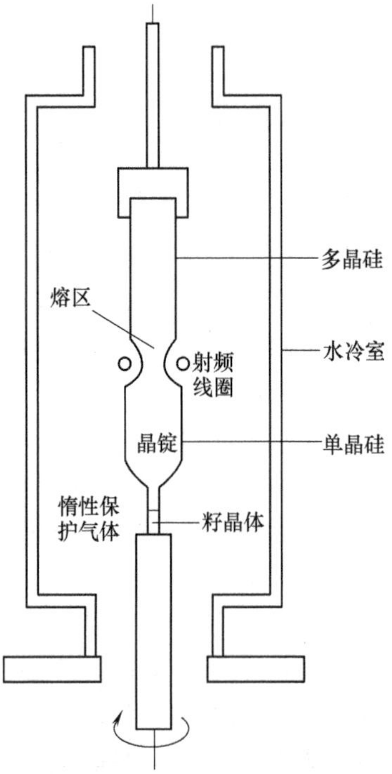

采用单个体晶片的功率器件,很长一段时间内,大部分是用 FZ 硅来制造的,因为它有较高的质量和极高的纯度。大多数用外延工艺来制造的功率器件是用 CZ 硅来作为衬底材料。

在 FZ 以及 CZ 工艺中,晶体的掺杂是通过把掺杂物加入到熔体中来实施的。功率器件一般需要厚的、低掺杂的中间区域以承受高电压,最经常用的是 n 型区域。掺杂量取决于功率器件的设计电压,详情请参见式(3-84)和图 3-17。掺杂工艺将在下面更详细讨论。

图 4-2 区熔(FZ)工艺用于晶体生长
(图取自本章参考文献[Ben99],
转载经 John Wiley & Sons 公司许可)

在晶体长成之后,接着是把棒切割成单个晶片的切割工序。除去由锯所造成的表面伤痕,而得到一个清洁的和无损伤的表面,对表面层进行机械抛光,并在某些情况下再附加化学腐蚀。对于某些半导体工艺,还需要对晶片进行单面抛光。

4.2 通过中子嬗变来调节晶片的掺杂

掺杂浓度的均匀性对于功率器件是非常重要的。如果在晶片中存在掺杂浓度(或局部缺陷)的变化,电流可能分布不均匀,特别是在雪崩击穿时。这能依次造成局部过热和器件损坏。但是，即便是唯一适合于制备功率器件所需的高纯硅的区熔法，掺杂波动也是不可避免的。所得到的晶片随掺杂的变化呈现出周期性的同心环，被称为"条纹"。沿晶片径向测得的电阻率分布的例子表示在图 4-3 上。

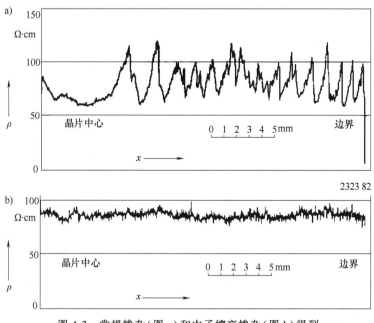

图 4-3　常规掺杂（图 a）和中子嬗变掺杂（图 b）得到
的径向电阻率分布（图取自本章参考文献[Sco82]）

按照式（2-34），电阻率的变化方式与掺杂波动相反。因为掺杂直接决定了阻断电压，如果原材料的掺杂按照图 4-3a 所示的量来波动，就不可能生产出按要求而精确设计的高压功率器件。只有用中子嬗变掺杂（见图 4-3b）的方法，诸如阻断电压大于 2000V 的晶闸管才有可能实现。

硅的中子嬗变掺杂（Neutron Transmutation Doping，NTD）首先是由 Lark-Horov-itz[Lar51] 和 Tannenbaum，以及 Mills[Tan59,Tan61] 研究和提出的。为了制造具有可接受恢复时间的 5kV 晶闸管，此方法在 1973～1974 年间经过改进并推广至规模生产[Haa76,Jan76,Scl74]。它是根据用热中子把硅的同位素 $^{30}_{14}\text{Si}$ 放射性嬗变成磷 $^{31}_{15}\text{P}$ 的原理。这种同位素在天然硅中的含量达 3.09%，$^{29}_{14}\text{Si}$ 占有 4.67% 的份额，其余 92.23% 为主同位素 $^{28}_{14}\text{Si}$。原材料是一根用 FZ 法长成的晶体棒，掺杂很低，一般在 $5\times10^{12}/\text{cm}^3$ 以下。如果把硅棒放置在核反应堆芯附近，则 $^{30}_{14}\text{Si}$ 原子部分地俘获热中子，在 γ 量子发射下转变成不稳定的同位素 $^{31}_{14}\text{Si}$，它通过发射电子（β 粒子）衰减，然后变成稳定的磷的同位素 $^{31}_{15}\text{P}$

$$^{30}_{14}\text{Si}(n,\ \gamma)\rightarrow^{31}_{14}\text{Si}\rightarrow^{31}_{15}\text{P}+\beta$$

^{31}Si 衰变到 ^{31}P 有一个 2.6h 的半衰期。热中子在 Si 中的衰减长度为 19cm，而

棒的直径一般是10~20cm。但是,在辐射过程中,通过棒的旋转,在Si棒中的平均中子流变得几乎是均匀的,由晶轴到周边的差值小于4%,甚至在棒直径达15cm的情况也如此[Jan76]。用这个工艺得到的最后的磷浓度给出如下:

$$N_{Phos} = c\Phi t \tag{4-1}$$

式中,Φ表示中子流,单位为$1/(cm^2 \cdot s)$,而t是时间。用在本章参考文献[Jan76]中给出的横截面数据,得出天然硅的常数$c = 2.0 \times 10^{-4}/cm$。在所用的位置,热中子常用的流量密度$\Phi$是在$10^{13} \sim 10^{14}/(cm^2 \cdot s)$范围[Amm92]。例如,在流量为$2 \times 10^{13}/(cm^2 \cdot s)$下,需要3.5h的辐射时间,按照式(4-1)得到磷的掺杂浓度为$5 \times 10^{13}/cm^3$。用此方法,磷的浓度可以在±3%的范围内精确调整。

在中子辐射之后,$^{31}_{14}Si$嬗变成$^{31}_{15}P$的过程还在进行,特别是由于β发射而放射性衰减,这就需要一个存储周期。对于放射性衰减到检测不到的水平所要的时间是3~5天。作为二次过程,产生的$^{31}_{15}P$原子与中子反应,以及由此产生$^{32}_{15}P$的衰减,按照

$$^{31}_{15}P(n, \gamma) \rightarrow ^{32}_{15}P \rightarrow ^{32}_{16}S + \beta$$

必须加以考虑。$^{32}_{15}P$衰减到$^{32}_{16}S$有14.3天的半衰期。如果产生的磷浓度高于约$1 \times 10^{15}/cm^3$,则放射性衰减所需要的时间还将延长[Jan76]。为了消除由辐射引入的晶格缺陷,在将晶体棒进一步加工成晶片以前,要将它放在800℃的温度下退火。

因为中子掺杂方法成本较高,硅片供应商已经把主要精力放在改进FZ晶体生长工艺上,在最近20年取得了实质性进展。直径为200mm的晶片的掺杂偏差现在已经减少到±12%[SIL06]。尽管如此,NTD法对于高压器件仍然是不可缺少的。

4.3 外延生长

Si器体需要一个厚度小于50~100μm的低掺杂层,总的晶片很薄,晶片的处理很有挑战性,特别是生产过程中的破损率,以及晶片必须具有低弯曲,以便利用光刻技术实现精细图形结构。因此,通常是外延生长一层薄的n^-层。然而,在1997年,为了100μm及以下晶片厚度引入了所谓的"薄片工艺"[Las97]。甚至40μm薄的晶片工艺已用于400V的IGBT和二极管[Boe11]。薄片工艺成功地与外延生长竞争。对于有尽可能薄的n^-层的单极器件,外延生长仍然是标准做法。

外延生长是生产高纯度单晶层的另一种方法。用单面抛光的CZ晶片作为外延工艺的原材料或者衬底。然后在其上生长一层纯度更高和质量更好,与衬底有相同晶向的晶体层,如图4-4所示。外延工艺是在温度远低于半导体材料的熔化温度下进行的。

从硅上生长外延层是用一个密封箱作为反应器,使用气相工艺进行的。有不同的可用工艺,它们使用下列化学反应中的一个[Ben99]:

$SiCl_4 + 2H_2 \rightarrow Si + 4HCl$，在 $1150 \sim 1220℃$

$SiHCl_3 + H_2 \rightarrow Si + 3HCl$，在 $1100 \sim 1175℃$

$SiH_2Cl_2 \rightarrow Si + 2HCl$，在 $1025 \sim 1100℃$

$SiH_4 \rightarrow Si + 2H_2$，在 $1150 \sim 1220℃$

在生长以前，晶片表面要进行彻底的机械化学清洗。衬底在工艺反应器中还要在 $1140 \sim 1240℃$ 温度下用 HCl 进行清洗和腐蚀。生长是在 H_2 保护气氛下完成的。为了掺杂，对于 n 型和 p 型分别用 PH_3（磷烷）和 B_2H_6（乙硼烷）按控制的比例加到氢气中去。

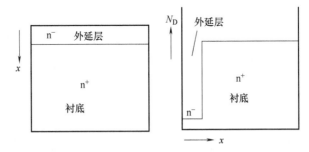

图 4-4　外延生长晶片的剖面图。样品为 n^+ 衬底上有 n^- 的外延层

硅中的外延层可以做得纯度高，特别是碳和氧杂质的含量非常低。

SiC 单晶的生产需要付出很大的努力。SiC 衬底单晶生长是在 2300℃ 的温度下进行的。获得低缺陷密度的单晶是很困难的，但是已有很大的进步。已经有了 150mm 氮掺杂的衬底晶片，电阻率为 $15 \sim 28m\Omega \cdot cm$。以前的 SiC 衬底存在大量的晶体缺陷，尤其是位错。螺旋位错在体内传播，在晶体生长中形成微管，并随后在外延层中继续生长。以前的高密度微管现在有了明显的改善，已生产出无微管晶片。同时厂家的规格是 <1 微管/cm^2。6in 晶片已提供应用，证明了直径 8in 晶片的可能性。

对于 SiC 器件，为了得到所要求的材料质量，下列外延工艺总是必要的。这种外延工艺是在 H_2 气氛保护下在 $1400 \sim 1600℃$ 下进行的。商用 SiC CVD 工艺通常使用硅烷 SiH_4 和轻质烃（如丙烷或乙烯），并用 H_2 作为运载气体。生长速率通常为 $6 \sim 7\mu m/h$[Ch011]，使用 $SiCl_2$ 作为主要生长物种，已经获得 $30 \sim 100\mu m/h$ 的生长速率，是大多数常规生长方法的 $5 \sim 15$ 倍，沉积温度为 1750℃。已经得到了一个好的晶体质量和约为 $0.75\mu s$ 的少数载流子寿命[Ch011]，也有载流子寿命约为 $1 \sim 2\mu s$ 的报告。基面位错（Basal Plane Dislocation，BPD）密度是器件制造的一个障碍，它们现在大约是 $1 \sim 2$ 个/cm^2，并限制了大面积器件的产量。对于双极型器件，BPD 是关键缺陷，因为它们从衬底复制到外延层。在双极运作期间，BPD 扩展形成堆垛性缺陷，它降低了双极电流能力（双极退化）。为降低 BPD 密度，研究人员已做了大量工作[ECP16]。然而，目前的方法用于减少 BPD 和增加寿命是一项艰巨的任务，特别是大面积高质量的 SiC 晶片与 Si 晶片相比是非常昂贵的。

由于缺乏大尺寸的 GaN 单晶,所以 GaN 通过外延生长在其他衬底上,如硅、SiC 和蓝宝石。蓝宝石是一种导热系数有限的绝缘体,仅用于微波器件,而不用于功率器件。由于成本原因,即使 SiC 衬底的器件显示出更好的特性,也首选 Si 衬底[Hil15]。

通过金属有机化学气相沉积(Metal Organic Chemical Vapor Deposition,MOCVD)和等离子体诱导分子束外延(Plasma Induced Molecular Beam Epitaxy,PIMBE)生长异质结构。在 MOCVD 工艺中,三乙基镓 $Ga(C_2H_5)_3$ 和三甲基铝 $(CH_3)_3Al$ 用作源,氨作为前体[Amb99]。在适中的生长温度 740~780℃和高氨流量下,具有高电阻率的 GaN 晶片在 Si(Ⅲ)衬底上生长[Tan10]。通过控制三乙基镓和三甲基铝的份额,可以制备纯 GaN,混合组合物 $Al_xGa_{1-x}N$ 或纯 AlN,其中 x 表示 Al 相对于 GaN 的份额。有关更多详细信息请参阅 4.10 节。

4.4 扩散

建立有确定厚度的 n 层和 p 层的最主要方法是通过在高温下将杂质扩散到固体中去。这种控制电导率的方法是在 20 世纪 50 年代早期引入的,从那时起,为了提高均匀性和重复性,对各种技术进行了探索。通过离子注入之前沉积的杂质层进行扩散可以满足这些高要求(见 4.5 节)。给晶片覆以掩蔽用氧化物图案(见 4.6 节),扩散得到限制在层中的窗口。由于这些因素,扩散成了器件制造的关键工序。

为了扩散,半导体晶片被放置在炉中,在那里它们与掺杂剂接触,假设不只是预先沉积的杂质的推进。通常是含有杂质作为气体分子的惰性气体,例如 BCl_3 或 PH_3,在装有晶片的管子中流动,在该表面上在反应中释放掺杂原子。然而,其他技术也在使用[Mue93]。用于硅中的 B 和 P 的掺杂剂的温度范围约 1000~1250℃。如果表面被掩蔽图案覆盖,则在窗口边缘的扩散不仅能正常地进入表面,而且一定程度上能从侧面进入氧化层下面,它是一个二维的或接近一个角落的三维过程。由于垂直和横向扩散对器件的设计都是决定性的,因此必须根据扩散条件准确了解杂质分布。在原子尺度上,晶体中的扩散是一个复杂的过程,涉及晶体缺陷,例如空位(空的晶格位置)和位于晶格点阵之间的间隙原子。尽管如此,宏观描述通常与气体和流体中的扩散相同。扩散的微分方程是 2.9 节中推出的电子和空穴方程的特例。下一小节将分别推导出扩散方程,然后用它来计算一些基本的和实际上重要的扩散杂质分布。

4.4.1 扩散理论,杂质分布

如果杂质浓度是不均匀的,则具有浓度的扩散电流为

$$\vec{J} = -D\,\mathrm{grad}N(x,y,z,t) \tag{4-2}$$

结果，如 2.6.3 节中所述。D 是扩散常数或"扩散系数"，对于硅中的大多数原子只有高于 800℃扩散才变得明显。如果 $\vec{J}$ 在空间也有变化，则这又会导致 N 随时间变化，如图 4-5 上一个维度所示。如果从厚度 $\mathrm{d}x$ 的体积元中流出的电流密度 J_2 由于高于流入的 J_1，即如果 $\partial J/\partial x>0$，则体积元中的颗粒浓度随时间而降低（见图 4-5b）。在这里使用它，不同于电子和空穴，杂质不能产生也不会消失（零生产/复合）。因此从体积元中的净流出 $\partial J/\partial x$，直接得到粒子浓度的衰减率为 $-\partial N/\partial t=\partial J/\partial x$ 或一般形式

$$\frac{-\partial N}{\partial t}=\mathrm{div}\,\vec{J} \tag{4-3}$$

代入式（4-2），得到"扩散方程"

$$\frac{\partial N}{\partial t}=\mathrm{div}(D\mathrm{grad}N) \tag{4-4}$$

式（4-2）和式（4-4）分别称为费克第一和第二定律，因为在 1855 年首先由 A. Fick 提出的。结合初始和边界条件，式（4-4）描述了空间掺杂分布如何随时间变化。对于不太高的浓度，扩散系数 D 与 N 和空间坐标无关。然后，式（4-4）采取以下形式：

$$\frac{\partial N}{\partial t}=D\Delta N \tag{4-5}$$

如果涉及两个维度，则使用拉普拉斯算子 $\Delta=\partial^2/\partial x^2+\partial^2/\partial y^2$。杂质含量的高低取决于扩散温度下的本征浓度，例如 1100℃下大约是 $3\times10^{19}/\mathrm{cm}^3$（见 4.4.3 节）。大多数分析计算，包括下面的计算，都涉及式（4-5）的解。

现在考虑几个扩散到半空间 $x\geq0$ 的重要情况。

（1）在近表面的半导体中沉积的薄层杂质的推进扩散　这类扩散过程通常用于器件制造，杂质层可以通过离子注入或前期短时间扩散引入。假设该层是极薄的并且在 $x=0$ 处，用积分值 S 的 δ 函数描述，表示单位面积的沉积剂量。式（4-5）一维形式的解为

$$\frac{\partial N}{\partial t}=D\frac{\partial^2 N}{\partial x^2} \tag{4-6}$$

对于 $x>0$ 和以下条件必须满足初始条件 $N(x,0)=0$：

$$\int_0^\infty N(xt)\,\mathrm{d}x=S=常数 \tag{4-7}$$

对于所有时间 $t\geq0$，随后是式（4-7），因为前期沉积后没有进一步的杂质引入，因此它们的总量保持不变，假设没有向大气扩散。满足这些条件的式（4-6）的解是

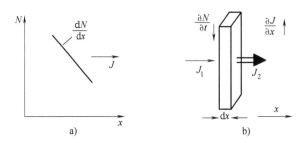

图 4-5 a)粒子浓度的梯度和粒子流密度之间的关系(第一费克定律)
b)粒子流密度的散度和粒子浓度随时间变化之间的关系(连续方程式,第二费克定律)

$$N(xt) = \frac{S}{V\pi Dt}\exp\left(-\frac{x^2}{4Dt}\right) \tag{4-8}$$

作为 x 的函数,式(4-8)表示所谓的高斯分布。通过积分可以验证条件式(4-7)。表面浓度 $N_0 = S/\sqrt{\pi Dt}$ 随时间而降低由深度 x 的增加来补偿,归一化分布 $N(x,t)/N_0$ 取一个给定值。用扩散长度

$$L = 2\sqrt{Dt} \tag{4-9}$$

式(4-8)取下面形式

$$N(xt) = \frac{2}{\sqrt{\pi}}\frac{S}{L}\exp\left[-\left(\frac{x}{L}\right)^2\right] \tag{4-10}$$

在前面的图 3-6 中显示了这种类型的扩散分布。从式(4-10)可以容易地确定该图的表面浓度和结深所需的沉积剂量和扩散长度。式(4-10)的分布随时间的变化用实线表示在图 4-6 上。达到一定浓度 $N_B < N_0$ 时的 x 值与 pn 结的结深度 x_j 相同,如果晶片具有的本底掺杂与浓度 N_B 的极性相反,则形成 pn 结。如图所示,x_j 随着 L 的增加而增加,但增加的幅度比例较小。从式(4-10)得出

$$x_j = L\sqrt{\ln\left(\frac{2S}{\sqrt{\pi}LN_B}\right)} = L\sqrt{\ln\left(\frac{N_S}{N_B}\right)} \tag{4-11}$$

在 L 的有限范围内,根表达式可以近似地考虑为常数。在 $10^3 < 2S/(\sqrt{\pi}LN_{vol}) < 10^5$ 范围内,得到拇指规则[⊖] $x_j \approx 6\sqrt{Dt}$。

实际上,预沉积层的厚度当然不为零,而可能是例如 200nm 或 600nm。在表面区域,式(4-7)的解仅在时间 $L_D \gg \Delta x$,即 $t \gg \Delta x^2/(4D)$ 时有效。然而用离子注入产生的杂质层,式(4-10)可以用简单的方法修正,包含在在小 t 处层内的分布(见第4.5 节)。

⊖ 拇指规则:又称"经验法则",是经验性的但不是很准确的原则。——译者注

（2）具有恒定表面浓度的扩散 在扩散过程中半导体表面上的恒定杂质浓度可以通过将掺杂剂作为混合物提供给晶片周围流动的惰性气体或用气相的掺杂剂来实现。另一种可能性是沉积具有比其在半导体中溶解度更高的掺杂剂浓度的固体层，然后将表面浓度保持在溶解度值。满足边界条件 $N(0, t) = N_s =$ 常数，当 $t > 0$ 时，以及初始条件 $N(x, 0) = 0$，当 $x > 0$ 时，式（4-6）的解由下式给出：

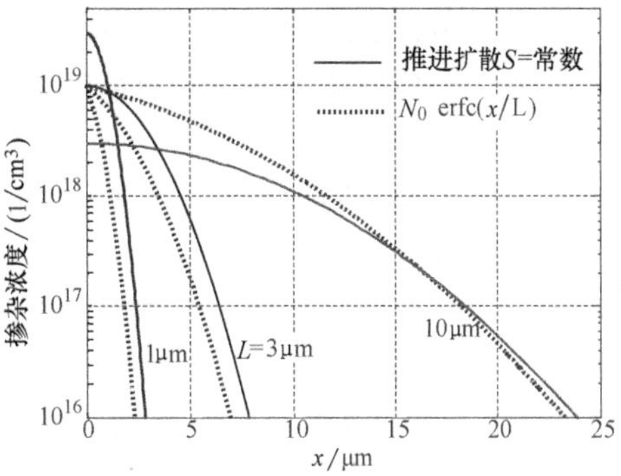

图 4-6 用单位面积有恒定积分值 $S = 2.66 \times 10^{15}/\mathrm{cm}^2$（实曲线）和恒定表面浓度（虚曲线）的扩散的掺杂分布。假设扩散系数 $D = 1 \times 10^{-12}\,\mathrm{cm}^2/\mathrm{s} = 0.36\mu\mathrm{m}^2/\mathrm{h}$（对于 P 和 B 是 1200℃，见图 4-11）。三个 L 值对应扩散时间分别是 $t = 0.694$，6.25 和 69.4h

$$N(xt) = N_s \operatorname{erfc}\left(\frac{x}{2\sqrt{Dt}}\right) \quad (4\text{-}12)$$

用余误差函数定义为[⊖]

$$\operatorname{erfc}(x) = 1 - \frac{2}{\sqrt{\pi}} \int_x^{x'} \mathrm{e}^{-x'^2} \mathrm{d}x' \quad (4\text{-}13)$$

如式（4-12）所示，在这种情况下，掺杂浓度只是 x/L 的函数。由式（4-12）给出的分布以虚曲线表示在图 4-6 上，对于在 a）中讨论的有恒定杂质 S 的曲线使用相等的 L 值，对于相等的表面浓度和 L 值，余误差分布透入晶体的深度比高斯分布要小，如图所示的 $L = 3\mu\mathrm{m}$。初看起来，这可能令人惊讶，但随之而来的，因为在推进的情况下，浓度在较短的时间内从较高的值变化而来，像在 $L = 1\mu\mathrm{m}$ 曲线看到的那样。随后，对于 $L = 10\mu\mathrm{m}$，推进分布较低的表面浓度导致降低穿透深度。为了获得同时具有高的表面浓度和深的扩散剖面，具有恒定表面浓度的扩散是有利的，因为否则就需要很高的沉积剂量 S。

单位面积的积分杂质数现在随时间而增加。式（4-11）对 x 积分得到

$$S = \int_0^\infty N(xt)\, \mathrm{d}x = N_s 2\sqrt{\frac{Dt}{\pi}} \quad (4\text{-}14)$$

因为 $\int_0^\infty \operatorname{erfc}(x)\, \mathrm{d}x = 1/\sqrt{\pi}$。如果用恒定表面浓度的短时间扩散作为预沉积，则

⊖ 此函数和正常误差函数 $\operatorname{erf}(x) = 1 - \operatorname{erfc}(x)$ 也出现在其他扩散过程中[见情况（3）]。通常下列分析近似对于 $x \geqslant 0$ 是足够的：

$$\operatorname{erfc}(x) \approx \exp(-1.14x - 0.7092x^{2.122})$$

在 $10^{-7} < \operatorname{erfc} < 1$ 的范围内，它的最大误差是 2‰。对于在式（4-16）中出现的负参数，可以考虑用下面的近似 $\operatorname{erf}(-x) = -\operatorname{erf}(x) = \operatorname{erfc}(x) - 1$。

式(4-14)得出在公式(4-8)中用于推进使用的沉积剂量。

此外,还使用具有恒定表面浓度的扩散情况来比较理论和测量结果。发现Ⅲ族和Ⅴ族掺杂剂的实验剖面与式(4-12)一致,只要表面浓度低于约 $1\times10^{19}/cm^3$。

(3)具有有限宽度沉积层的推进扩散 在这种情况下,扩散不仅垂直于表面发生,而且在接近窗口的边缘侧面或横向在掩膜下进行(见图 4-7)。这种扩散通常不是不受欢迎的,恰恰相反,它是广泛应用在器件概念中的。一个众所周知的事实是氧化层下的横向穿透深度 y_{pd} 总是小于窗口中心区域的穿透深度 x_{pd}。在大多数情况下 y_{pd}/x_{pd} 的关系在 0.6~0.9 之间。二维杂质分布通常以简化的方式描述,对于窗口下方的区域,用 $-d\leqslant y\leqslant d$,$x\geqslant0$ 得到不变的没有掩膜的一维剖面,而横向衰减是用氧化层下面的圆柱形分布来模拟的。Kennedy 和 O'Brien[Ken65] 通过一边被掩膜限制的窗口扩散,对恒定表面浓度和总杂质量恒定这两种情况,给出了精确的数学分析。在下文中,后一种情况更重要同时也更简单,检查一个条状窗口。

与情况(1)一样,假设初始杂质层是极薄的,并且位于表面 $x=0$,现在只在条带 $-d\leqslant y\leqslant d$,$-\infty<z<\infty$ 内。表示初始分布的 $\delta(x)$ 函数的积分是由单位面积的掺杂剂量 S 给出的。在窗外 $t=0$ 时浓度处处为零。由于以后没有引入杂质,这里就排除了对扩散引起的损失,对于所有的 $t\geqslant0$ 都有

$$\int_{x=0}^{\infty}\int_{-\infty}^{\infty}N(x',y',t\geqslant0)\,dx'dy'=2ds=常数 \qquad (4-15)$$

给出了满足这些条件的微分方程式(4-5)的解

$$N(x,y,t)=\frac{S}{\sqrt{\pi}L}e^{-(\frac{x}{L})^2}\left[erf\left(\frac{y+d}{L}\right)+erf\left(\frac{d-y}{L}\right)\right] \qquad (4-16)$$

像以前一样 $L=2\sqrt{Dt}$,用图 4-7 的坐标系统。erf 表示正常误差函数,定义为

$$erf(x)=\frac{2}{\sqrt{\pi}}\int_0^x e^{-x'^2}dx'=1-erfc(x) \qquad (4-17)$$

分布式(4-16)与式(4-10)的因子不同

$$F(y)=\frac{1}{2}\left[erf\left(\frac{y+d}{L}\right)+erf\left(\frac{d-y}{L}\right)\right] \qquad (4-18)$$

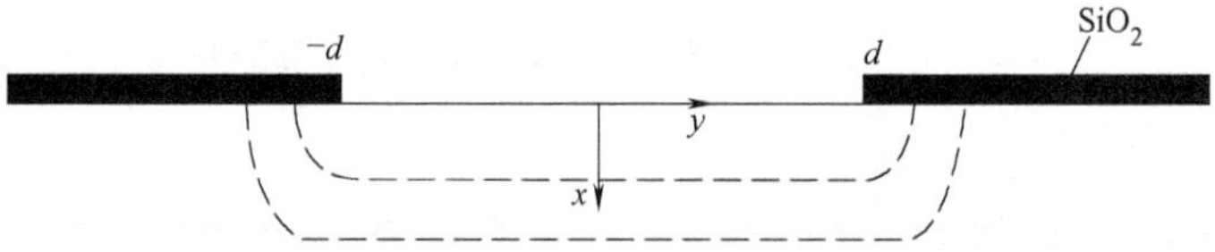

图 4-7 通过掩膜层中窗口的垂直和横向扩散

它描述了 N 的横向变化。由上述情况(2)可知 $F(y)$ 满足 y 方向的一维扩散方程;同样,在式(4-16)中剩下的因子在情况(1)下发现是式(4-6)的解。由此可以

简单地得出，结果解了二维方程式（4-5）。$F(y)$ 从 $-d$ 到 d 的积分是相同的量，即 $L\int_0^{2d/L}\mathrm{erfc}(u)\,\mathrm{d}u$，小于 $2d$，由外部区域上的积分贡献的，所以也满足了条件式（4-15）。

根据式（4-16），$N(x, y)$ 在所有点 y 服从相同的高斯 X-依赖关系（以相对单位表示），包括氧化物下的区域。同样，由 $F(y)$ 表示的 y 依赖关系对于距表面的所有距离 x 是相同的。在图 4-8 中，$F(y)$ 是按几个扩散长度 L 画出来的。假设窗口宽度 $2d=w=20\mu m$。对于 $L=0.1\mu m$，$F(y)$ 是盒形的，这意味着实际上没有横向扩散。随着 L 的增加情况变了，只要 $W/L>4$，$y=0$ 时窗口中心的 $F(y)$ 值等于 1，到达边缘，它减少到 1/2。因此上述窗口区域的浓度与 y 无关的假设是相当失败的。对于 $y>d$，浓度降低为 $0.5\mathrm{erfc}[(y-d)/$

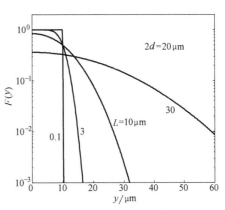

图 4-8 不同扩散长度 L 的横向分布函数 $F(y)$。窗口宽度 $2d=w=20\mu m$

$L)$，对于 $w/L>2$，与 $y<-d$ 相似。对于长扩散时间，图 4-8 上 $L=10\mu m$ 和 $30\mu m$ 的情况，中心区域的浓度也通过横向扩散而降低。在窗口区域被横向扩散所减少的杂质量是选择扩散条件要考虑的一点。

图 4-9 的示例给出了函数式（4-16）的恒定浓度 N 的曲线。对于所使用的扩散长度，窗口宽度是在一侧掩膜的范围内对另一侧的杂质分布没有影响。窗口内浓度从最大值 $N_0=2S/(\sqrt{\pi}L)=3.76\times10^{18}/cm^3$ 横向降低是显著的。此外，可以看出，横向穿透深度 y_{pd}，定义为从窗口边缘到表面上给定浓度 $N<N_0/2$ 点的距离，是小于垂直穿透深度 x_{pd} 的，即到窗口里这个浓度深处的垂直距离。如果存在具有浓度 $N_B=N$ 的相反极性的本底掺杂，则穿透深度与横向和垂直结深度 $y_j(N_B)$，$x_j(N_B)$ 一致。

式（4-16）包含了 x_{pd} 和 y_{pd} 之间的相互关系，如图 4-9 所示，y 坐标的原点在窗的边缘，在 $x=0$，$y=y_{pd}(N)$ 处的浓度根据定义等于在 $x=x_{pd}(N)$ 处的浓度，$y<-2L$。因此

$$\frac{N}{N_0}=\frac{1}{2}\mathrm{erfc}(y_{pd}/L)=\exp[-(x_{pd}/L)^2] \tag{4-19}$$

假设 $W/L>4$，窗口宽度下降。求解 x_{pd}/L 可获得穿透深度的比例

$$\frac{y_{pd}}{x_{pd}}=\frac{y_{pd}}{L}\bigg/\sqrt{\ln\left[\frac{2}{\mathrm{erfc}(y_{pd}/L)}\right]} \tag{4-20}$$

根据式（4-20）比率 y_{pd}/x_{pd} 随 y_{pd}/L 的增加而增加，因而随 N/N_0 的减小而增

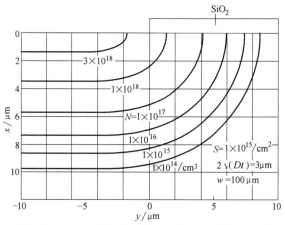

图4-9　根据式(4-16),扩散掩膜附近的推进扩散的恒定浓度曲线。

沉积剂量 $1 \times 10^{15}/\mathrm{cm}^2$,窗口宽度为 $100\mu\mathrm{m}$, $L = 3\mu\mathrm{m}$

加。在图 4-10 中, y_{pd}/x_{pd} 显示为 N/N_0 的函数,用式(4-19)将 y_{pd} 与 N 关联起来。 y_{pd}/x_{pd} 的变化符合上述实验观察结果。

在 MOSFET 和 IGBT 中,n 沟道在 p 基极的边缘上形成,其来源是横向扩散。式(4-16)提供了一个相对简单的工具,用来确定栅极下适当沟道长度和掺杂浓度所需的扩散条件。如果通过向外扩散或可能通过氧化物生长而忽略的掺杂损失是显著的,或者如果扩散系数随 N 的变化相当的大,则需要更为复杂的数值过程来模拟。

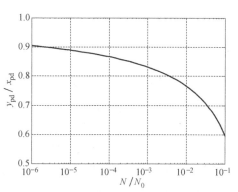

图4-10　横向和垂直穿透深度的比例作为 N/N_0 的函数。N 为定义的浓度, N_0 为窗口中央的浓度

4.4.2　掺杂物的扩散系数和溶解度

杂质的扩散被热激活,因此扩散系数的温度依赖性由 Arrhenius 关系给出

$$D = D_0 \mathrm{e}^{-E_A/kT} \tag{4-21}$$

式中, E_A 是激活能; T 是热力学温度(绝对温度)。E_A 和前因子 D_0 都可以被认为是常数。

对于硅中常用的掺杂物,式(4-21)中的参数已汇编在表 4-1 中。这些数值具有代表性,适用于功率器件的典型扩散过程。根据测量条件,文献中的扩散参数彼此之间有相当大的差异。激活能在 $3.3 \sim 4.2\mathrm{eV}$ 范围内。用这些参数计算的扩散系数与温度的关系曲线如图 4-11 所示。对于 $100^\circ\mathrm{C}$ 的温升,扩散系数大约增加一个数量级。

铝是最快的扩散掺杂物，其扩散系数比最慢的掺杂元素 As 和 Sb 高约两个数量级，比最常用于扩散的 P 和 B 约高 20 倍。P 和 B 以及 As 和 Sb 具有几乎相等的扩散系数。

表 4-1　在 Arrhenius 关系式(4-21)中扩散系数的参数

元素	$D_0/(cm^2/s)$	E_A/eV	本章参考文献
B	0.76	3.46	[Sze88]
Al	4.73	3.35	[Kra02]
Ga	3.6	3.5	[Ful56]
P	3.85	3.66	[Sze88]
As	8.85	3.971	[Pic04]
Sb	40.9	4.158	[Pic04]

只有考虑到半导体中的溶解度，才能判断扩散(和通常是掺杂)物质的可用性。图 4-12 显示了杂质在硅中的溶解度与温度的关系。除了常规的掺杂物，还包括氧、Au 和 Pt。所有元素都很难溶解。与 Si 原子密度 $5.0×10^{22}$ 原子/cm^3 有关，即使是最高的可溶性杂质，如磷和砷，其溶解度也小于 1%。在本章参考文献 [Bor87] 中给出的 P 和 As 的溶解度比通常引用的之前的值[Tru60]小 3～4 倍。用掺杂元素可获得的最大载流子浓度接近于新的溶解度极限，这意味着几乎所有掺杂原子都是电活性的。电惰性掺杂物在间隙位置或多于一个原子的络合物中的溶解度很小。除了接近 Si 熔点的区域外，

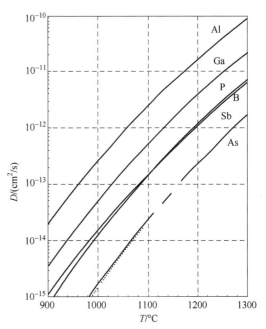

图 4-11　在硅中，掺杂剂的扩散系数随温度的变化

溶解度随着温度的降低而降低。如果系统冷却缓慢，则可能导致沉淀。

虽然 Al 具有最高的扩散系数，但其溶解度是Ⅲ族和Ⅴ族中最小的。Al 用于产生深 pn 结，特别是在晶闸管中，其中使用的 pn 结深度高达 100μm。然而，它的溶解不能满足获得良好欧姆接触所需的表面浓度。因此，当用于深扩散时，采用第二个和一些晶闸管甚至是第三个 p 型扩散步骤，Al 扩散之后是 Ga 扩散，由于 Ga 也具有良好的扩散系数，但仅有中等溶解度，所以一些厂商使用硼作为第三个扩散步骤。图 8-3 示出了这种方式制造的晶闸管的扩散分布。穿透深度在 20μm 范围内的受主分布优选用硼来制造。除了它的高溶解度外，还可以被 SiO_2 掩蔽。

功率器件的施主分布几乎完全用磷产生。P 是硅中唯一的 n 型掺杂元素，具有足够的溶解度和可接受的扩散系数。即使是例如双极晶体管所需的磷，深的 n 型分布也需要高的扩散温度和长的扩散时间。对于 npn 双极晶体管集电极层的 120μm 的深度分布（见图 7-3），在 1260℃的温度下扩散时间约为 140h 是必要的。

由于扩散系数小，砷在功率器件的制造中不用于扩散，与之形成对比的是 VLSI 技术中 As 被广泛使用，恰好是因为其扩散系数小。由于其溶解度高，砷在功率器件中用作衬底晶片的掺杂剂以用于外延。使用 As，可以达到小于 5mΩ·cm 的非常低的特定电阻率，而对于 Sb，则只能得到接近 15mΩ·cm 的值。它是衬底的可供替代的 n 型掺杂物。由于在许多功率器件中，衬底的电阻率决定串联电阻，因此非常低的电阻率对于低传导损耗很重要。如果可以接受较高的电阻率，则衬底用锑掺杂，因为用 Sb

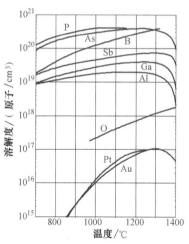

图 4-12　在硅中，某些杂质元素的溶解度。数据 P，As，B，Sb 取自本章参考文献［Bor87］；Ga，Al，和 O 取自本章参考文献［Tru60］；Au 和 Pt 取自本章参考文献［Bul66］和［Lis75］

通过从衬底转移外延层不希望的掺杂（自动掺杂）可以最小化。

如上所述，给定的扩散系数适用于典型的扩散条件和不太高的杂质浓度。通常，扩散在惰性环境中进行。在氧化条件下，B 和 P 的扩散加速，并测到更高的扩散系数[Kar95]。在高掺杂浓度下，扩散系数随 N 增加而增加，从表面区域杂质剖面变平可以看出，见图 4-13。

4.4.3　高浓度效应，扩散机制

在高的掺杂浓度下，首先存在场效应，它导致有效扩散系数随浓度增加。因为杂质是电离的，所以与扩散杂质分布相关的自建场（见 3.1.2 节）引起杂质粒子电流的场分量。而由自建场产生的载流子的场电流补偿了扩散电流，掺杂离子的相反电荷意味着杂质的场电流与扩散电流具有相同的符号。类似于式（3-32），在施主区域的场是 $E=-kT/g\mathrm{dln}n\mathrm{d}x$。使用式（2-20）和爱因斯坦关系式（2-44）得到杂质的场电流

$$J_E=-D_0N\frac{\mathrm{dln}n}{\mathrm{d}x}=-D_0N\frac{\mathrm{d}N/\mathrm{d}x}{\sqrt{N^2+4n_i^2}}$$

式中，D_0 是低浓度扩散系数。因为与 $\mathrm{d}N/\mathrm{d}x$ 成比例，所以场电流与表示总杂质电流的扩散电流一起形成式（4-2），$J=-D\mathrm{d}N/\mathrm{d}x$，用有效扩散系数

$$D=\left[1+\frac{N/2n_i}{\sqrt{1+(N/2n_i)^2}}\right]D_0 \tag{4-22}$$

随着 N 的增加，D 在扩散温度下的本征浓度附近增加 2 倍。特别是在 $0.2 \leqslant N/n_i \leqslant 4.1$ 的范围内，其中 D 从 D_0 的 $1.1 \sim 1.9$ 倍变化，应当采用一般形式的扩散方程式(4-4)。用式(2-6)、式(2-8)、式(2-9)与式(2-25)、式(2-27)一起，例如，在 1200℃下得到本征浓度是 $4.3 \times 10^{19}/\mathrm{cm}^3$，对于掺杂浓度 $N = 1 \times 10^{19}/\mathrm{cm}^3$。

然而，观察到的 D 与 N 的增加是因为硅中的掺杂物比用场效应解释的更强，其原因在于原子尺度上的扩散机制。掺杂杂质是取代型的，它们取代低晶格位置上的硅原子。由于直接与相邻的硅原子进行交换的运动在能量上是无法实现的，所以这种杂质只能通过像空穴和间隙这样的晶格缺陷来扩散。对于观察到的扩散系数，有两种机制，即空位辅助机制和使用硅间隙的间隙机制。虽然从前假设空位辅助来决定掺杂物在硅中的扩散，但现在有证据表明，这种机制仅用于 Sb 和部分 As，这是最慢的扩散掺杂原子，其尺寸大于 Si[Ura99]。在空位作中介的扩散过程中，当存在空位时，杂质会一步一步地从一个取代位点跳到另一个相邻的取代位点。每走一步，杂质就有可能重新跳回到现在的空位，即杂质的老位置。还因为硅中空位浓度相当小[Kar95]，空位辅助扩散慢，而且需要高温。

具有较高扩散系数的元素 P，B，Ga 和 Al 通过间隙机制[Ura99]扩散。这种取低杂质的扩散机制是由间隙硅原子(自填隙)引发杂质从其晶格位置移位并占据该位置本身(踢出机制)引发的，杂质然后间隙地迁移到空位或踢出硅原子，以取其最终或中间取代位点。尽管间隙杂质的比例很小，但是更快的间隙扩散使得这种机制能够产生更高的扩散系数。

现在假设扩散系数随 N 超过场效应的增加是由于所涉及的缺陷的不同荷电状态，例如对于自填隙的 I^-，I^0，I^+。这些状态的相对浓度取决于费米能级，根据式(2.2)负的与中性点的缺陷密度之比 c^-/c^0 与热平衡中的 $\exp(E_F/kT)$ 成正比。由于随着杂质浓度增加超过本征浓度，费米能级向相应的能带边缘移动(见图 2-10)，从而导致了在施主掺杂的情况下，负电荷点缺陷浓度的增加，而在受主情况下，正电荷点缺陷浓度的增加，每一个都与浓度 c^0 有关。假设 c^0 与 x 无关，所涉及缺陷的总浓度和因此扩散系数本身都随掺杂浓度而增加[Tsa83]。与掺杂原子相比，空位和自填隙的扩散速度要快得多，因此浓度 c^0 均匀性的假设是合理的。这也解释了观察到的低于 n_i 扩散系数的稳定性。具有比所涉及的晶体缺陷更大的扩散系数的杂质显示出完全不同的扩散分布，如将在 4.9 节中看到的金和铂。

图 4-13 中的一个例子显示了 D 随 N 的增加如何改变扩散分布。据报道，对于磷，扩散系数被认为与高浓度 N^2 成正比[Fai81]且总体上表达为

$$D = D_0 \left[1 + (N/N_{tr})^2 \right]$$

过渡浓度 $N_{tr} = 3 \times 10^{19}/\mathrm{cm}^3$ 是选择来反映所报告的 D 增加一个数量级，范围达到 $N = 1 \times 10^{20}/\mathrm{cm}^{3[Fai81,Sze02]}$。如果使用式(2.25)和式(2.27)考虑在 $N = N_{tr}$ 处的禁带变窄，则该值大约等于 1100℃下的本征浓度。由于强烈增加的扩散系数，与 $D = D_0$(虚线曲线)的 erfc 分布相比，表面区域中的分布的斜率(实曲线)减小。穿透深

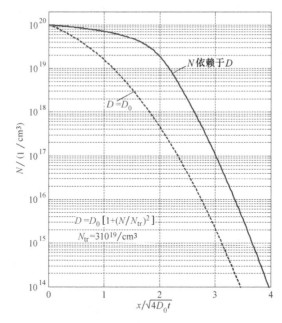

图 4-13 扩散系数随掺杂浓度的二次方增加的扩散分布(实线)与 $D=D_0$ 时
余误差分布(虚线)的比较。$D(N)$ 数据参考磷,见文

度增强。分布仅取决于单变量 $x/\sqrt{t}$,如果扩散系数仅取决于 N,则对于恒定的表面浓度,总是这种情况。使用此变量的扩散方程式(4-4)的一维形式转换成常微分方程[Cra56],用于计算扩散分布。

与硅相反,扩散工艺不能用于在 SiC 中引入杂质,因为 SiC 中的扩散系数太小,除了不太通用的外延工艺,产生所需器件结构的唯一可能的方法是离子注入。

4.5 离子注入

在离子注入工艺中,掺杂物的原子在电被场中被电离和加速,形成单一能量的离子束。聚焦了的束作垂直和水平扫描,粒子被喷射到晶片里,穿过晶片表面均匀分布。离子将减速并停止在半导体中。碰撞离子的动能通过两种碰撞方式消耗在晶片里:与晶格原子的核(弹性核)碰撞,以及通过晶格原子的电子外壳的阻滞——电子减速。核碰撞也将随机地散射离子,产生一个注入离子的分布,此处平均注入深度主要由离子的初始能量决定。

注入离子的剂量以及由此而来的掺杂物的量可以控制得非常精确,而且也有可能掩蔽晶片的不同区域,以防止到达半导体的离子到这些位置去。具有复杂工艺的功率半导体经常采用离子注入来掺杂。一般,所有在表面上具有 MOS 结构的半导体器件,如功率 MOSFET 和 IGBT 都用离子注入来形成 p 和 n 型区域。

掺杂物产生的分布可以用一个简化方法以高斯函数来描述

$$N(x) = \frac{S}{\sqrt{2\pi}\,\Delta R_{pr}}e^{-\frac{(x-R_{pr})^2}{2\Delta R_{pr}^2}} \tag{4-23}$$

式中，R_{pr} 为注射区域，对应于注入离子的平均深度，也就是在此简化了描述中的分布峰值。ΔR_{pr} 注射区离散是围绕此平均值的统计学上的变化量，类似于标准偏差。掺杂原子的积分总量 S 相当于注入剂量。用式（4-23）算得的掺杂分布示于图 4-14 上。

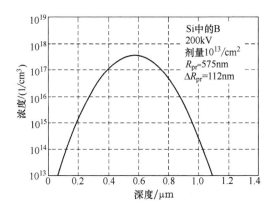

图 4-14　Si 中简化的 B 的离子注入的掺杂分布

注射区域主要和注入能量有关，对于 B 此关系表示在图 4-15 上。同样的能量，比 B 重的离子将有较小的 R_{pr}。

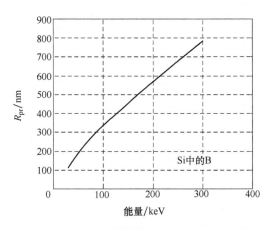

图 4-15　在 Si 中 B 的注射区域 R_{pr} 和注入能量的关系曲线

随着能量的增加，由于离散增加，掺杂分布的峰值高度将减小。对于 B 表示在图 4-16 上，其中浓度用线性坐标表示。大部分经常用对数坐标，因为浓度变化覆盖多个数量级。载有不同离子的注射区域和注射区离散的表可以在文献中找到,例如,在本章参考文献[Rys86]中。也可以模拟离子分布,例如用 SRIM 软件,它是广泛应用的程序,在 www. SRIM. org[Zie06] 有提供。

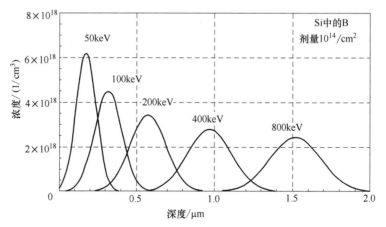

图 4-16　在 Si 中,用不同的能量注入 B 后,按照式(4-23)算得的
掺杂分布曲线。R_{pr} 和 ΔR_{pr} 都是用 SRIM 计算出来的[Zie06]

到现在为止,我们讨论所描述的是假设的一个具有原子无序分布的固体目标物,也就是一个非晶体目标物。但是在一个单一结晶体目标物里,原子是有序排列的。Si 晶格的单元晶胞早先已展示在图 2-1 上。在图 4-17 上画的是沿[110]方向看到的 Si 晶体的原子排列图。

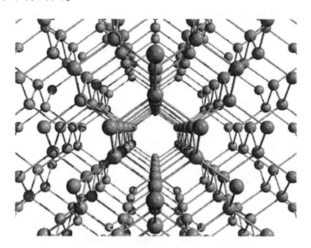

图 4-17　Si 的原子结构:在[110]方向通过 3×3×3 单位晶格的
Si 晶体观察的(图取自本章参考文献[Pic04]© 2004 Springer)

如果注入离子束的方向与主晶向一致,则它可以注入得更深。在所谓槽路里,核碰撞很少且许多离子不偏离它们原有的轨道。阻滞的发生只是由于与晶格原子的

电子壳的非弹性碰撞，也就是由于电子减速。因此，在槽路里的注入深度高出非晶体固体目标注射区域 10 倍。

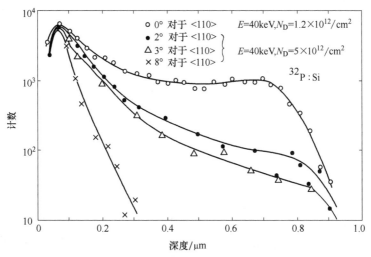

图 4-18　Si 中正常 P 注入，槽路效应对离子束方向与晶片表面之间的倾斜角的
关系[Dea68]（版权 1968 National Research Council of Canada）

通常，人们试图避免槽路，以晶片倾斜来消减此效应，结果注入发生在偏离主晶轴的方向上。图 4-18 表示了槽路效应与倾斜角的关系。甚至在 8°倾斜角下部分槽路仍然可见。进一步增加倾斜角会造成进入别的槽路。一般在离子注入过程，半导体晶片倾斜 7°。

降低槽路效应的另一途径是用非晶体层掩蔽晶体。例如用 SiO_2。在这种非晶体层中，离子被散射并不再在平行的轨道上运动。只要 10~20nm 厚的氧化物层就可有效降低槽路效应。

增加目标物温度会引起晶格振动幅度的增加，从而也将增加在表面被散射的离子数。因此，槽路效应随目标物温度的增加而减小。

但是这些防范措施中没有一个是能够完全避免槽路效应的[Rys86]。降低槽路效应的最好方法是预制一个非晶体目标物。如果硅晶片首先用高剂量的硅离子注入，在表面形成足够厚的非晶 Si 层，它将有效地防止槽路效应。

当掺杂物是通过离子注入引入时，一个严重而复杂的问题是通过弹性碰撞产生晶格缺陷。这些缺陷包括有它们的原子从晶格位置打出到间隙位置，和原子离开后留下的空的晶格位置。这些缺陷的组合也已知道，例如，Si 的双空位是由两个相邻的空位形成的。引入晶格缺陷的离子束的最大值刚好是在离子停止运动之前，例如，在 Si 中 B 注入是在 $0.8R_{pr}$。晶格缺陷的分布延伸直到半导体表面。以大量 As 离子注入硅中为例，图 4-19 给出了晶格缺陷分布与注入原子分布的比较。

如果注入剂量足够高，由于大量的晶格缺陷，能够形成一个非晶体层。对于每一种离子都有一个使硅非晶化的临界剂量,这与温度有关。离子质量较大,临界剂量就较低。但是由射入离子形成的缺陷与 Si 填隙原子和空位复合之间存在一个平衡,而这种平衡强烈依赖于目标物的温度和射入离子的流量。例如,在室温下 B 注入就不能生成非结晶层。

注入工艺之后,接着总有热退火工艺,为此,有两个理由:

1)晶格必须要恢复到它的晶体形态,而且留下的点缺陷应该恢复。

2)注入的施主离子或者受主离子必须处于替代位置,在那里它们变成电激活的,即贡献电子到导带或者贡献空穴到价带。

晶格缺陷的退火在室温下就开

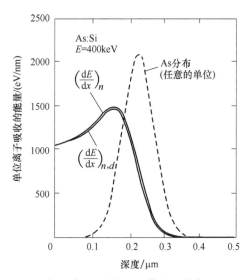

图 4-19 在 Si 中 As 的注入,能量吸收与注入原子分布的比较。晶格缺陷的分布跟踪能量吸收的分布(图取自本章参考文献[Rys86]。原始版权1971phs. Society Japan JPSJ Vol. 31, pp. 1695-1711)

始,但高阶缺陷复合体的退火只能在较高的温度下进行。大部分用在硅工艺里的是快速退火工艺,即快速热退火(Rapid Thermal Annealing,RTA),以保持在退火期间注入离子的扩散效应小。在 RTA 工艺中,用很强的光辐射器,晶片在短时间内被加热到高温。一般温度在 1000℃ 以上,退火时间只有几秒或者半分钟。接着是快速冷却工序。用这种工艺,掺杂原子的有效电激活和晶格缺陷的有效退火,而又没有显著增加掺杂分布的注入深度是可能的。甚至非晶体层可以恢复到单晶体层。注意优选注入和退火工艺是必要的,以获得在微电子和纳米电子领域所要求的器件结构。功率器件需要的注入深度往往高于传统的离子注入机所能达到的水平。在这种情况下,离子注入工序之后接着是扩散工序。然而,离子注入工艺是常常应用的,因它有剂量精确控制的可能性,以及因而所得分布的非常精确调整的可能性。现代离子注入机可以在 8in 晶片上产生出误差小于 1% 的掺杂分布。

4.6 氧化和掩蔽

与其他半导体相比,硅的主要优点之一是能够形成高质量的氧化层。二氧化硅(SiO_2)是广泛用作薄的绝缘层(例如在 MOSFET 中的栅极绝缘),以及在工艺过程中用于保护或掩蔽晶片的某些区域。SiO_2 有无序的非晶体结构。有两种工艺用于硅的氧化。

干氧化:

$$Si+O_2 \rightarrow SiO_2$$

该工艺氧化层生长速率低，但是质量非常好。用来制作薄的氧化层，它是离子注入作为散射层，用来防止槽路效应所需要的。并用于在场控器件中生成栅极氧化层，所谓的金属氧化物半导体(Metal Oxide Semiconductor, MOS)结构。

湿氧化：

$$Si+2H_2O \rightarrow SiO_2+2H_2$$

用这种工艺氧化层的生长速率比较高。用来制作用于掩蔽的氧化层和用作钝化层的氧化层。在许多应用中，在湿氧化工序后，接着是干氧化工序，以改善氧化层的表面质量。

氧化层的厚度 d_{ox} 可以用下式计算[Ben99]：

$$d_{ox} = d_0 + At，用于薄氧化层$$

$$d_{ox} = B\sqrt{t}，用于厚氧化层$$

系数 A 和 B 与温度有关。例如用于掩蔽的 $1.2\mu m$ 厚的氧化层是用湿氧化生成的，在 $1120℃$ 下，持续时间 $t=3h$。在同样的反应器中，在同样的温度，用 $1h$ 干氧化来完成该工艺，这是改善氧化层质量的。

掺杂物 B，P，As 和 Sb 在 SiO_2 中的扩散系数比在晶体 Si 中的扩散系数低几十倍。在生产工艺中这是有用的。氧化层的构图是用光刻工艺来制作的。光刻胶通过带有预设图形的光掩模在紫外线下被曝光。在光刻胶显影和坚膜以后，SiO_2 层在弱氢氟酸 NH_4F/HF 中腐蚀，最后去光刻胶("剥离")。在去光刻胶以后，晶片有 SiO_2 层的图形，如表示在图 4-20a 上。

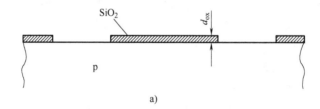

a)

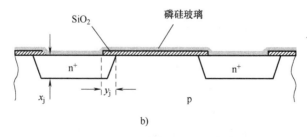

b)

图 4-20　掩蔽，以在 p 层上制作 n$^+$结构为例

a)p 层，用光刻工艺制作的 SiO_2 结构　b)具有扩散深度 x_j 的磷扩散

在清洗以后,该图形现在已能用作扩散工艺过程的掩模。一般磷扩散是在扩散炉的气相中进行的。用温度和时间这两个参数可以调整扩散深度 x_j。但是,时间只能长到以磷不渗透掩蔽氧化层厚度 d_{ox} 为止。以氧化层的厚度 $1.2\mu m$,扩散深度 x_j 在 $10\mu m$ 范围是可以达到的。在扩散过程中,磷硅玻璃是生长在硅和氧化层的表面,它相当于扩散原子的源。这层随后就被除去。

在纵向扩散的过程中,同时在氧化层下面发生横向扩散。在 4.4 节中给出了精确的解析解,见式(4-15)~式(4-18)和图 4-9。

在数学处理中,通过扩散从表面流失的掺杂损失在推进扩散中被忽略了。这种向外扩散对于硼而言是低的,但是对于 Al 和 Ga 来说是很显著的。此外,在推进扩散期间,经常在表面长出氧化层,并消耗一些半导体。这个过程的详细计算可以用过程模拟工具来完成。

对于掺杂物 Ga 和 Al,用 SiO_2 来掩蔽是不可能的,因为这些杂质在 SiO_2 中的扩散系数太大了。

离子注入经常也用 SiO_2 来掩蔽。离子进入氧化层的注入深度与 Si 在相同范围内,因为它们密度相似。因此,必须相应选择氧化层的厚度。在离子注入过程中,别的覆盖层也可用作横向掩蔽,例如,Si_3N_4,甚至光刻胶层也能用,只要在离子注入过程中保持低的温度。

4.7   边缘终端

在第 3 章中,阻断特性的一维研究只有在半导体本体在横向上是无限的条件下才是正确的。但是实际上,器件结构有一个有限的尺寸,因而必须用边缘终端来降低边缘的电场。边缘终端结构主要可以分成两类:

1)有斜面终端结构的边缘结构。通过磨出一个在横向 pn 结和表面之间可以调节的规定的斜角,因而使边缘摆脱高电场。综述给出在本章参考文献[Ger79]中。

2)有平面半导体表面的边缘结构,被称为平面终端结构。综述给出在本章参考文献[Fal94]中。

4.7.1   斜面终端结构

斜面边缘形状是用机械研磨形成的。角 α 的规定与结从高掺杂侧到低掺杂侧有关。在图 4-21 上表示的是有负斜角的斜边。其作用可以用简化的方法说明如下。如果没有表面电荷存在,空间电荷的等位线必然与表面垂直相交。这迫使空间电荷区在边上变宽,因而降低了表面上的电场强度。

在有负斜角结构中,电力线的密集发生在靠近结的 p 侧近于磨斜的表面处。因此,电场在这个位置是增强的。为了减小这种影响,有负斜角的边结构总是制成一个很小的角度,通常在 $2° \sim 4°$ 之间。在这种情况下,能够得到接近 90% 的体内阻断能力。雪崩击穿总是开始在边上靠近半导体表面下面的这个位置,它在图 4-21 上标作为雪崩中心。

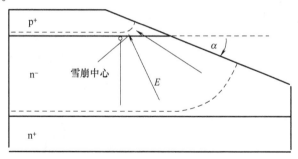

图 4-21 具有负斜角的边缘终端

用正斜角的斜面边缘终端表示在图 4-22 上，等位线之间的距离在表面上也是增加的。特别靠近 pn 结，那里电场强，在边上电力线展宽。因此，没有雪崩中心发生，而且用这种终端结构，能够达到 100% 的体内击穿电压。角 α 可以在 30° ~ 80°之间的宽范围内选择。

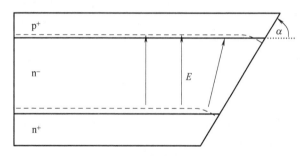

图 4-22 有正斜角的边缘终端

在图 4-23 上表示的腐蚀结构也是有正斜角的结终端结构。半导体晶片是从 n^+ 一侧开始腐蚀的。同样对于这种结构，击穿将发生在体内，而且击穿电压不会低于一维计算的。但是，如果空间电荷渗透 n^+ 层，雪崩中心可以发生在 nn^+ 结在图 4-23 上所标出的位置。

如果避免了在 nn^+ 结处的雪崩中心，按照图 4-23 的结构证明对表面电荷是很不敏感的。

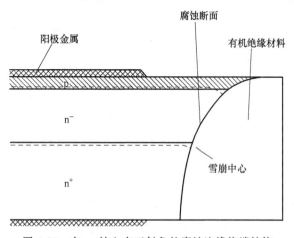

图 4-23 在 pn 结上有正斜角的腐蚀边缘终端结构

在这种情况下，为了长期稳定性，硅胶的钝化层是足够的。阳极面的锐角很容易受机械影响，这样的器件容易损坏。因此，这种边缘结构不适合用于有浅透入深度 p

层的现代器件。

4.7.2 平面结终端结构

平面结构很不容易受机械影响。表示在图 4-24 上带有悬浮电位环的结构可以用单个掩模工序与 p 型阳极层一起制得。电位环使得在半导体顶部表面的空间电荷区变宽。电位环结构由 Kao 和 Wolley[Kao67] 首先提出。

电场的最大值标出在图 4-24 上，通过选择电位环之间的最佳距离能降低其值。用二维坐标的泊松方程进行数字模拟，可以计算出电位环的最佳安排，如 Brieger 和 Gerlach[Bri83] 所示。尽管如此，电场的最大值不能完全避免，而雪崩击穿将发生在结终端的区域。大约能够达到击穿电压的 85%～95%。这个结构的一大优点是在生产过程中不需要附加

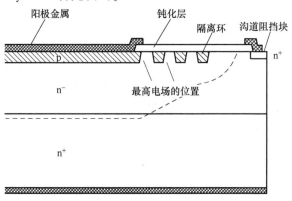

图 4-24　带有悬浮电位环的平面结终端

光刻工序，它是和 p 层的制造同时实现的，而 p 层是用作二极管的阳极层或者晶体管的 p 基区。因此，这种结构是使用最为频繁的边缘终端结构。其缺点是需要大的面积。

用很低的掺杂 p⁻ 区，所谓的结终端扩展(Junction Termination Extension，JTE)结构，用平面结构也可达到体内击穿电压。表示在图 4-25 上的横向掺杂变化(Variation of Lateral Doping，VLD)结构是 JTE 结构可能的种类之一，是 Stengl 和 Gösele[Ste85] 首先提出来的。p⁻ 区内的掺杂向器件边缘递减并与 P 阳极层相连。

这种结构是用这样的方法制造的，p⁻ 层的掩模有许多条形缝，其缝隙的面积从阳极区向边缘逐渐减小。p 掺杂物沉积在这些条上，而在随后进入的扩散过程中，p⁻ 区是通过横向扩散连接起来的。这个过

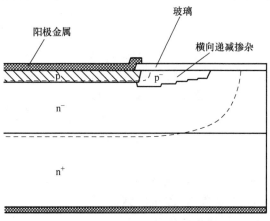

图 4-25　具有横向递减掺杂的
结端边缘终端结构(VLD)

程造成掺杂浓度和深度向边缘方向逐渐减小的分布，如图 4-25 所表示的那样。用最佳设计，击穿发生在体内。用注入 Al 制成的结构可以达到 100% 的体内阻断电压[Scu89]。因为 Al 的溶解度较低，低掺杂区容易用 Al 来实现。

与悬浮电位环结构相比，VLD 结构的特点是需要的面积较小，而且它对表面电荷的状态更不敏感[Scu89]。因为在边缘区域掺杂窗口的容量小，为了控制 B 或 Al 的掺杂量，离子注入是必要的。关于其他参数，如注入深度，VLD 结构是不敏感的。

用场板结构，p 层的金属化扩展到器件边缘绝缘钝化层的上面。图 4-26a 表示的是一阶场板的作用。用这种结构，空间电荷也会在边缘延伸。一阶场板足以使阻断电压达到体内击穿电压。为了制造场控器件，在元胞结构中几个绝缘层是需要的，用这些层在边缘处组合成几个台阶就可以实现，如图 4-26b 所示。这种特殊台阶位置的确定是通过数字模拟解泊松方程而完成的，类似于早先叙述过的场环的计算。场板结构常用于 MOSFET 和 IGBT 中。

为了节省几个电位环，从而减少所需的面积，组合隔离环和场板也是可能的。

为了经济上的原因，有必要保持边缘终端的面积尽可能的小，因为这部分面积不能用作导通电流。另一方面，附加的光刻工序也应避免。在几种方法中，边缘是功率半导体器件的薄弱点，保护结终端的研究是开发稳定而坚固的功率器件的最重要的任务之一。

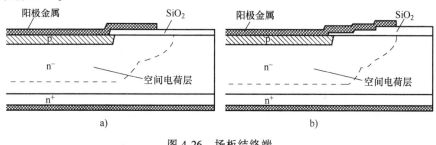

图 4-26　场板结终端

a) 一阶场板　b) 多阶场板

4.7.3　双向阻断器件的结终端

双向阻断器件像晶闸管有两个阻断 pn 结，其中低掺杂 n⁻ 层一般是双向共用的。晶闸管是这样制造的，例如，用两个负斜角结构，像表示在图 4-21 上那样，或是用一个负斜角和一个正斜角结构，如图 4-22 所示。还有别的结构，像从两边腐蚀的台面槽结构也在应用。

对于双向阻断器件的一个有吸引力的解决方法是用如图 4-27 所示的有深边缘扩散的结构。作为首道工序之一，在右边的深度 p 扩散是从两边进行的。在最后工序中，晶片在深度 p 扩散区域被切开。上部的 pn 结有一个平面结，它具有图 4-24 上所表示的隔离环和沟道阻挡块。下部的 pn 结经过深的 p 层和晶片的顶部相连。深 p 扩散附加扩散到边，这样实现了在 JTE 结构中所用的 p⁻ 结构。不需要另外的结构。

边缘扩散结构的优点是晶片与现代半导体工艺过程相一致的，通常，光刻工艺只能用在晶片的一面上。双向阻断 IGBT 用的是类似的结终端结构，参见 10.7 节。

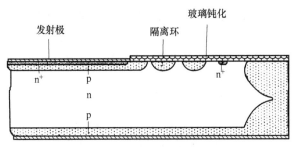

图 4-27 有边缘扩散的晶闸管

(图引自 IXYS Semiconductors AG)

4.8 钝化

半导体表面对于高电场是很敏感的，除了刚才叙述过的边缘终端外，设法处理表面以获得好的稳定的表面，以及终止表面上硅原子的自由键，这也是必要的。这种处理称为表面钝化，包含清洗过程和随后的绝缘材料或有很高电阻率的材料的沉积。

对于磨斜边的普通器件，经常用有机钝化层，它由硅橡胶或聚酰亚胺组成。对于结终端像有正角的斜面结构(见图 4-22 和图 4-23)，钝化层要求不苛刻，因为在交界面上没有电场峰值发生。

像具有电位环的平面结构的结终端，电场峰值发生在表面，而钝化成为关键。使得器件的阻断能力对钝化层中的电荷很敏感，因而在击穿电压的计算中必须考虑钝化材料的电荷态。

SiO_2 是经常用作钝化层的。在扩散工艺后经常得到氧化的半导体表面，于是不需要另外的钝化工艺。这氧化层必须有很高的纯度，对于较低的基底掺杂水平 N_D，这个要求更加严格，因为在低 N_D 下，很小密度的表面电荷早就足以在表面产生一个反型层。这样的反型层使漏电流增加，并使器件长期不稳定。也可以用不同的玻璃层代替 SiO_2，它是由 SiO_2 和另外的元素组成的。

半绝缘层也可能兼用于钝化和边缘终端。通过调节半绝缘层的电导率，可以做到表面上的电位连续递减。

对于钝化层的质量，人们通常用的评估方法和选择准则是热反向试验(参见 11.6 节)，这里，器件被加上最高允许温度和最大允许电压，加直流电压，1000h。如果在钝化材料中存在可移动的离子或可移动的电荷，被高电场所驱动，它们将运动并在不利的位置聚集，该处有可能形成一个反型层。在这种情况下，将观察到漏电流明显增加，而器件将被报废。

最大的挑战是在 5~10kV 之间超高电压器件的钝化，因为这类器件必须有非常低的掺杂量。对于这些很苛刻的条件，在某些应用中用了氢化非晶碳(a-C∶H)的钝化层[Bar99]。a-C：H 的物理和化学性质具有类似金刚石的特点，虽然禁带宽度比金刚石小，只是在 1~1.6eV 的范围内。a-C：H 的一个有益的特性是能在禁带中感应镜像电荷，它有补偿干扰电荷的能力。它们甚至能够降低表面的电场峰值。在密封外壳中，a-C：H 层是很稳定的。

对于 SiC 器件，允许体内电场高出硅 10 倍。迫于 SiC 钝化层的困难的挑战，对于其表面工艺和绝缘层需要有新的解决办法。

4.9　复合中心

基本的器件特性取决于载流子的寿命。在硅中以及所有别的间接禁带半导体的载流子寿命是用复合中心来调整的。复合中心总是降低载流子的寿命，因而增加器件的正向导通时的压降，导致较高的通态损耗。另一方面，复合中心减小了许多对于开关特性重要的参数，例如，开关时间和反向恢复电荷。这就降低了与关断有联系的损耗。本章的下面部分论述不同复合中心的特殊性，例如它们与温度的关系以及它们怎样影响器件的特性。对于功率器件，非常重要的是要知道不同复合中心工艺之间的差别，以及怎样在通态和开关损耗之间做出最佳的折中选择。

4.9.1　用金和铂作为复合中心

金是最早用作硅中的复合中心的[Far65]。铂从 20 世纪 70 年代中期开始用作复合中心并作为金的替代物[Mil76]。这两种复合中心，它们的能级（见图 2-19）和物理特性，已在 2.7 节中讨论过了。

金以及铂扩散进硅里，两者在扩散机理上有相似的特点。在硅里它们可以占据空隙和替代位置，但是，重金属在替代位溶解度较高。另一方面，间隙位金和铂可动性强得多，因而扩散快。从替代位扩散的重金属实际上可以忽略不计，但是从间隙到替代位总是存在一个相对小的势垒，导致扩散非常快。例如，在 850℃ 的扩散温度下，扩散时间只要 10min 以后，就在半导体晶片的对面发现相当多的重金属。这个快扩散导致了 U 形的浓度与深度的关系曲线，或者浴盆形分布，即向晶片表面接近时重金属原子的浓度增加，如表示在图 4-28 上。这个分布也意味着，在器件中接近 pn 和 nn$^+$ 结浓度是增加的。

图 4-28 不包含高掺杂区，在金扩散前，在功率器件中它已制成。高硼掺杂 p 层在晶格里会有更多的应力，并会显示增加了的金浓度。高磷掺杂 n$^+$ 层会收集金原子（吸收），金扩散要通过这种层是不可能的。

控制金和铂的扩散分布是困难的。因为在晶体中扩散机制与其他缺陷相互作用，要得到扩散的重金属分布好的重复性同样是困难的。用金和铂扩散来控制载流子寿命的应用已有许多年，甚至在同一批次中器件特性参差不一，分散性大，还有成品率差，这些都必须接受。在很大程度上这是由于金和铂扩散的控制问题，可以发现早先生产的许多快速二极管的实际参数和数据表上的最大允许值之间差别很大。

虽然金和铂的扩散机理是很类似的,但金和铂扩散的器件的特性却很不相同。

铂的特点是寿命随注入水平增加而减小,见图 2-21,而金不是这样的。用金,有可能在正向电压降与关断时抽出的反向恢复电荷之间达到一个相对好的折中。在这方面,金应该适合于做复合中心。但是,金的一个能级几乎正好位于禁带的中部,见图 2-19。其后果是在阻断状态下,它同样很有效地作为产生中心,在温度升高时,产生形成了高的反向漏电流,详情请参见图 3-13。用金扩散来控制复合率的器件,在 150℃ 下,其漏电流高达扩铂器件的 50 倍。

不同复合中心工艺的漏电流比较在图 4-29 上。对于需要有高浓度金复合中心的器件,例如快速续流二极管,额定电压在 1000V 以上,在 150℃ 的温度下,产生如此高的反向阻断损耗,事实上,它们将会引起热不

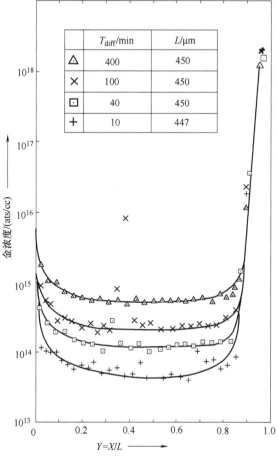

	T_{diff}/min	L/μm
△	400	450
×	100	450
□	40	450
+	10	447

图 4-28 在 900℃ 下,金扩散到 FZ 硅片中的浓度分布。扩散前,金已沉积在右边。在这边很高的浓度是无效的(图引自本章参考文献[Hun73]© 1973 The Electrochemical Society)

稳定性。因此,在此电压范围内,金必须被排除作为快速续流二极管的复合中心。作为图 4-24 上的热极限,假设由漏电流而引起温度的增值在直流电压为规定阻断电压的 2/3 下,允许最大值 $\Delta T = 15K$,而假设热阻是 $R_{thjc}A = 31 Kmm^2/W$,例如,这是功率模块的典型值。

对于电压在 1000V 以上的金扩散器件,最大允许结温是被限制的,一般到 125℃。对于直流电压负载,它必须进一步降低,并限制到只有 100℃。

在中性的 n 区域中,金原子大部分是带负电的,因为费米能级是在金的受主能级之上。如果金原子的浓度是在本底掺杂的范围之内(这是很快的功率二极管的情况)这样补偿效应发生,而器件的性能就像减少了本底掺杂一样[Mil76,Nov89]。这也会影响开通特性,发生在器件开通过程中的电压峰值 V_{FRM} 是低掺杂层的电阻的函

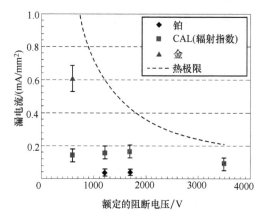

图 4-29　在 $T=150℃$ 下，用不同复合中心制造的二极管的漏电流。x 轴：是各个器件的额定电压。复合中心的浓度是按为满足具有规定电压的 IGBT 需要的续流二极管的要求而选择的（图引自参考文献［Lut97］© 2007 EPE）

数，参见第 5 章式（5-66）。对于金扩散的器件，V_{FRM} 可以达到完全没有或有别的复合中心的二极管电压峰值的数倍。

铂在正向电压降与反向恢复电荷之间的折中选择与金相比是明显不利的。但另一方面，铂没有能级靠近禁带的中间部位，并且铂扩散器件的漏电流之低几乎很难与没有复合中心的器件相区别。因此，用铂能够获得更高的结温限，例如 150℃ 或 175℃，而且将来很可能达到 200℃。

对于铂扩散快速二极管，其反向恢复电荷是随温度急剧增加的。复合中心的影响因而随温度的增加而减小。因此，铂扩散二极管里 p 发射极是高掺杂的，而发射极复合是低的，显示出一个负的正向电压与温度的关系。不同复合中心的俘获系数和温度的关系总结在本章参考文献［Sie01］中。

4.9.2　辐射引入的复合中心

由辐射产生的大多数重要中心的特性已经在 2.7 节中讨论过了。这个工艺重复性非常好，而且通过调节辐射剂量很容易控制寿命。硅功率器件的辐射工艺是用高能电子引入晶格缺陷作为复合中心，从 20 世纪 70 年代已经开始使用。电子以及 γ 辐射撞击出晶格原子，它们在低概率无序碰撞状态，形成均匀分布的缺陷。这个工艺比扩散工艺有许多优点，但是，形成的复合中心的恒定分布对于器件的开关特性却常常是不利的。最近，质子或氦离子的注入已被用来控制载流子的寿命[Lut97,Won87]。这些粒子也会与基质原子相碰撞，把它们从其所在位置上打出来，但是高概率的碰撞发生在趋近离子轨迹的末端。因此，轻质量离子注入形成了局部区域的复合中心，其位置可以通过射入离子的能量来调节。该工艺已广泛用于调节载流子寿命（也请参见 5.7 节，CAL 二极管）。辐射工艺的特点是高精确度和高重复性，此外，辐射工艺提供了载流子寿命控制在制造工艺的最后，即在器件已经合金化和钝化后来进行的可能性。

由碰撞产生的空位和填隙原子,扩散和通过相互之间以及与甚至出现在高纯度硅中的杂质原子,例如碳、氧和磷形成稳定的复合物。紧跟着辐射工艺的是温和的退火工序,以消除热不稳定的中心,从而确保器件特性的长期稳定性。退火工艺为了减小后续工艺的影响也是需要的,例如焊接等等,它能改变缺陷的性质。

对于压接式工艺封装的器件,退火是在220℃的范围内,而且在辐射以后它们将不再经受更高的工艺温度。对于在封装过程中要经受焊接工艺和其他可能的热处理的器件,应该在340~350℃的温度范围内退火,以保证在从事后续的焊接工艺时不再需要缺陷退火,该工艺的温度可能是相当高的。

为了确定辐射引入的中心的特性,已经做了大量的工作[Ble96,Hal96,Scu02,Sue94];最新成果的工作总结给出在本章参考文献[Sie06]和[Haz07]中。大多数重要的中心已经表示在图2-22上了。图4-30进一步标出了一些在220℃退火后仍然存在的中心,它们会影响载流子的寿命或别的器件特性[Sie02,Sie06]。在基线$E(90K)$中的标识表示的是用深能级瞬态能谱(DLTS)发现的中心信号。这些标识是常用的,因为特殊原子结构的确定是困难的,而关于它的文献不总是一致。

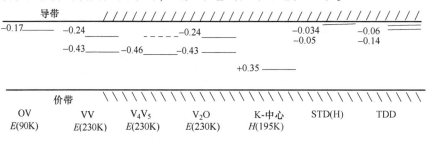

图4-30 在硅中,大多数重要的辐射引入的
缺陷在禁带中的能级位置

OV中心或者A中心$E(90K)$是空位-氧的复合物。该中心在退火温度超过350℃时开始消失,在400℃的退火温度下几乎完全消失[Won85]。正如2.7节中所描述过的,高注入寿命τ_{HL}和由此得到的正向特性以及开关特性主要是通过OV中心来控制。

K中心$H(195K)$作为价带上方+0.35eV处的空穴陷阱而被发现的。在文献中发现关于它的来源有不同的见解,经常假设是一个包含有一个碳杂质、一个氧原子和两个空位的COVV复合体。用阴极荧光法的最新工作发现有关的中心,如C_iO_i是一个填隙碳原子和一个填隙氧原子的结合[Niw08]。K中心在温度370~400℃范围内开始退火,而在450℃以上温度下退火后消失[Won85]。它有一个能级靠近禁带中间部位,但是,由于俘获载流子概率低,即由于俘获截面小,对于复合过程的贡献相当小。在大注入条件下,这是在正向偏置的功率二极管里给出的,例如,这个中心是带正电荷的。当二极管关断得足够快时,缺陷在一定的时间内维持带正电,一般几百纳秒或 1μs，由于相对低的电子俘获率。带正电荷的 K 中心将作为施主，它们将增加有效掺杂浓度。按照式(3-84)这暂时降低 pn 结处的击穿电压，造成雪崩击穿在电压远低于静态击穿电压时发生[Lut98]。这些不利的影响在 13.3 节中作进一步叙述。这样，避免高浓度的 K 中心是重要的，因此，对于某些应用，最大辐射剂量是被限制的。

双空位，VV E(230K)，有多达三个不同的电荷态，这导致在禁带中有三个分开的能级。对于载流子动态特性最重要的是位于导带边缘下方 0.43eV 处的能级。它作为复合中心，但是，因为该能级是如此靠近禁带中部，以致它也作为产生中心，并将决定产生寿命和漏电流。幸而它作为产生中心的作用弱于金。

双空位退火大约在 300℃ 的温度下结束[Bro82,Won85]，当用质子或 4He^{2+} 辐射时，甚至在超过 350℃ 的温度下退火后，仍然发现该能级。这可以用缺陷蜕变成另一个具有几乎相同禁带位置的缺陷来解释，其余的中心已被认定为是单独的和成双的 V_2O 缺陷的荷电态[Mon02]。这个 E(230K)峰值的另一个可能的根源在参考文献 [Gul77]中给出，它假定，这是起因于 V_4 或 V_5 的合成物。因为它们的浓度低，V_2O 缺陷对 τ_{HL} 的影响是相当小的，但是该中心是造成用氦离子注入的器件显示出来的漏电流高于扩铂器件的根源(见图 4-29)。氦注入器件的漏电流大约是可比较的金扩散器件的漏电流的 20%，对于结温 150℃ 以下的热稳定性是没有问题的。

E(230K)缺陷在 n 型硅中的掺杂上也显示出有显著的补偿作用，这里费米能级是在陷阱能级 W_c-0.43eV 或-0.46eV 以上。在 350℃ 的温度下退火后，人们发现有效掺杂降低，这是由于氦注入所影响的区域中 E(230K)的荷电的受主态所造成的。这个效应能够在主要制造工序之后，用来增加或调节器件的阻断电压[Sie06]。

退火温度大大高于 350℃ 可能造成所谓的热双施主(TDD)的形成。最大 TDD 浓度是在 $T≈450℃$ 退火后发现的。TDD 在 n 型硅中增加掺杂浓度，而在 p 型硅中却对掺杂起补偿作用。

当辐射引入的中心已被广泛应用时，它们的原子结构与载流子的俘获和发射过程仍然不完全了解。有特殊的中心特性分析的综述能在参考文献[Sie06]中找到。许多重要的细节，例如中心特性与温度的关系仍然是积极研究的课题。

4.9.3　Pt 和 Pd 的辐射增强扩散

如所描述的，Au 和 Pt 进入硅晶格的扩散机理和嵌入机理与晶体缺陷相互影响。因此，如果在确定的透入深度由诸如 H$^+$ 和 He^{2+} 这样的粒子辐射形成的确定的晶格损伤，那么，最终的分布会受到影响。在 He^{2+} 辐射后，Pt 能在比通常 Pt 扩散低得多的温度下扩散到最大辐射受损的位置，而辐射损伤是由 He^{2+} 注入造成的[Vob02]。如果以足够高的温度来退火辐射引入的缺陷，它们被该处分布的 Pt 原子所取代。因为不是所有的辐射引入缺陷都有良好的性质，最终的器件特性可以通过辐射增强扩散来进一步改进。如果使用 Pt 或 Pd，就不会出现靠近禁带中部的能级，该能级会使漏电流上升。

Pd 的能级位于禁带中靠近 Pt 的位置，因此，替位式 Pd 原子的电子结构似乎是完全类似于替位式 Pt 原子的。找到了一个宽的温度范围可用于 Pd 的辐射增强扩散[Vob07]。根据温度，观察到受主的形成，在原始 He 注入的注入深度上可以形成掩埋的 p⁻ 层[Vob09]。该 p⁻ 层增加静态击穿电压，并降低电场的峰值和二极管在快速开关过程中的动态雪崩。用了这种技术，已经做出了坚固耐用性得到增强的二极管[Vob09]。进一步的工作是注意了解产生的中心的细节。

4.10　辐射引入杂质

在质子辐照后，会产生附加效应，因为质子(氢离子)也可能参与缺陷复合物[Gor74,Ohm72]。与氢有关的浅热施主 STD(H)就是一个例子。注入质子的样品在高于 200℃ 退火后发现了这些中心[Won85]。发现它们的最大浓度位于质子投射范围 R_{pr} 的区域内，这清楚地表明这些缺陷包含注入的氢。STD(H)是一个稳定的施主，其能级靠近导带。如果质子注入用于减少载流子寿命，则其剂量必须受到限制以保持这些与氢相关中心的浓度低于本底掺杂，否则会产生深埋的 n 层。然而，这也被故意使用掺杂来调整保护器件的阈值电压[Sie06]。

质子剂量与产生的施主之间的关系如图 4-31 所示，取自本章参考文献[Klu11]。

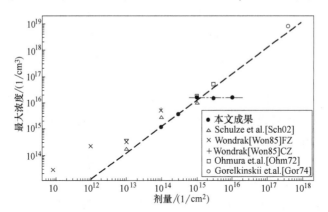

图 4-31　2meV 质子的最大峰值电荷载流子浓度。虚线表示假设的线性关系。
高剂量的上限由虚线(点线)表示。图引自本章参考文献[Klu11]

对于 FZ 硅，以下等式表示[Klu11]的剂量不是太高：

$$N_D/cm^3 = (12.6 \pm 0.8)/cm^1 \times \phi/cm^2 \tag{4-24}$$

在约 $10^{16}/cm^3$ 处，所产生的施主的量达到上限。在本章参考文献[Klu11]中表明，不仅有氢而且还有氧也包含在产生的中心之中，最大浓度受氧含量限制。

如果质子注入与接着的后续退火步骤在 300~500℃ 下进行，则会导致器件中梯形场的"缓冲区"的产生(PT 尺度法，见第 5 章)。这一技术适用于新一代的某些 IGBT。

在本章参考文献[Scu16]中表明，在 H 存在下，辐射引入的 C_iO_i 中心在 350℃ 以上退火时转变为类似施主的电活性 C_iO_i-H 复合物，得到的剖面取决于碳含量，见图 4-32。

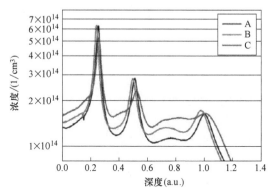

杂质(氧碳)	衬底		
/(1/cm³)	A	B	C
氧	$1.9×10^{17}$	$2.4×10^{17}$	$2.1×10^{17}$
碳	$5.4×10^{14}$	$7.5×10^{14}$	$2.4×10^{15}$

图 4-32　根据衬底的碳和氧含量，在磁性 CZ 硅中进行三步质子注入的辐射引入施主的分布。经 IEEE ⓒ许可转载，引自本章参考文献[Scu16]

图 4-32 中的分布是通过磁性 CZ 硅的三步照射实现的。可以见到在氢的最大穿透处的峰，如预期的那样，产生了逐渐增加的朝向表面的掺杂。在辐照后，只是在投射范围 R_{pr} 周围狭窄区域，依照氢原子的分布，立即产生与氢有关联的施主。然而，表面上存在着晶格缺陷，在受晶格缺陷影响的区域中的带电的 $E(230K)$ 的受主态，补偿甚至接近 p 型区域。在随后的退火过程中，氢向表面的扩散发生了，预期的施主浓度取决于碳含量，见图 4-31。所以，所有的工艺步骤必须仔细研究晶片的初始碳和氧含量。与扩散工艺相比，辐射引入施主掺杂在退火时仅需低温，因此，该方法适用于薄晶片技术，即使是直径为 30cm 的晶片。基于磁性 CZ 晶片，建立了 IGBT 和续流二极管的非常有效的生产工艺。

4.11　GaN 器件工艺的若干问题

如引言中所说的，半导体 GaN 具有 3.4eV 的禁带和类似于 4H-SiC 的雪崩临界电场，也具有相似的电子迁移率。它可以掺杂到 n 型和 p 型导电性，但主要不是故意掺杂(见下文)。与 SiC 相反，近年来虽然单晶的生长取得了重大进展，但 GaN 的大面积单晶仍然不可用。迄今为止开发的 GaN 功率器件是基于在不同衬底上生长的高质量的 GaN 晶体层。该器件实际上是由具有 AlGaN 的异质结构组成的，

AlGaN 是作为薄膜沉积在 GaN 上的必要成分。GaN 功率器件的工艺与 Si 和 SiC 器件有很大的不同,该工艺的一些方面将在本节中描述。

用于器件制造的 GaN 按稳定的六方纤锌矿晶格成晶,与亚稳态的立方闪锌矿同素异形体不同。衬底必须在一定程度上与该晶格匹配,以实现异质外延,而不会产生高密度的晶体缺陷,使之不能用于高性能器件。除晶格外,热膨胀系数(Coefficient of Thermal Expansion,CTE)应该没有太大差异,这是为了限制由外延温度到冷却所引起的机械应力。在图 4-33 上,绘

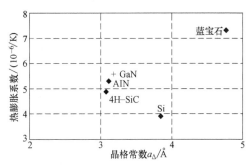

图 4-33　GaN 和几种衬底材料的热膨胀系数和晶格常数 a_Δ,a_Δ 是在 c 平面或 Si(111) 平面内最近晶格点之间的距离。后一种情况下,$a_\Delta = a_\square / \sqrt{2}$,其中 $a_\square$ 是立方晶胞的边长。CTE 是在 20~800℃ 范围内的平均值,对于六方晶体适用于 c-平面[Rod05,Yim74,LiB86,Swe83]

制了 GaN 本身和衬底材料 AlN,4H-SiC,硅和蓝宝石(Al_2O_3 单晶)的 CTE 和相关的晶格参数。

与 GaN 一样,AlN 按纤锌矿晶格成晶,因而除 Si 以外的其他衬底也具有六方对称性,但是作为外延生长的表面,硅衬底必须保持(111)晶向。如图所见,AlN 和 4H-SiC 比 Si 和蓝宝石更接近 GaN。然而,由于成本原因,Si 是功率器件的主要使用衬底,而光电器件,如发光二极管(LED)主要是用蓝宝石作为衬底制造的。一些微波器件是在 SiC 上用 GaN 制备的,是因为 SiC 具有较好的热导率,而 AlN 被用作薄界面层(见下文)。

使用 Si 作为衬底,意味着外延生成后的冷却存在高热应变。GaN 层本身往往会比衬底收缩更强,超越临界点,它就会破裂。为了减轻应变,外延温度应选择尽可能低,通常在 740~800℃ 的范围内。结果表明,只有使用 $Al_x Ga_{1-x} N$ 的中间缓冲层,高质量的 GaN 层才能在硅上生成,其中 Ga 离子部分被 Al 取代[Krü98]。这些层由三乙基镓和三甲基铝的气态组合物和纯 GaN 或 AlN(金属-有机化学气相沉积法,MOCVD)沉积。在沉积缓冲层期间,晶片形成一个凸弯曲,其选择方式只是用来补偿冷却过程中产生的应变。通过这些"压力工程"的措施,最终的晶片弯曲高度必须降低到约 50μm 以下,这是下一步制造工序所需要的,特别是光刻对准[Ger15]。

图 4-34 为 GaN 在 Si 晶片上的典型分级结构。在 Si 上,沉积一层薄的 AlN 以改善随后的低温外延的成核。然后沉积 $Al_x Ga_{1-x} N$ 的缓冲层,其中 x 从 0.75 下降到 0.25。该材料的禁带随参数 x 的改变在 6.2eV 的 AlN 禁带和 GaN 禁带之间变化。除了应变补偿的目的外,该层还具有将器件的漏极与衬底隔离的功能,该衬底优选在源极电位上,因此故意不掺杂缓冲层。如果需要,则通过补偿深能级杂质来提高电阻率。它的厚度也必须符合阻断电压的要求,对于 600V 开关晶体管,缓冲层厚

度最小 4.5μm 是必需的。通常没有显示出另外的缓冲层，这里用的是由几层薄的 GaN 和 AlN 构成了所谓的超晶格缓冲区[Ued05，Ued17]。

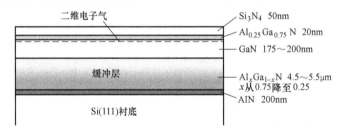

图 4-34　GaN 在 Si 上的晶片，用于横向高电子迁移率晶体管和肖特基二极管。
（根据 EpiGaN 的信息绘制）

缓冲层之后的 GaN 层是用于开关的有源沟道层，其厚度例如 175～200nm。厚度和 n 掺杂必须足够低，以便可以通过栅极电压耗尽。沟道的基本部分是高导电性电子层，称之为二维电子气（2 Dimention Electron Gas，2DEG），这是由 GaN 的高电极化引起的，如下面将讨论的。下一层由 $Al_xGa_{1-x}N$ 组成，通常 $x = 0.25$，称为阻挡层，其厚度在 20nm 范围内。

GaN 和 AlGaN 在更大程度上表现出高的电极化。这由图 4-35 可以见到，它显示了 GaN 的纤锌矿晶格结构。晶体由堆叠的双层组成，其中一个平面与 Ga 紧密连接，另一个平面与 N 原子紧密连接。氮是具有高电负性的元素，不是将电子用于共价键，而是具有从 Ga 吸引电子以完成其外部电子壳的强烈倾向。因此，Ga-N 键具有基本的离子或极性特征。结果是由 Ga 原子组成的晶体表面（Ga 面，图 4-35 中的上表面）具有正电荷，而另一个表面由 N 原子（N 面）组成，带负电荷，所以晶体是强极化的。极化等于片状表面电荷，并根据定义由负电荷指向正电荷。AlN 的极化比 GaN 的极化强 3 倍，并且这与 Al 的份额 x 成比例地转移到 $Al_xGa_{1-x}N$。除了没有应变的"自发"极化外，由晶格常数和热膨胀系数不匹配引起的层的应变引发的压电极化部分也相当大。

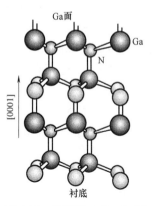

图 4-35　纤锌矿 GaN，Ga 面的晶格结构示意图。转载自本章参考文献[Amb99]，经 AIP 许可出版

在 GaN 中产生 2DEG 的前提条件是所需的载流子在体内快速产生或从两侧的接触处流入。与 GaN 相反，AlGaN 阻挡与缓冲层可以假设基本上是没有可用载流子的绝缘层。如果现在 GaN 层在顶部为 Ga 面的缓冲层上生长，则 AlGaN 阻挡层也将以相同的取向在它上面生长，即在界面处有 N 面和在顶部有 AlGa 面。界面处的固定电荷由 GaN 层的 Ga 面的正电荷和 AlGaN 阻挡层的 N 面的较高负电荷密度构成，因此界面净电荷是负的。除了界面电荷外，对在阻挡层的顶部 AlGa 面的正电

荷也有很大的影响。这在图 4-36 中说明，其中显示表面和界面电荷以及由此产生的在阻挡层和邻近的沟道层部分中的电场分布。AlGa 面的电荷中和了 AlGaN 层的 N 面电荷，因此，只有 GaN 的 Ga 面的正电荷保持有效吸引 GaN 层中的电子。表面上的电场跃变是那里片电荷密度的 q/ε 倍(介电常数在两层中实际上具有相同的值 $\varepsilon = 8.9$)。在 AlGaN 薄膜中的场是非常高的，GaN 中的场是对给定点后面存在的电子数量的量度，见下一段。主要结果是 GaN 层的 Ga 面电荷等于 Al-GaN 表面和界面处的净电荷，决定了感应 2DEG 的片电荷密度。如果由于

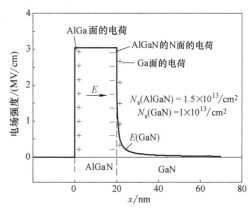

图 4-36　AlGaN 阻挡层和 GaN 沟道层的相邻部分中的表面和界面电荷和场分布。假设 AlGaN 的表面电荷密度为 $N_s = \pm 1.5 \times 10^{13}/\mathrm{cm}^2$，而 GaN 层的为 $1 \times 10^{13}/\mathrm{cm}^2$(见文)

载流子仍然存在而不能维持 AlGaN 层中的场，则这个结论也将成立。

从 MOSFET 知道 2DEG 作为累积层。如果掺杂浓度可以忽略不计，则可以通过分析计算其在深度上的延伸。使用玻耳兹曼统计通过泊松方程的二重积分，得到以下依赖关系(x 坐标垂直于界面)：

$$n = \frac{n(0)}{(1 + x/L_D)^2} \tag{4-25}$$

式中，L_D 是表面浓度 $n(0)$ 一半处的德拜长度

$$L_D = \sqrt{\frac{2kT\varepsilon}{q^2 n(0)}} \tag{4-26}$$

当 $n(0) = 1 \times 10^{20}/\mathrm{cm}^3$ 时，用 $\varepsilon = 8.9\varepsilon_0$，对于 GaN，式(4-26)得出 $L_D = 0.504\mathrm{nm}$。从式(4-25)得到片电荷密度 $N_s = n(0) \times L_D = 5.04 \times 10^{12}/\mathrm{cm}^2$。虽然 2/3 的电子包含在 $x \leqslant 2L_D = 1.01\mathrm{nm}$ 的范围内，在 $x = 30\mathrm{nm}$ 处的浓度仍然有 $2.7 \times 10^{16}/\mathrm{cm}^3$。延伸范围与硅 MOSFET 的反向沟道的厚度相当。这个例子几乎与图 4-36 的情况一致。GaN 中的场用式(4-25)计算

$$E = -\frac{kT}{q}\frac{\mathrm{d}\ln n}{\mathrm{d}x} = \frac{E(0)}{1 + x/L_D}$$

GaN 的极化量高达 2×10^{13} 基本电荷 $/\mathrm{cm}^2$，在 GaN 中感应出相等数量的移动电子。与硅 MOS 器件相比，这是非常高的，对于氧化物厚度 $d_{ox} = 50\mathrm{nm}$，阈值电压 $V_T = 5\mathrm{V}$，所加栅极电压 $V_G = 15\mathrm{V}$，从后面第 9.4 节中的式(9-1)和式(9-2)得出沟道内的片电子密度为 $4.3 \times 10^{12}/\mathrm{cm}^2$。

在 2DEG 中的电子迁移率被发现高于硅 MOSFET 中沟道里的迁移率，据报道在

室温下其值在 $1000 \sim 2000 cm^2/(V \cdot s)$ 范围内。片载流子密度为 $1 \times 10^{13}/cm^{2[Amb99]}$，这种扩展可以用表面粗糙度的变化来解释。在 Si 的 IGBT 或 MOSFET 中的迁移率 $\mu_{n(ch)}$ 在典型条件下是在 $300 \sim 500 cm^2/(V \cdot s)$ 范围内。发现 GaN 体内的电子迁移率高达 $990 cm^2/(V \cdot s)^{[Qua08]}$。在 2DEG 中的载流子(以及在 MOSFET 沟道中的)和掺杂物在空间上是分离的，因此，杂质上的散射不如中性体中重要。对于 SiC MOS-FET，报道的最佳值约为 $70 cm^2/(V \cdot s)$，与第 9 章相比。由于高的片浓度和高的电子迁移率，GaN 中的 2DEG 在电流传导中是非常有效的。

如果需要，则可以用硅作为掺杂物来形成 GaN 的 n 型掺杂。在 GaN 中硅的激活能为 $5 \sim 9 meV$，能够有效电离 $^{[Qua08]}$。对于 p 型掺杂，主要用 Mg，报道的电离能是 $173 meV^{[Qua08]}$。非故意掺杂的 GaN 通常是 n 型，电子浓度 $n = N_D - N_A$，数量级为 $10^{16}/cm^{3[Tan10]}$。n 型导电性归因于氧掺入 $^{[Van04]}$，还有氮空位是浅施主，而 Ga 空位是三重荷电受主 $^{[Van04]}$。GaN 的小量可控掺杂仍然是一个问题。

同时，8in 的 Si 上 GaN 的晶片已能生产。该 Si 上 GaN 晶片已可用于 CMOS 代工厂中在硅 CMOS 生产线上进行器件制造，使用了创造其结构的专用工具。为了避免自由浮动的 GaN 颗粒污染洁净室，具有约 $50 \sim 100 nm$ 厚的 Si_3N_4 钝化层是有利的，它保证了光滑无污染的表面 $^{[Beh15]}$。因为结晶的不匹配和不同的 CTE，所以 Si 上 GaN 晶片与硅晶片相比更脆弱。Si 上 GaN 晶片使用较厚的衬底，因为 CMOS 线中的 Si 就是这种情况 $^{[Ben15]}$。GaN 器件的功能将在第 9.12 节中讨论。

参 考 文 献

[Amb99]　Ambacher, O., et al.: Two-dimensional electron gases induced by spontaneous and piezoelectric polarization charges in N- and Ga-face AlGaN/GaN heterostructures. J. Appl. Phys. **85**(6), 3222–3233 (1999)

[Amm92]　von Ammon, W.: Neutron transmutation doped silicon – technological and economic aspects. Nucl. Instrum. Methods Phys. Res. **B63**, 95–100 (1992)

[Bar99]　Barthelmeß, R., Beuermann, M., Winter, N.: New diodes with pressure contact for hard-switched high power converters. Proceedings of the EPE '99, Lausanne (1999)

[Beh15]　Behet, M.: GaN—Promise to Reality: The Next Generation of Power Electronics is Taking Shape. Display + web Publication, http://www.displayplus.net/news/articleView.html?idxno=64606. Download 6 Jan 2017

[Ben99]　Benda, V., Govar, J., Grant, D.A.: Power Semiconductor Devices. Wiley, New York (1999)

[Ble96]　Bleichner, H., Jonsson, P., Keskitalo, N., Nordlander, E.: Temperature and injection dependence of the Shockley–Read–Hall lifetime in electron irradiated n-type silicon. J. Appl. Phys. **79**, 9142 (1996)

[Boe11]　Böving, H., Laska, T., Pugatschow, A., Jakobi, W.: Ultrathin 400V FS IGBT for HEV applications. In: Proceedings International Symposium on Power Semiconductor Devices and ICs ISPSD 2011, pp. 64–67 (2011)

[Bor87]　Borisenko, V.E., Yudin, S.G.: Steady-state solubility of substitutional impurities in silicon. Phys. Status Solidi (a) **101**, 123–127 (1987)

[Bri83]　Brieger, K.P., Gerlach, W., Pelka, J.: Blocking capability of planar devices with field limiting rings. Sol. State Electron. **26**, 739 (1983)

[Bro82]   Brotherton, S.D., Bradley, P.: Defect production and lifetime control in electron and γ-irradiated silicon. J. Appl. Phys. **53**(8), 5720–5732 (1982)

[Bul66]   Bullis, W.M.: Properties of gold in silicon. Solid-State Electron. **9**, 143–168 (1966)

[Cho11]   Chowdhury, I., Chandrasekhar, M., Klein, P.B., Caldwell, J.D., Tangali, S.: High growth rate 4H-SiC epitaxial growth using dichlorosilane in a hot-wall CVD reactor. J. Cryst. Growth **316**(1), 60–66 (2011)

[Cla11]   Clark, P.: IMEC plans 450 mm wafer fab module for 2015. EETimes.com, October 11 (2011)

[Cra56]   Crank, J.: The Mathematics of Diffusion, p. 148. Clarendon Press, Oxford (1956)

[Dea68]   Dearnaley, G, Freeman, J.H., Gard, G.A., Wilkins, M.A.: Implantation Profiles of ^{32}P Channelled into Silicon Crystals. Can. J. Phys. **46**, 587ff (1968)

[ECP16]   Friedrichs, P. et al.: ECPE position paper on next generation power electronics based on wide bandgap devices—challenges and opportunities for Europe http://www.ecpe. org/roadmaps-strategy-papers/strategy-papers/ (2016)

[Fai81]   Fair, R.B.: Concentration profiles of diffused dopants. In: Wang, F.F.Y., (ed) Impurity doping processes in silicon, North Holland (1981)

[Fal94]   Falck, E.: Untersuchung der Sperrfähigkeit von Halbleiter-Bauelementen mittels numerischer Simulation, Dissertation, Berlin (1994)

[Far65]   Farfield, J.M., Gokhale, B.V.: Gold as recombination center in silicon. Solid State Electron. **8**, 685–691 (1965)

[Ful56]   Fuller, C.S., Ditzenberger, J.A.: Diffusion of donor and acceptor elements in silicon. J. Appl. Phys. **27**, 544–553 (1956)

[Gal02]   Galindo, V., Gerbeth, G., von Ammon, W., Tomzig, E., Virbulis, J.: Crystal growth melt flow control by means of magnetic fields. Energy Convers. Manage. **43**(3), 309–316 (2002)

[Ger79]   Gerlach, W.: Thyristoren. Springer, Berlin (1979)

[Ger15]   Germain, M., Derluyn, J., Leys, M., Degroote, S.: The material challenge: heteroepitaxial growth of GaN-on-Si, tutorial slides ESSCIC/ESSDERC Conference (2015)

[Gor74]   Gorelkinskii, Y.V., Sigie, V.O., Takibaev, Z.S.: EPR of conduction electrons produced in silicon by hydrogen ion implantation. Phys. Status Solidi (a). **22**, K55–57 (1974)

[Gul77]   Guldberg, J.: Electron trap annealing in neutron transmutation doped silicon. Appl. Phys. Lett. **31**(9), 578 (1977)

[Haa76]   Haas, E.W., Schnoller, M.S.: Phosphorus doping of silicon by means of neutron irradiation with protons. IEEE Trans. Electron Devices. **23**(8), 803–805 (1976)

[Hal96]   Hallén, A., Keskitalo, N., Masszi, F., Nágl, V.: Lifetime in proton irradiated silicon. J. Appl. Phys. **79**, 3906 (1996)

[Haz07]   Hazdra, P., Komarnitskyy, V.: Local lifetime control in silicon power diode by ion irradiation with protons: introduction and stability of shallow donors. IET J. Circuits Devices Syst. **1**(5), 321–326 (2007)

[Hil15]   Hilt, O., Bahat-Treidela, E., Knauer, A., Brunner, F., Zhytnytska, R., Würfl, J.: High-voltage normally OFF GaN power transistors on SiC and Si substrates. MRS Bull. **40**(5), 418–424 (2015)

[Hun73]   Huntley, F.A., Willoughby, A.F.W.: The effect of dislocation density on the diffusion of gold in thin silicon slices. J. Electrochem. Soc. **120**(3), 414–422 (1973)

[Jan76]   Janus, H.M., Malmros, O.: Application of thermal neutron irradiation with protons for large scale production of homogeneous phosphorous doping of floatzone silicon. IEEE Trans. ED **21**, 797–805 (1976)

[Kao67]   Kao, Y.C., Wolley, E.D.: High voltage planar pn-junctions. IEEE Trans El. Dev. **55**, 1409 (1967)

[Kar95]   El-Kareh, B.: Fundamentals of Semiconductor Processing Technology. Kluwer Academic Publishers, Boston (1995)

[Ken65]   Kennedy, D.P., O'Brien, R.R.: Analysis of the impurity atom distribution near the diffusion mask for a planar p-n junction. IBM J. Res. Dev. **9**, 179–186 (1965)

[Klu11]　Klug, J.N., Lutz, J., Meijer, J.B.: n-type doping of silicon by proton implantation. In: Proceedings of the 2011 14th European Conference on Power Electronics and Applications EPE (2011)

[Kra02]　Krause, O., Pichler, P., Ryssel, H.: Determination of aluminum diffusion parameters in silicon. J. Appl. Phys. **91**(9) (2002)

[Krü98]　Krüger, J., Kim, Y., Subramanya, S., Weber, E.R.: Towards the development of defect-free GaN substrates: defect control in hetero-epitaxially grown GaN by new buffer layer design. Final Report 1997–1998 for MICRO Project 97-202, Berkley. http://www2.lbl.gov/tech-transfer/publications/1461pub.pdf

[Lar51]　Lark-Horovitz, K.: Nuclear-bombarded semi-conductors. In: Semiconductor Materials, Proceedings of a Conference at University of Reading. Butterworths, London, 1951, pp. 47–69 (1951)

[Lap08]　LaPedus, M.: Industry Agrees on First 450-mm Wafer Standard. EETimes 22 Oct 2008

[Las97]　Laska, T., Matschitsch, M., Scholz, W.: Ultra thin-wafer technology for a new 600V-NPT-IGBT. In: Proceedings IEEE International Symposium on Power Semiconductor Devices and IC's, ISPSD '97, pp. 361–364 (1997)

[LiB86]　Li, Z., Bradt, R.C.: Thermal expansion of the hexagonal (4H) polytype of SiC. J. Appl. Phys. **60**(2) (1986)

[Lis75]　Lisiak, K.P., Milnes, A.G.: Energy levels and concentrations for platinum in silicon. Solid-State Electron. **18**, 533–540 (1975)

[Lut97]　Lutz, J.: Axial recombination centre technology for freewheeling diodes. In: Proceedings of the 7th EPE, Trondheim, 1.502 (1997)

[Lut98]　Lutz, J., Südkamp, W., Gerlach, W.: IMPATT oscillations in fast recovery diodes due to temporarily charged radiation induced deep levels. Solid-State Electron. **42**(6), 931–938 (1998)

[Mil76]　Miller, M.D.: Differences between platinum- and gold-doped silicon power devices. IEEE Trans. Electron. Dev. **23**(12) (1976)

[Mon02]　Monakhov, E.V., Avset, B.S., Hallen, A., Svensson, B.G.: Formation of a double acceptor center during divacancy annealing in low-doped high-purity oxygenated Si. Phys. Rev. B **65**, 233207 (2002)

[Mue93]　von Münch, W.: Einführung in die Halbleitertechnologie. B.G. Teubner, Stuttgart, Germany (1993)

[Niw08]　Niwa, F., Misumi, T., Yamazaki, S., Sugiyama, T., Kanata, T., Nishiwaki, K.: A study of correlation between CiOi defects and dynamic avalanche phenomenon of PiN diode using he ion irradiation. In: Proceedings of the PESC, Rhodos (2008)

[Nov89]　Novak, W.D., Schlangenotto, H., Füllmann, M.: Improved Switching Behaviour of Fast Power Diodes. PCIM Europe (1989)

[Ohm72]　Ohmura, Y., Zohta, Y., Kanazawa, M.: Electrical properties of n-type Si layers doped with proton bombardment induced shallow donors. Solid State Commun. **11**(1), 263–266 (1972)

[Pic04]　Pichler, P.: Intrinsic Point Defects, Impurities, and Their Diffusion in Silicon. Springer Wien, New York (2004)

[Qua08]　Quay, R.: Gallium Nitride Electronics. Springer, Berlin Heidelberg (2008)

[Rod05]　Roder, C., Einfeldt, S., Figge, S., Hommel, D.: Temperature dependence of thermal expansion of GaN. Phys. Rev. B **72**, 085218 (2005)

[Rys86]　Ryssel, H., Ruge, I.: Ion Implantation. Wiley, New York (1986)

[Scl74]　Schnöller, M.S.: Breakdown behaviour of rectifiers and thyristors made from striation-free silicon. IEEE Trans. Electron Devices ED **21**, 313–314 (1974)

[Sco82]　Schlangenotto, H., Silber, D., Zeyfang, R.: Halbleiter-Leistungsbauelemente - Untersuchungen zur Physik und Technologie. Wiss. Ber. AEG-Telefunken **55**(1–2) (1982)

[Scu89]　Schulze, H.J., Kuhnert, R.: Realization of high voltage planar junction termination for power devices. Solid State Electron. **32**(S), 175 (1989)

[Scu02]   Schulze, H.J., Niedernostheide, F.J., Schmitt, M., Kellner-Werdehausen, U., Wachutka, G.: Influence of irradiation-induced defects on the electrical performance of power devices. In: ECS Proceedings, 2002-20, pp. 320–335 (2002)

[Scu16]   Schulze, H.J., Öfner, H., Niedernostheide, F.J., Laven, J.G., Felsl, H.P., Voss, S., Schwagmann, A., Jelinek, M., Ganagona, N., Susiti, A., Wübben, T., Schustereder, W., Breymesser, A., Stadtmüller, M., Schulz, A., Kurz, T., Lükermann, F.: Use of 300 mm magnetic Czochralski wafers for the fabrication of IGBTs. In: Proceedings of the 28st ISPSD, Prague, pp. 355–359 (2016)

[Sie01]   Siemieniec, R., Netzel, M., Südkamp, W., Lutz, J.: Temperature dependent properties of different lifetime killing technologies on example of fast diodes. IETA2001, Cairo (2001)

[Sie02]   Siemieniec, R., Südkamp, W., Lutz, J.: Determination of parameters of radiation induced traps in silicon. Solid-State Electron. **46**, 891–901 (2002)

[Sie06]   Siemieniec, R., Niedernostheide, F.J., Schulze, H.J., Südkamp, W., Kellner-Werdehausen, U., Lutz, J.: Irradiation-induced deep levels in silicon for power device tailoring. J. Electrochem. Soc. **153**(2), G108–G118 (2006)

[SIL06]   Siltronic, A.G.: Float Zone Silicon at Siltronic. www.siltronic.com/int/media/publication/.../Leaflet_Floatzone_en.pdf (2006)

[Ste85]   Stengl, R., Gösele, U.: Variation of lateral doping – a new concept to avoid high voltage breakdown of planar junctions. In: IEEE IEDM 85, pp. 154 ff (1985)

[Sue94]   Südkamp, W.: DLTS-Untersuchung an tiefen Störstellen zur Einstellung der Trägerlebensdauer in Si-Leistungsbauelementen, Dissertation, Technical University of Berlin (1994)

[Swe83]   Swenson, C.A.: Recommended values for the thermal expansivity of silicon from 0 to 1000 K. J. Phys. Chem. Ref. Data. **12**, 179–182 (1983)

[Sze88]   Sze, S.M.: VLSI Technology. McGrawHill, New York (1988)

[Sze02]   Sze, S.M.: Semiconductor Devices, Physics and Technology, 2nd edn. Wiley, New York (2002)

[Tan59]   Tannenbaum, M.: Uniform n-type silicon, U.S. patent 3076732, filled 12 Dec 1959

[Tan61]   Tannenbaum, M., Mills, A.D.: Preparation of uniform resistivity n-type silicon by nuclear transmutation. J. Electrochem. Soc. **108**, 171–176 (1961)

[Tan10]   Tang, H., Fang, Z.Q., Rolfe, S., Bardwell, J.A., Raymond, S.: Growth kinetics and electronic properties of unintentionally doped semi-insulating GaN on SiC and high-resistivity GaN on sapphire grown by ammonia molecular-beam epitaxy. J. Appl. Phys. **107**, 103701 (2010)

[Tru60]   Trumbore, F.A.: Solid solubilities of impurity elements in germanium and silicon. Bell Syst. Tech. J. **39**, 205–233 (1960)

[Tsa83]   Tsai, J.C.C.: Diffusion. In: Sze, S.M (eds.) VLSI Technology, McGraw-Hill Book Company, pp. 169–218 (1983)

[Ued05]   Ueda, D., et al.: AlGaN/GaN Devices for Future Power Switching Systems. IEEE International Electron Devices Meeting, IEDM Technical Digest, pp. 377–380 (2005)

[Ued17]   Ueda, D.: Properties and Advantages of Gallium Nitride. In Meneghini, M., Meneghesso, G., Zanoni, E. (eds.) Power GaN Devices - Materials, Applications and Reliability, Springer International Publishing, Switzerland (2017)

[Ura99]   Ural, A., Griffin, P.B., Plummer, J.D.: Fractional contributions of microscopic diffusion mechanisms for common dopants and self-diffusion in silicon. J. Appl. Phys. **85**, 6440 ff (1999)

[Van04]   Van de Walle, C.G., Neugebauer, J.: First-principles calculations for defects and impurities: Applications to III-nitrides. J. Appl. Phys. **95**, 3851 (2004)

[Vob02]   Vobecký, J., Hazdra, P.: High-power P-i-N diode with the local lifetimecontrol based on the proximity gettering of platinum. IEEE Electron Device Lett. **23**(7), 392–394 (2002)

[Vob07]   Vobecký, J., Hazdra, P.: Radiation-enhanced diffusion of palladium for a local lifetime control in power devices. IEEE Trans. Electron Devices **54**(6), 1521–1526 (2007)

[Vob09]   Vobecký, J., Záhlava, V., Hemmann, K., Arnold, M., Rahimo, M.: The radiation enhanced diffusion (RED) diode - realization of a large area $p^+p^-n^-n^+$ structure with high SOA. In: Proceedings of the 21st ISPSD, Barcelona, pp. 144–147 (2009)

[Won85]   Wondrak, W.: Erzeugung von Strahlenschäden in Silizium durch hochenergetische Elektronen und Protonen, Dissertation, Frankfurt (1985)

[Won87]   Wondrak, W., Boos, A.: Helium implantation for lifetime control in silicon power devices. In: Proceedings of ESSDERC 87, Bologna, pp. 649–652 (1987)

[Yim74]   Yim, W.M., Paff, R.J.: Thermal expansion of AlN, sapphire, and silicon. J. Appl. Phys. **45**(3) (1974)

[Zie06]   Ziegler, J.F., Biersack, J.P.: The stopping and range of ions in matter. [Online]. http://www.srim.org/SRIM/SRIMINTRO.htm. Accessed 1 Mar 2006

第 5 章 pin 二极管

大多数功率二极管是 pin 二极管, 也就是说, 它们具有一个中间区, 其掺杂浓度远低于外部相连的 p 和 n 层。与单极器件相比(参见第 6 章), pin 二极管的优点是, 在基区大注入时, 通态电阻大为降低, 被称为电导调制。因此, pin 二极管可以用到很高的阻断电压。其基区不是如其名所提的本征。本征情况(掺杂在 $<10^{10}/\mathrm{cm}^3$ 的范围)不仅工艺上实现困难, 而且它甚至会对关断特性和其他特性不利。功率二极管一般有 $\mathrm{p^+ n^- n^+}$ 结构, 所以, 所谓的 i 层实际上就是 $\mathrm{n^-}$ 层。因为它比外面层的掺杂低几个数量级, pin 二极管其名就成了几乎所有情况下惯用的名称。

从应用的角度, 功率二极管可以分成两种主要类型:

整流二极管, 用于 50Hz 或 60Hz 的电网频率: 开关损耗起次要作用, 在中间层有高的载流子寿命。

快恢复二极管, 用作开关器件的续流二极管, 或者是在高频变压器后用作输出整流器。通常, 它们必须能够有高到 20kHz 的开关频率, 并且能在 50~100kHz 或更高的开关型电源中工作。在用硅制造的快速二极管中, 在中间低掺杂层中的载流子寿命必须减小到规定的低值。

5.1 pin 二极管的结构

根据工艺和掺杂分布, pin 二极管可以分成两种类型。对于用外延工艺制造的 pin 二极管(外延二极管, 见图 5-1a), 首先, $\mathrm{n^-}$ 层是用外延工艺沉积在高掺杂的 $\mathrm{n^+}$ 衬底上。然后用扩散工艺形成 p 层。用这种工艺制成的基区宽度 w_B 很小, 只有几微米, 因此, 靠着足够厚的衬底晶片, 使生产的晶片破损少, 产量高。通过提供复合中心(在大多数情况下是用扩金或扩铂)可以得到开关很快的二极管。因为 w_B 保持很小, 横过中间层的电压降是低的。外延(epi)二极管主要用于阻断电压 100~600V 之间的场合, 但是某些制造商也生产 1200V 的 epi 二极管。

因为外延工艺的成本是值得注意的, 对于更高阻断电压的二极管(一般是 1200V 及以上)是用扩散工艺制造的。对于扩散的 pin 二极管(见图 5-16b), 开始是用低掺杂的晶片, 用扩散法制成 $\mathrm{p^+}$ 层和 $\mathrm{n^+}$ 层。此时晶片的厚度是由中间 $\mathrm{n^-}$ 层的厚度 w_B 和扩散分布的深度来决定的。对于较低的电压, 所需的 w_B 小。用深的 $\mathrm{n^+}$ 和 $\mathrm{p^+}$ 层, 晶片厚度可以再次增加, 但是, 深 p 层对反向恢复特性不利。如此薄的晶片的工艺加工是面临挑战的。Infineon(英飞凌)已经采用了加工很薄晶片的工艺, 生产工艺中用的晶片厚度薄到<60μm。用这种工艺技术，也可生产有浅的 p 和 n⁺ 边界层的 600V 扩散续流二极管。

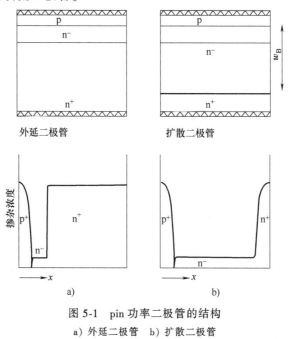

图 5-1　pin 功率二极管的结构

a) 外延二极管　b) 扩散二极管

5.2　pin 二极管的 *I-V* 特性

在 25℃ 下测得的快速 300V pin 二极管的 *I-V* 特性以及 *I-V* 特性参数的某些定义表示在图 5-2 上。图上正向和反向用了不同的坐标。在正向偏置下，特性曲线把定义为 I_F 的电流与电压降 V_F 联系起来。这必须与制造商数据表上规定的最大允许电压降 V_{Fmax} 区别开来。V_{Fmax} 是在规定条件下，在这种型号二极管中所产生的最大的正向电压降。在大多数情况下，该值明显大于各个样品的测量值，这是由在生产过程中参数的偏差引起的，例如，基区宽度 w_B。在快速二极管中，载流子寿命强烈影响 V_F。对于老一代的扩金或扩铂的快速二极管，由于控制这些工艺的困难，载流子寿命偏差相对较高，这是具有代表性的，参见第 4 章。某些制造商也规定了典型值，但是对于个别样品，这是保证不了的。

在反向偏置中，V_{BD} 是所给样品的物理击穿电压。I_R 表示在规定反向电压下测得的漏电流。这必须与 V_{RRM} 区别开来，V_{RRM} 是数据表上规定的最大反向电压；还必须与 I_{RM} 相区别，它是在 V_{RRM} 下规定的最大漏电流。因为制造商考虑到数据的分散性，可能加了余量，在单个二极管中，I_R 可能低很多，而 V_{BD} 会比较高；制造商提供了保证，但只限于 V_{RRM} 和 I_{RM}。

二极管的 *I-V* 特性是与温度密切相关的。随着温度的增加

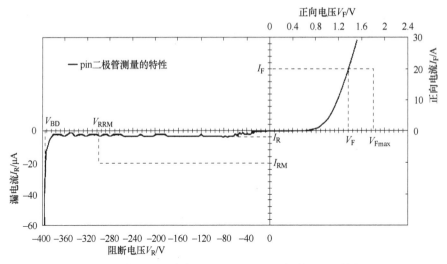

图 5-2　带有某些参数定义的快速 pin 二极管的 *I-V* 特性

1）漏电流 I_R 增加，在常用的最大允许工作温度 150℃ 下，I_R 可以高于室温下的反向漏电流几个数量级。漏电流的扩散分量和产生分量也都增加；参见式(3-59)和图 3-13。

2）阻断电压 V_{BD} 随着雪崩击穿的击穿电压的增加而略有增加；参见式(3-79)，其中与温度有关的参数在式(3-90)中。

3）自建电势 V_{bi} 降低，因为按照式(3-6)，与温度有关的决定性的参数是与温度关系密切的 n_i^2。这相应地降低了阈值电压 V_s。根据式(3-51)和式(3-52)对阈值电压的推导起决定作用的也是 n_i^2。

5.3　pin 二极管的设计和阻断电压

对于二极管的所有特性起主导作用的参数是低掺杂基区的宽度 w_B。首先，基区宽度和基区掺杂浓度决定了阻断电压。如图 5-3 所示，可以区分在阻断接近击穿的过程中电场形状的不同情况。

如果选择 w_B 和 N_D 使空间电荷区不能到达 n⁺层(三角形电场形状)，该设计被称为非穿通(Non-Punch Through，NPT)尺度法[Bal87]。如果选择 w_B 和 N_D 使空间电荷透入 n⁺层，那么电场形状是梯形或矩形(见图 5-3b 和 c)，该结构被称为穿通(Punch Through，PT)型。术语"穿通"用在这里含义不同于晶闸管。而在后一种器件中，空间电荷区到达电导率相反类型的层，导致击穿，在具有 PT 设计的二极管中，空间电荷层被同型电导率相同类型的高掺杂区所阻挡。用 NPT 和 PT 符号表示的二极管设计已被广泛应用。如 |$E(x)$| 线下的面积所示，对于给定的基区宽度 w_B，PT 设计产生更高的击穿电压，因此对于给定的 V_{BD}，它与 NPT 情况相比能够

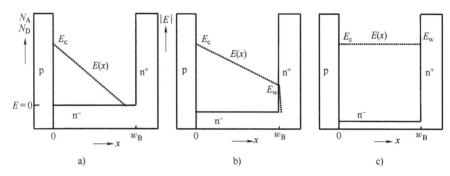

图 5-3 在不同设计的 pin(p⁺n⁻n⁺)二极管中，击穿时的电场分布
a) 三角形电场形状非穿通(NPT)二极管 b) 梯形电场形状穿通
(PT)二极管 c) PT⁻极限矩形电场形状

有更小的基区宽度。老一代快速 pin 功率二极管设计成 NPT 二极管，因为对于 PT 设计，可接受的反向恢复特性更难实现。如今，优化的快速二极管(见 5.7.4 节)，使用 PT 设计来实现低正向压降和低存储电荷。IGBT 采用梯形电场设计，在 n 基区终端使用"场阻挡层"，这使得通态压降显著降低。MOSFET 和肖特基二极管主要使用 PT 概念。本节将研究在不同的 PT 设计情况下(见图 5.3b 和 c)对于给定的阻断电压，如何确定所需的基区宽度，并与 NPT 尺度法进行比较。假设 p⁺n 和 nn⁺ 结是突变的。用乘方法近似式(3-75)，$\alpha_{eff} = B|E|^n$，指数 $n = 7$，根据式(3-83)常数 B 的值是 $2.11 \times 10^{-35} \, cm^6/V^7$。

对于 NPT 设计，击穿电压、基区掺杂浓度和击穿时空间电荷区的扩展之间的关系已在 3.3.2 节中给出，式(3-85)表示基区宽度和掺杂浓度必须满足 NPT 条件

$$w_B \geq w = \left(\frac{8}{B}\right)^{1/8} \left(\frac{\varepsilon}{qN_D}\right)^{7/8}$$

作为对于给定击穿电压 V_{BD} 必须满足的条件，式(3-80)反演得到

$$w_B \geq w = 2^{\frac{2}{3}} B^{\frac{1}{6}} V_{BD}^{\frac{7}{6}} \tag{5-1}$$

在硅中采用 NPT 设计的 pin 二极管必须满足 300K 下的这些条件。NPT 情况假设包括相同的符号，即这种情况是空间电荷区刚好接触 n⁺ 层而不被其阻止。如果没有另行说明，则只是处理下面满足上述条件的最小基本宽度 $w_B = w$ 的情况。

现在考虑常用 PT 尺度法的二极管。基区宽度和掺杂浓度均小于式(5-1)和前面的公式。空间电荷区穿透 n⁺ 层，在那里迅速下降到零，如图 5.3b 所示。要计算阻断电压，必须首先确定临界电场强度 E_c，这可能与 NPT 情况不同。击穿时基区上的电场给出为

$$E(x) = -E_c + \frac{qN_D}{\varepsilon}x \tag{5-2}$$

把其代入有效电离率的乘方近似 $\alpha_{eff} = B|E(x)|^7$，α_{eff} 再代入击穿条件式(3-71)中，得出

$$\int_0^{w_B} B\left(E_c - \frac{qN_D}{\varepsilon}x\right)^7 dx = 1 \tag{5-3}$$

积分得出

$$E_c^8 - \left(E_c - \frac{qN_D}{\varepsilon}w_B\right)^8 = \frac{8qN_D}{\varepsilon B} \tag{5-4}$$

因此可以写成

$$E_c = \left(\frac{8qN_D}{B\varepsilon} + E_w^8\right)^{1/8} \tag{5-5}$$

用

$$E_w = E_c - \frac{qN_D}{\varepsilon}w_B \tag{5-6}$$

E_w 表示 nn$^+$ 结处的电场强度的绝对值(见图 5.3b)。E_c 的隐式方程式(5.5)可以通过迭代求解,除了非常低的 N_D 和 $E_w \approx E_c$ 收敛很快。确定 E_c 后,击穿电压给出为

$$V_{BD} = \frac{E_c + E_w}{2} = \left(E_c - \frac{qN_D}{2\varepsilon}w_B\right)w_B \tag{5-7}$$

对于给定的基区宽度(85μm),用此方法算得的击穿电压作为 N_D 的函数画在图 5-4 上(实线)。随着 N_D 减少,击穿电压单调递增。这也适用于其他的基区宽度。

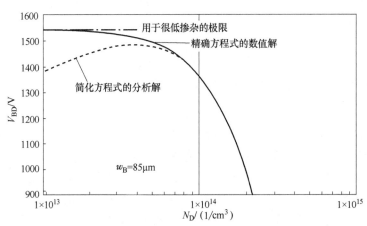

图 5-4 具有给定基区宽度的 p$^+$nn$^+$ 二极管的阻断电压随基区掺杂浓度的变化

人们经常用 $E_w \leqslant E_c/2$ 的中度或弱穿通的设计。这样,式(5-5)中的 E_w^8 项可以忽略,而得到临界电场

$$E_c = \left(\frac{8qN_D}{B\varepsilon}\right)^{1/8} \tag{5-8}$$

此公式与 $n=7$ 时的式(3-78)是相同的。从式(5-7)和式(5-8)得出击穿电压作为掺杂浓度和基区宽度的显函数

$$V_{BD} = \left(\frac{8qN_D}{\varepsilon B}\right)^{1/8} w_B - \frac{1}{2}\frac{qN_D}{\varepsilon}w_B^2 \tag{5-9}$$

$w_B = 85\mu m$ 时阻断电压与 N_D 的关系曲线也画在图 5-4 上(虚线)。当高的 N_D 降至 $8\times10^{13}/cm^3$ 时,其中 $E_w/E_c = 0.51$,曲线与精确的曲线重合。在这一点之下,近似解显示最大值,但是变得越来越不精确。在有些教科书里,从该近似得出在最佳掺杂浓度时,事实上击穿电压有最大值,从这点开始,随着掺杂的减少而降低。如图 5-4 所示,这是错误的。只要掺杂不是太低,忽略式(5-5)中的 E_w^8 项是允许的。

很低掺杂的极限值可以直接从电离积分中推导出来。在这种情况下,电场形状是矩形的,$E_w = E_c$,当 $n=7$ 时,具有电离率的乘方近似的雪崩击穿公式(3-71)的条件为

$$B\int_0^{w_B} E_c^7 dx = 1 \tag{5-10}$$

因此,按照 $E_c = 1/(Bw_B)^{1/7}$ 并用 $V_{BD} = E_c w_B$ 得出

$$V_{BD} = \left(\frac{w_B^6}{B}\right)^{1/7} \tag{5-11}$$

作为例子,$w_B = 85\mu m$ 时的极限值也画在图 5-4 上。掺杂浓度在 $2\times10^{13}/cm^3$ 范围时,阻断电压早就很快趋近这个极限值。

基区宽度作为 V_{BD} 的函数由式(5-11)得出

$$w_B(PT, lim) = B^{1/6} V_{BD}^{7/6} \tag{5-12}$$

最小可达到的基区宽度小于由式(5-1)给出的 NPT 设计的最小值 w_B 的 $2^{2/3}$,即 1.59 倍

$$w_B(PT, lim) = 2^{-2/3} w_B(NPT) \approx 0.63 w_B(NPT) \tag{5-13}$$

虽然 $w_B(PT, lim)$ 不是 $w_B(NPT)$ 的一半,如果两种情况下临界电场强度相等,则 PT 设计的减小非常显著。

图 5-5 表示对于 PT 设计式(5-12)和 NPT 设计式(5-1)的中间区域的最小宽度随击穿电压的变化。在这两种情况下 w_B 之间的差别导致正向电压降的显著不同。对于额定电压为 1200V 和必须有低的载流子寿命的快速二极管,在 V_F 上的差别高达 0.8V。对于更高的电压,PT 尺度法正向电压的减小甚至更大。对于导通损耗,这是重要的。因此,如果可能的话,则应该用 PT 尺度法。尽管如此,该设计也面临挑战,特别在关于反向恢复特性上,如后面将要看到的。

另一方面,在 nn⁺ 结处的很高电场有些不利,从工艺角度来看。一个缺点是电场 $E_w \approx E_c$ 需要在表面边缘终端上做的工作多得多。因此,只是中度的 PT 尺度法,通常用 $E_w \leq 1/2E_c$ 或更小,是优先选用的。如果比值 E_w/E_c 保持与击穿电压无关,

则对于每一个 E_w/E_c 值得到关系式 $w_B \propto V_{BD}^{7/6}$，但是式中的比例系数是随电场比值而变化的。对于 $E_w/E_c = 1/2$，计算得出

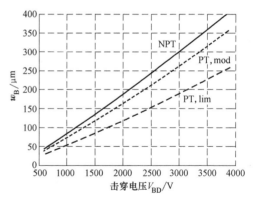

图 5-5　由三角形(NPT)和矩形(PT, lim)电场的尺度法确定的基区宽度 w_B。附加的曲线(PT, mod)是指适度的 PT，用于快速 pin 二极管

$$w_B(PT) = 0.7w_B(NPT) \quad (5-14)$$

实际上，本底掺杂的偏差和调整的基区宽度意味着理论的击穿电压通常没有完全达到。而且许多情况下，表面结终端结构不可能得到 100% 的体内击穿电压。因此理论击穿电压必须超过所需的最大阻断电压一定的百分比。根据经验，对于中度的 PT 尺度法，标定值可以给出为

$$w_B = \chi V_{BD}^{7/6}, \quad \chi = 2.3 \times 10^{-6} \, cm/V^{7/6} \quad (5-15)$$

掺杂浓度适当地选择略低于 NPT 值。该依赖关系式(5-15)在图 5-5 中描绘为用 "PT, mod" 表示的曲线。所描述的尺寸标注不仅考虑与之相关的二极管，也适用于其他功率器件，其基区含有一个更高的掺杂过渡层来限制空间电荷区的扩展。特别是肖特基二极管、MOSFET 和现代 IGBT 都是用 PT 设计的。在第 6.4 节中将特别讨论单极器件的设计。

功率器件必须在大约 230K 至高于 400K 的温度范围内工作。V_{BD} 的温度依赖性也受到 PT 设计的影响，因为决定它的除了临界电场的 T 依赖性之外，它也被 E_c 以何种方式进入击穿电压来确定。对于 NPT 设计，$V_{BD}(T)$ 由式(3-78)描述，温度相关参数 $n(T)$ 和 $B(T)$ 由式(3-87)给出。对于 PT 设计，定义了 $E_w/E_c \leq 1/2$ 这种情况，为了获得与温度相关的 V_{BD}，式(5-9)必须以包含 n 和 B 作为 T 依赖变量的形式使用。这是通过用表达式(3-78)代替式(5-9)中的 E_c 得到的

$$V_{BD} = \left[\frac{(n+1)qN_D}{\varepsilon B} \right]^{\frac{1}{n+1}} w_B - \frac{1}{2} \frac{qN_D}{\varepsilon} w_B^2 \quad (5-16)$$

必须从式(3-90)代入 $n(T)$ 和 $B(T)$。因为临界电场进入式(5-16)中只是线性的，而在 NPT 设计中按照式(3-79) V_{BD} 是与 E_c^2 成正比的，式(5-16)预示随温度的变化要小于 NPT 设计。原因是 PT 设计的基区宽度是恒定的，而 NPT 情况下的空间电荷区的宽度随 T 正比于 E_c 而增加。

因为在最低工作温度下必须有阻断能力，所以从室温向下 V_{BD} 的降低是备受关注的。通常，nn$^+$ 结不是突变的，而掺杂是逐步增加的。并且测得的温度关系发现是在式(5-16)和式(3-79)的预测之间。

方程式(5-16)也能用于由别的半导体制成的器件，当使用有 $E_w \leq 1/2E_c$ 的 PT

设计以及参数 n 和 B 已知时。这样，在 4H-SiC 二极管中，二极管的击穿电压可以用 3.3.3 节中给出的 n 和 B 的数据计算出来。

5.4　正向导通特性

5.4.1　载流子的分布

在正向偏置时，pin 二极管的低掺杂基区被从高掺杂的外部区域注入的载流子充满。其自由载流子的浓度增加到高于本底掺杂几个数量级，即低掺杂区的电导率急剧增加或"被调制"。因为在电中性条件 $n = p + N_D^+$ 下，掺杂浓度 N_D^+ 可以忽略，则基区中的空穴和电子的浓度近似相等

$$n(x) \approx p(x)$$

图 5-6 表示 1200V 的二极管在电流密度 160A/cm² 下计算出来的中间区域的载流子分布 $n = p$。其中，高掺杂区的注入比已被假设等于 1。n 和 p 超过本底掺杂达两个数量级以上。如果电子和空穴的迁移率相等，那么得到的是虚线。因为硅中

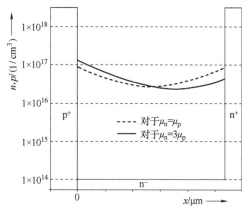

图 5-6　正向导通时基区中的载流子分布。二极管样品的 $\tau_{HL} = 0.48\mu s, w_B = 108\mu m$。p⁺ 和 n⁺ 层被假定为理想的发射极

电子比空穴移动快得多，空穴在 pn 结上增多，产生了非对称分布。

为了计算载流子分布，开始是用输运方程式（2-43a）和式（2-43b），当 $n = p$ 时，有以下形式：

$$j_p = q\mu_p pE - qD_p \frac{dp}{dx} \tag{5-17}$$

$$j_n = q\mu_n pE + qD_n \frac{dp}{dx} \tag{5-18}$$

因为在稳态情况下，考虑按照式（2-106），总电流密度 $j = j_n + j_p$ 是与 x 无关的，电场强度 E 用 j 来表达是合适的。将式（5-17）和式（5-18）相加，得出

$$j = j_n + j_p = q(\mu_n + \mu_p)pE + q(D_n - D_p)\frac{dp}{dx} \tag{5-19}$$

所以，电场是

$$E = \frac{\dfrac{j}{q} - (D_n - D_p)\dfrac{dp}{dx}}{(\mu_n + \mu_p)p} \tag{5-20}$$

正比于 j 的第一项是电阻或者欧姆电场。由浓度梯度和扩散系数之差决定的第二电场项被表示为"Dember 场"。该电场引起的电流和式(5-19)的扩散电流加起来为零。把式(5-20)代入到式(5-17)和式(5-18),得出

$$j_p = \frac{\mu_p}{(\mu_n + \mu_p)} j - q D_A \frac{\mathrm{d}p}{\mathrm{d}x} \tag{5-21}$$

$$j_n = \frac{\mu_n}{(\mu_n + \mu_p)} j + q D_A \frac{\mathrm{d}p}{\mathrm{d}x} \tag{5-22}$$

式中,D_A 是下列单个扩散系数的组合:

$$D_A = \frac{2 D_n D_p}{D_n + D_p} \tag{5-23}$$

对于这个关系式,爱因斯坦关系式 $D_{n,p} = (kT/q) \mu_{n,p}$ 已经用了。D_A 称为"双极扩散系数",而 $\mp q D_A \mathrm{d}p/\mathrm{d}x$ 项是双极扩散电流密度。这些包含了由 Dember 场产生的电流,它使电子和空穴的双极扩散电流大小相等方向相反。为了得到载流子浓度的微分方程式,必须把式(5-20)或式(5-21)代入相关的连续方程式。按照式(2-103),在稳态情况下,空穴的连续方程式可以写成

$$\frac{\mathrm{d}j_p}{\mathrm{d}x} = -qR = -q \frac{p}{\tau_{HL}} \tag{5-24}$$

式中,复合率 R 是按照式(2-49)和式(2-51)用 p 来表示的,而大注入载流子寿命 τ_{HL} 忽略了平衡载流子浓度。用式(5-21)替代 j_p,得出载流子浓度的下列微分方程式:

$$D_A \frac{\mathrm{d}^2 p}{\mathrm{d}x^2} = \frac{p}{\tau_{HL}} \tag{5-25}$$

式中,迁移率比值和双极扩散系数假设均为常数。由此,同样假设寿命 τ_{HL} 是常数,这与 SRH 模型的式(2-74)相符。因此微分方程式(5-25)有解 $p(x) \propto \exp(\pm x/L_A)$,式中 L_A 定义为双极扩散长度。

$$L_A = \sqrt{D_A \tau_{HL}} \tag{5-26}$$

除了微分方程式以外,所要的载流子分布还必须满足基区的边界条件,它是由 p^+ 和 n^+ 区的注入比给出的。在本节中,假设这些区域是理想的发射极(注入比为1),这意味着在 $p^+ n$ 结处 $j_n = 0$ 和 nn^+ 结处 $j_p = 0$。用式(5-21)和式(5-22)中的这些电流密度得出边界条件

$$q D_p \frac{\mathrm{d}p}{\mathrm{d}x}(0) = -j/2, \quad q D_n \frac{\mathrm{d}p}{\mathrm{d}x}(w_B) = j/2 \tag{5-26a}$$

在 $D_p < D_n$ 的同样范围内,在 $x = 0$ 处(基区的 p^+ 侧)浓度梯度的绝对值是大于 $x = w_B$ 处(n^+ 侧)的。考虑简化了的情况 $D_n = D_p = D_A = D$,满足条件式(5-26a)的式(5-25)的解是

$$p(x') = \frac{jL_A}{2qD\sinh[w_B/(2L_A)]}\cosh\left(\frac{x'}{L_A}\right)$$

这里，坐标 x' 在基区的中部有它的原点：$x' = x - w_B/2$。在图 5-6 上对称的载流子分布(虚线)是用这个公式和图中给出的参数计算出来的。该式给出的双曲余弦分布在这条曲线上看得很清楚。双极扩散长度 L_A 越小，这条载流子分布曲线就显得越向下凹。

在电子和空穴迁移率不同的实际情况下，载流子的分布可以写成

$$n(x') = p(x') = \frac{j\tau_{HL}}{2qL_A}\left(\frac{\cosh\dfrac{x'}{L_A}}{\sinh\dfrac{w_B}{2L_A}} - \frac{\mu_n - \mu_p}{\mu_n + \mu_p}\frac{\sinh\dfrac{x'}{L_A}}{\cosh\dfrac{w_B}{2L_A}}\right) \tag{5-27}$$

可以证明，式(5-25)的这个解是满足边界条件式(5-26a)的。对于给定的参数，由式(5-27)计算得到的载流子分布用实线画在图 5-6 上。在 p^+n 结[⊖]上的浓度比 nn^+ 结上的浓度高，是它的两倍以上(以后将证明这对于反向恢复特性是不利的)。最小值移向了 nn^+ 结。在式(5-27)中，含 $\sinh(x'/L_A)$ 的项表达了这种不对称。因为对于硅，$\mu_n \approx 3\mu_p$，这一项前面由迁移率组成的系数近似为 0.5。正如所指出的，式(5-27)的积分得出跨越基区的平均载流子浓度为

$$\bar{n} = \bar{p} = \frac{1}{w_B}\int_{-w_B/2}^{w_B/2} p\,dx' = \frac{j\tau_{HL}}{qw_B}$$

对于注入比小于 1 的实际的 p^+ 和 n^+ 区域，边界条件变了，而在式(5-27)中的系数不再有效。在这种情况下，在基区的载流子分布适合于写成以下形式：

$$p(x) = \frac{1}{\sinh(w_B/L_A)}\left[p_R\sinh\left(\frac{x}{L_A}\right) + p_L\sinh\left(\frac{w_B - x}{L_A}\right)\right] \tag{5-28}$$

式中，p_L，p_R 是基区左边和右边边界的浓度，并必须由一般的边界条件来决定(参见 5.4.5 节)。

5.4.2　结电压

在 p^+nn^+ 结构中，有一个空间电荷区在 p^+n 结，而另一个在 nn^+ 掺杂突变部分，因此，两者分别与自建电势 $V_{bi}(p^+n)$ 和 $V_{bi}(nn^+)$ 有关。如果加上正向电压 V_F，则它的一部用在结上降低该处的电位突变，并类似于单个 pn 结增加基区中的注入载流子浓度。另外，正向电压在弱掺杂基区上提供了一个为电流输运所需的欧姆电压降 V_{drift}。因此，如果结的部分电压被称为 $V_j(p^+n)$，$V_j(nn^+)$，则得到

$$V_F = V_j(p^+n) + V_{drift} + V_j(nn^+) \tag{5-29}$$

在结上内部电压的突变为

$$\Delta V(p^+n) = V_{bi}(p^+n) - V_j(p^+n)$$

⊖　原文误为 pn 结，应为 p^+n 结。——译者注

$$\Delta V(\mathrm{nn}^+) = V_{\mathrm{bi}}(\mathrm{nn}^+) - V_{\mathrm{j}}(\mathrm{nn}^+)$$

通过玻耳兹曼因子与空间电荷区的中性边界上的载流子浓度有关。对于在中性基区接近 $\mathrm{p}^+\mathrm{n}$ 结的空穴浓度 p_{L} 和在基区的 n^+ 边上的电子浓度 n_{R}(见图 5-6)得出

$$\frac{p_{\mathrm{L}}}{p^+} = \exp\left[-\frac{q\Delta V(\mathrm{p}^+\mathrm{n})}{kT}\right], \qquad \frac{n_{\mathrm{R}}}{n^+} = \exp\left[-\frac{q\Delta V(\mathrm{nn}^+)}{kT}\right] \tag{5-30}$$

式中,高掺杂区域的载流子浓度 p^+, n^+ 是用掺杂浓度 N_{A}, N_{D} 给出的。用相应的热平衡方程式(参见第 3 章)来除关系式(5-30)

$$\frac{p_{\mathrm{n}0}}{p^+} = \exp\left[-\frac{qV_{\mathrm{bi}}(\mathrm{p}^+\mathrm{n})}{kT}\right], \qquad \frac{N_{\mathrm{D}}}{n^+} = \exp\left[-\frac{qV_{\mathrm{bi}}(\mathrm{nn}^+)}{kT}\right]$$

得出结上外加部分的电压降为

$$V_{\mathrm{j}}(\mathrm{p}^+\mathrm{n}) = \frac{kT}{q}\ln\frac{p_{\mathrm{L}}}{p_{\mathrm{n}0}} = \frac{kT}{q}\ln\frac{p_{\mathrm{L}}N_{\mathrm{D}}}{n_{\mathrm{i}}^2}$$

$$V_{\mathrm{j}}(\mathrm{nn}^+) = \frac{kT}{q}\ln\frac{n_{\mathrm{R}}}{N_{\mathrm{D}}} \tag{5-31}$$

$V_{\mathrm{j}}(\mathrm{p}^+\mathrm{n})$ 和 $V_{\mathrm{j}}(\mathrm{nn}^+)$ 在与基区的掺杂浓度的关系上相互之间有很大的差别。通过自建电势巨大差别的消失,它们使得内部电压突变 $\Delta V(\mathrm{p}^+\mathrm{n})$ 和 $\Delta V(\mathrm{nn}^+)$ 变得非常相似。两者之和,即总的外加结电压 V_{j},与 N_{D} 无关

$$V_{\mathrm{j}} \equiv V_{\mathrm{j}}(\mathrm{p}^+\mathrm{n}) + V_{\mathrm{j}}(\mathrm{nn}^+) = \frac{kT}{q}\ln\frac{p_{\mathrm{L}}n_{\mathrm{R}}}{n_{\mathrm{i}}^2} \tag{5-32}$$

这些公式始终与注入水平无关,但是它们将被用于大注入条件之下,那里 $p_{\mathrm{L}} = n_{\mathrm{L}}$ 和 $n_{\mathrm{R}} = p_{\mathrm{R}}$。

作为图 5-6 的例子,$p^+ = 2\times10^{18}/\mathrm{cm}^3$, $N_{\mathrm{D}} = 7\times10^{13}/\mathrm{cm}^3$ 为中间层的掺杂浓度,且 $n^+ = 1\times10^{19}/\mathrm{cm}^3$,得到了 $V_{\mathrm{bi}}(\mathrm{p}^+\mathrm{n}) = 0.721\mathrm{V}$, $V_{\mathrm{bi}}(\mathrm{nn}^+) = 0.307\mathrm{V}$。$p_{\mathrm{L}}$ 和 p_{R} 取自图 5-6 上的不对称载流子分布,获得 $V_{\mathrm{j}}(\mathrm{p}^+\mathrm{n}) = 0.654\mathrm{V}$, $V_{\mathrm{j}}(\mathrm{nn}^+) = 0.161\mathrm{V}$, $V_{\mathrm{j}} = 0.815\mathrm{V}$。对于总的内部电压突变,其结果是 $\Delta V(\mathrm{p}^+\mathrm{n}) = 0.067\mathrm{V}$, $\Delta V(\mathrm{nn}^+) = 0.136\mathrm{V}$。

5.4.3 中间区域两端之间的电压降

现在降在中间区域两端之间的电压 V_{drift} 必须要计算出来。V_{drift} 用式(5-20)中给出的电场积分后得出。它包含在分母中作为第二项 Dember 场,该电场正比于载流子浓度梯度。此项导出 Dember 电压 V_{Dem}。用爱因斯坦关系式(2-44),从式(5-20)得出

$$V_{\mathrm{Dem}} = \frac{kT}{q}\frac{\mu_{\mathrm{n}}-\mu_{\mathrm{p}}}{\mu_{\mathrm{n}}+\mu_{\mathrm{p}}}\ln\frac{p_{\mathrm{L}}}{p_{\mathrm{R}}} \tag{5-33}$$

对于对称的载流子分布,该电压项消失,因为 $p_{\mathrm{L}} = p_{\mathrm{R}}$。但是对于实际上的非对称分布,$V_{\mathrm{Dem}}$ 也是非常小的。以图 5-6 为例,是 $V_{\mathrm{Dem}} = 14.3\mathrm{mV}$,可以被忽略。

从式(5-20)正比于电流密度的项中,得出中间区域上的电压为

$$V_{\text{drift}} = \frac{j}{q(\mu_n + \mu_p)} \int_0^{w_B} \frac{\mathrm{d}x}{p(x)} \tag{5-34}$$

对于均匀分布，$p(x)=$ 常数，积分会等于 w_B/p。对于不太强的非均匀分布，如果 p 用平均值 $\bar{p}$ 替代，则其结果相似。这就得出

$$V_{\text{drift}} = \frac{jw_B}{q(\mu_n + \mu_p)\bar{p}} \tag{5-35}$$

用精确的载流子分布式(5-27)对式(5-34)进行积分可以验证(参见下文)，当 $w_B/L_A \leqslant 3$ 时，这是一个好的近似，但是，高至 $w_B/L_A = 4$ 时，它可以作为一个粗糙的近似。当 $w_B/L_A = 3$ 时，虽然不均匀性是值得注意的$[\cosh(1.5)=2.35]$，但式(5-35)产生的误差仅为 7%。载流子浓度代表了储存电荷

$$Q_F = qAw_B\bar{p} \tag{5-36}$$

用该式，得出

$$V_{\text{drift}} = \frac{I_F w_B^2}{(\mu_n + \mu_p)Q_F} \tag{5-37}$$

式中，$I_F = Aj$ 表示正向电流(A 是器件的面积)。

5.4.4　在霍尔近似中的电压降

为了进一步计算，像在 5.4.1 节中那样，我们假定在 p^+ 和 n^+ 区域内的复合是可以忽略的(注入比为 1)。这样假设是因为在基区中的额外载流子比边缘区域高出几个数量级(见图 5-7)。在二极管特性的理论中，这种情况被称为霍尔近似(Hall Approximation)$[\text{Hal52}]$。因为忽略了边缘区域中的少数载流子电流，连续方程式(5-25)的积分得出电流密度：

$$j = \frac{qw_B\bar{p}}{\tau_{\text{HL}}} \tag{5-38}$$

式(5-38)乘以 $A\tau_{\text{HL}}$，得出储存的电荷为

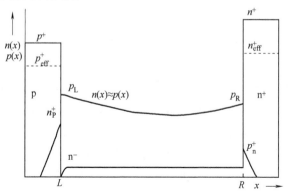

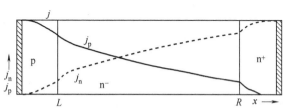

图 5-7　在边界区域考虑了复合的 pin 二极管

$$Q_F = I_F\tau_{\text{HL}} \tag{5-38a}$$

因此从式(5-37)得出

$$V_{\text{drift}} = \frac{w_B^2}{(\mu_n + \mu_p)\tau_{\text{HL}}}, \quad w_B/L_A < 3 \tag{5-39}$$

用式(5-26)中定义的双极扩散长度 L_A 表示的 τ_{HL} 和式(5-23)，式(5-39)可以写成以下形式：

$$V_{drift} = f(b)\frac{kT}{q}\left(\frac{w_B}{L_A}\right)^2, \quad f(b) = \frac{2b}{(1+b)^2} \tag{5-40}$$

式中，$b \equiv \mu_n/\mu_p$。式(5-40)可以在很多器件物理的教科书中找到。系数 $f(b)$ 总是 $\leqslant 1/2$。对于硅，迁移率比值是 $b \approx 3$，由此得出 $f(b) \approx 3/8$。像式(5-37)、式(5-39)和式(5-40)一直用到约 $w_B/L_A = 4$。甚至当 $w_B = 4L_A$ 时，按照式(5-40)，V_{drift} 只有 0.16V。

对于更为明显下凹的载流子分布，电压降主要由最低浓度的区域产生，因此式(5-39)和式(5-40)中 V_{drift} 是被低估的。通过用精确的分布式(5-27)对式(5-34)进行积分，可以得到 V_{drift} 的精确公式。用 $d = w_B/2$，结果可以写成

$$V_{drift} = 4f(b)\frac{kT}{q}\sinh\left(\frac{d}{L_A}\right)\cosh\left(\frac{\Delta}{L_A}\right)\arctan\left[\frac{\sinh(d/L_A)}{\cosh(\Delta/L_A)}\right] \tag{5-41}$$

式中，Δ 表示 $p(x)$ 离基区中间的最小距离。不对称增加了一点电压降。在极限情况 $d/L_A \gg 1$ 时，式(5-41)转化成

$$V_{drift} = \pi f(b)\frac{kT}{q}\cosh\left(\frac{\Delta}{L_A}\right)\exp\left(\frac{d}{L_A}\right), \quad w_B > 2L_A \tag{5-41a}$$

如上所述，本节的公式适用于在高掺杂外层忽略复合的情况。但是式(5-39)和式(5-41)的右侧基本上也可以在一般情况下用作 V_{drift} 中的因子。

按照式(5-39)~式(5-41)，中间区两端间电压降(明显地)与电流无关。增加的电流被成比例增加的载流子浓度所抵消，因此，在式(5-35)中的比值 $j/\bar{p}$ 是常数。实际上，μ_n 和 μ_p 的减小引起 V_{drift} 随电流而增加。按照式(5-38)，甚至在正常的正向电流密度下，浓度 $\bar{p}$ 达到很高的值。在如此高的浓度下，因为 Auger 复合，寿命也会大幅降低。这些效应和结电压按照式(5-32)略有增加结合在一起导致正向电压随电流有明显的增加。在此范围内，Auger 复合起强烈的主导作用，因此，基区中的寿命是很不均匀的，无论如何，上面的分析近似变得不够充分。

但是，不管怎么说，这些公式的应用范围是被限制在小得多的浓度和电流密度内的。如前所述，它们是以忽略发射区中复合这个条件为基础的，在比 Auger 复合时小 10 倍的 $\bar{p}$ 下，这就变得有意义了。一般，霍尔近似大约用到 $5 \sim 30A/cm^2$ 的电流密度，这与基区的寿命和宽度有关。超过这个限制，实验的正向电压(见图 5-2)相当高，而且随电流增加比计算的显著增加。这受到观察结果的支持，即储存电荷在相关范围内随电流的增加基本上慢于按线性关系式(5-38a)的增加。在下一节中，理论将阐述考虑发射极复合的情况，分析这些误差。

基区电导率随大注入剧烈增加依然如此。但是，由于电导调制，甚至具有宽的弱掺杂基区的高压器件可以工作在高的正向电流密度下，而没有产生很高的正向电压。

5.4.5　发射极复合、有效载流子寿命和正向特性

发射极复合对 pn 结注入效率的影响已经在 3.4 节中详细叙述过了。正向偏置的 pin 二极管的结用的是式(3-96)，少数载流子空穴电流 $j_p(n^+) = q h_n p_R^2$ 流进 n^+ 区，而电子电流 $j_n(p^+) = q h_p p_L^2$ 在 p^+ 区里流动，式中 h_p 和 h_n 是式(3-107)和式(3-109)给出的各自发射区的常数(假设忽略了接触处的复合)。在图 5-7 的情况下，如果 h_p 和 h_n 的典型值是 $2 \times 10^{-14} \mathrm{cm}^4/\mathrm{s}$，则这些电流为 $j_n(p^+) \approx 32 \mathrm{A/cm}^2$ 和 $j_p(n^+) \approx 8 \mathrm{A/cm}^2$(见图 3-21)。因此，由于在边缘区域的复合，其电流占到基区复合电流的 25%，在这种情况下，基区中的寿命是非常小的($0.48\mu\mathrm{s}$)。对于更高的 τ_{HL}，更大的电流密度或故意降低注入比，发射极复合电流可以起主要作用。

为了计算发射极复合对于 pin 二极管的正向特性的影响，从本章参考文献[Sco69]引入有效载流子寿命 τ_{eff} 为

$$\frac{\int_{-\infty}^{\infty} \Delta p \, \mathrm{d}x}{\tau_{\mathrm{eff}}} = \int_{-\infty}^{\infty} \frac{\Delta p}{\tau_p} \mathrm{d}x \tag{5-42}$$

根据定义，τ_{eff} 是一个包含发射极复合构成的平均载流子寿命。积分从深处于 p^+ 区的点($x = -\infty$)经过基区扩展到深处于 n^+ 区的点($x = \infty$)。在注入水平高的基区中，额外空穴浓度使 $p = n$，而在 p^+ 区，复合率 $\Delta p/\tau_p$ 可以等于少数载流子复合率 $\Delta n/\tau_n(n^+) \approx n/\tau_p$。为了认识有效寿命对于器件特性的重要性，用连续方程式(2-103)，在一维形式中，它可以写成

$$-\frac{\partial j_p}{\partial x} = q \frac{\Delta p}{\tau_p} + q \frac{\partial \Delta p}{\partial t} \tag{5-43}$$

因为在 p^+ 区深处的空穴电流等于总电流 $[j_p(-\infty) = j]$，而在 n^+ 区深处的是零 $[j_p(\infty) = 0]$，式(5-43)的积分得出

$$j = q \int_{-\infty}^{\infty} \frac{\Delta p}{\tau_p} \mathrm{d}x + q \frac{\mathrm{d}}{\mathrm{d}t} \int_{-\infty}^{\infty} \Delta p \, \mathrm{d}x \tag{5-44}$$

代入式(5-42)，并乘以面积，得出

$$I = \frac{Q}{\tau_{\mathrm{eff}}} + \frac{\mathrm{d}Q}{\mathrm{d}t} \tag{5-45}$$

式中，I 表示电流，而 Q 是额外载流子的储存电荷：$Q \equiv qA \int \Delta p \, \mathrm{d}x$。式(5-45)是普遍有效的电荷动态公式。对于稳态正向电流 I_F，它取的形式是

$$Q_F = I_F \tau_{\mathrm{eff}} \tag{5-46}$$

式中，Q_F 是这种特殊情况下的储存电荷。对于给定的正向电流 I_F，按照式(5-46)，有效寿命可以通过测量 Q_F 直接决定。与式(5-38a)比较，在基区中的寿命 τ_{HL} 被构成式(5-46)中的有效寿命所替代。当电流中断时，τ_{eff} 表示储存电荷的衰减时间，因为当 $I_F = 0$ 时，式(5-45)得出 $\mathrm{d}Q/\mathrm{d}t = -Q/\tau_{\mathrm{eff}}$。

对 *I-V* 特性恰恰重要的是广泛应用的近似式(5-35)和式(5-37)中,有效寿命决定了中间区两端间的电压降。将式(5-46)代入式(5-37),得出

$$V_{\text{drift}} = \frac{w_{\text{B}}^2}{(\mu_{\text{n}} + \mu_{\text{p}}) \tau_{\text{eff}}} \tag{5-47}$$

这个公式是式(5-39)在结的注入比低于 1 的实际情况下的普遍化。如果 $w_{\text{B}} < 4\sqrt{D_{\text{A}} \tau_{\text{HL}}}$,则式(5-47)是可用的[参见对式(5-35)的讨论]。

现在来估算有效寿命与器件参数以及与储存电荷或基区中的平均浓度 $\bar{p}$ 的关系。将式(5-42)的右边积分区间分成三个有恒定寿命的中性区(见图 5-7),得出

$$\frac{1}{\tau_{\text{eff}}} \int_{-\infty}^{\infty} \Delta p \, \mathrm{d}x = \frac{1}{\tau_{\text{n}}} \int_{-\infty}^{x_{\text{p}}} n \, \mathrm{d}x + \frac{1}{\tau_{\text{HL}}} \int_{L}^{R} p \, \mathrm{d}x + \frac{1}{\tau_{\text{p}}} \int_{x_{\text{n}}}^{\infty} p \, \mathrm{d}x \tag{5-48}$$

在右边,平衡少数载流子浓度以及从 x_{p} 到 L 和从 R 到 x_{n} 空间电荷层的贡献同样都被忽略了。因为积分正比于各自的储存电荷,式(5-48)可以写成

$$\frac{Q}{\tau_{\text{eff}}} = \frac{Q_{\text{n}}(\text{p}^+)}{\tau_{\text{n}}(\text{p}^+)} + \frac{Q_{\text{B}}}{\tau_{\text{HL}}} + \frac{Q_{\text{p}}(\text{n}^+)}{\tau_{\text{p}}(\text{n}^+)} \tag{5-49}$$

式中,Q_{B} 表示在基区中的储存电荷,$Q_{\text{n}}(\text{p}^+)$,$Q_{\text{p}}(\text{n}^+)$ 分别是在 p+ 和 n+ 区中的少数载流子的储存电荷,而 $Q = Q_{\text{B}} + Q_{\text{n}}(\text{p}^+) + Q_{\text{p}}(\text{n}^+)$ 表示整个储存电荷。因为在端部区域的小注入以及相对小的少数载流子扩散长度,储存电荷 $Q_{\text{n}}(\text{p}^+)$、$Q_{\text{p}}(\text{n}^+)$ 比储存电荷 $Q_{\text{B}} = q \cdot w_{\text{B}} \cdot \bar{p}$ 小,假设基区宽度不太小和注入水平又不是很高。式(5-49)表明,尽管储存电荷 $Q_{\text{n}}(\text{p}^+)$,$Q_{\text{p}}(\text{n}^+)$ 小,如果寿命 $\tau_{\text{n}}(\text{p}^+)$,$\tau_{\text{p}}(\text{n}^+)$ 相应小于 τ_{HL},则在端区的复合是重要的。后者能由 Auger 复合,由在外层的高浓度的复合中心[参见对式(3-108)的讨论],或由导致高表面复合的边区设计引起。

在式(5-48)右边的第一项和第三项积分中代入指数形式的少数载流子分布,得出与 3.4 节中引入的发射极参数的关系。对于 n+ 层,用式(3-43)、式(3-104)和式(3-105)并忽略平衡浓度 p_{n0},可以得到

$$\frac{1}{\tau_{\text{p}}} \int_{x_{\text{n}}}^{\infty} p \, \mathrm{d}x = \frac{L_{\text{p}}}{\tau_{\text{p}}}(\text{n}^+) p_{\text{n}}^* = \frac{L_{\text{p}}}{\tau_{\text{p}}} \frac{p_{\text{R}}^2}{n^+} \mathrm{e}^{\Delta E_{\text{g}}/kT} = h_{\text{n}} p_{\text{R}}^2 \tag{5-50}$$

禁带宽度变窄 ΔE_{g} 导致少数载流子浓度 p_{n}^* 的增加并因此引起发射极参数 h_{n} 的增加。类似的公式适用于 p+ 区上的复合的积分[见式(5-48)右边第一项]:

$$\frac{1}{\tau_{\text{n}}} \int_{-\infty}^{L} n \, \mathrm{d}x = \frac{L_{\text{n}}(p)}{\tau_{\text{n}}(p)} n_{\text{p}}^* = \frac{L_{\text{n}}}{\tau_{\text{n}}} \frac{p_{\text{L}}^2}{p^+} \mathrm{e}^{\Delta E_{\text{g}}/kT} = h_{\text{p}} p_{\text{L}}^2 \tag{5-51}$$

如果在式(5-48)中左边的积分用 $w_{\text{B}} \bar{p}$ 来近似,则忽略端区中储存的少数载流子电荷,从式(5-48)、式(5-50)和式(5-51)得出

$$\frac{1}{\tau_{\text{eff}}} = \frac{1}{\tau_{\text{HL}}} + h_{\text{p}} \frac{p_{\text{L}}^2}{w_{\text{B}} \bar{p}} + h_{\text{n}} \frac{p_{\text{R}}^2}{w_{\text{B}} \bar{p}} \tag{5-52}$$

为了把平均浓度 $\bar{p}$ 与边界上的浓度 p_L 和 p_R 联系起来，载流子分布用了式 (5-28) 的形式。得出

$$\bar{p} = \frac{1}{w_B}\int_L^R p\,\mathrm{d}x = \frac{L_A}{w_B}\tanh\left(\frac{d}{L_A}\right)(p_L + p_R) \tag{5-53}$$

为了写得更简单，再一次用字母 d 来表示 $w_B/2$。利用式 (5-53) 和式 (5-52)，可以写成

$$\frac{1}{\tau_{\text{eff}}} = \frac{1}{\tau_{\text{HL}}} + \frac{H}{d}\left\{\frac{d/L_A}{\tanh[d/(L_A)]}\right\}^2 \bar{p} \tag{5-54}$$

其中

$$H = 2\,\frac{\eta^2 h_p + h_n}{(\eta+1)^2} \tag{5-55}$$

式中，$\eta = p_L/p_R$。参数 H 足够近似，经常与 $\bar{p}$ 无关。对于对称分布 ($\eta=1$)，H 减小到 $(h_n + h_p)/2$。用典型的 H 值 $2\times10^{-14}\,\mathrm{cm^4/s}$，在 $\bar{n} = \bar{p} = 1\times10^{17}/\mathrm{cm^3}$ 时，若基区宽度 $w_B = 200\mu\mathrm{m}$，则从式 (5-54) 得出

$$\frac{1}{\tau_{\text{eff}}} = \frac{1}{\tau_{\text{HL}}} + \frac{1}{5\mu\mathrm{s}}\left[\frac{d/L_A}{\tanh(d/L_A)}\right]^2, \quad \bar{p} = 1\times10^{17}/\mathrm{cm^3}$$

即使载流子寿命 τ_{HL} 很高，在这种情况下，有效载流子寿命仍保持在 $5\mu\mathrm{s}$ 以下，在 $w_B/L_A \to 0$ 时，此值是由边界区域的复合产生的。

有效寿命 τ_{eff} 和基区大注入寿命 τ_{HL} 的测量结果作为基区中平均浓度 $\bar{n} = \bar{p}$ 的函数画在图 5-8 上。$\tau_{\text{eff}} = Q_F/I_F$ 是通过测量储存电荷 Q_F 来确定的，它同时提供了浓度 $\bar{n}$。基区寿命 τ_{HL} 是根据通过复合辐射剖面图测得的载流子分布决定的。虽然发现 τ_{HL} 几乎与载流子浓度无关，但在所示范围内，τ_{eff} 却差不多减小了一个数量级。这与上述理论是一致的；特别是 τ_{eff} 随 $\bar{n}$ 的变化可以用式 (5-52) 式 (5-54) 来描述。与这些公式不一致的一点是，对于小的 $\bar{n}$，τ_{eff} 不趋向于基区寿命 τ_{HL}，而是要小很多。在本节的最后将会回来讨论这个问题。

边界浓度 p_L，p_R 与参数 h_p，h_n 的关系非常密切。在某些现代的快速功率二极管中，p 发射极做成小的注入效率，而 n^+ 区保持小参数 h_n 的通常形式。这导致了载流子分布与图 5-6 相反，从而改善了反向恢复特性。h 值对载流子分布的影响来自于 p^+n 结上的电子电流和 nn^+ 结上的空穴电流的连续性。用式 (5-21)、式 (5-22) 与式 (5-28) 一起，边界条件可以写成

$$\frac{D_n}{D_n + D_p}j - q\,\frac{D_A}{L_A}\left[\frac{p_L}{\tanh(w_B/L_A)} - \frac{p_R}{\sinh(w_B/L_A)}\right] = q h_p p_L^2 \tag{5-56a}$$

$$\frac{D_p}{D_n + D_p}j + q\,\frac{D_A}{L_A}\left[\frac{p_L}{\sinh(w_B/L_A)} - \frac{p_R}{\tanh(w_B/L_A)}\right] = q h_n p_R^2 \tag{5-56b}$$

显然，对于 p_L 和 p_R 不用解这些方程式，人们也能看出如果 h_p 增加，p_L 会变

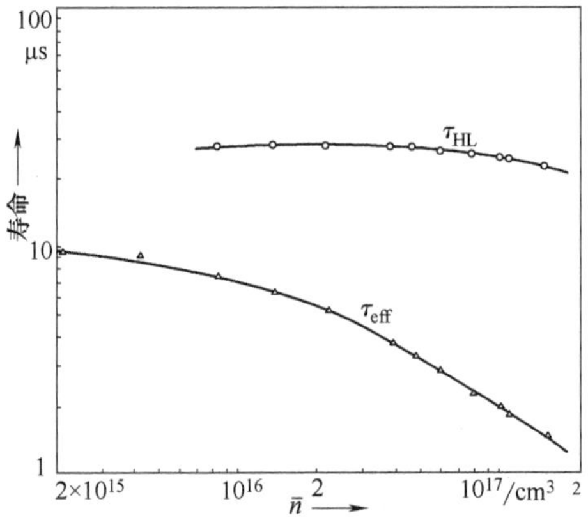

图 5-8　正向偏置下的 pin 二极管的有效寿命 τ_{eff} 和基区中的寿命 τ_{HL}
随基区中平均载流子浓度的变化(参见引自本章参考文献[Sco82]的原文)

得更小。在比基区复合大得很多的发射极复合的极限情况下(右边)由式(5-56a)与式(5-56b)相除可知，比值 $\eta = p_{\text{L}}/p_{\text{R}}$ 趋向于 $[D_{\text{n}}h_{\text{n}}/(D_{\text{p}}h_{\text{p}})]^{1/2}$。$\eta$ 作为 $\bar{p}$ 和器件参数 h_{p}，h_{n}，w_{B} 以及 L_{A} 的函数，有关计算给出在本章参考文献[Sco69]中。参数 H 是按照式(5-54)来决定有效寿命的，因此，电压降 V_{drift} 变化比 h_{p} 小，因为 η 随 h_{p} 的增加而减小。用上述设计原理制造的 1200V 二极管测得的载流子分布表示在 5.7.4 节中的图 5-33 上。在该二极管中，p 发射极层掺杂浓度为 $N_{\text{A}} = 5 \times 10^{16}/\text{cm}^3$，厚度 $w_{\text{p}} = 2\mu\text{m}$，按照式(3-106)得出 $h_{\text{p}} = 2.6 \times 10^{-12}\,\text{cm}^4/\text{s}$。$\text{n}^+$ 区的掺杂浓度约为 $10^{19}/\text{cm}^3$，估计 h_{n} 值为 $2 \times 10^{-14}\,\text{cm}^4/\text{s}$。如图所示，边界浓度 p_{L} 较小，约为 p_{R} 的 1/4。但是，式(5-52)中的复合项 $h_{\text{p}}p_{\text{L}}^2$ 仍然大于 $h_{\text{n}}p_{\text{R}}^2$ 的 7 倍。

根据式(5-46)式(5-54)，电流密度可以表示为浓度 $\bar{p}$ 的函数

$$j = \frac{Q_{\text{F}}/A}{\tau_{\text{eff}}} = \frac{qw_{\text{B}}\bar{p}}{\tau_{\text{eff}}} = q\bar{p}\left\{\frac{w_{\text{B}}}{\tau_{\text{HL}}} + 2H\left[\frac{d/L_{\text{A}}}{\tanh(d/L_{\text{A}})}\right]^2\bar{p}\right\} \tag{5-57}$$

将式(5-54)代入式(5-47)得出基区两端间的电压降

$$V_{\text{drift}} = \frac{w_{\text{B}}}{\mu_{\text{n}}+\mu_{\text{p}}}\left\{\frac{w_{\text{B}}}{\tau_{\text{HL}}} + 2H\left[\frac{d/L_{\text{A}}}{\tanh(d/L_{\text{A}})}\right]^2\bar{p}\right\} \tag{5-58}$$

用式(5-53)，结电压式(5-32)可以写成

$$V_{\text{j}} = 2\frac{kT}{q}\ln\left[\frac{2\sqrt{\eta}}{1+\eta}\frac{d/L_{\text{A}}}{\tanh(d/L_{\text{A}})}\frac{\bar{p}}{n_{\text{i}}}\right] \tag{5-59}$$

如前所述，式中 $\eta = p_{\text{L}}/p_{\text{R}}$。用式(5-57)～式(5-59)，I-V 特性在参数表达式 $j(\bar{p})$ 和 $V_{\text{F}}(\bar{p}) = V_{\text{j}}(\bar{p}) + V_{\text{drift}}(\bar{p})$ 中给出。特性的这种形式的优点是，迁移率和双极扩

散常数，还有在 L_A 中的寿命都可以代入作为 $\bar{p}$ 的函数，以研究载流子-载流子散射，如果需要，则还可以研究 Auger 复合。

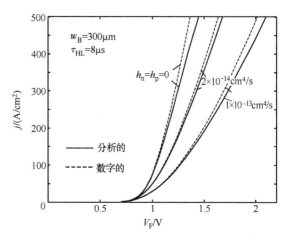

图 5-9　用不同的发射极参数计算的电流-电压特性

用这些公式对于不同的 h_p、h_n 值算得的正向特性表示在图 5-9 上（实线）。基区的尺寸适合于 3kV 的二极管。如第 2 章中描述的，载流子-载流子的散射已经考虑进去。弃用了从式（5-34）～式（5-35）这一步中的忽略，采用了后面式（5-63）给出的不均匀系数。

在 $h_n = h_p = 2 \times 10^{-14} \mathrm{cm}^4/\mathrm{s}$ 情况下，得到了具有这些尺寸的二极管的实际特性。对于 $h_n = h_p = 0$（霍尔情况），在大电流密度下，浓度 $\bar{p}$ 变得如此之高，使基区中的 Auger 复合变得十分重要。在上面的模型里，Auger 复合是用 $1/\tau_{HL} + (c_{A,n} + c_{A,p})\bar{p}^2$ 代替 $1/\tau_{HL}$［见式（2-59）］来研究的。为了检验模型的准确性，数字计算得到的特性也画在图 5-9（虚线）上。它们是这样得出的，用式（5-21）中的包含 Auger 复合在内的寿命和可变的迁移率，根据微分方程式（5-25）确定每一个电流密度的载流子分布；把式（5-34）中的迁移率之和从积分的下方移开。如所看到的那样，分析近似是相当准确的。超过图中的电流范围以及在霍尔情况下，分析模型不再适合。毕竟，霍尔情况总是要有前提的。

有时，希望有正向电压和电流密度之间的直接的关系式。为了推导该关系式，首先解式（5-57）中的 $\bar{p}$，得出

$$\frac{1}{\bar{p}} = \frac{qw_B}{2j\tau_{HL}}\left[1 + \sqrt{1 + \frac{2\tau_{HL}H}{qD_A\tanh^2(d/L_A)}j}\right] \tag{5-60}$$

将此式代入式（5-35），得出中间区两端的电压降

$$V_{\mathrm{drift}} = \frac{w_B^2}{2(\mu_n + \mu_p)\tau_{HL}}\left[1 + \sqrt{1 + \frac{2\tau_{HL}H}{qD_A\tanh^2(d/L_A)}j}\right] \tag{5-61}$$

把式（5-60）代入式（5-59），得出结电压作为电流密度的函数。因此，现在给出了正向电压 $V_F = V_j + V_{\mathrm{drift}}$ 作为电流密度 j 的函数。

与霍尔近似式（5-39）相反，现在，电压降 V_{drift} 明显依赖于电流密度。当发射极参数 H 足够小或者小的电流密度 j 下，式（5-61）就简化为式（5-39）。因为 H 不能做得比 $1 \times 10^{-14} \mathrm{cm}^4/\mathrm{s}$ 更小，则式（5-61）中与电流有关的项立即变得重要起来。参考的电流密度

$$j_0 \equiv \frac{q D_A \tanh^2(d/L_A)}{2\tau_{HL} H}$$

根据此式，电流密度 j 开始时是相当小的。例如，如果 $H = 2 \times 10^{-14}\,\mathrm{cm^4/s}$，$d = 100\,\mu\mathrm{m}$，$\tau_{HL} = 4\,\mu\mathrm{s}$，$D_A = 15\,\mathrm{cm^2/s}$，$j_0$ 只有 $11.1\,\mathrm{A/cm^2}$。如果为了上述原因把 H 做大，则 j_0 将仍然比较小。当 $j \gg j_0$ 时，式(5-61)转化成

$$V_{\mathrm{drift}} = \frac{w_B^2}{(\mu_n + \mu_p) L_A \tanh(d/L_A)\sqrt{2}} \sqrt{Hj/q} \tag{5-62}$$

这里，在迁移率的变化可以被忽略以前，V_{drift} 是正比于电流密度的二次方根的。按照式(5-60)，在这种情况下，$\bar{p}$ 正比于 $\sqrt{j}$；因此，式(5-35)中的 $j/\bar{p}$ 也是正比于 $\sqrt{j}$ 的。这个关系式是与测量结果一致的，测量结果经常给出功率二极管的依赖关系 $(V_F - V_j) \propto \sqrt{j}$。

图 5-10 表示了 600V 的快速二极管正向特性的测量结果

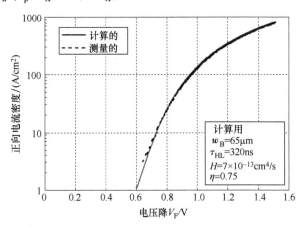

图 5-10　600V 快速二极管测出的正向特性与考虑了发射区中复合的计算结果的比较

以及用式(5.59)~式(5.61)的计算结果。μ_n，μ_p，D_A 与载流子浓度的依赖关系，是用了第 2.6 节和附录 A 中给出的公式。在一个很宽的电流密度范围内，计算与测量是一致的。

如果载流子分布是很不均匀的，即很不对称或者如果以 $d/L_A > 2$ 为特征的，则作为计算基础的近似式(5-35)或式(5-47)明显低估了电压降 V_{drift}。用精确的载流子分布 $p(x') = \cosh(x' - \Delta)/L_A$，求出在式(5-34)中的积分，得出电压降 V_{drift}，对于霍尔情况它已经用式(5-41)给出了。按照此式，V_{drift} 所用系数

$$f = \left(\frac{L_A}{d}\right)^2 \sinh\left(\frac{d}{L_A}\right) \cosh\left(\frac{\Delta}{L_A}\right) \arctan\left[\frac{\sinh(d/L_A)}{\cosh(\Delta/L_A)}\right] \tag{5-63}$$

大于由近似式(5-40)给出的系数[Δ 表示 $p(x)$ 的最小值离基区中间的距离]。因为如果发射极存在复合，则载流子分布一般也取相同的双曲余弦形式，通常用不均匀性系数式(5-63)并必须正确地加到 V_{drift} 的表达式(5-47)、式(5-58)、式(5-61)和式(5-62)中去。在图 5-9 和图 5-10 中该系数已被考虑进去。

上面的公式也能用于 IGBT，用来描述在饱和电流范围内的 *I-V* 特性。不同类型的 IGBT 的导通特性主要是由 p 发射极决定的，因为发射极区域做得很浅并且低掺

杂。IGBT 的特性将表示在后面图 10-3[⊖]上。在额定电流以上的范围内，人们经常发现是近似线性或电阻性特性。

在图 5-8 上观察到，对 $10^{15}/cm^3$ 范围内的小 $\bar{n}$，τ_{eff} 与基区寿命 τ_{HL} 一样几乎是常数，但总是小于 τ_{HL}。迄今为止所有的样品都发现有这个结果。这就导致这样一个结论，有线性复合部分进入了储存电荷，它不在基区体内，而必然位于发射极或基区薄的边界层里，没有在辐射分布图中反映出来[Sco79,Coo83]。该复合部分被称为"线性发射极复合"，这早先已在 3.4 节中叙述过，并已用式(3-112)表示。在 5.7.4 节的图 5-33 中，这个现象再次出现：基区体内的寿命高于在小的 $\bar{p}$ 时用 Q_F/I_F 给出的寿命，此处二次发射极复合是可以忽略的。因此，浓度分布向基区中间下凹是比较小的。这个效应见本章参考文献[Sco79]归入 I-V 特性理论。

上面的计算能在电路模拟器中用来模拟现代快速二极管的抛物线形状的正向特性。对于二极管的正向特性，这些模拟器需要简化了的模型，相比用霍尔近似或常用的过于简化的直线描述，用抛物线的这种描述在大多数情况下更接近于实际。

5.4.6　正向特性和温度的关系

小电流时，正向电压随温度而下降，因为降在 pn 结上的部分，即式(5-31)中给出的 $V_j(p^+n)$ 项，随 n_i^2 增加而降低。因此，工作在小电流条件下的二极管可以用作温度传感器(参见图 3-12 和第 11 章的图 11-19)。在电流密度增加时，V_{drift} 和温度的关系起主要作用，于是这里必须考虑相对立的效果：

1)迁移率随温度减小(参见图 2-14 和附录 A-1)。按照式(5-47)，这会导致 V_{drift} 升高。

2)随着温度升高载流子寿命增加，接着会导致 V_{drift} 降低。

因为两种效果是对立的，所以得出的特性与具体的工艺有关，特别是所用复合中心的效果与温度的关系。

用辐照引入复合中心，测出了图 5-11 右边的曲线。在 −25℃ 和 150℃ 下的特性曲线相交于 $150\sim200A/cm^2$，这个电流密度对 1200V 快速二极管的额定电流是个典型值。

虽然没有复合中心的二极管(用于电网频率的整流二极管)和用金作为复合中心的二极管也同样发现相交点，但这些器件的相交典型地发生在高于电流密度 3 倍的点上。

用铂和非弱掺杂 p 的发射极的组合，在相关的电流范围内，没有发现相交点。在图 5-11(左图)给出的就是一个例子。在这种情况下，正向电压随温度降低很多。以导通损耗来说这是有利的，但是这种温度特性对二极管的并联是非常不利的。由于制造过程中产生的偏差，不同的样品的正向电压总存在某些差异。在并联的情况下，具有较低电压降的二极管将吸引较多的电流。因而它将产生较高的导通损耗，它的温度

⊖　原文误为图 10-2，应为图 10-3。——译者注

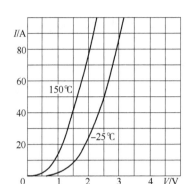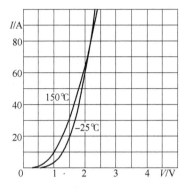

图 5-11 1200V 快速二极管的正向特性与它的温度的关系。左图：铂扩散二极管。

右图：用辐照引入复合中心的二极管(CAL 二极管)。有效工作面积是 0.32cm²

将升高。这就导致正向电压进一步降低，结果该二极管将吸引电流进一步增加的部分，如此等等。V_F 下降达到大于 2mV/K 这样明显的负温度关系，会危及并联时的热稳定性。而像图 5-11(右图)那样的二极管是正好适合于并联的。

二极管的并联通过下列方式实现热耦合：

1) 对并联在一个模块中的几个二极管是通过衬底连接的。

2) 模块并联是通过散热器连接的。

在弱负温度系数的情况下，这种耦合通常足以避免最低正向电压的二极管的热击穿。在二极管的负温度系数小于−2mV/K 的情况下，建议降低并联的电流负载至一个低于单个二极管额定电流之和的值。这个措施被称为"降额"("derating")。

5.5 储存电荷和正向电压之间的关系

在提高开关速度所需的低储存电荷等要求和降低正向电压的要求之间需要做一个折中，对快速二极管尤其如此。如果调低载流子寿命，那么按照式(5-61)正向电压增加。按照式(5-37)，电压 V_{drift} 和储存电荷 Q_F 是用下列公式相联系的：

$$Q_F = \frac{w_B^2 I_F}{V_{drift}(\mu_n + \mu_p)} \tag{5-64}$$

正向电压已被分成基区中的部分 V_{drift} 和 p^+n 结$^\ominus$ 上的电压降$V_j(p^+n)$ 以及 nn^+ 结上的 $V_j(nn^+)$ [见式(5-29)]。这些项在式(5-32)中结合成结电压 V_j，$V_F = V_j + V_{drift}$ 替代 V_{drift}，式(5-64)变成

$$Q_F = \frac{w_B^2 I_F}{(V_F - V_j)(\mu_n + \mu_p)} \tag{5-65}$$

⊖ 原文为 pn 结，应为 p^+n 结。——译者注

当 $w_B/L_A < 4$ 时，式（5-65）像式（5-35）一样是一个好的近似。这个双曲线关系表示在图 5-12 上。在该图中，Q_F 曲线是按照式（5-65）针对一个 $w_B = 65\mu m$ 的 600V 快速二极管画出来的。为了比较，具有这种结构的快速二极管的 Q_{RR} 的实测结果也表示在图上。Q_{RR} 与 Q_F 的不同在于测量持续时间里电荷复合的量。

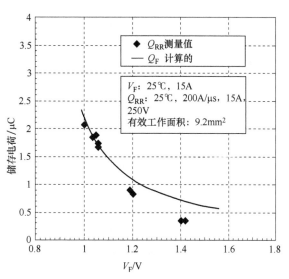

图 5-12　600V 快速二极管的储存电荷与正向电压的关系曲线

图 5-12 上表示的双曲线关系每种工艺都可以做到，而偏离较低值有多远是评价这种具体设计的标准。基区宽度 w_B 以二次方关系影响 Q_F，也影响 V_F。因此考虑到对二极管的所有要求，w_B 必须保持尽可能小。

尽管如此，迄今为止，还没有提及和时间有关的储存电荷出现在反向恢复过程中的波形。然而，这是最重要的并在以后几节中要讨论的关断特性。但是，首先将研究开通特性。

5.6　功率二极管的开通特性

在功率二极管转换到导通状态时，在电压下降到正向电压以前，先上升到开通电压的峰值 V_{FRM}（正向恢复最大值）。图 5-13 表示了 V_{FRM} 和开通时间 t_{fr} 的定义，其中 t_{fr} 被定义为在 10% 的正向电压瞬间和电压再次下降到稳态正向电压的 1.1 倍瞬间之间的时间间隔。

这个老的定义产生在晶闸管作为电力电子学中起主导作用的器件那个年代；那时，电流变化率一般不高，V_{FRM} 只有几伏。这个定义不适合于用 IGBT 作为开关元件的线路中的续流二极管和吸收二极管，因为用这些器件所产生的电流变化率 di/dt 是如此之高，以至 V_{FRM} 可能达到（例如设计拙劣的 1700V 二极管）200~300V，大于 V_F 值 100 多倍。在测量中读出 $1.1V_F$ 时的那个时刻几乎不可能。

在吸收回路和钳位电路中，低 V_{FRM} 是对二极管最重要的要求之一，因为这些电路刚好工作在二极管开通之后。

正向恢复电压峰值对于设计成阻断电压为 1200V 及以上的续流二极管同样是重要的性能。在 IGBT 关断时，续流二极管开通；IGBT 关断时的 di/dt 在寄生电感上产生一个电压峰值，V_{FRM} 被叠加到此峰值上。两者之和能够产生一个临界电压峰值。

这种特性的测量不是无关紧要的，因为在实用型斩波器电路中感性分量与 V_{FRM} 是区分不开的。测量只能在开路设定下直接在二极管的连接线上进行。测量结果画在图 5-14 上。这里显示了两个二极管的开通情况，其中之一（标准二极管）为了在关断时得到软恢复特性设计成很宽的 w_B。作为比较的 CAL 二极管，w_B 保持尽可能的小。在同样的测试条件下，即用相同的参数来控制 IGBT 的关断，结果是 CAL

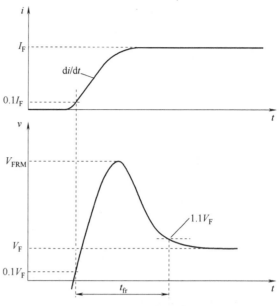

图 5-13 功率二极管开通特性的特性参数

二极管和标准二极管的 V_{FRM} 分别是 84V 和 224V。分析最坏的情况是可能的。在阶跃函数形态的电流下（$di/dt = \infty$），最大产生的电压相当于没有载流子注入的基区电阻，乘以电流密度

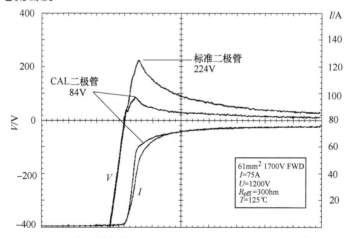

图 5-14 有不同低掺杂层宽度 w_B 的两个二极管的开通情况

$$V_{FRM} = \frac{w_B j}{q \mu_n N_D} \qquad (5-66)$$

只要 $j < q N_D v_{sat}$，此公式就可以用。比较高的阻断电压的二极管设计需要较低的掺杂 N_D 和较宽的基区宽度 w_B，这就大大提高了产生的电压峰值。图 5-15 表示了按照式（5-66）计算的结果，由此选出了不同电压范围的快速二极管的 N_D 和 w_B，而

$T = 400K$ 时的迁移率 μ_n 是从图 2-12 中选用的。

设计为 600V 的二极管，只能产生大约几十伏的峰值电压。但是，设计为 1700V 的二极管，其峰值可能超过 200V，而设计的电压范围大于 3000V 的二极管，其峰值电压大于 1000V 是可能的。此外复合中心的影响还没有考虑在内。大家知道，复合中心金有补偿作用。在低掺杂 n 区，这些受主浓度补偿了一部分本底掺杂浓度。这个结果降低了必须用于式（5-66）中的有效掺杂，这样电压峰值会明显地变得

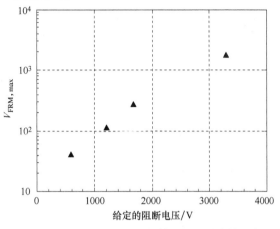

图 5-15　在 $T = 125℃$ 下，二极管在开通时计算出来的最坏情况电压峰值（未考虑补偿效果）

更高。实际上，不存在采用阶跃函数形式的电流斜率，但是，在 IGBT 的应用中，预期有 $\mathrm{d}i/\mathrm{d}t$ 范围大于 2000A/μs 的电流斜率，如图 5-14 所表示的那样。

续流二极管开通特性的重要性长期以来是被低估的。正是在大于 3000V 的高电压 IGBT 引入并在应用中发生损坏之后，和 IGBT 反并联的二极管被发现是一个原因：如果它产生一个高的正向恢复峰值电压 V_FRM，则这个电压峰值加到处于反向的 IGBT 上。普通的 IGBT 的反向阻断能力是没有规定的，因为集电极一侧 pn 结没有确定的结终端。为了消除这个问题，续流二极管的开通问题给予了更多的关注。

关于开关损耗，二极管的开通特性是不重要的。甚至产生高电压峰值，开通过程很快，开通损耗只是二极管关断损耗或者导通损耗的百分之几。在绝大多数情况下，热量计算时开通损耗可以忽略。

5.7　功率二极管的反向恢复

5.7.1　定义

随着从导通到阻断状态的转换，储存在二极管中的电荷必须移出。电荷引起二极管的反向电流。反向恢复特性表示与时间有关的电流和相应电压的波形。

测量这个效应的最简单的电路是按照图 5-16 给出的电路，S 表示理想的开关，I_F 为理想的电

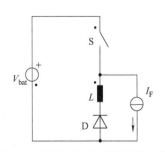

图 5-16　研究反向恢复特性的电路

流源，V_{bat} 是理想的电压源，L 是电感，而 D 是被研究的二极管。在合上开关 S 以后，发生在二极管中的电流和电压变化过程表示在图 5-17 上。图 5-17 演示的是一个具有软恢复特性的二极管。而图 5-18 所示的是具有快反向恢复特性的二极管的两个电流波形的例子。

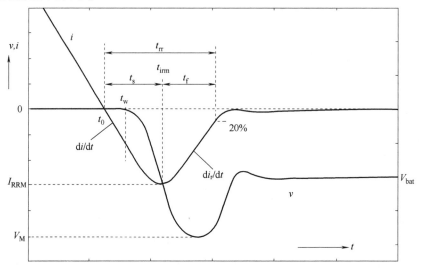

图 5-17　在图 5-16 给出的电路里，在反向恢复过程中，软恢复二极管的电流和电压波形以及恢复特性的某些参数的定义

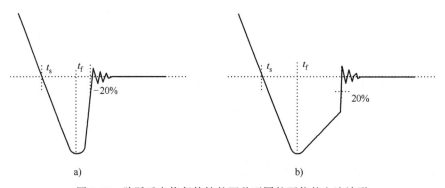

图 5-18　阶跃反向恢复特性的两种不同的可能的电流波形

首先，用图 5-16 里的电路和图 5-17 里的波形来阐明定义。在图 5-16 的电路里，在合上开关 S 后，下式成立

$$L\frac{di}{dt}+v(t)=-V_{bat} \tag{5-67}$$

式中，$v(t)$ 是在二极管中与时间有关的电压。首先，在电流下降期间，二极管上的电压在正向电压 V_F 的范围之内，也就 $1\sim 2V$，$v(t)$ 可以忽略。换向时的电流变化率是由电压和电感决定的

$$-\frac{\mathrm{d}i}{\mathrm{d}t}=\frac{V_{\mathrm{bat}}}{L} \tag{5-68}$$

电流的过零点发生在 t_0。在 t_w 时，二极管开始承受电压；在此瞬间，二极管的 pn 结是没有载流子的。在同一时间点，电流偏离线性斜率。在 t_{irm} 时，反向电流达到它的最大值 I_{RRM}。在 t_{irm} 处，$\mathrm{d}i/\mathrm{d}t=0$ 并根据式（5-67），结果 $v(t)=-V_{\mathrm{bat}}$。

在 t_{irm} 以后，反向电流下降到静态漏电流的水平。在此时间间隔中的波形完全取决于二极管。如果下降陡，则给出的是阶跃反向恢复特性。但是如果下降缓慢，表现出来的是软恢复特性。这个斜率 $\mathrm{d}i_{\mathrm{r}}/\mathrm{d}t$ 经常不是线性的，导致产生一个感应电压 $L\mathrm{d}i_{\mathrm{r}}/\mathrm{d}t$ 加在电池电压上。

开关时间 t_{rr} 被定义为 t_0 与电流下降至 I_{RRM} 的 20% 时的时间点之间的时间。把 t_{rr} 再细分成 t_{f} 和 t_{s}，如图 5-17 上所表示的，先前沿用的"软因子" s 被定义为反向恢复特性的定量参数

$$s=\frac{t_{\mathrm{f}}}{t_{\mathrm{s}}} \tag{5-69}$$

因此，例如 $s>0.8$ 意味着二极管可以被称为"软"。

但是这个定义是很不充分的。按照这个定义，在图 5-18a 上的电流形状理应是陡的，而图 5-18b 上的电流形状应该是平缓的。可是在图 5-18b 上给出 $t_{\mathrm{f}}>t_{\mathrm{s}}$，并按照式（5-69）$s>1$，但一个很陡的斜率，反向电流阶跃（snap-off）发生在反向恢复的波形部分。

软因子的下面定义是比较好的：

$$s=\left|\frac{\left.-\dfrac{\mathrm{d}i}{\mathrm{d}t}\right|_{i=0}}{\left(\dfrac{\mathrm{d}i_{\mathrm{r}}}{\mathrm{d}t}\right)_{\mathrm{max}}}\right| \tag{5-70}$$

应用的电流斜率必须在零点处测量，而二极管产生的 $\mathrm{d}i_{\mathrm{r}}/\mathrm{d}t$ 是在它的最大值处测量。测量必须在规定额定电流的 10% 以下和 200% 处实施。对于软恢复，$s>0.8$ 的值还是需要的。用这个定义，像图 5-18b 上显示的特性是作为阶跃的。此外，这个定义包含了对反向恢复特性特别危险的小电流的观察。

$\mathrm{d}i_{\mathrm{r}}/\mathrm{d}t$ 项决定发生的电压峰值，而在式（5-67）中的 $v(t)$ 在最大斜率处有最大幅值

$$V_{\mathrm{M}}=-V_{\mathrm{bat}}-L\left(\frac{\mathrm{d}i_{\mathrm{r}}}{\mathrm{d}t}\right)_{\mathrm{max}} \tag{5-71}$$

这样，产生在特殊条件下电压峰值或感应电压 $V_{\mathrm{ind}}=V_{\mathrm{m}}-V_{\mathrm{bat}}$ 可以用作反向恢复特性的定量定义。作为条件，必须表明 V_{bat} 和所加的 $\mathrm{d}i/\mathrm{d}t$。

但是这个定义也是不充分的，因为甚至更多的参数对反向恢复特性有影响：

1)温度:在大多数情况下,高温对反向恢复特性更为关键。但是,对于某些快速二极管,室温或是更低的温度是可能发生阶跃恢复特性(Snappy Recovery Behavior)的一个更为关键的条件。

2)所加电压 V_{bat}:较高的电压导致更糟的恢复特性。

3)电感 L 的值:按照式(5-71),随着 L 的增加二极管上电压也增加;使得二极管的工作条件更为苛刻。

4)换向速率 di/dt:提高 di/dt 增大了振荡和电流阶跃的危险性。反向恢复特性增加了向阶跃特性变化的趋势。

所有这些不同的影响是不能用一个简单的定量定义来概括的。按照图 5-16 的电路以及按式(5-69)和式(5-70)的定义只能用来表示不同设计参数的作用。实际上,反向恢复特性必须用电流和电压的波形来测定,而它们是在与应用相似的条件下测得的。

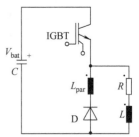

图 5-19 用于测量反向恢复特性的与应用相似的双脉冲电路

与应用相似的双脉冲测量电路表示在图 5-19 上。与图 5-16 上的电路相比,理想的开关被实际开关,如 IGBT 所替代。理想的电流源被用 R 和 L 组成的欧姆-电感负载所取代。换向速率由晶体管给出;IGBT 可用后面第 10 章所描述的栅极电路中的电阻 R_{on} 来调节。V_{bat} 是借助于电容 C 提供的电源电压。电容、IGBT 之间的连接线和二极管一起形成寄生电感。

在图 5-20 上显示了双脉冲方式下 IGBT 的驱动信号、IGBT 中的电流,以及二极管中的电流。IGBT 关断时,负载电流被转换到续流二极管中。在 IGBT 下一次开通时,二极管被换向,在此时间点,发生二极管特有的反向恢复。另外,在开通时,IGBT 必须传导续流二极管的反向电流。

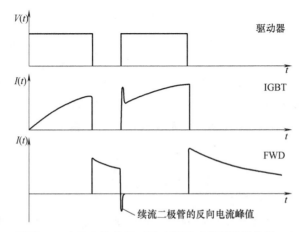

图 5-20 用图 5-19 中的电路进行双脉冲测量时的驱动器信号、IGBT 中的电流和续流二极管中的电流

图 5-21 显示的是以较高时间分辨率表示的软恢复二极管的反向恢复过程。图 5-21a 表示开通时 IGBT 中的电流和电压波形以及它们所产生的功率损耗 $v(t)i(t)$。此外，图 5-21b 显示了续流二极管的电流和电压波形以及在二极管中的功率损耗。

当 IGBT 必须传导续流二极管中的最大反向恢复电流 I_{RRM} 并加到负载电流上时，IGBT 上的电压仍然在电池电压 V_{bat} 范围内（在图 5-21a 是 1200V）。在这个瞬间 IGBT 产生最大的开通损耗。

二极管的反向恢复电流波形可以分成两个阶段：

1) 波形到达 I_{RRM} 后反向电流以 di_r/dt 下降。在软恢复二极管中，$|di_r/dt|$ 是在 $|di/dt|$ 范围之内的。反向电流峰值 I_{RRM} 造成开关器件最重的负担。

2) 尾部电流阶段，在此期间反向电流缓慢终止。对于这样的波形，所用的开关时间 t_{rr} 的定义几乎是不可能用的。二极管的主要损耗产生在尾部电流段，因为现在有一个高的电压加在二极管两端。即使是没有尾部电流以二极管内损耗较小为特点的阶跃二极管（snappy diode），由于产生电压峰值和振荡，这对应用是不利的。慢的和软的波形是所希望的。二极管的尾部电流段减轻了 IGBT 的负担，因为在这一段 IGBT 上的电压已经下降到一个低值。

在图 5-21b 上二极管的开关损耗与图 5-21a 上的 IGBT 的开关损耗是用相同的坐标刻度来表示的；在应用中，二极管的损耗比 IGBT 的损耗小。就两个器件在相互作用中的总损耗而言，保持低的反向恢复电流峰值 I_{RRM} 和使二极管储存电荷的主要部分在拖尾阶段抽出是重要的。因为二极管中开关损耗的主要部分是由拖尾电流引起的，这必须加以限制。一般来讲，二极管中的开关损耗是低于晶体管中的（比较图 5-21a 和 b）。如果顾及它在总损耗中的份额，则二极管最重要的特性是反向恢复电流峰值 I_{RRM} 必须尽可能低。

对 100A 电流范围内的典型应用，其斩波器电路的半导体器件是封装在单个模块内的，寄生电感 L_{par} 在 40nH 或以下的范围。这不会产生明显的过电压。因为已不是理想开关而是实际的晶体管，该晶体管在二极管的反向恢复阶段还承受着部分电压，从而使所加电池电压降低了 $v_C(t)$。晶体管开通后，式 (5-67) 适用于修正形式

$$L_{par}\frac{di}{dt}+v(t)=-V_{bat}+v_C(t) \tag{5-72}$$

在 I_{RRM} 过后，二极管上的电压是

$$v(t)=-V_{bat}-L_{par}\frac{di_r}{dt}+v_C(t) \tag{5-73}$$

式中，$v_C(t)$ 是此阶段中晶体管两端电压降。对于软恢复二极管，典型的情况是，在中等换向速率 1500A/μs 以下和最小化的寄生电感下，二极管上的电压绝对值 $v(t)$ 小于 V_{bat}，并没有电压峰值发生。

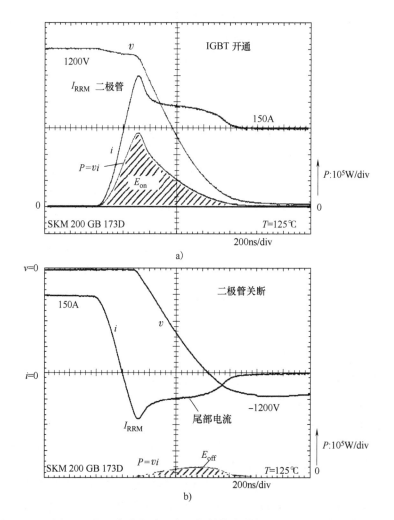

图 5-21 用图 5-19 的双脉冲电路，在二极管恢复特性的测量过程中形成的波形

a）IGBT 开通时的电流波形、电压波形和功率损耗

b）二极管同步关断时的电流、电压波形和功率损耗

只要用图 5-19 上的电路，并保持低的寄生电感，便可以使用下列定论：

如果一个二极管显示为软恢复特性，则在与应用相似的电路里所有相关应用条件下，在二极管上不会发生由反向恢复电流的阶跃产生的过电压。

相关条件包括了整个电流范围，所有的换向速率，这些都可以在应用中和 $-50 \sim 150℃$ 的温度范围中出现。

只要电路中没有非常高的换向速率（$>6kA/\mu s$）或高的寄生电感（$>50nH$），这个定论是有效的。如果 L_{par} 增大，则 IGBT 的开关特性接近于理想开关的特性，这意味着 $v_C(t)$ 接近于零，这样图 5-19 上的电路接近于图 5-16 上的电路。在这种情况下，对于软恢复二极管，电压峰值也是不可避免的。

在额定电流为 1200A 甚至更大的大功率模块中，24 片甚至更多的 IGBT 芯片并联。体积如此大的模块，当把它们连接到三相逆变器上时，要得到低的寄生电感是很困难的。在此范围内，研究寄生电感增加了的二极管是有意义的。因此，应该研究是否存在发生反向电流阶跃的条件。在这样的反向电流阶跃中，波形通常类似于图 5-18b 中显示的波形。在反向恢复波形中，电流阶跃可能相对较晚出现在尾部电流的末端。

5.7.2　与反向恢复有关的功率损耗

二极管每开关一次的关断能量通常是（见图 5-21b）

$$E_{\text{off}} = \int_{t_s+t_f} v(t)\,i(t)\,\mathrm{d}t \tag{5-74}$$

可以给出两种情况的简化估算，首先是按照图 5-16 上的电路和图 5-17 上的波形这种情况。波形用简化的方法画在图 5-22 上。

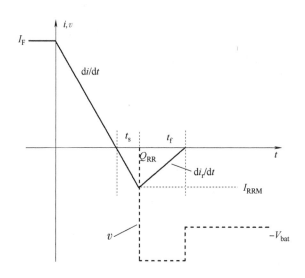

图 5-22　在图 5-16 的电路里，在关断过程中，二极管上简化了的电流和电压波形

在电流过零以前以及在时间 t_s 内，简单地假设电压 $v = 0$。当 $t > t_s$ 时，二极管承受电压。如果假设 t_f 期间 i_r 线性下降，则 t_f 期间它就有

$$i_r(t) = -I_{\text{RRM}} + \frac{I_{\text{RRM}}}{t_f} t \tag{5-75}$$

$$v = -V_{\text{bat}} - L\frac{\mathrm{d}i_r}{\mathrm{d}t} = -V_{\text{bat}} - L\frac{I_{\text{RRM}}}{t_f} = 常量 \tag{5-76}$$

这样，得出

$$E_{\text{off}} = \frac{1}{2}LI_{\text{RRM}}^2 + \frac{1}{2}V_{\text{bat}}I_{\text{RRM}}t_f \tag{5-77}$$

式(5-77)右边第一项可以用式(5-67)替换。据此,就有 $L = -\dfrac{V_{bat}}{di/dt} = \dfrac{V_{bat}}{I_{RRM}/t_s}$。用此式,从式(5-77)得出

$$E_{off} = \frac{1}{2}V_{bat}I_{RRM}t_s + \frac{1}{2}V_{bat}I_{RRM}t_f$$

$$= \frac{1}{2}I_{RRM}t_{rr}V_{bat} = Q_{RR}V_{bat} \tag{5-78}$$

因此,二极管的关断损耗直接正比于 Q_{RR}。这个简化的考虑只对图5-16上的电路有效,其中电感 L 起主要作用。同样,对于第二种情况,用图5-19上的与应用相似的电路和图5-21上的波形,开关损耗的简化估算是可能的,用简化的方法把图5-21上的波形画在图5-23上。这里,寄生电感是被忽略的,并且二极管上的电压斜率只取决于晶体管电压 $v_C(t)$ 的斜率。假设晶体管的电压下降时间 t_{fv} 等于二极管的反向电流下降时间 t_f。电流和电压波形再次被理想化为直线。

二极管的反向恢复电荷 Q_{RR} 被细分为储存时间 t_s 期间发生的电荷 Q_{RS} 和反向电流下降时间 t_f 期间发生的电荷 Q_{RF}。就有 $Q_{RR} = Q_{RS} + Q_{RF}$。于是每次开关过程中二极管的关断能量损耗为

$$E_{off} = \frac{1}{3}Q_{RF}V_{bat} \tag{5-79}$$

规定条件 di/dt 和 V_{bat} 下的参数 Q_{RR} 和 I_{RRM} 给出在现代续流二极管规定好的数据表上。根据 I_{RRM} 和 di_F/dt 可以计算出 Q_{RS}

$$Q_{RS} = \frac{1}{2}t_s I_{RRM} = \frac{1}{2}\frac{I_{RRM}}{di_F/dt}I_{RRM}$$

$$= \frac{1}{2}\frac{I_{RRM}^2}{di/dt} \tag{5-80}$$

而因为 $Q_{RF} = Q_{RR} - Q_{RS}$,得出

$$E_{off} = \frac{1}{2}V_{bat}\left(Q_{RR} - \frac{1}{2}\frac{I_{RRM}^2}{di/dt}\right) \tag{5-81}$$

如果这个结果与式(5-78)电感决定关断过程的情况相比,可以看到关断能量损耗小于式(5-78)估值的一半。晶体管通过它的 $v_C(t)$ 减轻了二极管的负担,$v_C(t)$ 是在二极管关断过程中降在晶体管两端,并在晶体管的开通过程中慢慢下降。

尽管如此,对于二极管中损耗的降低,开关晶体管在它的开通过程中必须付出代价。根据图5-23同样简化了的考虑,可以导出,假定续流二极管没有反向恢复电流最大值,因此没有储存电荷,晶体管内的理想化的开通能量损耗应该是

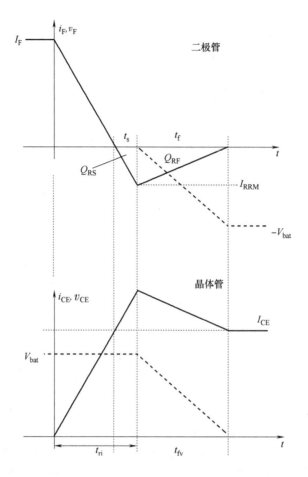

图 5-23　按照图 5-19 上的电路，在二极管上和晶体管里简化了的电流和电压波形

$$E_{on}(tr,id) = \frac{1}{2}(t_{ri}-t_s)I_{CE}V_{bat} + \frac{1}{2}t_{fv}I_{CE}V_{bat} \qquad (5\text{-}82)$$

因为用了续流二极管，所以附加产生下列几项：

1）因电流上升时间 t_{ri} 被 t_s 延长所消耗的能量；在该时间间隔内，电流和电压都是高的。

2）Q_{RS} 产生的功率损耗。

3）Q_{RF} 产生的功率损耗。

这导致附加的损耗 ΔE_{on}，按列举的顺序排列

$$\Delta E_{on} = t_s I_F V_{bat} + Q_{RS}V_{bat} + \frac{2}{3}Q_{RF}V_{bat} \qquad (5\text{-}83)$$

与式（5-79）相比，可以说，在晶体管中由二极管产生的损耗，比按式（5-83）第一项二极管本身的损耗，再加上两倍于按式（5-79）发生的二极管的损耗，即式

(5-83)最后一项还要大。

晶体管中的开通损耗总计为 $E_{on}(tr) = E_{on}(tr, id) + \Delta E_{on}$。由二极管引起的晶体管中损耗和二极管内的损耗的总和为

$$E_{off} + \Delta E_{on} = t_s I_F V_{bat} + Q_{RR} V_{bat} \qquad (5-84)$$

这比式(5-78)中的估算大得多,总之,为了减轻二极管的负担,付出的代价很高。

这些估算表明,对二极管的要求是反向恢复峰值 I_{RRM} 要低,因此 t_s 要尽可能小。

在实际电路里,寄生电感在二极管中发生的附加损耗必须考虑。如果寄生电感为主,并且由晶体管的电压下降造成的二极管负担的减轻可以忽略,那么二极管中的损耗再一次接近式(5-78)所描述的情况。相比之下高寄生电感必须要考虑进去,例如,在某些牵引应用场合。

在应用中,可以推测,既不是理想的开关也不是电路没有任何电感。因此,式(5-74)必须用来精确确定开关损耗。用示波器记录 i 和 v 的波形,相乘,并在总的开关时间内积分。这里根据在低电感电路中的测量值做出的简单估算有±20%的精度。

5.7.3 反向恢复:二极管中电荷的动态

图 5-6 显示处于正向导通状态时二极管的基区充满了自由载流子。反向恢复特性取决于储存的等离子体的内部特性和在它的移出过程中与时间有关的状态。首先,将进行定性的研究。图 5-24 画出了阶跃二极管中储存载流子的模拟情况,而图 5-25 显示软恢复二极管的同样情况。

正向导通时,二极管的 n^- 基区被 $10^{16}/cm^3$ 范围内的自由电子和空穴所充满;它们建立了中性的等离子体,其中的电子浓度 n 和空穴浓度 p 大致相等。在换向后,二极管中在时间 t_4 以前,$n \approx p$ 的中性等离子区域依然存在。自由载流子移出时,电子电流朝向阴极,而空穴电流朝向阳极,等离子体的移出过程在外部电路形成反向电流。在阶跃二极管的情况下(见图 5-24),在 t_4 以后,等离子体的两个边界迅速会合,提供反向电流的源突然消失。反向电流立刻中断,反向恢复特性是阶跃式的。

软恢复二极管中与时间有关的剩余等离子体的状态表示在图 5-25 上。在这个例子中掺杂分布与图 5-24 相同,但是通态载流子浓度($t = t_0$)是有变化的,这是不均匀的载流子寿命引起的,即在 pn 结处寿命低而在 nn^+ 结处寿命较高。在整个反向恢复过程中,中性的等离子体保留在二极管内,并提供反向电流。在 t_5 瞬间,二极管承受外加电压。如图 5-25 所示的等离子体衰减导致了图 5-21b 所示的拖尾电流。

软恢复特性是否实现取决于与时间有关的等离子体衰减,以及怎样恰当地控制这个过程。在反向恢复特性受到控制前,这个过程占据了比较长的时间。

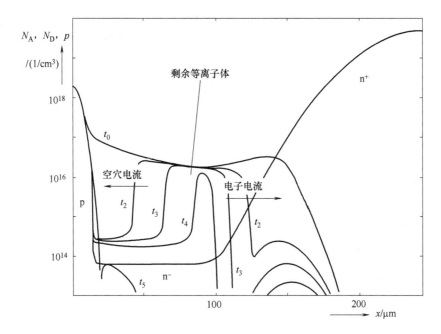

图 5-24　在阶跃二极管中，掺杂分布和反向恢复
过程中剩余等离子体的浓度（ADIOS 模拟）

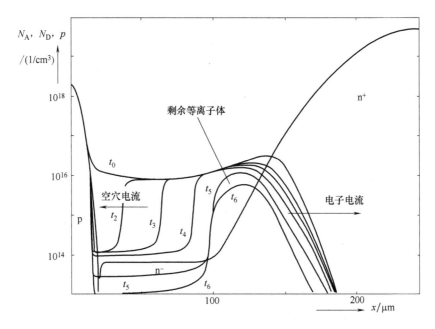

图 5-25　在软恢复二极管中掺杂分布和剩余等离子体的浓度（ADIOS 模拟）。
与图 5-24 比较，差别是由载流子寿命不均匀引起的

为了分析等离子体的动态特性，下面更详细地研究两种情况。第一种情况涉及电压上升过程中的影响，是以 Benda 和 Spenke[Ben67]的模型为基础的。用这个模型，研究预期的反向电流突变或软恢复特性。此后，进一步研究分析这种情况，器件已经承受电压而电流有软恢复波形，尽管如此，阶跃发生在拖尾电流的末端。

为了研究以 Benda 和 Spenke 模型为基础的第一种情况，作了下列简化的假设：

1）假设 pn 和 nn+ 结是突变结，并且高掺杂区内的电荷被忽略。

2）把等离子体边缘看作是突变的。

3）因为随电流移动的载流子的总量比载流子的复合数量大得多，此时间间隙中的复合被忽略。

4）另外，初始等离子体的双曲非对称形状[见图 5-6 对应式（5-27）]，首先被简化为恒定的等离子体浓度，因此假定 $n=p=\bar{n}$。图 5-26 画出了这个简化模型。在等离子体中，电流由电子电流和空穴电流组成，即 $j=j_n+j_p$，而

$$j_p = \frac{\mu_p}{\mu_n+\mu_p}j$$

$$j_n = \frac{\mu_n}{\mu_n+\mu_p}j \tag{5-85}$$

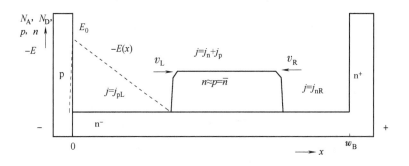

图 5-26　在二极管中内部等离子体迁移的简化图

在等离子区的左边，n⁻ 基区部分已经变得没有载流子流向 pn 结，并形成了空间电荷。这里电流以空穴电流 $j=j_{pL}$ 的形式流动。根据电流在等离子体与空间电荷的边界上连续的原理，它有

$$j_{pL} = j_n + j_p \tag{5-86}$$

在这种状态下，空穴电流之差应该是成立的

$$j_{pL} - j_p = \Delta j_p = j_n \tag{5-87}$$

用式（5-85）得出

$$\Delta j_p = \frac{\mu_n}{\mu_n+\mu_p}j \tag{5-88}$$

式(5-88)$^{\ominus}$两边用时间间隙 dt 相乘，得出微分电荷

$$\Delta j_{\mathrm{p}} \mathrm{d}t = \frac{\mu_{\mathrm{n}}}{\mu_{\mathrm{n}}+\mu_{\mathrm{p}}} j \mathrm{d}t \tag{5-89}$$

当等离子区缩小到 dx 时，这个微分电荷相当于储存在体积元 dx 中的电荷 $q\bar{n}\mathrm{d}x$。因此，式(5-89)变成

$$q\bar{n}\mathrm{d}x = \frac{\mu_{\mathrm{n}}}{\mu_{\mathrm{n}}+\mu_{\mathrm{p}}} j \mathrm{d}t \tag{5-90}$$

而等离子体的左边界向右边界的移动速度为

$$|v_{\mathrm{L}}| = \frac{\mathrm{d}x}{\mathrm{d}t} = \frac{\mu_{\mathrm{n}}}{\mu_{\mathrm{n}}+\mu_{\mathrm{p}}} \frac{j}{q\bar{n}} \tag{5-91}$$

与此相似，可以对等离子区的右边进行分析。根据等离子区和右边的无等离子区之间边界上电流连续的原理，得出

$$j_{\mathrm{nR}} = j_{\mathrm{n}}+j_{\mathrm{p}} \tag{5-92}$$

由此得出

$$|v_{\mathrm{R}}| = \frac{\mu_{\mathrm{p}}}{\mu_{\mathrm{n}}+\mu_{\mathrm{p}}} \frac{j}{q\bar{n}} \tag{5-93}$$

对于硅，$\mu_{\mathrm{n}} \approx 3\mu_{\mathrm{p}}$，得出 $v_{\mathrm{L}} \approx 3v_{\mathrm{R}}$，即等离子区从 pn 结一边的移动速度比从 nn^{+}结一边的移动速度快 3 倍。假设等离子体中的自由载流子浓度是恒定的，最后两个等离子体的前沿将会合在

$$w_{\mathrm{x}} = \frac{v_{\mathrm{L}}}{v_{\mathrm{L}}+v_{\mathrm{R}}} w_{\mathrm{B}} = \frac{3}{4} w_{\mathrm{B}} \tag{5-94}$$

pn 结和等离子体边界之间的 n^{-}层部分的电场是空间电荷建立的。电场不能透入等离子区，因为这里是中性的。因此，电场将有三角形的形状。加于器件两端的电压相当于图 5-26 上$-E(x)$线下方的面积。在此一级近似中，右边的无等离子区对电压没有贡献。

因此，在反向电流发生阶跃前，器件以宽度 w_{x} 能承受尽可能高的电压。这个电压将被称为阶跃特性(snappy behavior)的阈值电压 V_{sn}。由于空间电荷区内不存在电子，得出

$$V_{\mathrm{sn}} = \frac{1}{2} \frac{qN_{\mathrm{D}}}{\varepsilon} w_{\mathrm{x}}^{2} \tag{5-95}$$

在这个区域中流动的电流 j 是空穴电流，而空穴与本底掺杂的带正电荷的施主离子有相同的极性。只要通过空间电荷区的空穴的浓度 p 是低的，$p \ll N_{\mathrm{D}}$，则式

　$\ominus$　原文误为式(5-85)，应为式(5-88)。——译者注

(5-95)有效并可以忽略。随着 p 的增加,N_D 必须用 $N_{eff} = N_D + p$ 来替代。因而电场梯度以及由此使$-E(x)$线下方的面积随电流而增加。这样,器件能够承受更高的电压。最高时,这个电压可以达到雪崩击穿开始时的那个值。把式(5-1)改写,得到作为 w_x 的函数的最高电压 V_{sn} 是

$$V_{sn} = \left(\frac{w_x^6}{2^4 B} \right)^{\frac{1}{7}} \tag{5-96}$$

这是三角形电场的最高电压。式(5-96)预测有比式(5-95)有更高的 V_{sn} 值。在大多数情况下,式(5-95)的预测太低,特别是在以高 di/dt 开关的情况下,而这是使用 IGBT 作为开关器件的典型应用场合;在这些条件下,空穴浓度 p 是不能忽略的。式(5-96)比较接近实验观察。这里应该指出,V_{sn} 总是远低于器件的击穿电压 V_{BD}。因为用宽的 w_B 也使 w_x 增大,使反向电流的阶跃移至更高的电压。

较早时,在快速二极管中实现软恢复特性的某些建议就是以等离子体前沿的移动和提议宽 w_B 为基础的[Mou88]。甚至某些最新的解决办法也是用这个近似。这里二极管必须设计成三角形电场(NPT),而 w_x 是用式(5-1)决定的。另外,为了达到按式(3-84)相应的电压,掺杂尽可能选得高,w_x 由式(3-85)或式(5-1)得出,最后,按式(5-94)加上 1/3 的 w_x 来确定 w_B。

如早先在 5.3 节中叙述过的,在快速二极管的尺度法的研究中,NPT 二极管的 n⁻层的最小宽度是 PT 二极管的 n⁻层最小宽度的 $2^{2/3}$ 倍,该二极管具有所需电压下的最小的 n⁻区宽度。比较式(5-12)的最小宽度 $w_{B,min} = w_B(PT, lim)$,上述建议得出

$$w_B = \frac{1}{0.63} \times \frac{4}{3} w_{B,min} \approx 2.1 w_{B,min} \tag{5-97}$$

这导致正向电压降显著增加,w_B 对它所起的作用为 2 的乘方或甚至是按指数的。为了避免这个高的正向电压,可以提高载流子寿命,但是,这与二极管必须是快的要求相矛盾。因此,为了实现软恢复特性,进一步的措施是必要的,特别是在 IGBT 电路中处于快速开关过程的条件下。利用图 5-25 上内部等离子体的特性,没有加厚 w_B 而得到了软恢复。

迄今为止,假设了在二极管的基区中等离子体是均匀的和不变的,这与实际相矛盾。简化近似的有用结论也允许推广到不均匀分布。按照图 5-6[一]或式(5-27),因为电子和空穴的迁移率不同,在 p⁺n⁻结处的等离子体浓度是增加的。现在,考虑用 $\bar{n}_L$ 表示 p⁺n⁻结一边的浓度,用 $\bar{n}_R$ 表示 nn⁺结一边的浓度。$\bar{n}_L$ 项代表靠近 p⁺n⁻结的载流子的平均浓度。用式(5-91)除式(5-93),得出

$$\frac{v_R}{v_L} = \frac{\mu_p}{\mu_n} \frac{\bar{n}_L}{\bar{n}_R} \tag{5-98}$$

一 原文误为图 5-5,应为图 5-6。——译者注

二 原文误为 pn 结,应为 p⁺n 结。——译者注

此外，用 5.4.5 节中式(5-55)引入的参数 $\eta = p_L/p_R$ 来做个近似，在距相应的结某个距离之内，例如，比值 $\eta = \bar{n}_L / \bar{n}_R = \bar{p}_L / \bar{p}_R$ 是成立的。代入到式(5-94)中，得出

$$w_x = \frac{1}{1 + \dfrac{\mu_p}{\mu_n}\eta} w_B \qquad (5-99)$$

如果图 5-6 中的分布用 $\eta = 2$ 来简单表示，则由式(5-99)得出

$$w_x = \frac{3}{5} w_B \qquad (5-100)$$

假如二极管甚至在比用式(5-94)所估算的更低电压下也会发生阶跃，或是二极管具有突变高掺杂边界区域并在基区有均匀寿命，那样就必须做得甚至比按式(5-97)的更厚。

另一方面，如果图 5-6 上的分布能够反过来，则使 nn^+ 结处载流子浓度比 p^+n 结处的高，这将是有利的[Sco89]。如果，例如 $\eta = 1/3$，则由式(5-99)得出 $w_x = 0.9w_B$，为了得到足够的 w_x，w_B 加宽的量必须更加小。这样的分布可以通过下列方法实现，用特殊的 p 发射极结构，或者用比 n^+ 区掺杂低得多的 p 区，或是用不均匀的载流子寿命，在 pn 结处的寿命远低于基区深处的寿命。上述措施已用在现代快速二极管上(参见 5.7.4 节)。

上述用简化模型的分析近似，使我们对恢复过程的物理意义有了一个好的理解。在研究图 5-24 所表示的数字模拟结果时，要注意来自简单模型的下列偏差：

1)p 和 n^+ 区通常是扩散分布，因此，pn 和 nn^+ 结不是突变的。

2)图中 nn^+ 结上掺杂浓度的梯度很小，造成 nn^+ 结上载流子移动比 pn 结上的开始得晚。因此，nn^+ 结上的小掺杂梯度对于恢复特性是有利的。另一方面，在 pn 结上的掺杂梯度应该尽可能陡，因为这关系到反向电压的初期上升和降低峰值反向电流。

3)当然，在等离子体边缘上的梯度不能无限大。但是，到耗尽区的非突变的转变并不显著影响边缘上的速度，因为在时间间隔 dt 以后，边界上的载流子浓度的形状几乎不变，而只是均匀等离子区的厚度减小了。

没有包含在上述模型中的另一方面是雪崩产生，它经常发生在快速开关期间，因为在空间电荷区中仍然存在自由载流子，增强了电场。"动态雪崩"将在后面第 13 章中讨论。

现在将研究第二种情况：器件成功地承受住了电压上升的那段间隙，因此在这时间间隙内反向恢复是软的。器件已经承受了所加的电压，但等离子体还未完全移走。剩余等离子体使得拖尾电流仍在流动。这拖尾电流作为空穴电流流经空间电荷区，那里就有 $j = j_p$。在给定的强电场条件下，空穴以漂移速度 $v_{d(p)}$ 流动，它近似于饱和漂移速度 v_{sat}。因此，在空间电荷区中的空穴浓度是

$$p = \frac{j}{qv_{\text{sat}}} \tag{5-101}$$

这影响着空间电荷区内电场的梯度

$$\frac{\mathrm{d}E}{\mathrm{d}x} = \frac{q}{\varepsilon}(N_{\text{D}} + p) \tag{5-102}$$

具有低基区掺杂 N_{D} 的二极管的这种情况表示在图 5-27 上。在所研究的时间间隔里，电压可以假定为不变的，因而 $-E(x)$ 下方的面积是个常数。空穴浓度在 $\mathrm{d}E/\mathrm{d}x$ 中是一个因数，而 p 取决于从剩余等离子体中抽取的空穴电流。这空穴电流导致剩余等离子体的移动。用式(5-101)，式(5-91)变为

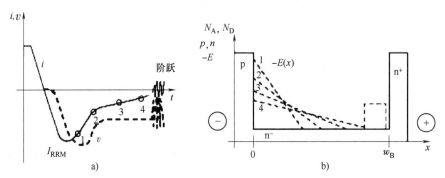

图 5-27　在拖尾电流的末端反向电流的阶跃
a)电流和电压的波形　b)不同时间点的电场

$$|v_{\text{L}}|^{\ominus} = \frac{\mathrm{d}x}{\mathrm{d}t} = \frac{\mu_{\text{n}}}{\mu_{\text{n}} + \mu_{\text{p}}} \frac{pv_{\text{sat}}}{\overline{n}} \tag{5-103}$$

随着 p 和 j 的降低，$\mathrm{d}E/\mathrm{d}x$ 降低，空间电荷层变宽。然而，如果空间电荷扩展到基区的边界，而仍有明显的电流在流动，电流的来源将突然消失，于是电流将阶跃。电场形状突然从三角形变成梯形。

为了避免这种效果，在给定的电压下器件必须能制住空间电荷，使其不至于穿通到 n^+ 层。在给定的本底掺杂 N_{D} 和基区宽度 w_{B} 下，空间电荷扩展到 n^+ 层的电压极限是

$$V_{\text{sn}} = \frac{1}{2} \frac{qN_{\text{D}}}{\varepsilon} w_{\text{B}}^2 \tag{5-104}$$

对于这种情况，在本章参考文献[Fel04]中有更为详细的描述，w_x 可以调整到 w_{B}。只要电池电压 V_{bat} 始终低于 V_{sn}，就不会发生反向电流阶跃。在静态情况下或是在电压峰值发生时，二极管能承受更高的电压，这是由于梯形空间电荷已能建立起来，击穿电压 V_{BD} 远高于 V_{sn}。

⊖　原文误为 $|v_1|$，应为 $|v_{\text{L}}|$。——译者注

迄今为止，简化描述不能对二极管是如何从图 5-26 的等离子体转变到图 5-27 的状态给出一个回答，因为只考虑了电场引起的漂移电流分量。考虑扩散分量，就可以描述等离子层向阴极的反向运动。等离子体右边的扩散分量在拖尾电流阶段起支配作用，而剩余等离子体可以从图 5-26 的位置运动到图 5-27 上的位置。这在本章参考文献[Bab08]中有说明。

在拖尾阶段反向电流的阶跃效应在为较高电压(>2000V)而设计的二极管中尤其会发生。在这样的应用场合，因为电路含有可观的寄生电感，经常以低 di/dt 运行。这是某些很高功率控制应用中的情况。通常在这种应用中，电池电压被限制在器件设计的击穿电压 V_{BD} 的 66%。为了保持高 V_{sn}，掺杂 N_D 不允许太低。但是这是与宇宙射线稳定性的要求相矛盾的，参见 12.8 节。因此，必须找到一个最佳的折衷方案。

5.7.4　具有最佳反向恢复特性的快速二极管

所有的快速硅 pin 二极管都用复合中心。所用的复合中心金、铂和辐射引入中心的特性已经在 2.7 节和 4.9 节中叙述过了。以复合中心的浓度来使载流子寿命并因而使储存电荷 Q_{RR} 降低。但是复合中心的浓度(只要它们的轴向分布保持不变)和反向电流下降形态之间没有直接关系。因此，不能通过复合中心浓度来确定特性是否将是软的或阶跃的。

早先已经指出，只要低掺杂基区的宽度 w_B 足够宽，恢复特性就将变软。这也导致很高的正向导通损耗和/或开关损耗，这在大多数情况下是不能接受的。现代设计概念目的在于不用大大增加基区宽度而来控制软恢复特性。

5.7.4.1　在低掺杂层中具有阶状掺杂的二极管

为了避免过宽的 w_B，从而使其不利方面减至最低程度，在 1981 年 Wolley 和 Bevaqua[Wol81]提出了具有阶状掺杂浓度的 n^- 层。这种二极管的掺杂分布示于图 5-28 上。约在基区中部，掺杂增至 5~10 倍。这样的分层是两步外延工艺制成的。

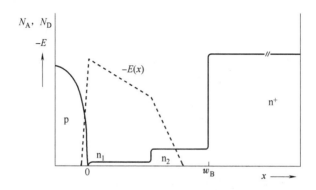

图 5-28　在低掺杂层具有阶状掺杂浓度的二极管

当空间电荷形成并且电场透入较高掺杂层 n_2，它就会在那里以较陡的梯度降低。在关断时，剩余等离子区位于 n_2 层里。器件能够承受的电压相当于 $-E(x)$ 线下方的面积。该面积大于三角形电场的面积。可能的阶跃反向恢复特性的阈值电压被移至较高的值。现在，这项措施已经常用于电压范围 600V 以下的用外延工艺制造的二极管中。对于更高电压的二极管，尤其是 1200V 以上的，具有所需厚度的外延层的制造太难。对于在有关应用的所有条件下的软恢复特性，通常采用下面设计概念中的一个。

5.7.4.2 具有改善恢复特性阳极结构的二极管

早先已经看到，在有高掺杂边界区域的 pin 二极管充满载流子的基区中，载流子浓度是在 pn 结处高于在 nn^+ 结处的(见图 5-6)。这对于反向恢复特性是不利的。因此，开发出了颠倒这种分布的设计概念：nn^+ 结处浓度将高于 pn 结处的浓度。这个原理以前在本章参考文献[Sco89]已经阐述过，并且通过利用在 p 阳极层中的结构已有几种接近实用化。

例如，肖特基结不能注入空穴。但是，显然，利用在部分面积上做成肖特基结将会得到(考虑了全面积上平均浓度的)所需的分布。在文献中，这项措施是经常讨论到的。

"组合的 pin/肖特基"(Merged Pin Schottky，MPS)二极管由 p 层和肖特基区域交替组成[Bal98](见图 5-29a)。p 层之间的距离选得如此之小，以至于在阻断电压情况下，肖特基结被屏蔽在电场外，而在它的位置上只存在低的电场强度。因此，避免了肖特基结大的漏电流。图 5-30 给出了 MPS 二极管的正向特性，与本章参考文献[Bal98]用器件模拟器 TCAD DESSIS[Syn07]计算出来的结果相似。$w_B = 65\mu m$ 的结构是为 600V 阻断电压而设计的。这里比较了 pin 区的、肖特基区域的和两者在 MPS 二极管中并联的正向特性。在低电流密度下，MPS 二极管的特性与肖特基二极管相近。在 600V 快速二极管的典型额定电流 $200A/cm^2$ 这个范围，由肖特基区带来的好处很小。在增加电流密度时，MPS 二极管有较高的正向电压，因为 p 发射极区域的面积受到了损失。

如果 MPS 二极管被设计成阻断电压 1000V 及 1000V 以上，那么对较低正向电压降的目标转向了较低的电流密度，因为在低掺杂基区电压降是起主导作用的。但是，p 区面积减少的影响使器件阳极一侧载流子注入减少，维持这种作用，自由载流子就形成了反转的分布(见图 5-31b)。

因为这些 p 层必须紧密排列以为肖特基区域屏蔽电场，使缩小其在表面积上所占比例的可能性受到限制。改善 MPS 二极管的进一步设想是"沟槽氧化物 pin/肖特基"(Trench Oxide Pin Schottky，TOPS)二极管[Nem01]，它是由 Fuji(富士)提出来的。其结构表示在图 5-31 上。p 阳极区设在槽型单元的底部。肖特基接触做在半导体表面。空穴注入只通过这些与沟槽里的多晶硅层电阻相连接的 p 层进行。这就使整个面积上总的空穴注入大为减少。导致了图 5-31b 所表示的自由载流子的分布，展

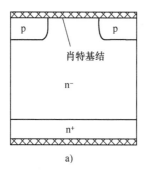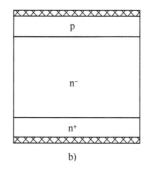

a)　　　　　　　　　　　　　　　b)

图 5-29　改善反向恢复特性的 p 发射极

a)组合的 pin/肖特基二极管的发射极结构　b)均匀地减少 p 掺杂，低注入比

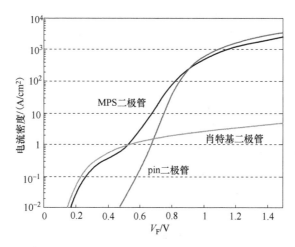

图 5-30　有 50% 肖特基面积的 MPS 二极管的正向特性。作为比较，

展示了 pin 区和肖特基区的特性。用 TCAD DESSIS 模拟

示了内部等离子体比较明显的反转分布。

从该等离子体分布，软恢复特性是可以预期的。沟槽底部 p 阳极区有效地为表面屏蔽了电场；因此，把沟槽做得窄一些就能保持小的漏电流。

还有几个阳极方面的结构设计概念，其中同样有扩散的 p^+ 和 n^+ 区结构。其共同之处都是减少注入空穴层的面积，因而降低 pn 结处自由载流子的浓度。

5.7.4.3　EMCON 二极管

用发射极结构取代发射极面积减少，如图 5-29b 所示，有高发射极复合的完整 p 层也可以得到所希望的等离子体反转分布。这个概念用在了"发射极控制的"（Emitter Controlled，EMCON）二极管中[Las00]。与 MPS 二极管或 TOPS 二极管相比，在生产上省力得多。

EMCON 二极管用了低注入比的 p 发射极。在式（3-98）中引入的发射极参数 h_p，可对掺杂不太重的 p 发射极表示为

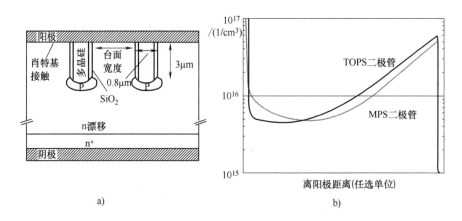

图 5-31   沟槽氧化物 pin/肖特基二极管(图引自本章参考文献[Nem01]© 2001 IEEE)

a)结构   b)正向导通状态下空穴的纵向分布

$$h_p = \frac{D_n}{p^+ L_n} \qquad (5\text{-}105)$$

按照式(3-100),为了降低注入比 γ,h_p 值必须大。根据式(5-105),这是可以做到的,比如发射极 p^+ 的掺杂浓度选得低,并且有效扩散长度 L_n 也调到小的值。这两个措施被用在 EMCON 二极管上。p^+ 必须足够高,以避免电场穿通到半导体表面。对于薄的 p 层,L_n 与 p 层的透入深度 w_p 大致相同,而且这个深度在 EMCON 二极管中也是小的。在此条件下,有

$$h_p = \frac{D_n}{p^+ w_p} = \frac{D_n}{G_n} \qquad (5\text{-}106)$$

式中,$G_n = p^+ w_p$ 是突变发射极条件下发射极的 Gummel 指数[Sze81]。G_n 项表示单位面积掺杂原子的数目。对于 EMCON 二极管的扩散发射极,它更精确的表示是

$$G_n = \int_0^{w_p} p(x)\,\mathrm{d}x \qquad (5\text{-}107)$$

按照式(5-107)用 Gummel 指数来增大 h_p,使之比突变发射极的大。大的 h_p 和小的 γ 导致 p_L 降低,这正是形成反转分布所需要的。根据式(5-52)h_p 是对发射极复合起主导作用的系数。大 h_p 意味着总的复合中较大部分是发生在 p 发射极内或是在表面。

高掺杂和高效率的发射极用在 EMCON 二极管的阴极一侧,因此,等离子体浓度在这边高。

图 5-32 画出了 EMCON-HE 二极管的关断波形。测得的关断特性与数字器件模拟作了比较。这里,模拟的波形与测得的特性非常一致。数字模拟能使器件内的效应形象化。对应图 5-32 所表示的时间段,自由载流子浓度的模拟分布显示在图 5-33 上。

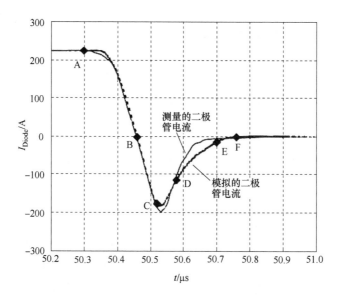

图 5-32　1200V EMCON-HE 二极管的关断特性(在 600V，25℃，225A/cm² 下测量和模拟的)

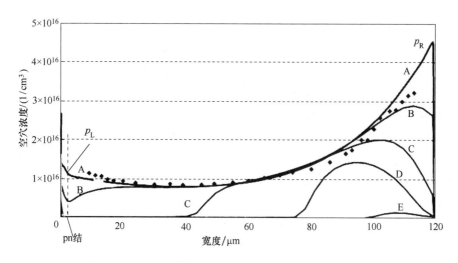

图 5-33　正向导通和换向过程中，在 EMCON 二极管中载流子的分布。正向导
通状态下测得的等离子体的分布(菱形点)，正向导通状态下模拟的空穴分布(线 A)，
在换向过程中内部储存自由载流子(以空穴为例)的移出(线 B-E)

在正向导通时，二极管充满了自由载流子。图 5-33 上菱形点表示在正向导通
时，EMCON 二极管中测到的载流子分布，是用内部激光偏转法得到的[Deb96]。用
器件模拟器计算出来的自由空穴的浓度(图 5-33 上线 A，对应于图 5-32 上时间瞬间
A)与测得的浓度有很好的一致性。空穴的浓度代表等离子体的浓度，$n \approx p$ 适用于

线 A、B、C 等以下的高充满区。对于 A 瞬间的起始分布,有 $\eta = p_L/p_R \approx 0.25$;这是通过阳极里很强的发射极复合实现的。

在换向和电压极性变化期间(在图 5-32 和图 5-33 中的 C、D、E),空穴电流流向左边变成负极性的阳极,而电子电流流向变成正极性的阴极。正如图 5-33 所说明的,储存电荷的迁移发生在瞬间 B、C、D、E。在瞬间 C,二极管达到最大的反向电流。此后,电流仍然可以流动,这是由仍然存在的等离子体的消除产生的,这确保了软恢复特性。

EMCON 二极管的 p 注入比小导致了浪涌电流容量降低的缺点。在本章参考文献[Sco89]中提出的结构,所谓 SPEED 二极管包含了重 p 掺杂区域,消除了这一缺点的主要部分。

5.7.4.4 CAL 二极管

为了调节二极管中的载流子寿命,经常使用铂扩散,因此,复合中心的纵向分布(见图 4-28)由扩散过程形成,而且不能变更。虽然早已认识到通过注入轻离子有产生可调节的复合中心分布的优点[Sil85,Won87]。但是,当时,这项工艺技术需要能量达到 10MeV 的粒子加速器,只是用于科研课题。在 20 世纪 90 年代初,情况发生了变化。那时,高能物理领域的基础研究工作者的注意力已经移到 GeV 领域,因而中等能量的粒子加速器可用于半导体生产。

用这种工艺达到一种系列产品的成熟程度的第一个二极管是所谓的"控制轴向寿命"(Controlled Axial Lifetime,CAL)二极管[Lut94],是在 1994 年设计的,阻断电压为 1200V。不久,一些厂商运用这一概念生产出 9kV 以下的器件,并已投入商业应用。

图 5-34 展示了 CAL 二极管中复合中心的分布。复合中心的峰值是用注入 He^{++} 离子产生的。通过注入,形成类似图 4-19 的晶格缺陷分布。它的深度可以用氦注入能量来调节,而它的峰值浓度是用辐射剂量调节的。结合这个注入,最好用电子辐射把整个基区的基复合中心浓度调整均匀。这样,就有三个自由度(复合中心峰值的深度,它的高度和基区复合中心浓度)可用于调节反向恢复特性。

将复合中心峰值靠近 pn 结是最合适的。主要的要求是小的反向电流峰值 I_{RRM}。为此,在反向恢复周期的前一刻 pn 结必须没有载流子。复合中心峰值越靠近 pn 结,正向电压 V_F 与 I_{RRM} 之间的关系越好。在 CAL 二极管中,辐射引入的复合中心的峰值位于靠近 pn 结的 p 层内,如图 5-34 所显示的那样。这样,大多数作为产生中心(参见 4.9 节)的多空位位于空间电荷区之外,这种配置导致了小的漏电流。

通态时等离子体的反转分布就是通过复合中心峰值的这种配置达到的。图 5-25 展现的通态等离子体分布是按照图 5-34,用复合中心分布计算出来的。

CAL 二极管的反向恢复特性已显示在图 5-21b 上。反向恢复电流峰值被降低了,它是可以通过复合中心峰值的高度来调节,并且在拖尾电流阶段,储存电荷的主要部分被抽走了。拖尾电流可以用基区复合中心浓度来调节。增加基区复合中心

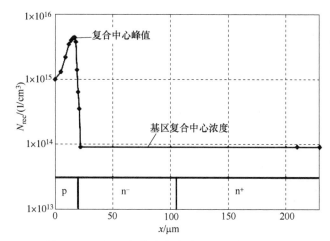

图 5-34　CAL 二极管中复合中心的分布(示意图)

浓度会缩短拖尾电流时间,但是这有提高正向电压的缺点。用给出的自由度,可以在宽的范围内调节反向恢复特性。这样,二极管可以设计成在所有与应用有关的条件下显示出软开关特性,特别是小电流下也是如此。

5.7.4.5　混合式二极管

用上述概念,现代快速二极管已经被显著优化。这样,在 1200V 电压范围内,在正向电压降 V_F 与反向恢复电荷 Q_{RR} 之间的关系上,CAL 二极管和 EMCON-HE 二极管之间的差别很小[Lut02]。此外,有迹象表明,以硅为基础的额定值 1200V 的快速二极管的优化几乎已接近极限。但是用不同设计的二极管,通过串并联就可以一定程度上超越单个器件的这些限制。

图 5-35a 上显示的是混合式二极管[Lut00]。它是由开关特性相反的两个二极管并联组成的,其中一个用的是阶跃二极管 D_E,它的轻掺杂中间层设计得尽可能薄;这种设计也是大家知道了的所谓"穿通"(PT)二极管。另一个用的是软恢复二极管 D_S。通过适当调节两个并联二极管的特性,PT 二极管的低正向压降与软二极管的软恢复特性可结合起来同时得到。

工作原理表示在图 5-35b 上。阶跃二极管 D_E 传输了正向电流的主要部分,而软二极管 D_S 传输较少部分。换向时,通过 D_S 的电流 i_{DS} 首先过零,然后到达瞬间 t_1,它是反向电流的转折点。在这一时刻,二极管 D_E 仍然传输正向电流。在 t_1 瞬间,D_S 的 pn 结没有载流子。随后,二极管 D_E 以增大了的斜率 di/dt 换向。总电流仍由外电路传输。

在 t_2 瞬间,D_E 的 pn 结没有载流子,并与之相似 D_E 的反向恢复电流达到最大值。在 t_2 和 t_3 之间,在 D_E 内反向电流 i_{DE} 发生很陡的快反向。仍然储存着等离子体的 D_S 内,反向电流 i_{DS} 以相同的斜率增加。作为 i_{DS} 和 i_{DE} 之和的总电流没有显出反向电流的阶跃。因此,没有引起高的电压峰值。在软恢复二极管 D_S 中的剩余载流子是在 t_3 和 t_4 之间被移走的。组合配置的特性是软的。

为了混合式二极管的有效工作，D_E 中的反向电流阶跃以后，二极管 D_S 必须输送足够的电荷。因此，软二极管 D_S 必须充满足够的等离子体，为此，它必须传输总电流的 10% ～ 25% 的电流。为了达到这一点，两个二极管正向电压降必须匹配。在实际实施中，速度很快的外延二极管用来作为 D_E，其中间层宽度 w_B 较窄。在额定电流下，它的正向电压在 1.1V 范围内。作为二极管 D_S，一个面积为 D_E 的 1/6 的 CAL 二极管与之并联。这个特殊的 CAL 二极管有二极管 D_E 两倍宽度的 w_B，而在基区中注入低浓度的复合中心，它的正向电压降被调整到实现两个二极管间希望的电流分配。D_S 的特征是大的拖尾电流，但它确有能力承受有六倍面积的外延二极管的反向电流的阶跃。

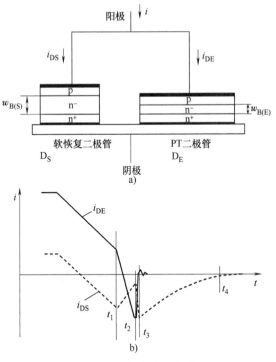

图 5-35　混合式二极管

a) 结构　b) 在反向恢复期间两个单独的
二极管中的电流波形

混合式二极管在叉车和其他电动车辆的驱动应用中得到了验证。在这些车辆中，电池电压一般在 80V 范围内。所用的降压变流器是采用 MOSFET 制造的。为了达到低的导通损耗，MOSFET 必须设计成电压不高于 160～200V。按照式(5-71)感应电压峰值为

$$V_{ind} = -L_{par}\left(\frac{di_r}{dt}\right)_{max} \tag{5-108}$$

对于 80V 的电池电压，如果额定电压 160V 不被超过，则只有 80V 的余量。在这些应用场合被控电流一般是大的，在 200～700A 范围。大电流导致模块占用面积大，可观的寄生电感 L_{par} 很难避免。因此，在式(5-108)中，di_r/dt 项，即反向电流最大值之后的电流变化率，必须是小的，以保持在这种应用中感应电压在允许范围之内。混合式二极管在这些苛刻要求下已经证实了它的能力。

5.7.4.6　叠层二极管

叠层二极管由在一个共用外壳中的两个快速二极管串联而成。图 5-36 表示的是一个例子[IXY00]。这种结构是用于修正功率因数的升压变流器上的。叠层二极管的设计概念目的在于提供反向恢复电荷 Q_{RR} 尽可能少的二极管，以应用于非常高

的开关频率。

式(5-37)描述了二极管的储存电荷和基区宽度 w_B 之间的近似关系。然而，最小基区宽度是由所要求的阻断电压决定的。为了表示基区宽度作为所要求电压的函数，我们假设中等 PT 尺度法情况，如式(5-15)给出的

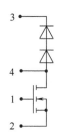

图 5-36　用作升压变流器的叠层二极管和 MOSFET 的接线图

$$w_B = \chi V_{BD}^{\frac{7}{6}}, \quad \chi = 2.3 \times 10^{-6}\,\mathrm{cm/V}^{\frac{7}{6}}$$

上式代入式(5-37)，得出

$$Q_F = I_F \frac{\chi^2}{V_{drift}(\mu_n + \mu_p)} V_{BD}^{\frac{7}{3}} \tag{5-109}$$

现在，用反向电流积分测得的串联二极管的恢复电荷等于串联中单个二极管的储存电荷，因此 $Q_{RR}^{(串联)} = Q_{RR}$。此外，只要在反向恢复期间复合是低的就可以假设 $Q_{RR} = Q_F$。而 n 个二极管串联的总的正向电压是

$$V_F = n(V_{drift} + V_j) \tag{5-110}$$

用总正向电压 V_F 来表示单个二极管的漂移电压 V_{drift}，式(5-109)得出

$$Q_F = I_F \frac{\chi^2}{(\mu_n + \mu_p)} \frac{\left(\dfrac{V_{BD}}{n}\right)^{\frac{7}{3}}}{\left(\dfrac{V_F}{n} - V_j\right)} \tag{5-111}$$

单个二极管和叠层二极管储存电荷与正向电压之间的这种关系在图 5-37 上分别用 $n=1$ 和 $n=2$ 的曲线表示。对正向电压在大约 1.9V 以上的二极管，叠层二极管在 V_F 与 Q_F 之间有较好的折衷。叠层二极管把自己推荐给那些需要非常高的频率和低的开关损耗为主要特点的应用场合，而那里电流小，导通损耗不太重要。如果

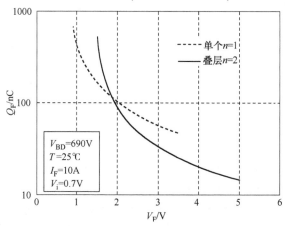

图 5-37　单个二极管和叠层二极管的储存电荷与正向电压之间的关系

允许 3V 的正向压降,用叠层二极管可以做到储存电荷大为减少。导通损耗由两个器件之间分担,对于热控制有利。

由于在上述公式中 PT 尺度法是被假定用于单个二极管的,不能期望在这些条件下有软恢复特性。但是,如果想应用在电压 600V 左右,变流器一般做得非常紧凑,结果可以做到寄生电感小。结合以典型的小电流运行,软恢复的要求可以降低,同样对在电流下降期间由软恢复引起的开关损耗的要求也会降低。在所考虑的电压范围内,用现代器件已没有必要使用平衡电压分配的 RC 网络。与叠层二极管竞争的是用 GaAs 制造的二极管或 SiC 制造的肖特基二极管,它们同样用于非常高的频率。

5.7.5　MOS 控制二极管

MOS 控制二极管(MOS Controlled Diode, MCD)的基本想法是引入第三个电极,即 MOS 栅极来改善二极管的特性。这里,必须预先讨论第 9 章里的关于 MOSFET(金属氧化物半导体场效应晶体管)的某些概念。MCD 的基本形态有 MOSFET 相同的结构。如图 5-38 所示,MOSFET 包含 pn^-n^+ 二极管,它由 n^+ 漏极区,轻掺杂 n 区以及与源金属化,二极管的阳极相连接的 p 阱组成的[Hua94]。二极管与 MOS 沟道平行并当电压改变它的极性时就导通;它是一个"反并联"二极管。二极管在导通状态时,漏极电极上的电压是负的。相应的等效电路表示在图 5-38b 上。

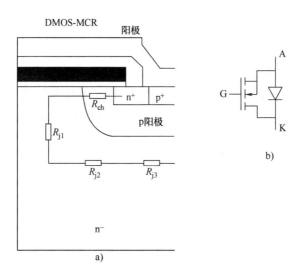

图 5-38　MOS 控制二极管的基本结构和等效电路(图引自本章参考文献[Hua94])

用正的栅极电压打开 MOSFET 的沟道,形成平行于二极管的 pn 结的电流通道。如果沿沟道的电压降低于二极管的阈值电压(在室温下 ≈0.7V),则几乎全部电流流过沟道,而 MCD 工作在没有载流子注入的单极模式。因此,在换向期间,没有注入载流子的储存电荷被抽出。工作在这种模式时,结构被称为"同步整流器"[Shm82]。沟道电压高于阈值电压时，载流子通过 pn 结注入。但是，当说到同步整流器时，这种工作状态通常是排除在外的。

通常，MCD 是以一种不同的方式来使用的：因为在正向导通的大部分时间里，沟道是关闭的，MCD 工作像一个 pin 二极管。在换向前短时间内沟道打开，结果 pn 结几乎被 n 沟道所短路。因此，阳极发射极的注入大为减少。这也可用 p 阱和沟道的有效注入比表示。类似于式(3-96)，可以写成

$$\gamma = 1 - \frac{j_n}{j} \tag{5-112}$$

式中，j_n 现在表示通过沟道的电子电流。如果换向前沟道被短暂地打开使 j_n 增加，γ 大为减小并因而使二极管结构阳极一边的载流子浓度也降了下来。这样，可以使恢复电荷急剧减少。此外，反转的载流子分布导致了软恢复特性。

图 5-39 显示的是 pin 二极管和 MOS 沟道并联运行的情况。这种结果是在常用的 1000V MOSFET，即厂家 IXYS 生产的 IXFX21N100Q 型上看到的。当沟道关闭时（$V_G = 0V$），在接近 $0.6 \sim 0.7V$ 的阈值电压以下，电流是很小的。当沟道打开时（$V_G = 5V$ 和 $V_G = 10V$），在较低的电压下已有可观的电流流过，观察到电阻特性。这是由沟道电阻 R_{ch}，以及由通过轻掺杂 n 区域的纵向（R_{j1}）和横向电流通道（R_{j2}，R_{j3}）所产生的电阻分量所引起的。因为 R_{ch} 的原因，总电阻随栅极电压的增高而减小。这是同步整流器的工作区域。在 0.7V 以上区域，打开沟道时的正向电压降明显高于关闭沟道时的，特别是在较高的栅极电压下可以看到。在 MCD 的工作周期里，在关断前，在特性的这部分里二极管的工作只是短暂的。

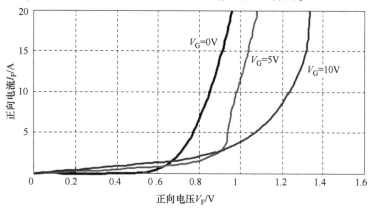

图 5-39　在第三象限里，1000V MOSFET IXFX21N100Q 的特性

为了打开沟道形成电流的有效分流，由外部电流在沟道和其他电阻分量上产生的电压降必须小于阈值电压[Hua94]。这种情况只有小于下式给出的临界电流 I_{crit}（在室温下）的情况下才能成立

$$I_{crit} = \frac{0.7V}{R_{ch} + R_{j1} + R_{j2} + R_{j3}} \tag{5-113}$$

I_{crit} 应该尽可能大, 因而电阻 R_{ch} 和 R_{j1}, R_{j2}, R_{j3} 必须尽可能小。符合此要求的最佳 MCD 结构显示在图 5-40[Hua95]。通过使用沟槽结构, 完全去掉了电阻 R_{j1} 和 R_{j2}。此外, 如果直接在 p 层下面的 n 区形成具有较高掺杂浓度(见图 5-40 上画出来的 n 过渡层), 电阻 R_{j3} 也应该小。但是 这个位置上允许的过渡层掺杂是非常有限的, 因 为它降低了阻断能力。

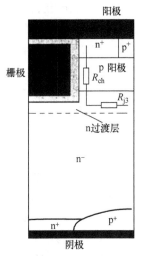

图 5-40 沟槽 MCD 单元, 它在
阳极这一边用了附加的过渡层
(图引自本章参考文献[Hua94])

MCD 必须从栅极不加电压时基区全部充满电 荷的状态, 通过栅极加上电压, 转换到基区等离 子体浓度较低的状态。在此过程中, 储存电荷的 主要部分必须被排除。如果这是通过复合来排除, 人们必须考虑要花几十微秒的时间, 这对实际应 用是太长了。此外, n 过渡层使得空穴的抽出更 加困难。因此把附加的 p 层做在阴极面, 以便于 空穴较容易地趋向负极性的阴极而被抽出。

借助这些措施, 在换向前, 储存电荷可以显著减少; 在器件的模拟中显示甚至 减少到 $1/40 \sim 1/20$[Hua94]。尽管如此, 储存电荷是不可能完全排除的。

所有前面看到的各种变形结构的根本缺点是, 在 阻断电压加到器件上之前, 沟道必须再次关闭。图 5-41 画出的是 MCD 代替了用 IGBT 作为开关的换向电 路中的二极管。在 IGBT 下一次开通时, 在二极管从 导通到阻断状态换向以前, 电流在续流通路中流动。 当加上电压时, 如果 MCD 的沟道是打开的, 则电流将 不流入负载而是流过沟道, 于是在换向支路发生短 路。因此沟道必须事先被关闭, 这个配合的时间点必 须精确到接近 100ns。但是, 用驱动电路来确保这一 点是艰难的。这个缺点(当正的栅极电压加上时, 没 有阻断能力)是阻碍在实际应用中采用 MCD 和沟槽 MCD 的主要因素。

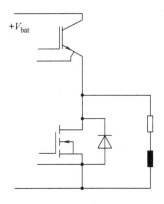

图 5-41 用 IGBT 作为开关
器件的换向支路里的 MCD

没有这一根本缺点的一个改善办法的例子是发射极控制二极管(Emitter Con-trolled Diode, ECD), 它表示在图 5-42 上[Dru01]。低掺杂 p 区连接 p$^+$区或 p 阱。高 掺杂的 n$^+$区被安置在 p 阱内; 通向低掺杂 p 区的通路是用 MOS 沟道来控制的。沟 道可以用低掺杂 p 层上方的很薄的 n$^+$层延伸。相应层的几何图形和掺杂是这样来 选择的: 如果正的电压加到栅极并且沟道是打开的, 则电流流过低掺杂的 p 层通 道。为此, 经过这个通道的所有电压降之和, 即 pn$^-$结上的结电压, 沟道里的电压

降以及通道上其他电阻部分的电压降，必须低于 p^+n^- 结的结电压。

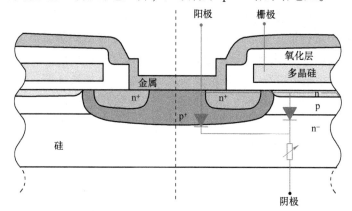

图 5-42　发射极控制二极管（图引自本章参考文献［Dru03］）

栅极上不加正的电压时，给出的 $p^+n^-n^+$ 结构里等离子体的分布向 pn 结方向浓度升高，类似于图 5-6 的分布。当沟道被加在栅极上的正的电压打开的情况下，给出了类似图 5-33 或图 5-31b 的反转的等离子体分布。关断过程只是按打开沟道模式来完成；用这种模式，可以预期以软恢复特性关断。图 5-43 比较了两种模式的内部等离子体的分布。MCD 的特殊改进在于它也用了打开的沟道，这个结构具有阻断能力。

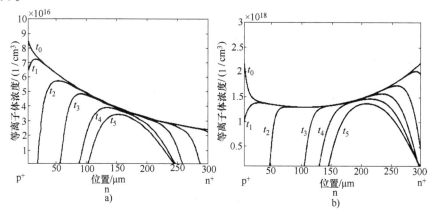

图 5-43　在反向恢复过程中，ESD 中的等离子体的分布

（图引自本章参考文献［Dru01］© 2003 IEEE）

a）$V_G = 0$，关闭的沟道　b）正栅极电压，打开的沟道

在本章参考文献［Dru01，Dru03］中有 ECD 的详细说明，不过在实际上还没有被实现。尽管如此，在大于 3kV 电压范围内，对二极管未来的优化，这些概念或类似的概念用作基础是可能的。初看起来，这要花很大的精力，人们必须注意到，如今在此电压范围里应用的 IGBT，其开关频率特别受二极管反向恢复特性的限制。二极管的改进，可以提高系统水平，或许证明这样的努力是需要的。

发射极效率与反向注入相关的二极管(IDEE)也来自 MCD 的功能[Bab10]。它使用 n 沟道来实现,但是没有栅极。阳极层是高度掺杂的。由此实现高发射极效率会带来快速反向恢复特性,从而因并联电子电流使发射极效率降低。为此,将 p 层中断并形成一个浅的 n+ 层来确保欧姆接触。结构如图 5-44 所示。

n 沟道的尺寸非常狭窄,这是阻断模式的情况,电场被屏蔽,并且与在它们接触界面处的 n+ 层有足够的距离,见图 5-44。功能模式是在正向导通模式中,电子电流流过沟道,这个电流受到沟道电阻的限制。

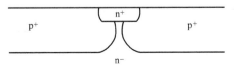

图 5-44　发射极效率与反向注入相关的(IDEE)二极管的阳极结构

如果沿沟道和 p+ 层下方的电压降[见式(5-113)],大于二极管 pn 结的设定结电压(室温下 ≈ 0.7V),则 pn 结将注入载流子。在这个粗略的简化中,结上的电位保持在结电压,通过沟道的电子电流由下式给出

$$j_n(x_p) = \frac{V_{bi}}{R_{CH} A_{CH}} \tag{5-114}$$

R_{CH} 作为沟道的电阻,A_{CH} 作为它的面积。如果二极管的电流密度增加,则它会保持不变。因此增加电流密度,电子在总电流中的份额减少,并由此根据式(5-112)发射极效率 γ 应该增加。对于通常的 pn 结,这是相反的。发射极效率随电流密度的增加而降低,参见第 3.4 节。如果式(3-96)改写为 p 发射极,则它成为

$$\gamma = 1 - j_n(x_p)/j = 1 - q h_p p_L^2/j \tag{5-115}$$

由于 p_L 与 j 大致成正比,并且在式(5-115)中包含 2 的幂,它导致 γ 与 j 成比例地减少。

此外,图 5-8 显示了由于发射极复合引起的载流子浓度增加导致的有效寿命 τ_{eff} 减少,随着载流子浓度的增加,发射极复合会更强。

由模拟结果得出的发射极效率对于电流的依赖关系如图 5-45 所示。传统的 p 掺杂控制二极管(参考)显示随着电流增加 γ 的典型强衰减。IDEE 二极管在低电流时显示低 γ。所期望的 γ 随电流密度的反向依赖关系是不完

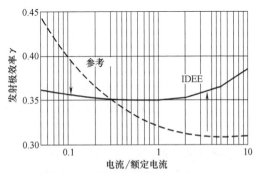

图 5-45　有均匀 p 层的普通二极管(参考)和 IDEE 二极管的阳极侧发射极的发射效率 γ 与正向电流的依赖关系。图引自本章参考文献[Bab10]© IEEE 许可复制

全的，但趋势是这样的。IDEE 二极管在大电流时显示 γ 值是增加的。

IDEE 二极管提供了在小电流密度下进一步改善反向恢复待性的潜力，以及在大电流下降低正向电压的可能性。这将以同样的方式得到更高的浪涌电流能力。浪涌电流特性将在后面的第 12.2 节中讨论。

5.7.5.1 阴极面有空穴注入的二极管

虽然至今所有的措施改进的都是阳极一边，但也已发现阴极一边 nn$^+$ 结，也可以用来改善反向恢复特性。在反向恢复时，从阴极面注入附加空穴的结构为场电荷抽出（Field Charge Extraltion，FCE）结构[Kop05] 以及可控的背部空穴注入（Controlled Injection of Backside Holes，CIBH）结构[Chm06]。由于在阴极面存在附加的 p 层，没有电场能够建立在等离子体和所说的层之间。它可以做到等离子体不和阴极分开。替代式 (5-93)，根据式 (5-94) 用 $|V_R|=0$，结果是 $w_x=w_B$。这就扩展了软恢复的电压范围。对于 CIBH 二极管已经显示，如果在反向恢复过程的末端，空间电荷穿通到 n$^+$ 层 [见式 (5-104)]，则背部 p 层会注入附加的空穴，从而缓冲了可能发生的振荡[Fel08]。

因为这些结构已被开发，用以增加二极管耐动态雪崩的能力，将在 13.4 节中更为详细地介绍。

5.8 展望

在小于 2000V 的电压范围内，对于快速二极管的软恢复特性已经找到了合适的解决办法。甚至还有可能进一步优化，有迹象表明，硅的 pin 二极管的设计已经接近可能达到的极限。混合式结构对改进二极管还有潜力。

在 3000V 和 3000V 以上电压范围，为了使二极管在大功率应用中有满意的反向恢复特性，仍然必须做大量的工作。这些应用兼具开关斜率陡和换向电路寄生电感大的特点，其开关斜率比先前使用的晶闸管和 GTO 陡得多。对于这些应用，甚至在如此苛刻的条件下，器件必须优化，以避免电压峰值和振荡。此外，动态稳定性是非常重要的，这将在第 12 章中阐述。

在高开关频率的应用上，肖特基二极管是一个较好的选择。用 GaAs 制造肖特基二极管已经做到单管 300V，并有可能开发到 600V 的电压范围。虽然 600 和 1200V SiC 的肖特基二极管早已产生（参见第 6 章），它们也能设计到更高的电压范围。因为材料质量和缺陷方面的问题，SiC 器件仍然只有比较小面积的。对电机驱动的广大应用场合，SiC 必须有足够大的面积（直至 1cm^2）去承受足够的电流，并能在成本上与硅器件竞争。

此外，在有关 SiC 的 pin 二极管的研究中有令人鼓舞的结果；特别是这里单个二极管有可能阻断电压远高于 10kV。初步的结果似乎显示，先前阐述过的反向恢复机理可以用类似的方法用来分析和优化 SiC pin 二极管[Bar07]。但是，在大功率范围应用要求大的电流，因而也需要大的器件面积。

因此,用硅制造的二极管大概将长期支配市场,为了优化它们,仍然需要进一步的工作。在快速二极管领域,Si 和 SiC 将很可能并驾齐驱一段时间。

参 考 文 献

[Bab08] Baburske, R., Heinze, B., Lutz, J., Niedernostheide, F.J.: Charge-carrier plasma dynamics during the reverse-recovery period in p+-n-n+ diodes. IEEE Trans. Electron Device **ED-55**(8), 2164–2172 (2008)

[Bab10] Baburske, R., Lutz, J., Schulze, H.-J., Siemieniec, R., Felsl, H.P.: A new Diode Structure with Inverse Injection Dependency of Emitter Efficiency (IDEE), Proceedings of the ISPSD Hiroshima, p 165–168 (2010)

[Bal87] Baliga, B.J.: Modern Power Devices. Wiley, New York (1987)

[Bal98] Baliga, B.J.: Power devices. In: Sze, S.M. (ed.) Modern Semiconductor Device Physics, Wiley, New York (1998)

[Bar07] Bartsch, W., Thomas, B., Mitlehner, H., Bloecher, B., Gediga, S.: SiC-powerdiodes: design and performance. Proceedings European Conference on Power Electronics and Applications EPE (2007)

[Ben67] Benda, H.J., Spenke, E.: Reverse recovery process in silicon power rectifiers. Proc. IEEE, **55**(8) (1967)

[Chm06] Chen M, Lutz J, Domeij M, Felsl HP, Schulze, HJ: A novel diode structure with Controlled Injection of Backside Holes (CIBH). Proceedings of the ISPSD, Neaples. pp. 9–12 (2006)

[Coo83] Cooper, R.N.: An investigation of recombination in Gold-doped pin rectifiers. Solid-State Electron. **26**, 217–226 (1983)

[Deb96] Deboy, G., et al.: Absolute measurement of carrier concentration and temperature gradients in power semiconductor devices by internal IR-Laser deflection. Microelectron. Eng. **31**, 299–307 (1996)

[Dru01] Drücke, D., Silber, D.: Power Diodes with Active Control of Emitter Efficiency. Proceedings of the ISPSD, Osaka, pp. 231–234 (2001)

[Dru03] Drücke, D.: Neue Emitterkonzepte für Hochspannungsschalter und deren Anwendung in der Leistungselektronik, Dissertation, Bremen (2003)

[Fel04] Felsl, H.P., Falck, E., Pfaffenlehner, M., Lutz, J.: The influence of bulk parameters on the switching behavior of FWDs for traction application. Proceedings Miel 2004, Niš/ Serbia & Montenegro (2004)

[Fel08] Felsl, H.P., Pfaffenlehner, M., Schulze, H., Biermann, J., Gutt, T.,. Schulze, H.J., Chen, M., Lutz, J.: The CIBH diode – great improvement for ruggedness and softness of high voltage diodes. ISPSD 2008, Orlando, Florida, pp. 173–176 (2008)

[Hal52] Hall, R.N.: Power rectifiers and transistors. Proc IRE **40**, 1512–1518 (1952)

[Hua94] Huang, Q.: MOS-Controlled Diode – A New Class of Fast Switching Low Loss Power Diode" VPEC, pp. 97–105 (1994)

[Hua95] Huang, Q., Amaratunga, G.A.J.: MOS Controlled Diodes – A New Power Diode. Solid State Electr. **38**(5), 977–980 (1995)

[IXY00] IXYS data sheet FMD 21–05QC (2000)

[Kop05] Kopta, A., Rahimo, M.: The Field Charge Extraction (FCE) Diode – A Novel Technology for Soft Recovery High Voltage Diodes. Proceedings of ISPSD Santa Barbara. pp. 83–86 (2005)

[Las00] Laska, T., Lorenz, L., Mauder, A.: The Field Stop IGBT Concept with an Optimized Diode. Proceedings of the 41th PCIM, Nürnberg (2000)

[Lut94] Lutz, J., Scheuermann, U.: Advantages of the New Controlled Axial Lifetime Diode. Proceedings of the 28th PCIM, Nuremberg (1994)

[Lut00] Lutz, J., Wintrich, A.: The hybrid diode – mode of operation and application. Eur. Power Electron. Drives J. **10**(2) (2000)

[Lut02]　Lutz, J., Mauder, A.: Aktuelle Entwicklungen bei Silizium-Leistungs-dioden. ETG-Fachbericht 88, VDE-Verlag Berlin (2002)

[Mou88]　Mourick, P.: Das Abschaltverhalten von Leistungsdioden, Dissertation, Berlin (1988)

[Nem01]　Nemoto, M., et al.: Great improvement in IGBT turn-on characteristics with trench oxide PiN Schottky Diode. Proceedings of the ISPSD, Osaka (2001)

[Sco69]　Schlangenotto, H., Gerlach, W.: On the effective carrier lifetime in psn-rectifiers at high injection levels. Solid-State-Electron. **12**, 267–275 (1969)

[Sco79]　Schlangenotto, H., Maeder, H.: Spatial composition and injection dependence of recombination in silicon power device structures. IEEE Trans. El. Dev. **26**(3), 191–200 (1979)

[Sco82]　Schlangenotto, H., Silber, D., Zeyfang, R.: Halbleiter-Leistungsbauelemente - Untersuchungen zur Physik und Technologie. Wiss. Ber. AEG-Telefunken **55 Nr.**, 1–2 (1982)

[Sco89]　Schlangenotto, H., et al.: Improved recovery of fast power diodes with self-adjusting p emitter efficiency. IEEE El. Dev. Lett. **10**, 322–324 (1989)

[Shm82]　Shimada, Y., Kato, K., Ikeda, S., Yoshida, H.: Low input capacitance and low loss VD-MOSFET rectifier element. IEEE Trans. Electron Dev. **29**(8), 1332–1334 (1982)

[Sil85]　Silber, D., Novak, W.D., Wondrak, W., Thomas, B., Berg, H.: Improved Dynamic Properties of GTO-Thyristors and Diodes by Proton Implantation. IEDM, Washington (1985)

[SYN07]　Advanced tcad manual. Synopsys Inc. Mountain View, CA. Available: http://www. synopsys.com (2007)

[Sze81]　Sze, S.M.: Physics of Semiconductor Devices. Wiley, New York (1981)

[Wol81]　Wolley, E.D., Bevaqua, S.F.: High speed, soft recovery epitaxial diodes for power inverter circuits. IEEE IAS Meeting Digest (1981)

[Won87]　Wondrak, W., Boos, A.: Helium implantation for lifetime control in silicon power devices. Proc. of ESSDERC 87, Bologna, pp. 649–652 (1987)

第6章 肖特基二极管

肖特基二极管由金属-半导体结形成，其整流特性早已被描述[Sch38,Sch39]。它们是单极器件，这意味着只有一种类型的载流子参与电流输运。如果它们被设计成具有高阻断电压，则由于缺乏载流子的调制，其基区的电阻将大大增加，如将在下面所看到的。肖特基功率二极管已经用了很久，但是近年来，在以下领域，它们的重要性增加了：

1）电压范围在100V以下用作为 MOSFET 的续流二极管的 Si 肖特基二极管。它们的优点是结电压低，并且缺少储存电荷。在关断时，从导通到阻断状态，只需要考虑结电容的容性再充电。这使得它们可用于很高的开关频率。

2）用宽禁带半导体材料制造的肖特基二极管。使用这些材料，由于临界电场较高，可能获得高得多的阻断电压。因为与宽禁带 pn 二极管相比有小得多的可能的结电压，肖特基二极管已经成为有吸引力的选择。

6.1 金属-半导体结的能带图

图 6-1 显示了金属和 n 型半导体之间接触的能带结构。我们关注这种情况，因为电子迁移率高于空穴仅适用于功率肖特基二极管。考虑了对表面状态影响可以忽略的理想接触，该图由金属和半导体的功函数 Φ_M 和 Φ_S，以及半导体的电子亲和力 χ 确定。一个不与其他物体接触的物体的功函数被定义为在外面的真空能级与费米能级之间的能量差值，半导体的电子亲和力 χ 是真空能级和导带边缘之间的差值。由于在非简并半导体中费米能级低于导带边缘，因此 χ 小于功函数 Φ_S。如果

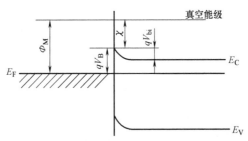

图 6-1　金属—半导体热平衡结的能带图。表面电荷被忽略。图根据本章参考文献[Spe65]

现在金属和具有 $\Phi_S < \Phi_M$ 的 n 型半导体接触，则半导体中的费米能级最初高于金属中的费米能级，因为真空能级保持恒定（外部空间在热平衡状态下无场）。因此，电子从半导体流入金属，在半导体中留下一个由耗尽施主形成的正空间电荷区。这

与能带的向上弯曲有关，并一直持续至达到平衡，在整个结构中费米能级是恒定的，参看图 6-1。在界面处，随后发生能量阶跃

$$qV_B = \Phi_M - \chi \tag{6-1}$$

这种从金属到半导体的电子移动必须克服的垫垒称为接触垫垒或肖特基势垒。在半导体中，能带的弯曲意味着在空间电荷区域上形成了自建电势 V_{bi}

$$qV_{bi} = \Phi_M - \Phi_S = \Phi_M - [\chi + (E_C - E_F)] \tag{6-2}$$

与孤立的半导体相比，中性 n 区部分的电子能量减少了 qV_{bi}，中性 n 区域与金属相比处于正电位。虽然从半导体移动到金属的电子必须克服比从金属移动到半导体的电子更小的势垒（qV_{bi}），但是这两个电流在热平衡下相互补偿，因为其与费米能级的距离，导带中相关载流子浓度是小于金属中的。

如果 $\Phi_M < \Phi_S$，则式（6-1）和式（6-2）都成立，在半导体中没有形成耗尽层而形成的是电子增强层。根据式（6-2），自建电势为负。对于 $\Phi_M = \chi$，肖特基势垒 qV_{bi} 在式（6-1）之后消失。在这种情况下，接触表现得像欧姆接触，因为接触电阻 $R_c = 1/(dj/dV)$ 非常小（参见本章参考文献［Sze81］第 304 页）。通常的欧姆接触与肖特基接触不同，①具有大量界面态，其在禁带中的能级会导致高的表面复合速度，在肖特基结中可忽略不计；②通常欧姆接触是用掺杂大于 $5\times10^{18}/cm^3$ 的高掺杂半导体形成的。在此范围内，势垒很薄，使得载流子很容易通过。

6.2 肖特基结的 *I-V* 特性

如果相对于半导体向金属施加电压 V，则半导体和金属之间的电位差 V_{bi} 在 $V>0$ 时减小，在 $V<0$ 时增大。这分别与半导体中空间电荷区的变窄或展宽有关。电子从半导体到金属的势垒变为 $q(V_{bi}-V)$，而由电子从金属到半导体克服的接触势垒 qV_B 保持不变。因此，对于 $V>0$，从半导体到金属的电子电流很快占主导地位，结是导电的。对于 $V<0$，从金属到半导体的不依赖电压的电子电流占主导，并且由于较高的势垒 qV_B，该电流很小，所以结在这个方向是阻断的。假设电子服从玻尔兹曼分布，并且从半导体到金属以及从金属到半导体的两种电流都与界面处的电子浓度成比例，则 *I-V* 特性得到[Sze81]

$$j = j_s(e^{\frac{qV}{kT}} - 1) \tag{6-3}$$

在这种一般形式下，方程与理想 pn 结的式（3-50）相同，参看图 3-10。然而饱和电流密度 j_s 则完全不同，即

$$j_s = A^* T^2 e^{-\frac{qV_B}{kT}} \tag{6-4}$$

式中，qV_B 是式（6-1）中定义的接触势垒；A^* 是半导体特定常数，即所谓的有效理查森常数。该特性与半导体的禁带和掺杂浓度无关。对于金属 n 型半导体接触，V 是施加到金属上相对于半导体的电压，对于 p 型半导体上的金属接触，极性是相反的。

表 6-1 给出了一些半导体的有效理查森常数。在图 6-2 的插入表中，编制了用于 Si 肖特基二极管的重要接触金属的接触垫垒。主要硅化物用于接触，是因为它们有助于调整和优化接触特性。这个插入表还给出了由式(6-4)计算所得的饱和电流密度，表明随着垫垒高度的降低，饱和电流密度有很强的增加。j_s 在所有情况下都比 Si 中 pn 结的高几个数量级。用这些数据获得的所示 *I-V* 特性从另一方面说明了阈值电压随 V_B 的降低而降低。表列接触金属的阈值电压明显小于 pn 结的，这就是应用肖特基结的原因。

与 pn 结相似，饱和电流随温度急剧增加。例如，对于 Cr_2Si，阈值电压(假设定义为 5A/cm^2 的电压)仅为 0.2V，但漏电流在 300K 时约为 2mA/cm^2，在 400K 时约为 1A/cm^2。因此，Cr_2Si 肖特基接触仅适用于非常低的阻断电压，例如用于低压开关模式电源的二极管。对于 100V 肖特基二极管，通常使用 PtSi 作为接触材料。

在阻断方向上，根据式(6-3)和式(6-4)观察到的理想 *I-V* 特性仅适用于相对较低的电压。对于较高的反向偏置，镜像力增强了阻断电流[Sze81]，这会导致接触电位降低，即

$$\Delta\Phi = \sqrt{\frac{qE}{4\pi\varepsilon}} \qquad (6-5)$$

式中，E 为接触处的场强。因此不用式(6-4)，较高反向电压下的饱和电流密度为

$$j_s = A^* T^2 e^{-\frac{q(V_B-\Delta\Phi)}{kT}} \qquad (6-6)$$

表 6-1 对于 n 型不同半导体的有效理查森常数 A^*

Si	110A/(cm$^2 \cdot$ K^2)	本章参考文献[Sze81]
GaAs	8A/(cm$^2 \cdot$ K^2)	本章参考文献[Sze81]
SiC	400A/(cm$^2 \cdot$ K^2)	本章参考文献[Tre01]

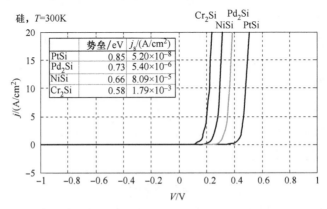

图 6-2 对不同接触材料进行计算得出的硅肖特基二极管的 *I-V* 特性，
图中的特性和饱和电流密度指 300K 时
(数据来自 G. Berndes，IXYS Semiconductor GmbH[Ber97])

随着所加反向电压的增加，$\Delta\Phi$ 的增加是肖特基二极管"软"反向特性的主要原因。对于低势垒高度肖特基二极管或宽禁带半导体肖特基接触，这种效应尤其明显。在 $E = 2\times10^{5}\,\mathrm{V/cm}$ 时，势垒降低量达到 50meV。

在正向，式(6-3)仅在较高的电流密度下有效，如果电压定义为结上电压，则不包括中性半导体上的电阻电压降。作为式(6-3)得到的结电压和欧姆电压降之和的整个正向电压在较高电流密度下是 j 的函数。

$$V_{\mathrm{F}} = \frac{kT}{q}\ln\left(\frac{j}{j_{\mathrm{s}}}+1\right) + r_{\Omega}j \qquad (6\text{-}7)$$

式中，$r_{\Omega} = R_{\Omega}A$，是电阻乘以有效面积 A。由于单极器件的电阻是恒定的，因此 *I-V* 特性完全由式(6-7)给出。由于不发生电导调制，因此电阻远大于具有相同击穿电压的 pin 二极管。R_{Ω} 也称为导通电阻，因为它仅与正向电压或导通状态相关。在 6.4 节会详细讨论 R_{Ω}。

在式(6-3)的指数中有时引入理想因子 n，使其与实验测量值更好吻合，即

$$j = j_{\mathrm{s}}\left(\mathrm{e}^{\frac{qV}{nkT}}-1\right) \qquad (6\text{-}6\mathrm{b})$$

n 的数值在 $1\sim2$ 之间，但是对于好的肖特基二极管，可以为 $1.02\sim1.06$。非理想特性的主要原因是接触面的状态，即 $n\neq1$。

6.3　肖特基二极管的结构

图 6-3 显示了肖特基二极管的基本结构。必须将维持反向电压的低掺杂 n⁻层通过外延生长的方式生长在 n⁺的衬底上。实际上肖特基二极管需要额外的结终端结构，图中没有显示。常用的终端是场板，电位环的扩散或 JTE⊖结构。有时还用场板和电位环或 JTE 结构的组合。这些结终端的细节请参见第 4 章。

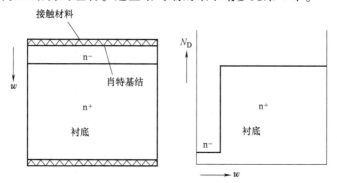

图 6-3　肖特基二极管的基本结构

⊖　JTE：结终端扩展(Junction Termination Extension)。——译者注

6.4 单极型器件的欧姆电压降

单极器件中的低掺杂中间层的电阻由以下表达式给出：

$$R_\Omega = \frac{w_B}{q\mu_n N_D A} \tag{6-8}$$

式中，w_B 表示层的厚度；N_D 表示掺杂浓度（载流子浓度）；μ_n 表示电子迁移率；A 表示器件的有效面积。随着阻断电压的增加，所需的基区宽度增加，并且允许的掺杂浓度降低，所以电阻随击穿电压的增加将急剧增加。对于三角形电场分布，击穿电压 V_{BD} 的基区宽度为 $w_B = 2V_{BD}/E_c$，根据式(3-74)，最大掺杂浓度是 $N_D = \varepsilon E_C^2 (2qV_{BD})$，其中 E_c 是半导体的临界电场。将此代入式(6-8)，就得到了电阻乘以面积

$$r_\Omega = R_\Omega A = \frac{4V_{BD}^2}{\mu_n E_c^3} \tag{6-9}$$

如果忽略了 μ_n 对 N_D 和 V_{BD} 的依赖性，则电阻与击穿电压的二次方成正比，材料参数 E_c 以三次方介入。后者是 Si 和 SiC 等不同半导体的单极器体的通态电阻极不相同的原因。根据式(3-88)临界电场随击穿电压略有下降，代入式(3-88)可得

$$r_\Omega = \frac{1}{\varepsilon\mu_n}\left(\frac{B}{n+1}\right)^{\frac{3}{n-1}}(2V_{BD})^{\frac{2n+1}{n-1}} \tag{6-10}$$

由于 E_c 的减小，电阻的增加比随 V_{BD} 的二次方更强，即便考虑到 μ_n 随 V_{BD} 的增加也成立。使用附录 A 的参数将式(3-87)给出的掺杂浓度作为电压的函数代入式(2-35)以获得迁移率。如果真正的基区宽度等于空间电荷区域不受阻碍的范围（NPT 情况），则电阻必然由式(6-8)给出，至于式(3-88)通过式(6-10)也是可用的。

通过梯形电场形状的 PT 设计，对于给定的 V_{BD} 电阻发生变化，w_B 和 N_D 与它们的 NPT 值相比将有不同程度的减小。在中等 PT 时，电阻有最小值，因为可以从式(5-7)通过计算用 w_B 表示 N_D，假设 E_c 与 N_D 无关并将其代入式(6-8)，μ_n 也是常数，则恒定 V_{BD} 的微分在本章参考文献[Hu79]中得到最小 R_Ω。

$$w_B = \frac{3}{4}\left(\frac{2V_{BD}}{E_c}\right), \quad N_D = \frac{8}{9}\left(\frac{\varepsilon E_c^2}{2qV_{BD}}\right) \tag{6-11}$$

这意味着 nn^+ 结处的场 E_w 是临界场的三分之一，即 $E_w = E_c/3$。在式(6-8)中用式(6-11)，对于 NPT 设计，电阻减少到式(6-9)给出值的 $27/32 = 0.844$。

对于给定的击穿电压[Dah01]，电阻对 N_D 或 w_B 的依赖关系可以通过式(5-7)求解得到，首先对于 w_B 有

$$w_B = \frac{2V_{BD}}{E_c + \sqrt{E_c^2 - 2\dfrac{q}{\varepsilon}V_{BD}N_D}} \tag{6-12}$$

该方程适用于 NPT 的 N_D 值，其中二次方根项消失。根据式(3-78)可知，E_c 取决于 N_D，即

$$E_c = \left[\frac{q(n+1)N_D}{\varepsilon B} \right]^{\frac{1}{n+1}}$$

这也适用于 $E_w \leqslant E_c/2$ 的中等 PT，参见 5.3 节。将其代入式(6-12)中的 E_c 并将等式代入式(6-8)中，可获得给定 V_{BD} 下的电阻作为 N_D 的函数。在图 6-4 中示出了具有 240V 阻断电压的 Si 肖特基二极管的结果，除了电阻 r_Ω，还绘制了基区宽度与 N_D 的关系。对于该电压为了 α_{eff} 的良好近似使用了指数 $n=6$，根据式(3-83)得出 $B = 5.45 \times 10^{-30} \mathrm{cm}^{n-1}/\mathrm{V}^n$。

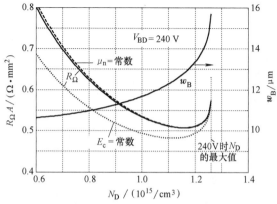

图 6-4　计算的 240V 硅肖特基二极管的电阻 R_Ω 和

基区宽度 w_B 与基区掺杂的关系

在最大掺杂(NPT 掺杂)以下的第一个范围内，w_B 的下降幅度非常大，从而过度补偿了 N_D 的减少。对于 R_Ω，显示了三条线：实曲线显示了精确的结果，不仅考虑了 E_c 的变化，而且还考虑了 μ_n 对 N_D 的依赖关系。使用了最小 R_Ω 时的掺杂浓度为 $1360\mathrm{cm}^2/(\mathrm{V} \cdot \mathrm{s})$，用可变的 E_c 但恒定的迁移率 μ_n 来计算虚曲线。正如所看到的，在所考虑的范围内，μ_n 的变化没有明显的影响。对于点曲线，假设临界场为常数，式(6-1)使用由式(3-88)给出的 NPT 值(μ_n 是变量)。如图中所示，用这种方法获得的电阻显然太小。根据实曲线，240V 器件可能的最低电阻为 $0.508\Omega \cdot \mathrm{mm}^2$ = NPT 设计电阻的 0.89 倍。此外，最小 R_Ω 对应的 N_D 值更接近于 NPT 的 N_D 值而不是按照式(6-11)的。

与使用变量 E_c(实曲线)更为正确的计算相比，这种方法得到的电阻小得多。其他阻断电压的计算也得到类似的结果。考虑到 E_c 的变化[与式(6-11)相反]，最小电阻的分析表达式和最小值的 N_D 值支持这一点。根据式(5-7)和式(3-78)首先确定恒定 V_{BD} 的导数 dw_B/dN_D，并将其用于式(6-8)的微分。这个有点冗长的计算结果是，对于最小 R_Ω，nn^+ 结处的场强 E_w 相对于临界电场 E_c(在金属半导体结处)

必须遵守以下条件:

$$\frac{E_{\mathrm{w}}}{E_{\mathrm{c}}} = \frac{n-1}{n+1}\frac{1}{3} \qquad (6-13)$$

对于大的 n(E_{c} 为常数)的场比从 1/3 变化到 $n=7$ 的 1/4,对于 $n=4$,场比变化到 1/5,此指数值适合 50V 器件。随着 N_{D} 的减少,E_{c} 的减少使最小值接近 NPT。从已知的比率 $E_{\mathrm{w}}/E_{\mathrm{c}}$,可以确定 R_{Ω} 的最小值处的掺杂浓度和基区宽度,并从而确定最小电阻本身。其结果与图 6-4 非常吻合。最小电阻和 NPT 值之间的系数几乎与阻断电压无关。对于 Si 器件,最小电阻为 NPT 值的(88 ± 2)%。因此当 $n=7$ 时使用式(6-10)获得单极硅器件的最小电阻为

$$R_{\Omega,\mathrm{min}} = 0.88\frac{2B^{\frac{1}{2}}V_{\mathrm{BD}}^{\frac{5}{2}}}{\mu_{\mathrm{n}}\varepsilon A} \qquad (6-14)$$

图 6-5 显示了单极硅器件中间层的最小电阻和适当宽度作为击穿电压 V_{BD} 的函数。对于该电压范围,NPT 电阻用式(6-10)计算,$n=6$,然后如上所述乘以系数 0.88。根据式(6-13)和式(3-78)得到的系数 0.817(另见图 6-4)乘以 NPT 值计算基区宽度,电阻在此范围内几乎是以击穿电压的 2.5 次方增长。因此,用于高阻断电压的单极器件将具有非常高的通态电阻。

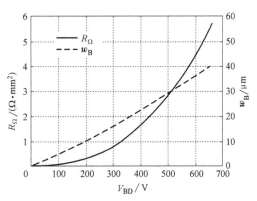

图 6-5　单极硅器件中间层的最小电阻和适当宽度与击穿电压的关系

对于硅肖特基二极管,观察到了与单极电阻特性的差异。为了获得足够的阻断能力,通常在有效面积的边缘设置 p 掺杂的电位环,类似于第 4 章中的图 4.24。在这种情况下,pn 结与肖特基结并联,并且在 pn 结的扩散电压范围内的正向电压下,该结开始注入荷电载流子,这又降低了电阻。由于阈值电压的降低,注入量随温度的增加而增加,在这种情况下发现电阻随温度降低,而迁移率的降低预计会增加。对于基于 SiC 的肖特基二极管,其 pn 结稍后开始注入,电阻显示出由迁移率 μ_{n} 确定的温度依赖性。关于这个问题的细节将在后面讨论,见图 6-9。

6.4.1　额定电压为 200V 和 100V 的硅肖特基二极管与 pin 二极管的比较

因为所用材料和制造加工工艺的偏差,数据参差不齐是可以预期的(凭经验粗略估计为 10%),并在计算测量技术误差(小于 10%)时出于安全性考虑,对于额定电压 200V 的二极管,其击穿电压按 240V 计算。根据式(6-15)得出 $R_{\Omega}A = 0.51\Omega\cdot\mathrm{mm}^2$。在 $1.5\mathrm{A}/\mathrm{mm}^2$ 的电流密度下(额定电流下典型的电流密度)得出横跨 epi 区域的电压降为 0.77V。可以用 PtSi 作为肖特基接触材料。这种材料的阈值电压为 0.5V,因

而预期的正向电压 $V_F = V_s + R_\Omega Aj = 1.27\text{V}$。但是实际上测量得到的小于 0.9V。这个误差可以用上面讨论过的双极效应来解释。

比较来看，尽管结电压在 0.7~0.8V 范围内，设计为 200V 电压的快速外延 pin 二极管在假设电流密度下可以制造出小于 1V 的正向电压。在换向过程中抽取的储存电荷与肖特基二极管的电容电荷相当。

然而，对于 100V 的额定电压，设计有类似公差的肖特基二极管显示电阻为 $R_\Omega A = 0.082\Omega \cdot \text{mm}^2$。再次使用 PtSi 势垒，得到的通态电压是 $V_F = V_s + R_\Omega Aj = 0.62\text{V}$。如此低的值用 pin 二极管是达不到的，对于更低的电压，肖特基二极管比 pin 二极管优势更明显。

6.5 SiC 肖特基二极管

6.5.1 SiC 单极二极管特性

首批 SiC 肖特基二极管由德国公司 SiCED 开发，并由英飞凌公司在市场上推出，其额定电压为 600V 和 1200V。在所有需要高开关频率的应用中，SiC 肖特基二极管的解决方案优于使用双极 Si 二极管（开关电源、功率因数校正等）[Zve01]

使用的 SiC 同素异形体为 4H，其禁带宽度为 3.26eV。对于 SiC pn 结，宽禁带导致约 2.7V 的阈值电压，如图 3-11 所示。SiC pn 和 pin 二极管的高正向电压降是其明显的缺点，这是 SiC 二极管通常是肖特基二极管或组合 pin 肖特基二极管的原因。在图 6-6 中，具有 Ti 接触的 SiC 肖特基二极管的正向特性，它具有接触势垒 $qV_B = 1.27\text{eV}$，在较低电流密度范围内与 SiC pn 结的特性进行比较（参数

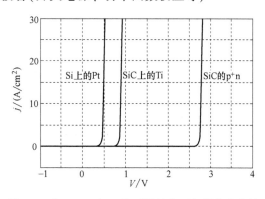

图 6-6　基于 SiC 和 Si 的不同结的理想低电流特性

见图 3-11），还有具有 PtSi 接触的 Si 肖特基结（$qV_B = 0.85$）。假设理想的特性用从表 6-1 中得到的有效理查森常数。SiC 肖特基结对 pn 结的优势是显而易见的。

对于 SiC 上的肖特基结，通常使用具有比 Si 所用的接触势垒更高的金属，因为在反向偏置下的较高场会导致镜像力强烈地降低势垒。高压肖特基二极管通常用 Ti 接触。

与硅相比，4H-SiC 的主要优点之一是雪崩击穿的临界场强高了 10 倍。正如式 (2-101) 所表达的，发现有效电离率服从于乘方依赖关系，即 $\alpha_{\text{eff}} = B|E|^n$，其中，$n = 8.03$，$B = 2.185 \times 10^{-48}\text{cm}^{n-1}/\text{V}^n$ [Bar09]。在这些参数的基础上，确定式 (3-91) 和式 (3-92) 给出了临界电场和击穿电压作为 N_D 的函数。后一种关系在图 3-19 中与硅

的关系作了比较。如式(3-86)~式(3-88)明确地包含了 n 和 B,当然也可立即应用于 SiC。在 $V_B = 1500V$ 时,式(3-88)得出 4H-SiC 的临界场 $E_c = 2.64MV/cm$,比在 $n = 7$,$B = 2.107 \times 10^{-35} cm^{n-1}/V^n$ 下得到的 Si 的值高 11.8 倍。这以倒数的方式传递到基区宽度 $w_B = 2V_{BD}/E_c$,其尺寸以相同的倍数小于硅器件。掺杂浓度和基区宽度与"可用"阻断电压的关系曲线画在图 6-7 上。如果可用的阻断电压等于击穿电压 $V_{BD}(\equiv V_B)$,则可获得实曲线。对于虚曲线,可用的阻断电压定义为场达到临界场的 80% 时的电压。这符合实际的设计指导原则,它必须考虑到 SiC 器件表现出的软反向特性,在明显低于击穿电压时,电流已有显著的增加,进一步如下面图 6-9 所示。因此,电场强度被限制在远低于 E_c 的值。在计算图 6-7 中的曲线时,将 $w_B = 2V_{BD}/E_c$ 和 $N_D = \varepsilon E_c^2/(2qV_{BD})$ 中的临界电场用 $0.8E_c$ 替代,然后用式(3-88)取代 E_c。即使经过这样的削减,SiC 器件的必要基区宽度也要小一个数量级,并且掺杂浓度 N_D 比硅高两个数量级(见图 3-17)。

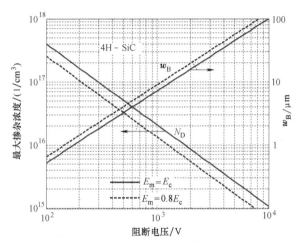

图 6-7　具有三角形场分布的 SiC 二极管的掺杂浓度和基区宽度与可用阻断电压的关系。
实线表示允许最大场强 E_m 等于临界场强 E_c,虚线表示 $E_m = 0.8E_c$

两者都代入式(6-7),结果单极通态电阻比 Si 器件的小近三个数量级。这已经遵循了式(6-8),因为临界电场高了一个数量级。对于 R_Ω 的确切计算,需要知道电子迁移率。根据本章参考文献[Scr94](见附录 A.2),4H-SiC 中的电子迁移率以下列方式取决于 300K 时的掺杂浓度:

$$\mu_n = \frac{947}{1 + \left(\dfrac{N_D}{1.94 \times 10^{17}/cm^3}\right)^{0.61}} \frac{cm^2}{V \cdot s} \tag{6-15}$$

μ_n 略小于 Si 中的,并且由于 SiC 器件的掺杂较高,因此随着掺杂的增加(V_{BD} 降低)而降低,其发挥作用更强。将式(6-15)中的 N_D 用式(3-87)代入并将得到的 μ_n 代入式(6-9),从而得到作为 V_{BD} 的函数的电阻。这直接适用于 NPT 的情况。如上所述，通过 PT 设计可以稍微降低 R_Ω。为了获得可达到的最小电阻，NPT 值应乘以几乎与阻断电压无关的因子，参见 6.4 节。与图 6-4 中使用 $n = 8.03$ 的计算结果一样，该因子对于整个电压范围在 500V 以上是 $0.868(1 \pm 1\%)$，因此，将该因子乘以式(6-10)并代入所提及的 n 值，获得 SiC 器件的最小电阻为

$$R_{\Omega,\min} = 0.87 \frac{2^{2.43} \left(\dfrac{B}{9.03} \right)^{0.43} V_{BD}{}^{2.43}}{\mu_n \varepsilon A} \qquad (6\text{-}16)$$

以这种方式获得的最小电阻 $R_{\Omega,\min}$ 在图 6-8 中显示为 V_{BD} 的函数(使用相对介电常数 $\varepsilon_r = 9.66$)。为了比较，还描述了硅的相等依赖性。在这种双对数标度上，曲线近似为直线。SiC 的电阻在 1200V 时比 Si 小 740 倍，给定 R_Ω 的阻断电压要高出 10 倍。在计算中假定允许的场等于 E_c。因此，曲线表示 R_Ω 的最低极限，它分别被称为碳化硅或硅"单极极限"。如图中的实验点所示，实际的 SiC 器件没有达到这个极限。得自本章参考文献[Pet01]的纯单极肖特基二极管的电阻比理论极限高一个数量级。

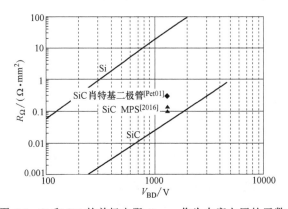

图 6-8　Si 和 SiC 的单极电阻 $R_{\Omega,\min}$ 作为击穿电压的函数。

来自本章参考文献[Pet01]测量的和 2016 年生产的 MPS 二极管的实际测量结果比较

"单极极限"的图表在文献中有所不同，可能有些作者使用 E_c 作为常数，而未考虑其掺杂依赖性。本节将通过分别使用 Si 和 SiC 的电离率的方法，考虑电场的形状和掺杂。

图 6-9 取自本章参考文献[Pet01]，示出了额定电压为 1200V 的 SiC 肖特基二极管的 I-V 特性，它具有 10mm^2 的有效面积。图中还给出了 25℃和 125℃的特性曲线，其正向特性有电阻行为，根据 25℃时的特性提取的电阻描绘在图 6-8 中[Pet01]。25℃时的阈值电压与图 6-6 一致。随着温度的升高，通态电阻随电子迁移率的降低而增大。在相反的方向上，已明显在低于击穿电压下的电流显示出了显著增长，即特性是软的，并且软性能随温度提高而增加。特性的柔软性限制了可用的阻断电压，该阻断电压随着温度的升高而降低。理论上，由于雪崩系数的降低和临界场强

的增加，击穿电压应随温度的增加而增加。柔软性可能主要是由晶格缺陷和/或表面缺陷引起的。另一个原因是式(6-5)和式(6-6)引入的镜像力。高电场会导致 SiC 器件中肖特基势垒的显著降低。对于 1×10^6 V/cm 的电场或式(6-6)，有 $\Delta \Phi = 0.122$V，根据式(6-5)结果是饱和电流在 300K 时以因子 112 增强，至 400K 时以因子 34.4 增强。

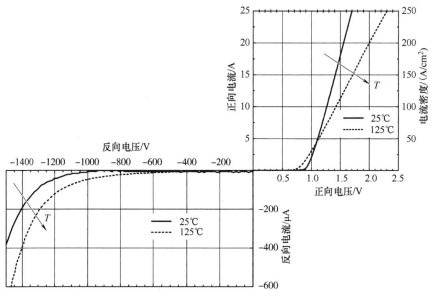

图 6-9　25℃和 125℃下，有效工作面积为 10mm^2 的 1200V SiC 肖特基二极管的 *I-V* 特性(图引自本章参考文献[Pet01])

给定导通所需的电荷在换向到反向时被提取(大部分)，并且表现为反向电流积分。电阻和电荷 $Q = qN_\text{D}Aw_\text{B}$ 通过下式相联系：

$$G = \frac{1}{R_\Omega} = \frac{q\mu_\text{n}N_\text{D}A}{w_\text{B}} = \frac{\mu_\text{n}Q}{w_\text{B}^2}$$

通态电阻和储存电荷之间的反向关系类似于 pin 二极管。与后者相反，肖特基二极管的电荷不随温度增加而增加，这对动态特性是有利的，但对正向电压是不利的。对于基区宽度小的 SiC 器件，在给定的 R_Ω 下，电荷非常少。然而，在 SiC 肖特基二极管的尺寸设计中，电阻 R_Ω 要小，因而电荷 Q 相应较高，这是可取的。在 6.5.3 节中，将回到 SiC 肖特基二极管的动态特性上。

6.5.2　组合 pin 肖特基二极管

为了降低镜像力的影响并改善浪涌电流能力，已经引入了组合 pin 肖特基结构(MPS 二极管)[Bjo06,Rup06,Sin00]。大多数肖特基二极管在有源区的边缘已经含有一个 p 区作为场终端，如图 6-10a 所示。在图 6-10b 中，实现了额外的高 p 掺杂区域，如果正向电压降高于 SiC pin 二极管的结电压，则它们用作 p 发射极并注入载流子。如上面所说的，这是 2.8V 范围内的情况。另一种解决方案是与硅组合 pin 肖特基(MPS)二极管类似地使用 p 层，如图 5-28 所示。这种结构在图 6-10c 中示出，这些 p 层由 n⁻ 材料以相对较小的距离隔开，目的是完全屏蔽肖特基接触，避免反向偏压中的高电场。

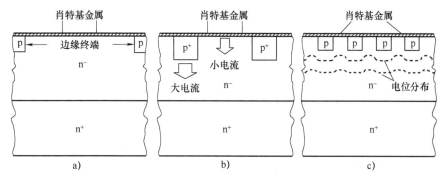

图 6-10　结构(图类似本章参考文献[Hei08b])

a) 普通的 SiC 肖特基二极管　b) MPS 二极管，具有 p⁺ 区结构，以改善浪涌容量[Bjo06]

c) MPS 二极管，具有 p 区结构，以从高电场里屏蔽住肖特基结[Sin00]

在本章参考文献[Hei08c]中研究了这些结构的浪涌电流特性。图 6-10 中所示三种结构的二极管的 *I-V* 特性如图 6-11 所示。具有 p⁺ 区域(见图 6-10b)的结构显示出高电流下最低的正向电压降。当 p 层注入电流时，对 20A 以上的电流，pin 二极管的作用很明显，该结构显示出高浪涌电流能力。结构(见图 6-10a)也可以看到类似的效果，尽管不是那么强，其中由边缘区域引起的 pin 贡献注入载流子。结构(见图 6-10c)完全没有显示 pin 的行为，虽然它含有 p 层，但它们不会注入载流子，而且仍然是单极的。此外，电流在 20A 以上时 *I-V* 特性偏离欧姆特性。在高正向电压下，在厚度仅为几微米的中间层上产生了一个明显的电场。然后，增加的场将导致电子迁移率降低，从而使正向压降增加。

另一个重要贡献是测量期间的温度升高。因此，该结构的浪涌电流能力受到限制。然而如图 6-10c 所示的结构适合于屏蔽肖特基接触不受高电场的影响。最高电场出现在 p 区边缘，其间的表面无电场之累。因此，该结构避免了肖特基结的反向偏置漏电流。

图 6-12 显示了一个最近的 MPS 二极管[Rup12,Rup14]的 p 区和肖特基区排列的俯视图，肖特基区域形成六边形，在中间有 pin 区域，有一些 pin 区域面积较大，并且在有源区边缘处具有最大尺寸的 pin 区域。肖特基区总面积约为 50%。该结构结合了图 6-11b 和 c 的优点。

1200V 的 SiC MPS 二极管在浪涌电流条件下表现出了一种双极性部件的触发。图 6-13 显示了额定电流为 10A 的 1200V SiC MPS 二极管的测量和电热模拟。额定电流下的电流密度为 $340A/cm^2$。模拟简化了 $10\mu m$ 宽的二维结构，该结构具有 50% 的肖特基面积和 $10\mu m$ 的扩展。图 6-12 中复杂的 3D 结构的模拟需要大量的计算时间,目前还不可能做到。

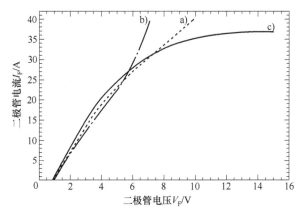

图 6-11　图 6-10 上的三种结构 SiC 器件的正向 *I-V* 特性曲线。所有三种二极管给定电压均为 600V,
额定电流为 4A(图参见本章参考文献[Hei08b])

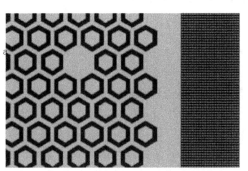

图 6-12　MPS 二极管结构俯视图。黑色:肖特
基区域,灰色:pin 区域。右侧的虚线
区域:结终端。图来自 R. Rupp,英飞凌

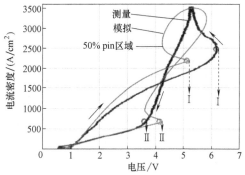

图 6-13　半正弦 10ms 浪涌电流脉冲施加于
额定电流 10A 的 1200V SiC MPS 二极管,
T = 25℃,测量和模拟。© 2016IEEE。
经许可转载[Pal16]

在测量中,接近标记点Ⅰ,p 区开始注入,因而形成一个负微分电阻分支。在使用简化的二维结构模拟中,这是一个明显的触发点。器件强烈加热并达到 800K。在高温下,迁移率急剧下降,下降分支则遵循另一条曲线。在模拟中,使用了来自[Scr 94]的温度相关参数的迁移率模型。在模拟中,Ⅱ处的衰减点是明显的,在测量中它是模糊的,因为具有不同尺寸的 p 层结构更为复杂。

MPS 二极管的特性很大程度上取决于器件的几何形状,例如 pin 区域相对于肖特基区域的尺寸[Fic14,Pal16]。如果认为在肖特基模式中电子电流一定在 p 层下方横向流动,则可以近似地考虑少数载流子注入的触发,如图 6-14 所示。

横跨长度 L 的横向电流的电压降可以根据本章参考文献[Ogu04]计算,即

$$V_{\mathrm{p}} = \int_O^L R j_{\mathrm{p}} y \mathrm{d}y = \frac{1}{2} R j_{\mathrm{p}} L^2 \qquad (6\text{-}17)$$

这里 R 是以 $\Omega/\square$ 表示的方块电阻，L 是 pin 区域的横向长度。对于不太薄的外延层厚度 d，R 可以近似为 p/d，$d>(1/2)L$。如果假定 p 层注入的 V_{p} 等于 pn 结的自建电压与肖特基结的阈值电压之差 $V_{\mathrm{bi}}-V_{\mathrm{S}}$，这将导致[Pal16]

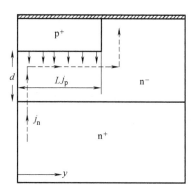

$$j_{\mathrm{p}} = \frac{\alpha(V_{\mathrm{bi}}-V_{\mathrm{S}})}{RL^2} \qquad (6\text{-}18)$$

因为 $\rho = 1/(q\mu_{\mathrm{n}}N_{\mathrm{D}})$ 包含了 SiC 中的体迁移率 μ_{n}，它随温度的增加而急剧下降，这解释了图 6-13 中高温分支在较低电流下的触发。通过这些简化，可以用 MPS 二极管中的 pin 区域的尺寸来近似触发状态。对于图 6-12 中的结构，发

图 6-14　MPS 二极管触发状态的简化图。IEEE© 2016。经许可，转载自本章参考文献[Pal16]

现 p 区随后开始对电流传导做出贡献，首先是边缘终端处的 pin 区域触发，然后是额外的大 p$^+$ 单元，最后小 p$^+$ 单元做贡献[Rup12]。

关于 p$^+$ 注射触发的进一步考虑在本章参考文献[Hua16]中作了报道，并在本章参考文献[Niw17]中给出了一个扩展模型。在本章参考文献[Niw17]中介绍了有关高压 MPS 二极管的工作。这些器件是用外延 p$^+$ 阳极层制造的，并且深入研究的是在图 6-13 的 6.2V 测量中见到的"回弹（Snapback）"现象，在 p 层中使用 50~150μm 宽的 L[Niw17]（参看图 6-13），在 L 足够大的情况下，从肖特基区域过渡 pin 运行变得平滑。作为无回弹混合运行 MPS 二极管的设计指南给出了 $L/d>1.5$，显示了击穿电压高达 11.3kV 的 MPS 二极管。

SiC MPS 二极管具有很强的承受雪崩应力的能力，如本章参考文献[Pup06]中的 600V 和本章参考文献[Rup14]中的 1200V 所示。关键的促成因素是在单元结构中植入的 p 层底部的故意的场聚集。然后在 p 层的边缘发生雪崩击穿（见图 6-10c）。此外，有必要平衡结终端的击穿和单元场中的击穿，并设计单元场，使之具有比结终端有更低的击穿电压[Dra15]。

对于这种设计的 MPS 二极管，发现其击穿电压随温度而增加。测量到 V_{BD} 以 0.35V/K 线性增加，如图 6-15 所示。这与图 6-9 中的肖特基二极管

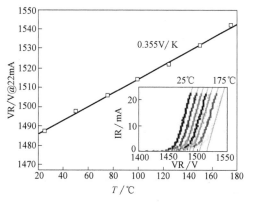

图 6-15　1200V MPS 二极管击穿电压的温度依赖关系。来自 R. Rupp 的数据，英飞凌

不同。很明显，如果肖特基结从高电场释放，则镜像力将使漏电流增加的影响减小。这可以通过 MPS 二极管中的 p 层的窄距离来完成。

6.5.3 SiC 肖特基和 MPS 二极管的开关特性和耐用性

SiC 肖特基二极管与快速硅 pin 二极管竞争，它们可以以更好的开关特性获得市场。SiC 二极管的一个很大的优点是它们对于给定的导通电导 G 所需的电荷要少得多，因为这种电荷在换向过程中出现，作为反向电流积分。在斩波电路中，在开关元件导通期间二极管的反向电流脉冲在后者中增加正向电流，因此较少的电荷导致开关中的导通损耗减小。

对于 NPT 情况(三角形场)，电荷与电导之比为

$$\frac{Q}{G} = QR_\Omega = \frac{qN_D A w_B}{q\mu_n N_D A / w_B} = \frac{w_B^2}{\mu_n} = \frac{4V_{BD}^2}{\mu_m E_c^2} \qquad (6-19)$$

因此，每个储存电荷高导通状态的半导体的品质因数是 $\mu_n E_c^2$ [Sco91]，其中包括静态和动态特性。在考虑 pin 二极管中的空穴迁移率(μ_n 被 $\mu_u + \mu_p$ 替换)的情况下，它可以用于 SiC 肖特基二极管与 Si pin 二极管的近似比较。假设临界场中的因子 10 和迁移率因子 1/2，4H-SiC 肖特基二极管的乘积 QR_Ω 比 Si pin 二极管的小 50 倍。因此，对于基区的相等电阻，SiC 二极管中的电荷以相同的因子小于 Si pin 二极管中储存的电荷。尽管给定材料和击穿电压的乘积 QR_Ω 具有固定值，但是因子 Q 和 R_Ω 可以通过器件的有效区域 A(以相反的方式)来改变。区域 A 的下限是由损耗决定的。

功率肖特基二极管的缺点是在换向后通过肖特基结的电容 C_j 和杂散电感 L_p 会产生的反向电压和电流的振荡，如本章参考文献[Sco91]所示。如果在高电流应用中只用 SiC 取代 Si，则可能出现振荡的巨大问题[Win12,Lut14]。SiC 器件的电容由下式给出

$$C_j = \sqrt{\frac{q\varepsilon N_D}{2(V_j + V_r)}} A \qquad (6-20)$$

当施加的电压 V_r 为零时，有它的最大值 $C_j(0V)$。由于掺杂 N_D 高出 20 倍，它比具有相同有效面积的 Si 二极管高 10 倍。SiC 中缺少在 Si 双极至器件中产生并抑制振荡的尾电流。振荡可以被抑制，使振荡周期 $\tau_{osc} \sim \sqrt{L_p}$ 不大于斩波电路中开关元件的导通时间，但是时间也应该短。这对于需要更低寄生电感的新封装技术是一个挑战。目前在开发具有极低电感的封装方面付出了很大的努力。在额定电流为 400A 且 L_p 仅为 1.4nH 的封装中，振荡大幅降低[Bec16]。在并联的情况下必须特别小心，因为并联芯片前面的非对称电感会导致不良动态电流的共享和内部 LC 振荡。

在过载条件下，MPS 二极管在关断时显示出了高的动态耐用性。图 6-16[Fic15] 显示了根据图 5-19 的双脉冲电路中的 5A MPS 二极管的测量结果，在 $R_G = 20\Omega$ 时

用额定为 90A，1200V 的 IGBT 实施。电流高达 25A 时，二极管显示出没有双极性电荷的肖特基二极管的典型快速开关特性，并且发生的反向恢复电荷仅由空间电荷容量引起，与正向电流无关。然而，在 50A 时，可以推测出双极反向恢复行为的趋势。在该正向电流下，第一 p 掺杂区域已经有效，二极管略呈双极。在关断前施加 75A 的正向电流时，二极管变为双极性。这反映在开关特性中，类似于 pin 二极管的特性。

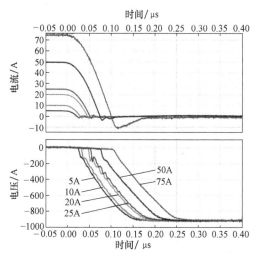

图 6-16　额定电流为 5A，T=25℃ 时的 MPS 二极管的关断特性。
正向电流在额定电流的 1~15 倍之间变化。© 2015Elserier。
经 Elsevier 许可，从本章参考文献[Fic15]转载

在超过 15 倍额定电流时通过设置 R_Ω = 1Ω，二极管是能够承受关断时的高 di/dt 和 dv/dt 的。在大约是额定电流的 8 至 10 倍时，它们的开关特性等于 pin 二极管的开关特性。

SiC MPS 二极管已成为成熟的器件。它们在 600V 范围内与硅 MOSFET 结合使用，用于功率因数校正(Power Factor Correction，PFC)电路和 DC-DC 变流器中的高频应用。在用作 IGBT 的续流二极管的应用中，由于反向恢复电荷非常低，SiC MPS 二极管可以降低 IGBT 的导通损耗，参看 5.7.2 节。

SiC 肖特基二极管对于涉及高开关频率的若干应用是首选。SiC 器件仍然很年轻，在将它们与 Si 器件进行比较时，必须记住硅技术已经改进了几十年才达到目前所实现的器件性能。对于 SiC，在优化晶体质量以及加工工艺和器件设计仍然有很大的潜力。然而，还必须考虑到 SiC 对于封装技术是一个挑战，因为与 Si 相比具有更高的刚度，相比之下，SiC 的杨氏模量高于 Si。因此，用 SiC 代替 Si 必须考虑可靠性，尤其是功率循环能力(见第 12 章。)

参 考 文 献

[Bar09]   Bartsch, W., Schoerner, R., Dohnke, K.O.: Optimization of bipolar SiC-diodes by analysis of avalanche breakdown performance. In: Proceedings of the ICSCRM 2009, paper Mo-P-56 (2009)

[Bec16]   Beckedahl, P., Buetow, S., Maul, A., Roeblitz, M., Spang, M.: 400 A, 1200 V SiC power module with 1nH commutation inductance. In: Proceedings of the international conference on integrated power systems (CIPS), (2016)

[Ber97]   Berndes, G., Strauch, G., Mößner (IXYS Semiconductor GmbH), S.: "Die Schottky-Diode - ein wiederentdecktes Bauelement für die Leistungshalbleiter-Hersteller". Kolloquium Halbleiter-Leistungsbauelemente, Freiburg (1997)

[Bjo06]   Bjoerk, F., Hancock, J., Treu, M., Rupp, R., Reimann, T.: 2nd generation 600 V SiC Schottky diodes use merged pn/Schottky structure for surge overload protection. In: Proceedings of the APEC (2006)

[Dah01]   Dahlquist, F., Lendenmann, H., Östling, M.: A high performance JBS rectifier – design considerations. Mater. Sci. Forum **353–356**, 683 (2001)

[Dra15]   Draghici, M., Rupp, R., Gerlach, R., Zippelius, B.: A new 1200 V SiC MPS diode with improved performance and ruggedness. Mater. Sci. Forum **821–823**, 608–611 (2015)

[Fic14]   Fichtner, S., Lutz, J., Basler, T., Rupp, R., Gerlach, R.: Electro-thermal simulations and experimental results on the surge current capability of 1200 V SiC MPS diodes. In: Proceedings of the 8th international conference on integrated power systems (CIPS), pp. 438–443 (2014)

[Fic15]   Fichtner, S., Frankeser, S., Rupp, R., Basler, T., Gerlach, R., Lutz, J.: Ruggedness of 1200 V SiC MPS diodes. Microelectron. Reliab. **55**(9–10), 1677–1681 (2015)

[Hei08b] Heinze, B., Baburske, R., Lutz, J., Schulze, H.J.: Effects of metallisation and bondfeets in 3.3 kV free-wheeling diodes at surge current conditions. In: Proceedings of the ISPS, prague (2008)

[Hei08c] Heinze, B., Lutz, J., Neumeister, M., Rupp, R.: Surge current ruggedness of silicon carbide Schottky- and merged-PiN-Schottky diodes. In: Proceedings ISPSD 2008. Orlando, Florida, USA (2008)

[Hu79]   Hu, C.: A parametric study of power MOSFETs. Record of 1979 IEEE power specialists conference, pp. 385–395 (1979)

[Hua16]   Huang, Y., Erlbacher, T., Buettner, J., Wachutka, G.: A trade-off between nominal forward current density and surge current capability for 4.5 kV SiC MPS diodes. In: Proceedings of the ISPSD, Prague, pp. 63–66 (2016)

[Lut14]   Lutz, J., Baburske, R.: Some aspects on ruggedness of SiC power devices. Microelectron. Reliab. **54**, 49–56 (2014)

[Niw17]   Niwa, H., Suda, J., Kimoto, T.: Ultrahigh-voltage SiC MPS diodes with hybrid unipolar/bipolar operation. IEEE Trans. Electron Devices **64**(3), 874–881 (2017)

[Ogu04]   Ogura, T., Ninomiya, H., Sugiyama, K., Inoue, T.: 4.5 kV injection en-hanced gate transistors (IEGTs) with high turn-off ruggedness. IEEE Trans. Electron Devices **51**, 636–641 (2004)

[Pal16]   Palanisamy, S., Fichtner, S., Lutz, J., Basler, T., Rupp, R.: Various structures of 1200 V SiC MPS diode models and their simulated surge current behavior in comparison to measurement. In: Proceedings of the ISPSD, Prague, pp 235–238 (2016)

[Pet01]   Peters, D., Dohnke, K.O., Hecht, C., Stephani, D.: 1700 V SiC Schottky diodes scaled up to 25 A. Mater. Sci. Forum **353–356**, 675–678 (2001)

[Rup06]   Rupp, R., Treu, M., Voss, S., Björk, F., Reimann, T.: '2nd Generation' SiC Schottky diodes: a new benchmark in SiC device ruggedness. In: Proceedings of the ISPSD, pp. 1–4 (2006)

[Rup12]   Rupp, R., Gerlach, R., Kabakow, A.: Current distribution in the various functional areas of a 600 V SiC MPS diode in forward operation. Mater. Sci. Forum **717**, 929–932 (2012)

[Rup14]   Rupp, R., Gerlach, R., Kabakow, A., Schörner, R., Hecht, C., Elpelt, R., Draghici, M.: Avalanche behaviour and its temperature dependence of commercial SiC MPS diodes: influence of design and voltage class. In: Proc. of the 26th ISPSD, pp 67–70 (2014)

[Sch38]   Schottky, W.: Halbleitertheorie der Sperrschicht. Naturwissenschaften **26**, 843 (1938)

[Sch39]   Schottky, W.: Zur Halbleitertheorie der Sperrschicht- und Spitzengleichrichter. Zeitschrift für Physik **113**, 376–414 (1939)

[Sco91]   Schlangenotto, H., Niemann, E.: Switching properties of power devices on silicon carbide and silicon. EPE-MADEP (Symposion on materials and devices for power electronis), Firenze, pp. 8–13 (1991)

[Scr94]   Schaffer, W.J., Negley, G.H., Irvine, K.G., Palmour, J.W.: Conductivity anisotropy in epitaxial 6H and 4H SiC. Mater. Res. Soc. Symp. Proc. **339**, 595–600 (1994)

[Sin00]   Singh, R., et al: 1500 V 4 Amp 4H-SiC JBS diodes. In: Proceedings of the ISPSD, Toulouse (2000)

[Spe65]   Spenke, E.: Elektronische Halbleiter. Springer, Berlin Heidelberg New York (1965)

[Sze81]   Sze, S.M.: Physics of semiconductor devices. Wiley, New York (1981)

[Tre01]   Treu, M., Rupp, M., Kapels, H., Bartsch, W.: Mater. Sci. Forum **353–356**, 679–682 (2001)

[Win12]   Wintrich, A.: Elektronikpraxis Mai (2012)

[Zve01]   Zverev, I., et al: SiC Schottky rectifiers: performance, reliability and key application. In: Proceedings of the 9th EPE, Graz (2001)

第7章　双极型晶体管

1947 年发明的晶体管最初是一种点接触晶体管，其发射极和集电极是用细金属线压在作为基极的锗块上形成的[Bar49,Sho49]。不久，人们就明白了这两个点接触上的金属半导体结（以下简称金半结——译者注）可以用两个紧密耦合的 pn 结取代。首篇研究具有扩散发射极和基极的硅双极型晶体管的论文发表于 1956 年[Tan56]。作为功率开关的双极型晶体管，其发射极和基极具有很精细的叉指结构，叉指间距必须控制在 30μm 的范围内；这项技术于 20 世纪 70 年代实现。有一段时间，这种双极型晶体管在电力电子技术中是最重要的开关器件。但是，IGBT 早在 20 世纪 80 年代的末期就出现了（见第 10 章），并且开始代替功率双极型晶体管。如今电力变流器已经不再采用双极型晶体管，只有那些高度专门化的需求市场，比如电视机中的行偏转晶体管还在使用它们。不过，最近人们又开始研发 SiC 双极型晶体管了。

7.1　双极型晶体管的工作原理

双极型晶体管为 npn 结构或者 pnp 结构。因此，它包含两个连续的 pn 结。除了电压范围低于 200V 以外的功率晶体管，一般都采用 npn 结构，如图 7-1 所示。

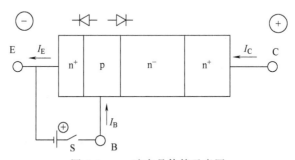

图 7-1　npn 功率晶体管示意图

当给集电极 C 加上正电压时，基极 B 和集电极之间的 pn 结反偏，发射极 E 和基极之间的 pn 结正偏。在基极开路时，基区中的电子浓度很低。基区的 p 型掺杂浓度范围为 $10^{16} \sim 10^{17}/cm^3$；由式（2-6）所示的关系，可知浓度 $n_{p0} = n_i^2/p$ 在 $10^4/cm^3$ 的范围内。此时集电极的电压虽然很高，但是晶体管中仅有很小的电流，为阻断状态。

如果开关 S 闭合而由基极注入正向电流 I_B，则 n^+p 结正偏，因此基区就会流入大量电子。但是，该基极电流 I_B 不仅使发射极电流增大，而且 p 基区的电子在阻断的基极-集电极结方向上有很高的载流子浓度梯度，这些电子会扩散进入低掺杂的 n^- 层。如果施加一个电场，则这些电子就会被电场向集电极加速。

共基极电路中的电流增益 α 定义为

$$I_C = \alpha I_E + I_{CB0} \tag{7-1}$$

I_{CB0} 是发射极开路时，基极和集电极之间的漏电流。此外，共发射极电路中的电流增益 β 定义为

$$I_C = \beta I_B + I_{CE0} \tag{7-2}$$

I_{CE0} 是基极开路时，发射极和集电极之间的漏电流。根据图 7-1，I_C 是可控的负载电流，因此 β 是与基极控制电流有关的负载电流的电流增益[⊖]。

根据图 7-1，如果采用以下关系式：

$$I_E = I_C + I_B \tag{7-3}$$

并忽略漏电流 I_{CB0} 和 I_{CE0}，那么根据式（7-2）就可以求解出 β，并代入式（7-3），得到以下关系：

$$\beta = \frac{I_C}{I_B} = \frac{I_C}{I_E - I_C} = \frac{I_C/I_E}{1 - I_C/I_E} = \frac{\alpha}{1 - \alpha} \tag{7-4}$$

如果采用式（7-1）和式（7-2）的确切定义，再把两个漏电流进行变换，则也能得到同样的结果。由式（7-4）可以求解出 α 为

$$\alpha = \frac{\beta}{\beta + 1} \tag{7-5}$$

α 越接近于 1，集电极电流的电流增益 β 越高。例如 $\alpha = 0.95$ 时，$\beta = 19$。

7.2 功率双极型晶体管的结构

图 7-2 表示功率晶体管的结构。发射区几乎都是条状排列，功率晶体管发射极叉指的宽度通常在 $200\mu m$ 范围。基极和发射极叉指相互交叉依次排列，就像两个梳子的梳齿相互交织在一起。

集电区分成两个区域，一个承受电场的低掺杂 n^- 层和一个相邻的高掺杂 n^+ 层。这种双极型晶体管沿图 7-2 中垂直线 A-B 穿过发射区的剖面扩散浓度分布如图 7-3 所示。这种扩散分布表明了功率双极型晶体管的"三次扩散"特征。"三次扩散"一词代表依次进行深集电区扩散，然后是 p 基区扩散，最后是 n^+ 发射区扩散。在这种情况下，n^+ 层是掺杂原子呈高斯分布的深扩散层。这个深扩散层也可以由外延层代替，于是就有了一种用外延片制造的晶体管。但是外延晶体管中 n^+ 层与 n^- 层间

⊖ 严格地说，必须区分直流电流增益 $A = I_C/I_E$ 和小信号电流增益 $\alpha = \Delta I_C/\Delta I_E$，$\beta$ 也是这样，在以下的简化处理中忽略这一点。

的突变结会对器件引入一些不利因素，参见后面有关二次击穿的叙述。

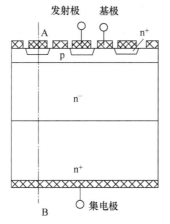

图 7-2　功率晶体管结构

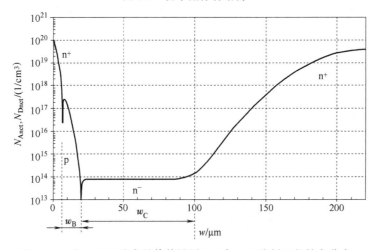

图 7-3　一个 1200V 功率晶体管沿图 7-2 中 A-B 线剖面的掺杂分布

7.3　功率晶体管的 *I-V* 特性

图 7-4 是功率晶体管正向 *I-V* 特性的测试结果。可以看出，当集电极电压比较低，例如 0.4V 时，就已经能达到较高的电流密度了。因为 pn 结电压为 0.7V 左右，所以这对只有一个 pn 结处于正偏状态的器件是不可能实现的。双极型晶体管在这种工作模式下，两个 pn 结都是正偏的。其 pn⁻结上的电压方向与 n⁺p 结上的电压相反。正向特性的这个区域压降非常低，被称为饱和区。

与饱和区相邻的是准饱和区，这一区域随着电压的增加，电流略有增加。电压更高时(图 7-4 中未标出)，双极型晶体管进入有源区，在有源区中，对于一个给定的基极电流，集电极电流几乎保持不变，不随集电极电压的增加而变化。

由正向曲线，可以看出晶体管的短路能力。即使在负载短路的情况下，其电流也是有限的。根据图 5-19 所示的电路，如果基极电路中由 R 和 L 组成的负载发生短路，晶体管两端的电压就会一直上升，直到外加电压 V_{bat} 完全降落于其上。短路模式下的短路电流大小由晶体管的 $I\text{-}V$ 特性和所加基极电流来决定。这种工作模式下会产生很大的功耗，但是如果驱动电路中的监测功能能在短短几微秒内检测到短路，并关断器件，这种情况就能幸免。

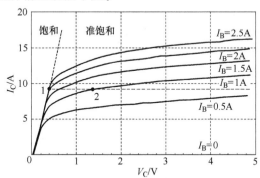

图 7-4 BUX48A 型双极型晶体管的正向 $I\text{-}V$ 特性

7.4 双极型晶体管的阻断特性

式(7-1)中 I_{CB0} 是基极与集电极之间的漏电流，利用式(7-1)可以求出基极开路时，集电极与发射极之间的漏电流。基极开路时，$I_{\text{C}} = I_{\text{E}} = I_{\text{CE0}}$，由式(7-1)可以得到

$$I_{\text{CE0}} = \alpha I_{\text{CE0}} + I_{\text{CB0}} \tag{7-6}$$

解得 I_{CE0} 为

$$I_{\text{CE0}} = \frac{I_{\text{CB0}}}{1 - \alpha} \tag{7-7}$$

由此看出，集电极与发射极之间的漏电流总是大于集电极与基极之间的漏电流。当 $\alpha = 0.9$ 时，$I_{\text{CE0}} = 10 I_{\text{CB0}}$。

在基极开路的情况下，雪崩击穿时集电极与发射极之间的电压总是低于集电极与基极之间的电压。为了证明该结论，式(7-1)必须考虑雪崩倍增的影响。电流 αI_{E} 从集电极一侧注入空间电荷区，因电子倍增因子 M_{n} 而增强。主要因空间电荷区中的载流子产生而形成的漏电流 I_{CB0} 因其倍增因子 M_{SC} 而增强(参照 3.3 节中关于雪崩击穿的论述，尤其是式(3-68))。这样式(7-1)变成

$$I_{\text{C}} = M_{\text{n}} \alpha I_{\text{E}} + M_{\text{SC}} I_{\text{CB0}} \tag{7-8}$$

在基极开路时，因有 $I_{\text{C}} = I_{\text{E}}$，而使集电极电流

$$I_{\text{C}} = \frac{M_{\text{SC}} I_{\text{CB0}}}{1 - M_{\text{n}} \alpha} \tag{7-9}$$

这样当 $M_n\alpha = 1$ 或者

$$M_n = \frac{1}{\alpha} \qquad (7\text{-}10)$$

时，集电极电流变得无限大，集电极与发射极之间发生雪崩击穿。而集电极和基极之间只当 M_n 趋于无限大时才会出现雪崩击穿。电流增益很高($\alpha \approx 1$)的情况下，基极开路时，阻断能力会大大下降。当 $\alpha = 0.9$ 时，足以达到雪崩倍增条件，这时倍增因子 M_n 变成 $1/0.9 = 1.11$。

因为电子的电离因子远远高于空穴的电离因子，即 $\alpha_n > \alpha_p$，所以随着电场的升高，M_n 增长非常快(见图 3-15)。这时，雪崩击穿由 M_n 决定，有效雪崩倍增因子 M 或者有效电离率 α_{eff} 近似不再适用。击穿电压 V_{CE0} 明显低于 V_{CB0}。从图 7-5 可以看出，一个商用双极型晶体管的 V_{CE0} 与 V_{CB0} 的区别。图中，$V_{\text{CE0}} \approx 0.6 V_{\text{CB0}}$。

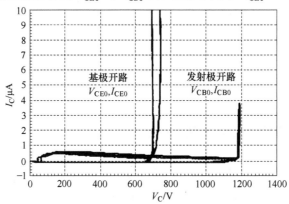

图 7-5　BUX48A 型晶体管分别在基极
开路和发射极开路时的阻断特性

类似地，对一个 pnp 晶体管可得

$$M_p = 1/\alpha \qquad (7\text{-}11)$$

因为 $M_p < M_n$，所以 pnp 晶体管的 V_{CE0} 与 V_{CB0} 之间的差会比较小。

在 3.3 节中，对式(3-69)在 $V < V_{\text{CE0}}$ 时，一个常用的近似雪崩倍增因子表示为[Mil85]

$$M = \frac{1}{1 - \left(\dfrac{V}{V_{\text{CB0}}}\right)^m} \qquad (7\text{-}12)$$

式中，V 是低于 V_{CE0} 的外加电压。由式(7-10)可以得到 $V = V_{\text{CE0}}$ 时

$$V_{\text{CE0}} = (1 - \alpha)^{\frac{1}{m}} V_{\text{CB0}} \qquad (7\text{-}13)$$

式中，对于 npn 双极型晶体管[Ben99]，m 一般取 5，如果采用正向工作条件下 α 的值，而且 β 和 α 的值都很大，则 $m = 5$ 时的计算结果与测量结果吻合。然而因为大部分的电流在基极层中，所以静态雪崩击穿效应会出现在小电流情况下，此时电流

放大倍数也很低，如果考虑这一点，则按照 3.3 节建议的 $m=2.2$ 更合适。

具有典型结构的晶体管，对 V_{CE0} 的近似也可以表示成为[Ben99]

$$V_{CE0} = K_1 w_C \tag{7-14}$$

式中，w_C 是低掺杂集电区的宽度，如图 7-3 所示；$K_1 = 10^5 \text{V/cm}$。

晶体管在基极开路时的反向阻断电压和反向电流与单一 pn 结的反向不同，这一点对一个具有多个 pn 结的器件来说是非常重要的。这在双极型晶体管的实际应用中也很关键，因为对在基极开路时的外加电压而言，其值很低时器件就进入击穿状态，并且有可能被烧毁。另一方面，如果在基极上施加一个相对于发射极的负电压，此时两个 pn 结都是反偏状态。两个结的漏电流都成为基极电流，两个 pn 结之间不再相互影响。在这种情况下，集电极与发射极之间的阻断特性与集电极和基极之间的阻断特性近似相同。如果基极与集电极之间短路，也会出现同样的效果。实际应用中，如果集电极上出现很高的反向电压，那么就在晶体管基极上施加一个小的负电压。通常基极上施加的负电压是用来切断集电极电流的，并且在阻断模式下，要一直保持该负电压。

7.5　双极型晶体管的电流增益

根据式(7-1)定义晶体管的电流增益为

$$\alpha = \frac{j_C - j_{CB0}}{j_E} \tag{7-15}$$

对式(7-15)的分子和分母同乘以由发射极注入基极的电子电流 j_{nB}，得

$$\alpha = \frac{j_{nB}}{j_E} \frac{j_C - j_{CB0}}{j_{nB}} = \gamma \alpha_T \tag{7-16}$$

式(7-16)右边第一项对应发射系数 γ，γ 在 3.4 节式(3-99)中已经介绍过，对于 n 发射极，γ 设为

$$\gamma = \frac{j_{nB}}{j_{nE} + j_{pE}} \tag{7-17}$$

对于 n 发射极，这一定义表示了注入基区的电子电流 j_{nB} 分量与总发射极电流之间的关系。

式(7-16)中第二项代表传输因子 α_T

$$\alpha_T = \frac{j_C - j_{CB0}}{j_{nB}} \tag{7-18}$$

对于 npn 晶体管，α_T 对应于由发射极注入集电极的电子电流部分。当 $j_C = j_{CB0}$ 时，$\alpha_T = 0$，此时只有漏电流到达发射极。对于具有高电流增益的 npn 晶体管，γ 和 α_T 接近单位值，因此 $\alpha \approx 1$。

下面来详细讨论一下注入比 γ，忽略发射极与基极之间的 pn 结处的复合，这

一点在电流密度大于 $1\mathrm{mA/cm^2}$ 时是可以实现的。因此 pn 结两边的电子电流假设相等，即 $j_{\mathrm{nE}} = j_{\mathrm{nB}}$，则

$$\gamma = \frac{j_{\mathrm{nB}}}{j_{\mathrm{nE}} + j_{\mathrm{pE}}} = \frac{1}{1 + \dfrac{j_{\mathrm{pE}}}{j_{\mathrm{nB}}}} \tag{7-19}$$

进入发射区的少数载流子电流 j_{pE} 可以表示为

$$j_{\mathrm{pE}} = q \frac{D_{\mathrm{p}}}{L_{\mathrm{p}} N_{\mathrm{E}}} \tag{7-20}$$

且小注入条件下，进入基区的电子电流为

$$j_{\mathrm{nB}} = q \frac{D_{\mathrm{n}}}{L_{\mathrm{n}} N_{\mathrm{B}}} \tag{7-21}$$

将式（7-20）和式（7-21）代入式（7-19），对于小注入条件，即注入的自由载流子少于基区掺杂浓度 N_{B}，注入比可以表示为

$$\gamma = \frac{1}{1 + \dfrac{D_{\mathrm{p}}}{D_{\mathrm{n}}} \dfrac{N_{\mathrm{B}}}{N_{\mathrm{E}}} \dfrac{w_{\mathrm{B}}}{L_{\mathrm{p}}}} \tag{7-22}$$

式中，基区电子扩散长度 L_{n} 用基区宽度 w_{B} 代替，这是因为在双极型晶体管中，通常载流子寿命都足够长，所以 w_{B} 总是小于 L_{n}。而且发射区中 L_{p} 都很小，所以 w_{B} 一般和 L_{p} 在同一个数量级上。因此，式（7-22）中的关键项就是 $N_{\mathrm{B}}/N_{\mathrm{E}}$ 的比值。为了能使 γ 接近于 1，发射区掺杂浓度 N_{E} 必须远远高于基区掺杂浓度 N_{B}。式（7-22）给出了这些参数间的第一个估算式，这个式子在晶体管设计时是非常重要的。

式（7-22）适用于小注入条件，但是式（7-22）中没有考虑禁带宽度窄化问题；这意味着 $\mathrm{n^+}$ 发射区掺杂浓度不能太高。另外，式（7-22）中注入比的定义不包含电流与注入比的关系。根据 3.4 节的内容，可以对注入比作进一步讨论。n 发射区由发射参数 h_{n} 表征。Auger 复合与禁带宽度窄化决定着重掺杂 n 发射区的性质。类比式（3-104），h_{n} 可以表示为

$$h_{\mathrm{n}} = \mathrm{e}^{\Delta E_{\mathrm{g}}/(kT)} \sqrt{D_{\mathrm{p}} c_{\mathrm{A, n}}} \tag{7-22a}$$

同时，Auger 系数 $c_{\mathrm{A,p}} = 2.8 \times 10^{-31} \mathrm{cm^6/s}$，迁移率 $\mu_{\mathrm{p}} = 79 \mathrm{cm^2/Vs}$（掺杂浓度约为 $1 \times 10^{19}/\mathrm{cm^3}$）。根据 Slotboom 和 DeGraaf 的禁带宽度窄化式（2-25），可以得到

$$h_{\mathrm{n}} \approx 2 \times 10^{-14} \mathrm{cm^4/s}$$

根据作者对双极型晶体管的设计和制造经验，在掺杂浓度达到 $5 \times 10^{19}/\mathrm{cm^3}$，参数 h_{n} 在 $(1 \times 10^{-14} \sim 2 \times 10^{-14}) \mathrm{cm^4/s}$ 之间，当禁带宽度窄化程度由式（2-25）决定时，根据式（7-22a）可以看出，h_{n} 只有在较高的掺杂浓度下才会增加，h_{n} 取值大，说明注入比下降。

类比式（3-100），注入比可以表示为

$$\gamma = 1 - qh_n \frac{p_L^2}{j} \tag{7-23}$$

要对 γ 进行估算，必须知道发射区与 p 基区之间结合处的自由载流子浓度 p_L。在功率晶体管中，如图 7-6(上图)所示，厚度为 w_C 的轻掺杂集电层紧挨着 p 基区。这一层在晶体管正向阻断模式下，主要用来承载空间电荷。在通态模式下，自由载流子注入该层来降低导通模式下的压降。有效基区宽度由 w_B 增加到 $w_B + w_C$(见图 7-6)，这就叫 Kirk 效应[Kir62]。

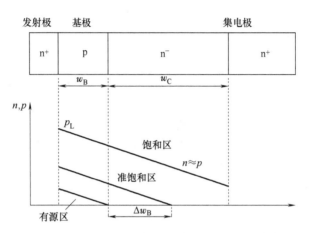

图 7-6　恒定集电极电流下，具有不同基极电流的双
极型晶体管中自由载流子的等离子体浓度

在基极电流大、电压 V_C 低的情况下，晶体管进入饱和模式。这个转折点在图 7-4 的 *I-V* 特性曲线中用数字 1 标出。从基极注入的空穴也能进入轻掺杂集电区，当该区域中，$n \approx p$ 时，电导调制区开始建立。*I-V* 特性中点 1 处载流子浓度分布如图 7-6 所示，图 7-6 中还包括饱和模式下载流子浓度的分布。自由载流子流入 p 基区和轻掺杂集电层。从集电极到发射极的电流传输可以看成仅仅由电子流构成，这是因为空穴的扩散方向与电场方向相反，而电子的扩散方向与电场方向相同。

自由载流子浓度从发射极向集电极递减。基区和轻掺杂集电层中的自由载流子分布仍然可以由式(5-26)表示。这个公式使得原本线性的载流子分布曲线呈现下弯非线性分布，这种分布与线性分布的偏离程度取决于载流子寿命。在高品质双极型晶体管中，载流子寿命较长，而且由复合产生的损耗很小，因此图 7-6 中分布下弯是可以忽略的，对于 $L_n > 2(w_B + w_C)$ 这种情况，这是一个很好的近似方法。

因此，由假设的简化关系为

$$\frac{\mathrm{d}p}{\mathrm{d}x} = -\frac{p_L}{w_B + w_C} \tag{7-24}$$

这个公式适用从饱和模式转到准饱和模式的转折点，如图 7-6 所示，且若 $j_p = 0$ 并且 $j = j_C$，则由式(5-21)可知集电极电流为

$$j_C = \frac{\mu_n + \mu_p}{\mu_p} q D_A \frac{p_L}{w_B + w_C} \tag{7-25}$$

由式(5-23)与爱因斯坦关系式(2-44),得到

$$j_C = 2q D_n \frac{p_L}{w_B + w_C} \tag{7-26}$$

解出发射极-基极结的自由载流子浓度如下:

$$p_L = \frac{j_C(w_B + w_C)}{2 D_n q} \tag{7-27}$$

把式(7-27)代入式(7-23),可以估算出注入比。例如,对一个 $w_C = 50\mu m$, $w_B = 10\mu m$ 的晶体管,电流密度为 30A/cm^2 时的 p_L 为 2×10^{16}/cm^3,注入比为 $\gamma = 0.96$。如果电流密度为 10A/cm^2,则可得 $\gamma = 0.99$。可见,注入比强烈取决于电流密度,随着集电极电流密度的增大,注入比和电流增益将要下降。这一点在所有的功率晶体管中都可以见到(见图7-7高 I_C 的情况)。

由式(7-16)可知,影响电流增益的第二个因素是传输因子 α_T。当 $L_n > 2w_{eff}$[Sze81,Ben99] 时,传输因子可以表示为[Sze81,Ben99]

$$\alpha_T = 1 - \frac{w_{eff}^2}{2 L_n^2} \tag{7-28}$$

式中, L_n 代表基区扩散长度,根据式(3-48),该值与载流子寿命有关, w_{eff} 是基区有效宽度,随电压增大,相比 w_B, w_{eff} 会减小,如图7-8所示。式(7-28)一般是在小注入条件下推导得到的,详见参考文献[Ben99]。为了使 α_T 趋近于1, w_B 必须尽可能短, L_n 必须尽可能长。高电流增益则要求基区短且基区载流子寿命尽量长。

双极型晶体管的电流增益与电流和温度有关。图7-7给出了电流增益 β 与电流和温度的关系。

电流很小时, β 也很小,注入基区的电流大部分在基区层复合。随着电流增大, β 达到最大值;再进一步增大电流,在大注入条件下, β 又会减小。这取决于注入比,由式(7-23)和式(7-27)可知,此时注入比下降。另外,还需要考虑 β 对温度的依赖关系。中小电流时, β 随温度升高而增大,因为载流子寿命随温度的升高而增长。大电流时, β 随温度的升高而下降,趋向于较低电流时的值。双极型晶体管的额定电流通常在 β 和 α 开始下降的范围内。

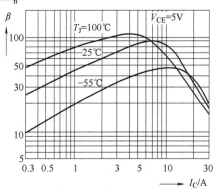

图7-7 电流增益 β 与集电极电流和温度的关系(数据源自 M. Otsuka 的《电力用的大功率晶体管开发》一文,东芝1975,经 John Wiley&Sons 公司许可,引自本章参考文献[Ben99])

7.6　基区展宽、电场再分布和二次击穿

如果基极电流减小而集电极电流保持不变，晶体管则进入准饱和模式。这对应了图 7-4 所示的 *I-V* 特性曲线中点 1 到点 2 之间的区域。此时，注入低掺杂集电层中的自由载流子的等离子体流[⊖]只达到图 7-6 中的 Δw_B 中，在 $w_C - \Delta w_B$ 区域中只有电子输运电流，这里没有等离子体，并且因为掺杂浓度低会产生一个明显的电阻性压降。类比式(6-9)，该压降可表示为

$$\Delta V_{CE} = \frac{j_C(w_C - \Delta w_B)}{q\mu_n N_D} \tag{7-29}$$

如果集电极电流保持不变，且基极电流减小，那么 Δw_B 也减小，如图 7-6 所示。若 $\Delta w_B = 0$，则只有基区 w_B 中有自由载流子流，晶体管进入有源区。以一个 $w_C = 60\mu m$，本底掺杂浓度 $N_D = 1\times10^{14}/cm^3$，$j_C = 50A/cm^2$，$\mu_n = 1400cm^2/V \cdot s$ 的 600V 晶体管为例，此时，$\Delta V_{CE} = 13.4V$。

现在基极与集电极之间的 pn 结中没有载流子。如果电压升高，则将建立一个空间电荷区。电压适中时的结果如图 7-8 中线 1 所示，电压升高时则如线 2 所示。空间电荷区穿入高掺杂基区层后，自由载流子分布区将退回基区内部。基区宽度缩短到有效基区宽度 w_{eff}，这会导致电流增益略微增加。在文献中这被称为 Early 效应 [以发现人 James M. Early (1922—2004) 命名][Ear52]。功

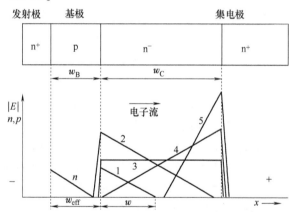

图 7-8　双极型晶体管有源模式下的电场分布
（1→2：增加电压 V_{CE}；2→3,4,5：电压不变，电流 I_C 增加）

率晶体管通常不会工作在有源区，但是在开关瞬间会穿过有源区。

当有源区电压接近 V_{CE0} 时，电场如图 7-8 线 2 所示，此时建立的空间电荷区几乎占了整个 n⁻ 层 w_C。

此时流过空间电荷区的集电极电流为电子电流。外加强电场条件下，电子在整个漂移长度内，以漂移速度 $v_d \approx v_{sat}$ 运动，那么，电子浓度可以表示为

$$n = \frac{j}{qv_{sat}} \tag{7-30}$$

⊖　指自由电子与自由空穴浓度相等。——译者注

只要穿过 n^- 层的电子浓度小于本底掺杂浓度 N_D，电场分布形状就如图7-8中线2所示。带负电的电子会补偿本底掺杂浓度，根据泊松方程有

$$\frac{\mathrm{d}E}{\mathrm{d}x} = \frac{q}{\varepsilon}(N_D - n) \qquad (7\text{-}31)$$

基极电流增加会引起集电极电流增加，前提就是流过空间电荷区的电子浓度等于本底掺杂浓度

$$\frac{j}{qv_{\mathrm{sat}}} = N_D \qquad (7\text{-}32)$$

这种情况下，$\mathrm{d}E/\mathrm{d}x = 0$，几乎形成一个矩形的电场分布，如图7-8线3所示。若一个双极型晶体管本底掺杂浓度 $N_D = 1 \times 10^{14}/\mathrm{cm}^3$，利用 $v_{\mathrm{sat}} = 10^7 \mathrm{cm/s}$，由式 (7-32) 可以得到电流密度约为 $160\mathrm{A/cm}^2$。

如果随着基极电流增加，则会导致集电极电流进一步增大，则有 $n > N_D$，电场分布会改变其形状，如图7-8中线4所示[Hwa70]。电场重新分布，并且电场最大值由 pn 结转移到 nn^+ 结。电流进一步增大导致电场强度进一步加强(线5)最终在 nn^+ 结出现雪崩击穿。

这是二次击穿的开始，这一效应最早是由 Phil Hower 解释的[How70]。二次击穿是破坏性的击穿：由 nn^+ 结处雪崩击穿产生的空穴在 w_C 层中加速。晶体管前端处在有源模式下，到达的大量空穴起到一个附加基极电流的作用，甚至导致发射极产生更多的电子等。最终形成一个正反馈环，这种机制通常具有破坏性。

为了避免出现这种临界条件，在正偏基极情况下，要定义一个晶体管的安全工作区(SOA)[FBSOA(正偏SOA)]和反偏基极情况下的安全工作区[RBSOA(反偏SOA)]。在这方面，器件关断是一个十分重要的条件。具有感性负载的关断情况下，电流减小之前，电压先要增大，晶体管经过 I-V 特性的有源区。RBSOA 手册会参照晶体管的关断设置一个电压上限。图7-9给出了一个例子。

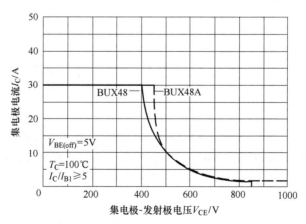

图 7-9 摩托罗拉 BUX48 型晶体管的 RBSOA

晶体管关断的过程也十分重要，原因如下：发射极叉指下的电流会由两个边缘集中到中央区域。感性负载在关断时，发射极叉指中心仅剩一个很小的区域来承载总电流。这样，必然使电流密度增大，根据式（7-31）～式（7-33），在小电流下就会造成二次击穿。通过一些设计方法，例如减小发射极叉指宽度，并减小结构间距，可以扩大器件的 SOA。人们还研究了一些特殊的发射极结构，比如环形发射区结构，这种结构可以使电流保持在发射极边缘[Mil85]。这些结构的 RBSOA 更大一些，并且有利于防止二次击穿而改善器件的稳定性。

最终，如图 7-3 所示，nn^+ 结处扩散杂质分布的梯度减小，也可以防止 nn^+ 结产生电场尖峰。对于略微增加 n 掺杂浓度的集电极，电场可以明显地穿入 n 集电层，并且在达到雪崩击穿条件前，可以保持较高的电压。使用范围在 1000～1400V 的晶体管可以采用类似图 7-3 的扩散分布来制造。

7.7 硅双极型晶体管的局限性

如果要设计一个高压晶体管，那么低掺杂集电层 w_C 必须足够宽。因为双极型晶体管的工作原理是基于空穴扩散进入低掺杂集电区，随着 w_C 的增加，电流增益会下降。图 7-4 中的摩托罗拉晶体管在 10A 的集电极电流下，其 $\beta = 10$。高基极电流会在基极驱动单元产生很大的功耗。

通过引入两级或者三级达林顿晶体管，可以将对基极电流的要求减小到一个合理的值[Whe76]。具有 1200～1400V 阻断电压的达林顿晶体管已经出现，其每个单管芯的可控电流可以达到 100A。采用达林顿晶体管后，难以实现很高的开关频率。不过对于开关频率在 5kHz 范围的变速电机驱动的要求，达林顿晶体管是可以满足的。

采用硅材料难以制作具有更高电压的器件。与此同时，一种场控器件 IGBT 被应用于电机驱动中。IGBT 要容易控制得多，并且在驱动器中功耗很低。因此在功率器件市场，双极型功率晶体管已经广泛被 IGBT 所替代。但是，关于双极型晶体管中一些物理效应的知识，对深入理解更复杂的功率器件中的物理效应还是十分重要的。

7.8 SiC 双极型晶体管

如果双极型晶体管采用 SiC 材料，则集电层可以薄得多，w_C 可以大大减小。决定低掺杂区最小宽度的图 6-8 也适合 SiC 双极型晶体管的尺寸。由于 w_C 较小，甚至对于阻断电压在 1000V 以上的晶体管，也可以达到适合的电流增益。为了获得高电流增益，高质量的外延生长和表面钝化非常重要。如果能够制备低接触电阻的欧姆电极，则 SiC 双极型晶体管可以具有很低的通态压降[Lee07]。

图 7-10 显示了一个 SiC"大面积"双极型晶体管的测试结果。该晶体管由 Tran-SiC AB 制造[Dom09]。对于一个基极开路、击穿电压 $V_{CE0} = 2.3 kV$ 的 BJT,其 β 值达到 35。由图可知,器件在饱和模式下,几乎是欧姆特性,并且通态电阻只有 0.03Ω,也就是说,对这个具有 $15 mm^2$ 有源面积的器件来说,通态电阻大约是 $0.45 Ω \cdot mm^2$。

SiC 晶体管为室温下采用小于 1V 的压降来运行高压器件提供了可行性。并且采用 SiC 材料可以提高集电区 w 中的掺杂浓度。由图 3-19 可知,在一定阻断电压下 SiC 的最大掺杂浓度比 Si 高十到二十多倍。因此根据式(7-30)~式(7-32),二次击穿效应将只发生在可能的工作电流之外的高电流密度下。对于 1200V 的 SiC BJT,通过[Gao07]文献中的测试,已经能成功工作在 $V_C = 1100V$ 且里流密度达到 $2990 A/cm^2$ 的情况。与 Si BJT 相比,SiC BJT 在相关应用领域不受二次击穿的限制。此外,采用 SiC 还可以使器件具有较高的工作温度,但同时还要考虑电流增益的下降和通态电阻的增大。SiC 技术的发展可已经重新唤起人们对双极型晶体管的兴趣。不过在功率器件应用中,SiC 双极晶体管要与 SiC MOSFET 竞争。

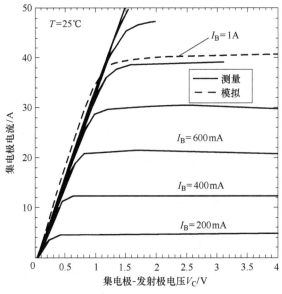

图 7-10 SiC 双极晶体管的 *I-V* 特性

(有源面积为 $15 mm^2$,击穿电压 $V_{CE0} = 2.3 kV$)

参 考 文 献

[Bar49]   Bardeen, J., Brattain, W.H.: Physical principles involved in transistor action. Phys. Rev. **75**, 1208–1225 (1949)

[Ben99]   Benda, V., Govar, J., Grant, D.A.: Power Semiconductor Devices. Wiley, New York (1999)

[Dom09]   Domeij, M., Zaring, C., Konstantinov, A.O., Nawaz, M., Svedberg, J.O., Gumaelius, K., Keri, I., Lindgren, A., Hammarlund, B., Östling, M., Reimark, M.: 2.2 kV SiC BJTs with low V_{CESAT} fast switching and short-circuit capability. In: Proceedings of the 13th International Conference on Silicon Carbide and Related Materials, Nuremberg (2009)

[Ear52]   Early, J.M.: Effects of space-charge layer widening in junction transistors. Proc. IRE **40** (11), 1401–1406 (1952)

[Gao07]   Gao, Y.: Analysis and optimization of 1200 V silicon carbide bipolar junction transistor. Ph.D. Thesis, Raleigh, North Carolina (2007)

[How70]   Hower, P.L., Reddi, K.: Avalanche injection and second breakdown in transistors. IEEE Trans. Electron Devices, **17**, 320 (1970)

[Hwa86]   Hwang, K., Navon, D.H., Tang, T.W., Hower, P.L.: Second breakdown prediction by two-dimensional numerical analysis of BJT turnoff. IEEE Trans. Electron Devices. **33** (7), 1067–1072 (1986)

[Kir62]   Kirk, C.T.: A theory of transistor cut-off frequency (fT) fall-off at high current density. IEEE Trans. Electron Devices, **23**, 164 (1962)

[Lee07]   Lee, H.S., Domeij, M., Zetterling, C.M., Östling, M., Heinze, B., Lutz, J.: Influence of the base contact on the electrical characteristics of SiC BJTs. In: Proceedings ISPSD, Jeju, Korea (2007)

[Mil57]   Miller, S.L.: Ionization rates for holes and electrons in silicon. Phys. Rev. **105**, 1246–1249 (1957)

[Mil85]   Miller, G., Porst, A., Strack, H.: An advanced high voltage bipolar power transistor with extended RBSOA using 5 μm small emitter structures. 1985 Int. Electron Devices Meet. **31**, 142–145 (1985)

[Sho49]   Shockley, W.: The theory of p-n junctions in semiconductors and p-n junction transistors. Bell Sys. Techn. J. **28**, 435–489 (1949)

[Sze81]   Sze, S.M.: Physics of Semiconductor Devices. Wiley, New York (1981)

[Tan56]   Tanenbaum, M., Thomas, D.E.: Diffused emitter and base silicon transistor. Bell Syst. Tech. J. **35**, 1–22 (1956)

[Whe76]   Wheatley, C.F., Einthoven, W.G., On the proportioning of chip area for multistage darlington power transistors. IEEE Trans. Electron Devices. **23**, 870–878 (1976)

第8章 晶 闸 管

长久以来，晶闸管在电力电子开关器件领域都占据统治地位。晶闸管于 1956 年提出[Mol56]，并在 20 世纪 60 年代早期进入市场[Gen64]，早期的出版物中人们是采用首字母缩写 SCR(可控硅整流器)来代表晶闸管，并且直到今天偶尔也会用到这个词。在它的基本结构中，晶闸管制造并不需要很精细的结构，所以只需要成本低廉的光刻设备。目前，晶闸管在低开关频率领域仍然有广泛的应用，比如应用于工频 50Hz 或 60Hz 的可控输入整流器。晶闸管的一个更实际的应用领域是其他器件无法满足使用要求的大功率范围，比如阻断电压很高和电流很大的情况。对于高压直流输电，具有 8kV 阻断电压和 5.6kA 以上额定电流的 6in 硅片单器件晶闸管已经在 2008 年问世[Prz09]。

8.1 结构与功能模型

图 8-1 是一个晶闸管结构的简化示意图。整个器件由四层三个 pn 结组成。P 型掺杂的阳极层位于底端，接着是 n 基区，p 基区，最后是 n^+ 阴极层。

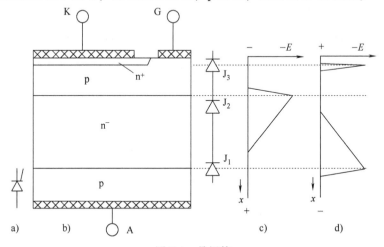

图 8-1 晶闸管

a)符号　b)pn 结构　c)正向阻断模式下的电场分布形状
d)反向阻断模式下的电场分布形状

图 8-1 中，由四个交替掺杂层形成的三个 pn 结分别用二极管符号 J_1、J_2、J_3 标注。如果在正向阻断方向加一个电压，则只要器件处于正向阻断状态，J_1、J_3 结就会正偏，而 J_2 结为反偏，因此在 J_2 结处将建立一个具有强电场的空间电荷区

(见图 8-1c)，这个空间电荷区在轻掺杂 n⁻ 层扩展得很宽。

如果沿晶闸管的反向阻断方向加一个电压，使 J_2 结正偏，J_1、J_3 结反偏，因为 J_3 结两侧都是重掺杂，所以 J_3 结的雪崩击穿电压一般比较低($\approx$ 20V)，则外加电压主要由 J_1 结承担。电场分布形状如图 8-1d 所示。因为电场是由低掺杂的 n⁻ 层承担，而且由于上下两个 p 层一般是经过一次扩散步骤后在器件两侧同时形成的，所以晶闸管两侧的阻断特性几乎相同(npn 晶体管短路，见 8.4 节)。晶闸管是一种对称阻断器件。

晶闸管可分成两个子晶体管，一个 pnp 晶体管和一个 npn 晶体管，这两个晶体管的共基极电流增益分别为 α_1 和 α_2(见图 8-2)。

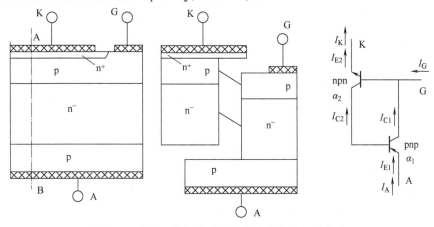

图 8-2　晶闸管分解成两个子晶体管及其等效电路

于是，由式(7-1)可以算出 pnp 子晶体管的集电极电流 I_{C1}

$$I_{C1} = \alpha_1 I_{E1} + I_{p0} = \alpha_1 I_A + I_{p0} \tag{8-1}$$

式中，I_{p0} 是来自中间轻掺杂 n⁻ 层的扩散漏电流，同理我们可以得到 npn 子晶体管的集电极电流：

$$I_{C2} = \alpha_2 I_{E2} + I_{n0} = \alpha_2 I_K + I_{n0} \tag{8-2}$$

式中，I_{n0} 是来自 p 基区的扩散漏电流。阳极电流 I_A 为两部分电流 I_{C1} 和 I_{C2} 的和

$$I_A = I_{C1} + I_{C2} = \alpha_1 I_A + \alpha_2 I_K + I_{p0} + I_{n0} \tag{8-3}$$

根据流入和流出器件的总电流守恒，得到另一个公式

$$I_K = I_A + I_G \tag{8-4}$$

把式(8-4)代入式(8-3)导出

$$I_A = \alpha_1 I_A + \alpha_2 I_A + \alpha_2 I_G + I_{p0} + I_{n0} \tag{8-5}$$

式(8-5)解出的 I_A 电流为阳极电流表达式

$$I_A = \frac{\alpha_2 I_G + I_{p0} + I_{n0}}{1 - (\alpha_1 + \alpha_2)} \tag{8-6}$$

只要可以忽略雪崩倍增，上式就适用。从式(8-6)可以看出，当式(8-6)中的分

母接近于零时，I_A 电流增加到无穷大。电流增益 α_1 和 α_2 反过来又依赖于电流，电流很小时两者均趋于零，并且随着电流的增大而增大，如图 7-7 所示的双极型晶体管。因此晶闸管触发条件为

$$\alpha_1 + \alpha_2 \geq 1 \tag{8-7}$$

如果触发条件得到满足，则阳极电流就有可能增至无穷大。即使式(8-6)中 $I_G = 0$，也会出现这种情况，此时晶闸管处于正向导通模式。在正向导通模式中，由于两个子晶体管的电流放大，会建立一个内部正反馈环。这时两个晶体管都处于饱和导通状态，这样就产生一个比正偏二极管两端压降还低的正向压降。

与式(8-7)等效的条件是 $\beta_1\beta_2 \geq 1$。在小电流下，α 和 β 都随电流增加而增加(见图 7-7)。尤其是，如果用小电流下大于 α 和 β 的小信号电流增益 $\alpha' = \Delta I_C / \Delta I_E$ 或者 $\beta' = \Delta I_C / \Delta I_B$，上述条件也可以满足[Ger79]。现今制造的晶闸管，α_2 和 β_2 主要由阴极发射极短路点决定，并在很低的门极电流下为零。因此触发功能主要受阴极短路点调节，详情参见 8.4 节。

一个实例晶闸管沿图 8-2 中线 AB 剖开的扩散杂质分布如图 8-3 所示。制造晶闸管首先选一个轻掺杂 n^- 型晶圆，通常情况下，两个 p 层用扩散同时形成：把受主杂质(如铝)预沉积在晶片的两个表面，接下来高温扩散推进。为了形成 J_1 和 J_3 两个深 pn 结，尤其对高压晶体管，由于铝在硅中扩散相对较快，所以铝是一种很好的扩散源。为了调节 n^+p J_3 结和阳极接触附近的掺杂浓度，还需要采用额外的 p 层扩散，这样 p 层中最终的掺杂分布可以近似成几个高斯分布的叠加。J_1 结和 J_2 结在 p 侧都呈现很浅的扩散分布梯度，这样有利于制造带斜边的结终端结构，如图 4-17 和图 4-18 所示。在各种情况下，晶闸管的双向阻断能力都由 pnp 晶体管中厚度为 w_B、掺杂浓度为 N_D 的基区决定。

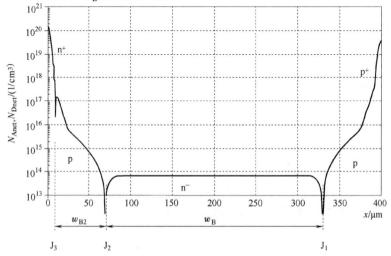

图 8-3 一个按 1600V 设计的晶闸管的扩散杂质剖面分布

8.2　晶闸管的 *I-V* 特性

　　由于 J_1 结和 J_2 结的对称分布，使晶闸管两边的阻断能力也对称。晶闸管正向 *I-V* 特性有两个分支：正向阻断模式和正向导通模式。*I-V* 特性简图如图 8-4 所示。在正向阻断模式中，漏电流 $I_{DD,max}$ 处对应的电压定义为正向阻断最大电压 V_{DRM}；在反向中最大允许电压 V_{RRM} 是指最大反向电流 $I_{RD,max}$ 对应的电压。

　　数据手册中，V_{DRM} 与 V_{RRM} 的值与实际器件的测量值相比有可能存在差异，这正和前面提到的二极管的 *I-V* 特性一样。在反向特性中，反向阻断能力受 $V_{R(BD)}$ 限制。在正向特性中，正向阻断能力是由转折电压 V_{BO} 定义的。当外加电压高于 V_{BO} 时，器件被触发，切换至正向导通状态。这种触发模式，即转折触发，通常在晶闸管中是要避免出现的。一般晶闸管由门极触发。在转折触发的情况下，尤其对大面积晶闸管来说，器件会因失控的局部电流密度集中而局部过载，从而有可能损坏。

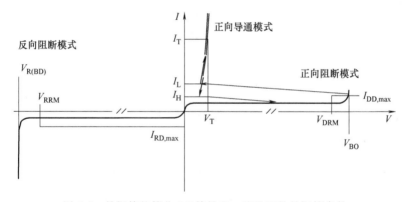

图 8-4　晶闸管的简化 *I-V* 特性和一些重要的晶闸管参数

　　在正向导通模式中，电流 I_T 对应的压降为 V_T。对于大电流的情况，*I-V* 特性曲线类似于功率二极管的正向特性。若中间层充满了自由载流子，则有可能得到和功率二极管相同的电流密度。如前所述，功率二极管的 *I-V* 特性最大允许正向压降 $V_{T,max}$ 的数据手册值高于器件的实际值 V_T，这是因为在器件的电气测试过程中存在一些不可避免的变化因素。因此制造商一般是标定一个具有一定安全余量的值。

　　正向特性的专用参数：

　　1) 擎住电流 I_L：在一个 $10\mu s$ 触发脉冲的末尾能使晶闸管安全转入导通模式，并在门极信号归零后还能安全地维持住导通状态所需的最小阳极电流。

　　2) 维持电流 I_H：保持晶闸管在无门极电流时处于导通模式所需的最小阳极电流，该电流确保导通的晶闸管不会关断。电流降至 I_H 以下会导致晶闸管关断。

　　因为在开通过程的初期，载流子并没有完全涌入整个器件，所以应该有 $I_L > I_H$，擎住电流一般是维持电流的 2 倍。

8.3   晶闸管的阻断特性

从功率二极管和晶体管的章节中，已经知道雪崩击穿是晶闸管阻断能力的极限。晶闸管的阻断性能中还有第二个极限条件，即穿通效应：随阻断电压升高，空间电荷区逐渐扩展过整个 n⁻ 层，到达相邻的相反掺杂层(p 层)⊖，这时有空穴在电场中加速，阻断能力消失。

为了简化起见，在以下的讨论中假设整个 n⁻ 层中的电场为三角形分布，并对穿通进入反向阻断 pn 结的 p 层的空间电荷区忽略不计。雪崩击穿电压及其与本底掺杂浓度的关系，在 3.3 节中计算过。对三角形电场分布，上述关系由式(3-84)计算。其关系曲线如图 8-5 线 1 所示。它等效于图 3-17 所示关系的下半部分。除此之外，空间电荷区的宽度由式(3-58)计算，由式(3-58)求解电压，并忽略较小的 V_{bi} 得到

$$V_{\text{PT}} = \frac{1}{2}\frac{qN_{\text{D}}}{\varepsilon}w_{\text{B}}^2 \tag{8-8}$$

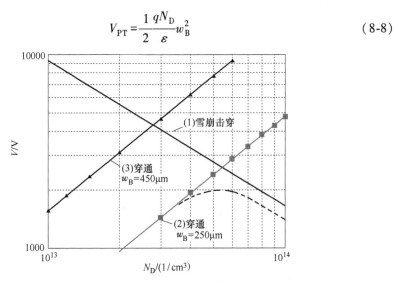

图 8-5   一个晶闸管的阻断能力：雪崩击穿电压作为 N_{D} 的函数和两个

不同宽度 n⁻ 层对应的穿通电压

在式(8-8)中电压设为 $V_r = V_{\text{PT}}$，这个电压使空间电荷区扩展到相反掺杂区，即 $w = w_{\text{B}}$ 处的电压。对 $w_{\text{B}} = 250\mu\text{m}$ 和 $450\mu\text{m}$，V_{PT} 的计算值分别为如图 8-5 中线(2)和线(3)所示。

利用图 8-5 中线(1)和线(2)的交点可以估算出阻断电压约为 1600V 的晶闸管

⊖   在二极管中已经提到过名词"穿通"，但是两者含义不同，在二极管中空间电荷区在 n⁻ 层中扩展并穿透 n⁻ 层进入 n⁺ 层，阻断能力反而会更强，见 5.3 节。

基区宽度 w_B 和掺杂浓度 N_D 的最佳设计参数。如果掺杂浓度降至交叉点处对应的浓度以下，则雪崩击穿电压将会提高，但是在外加电压还低于雪崩击穿电压时，空间电荷区就会扩展到相反掺杂的 p 层。这时穿通效应就会限制晶闸管的阻断能力。

接下来将要研究怎样达到雪崩击穿和穿通给出的极限条件。在反向条件下，可以忽略 J_3 结上面的小压降（J_3 结一般被短路，详见 8.4 节所述），阻断结 J_1 的特性可以等效为一个基极开路配置的双极型 pnp 晶体管[Her65]。根据式（7-11），该结（J_1 结）的阻断能力低于一个 pn 二极管的阻断能力。如果 $M_p \alpha_1 = 1$ 成立，即

$$M_p = \frac{1}{\alpha_1} \tag{8-9}$$

则雪崩击穿就会开始。只有当 $\alpha_1 = 0$ 时，该 pn 结的雪崩击穿电压才可以达到针对二极管推出的雪崩击穿电压值。因为 $M_p \ll M_n$（见图 3-15），该效应不像 npn 晶体管中那样强烈，其雪崩击穿起始电压会更低，如图 8-5 中的虚线所示，击穿电压下降到接近于线（1）和线（2）的交点。

器件处于正向时 J_2 是阻断结。其阻断能力由转折电压 V_{BO} 决定。利用触发条件式（8-6），设 $I_G = 0$，并对 pnp 晶体管考虑空穴电流的倍增因子，对 npn 晶体管考虑电子电流的倍增因子。当阳极电流

$$I_A = \frac{M_{SC} I_{SC} + M_p I_{p0} + M_n I_{n0}}{1 - (M_p \alpha_1 + M_n \alpha_2)} \tag{8-10}$$

时，达到转折电压。

对于式（8-10）中定义的 α_1 和 α_2，必须采用小信号电流增益。在 $M_p \alpha_1 + M_n \alpha_2 = 1$ 时将达到转折电压。因为总有 $M_n \gg M_p$，所以正向转折电压将对 α_2 十分敏感。只有在 $\alpha_2 = 0$ 时，晶闸管的阻断能力才和反向一样。

两个电流增益都与温度有关，并在小电流下随温度升高而增加。为了保证晶闸管在高温下的阻断特性，小电流 α_2 必须减小；因为阻断能力要求对称，所以 α_2 在小电流下必须为零，通过发射极短路点可以实现这一点。

8.4　发射极短路点的作用

晶体管的电流增益不仅与电流有关，还与温度有关。低温下，电流增益低，并随温度升高而增大（见图 7-7），这就导致了基区开路情况下，当温度升高时，在低压下器件就能达到转折条件，见式（8-10）。对晶闸管来说，其转折电压 V_{BO} 急剧下降。对一个不带发射极短路点的晶闸管来说，上述特性如图 8-6 虚线所示。

通过在阴极侧实现发射极短路点（见图 8-7）相当于在 npn 子晶体管的发射极与基极之间的 pn 结上并联一个分流电阻[Chu70, Ger79, Rad71]。从 pnp 晶体管流入 npn 晶体管基极的电流通过这个分流电阻进入阴极。分流电阻的大小由其横向间隔距离和 p 基区的掺杂浓度决定。如果电流足够高，发射极短路点上的压降就足够高，那么

npn 子晶体管的电流增益就会明显升高。

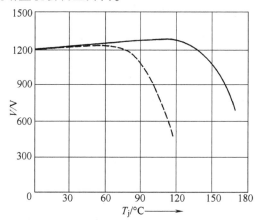

图 8-6 温度与转折电压 V_{BO} 的关系（引自本章参考文献［Ger79］© 1979 Springer）

虚线—无发射极短路点；实线—带发射极短路点

阴极发射极短路点决定了有效电流增益 α_2，并且使晶闸管的动态和静态特性更宽。带发射极短路点的晶闸管的正向阻断能力与温度的关系如图 8-6 中实线所示。通过对发射极短路点的恰当设计，晶闸管正向和反向的阻断能力相同，甚至在高温下也能具有对称的阻断能力。

即使一个晶闸管采用了发射极短路点设计，但是其阻断能力仍然受温度的影响。

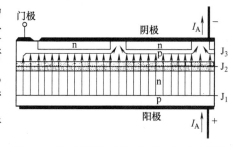

图 8-7 晶闸管阴极侧的发射极短路点排布

（引自参考文献［Ger79］© 1979 Springer）

这是因为局部晶体管的电流增益对温度有依赖性。在大部分晶闸管中，最高允许工作温度上限为 125℃，对于一些特种晶闸管，温度会略高一些。随着温度上升，相比二极管，晶闸管漏电流会明显增大。

8.5 晶闸管的触发方式

一个晶闸管可以通过以下方式触发：

1）由门极电流触发。这是最常见的晶闸管触发方式。对于工程技术应用，必须给出下列参数：

I_{GT}、V_{GT}：为了安全触发晶闸管，一个门极单元必须提供的最小电流和最低电压。

I_{GD}、V_{GD}：晶闸管不会被触发的门极最大电流和最高电压。要避免干扰信号（例如电缆与驱动单元之间的电磁串扰）的误触发，这两个参数十分重要。

2）超过转折电压后触发。在常用的功率晶闸管中，这种触发模式要极力避免出现。但是对晶闸管结构进行特殊修改，比如 SIDAC（高电压双向触发二极管）或者 SIDACtors（高电压触发器件）[SID97]，可以采用转折触发来作为防止器件进入高电压的保护。这些结构并联在器件或者集成电路上形成保护。这些结构在电压高于 V_{BO} 时触发，从而防止电路的其他部分电压过高。它们的电压主要限于中低电压范围，在 10~100V 范围内。而且集成电路中静电放电（Electrostatic Discharge，ESD）保护结构就采用了 pnpn 晶闸管结构，此外采用了与转折触发相同的原理。

3）在正向中被斜率 dv/dt 大于临界 dv/dt_{cr} 的电压脉冲触发。如果出现这种电压脉冲，则 J_2 结的结电容被充电，如果斜率 dv/dt 足够大，则产生的位移电流也许就足以触发晶闸管，dv/dt 触发也是一种误触发。对晶闸管的实际应用来说，要定义一个最大允许 dv/dt_{cr}。

4）被光子能进入 J_2 结空间电荷区的光脉冲触发[Sil75,Sil76,Chk05]。如果到达的光子能量足够高，电子会由价带激发至导带，产生的电子空穴对立即被电场分离，电子流向阳极，空穴流向阴极，形成电流。由光激发产生的电流与门极加载电流效果是一样的。如果光的功率足够高，就可以满足触发条件[见式（8-7）]。在多个晶闸管串联时，光触发是最佳的方式。例如，需要控制的总电压高达几百千伏的高压直流输电（HVDC）应用就是这样。通过光缆触发晶闸管有很大的优势，因为玻璃纤维是电绝缘的。

阴极发射极短路点（见 8.4 节）从多方面决定着一个晶闸管的触发[Sil75]。为了激活 npn 晶体管，发射极到相邻发射极短路点下面的电压 $V = R_{\text{p-base}} \cdot I_G$ 必须达到发射极与 p 基极之间的 n^+p 结的内建电压 V_{bi}，其值在 300K 下为 0.7V。因为 V_{bi} 随温度的升高而降低，并且在高温下电阻 $R_{\text{p-base}}$ 会因空穴迁移率的下降而升高，这样在 125℃ 的高温下，触发条件就更容易得到满足。

发射极短路点降低了触发灵敏度，增加了触发电流，并增加了临界电压斜率 dv/dt_{cr}[Sil75]。然而在 125℃ 下晶闸管对 dv/dt_{cr} 非常敏感，另外发射极短路点还要保证在低温[室温或更低温（-40℃）]下阴极的触发电流 I_{GT} 不能太高。要对光触发晶闸管就这些问题做必要的折中非常困难，因为考虑到各种损耗（比如光缆损耗）要求光触发晶闸管的触发功率低，因而仍要保持足够大的 dv/dt_{cr}[Sil76]。

8.6　触发前沿扩展

随着门极电流注入晶闸管，起初只有靠近门极的区域被切换到导通状态。在开通的第一瞬间导通区的宽度只有零点几毫米，触发瞬间的情况如图 8-8 所示。

触发区会以 50~100μm/μs 或 50~100m/s 的速度 v_z 扩展到整个阴极，而这个速度对电子效应来说太低。因为在横向上只有一个很低的横向电压，所以具有高载流子浓度的初始开通区扩展速度很慢。触发时形成的载流子等离子体前沿在晶闸管中扩展 1cm 的长度一般需时 $100\sim200\mu s$。触发区域扩展缓慢对一些晶闸管的应用也带来了许多限制因素，这会限制阳极电流的最大允许电流上升率 di/dt。

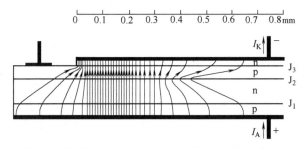

图 8-8　触发后瞬间晶闸管的电流分布(引自本章参考文献[Ger79]© 1979 Springer)

触发前沿的扩展速度大约与电流密度的二次方根成正比。

$$v_z \propto \sqrt{j} \tag{8-11}$$

而且发射极短路点会使得 v_z 减小，在短路点中扩展速度迅速下降，对一个 $100A/cm^2$ 的电流密度，发射极短路点会使 v_z 下降至 $30\mu m/\mu s$，另外，载流子寿命也有影响。如果缩短载流子寿命(例如利用金扩散)，再采取很强的发射极短路点(这对快速晶闸管十分必要)，则触发前沿的扩展速度 v_z 也许会低至 $10\mu m/\mu s$，也就是 $10m/s$，奥运会中一位赛跑运动员都比这跑得快！

具有高阻断能力的晶闸管要求 n^- 基区的厚度 w_B 要很厚，随着晶闸管 w_B 的增加，v_z 会下降，对一个具有高少数载流子寿命的 $4.5kV$ 的晶闸管，v_z 将在 $20\mu m/\mu s$ 的范围。v_z 与 w_B 的关系如下：

$$v_z \propto \frac{L_A}{w_B} \tag{8-12}$$

式中，L_A 是双极扩散长度[见式(5-26)]，若靠近门极的发射区中局部电流密度增加的话，那么扩展速度过低会增加晶闸管过载的危险，因此有必要采取一些提高 di/dt 能力的措施。

8.7　随动触发与放大门极

实际上工频应用的晶闸管是以高载流子寿命和高双极扩散长度 L_A 为特征。这些晶闸管根据前述的基本结构制成，其额定电流和 di/dt 分别为 $100A/\mu s$ 和 $150A/\mu s$。这些特性足以满足工频应用。对于要求大电流容量的应用来说，扩大门极面积有可能使初始触发面积增加，不过，这样做需要更高的门极触发电流 I_{GT}，因此要求门极驱动单元具有更高的驱动能力。为了避免这一缺点，就提出了随动(follow-up)触发。

首先，触发一个辅助晶闸管，该晶闸管随后去触发主晶闸管。这样，触发所需的绝大部分功率不是由门极驱动电路提供，而是由主电流提供。由辅助晶闸管和主晶闸管组成的完整晶闸管结构的工作原理如图 8-9a 所示。在门极和主阴极 K 之间，设计了一个小的辅助阴极 K′。门极电流将首先触发晶闸管 K′，其阳极电流流过电阻 R，并在电阻上产生一个压降，这样在 K′和 K 之间就建立了一个正向压降，从而使 p 基区中产生电场，并形成一个流向主阴极 K 的 n 发射极的横向空穴电流，进而触发主晶闸管。

在改进的结构中，电阻 R 被集成在晶闸管中（见图 8-9b），这可以通过扩展 n 发射层实现，由发射区横向电阻构成，该发射区从辅助晶闸管一直到主阴极接触 K 的左侧。这种结构称为横向场发射极（Lateral-Field Emitter）[Ger65]，并且在开通时允许 di/dt 斜率比以前高得多。

在如图 8-9c 所示的带有放大门极（Amplifying Gate，AG）的晶闸管[Gen68] 中，辅助晶闸管 K′的阴极金属连接到主晶闸管的 p 基区。在辅助晶闸管开通后，电流流过 p 基区的横向电阻到达主阴极 K。阴极 K′的总电流作为门极电流供给主

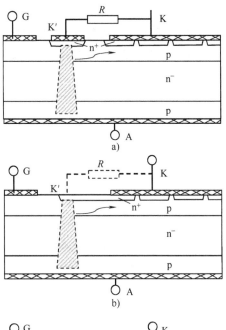

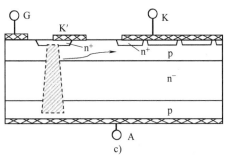

图 8-9 晶闸管随动触发

a) 原理 b) 横向场发射极，在 n+ 发射层中集成电阻 c) 放大门极

晶闸管 K。另外，阴极接触 K′和 p 基区重叠形成阴极短路并改善电流上升率 di/dt。

放大门极可以采用各种各样的几何形状来形成，比如，条纹状或者其他能布满主阴极整个面积的分布结构。一种大面积晶闸管的结构如图 8-10 所示，这个晶闸管的设计主要是针对高压直流输电（HVDC）应用的，其阻断电压为 8000V，额定电流为 3570A（T_{case} = 60℃），且 di/dt 斜率安全值为 300A/μs。

该器件的主晶闸管区域通过其中心的四级放大门极结构触发。三个内侧 AG 呈环状分布，而第四个 AG 则分布在主阴极里。这种放大门极设计通过一个很宽的初始触发电流前沿来确保主晶闸管的触发。

这样一个大功率晶闸管的中央结构可能十分复杂，尤其是集成了保护功能。图 8-11 画出了图 8-10 中晶闸管结构中央部分的细节[Nie01,Scu01]。图 8-11 中左边缘对应

于图8-10中芯片的中心,第四个AG分布在主阴极
面中,可以增加主阴极起始触发的区域。晶闸管的
直接光触发可以通过器件中心处的光敏区辐照实现,
开通晶闸管的典型光功率为40mW。

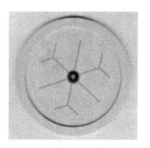

在晶闸管结构中心处集成一个转折二极管
(Breakover Diode, BOD)可以提供过电压保护。当
器件加载过电压时,雪崩电流将通过放大门极触发
晶闸管,在过电压保护起作用时的电平 V_{BOD} 可以通
过以 r_{BOD} 为半径的中心 p 基区和以 r_p 为半径的 p 环
之间的距离来调整(见图8-11)。

图8-10　光触发晶闸管的门极结构,
直径为119mm,生产商为英飞凌

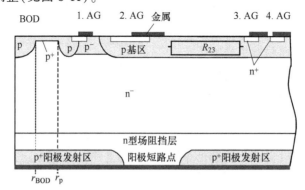

图8-11　一个现代大功率晶闸管由四个放大门极和几个保护结构组成的中央放大门极
结构剖面图(引自本章参考文献[Nie07])

最内侧放大门极的 n^+ 发射区下方的轻掺杂 p^- 区的分流电阻被调整以后,将使
得该放大门极(AG)的 dv/dt 上升率小于其他 AG 和主阴极的上升率。利用这种方
法,可以在晶闸管中集成一个可靠的 dv/dt 保护功能,因为当阳极到阴极的电压上
升率高于最大电压上升率的时候,最内侧 AG 可以安全开启器件。在第二个和第三
个 AG 之间的电阻 R_{23} 可以保护两个最内侧的 AG 在以高电流上升率 di/dt 开通晶闸
管时不使其被烧毁。

具有如图8-11结构的晶闸管,在设计和制造过程中有很高的要求。除了具有
集成的保护功能,它还包括一些可以保证稳定工作的单元。这些自我保护功能的集
成可以减少整个功率电子系统的元器件的数量。

8.8　晶闸管关断和恢复时间

只有一些经过特殊设计的晶闸管可以通过门极关断,这就是后面要讨论的门
极关断(GTO)晶闸管。考虑到交流(AC)电路中的应用,通常晶闸管利用阳极电

流过零来关断。在正向导通情况下，自由载流子流入晶闸管的基区，类似于二极管正向导通处的内部等离子体，在换至反向处，就会出现由存储电荷导致的反向电流。这个过程类似于 pin 二极管中的关断过程。在重新加载正向电压到晶闸管之前，存储电荷必须被减少到最少电荷量。电荷消除所需最小时间必须大于持续关断的时间间隔，以避免晶闸管的误触发，这个时间被称为恢复时间 t_q。在带电载流子等离子体几乎完全被从 n^- 区清除之前，晶闸管无法承受具有额定阻断电压或者额定最大 dv/dt_{cr} 上升率的正向电压脉冲。

图 8-12 给出了恢复时间的定义。阳极电流的电流斜率 di_T/dt 由外部电路决定，与二极管中的情形相似，式（5-68）也在此处适用。随着存储电荷的抽取，阳极电流会过零，并且反向电流会出现一个峰值。

在典型的晶闸管中，当电流关断时，首先 pn 结 J_3 处于载流子耗尽状态，然而这个结的阻断能力一般只有 $10 \sim 20V$，这是因为 p 基区的掺杂浓度在 $10^{17}/cm^3$，相对较高，除此以外这个结还有阴极短路。这样，

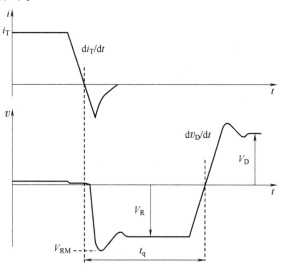

图 8-12　晶闸管的恢复时间 t_q 定义

反向电流一直增加直到 J_1 结的载流子耗尽。此时晶闸管开始承受反向电压 V_R，随后，反向恢复电流达到最大值。

达到最大值之后，反向电流开始下降，并且形成电压峰值 V_{RM}，类似于二极管在关断期间的特性。和快速二极管比较而言，这个时期对晶闸管来说显得不是非常重要。其原因是因为晶闸管中的 n^- 区 w_B 很宽。在很多情况下，反向电流恢复很慢并能观察到拖尾电流，在此期间，带电载流子仍存在于靠近 J_2 结的区域。

在晶闸管处于反向阻断模式时，外加电压的极性改变。上升率为 dv_D/dt 的电压 V_D 加载在正向上，如果 $t>t_q$（见图 8-12），则晶闸管仍保持在阻断模式（正向阻断），而不会切换至导通模式，否则电路将无法控制。晶闸管必须能够承载所加的正向电压，因此只有在一定时间间隔后，才允许加正向电压 V_D。这个从电流 i_T 过零到外加正向电压 V_D 过零之间的最小时间间隔叫作关断时间 t_q。

晶闸管的恢复时间比一个二极管的切换时间要长得多。对反向没有外加电压 V_R 进行电荷抽取，并忽略 V_D 的情况，可以根据本章参考文献 [Ger79] 估算关断时间

$$t_q \approx 10\tau \tag{8-13}$$

式中，τ 是 n 基区载流子寿命，然而 t_q 是在高工作温度下规定的时间，而 τ 通常是

在室温下测得的。在现代晶闸管中，t_q 主要依赖于阳极短路。对外加反向电压的关断情况，式(8-13)仅仅被用来估算 t_q 的上限。如果外加一个反向电压，基区中只有已建立空间电荷区的部分地方的存储电荷才能被电场有效抽取。恢复时间 t_q 依赖于下列外加条件：

1）正向电流 I_T：t_q 随正向电流增加而增加。

2）温度：t_q 随温度增加而增加，因为 τ 随温度增加。

3）电压上升率 dv/dt：在任何情况下，这个电压上升率必须小于临界电压上升率 dv/dt_{cr}，dv/dt 越逼近 dv/dt_{cr}，能够被抽走的剩余电荷越少，t_q 越长。

对于 100A、1600V 的晶闸管，一般情况下通过中心门极触发，t_q 在 200μs 范围。对于一个大功率 8kV 晶闸管，t_q 在 550μs 范围。在大面积晶闸管中，出现在 t_q 之前的正向电压脉冲有可能在主阴极某处开通晶闸管，这是一种不受控制的开通方式，最坏情况还有可能导致晶闸管损坏。采用特殊结构后，可以把一个 t_q 保护功能模块集成到晶闸管中[Nie07]。

在晶闸管的应用中，反向恢复时间限制了晶闸管的最大频率范围，采用金扩散可以减小 t_q，同样采用高密度阴极短路点也可以减小 t_q。金扩散快速晶闸管的 t_q 可以降到 10~20μs。因为出现了具有关断功能的现代化功率器件，人们对快速晶闸管的兴趣也已经没有了，对 3kV 以上的高电压范围，快速晶闸管的研发从未成功过。

8.9 双向晶闸管

在双向晶闸管中(晶体管 AC 开关)，两个晶闸管以反并联的方式集成为一个晶闸管。双向晶闸管早就出现了[Gen65]，图 8-13 给出其结构。

对一个双向晶闸管可以不用再区分阳极和阴极，因此，用"主端子 1"和"主端子 2"或 MT_1 和 MT_2 来表示比较方便。

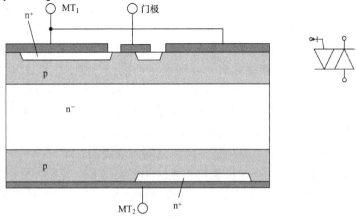

图 8-13 双向晶闸管的结构与表示符号

双向晶闸管可以通过公共门极在两个方向上触发，其 *I-V* 特性曲线位于第一和第三象限，一个是导通特性，一个是阻断特性。在 AC 变流器中，双向晶闸管可以代替两个晶闸管，但是范围有限。

双向晶闸管的详细描述见本章参考文献［Ger79］。对于其应用，双向晶闸管的主要限制是因为在电流过零处双向晶闸管必须在反向关断其电压。然而在导通模式中器件充满自由载流子，如果换向时的 d*i*/d*t* 太高，在电流过零后，仍然存在部分存储电荷。如果此时加载一个具有很高电压上升率 d*v*/d*t* 的电压，就会出现误触发，器件将不会进入阻断模式，并且控制变流器的功能消失。

因此，一个双向晶闸管的允许电流上升率 d*i*/d*t* 和电压上升率 d*v*/d*t* 是非常有限的，d*i*/d*t* ≈ 10A/μs，d*v*/d*t* 在 100V/μs 等级。这说明实际应用中双向晶闸管只能在小电流、中等电压条件下使用。实际上也就是在这样一些应用中使用。双向晶闸管应用的一个例子是用于控制中等功率加热装置的 AC 变流器。

如果要控制大于 50A 的电流，则通常使用两个晶闸管反并联的方式，而不是用双向晶闸管。

8.10　门极关断晶闸管

要实现晶闸管有源关断，必须采用一些特殊的方法。20 世纪 80 年代提出了门极关断（Gate-Turn-off，GTO）晶闸管[Bec80]。在电压高于 1400V 的范围内，GTO 晶闸管明显优于当时很有竞争力的器件，即双极型功率晶体管。但是随着专门为高压而设计的 IGBT（见第 10 章）的产生，GTO 晶闸管又被 IGBT 取代，这是因为 GTO 晶闸管在关断时需要一个很大的负门极电流，并且驱动单元功耗也大。现在 GTO 晶闸管用在一些 IGBT 功率无法达到的范围。现在已经有了用单片直径 150mm 硅片制造的高达 6kA、6kV 的 GTO 晶闸管[Nak95]。从 GTO 晶闸管结构还衍生出一种新器件，即门极换流晶闸管（Gate Commutated Thyristor，GCT），这种器件更不易损坏，安全工作区更大。

式（8-6）推导了晶闸管的触发条件，描述了触发条件与两个并联晶体管电流增益的关系。从该公式，也可以得到关断条件，如果式（8-6）中并联晶体管的漏电流可以忽略，可以得到

$$I_A = \frac{-\alpha_2 I_G}{(\alpha_1 + \alpha_2) - 1} \tag{8-14}$$

对于关断必须有一个负门极电流 $-I_G$。类似于双向晶体管的电流增益 β，一个 GTO 关断过程的关断增益 β_{off} 可以定义为

$$\beta_{off} = \frac{I_A}{-I_G} \tag{8-15}$$

代入式（8-14）得到关断增益

$$\beta_{off} = \frac{\alpha_2}{(\alpha_1 + \alpha_2) - 1} \tag{8-16}$$

高关断增益要求一方面 npn 子晶体管的电流增益 α_2 高，另一方面分母 $(\alpha_1 + \alpha_2 - 1)$ 要小，理想情况趋于零。换句话说，电流增益因子的和 $\alpha_1 + \alpha_2$，应该只能略大于 1。然而这样会使触发电流 I_{GT} 增大，擎住电流 I_L 增大，最终使晶闸管的正向压降 V_T 增高。高电流增益的要求与低导通损耗的要求相互矛盾。GTO 晶闸管典型的关断增益 β_{off} 在 3~5 之间。因此要关断一个 3000A 的 GTO 晶闸管，晶闸管驱动单元必须提供 1000A 的电流。

实际上对于具有高关断能力的 GTO 晶闸管的设计，式(8-16)参考价值不大，最重要的是保证大电流 GTO 晶闸管中大部分地方能均匀同时工作[Shi99]。

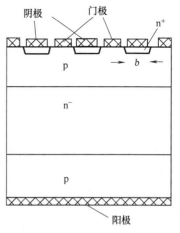

而且式(8-14)、式(8-15)和式(8-16)只有当关断电流在发射区下面产生的横向压降可以忽略时才成立[Wol66]。仅遵守式(8-14)~式(8-16)的条件并不能实现晶闸管门极关断的能力。GTO 晶闸管与传统晶闸管的差别在于，其门极结构由分立的发射极叉指构成(见图 8-14)。叉指宽度 b 必须很小，这是因为发射极叉指下面的带电载流子在关断时必须通过门极接触抽取。在现代 GTO 晶闸管中，宽度 b 一般在 100~300μm 之间。GTO 晶闸管由大量叉指电极构成。它们主要用于控制大电流，因此器件面积必须很大，通常一个 GTO 晶闸管就是由一个完整的晶圆制造的。

图 8-14　门极关断(GTO)晶闸管

图 8-15 显示用 100mm 的晶圆制造的这样一个 GTO 晶闸管。其门极接触为环状，其内外两侧各有四个带发射极叉指的环。这种设计的主要目的是为了保证从最远的叉指到门极接触的距离最小，这样才能有效地抽取载流子，并且门极金属化上的压降不会太高。

图 8-15　用直径为 100mm 硅片制造的 4.5kV GTO 晶闸管发射极叉指的排布，器件最终直径为 82mm，图引自英飞凌

在关断期间，p 基区的空穴被负门极电压抽取流入门极接触，运载阳极电流的电荷等离子体首先被从发射极叉指边缘抽取，剩余的等离子体位于叉指中心处（见图 8-16），空穴电流必须在发射极叉指下横向流动。在阳极电流最终中断之前，发射极叉指中心处的小区域或者只有极个别的发射极叉指，将要承担所有阳极电流。这是 GTO 晶闸管的一个弱点。为了达到大电流关断能力，有一点很重要，就是发射极叉指下 p 基区的电阻不能太高。

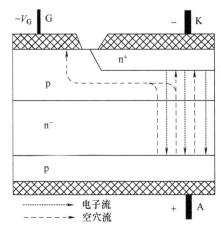

图 8-16　关断时 GTO 晶闸管单个叉指的电流流动

GTO 晶闸管可关断的最大电流 $I_{A,max}$ 主要由阳极和门极之间的 n^+p 结的击穿电压 $V_{GK(BD)}$ 和发射极叉指下的 p 基区的横向电阻 R_p 决定

$$I_{A,max} = \beta_{off} \frac{V_{GK(BD)}}{R_p} \tag{8-17}$$

式中

$$R_p \sim \rho b \tag{8-18}$$

ρ 是发射极叉指下 p 基区的精确电阻率。在叉指宽 $b = 300\mu m$ 的 GTO 晶闸管中，发射极下的电阻率 ρ 必须是传统晶闸管的 1/4。这就要求 p 基区掺杂浓度 N_A 足够高。同时，还要求阴极和门极之间的 n^+p 结的阻断电压 $V_{GK(BD)}$ 足够高。该阻断电压由式 (3-84) 决定。然而，决定 GTO 晶闸管中发射极-门极结的击穿电压的掺杂浓度是指 p 基区掺杂浓度 N_A。因此 N_A 不能太高，典型的掺杂浓度在 $10^{17}/cm^3$ 数量级。对应的击穿电压 $V_{GK(BD)}$ 大约为 20~22V。关断时加载的门极电压一般为 -15V。

关断增益 $\beta_{off} > 4$ 不会使关断能力明显增加。对 GTO 晶闸管设计起决定作用的是式 (8-17) 右边的第二项。

采用这些方法以后，等离子体可以有效地从 GTO 晶闸管的 p 基区中被抽取，但是载流子等离子体仍然留在宽 n^- 层。因此，还需要采取一些措施来抽取这些区域的载流子。第一代 GTO 晶闸管利用扩散金来降低 n^- 层载流子寿命，但是金扩散非常难以准确控制（见 4.9 节）。

更有效的改进是在阳极侧采用短路点，带有阳极短路点的 GTO 晶闸管结构如图 8-17 所示。空穴电流通过门极抽取，n^+ 发射极电子注入停止。在阳极侧加很高的正向电压，n 基区中的电子由阳极短路点抽走。阳极发射极注入停止，并且载流子被高效抽走。

带阳极短路点的 GTO 晶闸管在反向时没有阻断能力，在多数应用中这并不成问题,因为在功率电路中会在 GTO 晶闸管上反并联一个单向续流(freewheeling)二极管。在现代 GTO 晶闸管中阳极短路与少数载流子寿命控制是相互结合的。采用质子或者氦核注入可以调整少数载流子寿命。具有高密度复合中心的区域一般位于 p⁺ 阳极附近,因为在这个区域它们对存储电荷的影响才是最有效的。

尽管采取了各种措施,但关断时在 GTO 晶闸管上所加电压的上升率 dv/dt 必须要严格限制,这可以由 RCD 电路(通常叫缓冲器电路)来完成(见图 8-18)。上升电压的 dv/dt 斜率主要受电容 C 的限制。

图 8-19 最终给出了 GTO 晶闸管的关断过程。负门极电流上升到 I_{GRM},此时阳极电流开始下降,关断延时 t_{gd} 是指门极电流 I_G 过零与

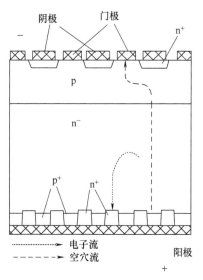

图 8-17 带阳极侧发射极短路点的
GTO 晶闸管

阳极电流下降到最初阳极电流 I_{T0} 的 90% 处之间的时间间隔。然后在下降时间 t_{gf} 内阳极电流突然下降,在此期间,阳极电压波形中会出现电压峰值 V_{pk}。V_{pk} 的值主要由缓冲器电路中的寄生电感和缓冲二极管 D 的正向恢复电压峰值 V_{FRM} 决定,而后者则是主要因素。在 V_{pk} 之后,缓冲器效应就出现了。电压上升率 dv/dt 受电容 C 限制。

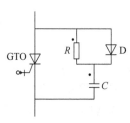

图 8-18 GTO 晶闸管的
RCD 缓冲器电路

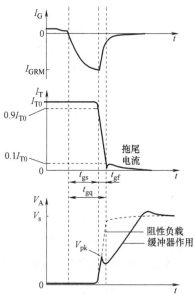

图 8-19 GTO 晶闸管的关断特性
(图引自本章参考文献[Ben99])

在 GTO 晶闸管中，在时间间隔 t_{gf} 之后出现拖尾电流，拖尾电流是由阳极结附近 n 基区部分区域中存储电荷的抽取形成的。它的持续时间一般是几微秒量级。关断时大部分开关损耗是由拖尾电流造成的。使用有效的阳极短路点和调整载流子寿命可以有效减少拖尾电流。

即使门极控制单元设计适当，对 GTO 晶闸管的应用仍有两点不足：

1) 对 RCD 缓冲器电路的要求：对于 3kV 以上的高压，尤其是在要求内部电感低的额外限制条件下，需要的电容容量很大且很贵。

2) 如前所示，发射极叉指下电荷抽取首先从叉指边缘开始。在阳极电流下降之前，仅剩下叉指中心很窄的区域来承载总的阳极电流。器件越大，所有叉指能够一致同时工作的难度就越大，在关断最后就有可能出现几个甚至单个叉指承载整个阳极电流的情况。这是 GTO 晶闸管的弱点，因为在这种情况下，叉指有可能被损坏。

8.11　门极换流晶闸管

门极换流晶闸管(GCT)[Gru96]的工作原理就是和驱动单元一起工作，该驱动单元有能力在很短时间内把全部阳极电流转入门极单元。GCT 关断时关断增益 $\beta_{off} = 1$。

GCT 由半导体器件，采用印制电路板(PCB)共面设计实现的具有低电感的门极连接，以及由具有低电感电容和低阻抗 MOSFET 的驱动单元组成(见图 8-20)。驱动单元必须具有在 1μs 内将阳极电流转入门极电流的能力。这是一些挑战，尤其是门极驱动电路中电阻 R_G 与寄生电感 L_G 必须很小。在门极驱动电路中微分方程[Lin06]

$$L_G \frac{di_G}{dt} + R_G i_G = V_G \tag{8-19}$$

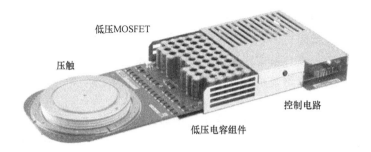

低压MOSFET

压触

控制电路

低压电容组件

图 8-20　带门极驱动单元的 GCT，门极线由 PCB 上的宽金属层组成，并以环的形式连接到器件上(图来自本章参考文献[Vemis]EPE ECCE Europe 2015-欧洲电力电子及应用大会)

方程的解为

$$i_G(t) = \frac{V_G}{R}\left[1 - \exp\left(-\frac{R_G}{L_G}t\right)\right] \qquad (8\text{-}20)$$

电压 V_G 受到门极和阴极之间的 pn 结雪崩击穿电压限制。这个要求就是门极电流必须在时间 t_{gs} 之内上升到阳极电流 I_A。因此,最大允许电感 L_G 如下:

$$L_G = -\frac{R_G t_{gs}}{\ln\left(1 - \frac{R_G}{V_G}I_A\right)} \qquad (8\text{-}21)$$

在 $V_G = 20V$,阳极电流 $I_A = 4000A$,允许时间 $t_{gs} = 1\mu s$ 的条件下,最大允许电感 L_G 如图 8-21 所示是门极电阻 R_G 的函数。电阻 R_G 和寄生电感 L_G 必须极小以保证 GCT 工作。对于 $R_G > 5m\Omega$,对上述指定的 V_G,I_A,t_{gs} 值,方程没有解。

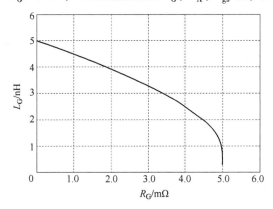

图 8-21　4000A GCT 的门极驱动电路中最大允许
寄生电感 L_G(图引自本章参考文献[Lin06])

必须考虑到 L_G 以及 R_G 不仅仅由外部连线组成。使用的 MOSFET 的阻抗 R_{on}、连线、半导体封装管壳内部的连接阻抗、半导体管芯中的门极金属化的阻抗都对 R_G 有贡献。MOSFET 必须具有一个略高于 20V 的阻断能力。在这个电压范围内,如今已经出现了超低阻抗的 Si-MOSFET。在这个工作模式中,npn 子晶体管突然关断,晶闸管中的正反馈环被中断,发射极叉指下载流子的抽取仍然是从叉指边缘开始,但是关断过程中窄细丝的问题在很大程度上得到了解决。GCT 可以不用 RCD 电路就能工作。

GCT 对反向阻断能力没有什么要求,因此有可能在阳极区的前端实现一个 n 掺杂缓冲层,并有可能使设计的器件具有适当的梯形电场[穿通(PT)尺寸]。有了这个额外的缓冲层,可以减小 n^- 层的厚度 w_B。因此,就减少了导通损耗和关断损耗。

一个必须提供和被控制电流一样大小电流的驱动单元,毫无疑问是很费工夫的。但是对于具有相同电流关断能力的 GTO 晶闸管来说,必须由驱动单元提供的功率并不比其驱动功率高。相比之下，它减小了。在一个 GCT 中，负门极电流迅速增大，大电流仅仅在很短的时间间隔内流过，通过门极抽取的总电荷比 GTO 晶闸管中抽取的电荷少。因为在 GTO 晶闸管中，在间隔时间 t_{gs} 内，负门极电流增加期间总有新的电荷从发射结 J_3 注入（见图 8-19）。例如，n^+ 发射极会补充本来应该被门极驱动抽取掉的部分电荷。GCT 中在关断之前只有存储电荷必须被消除掉。GCT 可以在一半的 GTO 晶闸管驱动功率下工作[Lin06]。尽管和 GTO 晶闸管相比，GCT 只在硅管芯中做了很少的修改，但是 GCT 的性能却有明显改善。GTO 晶闸管的主要缺点在很大程度上得到了改进。

集成门极换流晶闸管（Integrated Gate Commutated Thyristor，IGCT）包含一个单片集成二极管，如图 8-22 所示。通过粒子辐照对二极管区域中的载流子寿命进行调整，参见 4.9 节。二极管性能不能有过多的折中[Kla97]。

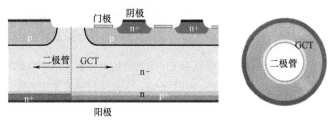

图 8-22　带集成二极管的 IGCT。图引自本章参考文献[Kla97]

图 8-23 显示了 IGCT 压触型的内部结构。器件的中心（中间、顶部）是二极管区域，它的底部与均匀的钼盘接触（左下），顶部两个钼盘分别与 GCT 和二极管接触。顶部压力盖的底部中间，包含带有径向互连的环形门极。它们实现了与 PCB 的低电感互连。

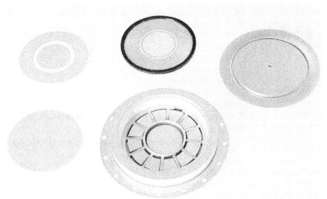

图 8-23　IGCT Presspack 内部结构。由 ABB 授权

GCT 的进一步改进是波纹状 p 基区，如图 8-24 所示。它是通过在大部分 n^+ 区覆盖掩模，然后离子注入制造的。注入之后，p 基区具有两个不同的结深，其中间区域的穿透深度更浅[Wik07]。人们发现可关断的最大电流会增加，在 25℃ 时增加

1.4 倍，在 125℃时增加 1.1 倍。

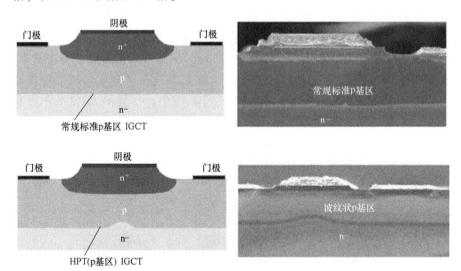

图 8-24　与常规标准均匀 p 基极结相比，具有波纹状 p 基区设计的高功率技术
（High Power Technology，HPT）GCT。图片来自本章参考文献
[Vem15]©EPE ECCE Europe 2015-欧洲电力电子及应用大会

　　原因是在关断时位于发射极叉指（见图 8-16）中间的最大电流位置与 pn 结承受反向电压时最高电场的位置不同，因为它处于关断状态，这种横向调制的电场有助于在动态雪崩期间使产生的空穴从发射叉指的中心散焦[Wik07]。有关动态雪崩的更多详细信息请参阅第 12 章。

　　GCT 具有极低传导损耗的潜力。在本章参考文献[Rah13]中报道，对于 2.5kV 的 GCT（直径 91mm），如果预期的开关频率为 125Hz，则可以在 1500A 下实现甚至低于 1V 的正向电压降。这可用于需要非常高效率的大电流应用中。

参 考 文 献

[Bec80]　Becke, H.W., Misra, R.P.: Investigations of gate turn-off structures. Int. Electron Devices Meet. **26**, 649–653 (1980)

[Ben99]　Benda, V., Govar, J., Grant, D.A.: Power Semiconductor Devices. Wiley, New York (1999)

[Chu70]　Chu, C.K.: Geometry of thyristor cathode shunts. IEEE Trans. Electron Devices **17**(9), 687–690 (1970)

[Chk05]　Chukaluri, E.K., Silber, D., Kellner-Werdehausen, U., Schneider, C., Niedernostheide, F.J., Schulze, H.J.: Recent developments of high-voltage light-triggered thyristors. In: Proceedings 36th Power Electronics Specialists Conference PESC '05 pp. 2049–2052 (2005)

[Gen64]　Gentry, F.E., Gutzwiller, F.W., Holonyak, N., Von Zastrow, E.E.: Semiconductor Controlled Rectifiers: Principles and Applications of p-n-p-n Devices. Principle-Hall Inc, New York (1964)

[Gen65]　Gentry, F.E., Scace, R.I., Flowers, J.K.: Bidirectional triode pnpn-switches. Proc. IEEE **53**, 355–369 (1965)

[Gen68]　Gentry, F.E., Moyson, J.: The amplifying gate thyristor. IEEE Int. Electron Devices Meet. **14**, 110 (1968)

[Ger65]　Gerlach, W.: Thyristor mit Querfeldemitter, Z. angew. Phys 17 pp. 396–400 (1965)

[Ger79]　Gerlach, W.: Thyristoren. Springer, Berlin (1979)

[Gru96]　Gruening, H., Odegard, B., Ress, J., Weber, A., Carroll, E., Eicher, S.: High-power hard-driven GTO module for 4SkV/3kA snubberless operation. In: Proceedings of the PCIM, pp. 169–183 (1996)

[Her65]　Herlet, A.: The maximum blocking capability of silicon thyristors. Solid-State Electron **8**(8), 655–671 (1965)

[Kla97]　Klaka, S., Linder, S., Frecker, M.: A family of reverse conducting gate commutated thyristors for medium voltage drive applications. In: Proceedings PCIM, Hong Kong (1997)

[Lin06]　Linder, S.: Power Semiconductors. EPFL Press, Lausanne, Switzerland (2006)

[Mol56]　Moll, J.L., Tannenbaum, M., Goldey, M., Holoniak, N.: p-n-p-n transistor switches. Proc. IRE **44**, 1174–1182 (1956)

[Nak95]　Nakagawa, T., Tokunoh, F., Yamamoto, M., Koga, S.: A new high power low loss GTO. In: Proceedings of the 7th ISPSD, pp. 84–88 (1995)

[Nie01]　Niedernostheide, F.J., Schulze, H.J., Kellner-Werdehausen, U.: Self protected high power thyristors. In: Proceedings of the PCIM, Nuremberg, 51–56 (2001)

[Nie07]　Niedernostheide, F.J., Schulze, H.J., Felsl, H.P., Laska, T., Kellner-Werdehausen, U., Lutz, J.: Thyristors and IGBTs with integrated self-protection functions. IET J. Circuits, Devices Syst. **1**(5), 315–320 (2007)

[Prz09]　Przybilla, J., Dorn, J., Barthelmess, R., Kellner-Werdehausen, U., Schulze, H.J., Niedernostheide, F.J.: Diodes and thyristor – Past, presence and future. In: Proceedings 13th European Conference on Power Electronics and Applications, EPE '09 (2009)

[Rad71]　Raderecht, P.S.: A review of the 'shorted emitter' principle as applied to p-n-p-n silicon controlled rectifiers. Int. J. Electron. **31**(6), 541 (1971)

[Rah13]　Rahimo, M., Arnold, M., Vemulapati, U., Stiasny, T.: Optimization of High Voltage IGCTs Towards 1 V On-State Losses, pp. 613–620. Nuremberg, Proc. PCIM Europe (2013)

[Scu01]　Schulze, H.J., Niedernostheide, F.J., Kellner-Werdehausen, U.: Thyristor with Integrated Forward Recovery Protection. In: Proceedings of the ISPSD, Osaka, pp. 199–202 (2001)

[Shi99]　Shimizu, Y., Kimura, S., Kozaka, H., Matsuura, N., Tanaka, T., Monma, N.: A study on maximum turn-off current of a high-power GTO. IEEE Trans. Electron Devices **46**(2), 413–419 (1999)

[SID97]　SIDACtor Protection Thyristors http://www.littelfuse.com/products/sidactor-protection-thyristors.aspx called up Sept. 2017

[Sil75]　Silber, D., Füllmann, M.: Improved gate concept for light activated power thyristors. Int. Electron Devices Meet. **21**, 371–374 (1975)

[Sil76]　Silber, D., Winter, W., Füllmann, M.: Progress in light activated power thyristors. IEEE Trans. Electron Devices **23**(8), 899–904 (1976)

[Vem15]　Vemulapati, U., Rahimo, M., Arnold, M., Wikström, T., Vobecky, J., Backlund, B., Stiasny, T.: Recent advancements in IGCT technologies for high power electronics applications. In: Proceedings EPE'15 ECCE-Europe (2015)

[Wik07]　Wikström, T., Stiasny, T., Rahimo, M., Cottet, D., Streit, P.: The Corrugated P-Base IGCT – a New Benchmark for Large Area SQA Scaling, pp. 29–32. Jeju, Korea, Proc. ISPSD (2007)

[Wol66]　Wolley, E.D.: Gate turn-off in pnpn devices. IEEE Trans. El. Devices ED-**13**, 590–597 (1966)

第9章 MOS晶体管及场控宽禁带器件

9.1 MOSFET 的基本工作原理

对 MOSFET(金属氧化物半导体场效应晶体管)的基本结构早有研究[Hof63]。要理解 MOSFET 的功能,或许要首先研究一下半导体表面。由于缺乏相邻的原子,某种半导体的表面总是其理想晶格的一种被扰乱的形态。因此,表面常常会生长一层薄的氧化层或吸附一些其他原子和分子。于是,这些表面层通常会带电。

以一种 p 型半导体为例,假定其表面带正电(见图 9-1)。

对少量正电荷可得

$$|qV_S| < E_i - E_F$$

在这种表面,空穴的浓度/密度逐渐降低,其导带和价带同时向下弯曲,建立起一个厚度为 h_d 的耗尽区。

增大正电荷量将导致

$$|qV_S| > E_i - E_F$$

在这种情况下,导带和价带弯曲得更加厉害,对于半导体表面处的一个较小区域,费米能级更加靠近导带而不是价带,从而形成一个厚度为 h_i 的反型层,在反型层中电子是多数载流子。

紧挨着反型层的是厚度为 h_d 的耗尽层,耗尽层把反型层和 p 区隔开。

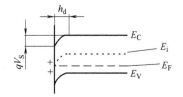

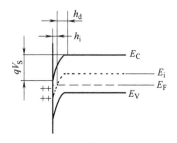

图 9-1 半导体表面,p 型半导体,表面带正电

如果该 p 型半导体表面带负电,所形成的将是空穴累积层。n 型半导体的特性与之相似:表面带正电时形成累积层,表面带负电时形成耗尽区,负电荷增多则形成反型层。

接下来,假定在此 p 型半导体的表面有一层薄氧化膜,氧化膜上再镀一层金属膜。在这层金属膜上施加一个正向电压。进一步再添加两个 n^+ 区分别作为源区和漏区。这样,我们就有了一个如图 9-2 所示[Hof63]的最简单的横向 MOS 场效应晶体管的例子。

正向电压的作用和正表面电荷的作用相同:当栅极上有足够大的正电压,两个 n 区就会通过反型层连接起来。由于栅压 $V_G > V_T$,漏极和源极之间才有电流通过。

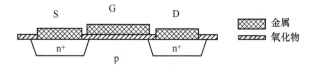

图 9-2　横向 n 沟道 MOSFET。S—源极；D—漏极；G—栅极

栅源阈值电压 V_T（对 n 沟道 MOSFET）：该阈值电压是这样一个栅极电压，在此电压下产生的电子浓度等于空穴浓度。

MOS 场效应晶体管可分为

1）n 沟道 MOSFET：在 p 区形成一个 n 型沟道。

2）p 沟道 MOSFET：在 n 区形成一个 p 型沟道。

仔细探查，必须考虑到氧化层在靠近半导体的界面上含有正电荷。这些电荷的密度在 $5\times10^9 \sim 1\times10^{11}/cm^2$ 数量级。而且，功率 MOSFET 的栅区由 n 型重掺杂多晶硅层组成（见图 9-4 和图 9-5），由于 n^+ 掺杂多晶硅和 p 型半导体（考虑 n 沟道 MOS-FET）中费米能级的位置不同，栅极和半导体之间已经存在了一个电势差。这两种效应都以相同的方式起作用，犹如一个外施正栅极电压，从而导致阈值电压 V_T 降低。n 沟道 MOSFET 在 p 区低掺杂和氧化层电荷密度高的情况下，V_T 是负的，甚至没有外加栅极电压，沟道也会存在。上面所提到的阈值电压的定义仍然是有效的。

MOSFET 可根据栅极电压分为

1）耗尽型：$V_T<0$，该器件为常开器件，在栅源加负电压 $V_G<V_T$ 之前不会阻断。

2）增强型：$V_T>0$，n 沟道只在 $V_G>V_T$ 时才会形成（常关器件）。

通常情况下，由于具有常关特点，电力电子技术中使用的是增强型 MOSFET 器件，而且几乎都是 n 沟道 MOSFET。由于电子的迁移率远远高于空穴的迁移率（见第 2 章），n 沟道 MOSFET 器件更有优势。现代器件阈值电压的典型值被调整到 2~4V。

9.2　功率 MOSFET 的结构

图 9-2 所示的结构承受不了多高的漏源电压。如图 9-3 所示的名为 DMOS（D 意为双扩散）的结构，用于 10V 以上的情况。图中，漏极前面有一个 n^- 区域，即漏极扩展区，该区承受阻断电压。

横向 DMOS 晶体管常用于功率集成电路和单片功率集成半导体电路（“smart power”）。但是，这种器件的缺点是负荷电流能力低，因为 n^- 区需要占用半导体表面的很大一部分。如果要控制名副其实的“功率”，则须将承受电场的这个区域竖过来（见图 9-4）做成纵向 MOSFET。于是，该半导体的体容得到

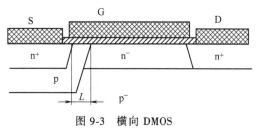

图 9-3　横向 DMOS

利用,而其表面用于形成栅源元胞结构。

在半导体表面上形成许多由 p 阱和扩散 n⁺ 源区组成的分立元胞。从图 9-4 可以看到一个元胞的横断面。p 阱连接到源极的金属,以便于让寄生的 npn 晶体管短路。为了使短路处具有非常低的电阻,在该处可以通过额外的 p⁺ 注入,然后采用扩散的步骤来增大掺杂浓度。在这个阱的边缘就是沟道,沟道的上面用薄栅氧化层覆盖。在氧化层上做栅电极,栅电极通常由重掺杂的 n⁺ 多晶硅组成。栅电极在某点(多在芯片中央)引出表面,并在那里用键合线焊牢。

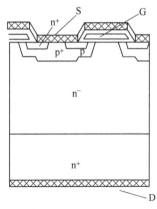

图 9-4 纵向的 DMOS 晶体管
(栅电极是多晶硅)

因为电流必须流过反型层沟道,所以要形成许多单个元胞来获得一个更大的沟道宽度。以所给的图 9-5 为例,图中这些元胞是正方形的,并排布成一个正方形网格图案。而具有六角形网格图案的半导体表面区域,用起来会更加有效,其中单个元胞是六角形的,这就是所谓的 HEXFET 结构。

纵向 DMOS(也叫 VDMOS)晶体管在许多领域得到了应用,比如计算机,以及具有功率因数校正前端的电子设备电源。自从 20 世纪 90 年代后期以来,随着沟槽栅 MOS 的引入[Sod99],功率 MOS 的性能又有了很大的改进。沟槽栅 MOS 的沟道区也设计成纵向(见图 9-6),因此可获得小得多的通态电阻,特别是在 100V 以下的较低电压范围。

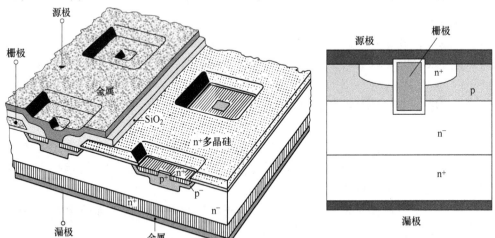

图 9-5 纵向 DMOS 的元胞结构(引自本章参考文献[Ste92])   图 9-6 纵向沟槽栅 MOSFET

9.3 MOS 晶体管的 *I-V* 特性

图 9-7 给出了 MOSFET 的 *I-V* 特性。只要 V_G 小于阈值电压 V_T,该器件在漏源

之间加上正电压 V_D 时，就会处于阻断状态。MOSFET 的阻断电压受到雪崩击穿的限制。由于其 npn 型晶体管被一个低阻分流器短路而不起作用，所以 MOSFET 的阻断电压就等于二极管的阻断电压。这个二极管由 p 阱、低掺杂基区和 n^+ 层组成。

在 $V_G > V_T$ 时形成电流输运沟道，导致图中所给的 *I-V* 特性。类似于双极型晶体管的电流增益，在这里要定义跨导。对于低电压 V_D，*I-V* 特性曲线为一条直线。对于给定的栅极电压 V_G 就能得到电阻 $R_{DS(on)}$（$= R_{on}$）。

欧姆区和夹断区之间的过渡区叫

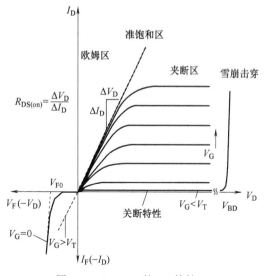

图 9-7　MOSFET 的 *I-V* 特性

准饱和区。这个区域可用一条抛物线来描述。

在 MOSFET 的反方向中呈现出一个正向二极管特性。对一个功率二极管，其正向特性常用阈值电压 V_{F0} 和微分电阻近似。

9.4　MOSFET 沟道的特性

由于有栅氧化层和栅电极，因此在沟道之上会形成一个电容，其单位面积电容为

$$C_{ox} = \frac{\varepsilon_0 \varepsilon_r}{d_{ox}} \tag{9-1}$$

氧化物的厚度为 d_{ox}（比如小于 100nm）。氧化层的相对介电常数 $\varepsilon_r = 3.9$（二氧化硅）。当栅极电压 V_G 高于阈值电压 V_T 时，一条反型层沟道就会生成，如图 9-8a 所示。只要电流在沟道中引起的电压降可以忽略不计，反型层电荷量为

$$Q_s = C_{ox}(V_G - V_T) \tag{9-2}$$

形成这些电荷的载流子在反型层沟道中传输电流。只要沟道中的夹断效应可以忽略，沟道电阻即可表示为

$$R_{ch} = \frac{L}{W\mu_n Q_s} = \frac{L}{W\mu_n C_{ox}(V_G - V_T)} = \frac{1}{\kappa(V_G - V_T)} \tag{9-3}$$

式中，L 表示沟道的长度（如 2μm，见图 9-3）；W 表示其总宽度。在图 9-3 中，W 垂直于投影面，它对应于单元胞的周长乘以元胞的数量（见图 9-5）。如果元胞的密度很高，则能使 W 值很大，这样沟道电阻就低。在现代半导体器件中，一个芯片表

面所对应的 W 可以达到大约 $100\mathrm{m/cm}^2$。这些与设计图形有关的参数可综合为一个参数

$$\kappa = \frac{W\mu_n C_{ox}}{L} \qquad (9\text{-}4)$$

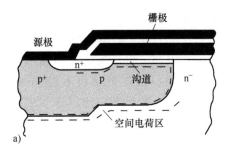

式(9-3)对图9-7中的欧姆区域也适用。也就是说,考虑到沟道上的电压降对 Q_s 的影响,在欧姆区域沟道上的电压降可以忽略。

正如式(9-3)所示,沟道电阻受载流子迁移率影响。在 2.6 节中已经证明空穴迁移率 μ_p 的大小仅为电子迁移率 μ_n 的大约 1/3。正是出于这个原因,无论什么时候,只要可能,电力电子技术总是使用 n 沟道 MOSFET。

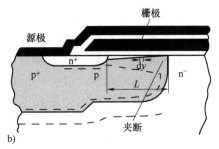

随着电流的增加,沟道两侧的电压降 $V(y)$ 增大,沟道变窄,见图9-8b。沿着沟道长度 y 存在电荷 $Q(y)$。对于电阻 R_{CH} 的一个微元 dR,由式(9-3)可以得到

$$dR = \frac{dy}{W\mu_n Q(y)} \qquad (9\text{-}5)$$

式中

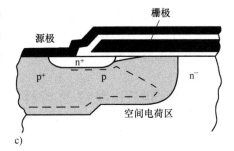

图 9-8　MOSFET 沟道

a) 欧姆区 $V_D \ll V_G - V_T$

b) 夹断区 $V_D = V_G - V_T$

c) 沟道长度减小 $V_D \gg V_G - V_T$

$$Q(y) = C_{ox}(V_G - V_T - V(y)) \qquad (9\text{-}6)$$

在 dR 分量上的电压降为

$$dV = I_D \cdot dR \qquad (9\text{-}7)$$

把式(9-5)和式(9-6)代入到式(9-7)中,有

$$I_D = W\mu_n C_{ox}[V_G - V_T - V(y)]\frac{dV}{dy} \qquad (9\text{-}8)$$

在边界 $y=0$ 和 $y=L$ 之间的电压降 V_D 为

$$\int_0^L I_D dy = W\mu_n C_{ox}\int_0^{V_p}[V_G - V_T - V(y)]dV \qquad (9\text{-}9)$$

对 $V_D \leqslant V_G - V_T$ 的情形,上式积分之后可得以下 $I_D(V_G, V_D)$ 特性:

$$I_D = \kappa\left[(V_G - V_T)V_D - \frac{1}{2}V_D^2\right] \qquad (9\text{-}10)$$

在图9-7这个特性对应于抛物线部分(准饱和)。对于低电压 V_D,上式近似为

$$I_D = \kappa(V_G - V_T)V_D \qquad (9\text{-}11)$$

这一特性对应于欧姆区,如式(9-3)所示。根据式(9-10),当 $dI_D/dV_D = 0$ 时器

件进入夹断区，沟道夹断时满足

$$V_D = V_G - V_T \tag{9-12}$$

对于一个较大的 V_D，把式(9-12)代入式(9-10)得到夹断的特性。在这个区域，即便 V_D 继续升高，电流几乎保持恒定

$$I_{Dsat} = \frac{\kappa}{2}(V_G - V_T)^2 \tag{9-13}$$

跨导定义为

$$g_{fs} = \frac{\Delta I_D}{\Delta V_G}\bigg|_{V_D = 常量} \tag{9-14}$$

通过对式(9-13)求微分，可以得到

$$g_{fs} = \kappa(V_G - V_T) \tag{9-15}$$

根据式(9-13)，电流 I_{Dsat} 与 V_D 无关。然而，实际上当 V_D 大幅度增加(见图 9-8c)，电场穿入 p 区，沟道就会缩短。沟道长度的缩短会使电流在高电压时有一个轻微的上升。

在许多教科书中都可以找到式(9-10)所示的 I-V 特性。然而，与实际的可实现的功率器件相比，这个公式并不令人满意。在推导中，它没有考虑到沟道下面形成的耗尽区域。当沟道变窄时耗尽区变宽，如图 9-8c 所示。考虑空间电荷影响的 I-V 特性的推导能在本章参考文献 [Gra89，Sze81] 中找到。这导致当 $V_D \leqslant V_G - V_T$ 时，有

$$I_D = \kappa\left[(V_G - V_T)V_D - \frac{1}{2}\left(1 + \frac{C_D}{C_{ox}}\right)V_D^2\right] \tag{9-16}$$

空间电荷区的单位面积电容表示为

$$C_D = \sqrt{\frac{\varepsilon_0 \varepsilon_r q N_A}{2\Delta V_T}} \tag{9-17}$$

该式与讨论 pn 结时推导的式(3-109)类似。式(9-17)中电压 ΔV_T 对应于在掺杂浓度为 N_A 的 p 阱中形成空间电荷区的电压为

$$\Delta V_T = 2\frac{kT}{q}\ln\left(\frac{N_A}{n_i}\right) \tag{9-18}$$

ΔV_T 是满足强反型所必需的。ΔV_T 约等于 0.81V(对于一个浓度为 $1 \times 10^{17}/cm^3$ 的典型 p 阱)。以这种方式考虑到空间电荷区，在电压 V_D 很小时基本没有改变。式(9-11)中对欧姆区域的近似也一样。然而，饱和漏电流 I_{Dsat} 和 g_{fs} 有所不同。只有在沟道上的电压降小于 ΔV_T，也就是说，$V_D < \Delta V_T$ 时式(9-16)才是有效的。

除此之外，还必须考虑沟道中迁移率的减小。即使没有横向电场，与第 2 章图 2-12 所示的值相比迁移率已经减小了。其原因是半导体表面的影响。如果沟道上有一个电压 $V(y)$，那么就产生一个明显的沿横向展开的电场。电子速度就必须按式(2-38)考虑。电子迁移率为

$$\mu_{\text{nCH}} = \frac{\mu_{\text{e0}}}{1 + \theta(V_{\text{G}} - V_{\text{T}})} \tag{9-19}$$

在本章参考文献[Gra89]中，当 μ_{e0} 和 θ 分别取 $600\text{cm}^2/(\text{V}\cdot\text{s})$ 和 $0.02/\text{V}$ 时与实验数据相吻合。

MOSFET 的阈值电压用下式表示[Sze81]：

$$V_{\text{T}} = V_{\text{p,S}} - \frac{Q_{\text{ox}}}{C_{\text{ox}}} + \Delta V_{\text{T}} + \frac{\sqrt{2qN_{\text{A}}\varepsilon_0\varepsilon_{\text{r}}\Delta V_{\text{T}}}}{C_{\text{ox}}} \tag{9-20}$$

式中，n^+ 多晶/p-Si 的电位差为

$$V_{\text{p,S}} = \frac{kT}{q}\ln\frac{N_{\text{D,poly}}N_{\text{A}}}{n_{\text{i}}^2} \tag{9-21}$$

Q_{ox} 是由氧化物陷阱引起的电荷。阈值电压取决于温度，并且随温度降低而降低，这主要是由于在式(9-18)和式(9-21)中参数 n_{i} 受到温度强烈的影响。

在大多数情况下，阈值电压的测量是在栅极和漏极短路并且施加小电流 I_{D} 的情况下进行的。用这种方法发现阈值电压对温度的依赖性比式(9-20)预测的要强。主要原因是在低电流时，不能满足强反型的条件。如果对于足够高的漏极电压（$V_{\text{D}} > 5\text{V}$），则在 $V_{\text{GS}} \gg V_{\text{T}}$ 处[Lee82]，利用 $\sqrt{I_{\text{D}}}$ 与 V_{G} 的外推切线的截距可以提取 V_{T}，结果发现与式(9-20)吻合。

9.5　欧姆区域

对于 MOSFET，欧姆电阻不仅仅只考虑沟道电阻。当然，在阻断电压 50V 以上的器件中低掺杂中间区域的电阻起到决定性作用。对于纵向 MOSFET 这一层是通过外延生长的，通常使用符号 R_{epi} 表示其电阻。图 9-9 描述了 MOSFET 的结构，并给出了带电载流子(电子)的流通路径和不同部分的电阻。

$$R_{\text{on}} = R_{\text{S*}} + R_{\text{n}^+} + R_{\text{CH}} + R_{\text{a}} + R_{\text{epi}} + R_{\text{S}} \tag{9-22}$$

对于阻断电压小于 50V 的 MOSFET，要尽量减小沟道电阻。通过增加元胞密度[较大的 W，见式(9-1)]，可以减小近表面部分的电阻。大部分进展是利用沟槽栅元胞(trench cell，见图 9-5)实现的，这样可以消除附加电阻 R_{a}。

在表 9-1 中，各部分电阻所占的百分比分别针对具有平面元胞的 30V 垂直 MOSFET 和一个相应的 600V MOSFET。

低掺杂区的电阻 R_{epi} 与单级器件低掺杂基区上的电压降一致，这一点已经在关于肖特基二极管的第 6 章式(6-8)中提到，即

$$R_{\text{epi}} = \frac{w_{\text{B}}}{q\mu_{\text{n}}N_{\text{D}}A} \tag{9-23}$$

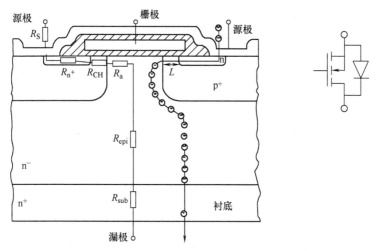

图 9-9　在 MOSFET 中的电流通路和电阻(图引自本章参考文献[Lor99])

表 9-1　不同阻断电压下 MOSFET 的电阻 R_{on}

		$V_{DS} = 30V$	$V_{DS} = 600V$
R_{S*}	封装	7%	0.5%
R_{n+}	源极层	6%	0.5%
R_{CH}	沟道	28%	1.5%
R_a	积累层	23%	0.5%
R_{epi}	n⁻ 层	29%	96.5%
R_{sub}	衬底	7%	0.5%

如果是为了在更高电压下工作来设计器件，则必须选择更宽的 w_B 和更低的 N_D。对一个传统的 MOSFET，电阻可以根据所示的方法利用器件的电压来计算。对于轻度穿通(PT)设计能够获得最低电阻，如式(6-14)和式(6-15)所示。

$$R_{epi,min} = 0.88 \frac{2B^{\frac{1}{2}} V_{BD}^{\frac{5}{2}}}{\mu_n \varepsilon A} \tag{9-24}$$

因而，电阻的增大超过了与阻断电压的二次方关系，也就是 $V_{BD}^{\frac{5}{2}}$。式(9-23)和(9-24)或类似公式(见第 6 章)在其他文献中作为"单极极限"看待，而这个极限已经被补偿结构的原理打破。

9.6　现代 MOSFET 的补偿结构

功率 MOSFET 的补偿原理已经通过 600V CoolMOS™ 技术[Deb98]于 1998 年应用在商用产品中。相比传统的功率 MOSFET，乘积 $R_{on}A$ 大大减小的基本原理是 n 漂移区施主受到位于 p 柱(也称为超结)区受主的补偿。图 9-10 给出了一个超结 MOS-

FET，并与传统 MOSFET 相比较。p 柱排在中间层，调整 p 型掺杂的值直到能补偿 n 区。补偿受主位于漂移区施主侧向附近。

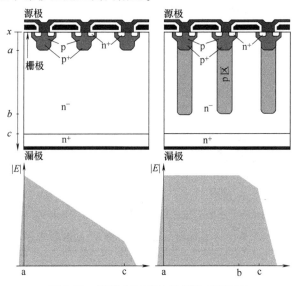

图 9-10　标准 MOSFET 和超结 MOSFET

其结果是在整个电压维持区实现有效低掺杂。这样就获得一个近似矩形的电场分布，如图 9-10 的下图所示。对于这种形状的电场，最高电压能够在一个给定的厚度被吸收。n 层的掺杂浓度可以尽可能提高，只要在技术上能够用等量 p 型掺杂来对其补偿。在这个过程中，需要顾忌的是 n^- 区面积的减小。

利用补偿原理，阻断电压对掺杂浓度的依赖关系得到了缓和，因而获得了一个调整 n 型掺杂的自由度。根据式(9-23)，因为 n 区的掺杂决定着单级器件的电阻，所以这个电阻能够大幅度降低。

对于矩形电场，雪崩击穿场强可采用 Shields 和 Fulop 提出的 $n = 7$[见有关 PT 二极管的章节，式(5-12)]的方式，通过电离积分式(3-71)来计算，由此得

$$w_B = B^{\frac{1}{6}} V_{BD}^{\frac{7}{6}} \tag{9-25}$$

式中，由式(3-83)得到，$B = 2.1 \times 10^{-35} \mathrm{cm}^6 / \mathrm{V}^7$。

把式(9-25)代入式(9-23)可推出外延层电阻 R_{epi} 为

$$R_{epi} = \frac{2 B^{\frac{1}{6}} V_{BD}^{\frac{7}{6}}}{q \mu_n N_D A} \tag{9-26}$$

式(9-26)中分子上的因子为 2，是因为简单估算认为 p 柱与 n 区宽度相等。因为仅 n 区有助于导电，因此仅有一半的区域是有效可用的。

图 9-11 对比了传统设计的器件式(9-24)和超结器件式(9-26)的 R_{epi} 与阻断电压之间的关系。这里对于超结器件，所选的掺杂浓度 $N_A = N_D = 2 \times 10^{15} / \mathrm{cm}^3$。此外，

假定总面积只有一半来承载电子电流。

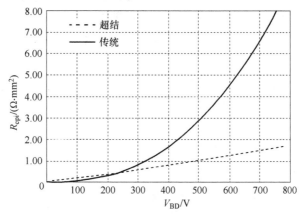

图 9-11　传统 MOSFET 和超结器件的阻断电压及电阻 R_{epi} 的关系

针对这种非常简单的情况，可以得出以下结果：

阻断条件下的空间电荷横向穿透到 n 和 p 区域，如图 9-12 所示。在图 9-12 中假设 n 区和 p 区的掺杂浓度是相等的；p 区的掺杂浓度为 N_A，n 柱的掺杂浓度为 N_D，$N_A = N_D$。此外，这两个柱必须有相同的宽度，分别定为 $2y_L$，如图 9-12 所示。当在反方向加载电压时，空间电荷区仅仅横向穿透到柱内。对于低电压，图 9-12b 所示的虚线指示的是柱区中沿着横向电场的大小。随着电压的增加，空间电荷区最终将在柱与柱之间的中心相遇。正如图 9-12b 实线所示。现在所有的施主和受主原子都已电离。

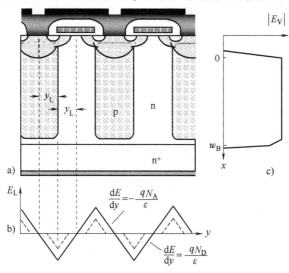

图 9-12　超结 MOSFET

a)简化结构　b)柱区域的横向方向上的电场　c)垂直方向上的电场

随着电压的进一步增大，图 9-12b 中的折线抬升。这个结果在结构上与波浪形铁皮屋顶相似。竖直方向上可得到如图 9-12c 所示的电场。

在横向，p 区和 n 区各自都须被电场完全穿透。雪崩击穿时电场在掺杂浓度为 N_D 的 n 区的扩展已在式(3-85)中给出。指定的宽度 w 是 n 区宽度 y_L 的一半。掺杂浓度 $N_D = 2 \times 10^{15}/\text{cm}^3$ 时，$y_L = 11\mu\text{m}$。p 区和 n 区的宽度必须小于 $2y_L$，否则击穿会发生在横向区域。

因此式(9-26)的掺杂与柱的宽度是有关联的；一个较高的掺杂浓度 N_D 需要一个较小的 y_L。从式(3-85)反解出 N_D 代入式(9-26)可推出

$$R_{\text{epi}} = \frac{2 \times 2^{-\frac{3}{7}} B^{\frac{13}{42}} y_L^{\frac{8}{7}} V_{\text{BD}}^{\frac{7}{6}}}{\varepsilon \mu_n A} \tag{9-27}$$

本章参考文献[Zin01]由类似的考虑得出类似的结果。式(9-27)表明这个电阻能够进一步减小，如图 9-11 所示。这需要一个更小的 y_L。请注意图 9-11 中的超结曲线，对于更高的掺杂浓度和更精细的图形，R_{epi} 还能够降低。然而，要在 $w_B \gg y_L$ 的这样一种纵向结构上实现这一点，从技术上是一种很大的挑战。

一个更精确的考虑，能够在本章参考文献[Che01]中找到，就是把空间电荷区在源漏两侧边沿上的电场峰值也考虑进去。这篇文献还分析了柱体不同排列的影响。从器件的顶部看，图 9-10 和图 9-12 对应的 n 区和 p 区的排列是条纹状。然而，六角排列会更好。

对横向 n 区和 p 区进行精确补偿的要求限制了 n 漂移区的掺杂。电荷平衡的偏差越高，阻断能力的损失越多，提高掺杂浓度 N_D 和缩小 y_L 会扩大这种影响。偏离电荷平衡的工艺窗口变得越来越窄[Kon06]。工艺技术最终限制了这种补偿功率 MOSFET 进一步降低导通电阻 R_{on} 的可能性。

对于击穿电压在 200V 以下，场板或氧化边 MOSFET 是一个很好的替代品[Lia01,Sie06c]。该器件包括一个深沟槽栅，它贯穿 n 漂移区的大部分。隔离场板提供移动电荷，在阻断的条件下来补偿漂移区的施主，如图 9-13 所示。电压源动态地提供场板上的电子，因此在所有工作条件下可以确保精确的横向漂移区补偿。

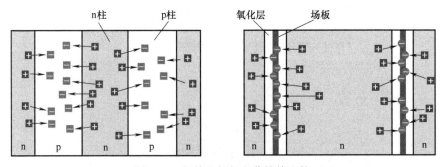

图 9-13 超结和场板电荷补偿比较

场板隔离必须在沟槽栅底部承受器件的全部源漏阻断电压，因此厚度在微米范围内的氧化层必须精心地制作，尤其要注意避免在底部的沟槽栅角落处的氧化层变

薄和防止由应力造成的缺陷产生。

与标准沟槽栅MOS结构相比，其电场从体区/漂移区pn结的最大值一直呈线性递减趋势，场板的原理导致更恒定的电场分布。超结器件的纵向电场分布几乎是均匀的，而场板器件的电场分布则呈现两个峰，一个峰在体区/漂移区pn结，另一个较大的峰在场板沟槽栅的底部[Che05]。缩短一个给定击穿电压所需要的漂移区长度，同时提高漂移区的掺杂浓度，通态电阻就会明显降低。

就超结器件而言，其通态电阻已降到硅极限以下。如果器件结构设计得好的话，无论是超结还是场板，在器件性能方面都是很优越的。在30~100V电压范围内，场板补偿优于超结补偿[Che05]。图9-14描述的是漂移区电阻作为阻断电压的函数的关系，显示出场板补偿结构的二维模拟[Paw08]与由式（9-22）所给出"硅极限"的比较。由于场板沟槽栅器件尺寸较小，相应地掺杂浓度较高，因而漂移区电阻较小[Paw08]。图9-14中的模拟结果与实验数据非常吻合。

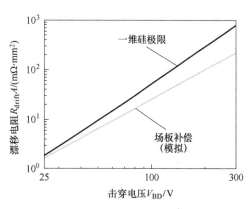

图9-14　场板器件漂移区电阻和击穿电压的关系与硅极限的比较

9.7　MOSFET特性的温度依赖性

式（9-20）中给出的阈值电压 V_T 随温度降低。另一方面，迁移率 μ_n 随温度降低，其包含在式（9-22）中决定 R_{on} 的所有主要因素中，R_{on} 随着温度升高。例如 $\mu_n(125℃)$ 大约是 $\mu_n(25℃)$ 的0.5倍，因此 R_{on} 会翻倍。

转移特性如图9-15所示[Wil17]。在低 V_G 时，由于 V_T 的主要影响因素降低，所以饱和电流 I_{Dsat} 随 T 增加。在高 V_G 时，由于主要的迁移率降低，所以 I_{Dsat} 降低。交点表示为温度补偿点TCP。

当 V_G = 常数时，温度系数 β_T 可表示为

$$\beta_T = \frac{I_D(T_2) - I_D(T_1)}{\Delta T} \tag{9-28}$$

通常，功率MOSFET设计并不是用于工作在夹断区域，也称为线性区域，见图9-7。如果这么设计，则TCP下方的工作性能可能导致热不稳定。在较小的栅极电压下，由于阈值电压的温度依赖性，漏极电流随温度而增加。如果器件在该区域内工作，则将产生热点并发生热失控，如图9-16所示。在较大的栅极电压下，因为载流子迁移率在高温下降低，所以漏极电流随着温度的升高而降低。沟道宽度越大，不稳定区域越明显。

图 9-16 给出了一个示例,显示了当将脉冲功率保持在相同的值[Spi02]时,功率 MOSFET 器件在不同电压偏置下的温度瞬态变化。器件是稳定的还是会受到破坏,完全取决于偏置条件,即漏极电压、漏极电流和脉冲持续时间,而不仅仅取决于平均功率。例如,如图 9-16 所示,实现 6A 且 $V_D = 15V$ 的 90W 脉冲电源应用器件是稳定的,但在 $V_D = 30V$ 且 $I_D = 3A$ 时,工作点低于 TCP,器件会受到破坏性的热失控。使用电流温度系数 $\beta_T = \Delta I_D / \Delta T$,可以区分操作点。根据偏差,使器件保持稳定的热点增长。

在现代沟槽 MOSFET 中,单元密度较高并且沟道宽度 W 较大,线性电路模式的安全工作区域会减小[Cha16],即使在开启或关闭期间相对较短的电流饱和持续时间也可能导致器件失效[Wil17]。

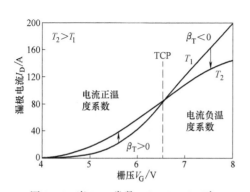

图 9-15 当 V_D = 常数,$V_D > V_G - V_T$ 时,
两种不同温度下的传输特性
(图片来源于 R. Siemieniec,英飞凌)

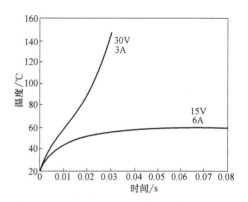

图 9-16 恒定脉冲功率下功率
MOSFET 的温度瞬态变化
(图片来源于 P. Spirito,UniNa,
本章参考文献[Spi02]重新绘制)

9.8 MOSFET 的开关特性

由载流子通过沟道的渡越时间

$$\tau_t = \frac{L}{v_d} \tag{9-29}$$

式中,$v_d = \mu_n E$,而 $E = V_{CH}/L$,可知

$$\tau_t = \frac{L^2}{\mu_n V_{CH}} \tag{9-30}$$

例如,当 $d = 2\mu m$,$V_{CH} = 1V$,$\mu_n = 500 cm^2/(V \cdot s)$ 时,得到渡越时间 $\tau_t \approx 80 ps$。相应的渡越频率是

$$f_t \approx 12.5 GHz$$

实际上，对一个功率 MOSFET 而言，这个频率是难以达到的，因为存在寄生电容。寄生电容导致一个决定有限频率的时间常数，即

$$f_{\text{co}} = \frac{1}{2\pi C_{\text{iss}} R_{\text{G}}}$$
(9-31)

式中，$C_{\text{iss}} = C_{\text{GS}} + C_{\text{GD}}$ 以及 $R_{\text{G}} = R_{\text{Gint}} + R_{\text{Gext}}$。

C_{iss} 与推荐的栅极电阻 R_{Gext} 一样可以在数据手册中查到。内部栅极电阻的大小可以向厂商询问。

样管：IXYS XFH 67 N10 $C_{\text{iss}} = 4500\text{pF}$，$R_{\text{ext}} = 2\Omega$，$R_{\text{int}} \approx 1\Omega$（假设），其 $f_{\text{co}} = 12\text{MHz}$。

图 9-17 是该 MOSFET 的结构，其寄生电容标在图中。右边是带有寄生电容的 MOSFET 的等效电路图，图示还有反向并联二极管和一些电阻，但只画出来了 R_{CH} 和 R_{epi}。

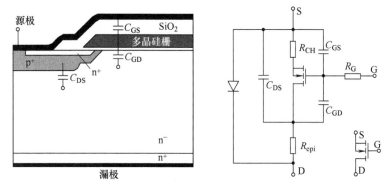

图 9-17　具有寄生电容的 MOSFET 的结构和等效电路图（引自本章参考文献
[Mic03] © 2003 Springer）

因为在实际应用中总是存在感性负载，所以现在讨论在感性负载条件下的开关特性。电路与图 5-19 的电路相对应。图 9-18 示出了有感负载的 MOSFET 的开通波形。开通状态的特性参量如下：

t_{d}：开通延迟时间

即 V_{G} 达到阈值电压 V_{T} 的时间

$$t_{\text{d}} \sim R_{\text{G}}(C_{\text{GS}} + C_{\text{GD}})$$

t_{ri}：上升时间

在这个时间段内电流上升

$$t_{\text{ri}} \sim R_{\text{G}}(C_{\text{GS}} + C_{\text{GD}})$$

由于感性负载上方有续流二极管，所以在图 5-20 和图 5-21 可以看到的反向电流峰值 I_{RRM} 会加进来。电压在这段时间内几乎保持不变。

t_{fv}：电压下降时间

这时，续流二极管开始承受电压，MOSFET 上的电压下降，电容 C_{GD}（密勒电

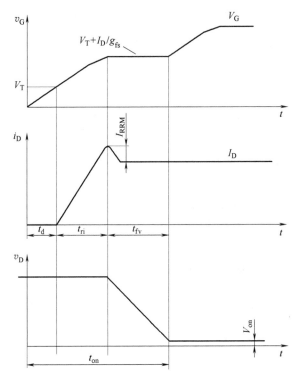

图 9-18 感性负载下 MOSFET 的导通波形

容)开始充电

$$t_{fv} \sim R_G C_{GD}$$

在这个阶段，V_G 保持在密勒电容的电压高度

$$V_G = V_T + I_D / g_{fs}$$

电压 V_D 下降到的正向电压的值

$$V_{on} = R_{on} I_D$$

整个导通时间 t_{on} 为

$$t_{on} = t_d + t_{ri} + t_{fv}$$

图 9-19 表示感性负载下的关断特性。关断的特征参量如下：

t_s：存储时间

驱动器中电压信号被置为 0 或者为负值。然而，栅极必须放电到其电压与通态电流 I_D 等于饱和电流时的电压值相等，即

$$V_G = V_T + I_D / g_{fs}$$

从图 9-15 可以看出，与沟道并联的电容 C_{GS} 和 C_{GD} 必须放电，所以存储时间为

$$t_s \sim R_G (C_{GS} + C_{GD})$$

t_{rv}：电压上升时间

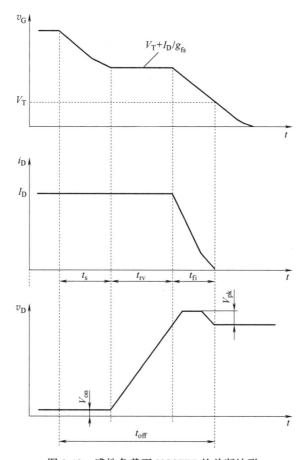

图 9-19　感性负载下 MOSFET 的关断波形

电压上升到由电路确定的值。在初始时电流为一常数。栅电压保持在密勒稳定值。密勒电容 C_{GD} 必须放电，因此有

$$t_{rv} \sim R_G C_{GD}$$

t_{fi}：电流下降时间

栅电容 $C_{GS}+C_{GD}$ 放电且电流减小。电流变为 0（或者更确切地说，达到了断态的漏电流的值），当 V_{GS} 降到 V_T 时，有

$$t_{fi} \sim R_G(C_{GS} + C_{GD})$$

在这一阶段，一个尖峰电压 V_{pk} 附加在外加电压上。这个尖峰电压包括：

1）感应电压，它是由在寄生电感 L_{par} 上的电流斜率 $\mathrm{d}i/\mathrm{d}t$ 产生的。L_{par} 如图 5-18 所示。

2）二极管导通电压尖峰 V_{FRM}。

于是 $V_{pk} = \left| L_{par} \cdot \dfrac{\mathrm{d}i}{\mathrm{d}t} \right| + V_{FRM}$

整个关断时间为

$$t_{\text{off}} = t_{\text{s}} + t_{\text{rv}} + t_{\text{fi}}$$

导通和关断的开关边缘可以在所述条件下通过栅极电阻来控制。随着 R_{G} 的减小,开关时间减小,同时开关损耗也可能减小(见后述)。

从导通时间和关断时间可以推出频率极限,即

$$f_{\max} = \frac{1}{t_{\text{on}} + t_{\text{off}}} \tag{9-32}$$

根据上面提到的样管 MOSFET IXYS IXFH 67 N10 数据表中的数据可知,开关时间的典型值为 220~340ns,对应的频率为 3~4MHz。这明显低于 f_{co}。但是,这个例子不是完全没有问题,因为在数据表中的开关时间几乎都是针对欧姆负载给定的,这在实际情况中很少见。

9.9 MOSFET 的开关损耗

一个功率 MOSFET 可以实现的最大开关频率依赖于开关损耗。每个脉冲周期的能量损耗就像其他器件一样是可以估算的,可通过在开通和关断过程中对 $V(t)$ 和 $i(t)$ 的乘积进行积分计算。在开通期间,可以估算为

$$E_{\text{on}} = \int_{t_{\text{on}}} v_{\text{D}}(t) i_{\text{D}}(t) \, \mathrm{d}t \tag{9-33}$$

在实际情况中,每个脉冲的能量损耗由波形图决定。现代示波器可以计算出电流和电压的乘积并在选定时间内积分。图 5-21 给出一个 IGBT 的例子。可以使用图 9-18 进行估算

$$E_{\text{on}} = \frac{1}{2} V_{\text{D}} (I_{\text{D}} + I_{\text{RRM}}) t_{\text{ri}} + \frac{1}{2} V_{\text{D}} \left(I_{\text{D}} + \frac{2}{3} I_{\text{RRM}} \right) t_{\text{fv}} \tag{9-34}$$

假定在 t_{fv} 时刻,由二极管引起的最大反向电流 I_{RRM} 呈线性衰减。对于关断过程,能量损耗可以估算为

$$E_{\text{off}} = \int_{t_{\text{off}}} v_{\text{D}}(t) i_{\text{D}}(t) \, \mathrm{d}t \tag{9-35}$$

由图 9-19 可知其值近似为

$$E_{\text{off}} = \frac{1}{2} V_{\text{D}} I_{\text{D}} t_{\text{rv}} + \frac{1}{2} (V_{\text{D}} + V_{\text{pk}}) I_{\text{D}} t_{\text{fi}} \tag{9-36}$$

总的开关损耗由下式决定:

$$P_{\text{on}} + P_{\text{off}} = f(E_{\text{on}} + E_{\text{off}}) \tag{9-37}$$

导通损耗和阻断损耗还要相加到开关损耗上。对于功率 MOSFET,阻断状态下的漏电流大约有几微安,因此阻断损耗可以忽略不计。导通损耗是不可以忽略的。定义占空比 d 为 MOSFET 导通相对整个开关周期的间隔的比值。导通损耗可以根据以下公式估算:

$$P_{\text{cond}} = d V_{\text{on}} I_{\text{D}} = d R_{\text{on}} I_{\text{D}}^2 \tag{9-38}$$

总的损耗可以由下式得到

$$P_V = P_{cond} + P_{on} + P_{off} = dR_{on}I_D^2 + f(E_{on} + E_{off}) \tag{9-39}$$

这些损耗只能通过热流从管壳传出去。最大允许损耗是由散热条件、可承受的温度差和热阻决定的，详见第 11 章。

对举例的 MOSFET IXYS IXFH 67 N10，由数据表中的热阻值可以估算出开关频率最高可达到 300kHz。很明显，MOSFET 作为一个单极型器件，是现有最快的 Si 半导体开关器件。

潜在的开关转换频率一方面依赖于热参数，同时也要考虑电路中的其他器件，因此整个电路必须是最优化的。由式（9-34）和式（9-36）可知开关损耗由开关时间决定。更小的栅电阻 R_G 可以减少开关时间，从而可以降低开关损耗。另一方面，斜率的陡峭度在实际中也是要受到限制的：

1）电机绕组的限制，它抗不住过高的 dv/dt。

2）还要受感性电路中必不可少的续流二极管的限制。续流二极管选择不当的话，提高 di/dt 就会导致急速开关特性，出现电压尖峰和振荡等现象。

9.10　MOSFET 的安全工作区

如图 9-20 所示，在源漏之间，MOSFET 的结构还包括一个与 MOS 沟道并联的寄生双极型 npn 型晶体管。这种寄生 npn 型晶体管会带来很多问题：

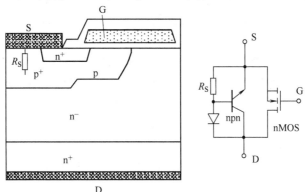

图 9-20　包括寄生 npn 型晶体管和寄生二极管的 MOSFET 及其等效电路

1）阻断电压将会被这样一个基极开路的晶体管降低。

2）当施加一个高 dv/dt 的电压时，由于基极-集电极结的耗尽层开始充电，可能会产生一个位移电流。该电流会触发这个晶体管。

3）二次击穿效应将限制晶体管的安全工作区。

因此，npn 型晶体管的基极-发射极结需要用一个小电阻 R_S 短路。该电阻的值通常越小越好，可以通过额外 p⁺ 离子注入（p⁺ 掺杂）提高这一区域掺杂水平，并且通过光刻工艺选择尽可能的小 n^+ 源区的长度来实现小电阻。

如今的 MOSFET 中,寄生晶体管已经被有效地抑制了。因此,安全工作区不再受二次击穿的限制。如今 MOSFET 的安全工作区是矩形,如图 9-21 所示。

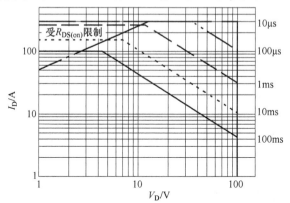

图 9-21 MOSFET 的安全工作区(SOA),例如 IXYS IXFH 67 N10

安全工作区只受到阻断电压和功率损耗的限制。图 9-21 中,脉冲时间超过 10 μs 的 SOA 曲线都受到结温不能超过 150℃ 的最大功耗的限制。

9.11 MOSFET 的反并联二极管

由于 p 阱和源极金属之间的接触,通过 p 阱、n^- 区,以及 n^+ 衬底就形成一个 pin 型的二极管结构,如图 9-20 所示。因此,对一个电压源转换电路中的桥式拓扑应用,实质上存在一个续流二极管。这种二极管的特性对应于 MOSFET I-V 特性曲线的第三象限(见图 9-7,$V_G = 0$)。然而,对于相同的阻断电压情况,与优化的 pin 型二极管和肖特基势垒二极管相比,本征二极管的关断特性相对比较差。图 9-22 展示了 200V MOSFET 中反并联二极管的急速关断情况。

MOSFET 的制造技术通常会导致一个较高的载流子寿命,因此,在传统的 MOSFET 中会产生较高的存储电荷和较高的二极管峰值反向电流。这对于 MOSFET 器件的许多应用是一个障碍。

载流子寿命的调整可以用来减少存储电荷,但这必须通过单独的生产步骤来完成。作为一级近似,n 区中加入复合中心不会影响 MOSFET 的性能,这是因为 MOSFET 是一个单极型器件。在 MOSFET 的通态,载流子复合不可能发生。因此,电阻 R_{on} 应该不受影响。然而,还必须考虑次级效应,就是为了减小载流子寿命而引入的复合中心对于有效掺杂会起反作用,因此,就不能再利用金。因为金作为一种受主,将补偿基区掺杂,因而增加电阻 R_{on}。如果采用铂或电子束照射时,则这种效应就不会出现。对于电子辐照,必须考虑其会影响栅极氧化层中的电荷。电子辐照减小了阈值电压 V_T。通过适当的退火,阈值电压可以恢复一部分。

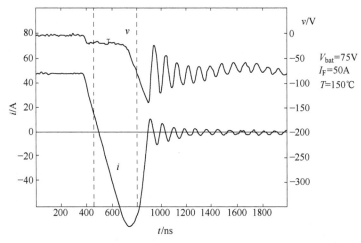

图 9-22　带有高频 *LC* 振荡的 200V MOSFET 中反并联二极管的开关特性

为了减少反并联二极管的存储电荷而使用了铂扩散或电子辐照的 MOSFET 被称为"FREDFET"(快速恢复二极管场效应晶体管)。这种器件的反并联二极管的存储电荷减少了，反向恢复特性略微得到改善，因此可用于寄生电感较低的电路中。

从根本上来说，反向恢复特性是个问题。虽然 p 区的面积已经很小(这是一种措施，也用于 MPS 二极管实现软恢复特性)，但 MOSFET 的基本要求与实现软恢复关断特性的基本要求是相冲突的：

1) 要保持 R_{on} 电阻尽可能低，MOSFET 的基区必须设计得尽可能薄。

2) 要获得有效短路电阻 R_s，p^+ 掺杂必须尽可能的高一些。

这两个方法都会导致二极管的急速开关特性，并且会限制 MOSFET 和二极管继续优化。

在许多硬开关应用中无法使用反并联二极管，它们常被称为寄生二极管。通过在 MOSFET 上串联一个肖特基二极管和在反并联二极管的反向中加入一个肖特基二极管，这些寄生二极管就能被消除，并且可以并联一个优化的软恢复二极管。然而，由于多了一个结的阈值电压，损耗会增大一些。

当在二极管续流模式下，部分电流会通过 n^+ 源极层流动，这样体二极管的性能会被改善，如本章参考文献 [Zen00] 中所述，这一点在沟槽栅 MOSFET[Dol04] 中更加明显。这一效应如图 9-23 所示。正

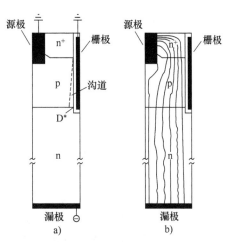

图 9-23　沟槽栅 MOSFET 中的反并联二极管
a) 电势和沟道形成　b) 模拟的正向导通电流分布

如已经在 MOSFET 这一章开始的部分关于阈值电压的讨论所提到的，栅极和半导体之间存在着电位差，这是由于在重掺杂 n^+ 多晶硅栅和 p 型半导体中费米能级位置不同，这就造成一个小的正向栅极电压。此外，如果电流反向流动，则形成一个电势降落，图 9-23 点 D^* 相对于源极变成反偏。如果让 $V_G = 0$(即源极电势)，则会导致 V_G 相对于点 D^* 为正电势。这就相当于在栅极和 p 体之间加了一个正电压，分别形成反型层沟道和阈值电压动态地减小。正如本章参考文献[Dol04]所描述的一样。虽然外侧的栅电势被设置为 0，但是仍然存在电子导电沟道。具有高沟道密度的器件中，正如在沟槽栅 MOSFET 中，它能够成为主要电流分量。在这些偏置条件下，90%以上的总电流被限制在沟道区[Dol04]。正如图 9-23 给出的例子。

其效果有点类似于图 9-8，其中 D^* 处到源极的正电势导致沟道被夹断，现在 D^* 处的电势符号相反。

电子电流的出现对于反并联二极管的特性有着积极的影响。在其通态，在电压低于传统二极管导通电压 0.7V 处也会明显导通，从而减小了导通损耗。此外，由于该电流主要是由多数载流子组成，这一结果将会对二极管的恢复特性产生有利的影响，因为在反向恢复过程中只需要抽取很少的存储电荷。在结构中只有总电流的一小部分是通过纯二极管导通的，比如，体-外延层之间的结，如图 9-23 所示。

因此，只有由纯二极管部分并联导通的总电流的一小部分会引起 pin 型二极管基区额外的载流子浓度变化，并对反向恢复电荷有贡献。沟道导通电子电流部分和由反并联二极管体区注入的空穴电流的比率依赖于器件的结构(栅氧化层的厚度，体区的掺杂浓度)。它还依赖于电流密度。电流密度越大，注入的空穴的份额越大，那么存储的电荷就越多。对上述措施，一些现代沟槽栅 MOSFET 的二极管性能得到了明显的改善。图 9-24 展示出了新一代沟槽栅 MOSFET(器件 B)相比于老式设计(器件 A)的存储电荷大量减少。

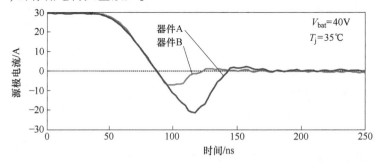

图 9-24 在分别具有两种反并联二极管的反向恢复的半桥电路中 MOSFET 的开通。两个器件的额定值为 75V 和 $I_D > 100A$。器件 A：IRF3808S 平面技术；器件 B：IRFS3207 沟槽栅技术。$di/dt = 800A/\mu s$

在低阻断电压和大电流的应用中(例如阻断电压小于 100V，输出电流大于

10A），如开关电源，同步整流技术是很常见的（见 MOS 控制二极管章节）。作为续流器件的 pin 型二极管或肖特基势垒二极管被 MOSFET 所代替，这些 MOSFET 用于逆向传导，明显降低了器件两端的电压而减少导通损耗。

当同步整流器的沟道被打开，其本征二极管就被旁路。在图 9-7 所示的 *I-V* 特性曲线图中，这一模式在第三象限 $V_G > V_T$ 时由虚线画出。在这种情况下，特别是外加低电流时，该器件两端的电压降低于关闭沟道的情况。

图 9-25 所示的是降压变换器电路，这是低压功率 MOSFET 的典型应用。当上端的 MOSFET 导通时，下端的 MOSFET 的栅极仍然有一个开通信号就会出现直通电流，为了避免直通电流，栅极的开关控制方案，在电流换向期间必须包含死区时间，此时两个沟道都是关闭的。在图 9-25 所示的例子中，在上端的 MOSFET 开启之前，下端的 MOS-FET 必须关断。反过来也一样。这样，在这些必要的死区时间内同步整流器的本征二极管就导通了。

图 9-26 给出了这种类型的控制方案。在二极管的导通时间内，下端的 MOSFET 栅极有一个开通信号，器件两端的电压降为 $-V_{DS}$，该值低于本征二极管的结电压，在死区的时间内，电压降是 $-V_F$，其绝对值高于本征二极管的结电压。

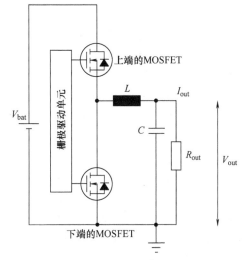

图 9-25　带有 MOSFET 和它们的本征二极管的降压变换器的基本原理

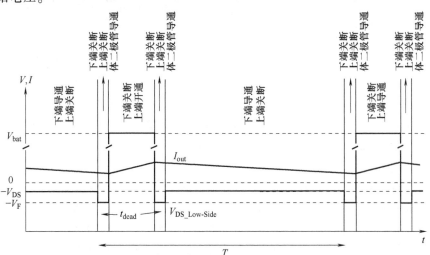

图 9-26　如图 9-25 所示的降压变换器的时序方案

除了要努力实现精确的栅极控制，反并联二极管的关断特性再次变成这种应用的主要缺点之一。低于某一特定值下死区时间不再减少，这样与体二极管导通和体二极管关断相关的损耗会造成随着开关频率的增加总损耗不断增加。

在器件击穿电压低的情况下，由 MOSFET 的反并联二极管所引起的损耗在总的损耗中占很大比例，加入一个肖特基二极管并联到同步整流器上是一种在死区时间内减小或阻止它的体二极管导通的方法。然而当使用分立器件时，这一方法的效果受到电路寄生电感的限制[Pol07]，如果这个肖特基势垒二极管被单片集成到 MOSFET 的管芯上，它会显著地改善器件的开关特性[She90,Cal04,Bel05]。

9.12 SiC 场效应器件

9.12.1 SiC JFET

SiC 单极器件的漂移区可以做得很薄，并且掺杂浓度较高，相对于 Si 材料而言，它能够获得一个更低的电阻 R_{epi}，如图 6-9 所示。因此，SiC MOSFET 的研究和开发几年前就开始了，然而，主要问题还是制造稳定的栅极氧化物，因此来自 SiC 最初的性能稳定的场效应器件是结型场效应晶体管(Junction Field Effect Transistor, JFET)。JFET 的半个元胞的结构[Mit99]如图 9-25 所示，这种结构的器件由英飞凌公司制造。在 $V_G = 0$ 的条件下，源极到漏极因为存在一个通道，所以会导通。要进入阻断模式，栅极必须加负电压，这个电压在栅和源之间会建立一个空间电荷区，从而将沟道阻断(见图 9-27)。

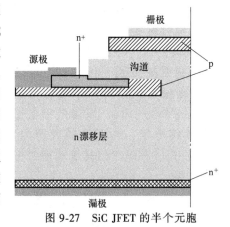

图 9-27 SiC JFET 的半个元胞

图 9-28 所展示的是 JFET 的 *I-V* 特性。当 $V_G = 0$ 时，JFET 处于正向导通模式；当 $V_G < 0$ 时，沟道就会慢慢变窄，当 $V_G = -20V$ 时，样品处于正向阻断模式，该样品器件的截止电压 V_{CO} 对应 $V_G = -17.5V$ 处。为了确保 JFET 的反向阻断，所加的栅电压必须小于截止电压；然而，栅极负电压受到栅-源二极管的击穿电压 V_{BD}(GS)的限制。比如，当 V_{BD}(GS) = −25V 时，就会击穿。由于制造工艺误差的影响，V_{CO} 的值具有分散性，V_{BD}(GS)也一样，不过这个值的分散性应该是比较小的。为了确保阻断能力，在 V_{CO} 和 V_{BD}(GS)之间 JFET 需要加载负电压。

电压源变换器应用一般不希望使用"常开"器件。不过，这个问题可以通过在级联模式下把一个 MOSFET 串联到 JFET 器件上来解决，如图 9-29 所示。

如果在该 MOSFET 上加一个高于 V_T 的电压 V_G，则 MOSFET 就会处于导通模式，与它串在一起的常开 JFET 本来就是导通的，因而这种级联配置此时就会处于

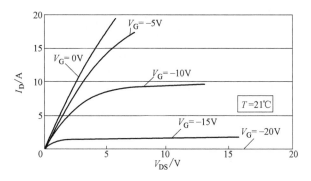

图 9-28　JFET 的正向 *I-V* 特性

导通模式。如果该 MOSFET 关断，则能够加上一个最高不超过其阻断能力的电压，这个电压落在 JFET 的栅极上，对于 JFET 的源极电位来说是负电压。如果它低于 JFET 的夹断电压，那么 JFET 就关断，JFET 此时处于阻断状态模式。级联配置的特性与 MOSFET 一样，并且它可以像一般的 MOSFET 一样工作。

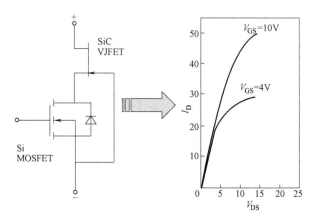

图 9-29　JFET 和级联模式下的低压 MOSFET 配置(左图)，
带有 Si MOSFET 栅极电压为 V_{GS} 的级联的正向 *I-V* 特性(右图)

在导通模式下，MOSFET 的导通电阻 R_{on} 串联到 JFET 的导通电阻 R_{on} 上。然而，在 30V 电压范围内的 MOSFET 导通电阻能够被设计得极小，可以让导通电阻 R_{on} 下降到 $0.1 m\Omega \cdot cm^2$，剩余的工作就是封装其他器件。

图 9-29 中级联配置的关键是控制开通和关断时的开关斜率，特别是在级联切换过程中可能发生的振荡。它们是由级联排布的容性元件引起的，其在整个电路中与不可避免的感性元件形成谐振电路。特别是，人们发现关断过程至关重要[Sie12]。作为替代方案，提出了所谓的"直接驱动 JFET"。这里对 MOSFET 和 JFET 提供各自独立的驱动，附加驱动可以集成到单片驱动 IC 中。

9.12.2　SiC MOSFET

SiC MOSFET 是一个备受关注的器件，在过去的 10 年中，它已经在研究和开发方面取得了很大进展。几家制造商的器件已经达到商业化了。

SiC MOSFET 是一个 n 沟道类型并且与纵向 DMOS 晶体管具有基本相同的结构（见图 9-4）。然而，因为沟道中电子的有效迁移率很低，所以 SiC MOSFET 的问题是沟道电导率。对第一代 SiC MOSFET 来说，典型的沟道迁移率在 $5 \sim 10 cm^2/(V \cdot s)$ 范围内，本章参考文献[Ryu06]已经报道的沟道迁移率达到 $13 cm^2/(V \cdot s)$。设计人员必须要考虑到的一点是：由于表面造成的影响，虽然 Si MOSFET 的沟道迁移率比体迁移率[在 $500 cm^2/(V \cdot s)$ 左右，见式(9-19)]低，但这种影响在 SiC 上表现得更为严重。这一点归因于 SiC MOS 界面中电子陷阱密度较高，这就造成了沟道中电子被俘获，而且由于这些俘获电子，库仑散射也增加了[Ima04]。SiC MOS 的栅氧化层通常在包含 NO 或者 N_2O 的气氛中生长，这样做的目的就是减小 MOS 界面态密度。

根据式(9-22)，MOSFET 的总电阻 R_{on} 来源于各种不同的因素，其中 R_{CH} 和漂移层电阻 R_{epi} 是主要贡献者。对于 R_{CH}，带入 SiC 的参数由式(9-3)计算，对于 R_{epi} 由式(9-23)计算。对 R_{epi} 与阻断电压的依赖性，可以用由 SiC 肖特基二极管推导的式(6-16)计算。

人们发现第一代 SiC MOSFET 的 R_{CH} 随着温度而降低，并发现沟道迁移率随着温度的增加而增加。这是由于表面状态下的库仑散射减少，但在最高温度下不超过 $16 cm^2/(V \cdot s)$。虽然沟道迁移率随温度升高而增加，但漂移区域中的迁移率降低，从而使得导通态电阻几乎与温度无关[Rum09]。

图 9-30 所示为早期两种市售 SiC MOSFET 的 R_{on} 测量曲线。据知最近 SiC MOSFET 的 R_{on} 随温度从 25℃ 到 125℃ 仅升高 25%。对于 Si MOSFET，R_{on} 通常在 25℃ 到 125℃ 之间会翻倍。这表明 R_{CH} 对总迁移率的贡献很大。

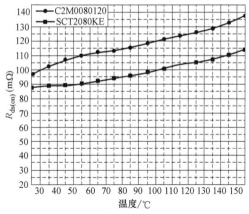

图 9-30　SiC MOSFET SCT2080KE(由 ROHM 制造)和 C2M0080120(由 Cree 制造)的通态电阻随温度增加的变化关系

（图片来自本章参考文献[Muh16]）

更进一步详细的分析，沟道迁移率 μ_{CH} 也由不同的影响来源构成，它们的影响可以用"马修森定律"描述(奥古斯马修森于 1864 年提出)，在给定情况下，定律可以写为[Uhn15]

$$\frac{1}{\mu_{CH}} = \frac{1}{\mu_{bulk}} + \frac{1}{\mu_C} + \frac{1}{\mu_{sr}} + \frac{1}{\mu_{sp}} \tag{9-40}$$

式中，μ_{bulk} 是体迁移率，即之前表示为 n 沟道 MOSFET 的 μ_n；μ_C 是由于表面态散射引起的迁移率；μ_{sr} 是由于表面粗糙度引起的迁移率；μ_{sp} 是由表面声子引起的迁移率。

在式（9-40）的结果中可以看到，具有最低迁移率的那一项影响最强。因为电荷陷阱的数量随着温度而降低，并且由于费米能级抬升导致电子增多，从而屏蔽了散射中心，所以 μ_C 随着温度的增加而大幅增加。此外，人们发现了 μ_C 对沟道处的掺杂 N_A 也有强烈的依赖性。对于 N_A 较低的 SiC MOSFET，μ_C 的贡献也会比较小。对于低 p 掺杂，报道的沟道迁移率高达 $70 cm^2/(V \cdot s)$，并且发现 μ_{CH} 随温度降低[Uhn15]。

在现代 SiC MOSFET 中，为了提高沟道电导率，除了沟道可以设计得很短之外，还做了一些别的努力，例如增加一个很薄的 n 掺杂层。

SiC MOSFET 的样片能够做到非常低的电阻，例如对于 1200V 电压的器件可以达到 $5 m\Omega \cdot cm^{2}$[Miu06] 和 $1.4 m\Omega \cdot cm^{2}$[Nak11]。然而，这些值仍远高于理论上 SiC 的可能最低限（见图 6-9）。目前大量的研究工作还正在进行中。SiC 沟槽 MOSFET 的结构如图 9-28 所示。

在沟槽 MOSFET 中（见图 9-31a），消除了电阻 R_a，然而，在外加高漏-源电压时，最高电场出现在沟槽底部的栅极氧化物处。在双沟槽 MOSFET 结构中（见图 9-31b），最高场的位置移动到更深的源沟槽的边缘。因此，栅极沟槽从高电场进行一定程度的扩展[Nak11]，可以防止栅极沟槽处的氧化物层过载或破坏。

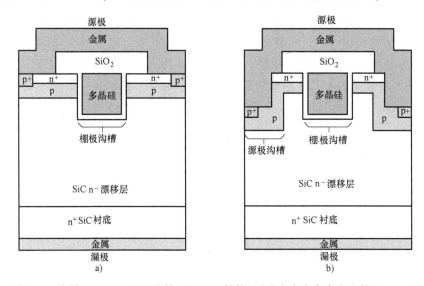

图 9-31　沟槽 MOSFET 和双沟槽 MOSFET 结构（图片来自本章参考文献[Nak11]）

影响 SiC MOSFET 可靠性的重要因素是栅极氧化物质量。Si 和 SiC 器件中常用的栅极氧化物材料是 SiO_2。在第一代 SiC MOSFET 中，由于氧化物厚度对沟道电阻有影响，相比 Si 功率 MOSFET 和 IGBT，SiC 器件的栅极氧化物更薄，参见式（9-1）和式（9-3）。在高电场下，Fowler-Nordheim 隧道描述了存在高电场[Fow28]的情况下在表面发射电子有助于介电击穿[Scd96]。Fowler-Nordheim 隧道电流在 SiC 中高于 Si[Gur08]。隧道电流取决于电介质中的电场和载流子的势垒高度,并与它们呈指数关系。该势垒高度主要由 SiC 和电介质之间的能带偏移决定。由于 SiC 至 SiO₂ 的能带偏移小于相对于 Si 的能带偏移,因此与具有相同电场氧化物的 Si MOS 器件相比,SiC MOS 器件的预期可靠性较低[Sin04]。此外,在 SiC 上的氧化物层中存在高密度的界面和近界面陷阱[Gur08]。

结果表明,SiC MOSFET 的有效寿命不是由氧化物寿命(所谓的本征失效)决定的,而是由制造工艺缺陷引起的非本征失效决定的。在本章参考文献[Bei16,Bei17]中报告的门极应力测试显示了几个非本征失效。通过对制造商们调查发现了主要不同之处,然而,它表明 SiC MOSFET 可能达到类似 IGBT 的栅氧化层可靠性,并且它们正在成为成熟和可靠的器件。通过智能屏蔽措施,可以获得与 Si MOSFET 或 IGBT 相同的低 ppm 比率的 SiC MOSFET[Lut18]。有效栅氧化物屏蔽层用厚得多的体氧化层实现,这个体氧化层是满足本征少子寿命目标通常所需的。

对 SiC MOSFET 的进一步的挑战就是阈值电压 V_T 的控制[Aga06]。特别是 V_T 会随着器件积累的应力移动,有可能足够厚的栅氧和适合的屏蔽工艺将使这种效应最小化。

9.12.3　SiC MOSFET 体二极管

改变 V_{DS} 的极性,使得 SiC MOSFET 的反向体二极管处于正向导通状态。然而,对于几个不同制造商的器件,其阈值电压并不是 SiC 中 pn 结所预期的在室温下约为 2.7V 的阈值电压,而是一个更低的值。实际上,当 $V_G = 0$(即源极电位)并且在体 pn 结两边有一个电压降时,在 p 区体内到 n-SiC 界面处会出现 V_G 的正电位。该效果与栅极到 p 区体内施加正电位的情况相同,从而可以形成反型沟道。这种效应已经在 Si MOSFET 中有所了解,见第 9.10 节和图 9-2。然而,由于 SiC pn 结的内建电压较高,因此,这一效应在 SiC 中更为明显。不同栅极电压下反向二极管的正向特性示例如图 9-32 所示。在沟道关断之前,必须在栅极施加-6V(RT)或

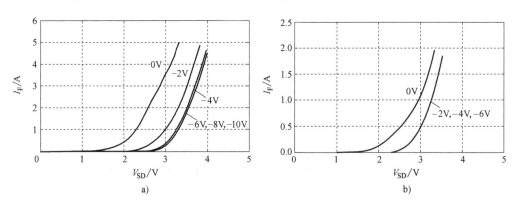

图 9-32　针对不同栅压的 SiC MOSFET 反向二极管的正向特性

a) 25℃时　b) 150℃时

−4V（150℃）负电压，并且 pn 结的阈值电压变得可见。

在最初的应用中，SiC 肖特基二极管反并联到 MOSFET。相比二极管章节中的介绍，越来越多的反向 MOSFET 二极管用于同步整流器模式。在该模式中，单极模式下反向电流由重要元件传导。但是，在关断前短路时，必须关闭沟道以避免相臂短路。图 9-32 显示，在此模式下，大部分电流流过沟道，这对开关特性是一个优势，参考 9.11 节。

9.13　GaN 横向功率晶体管

目前纵向 GaN 功率器件还没有出现，用作功率器件的所有 GaN 器件都是横向器件。它们的功能基于二维电子气，二维电子气连接源极和漏极并由栅极开关。

对于长度为 L 和宽度为 W 的横向电阻以及单位面积的电荷密度 G_{2DEG}，可以计算出来[比较式(9-3)]

$$R_{on} = \frac{L}{W\mu_{2DEG}qG_{2DEG}} = \frac{L}{W\mu_{2DEG}Q_{2DEG}} \tag{9-41}$$

用于 AlGaN/GaN 异质结构的 G_{2DEG} 可以高于 $10^{13}/cm^2$，μ_{2DEG} 可以高达 $2000cm^2/(V \cdot s)$。在横向器件中，横向电场形状在理想情况下是矩形的。然后保持击穿电压[Ued17]为

$$V_{BD} = E_c L_{GD} \tag{9-42}$$

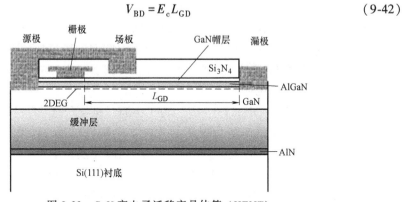

图 9-33　GaN 高电子迁移率晶体管（HEMT）

E_c 是临界场强，L_{GD} 是栅极和漏极之间的距离，如图 9-33 所示。对于式(9-41)中的长度 L，必须增加栅和源 L_{GS} 之间的距离，$L = L_{GD} + L_{GS}$。然后从式(9-41)与式(9-42)，可以导出 R_{on}[Ued17]为

$$R_{on} = \frac{L_{GS}}{W\mu_{2DEG}qG_{2DEG}} + \frac{V_{BD}}{WE_c\mu_{2DEG}qG_{2DEG}} \tag{9-43}$$

对于横向器件，性能通常由电阻乘以栅极宽度，即 $R_{on}W$ 来表示。对于阻断能力为 650V 的器件，最近的出版物中可以看到其值低至 $27\Omega \cdot mm$[Miy15]。单位面积

的电阻也取决于实现的结构细节，期望单位面积具有高沟道宽度 W。其结构排列成宽度很窄的条状，由于 GaN 中的高临界电场强度，横向延伸 L_{GD} 非常小，对于 650V 器件而言显著低于 $10\mu m$。与制造的硅横向器件相比，对相同的空间电荷，GaN 器件需要的表面积很小。L_{GS} 的长度现在已经低于 $1\mu m$，例如 $0.8\mu m$。因此，即使在横向器件中，GaN 也可以实现相对于管芯面积的高电流密度。就这种面积的器件电阻相比较而言，GaN 横向器件已经低达 $0.54\Omega \cdot mm^2$ [Miy15] 和 $0.66\Omega \cdot mm^2$ [Hil15]，远优于目前 650V 超结结构所实现的 $1\sim2\Omega \cdot mm^2$，如图 9-11 所示。

特别是与 Si 器件相比，GaN 器件的栅极电容要低得多，这使得其开关损耗降低并允许开关频率升高。经常使用的一个标准是乘积 $R_{on}Q_g$，其中

$$Q_g = C_{iss}(V_{Gon} - V_{Goff}) = (C_{GS} + C_{GD})(V_{Gon} - V_{Goff}) \tag{9-44}$$

由于栅极电容与 W 成比例，因此乘积 $R_{on}Q_g$ 相比 $R_{on}C_{iss}$ 与 W 无关；与 600V 电压范围内的最佳 Si MOSFET 相比，使用 GaN，$R_{on}Q_g$ 的尺寸缩小了十几倍。

如今发展出了两种主要结构。第一种是高电子迁移率晶体管(HEMT)，最初的器件是应用在微波方面，几十年前就用 $GaAs/Ga_{1-x}Al_xAs$ 异质结实现了 [Mim80]。利用 MOCVD 在蓝宝石衬底上沉积 GaN 的方法出现之后，使得 AlGaN/GaN 基 HEMT 成为可能。AlGaN/GaN 异质结构中的高极化导致二维电子气(2DEG)中的高电荷密度，参见 4.11 节。如今，大功率应用中的 HEMT 是在 Si 或 SiC 衬底上制造的。作为 Si 衬底上的功率器件 HEMT 的基本结构如图 9-33 所示。

本章参考文献 [Sai03] 报道过可以实现 600V 的阻断电压，并且可以开关高达 $850A/cm^2$ 的电流。在阻断模式中，电场横向展开在 L_{GD} 上，如图 9-33 所示。在本章参考文献 [Sai03] 中，L_{GD} 仅为 $10\mu m$，在最近的结构中它甚至可以更短。图 9-33 顶部的场板从源极到漏极方向扩展电场，功能类似于图 4-25 中的场板。除此之外，也有应用多级场板的情况 [DeS16]。

同时市场上有 600V HEMT [Hon15]。为了中断二维电子气的导电性，在耗尽型 HEMT 的情况下必须施加负栅极电压。该器件为常开特性。正如在典型的电力电子电压源变换器中优选应用，为实现常关特性，HEMT 器件要与低压 Si MOSFET 结合成级联配置，如图 9-34 所示。这种级联与图 9-27 所示的 SiC JFET 级联配置类似，其作用方式与 9.12.1 节中所述的相同。

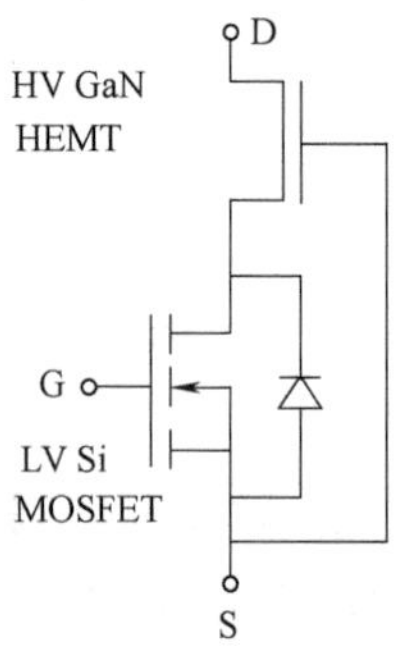

利用这种配置，当正栅极电压施加到 MOSFET 时，在 GaN HEMT 处，栅极电压降等于低压 Si MOSFET 的漏极和源极之间的电压降，为了避免损耗，其值必须足够小。因此，只需要在 HEMT 的栅极处施加相对较低的正栅极电压。

图 9-34　GaN HEMT 和 Si MOSFET 的级联结构

长期以来，GaN 器件在雪崩击穿时缺乏电流承受能力。2015 年，报道了具有雪崩能力的 HEMT 器件 [Liu15]。

作为第二种主要类型，可以使用常关 600V 栅极注入晶体管（Gate Injection Transistor，GIT）[Mor14,Ish15]，其基本结构如图 9-35 所示。

GIT 首先由本章参考文献 [Uem07] 提出。它的特点是在未掺杂的 AlGaN/GaN 异质结构上形成 p-AlGaN 栅极，如图 9-35 所示。p-Al-GaN 提升了沟道的电位，实现了常关操作。在 0V 的栅极电压下，栅极下方的沟道完全耗尽，没有漏极电流流过。在阈值电压 V_T 和 pn 结

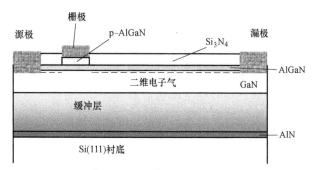

图 9-35　栅极注入晶体管（GIT），$V_G = 0V$ 时

的正向内建电压 V_{bi} 之间的栅极电压处，二维电子气体被恢复并且 GIT 当作场效应晶体管工作。栅极电压的进一步增加超过 V_{bi}，导致从 p-AlGaN 到沟道的空穴注入。

注入的空穴累积，从源极流出的等量的电子，以维持沟道处的电中性。累积的电子通过具有高迁移率的漏极偏置移动，而注入的空穴保持在栅极周围，因为空穴迁移率比电子的迁移率低至少两个数量级。这种局部电导调制导致漏极电流增加 [Uem07]。在 g_{fs}-V_G 特性中，这发生在第二个峰值处，如图 9-36 所示。然而，由于这些空穴对电流传输没有贡献，因此 GIT 不被视为双极至器件。正栅极电压通常限制在 5V，以保持注入栅极电流低于 $10\mu A/mm$ [Hil15]。

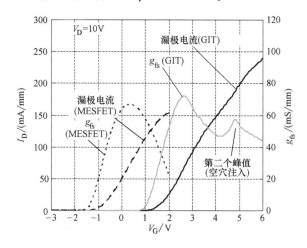

图 9-36　制造的 GIT 和 MESFET（金属半导体场效应晶体管）的 I_D-V_G 和

g_m-V_G 特性，GIT 显示出具有两个峰值的特殊跨导特性

（图片来源于本章参考文献 [Uem07]）

GIT 的栅极阈值电压通常仅在 1~1.2V 的范围内。在具有高电磁噪声的应用中，这种具有低 V_T 的情况需要考虑的问题是关于误开通，这种误开通会导致变换器相臂中的短路。通过在栅极驱动处引入负栅极电压，GIT 可以在没有直通电流的变换器桥中工作[Mor14]。

常关(增强模式)GaN HEMT 的其他概念如图 9-37 所示。图 9-37a 画出了"凹陷栅极"结构，其中 Al-GaN 层的厚度减小。阈值电压变为正，但通常低于 1V。在图 9-37b 中，采用了额外的绝缘层，导致栅极漏电流减小。已经报道的不同的绝缘体氧化物如 Al_2O_3 或 HfO_2 都是可以用的[Hil15]。图 9-37c 显示了 GaN 金属绝缘层半导体场效应晶体管（Metal Insulator Semiconductor Field Effect Transistor, MISFET）。全栅极凹陷穿过 AlGaN 势垒。绝缘层可以由 SiO_2[Wür15] 或第二薄氮化硅层组成，在 [Hua17] 中，应用了额外的氧化 GaN 界面保护层。在栅极电压为正时，在栅极下方的低导电 GaN 层中产生电子累积，产生横向导电性。

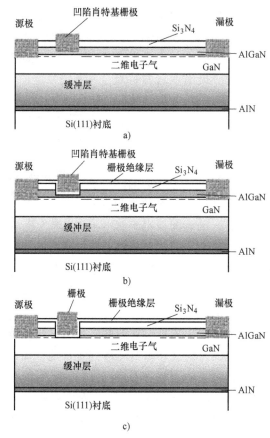

图 9-37　增强型 GaN 器件的结构
a) 凹陷肖特基栅极
b) 具有附加栅极绝缘层的凹陷肖特基栅极
c) GaN MISEFT（图片来自本章参考文献[Wür15]）

实现增强模式的另一种方法是在栅极下方的 AlGaN 层中注入氟，如图 9-38 所示。由于Ⅶ族元素氟(符号 F)在所有化学元素中具有很强的电负性，因此间隙位置

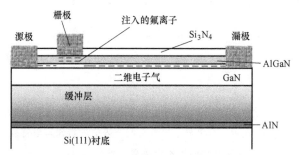

图 9-38　GaN HEMT 在栅极下方带有带负电荷的氟离子

处的单个 F 原子倾向于捕获自由电子并变成负的固定电荷。这些固定负电荷在 $V_G =$ 0V 时[Che17]耗尽了沟道中的二维电子气（2DEG）。要恢复 2DEG，需要加正栅极电压，阈值电压可以达到 +3V[Wür15]。F⁻ 引入可以与图 9-37 中所示的方法组合，例如，使用第二层 SiN$_x$ 薄膜等作为栅极绝缘层，以减小栅极漏电流。通过这种组合，在本章参考文献[Che17]中实现了 +3.6V 的阈值电压。

常关型器件适用于电力电子应用，有各种不同的使用方法及不同的概念，也没有明确规定特定的技术，方法如图 9-35、图 9-37 和图 9-38 所示，也可以组合使用。所需的是高阈值电压(>+3V)和低栅极漏电流[Wür15]，这些在研究和开发方面已经进行了大量的工作。

所有横向 GaN 器件的问题都是所谓的电流崩塌，这是在施加阻断电压之后 2DEG 电导率的暂时降低。它导致电流能力 I_{Dsat} 下降。功率器件通常不以线性模式工作，但是 2DEG 电导率降低的效果也会导致通态电阻 R_{on} 增加。如果发生退饱和，则该器件可能不再能够承载所施加的电流，因此命名为电流崩塌。最近，"动态 R_{on}"这一命名经常被用于这种现象，效果如图 9-39 所示。

动态 R_{on} 的影响是可逆的，它在很大程度上取决于导通前施加的阻断电压值和负电压的时间间隔。对于高开关频率，阻断时间间隔很短并且影响较小。

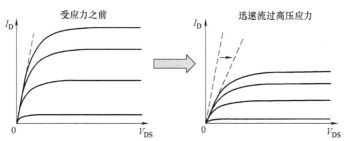

图 9-39 示例分别说明 GaN 器件的电流崩塌相和动态 R_{on}

（图片来自 S. Sque，恩智浦半导体[Squ13]）

关于其解释，必须考虑 Si 衬底（图 9-33、图 9-35、图 9-37、图 9-38）通常与源电极处于相同的电位。因此施加的电压在垂直层上以相同的方式存在。纵向阻断能力在 Si 上的 GaN 外延晶片中规定为 1000V[EPI16]。漏电流的一部分将在衬底和漏极之间流动。

两种解释如下：

1）在阻断状态下，来自栅极的电子被注入栅极旁边的陷阱态。在受到应力之后处于导通态，被俘获的电子的作用就像一个负偏置的栅极。2DEG 部分耗尽导致 R_{on} 增加。依赖于时间的负电荷退出陷阱并恢复 2DEG 电流能力。

2）在阻断状态下，Si 衬底通常与源电极处于相同的电位。因此，施加的电压也跨越垂直层。漏电流的一部分将在衬底和漏极之间流动，电子在体内被捕获形成负电荷态，被捕获的电子部分消耗了上面的 2DEG。在电子退出陷阱之后，2DEG

电流能力被恢复。

为改善特性，人们做了大量工作。似乎主要影响是来自衬底的漏电流产生的负电荷：GIT 的有效方法已经有所报道，也就是所谓的混合漏极嵌入式 GIT，即 HD-GIT。其特征是在漏极附近形成另外的 p-GaN 区域，如图 9-40 所示[Kan15]。该 p-GaN 区域通过互连金属层连接到漏电极。在关断状态下来自 p-GaN 的注入空穴有效地释放被捕获的电子，从而完全消除了电流崩塌。为了避免 p-GaN 区域下 2DEG 耗尽，可以

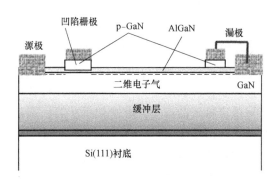

图 9-40　混合漏极嵌入式 GIT(HD-GIT)。在 HD-GIT 中引入 p-GaN 漏极和凹陷栅极结构(图片来源于本章参考文献[Kan15])

采用较厚的 i-AlGaN 层，并在栅极处应用凹陷的栅极结构，比较图 9-37a。

GaN 器件技术仍处于发展的早期阶段。这些器件与 650V 及以上的 Si 超结器件形成竞争。预计 GaN 的主要应用领域是电压低于 1000V 的区域。寄生电容 C_{GS} 和 C_{GD}(总结为 C_{iss})与超级结器件[Hil15]相比要小得多，从而实现更高的开关斜率和更高的开关频率(超过 1MHz)。因此，这些器件可以使电力电子变换器变得非常紧凑和高效。但是，在工业应用和电动汽车中应用的可靠性还需要得到证明。

9.14　GaN 纵向功率晶体管

作为一种有前途的 GaN 纵向器件，电流通孔纵向电子晶体管(Current Aperture Vertical Electron Transistor，CAVET)在本章参考文献[Cho13]中有描述，其结构如图 9-41 所示。

AlGaN/GaN 界面处的水平高迁移率电子沟道位于栅电极之外的区域。纵向 GaN 漂移区排布宽度为 L_{ap} 的通孔。埋层电流阻挡层，在图 9-41 中表示为 CBL，由 p 掺杂 GaN 组成。由于该结构在垂直方向上维持电压，因此较小的芯片面积就可以实现高阻断电压。

然而，纵向 GaN 器件的发展还处于初期阶段。目前实现的器

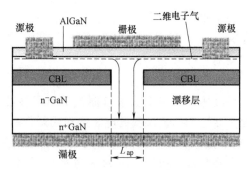

图 9-41　用 GaN 制造的混合电流通孔纵向电子晶体管(CAVET)(图片来自本章参考文献[Cho13])

件可达到 200 ~ 300V，具有偏高的漏电流。器件为常开型并需要负栅极电压来阻断[Cho13]。然而，由于 GaN 的材料特性，纵向 GaN 器件有希望作为功率器件。

9.15　展望

MOSFET 是一种单极型器件，在正向方向上不会出现"拐点"，即阈值正向电压。MOSFET 有很多优点：容易控制并且仅需要很低的功率。可通过栅极电阻调节开关斜率。MOSFET 关断时不存在拖尾电流，这一点与 IGBT 不同，MOSFET 还具有较小的开关损耗，因此能够实现高频开关。此外，它不会短路并拥有矩形安全工作区。

因此，如果可能的话，则 MOSFET 将得到广泛的应用。MOSFET 可以毫无问题地相互并联，也可以相互串联。对于不计成本且需要快速开关特性的大功率应用（50kV，几千安），都可以通过 MOSFET 的串并联实现。

不过，特性欠佳的反并联二极管是 Si-MOSFET 的一个短处。

当需要设计更大的阻断电压时，MOSFET 电阻 R_{on} 将大幅上升。对于不存在这种关系的超结概念的引入，代表着未来的发展方向。如今，已经有了 600 ~ 900V 的超结 MOSFET，理论上甚至可能达到 1000V。然而，随着电压上升，技术难度将会激增。因此，高电压应用现在仍是双极型器件占统治地位。

600V 以内的超结 MOSFET，其单位面积 R_{on} 在未来几代产品中有望得到进一步降低。

在低压范围内（<100V），沟槽技术会使通态阻抗 R_{on} 下降。微电子未来的发展方向将是制作更精细的结构，这样就能够实现更高的单元密度，这将进一步减少通态损耗。同时，降低电容所采取的措施也将减少开关损耗。

SiC 场控器件已经出现。由于非常薄的漂移区及可能的高掺杂基区的存在，它们能获得更低的电阻 R_{epi}，如图 6-8 所示。它们将单极场控器件的电压范围扩展到 1000V 以上，甚至可能达到几千伏。即使在 1000V 以下，因为 SiC MOSFET 器件具有更低的 R_{on}，它们仍可以与硅器件形成竞争。目前已经宣布了 3.3kV 的 SiC MOSFET，10kV 及更高的 SiC MOSFET 正在研发中。

在低于 1000V 的电压范围内，横向 GaN 晶体管与 Si MOSFET 形成竞争。使用 GaN 可以实现低开关损耗，并且与 Si MOSFET 相比，实现了 $R_{on}Q_g$ 下降 10 倍。因此，GaN 器件对于高频应用非常有吸引力。今天人们已经做了很多努力来研究其在工业应用和电动汽车应用中的可靠性。

参 考 文 献

[Aga06]　Agarwal, A., Ryu, S.H.: Status of SiC power devices and manufacturing issues. In: CS MANTECH Conference, pp. 215–218. Vancouver, Canada, 24–27 Apr 2006

[Bei16]   Beier-Möbius, M., Lutz, J.: Breakdown of gate oxide of 1.2 kV SiC-MOSFETs under high temperature and high gate voltage. In: Proceedings of the PCIM Europe, Nuremberg (2016)

[Bei17]   Beier-Möbius, M., Lutz, J.: Breakdown of gate oxide of SiC-MOSFETs and Si-IGBTs under high temperature and high gate voltage. In: Proceedings of the PCIM Europe, Nuremberg (2017)

[Bel05]   Belverde, G., Magri, A., Melito, M., Musumeci, S., Pagano, R., Raciti, A.: Efficiency improvement of synchronous buck converters by integration of Schottky diodes in low-voltage MOSFETs. In: Proceedings of the IEEE ISIE, pp. 429–434 (2005)

[Cal04]   Calafut, D., Trench power MOSFET lowside switch with optimized integrated Schottky diode. In: Proceedings of the International Symposium on Power Semiconductor Devices & ICs, pp. 397–400 (2004)

[Cha16]   Chang, M.-H., Rutter, P.: Optimizing the trade-off between the $R_{DS(on)}$ of power MOSFETs and linear mode perfomance by local modification of MOSFET gain. In: Proceedings of the 28th ISPSD, pp. 379–382. Prague, Czech Republic (2016)

[Che01]   Chen, X.-B., Sin, J.K.O.: Optimisation of the specific on-resistance of the COOLMOS. IEEE Trans. Electron Device **48**(2), 344–348 (2001)

[Che05]   Chen, Y., Liang, Y., Samudra, G.: Theoretical analyses of oxide-bypassed superjunction power metal oxide semiconductor field effect transistor devices. Jpn. J. Appl. Phys. **44**(2), 847–856 (2005)

[Che17]   Chen, K.J: Fluorine-implanted enhancement-mode transistors. In: Meneghini, M., Meneghesso, G., Zanoni, E. (eds.) Power GaN Devices – Materials, Applications and Reliability. Springer, Switzerland (2017)

[Cho13]   Chowdhury, S., Swenson, B.L., Wong, M.H., Mishra, U.K.: Current status and scope of gallium nitride-based vertical transistors for high-power electronics application. Semicond. Sci. Technol. **28**, 074014 (2013)

[Col79]   Collins, H.W., Pelly, B.: HEXFET, a new power technology cuts on-resistance boosts rating. Electron. Des. **17**, 36 (1979)

[Deb98]   Deboy, G., März, M., Stengl, J.P., Sack, H., Tihanyi, J., Weber, H.: A new generation of high voltage MOSFETs breaks the limit line of silicon. In: Proceedings of IEDM, pp. 683–685 (1998)

[DeS16]   De Santi C.: Field- and time-dependent degradation of power gallium nitride (GaN) high electron mobility transistors (HEMTs). In: Tutorial ESREF, Halle (2016)

[Dol04]   Dolny, G.M., Sapp, S., Elbanhaway, A., Wheatley, C.F.: The influence of body effect and threshold voltage reduction on trench MOSFET body diode characteristics. In: Proceedings ISPSD, pp. 217–220. Kitakyushu (2004)

[EPI16]   EPIGAN Data sheet HV 650

[Fow28]   Fowler, R.H., Nordheim, L.: Electron emission in intense electric fields. Proc. R. Soc. Lond. Ser. A **119**, 173 (1928)

[Gra89]   Grant, D.A., Gowar, J.: Power MOSFETS – Theory and Application. Wiley, New York (1989)

[Gur08]   Gurfinkel, M., et al.: Time-dependent dielectric breakdown of 4H-SiC/SiO$_2$ MOS capacitors. IEEE Trans. Device Mater. Reliab. **8**(4), 635–641 (2008)

[Hil15]   Hilt, O., Bahat-Treidela, E., Knauer, A., Brunner, F., Zhytnytska, R., Würfl, J.: High-voltage normally OFF GaN power transistors on SiC and Si substrates. MRS Bull. **40**(05), 418–424 (2015)

[Hof63]   Hofstein, S.R., Heiman, F.P.: The silicon insulated-gate field-effect transistor. Proc. IEEE **51**(9), 1190–1202 (1963)

[Hon15]   Honea, J., Zhan Wang, Z., Wu, Y.: Design and implementation of a high-efficiency three-level inverter using GaN HEMTs. In: Proceedings of the PCIM Europe, pp. 486–492 (2015)

[Hua17]   Hua, M., Zhang, Z., Qian, Q., Wei, J., Bao, Q., Tang, G., Chen, K.J.: High-performance fully-recessed enhancement-mode GaN MIS-FETs with crystalline oxide interlayer. In: Proceedings of the 29th ISPSD, pp. 89–92. Sapporo (2017)

[Ima04]　Imaizumi, M., Tarui, Y.: 2 kV Breakdown voltage SiC MOSFET technology. Mitsubishi Electric R&D Progress Report, March 2004. http://global. mitsubishielectric.com/pdf/advance/vol105/08_RD1.pdf (2004)

[Ish15]　Ishida, M., Ueda, T.: GaN-based gate injection transistors for power switching applications. In: Japan-EU Symposium on Power Electronics. Tokyo, 15–16 Dec 2015

[Kan15]　Kaneko, S., Kuroda, M., Yanagihara, M., Ikoshi, A., Okita, H., Morita, T., Tanaka, K., Hikita, M., Uemoto, Y., Takahashi, S., Ueda, T.: Current-collapse-free operations up to 850 V by GaN-GIT utilizing hole injection from drain. In: Proceedings of the 27th ISPSD, Hong Kong (2015)

[Kon06]　Kondekar, P.N., Oh, H., Kim, Y.B.: Study of the degradation of the breakdown voltage of a super-junction power MOSFET due to charge imbalance. J. Korean Phys. Soc. **48** (4), 624–630 (2006)

[Lee82]　Lee, H.G., Oh, S.Y., Fuller, G.: A simple and accurate method to measure the threshold voltage of an enhancement-mode MOSFET. IEEE Trans. Electron Devices 29(2), 346–348 (1982)

[Lia01]　Liang, Y., Gan, K., Samudra, G.: Oxide-bypassed VDMOS (OBVDMOS). An alternative to superjunction high voltage MOS power devices. IEEE Electron Device Lett. **22**, 407–409 (2001)

[Lid79]　Lidow, A., Herman, T., Collins, H.W.: Power MOSFET technology. In: 1979 International Electron Devices Meeting, vol. 25, pp. 79–83 (1979)

[Liu15]　Liu, C., Salih, A., Padmanabhan B., Jeon, W., Moens, P., Tack, M., Debacker E.: Development of 650v cascode GaN technology. In: Proceedings of the PCIM Europe, pp. 994–1001 (2015)

[Lor99]　Lorenz, L., März, M.: CoolMOS^{TM} – a new approach towards high efficiency power supplies. In: Proceedings of the 39th PCIM, pp. 25–33. Nuremberg (1999)

[Lut18]　Lutz, J., Aichinger, T., Rupp, R.: Reliability evaluation. In: Suganuma, K. (ed.) Wide Bandgap Power Semiconductor Packaging: Materials, Components, and Reliability. Woodhead Publishing, Elsevier (2018) (in preparation)

[Mic03]　Michel, M.: Leistungselektronik, 3rd edn. Springer, Berlin (2003)

[Mim80]　Mimura, T., Hiyamizu, S., Fujii, T., Nanbu, K.: A new field-effect transistor with selectively doped GaAs/n-Al$_x$Ga$_{1-x}$As heterojunctions. Jpn. J. Appl. Phys. **19**(5), L225–L227 (1980)

[Mit99]　Mitlehner, H., Bartsch, W., Dohnke, K.O., Friedrichs, P., Kaltschmidt, R., Weinert, U., Weis, B., Stephani, D.: Dynamic characteristics of high voltage 4H-SiC vertical JFETs. In: Proceedings of the 11th ISPSD, pp. 339–342 (1999)

[Miu06]　Miura, N., et al.: Successful development of 1.2 kV 4H-SiC MOSFETs with the Very low on-resistance of 5 mΩcm^2. In: Proceedings of the 18th ISPSD, Naples, Italy (2006)

[Miy15]　Miyamoto, H., et al.: Enhancement-mode GaN-on-Si MOS-FET using Au-free Si process and its operation in PFC system with high-efficiency. In: Proceedings of the 27th ISPSD, pp. 209–212. Honkong (2015)

[Mor14]　Morita, T., Tanaka, K., Ujita, S., Ishida, M., Uemoto, Y., Ueda, T.: Recent progress in gate injection technology based GaN power devices. In: Proceedings of the ISPS, Prague, pp 34–37 (2014)

[Muh16]　Muhsen, H.: Ph.D. thesis, Chemnitz University of Technolgy (2017)

[Nak11]　Nakamura, T., Nakano, Y., Aketa, M., Nakamura, R., Mitani, S., Sakairi, H., Yokotsuji, Y.: High performance SiC trench devices with ultra-low ron. In: IEEE International Electron Devices Meeting (IEDM) (2011)

[Nic00]　Nicolai, U., Reimann, T., Petzoldt, J., Lutz. J.: Application Manual Power Modules. Semikron, ISLE Verlag, Ilmenau (2000)

[Paw08]　Pawel, I., Siemieniec, R., Born, M.: Theoretical evaluation of maximum doping concentration, breakdown voltage and on-state resistance of field-plate compensated devices. In: Proceedings of ISPS'08, Prague (2008)

[Pol07]　Polenov, D., Lutz, J., Pröbstle, H., Brösse, A.: Influence of parasitic inductances on transient current sharing in parallel connected synchronous rectifiers and Schottky-Barrier diodes. IET Circ. Devices Syst. **1**(5), 387–394 (2007)

[Rum09] Rumyantsev, S., Shur, M., Levinshtein, M., Ivanov, P., Palmour, J., Agarwal, A., Hull, B., Ryu, S.H.: Channel mobility and on-resistance of vertical double implanted 4H-SiC MOSFETs at elevated temperatures. Semicond. Sci. Technol. **24**(7), 075011 (2009)

[Ryu06] Ryu, S.H., et al.: 10 kV, 5A 4H-SiC Power DMOSFET. In: Proceedings of the 18th ISPSD, Naples, Italy (2006)

[Sai03] Saito, W., Takada, Y., Kuraguchi, M., Tsuda, K., Omura, I., Ohashi, H.: High breakdown voltage AlGaN/GaN power-HEMT design and high current density switching behavior. IEEE Trans. Electron Devices **50**(12), 2528–2531 (2003)

[Scd96] Schlund, B., et al.: A new physic-based model for time-dependent-dielectric-breakdown. In: Proceedings of the International Reliability Physics Symposium, pp. 84–92 (1996)

[She90] Shenai, K., Baliga, B.J.: Monolithically integrated power MOSFET and Schottky diode with improved reverse recovery characteristics. IEEE Trans. Electron Devices **37**(3), 1167–1169 (1990)

[Sie06c] Siemieniec, R., Hirler, F., Schlögl, A., Rösch, M., Soufi-Amlashi, N., Ropohl, J., Hiller, U.: A new fast and rugged 100 V power MOSFET. In: Proceedings of EPE-PEMC, Portoroz, Slovenia (2006)

[Sie12] Siemieniec, R., Nöbauer, G., Domes, D.: Stability and performance analysis of a SiC-based cascode switch and an alternative solution. Microelectron. Reliab. **52**, 509–518 (2012)

[Sin04] Singh, R., Hefner, A.R.: Reliability of SiC MOS devices. Solid-State Electron. **48**, 1717–1720 (2004)

[Sod99] Sodhi, R., Malik, R., Asselanis, D., Kinzer, D.: High-density ultra-low R_{dson} 30 volt N-channel trench FETs for DC/DC converter applications. In: Proceedings of ISPSD'99, pp. 307–310 (1999)

[Spi02] Spirito, P., Breglio, G., d'Alessandro, V., Rinaldi, N.: Thermal instabilities in high current power MOS devices: experimental evidence, electro-thermal simulations and analytical modeling. In: Proceedings of the 23rd International Conference on Microelectronics (MIEL), pp. 23–30. Serbia, Europe (2002)

[Squ13] Sque, S.: High-voltage GaN-HEMT devices, simulation and modelling. In: Tutorial at ESSDERC, Bucharest (2013)

[Ste92] Stengl, J.P., Tihanyi, J.: Leistungs-MOSFET-Praxis. Pflaum-Verlag, München (1992)

[Sze81] Sze, S.M., Physics of semiconductor devices. Wiley, New York (1981)

[Ued17] Ueda, D.: Properties and advantages of gallium nitride. In: Meneghini, M., Meneghesso, G., Zanoni, E.: Power GaN Devices – Materials, Applications and Reliability. Springer, Switzerland (2017)

[Uem07] Uemoto, Y., et al.: Gate injection transistor (GIT) – a normally-off AlGaN/GaN power transistor using conductivity modulation. IEEE Trans. Electron Devices **54**(12), 3393–3399 (2007)

[Uhn15] Uhnevionak, B., Burenkov, S., Strenger, C., Ortiz, G., Bedel-Pereira, E., Mortet, V., Cristiano, F., Bauer, A.J., Pichler, P.: Comprehensive study of the electron scattering mechanisms in 4H-SiC MOSFETs. IEEE Trans. Electron Devices **62**(8), 2562–2570 (2015)

[Wil17] Williams, R.K., Darwish, M.N., Blanchard, R.A., Siemieniec, R., Rutter, P., Kawaguchi, Y.: The trench power MOSFET – part II: application specific VDMOS, LDMOS, packaging, and reliability. IEEE Trans. Electron Devices **64**(3), 692–712 (2017)

[Wür15] Würfl, J.: GaN power switching transistors: survey on device concepts and technology. In: Tutorial GaN Based Power Electronics, Organized by Oliver Häberlen, 45th European Solid-State Device Research Conference ESSDERC (2015)

[Zen00] Zeng, J., Wheatley, C.F., Stokes, R., Kocon, C., Benczkowski, S.: Optimization of the body-diode of power MOSFETs for high efficiency synchronous rectification. In: Proceedings of the ISPSD, pp. 145–148 (2000)

[Zin01] Zingg, R.P.: New benchmark for RESURF, SOI, and super-junction power devices. In: Proceedings of the ISPSD, pp. 343–346. Osaka (2001)

第 10 章　IGBT

10.1　功能模式

为了使双极器件高电流密度的特点与 MOSFET 电压控制的特性结合起来，人们进行了大量的工作。早期的工作试图将晶闸管相关结构与 MOS 栅控相结合。然而，基于晶体管的器件赢得了这场比赛。来自加利福尼亚州斯坦福大学的 Plummer 和 Scharf[Plu80,Scf78]致力于研究平面 MOS 控制的 TRIAC，他们讨论了中间双极状态，这是趋于晶闸管模式之前的一个阶段。他们甚至提到了具有更好导电特性的拐点，并且给出了类 IGBT 的 I-V 特性的测试方法，然而，其最终目标是晶闸管模式。绝缘栅双极型晶体管（IGBT）由美国 RCA 公司的 F. Wheatley 和 H. Becke 在美国发明[Bec80]。该专利明确指出"虽然这形成了四层器件，但是四个半导体区域的导电性和几何形状是可控的，以便不形成再生晶闸管"。1982 年，该专利发布的同一年，来自 GE 的 Baliga 等人报道了使用离散纵向 IGBT 器件的第一次实验演示[Bal82]。其电流密度具有比 MOSFET 高 10 倍的优势，与双极晶体管相比高两倍。还有来自 RCA 的 Russel 等人提交的论文描述了 1982 年底的 IGBT[Rus83]。IGBT 最初被称为 COMFET（电导率调制 FET）[Rog88,Rus83]，也曾使用术语 IGT（绝缘栅晶体管）[Bal83]。关于 IGBT 的第一个故事的报道出现在本章参考文献[She15]中。在本章参考文献[Iwa17]中描述了形成成熟器件的技术细节。

这引发了几个研究小组在新器件上进行了大量的工作。来自东芝的 Nakagawa 和 Ohashi 展示了第一款 1200V 器件[Nak84]。大约 10 年后，日本和欧洲的制造商在市场上推出了 IGBT。在很短的时间内，IGBT 在应用中获得了越来越大的份额，并且它们取代了以前使用的双极功率晶体管，而现在甚至会取代高功率范围内的 GTO 晶闸管。

在第一次粗略的方案中，IGBT 其实是一个漏端的 n^+ 层被 p 层所替代的 MOS-FET。IGBT 结构如图 10-1 所示。

集电极和发射极的符号取自双极型器件，这样阳极（集电极）和阴极（发射极）也能讲得通。

如果在 IGBT 的集电极 C 和发射极 E 之间施加正向电压，那么器件呈阻断状态。如果现在在栅极和发射极之间施加一个高于阈值电压 V_T 的电压 V_G，就形成 n 沟道，电子流向集电极（见图 10-1）。在集电极端的 pn 结产生正向电压，空穴从集电极 p 层注入低掺杂的中间层。注入的空穴导致荷电载流子浓度的增加；所增加的载流子浓度降低了中间层的电阻，并且引起了中间层的电导率调制效应。与 MOSFET 类似，IGBT 也是通过施加栅极电压控制 n 沟道的形成和消除来达到导通和关断的目的。关于阈值电压和沟道电阻同样与第 9 章所述的 MOSFET 类似。

图 10-1 和图 10-2 表示一个类似于晶闸管的 pnpn 结构；然而晶闸管功能完全被高电导发射极短路电阻 R_S 消除了，R_S 是由元胞中心的高掺杂 p^+ 层形成的[Nak84]。图 10-2b 为该四层结构的等效电路。npn 和 pnp 两个子晶体管形成了一个寄生的晶闸管结构。npn 子晶体管的发射极和基极之间通过电阻 R_s 短路。有了这个电阻，npn 晶体管在小电流时的电流增益被消除。但是在大电流时，npn 晶体管可被激活，通过 pnp 子晶体管，寄生晶闸管可被触发进入具有内部反馈回路的通态模式。这个效应被称为闩锁；该器件不再受 MOS 栅极控制。寄生晶闸管的闩锁对 IG-BT 是一个破坏性的效应。

对足够低的电阻 R_S，npn 子晶体管可被忽略，简化电路如图 10-2c 所示。这也是理解 IGBT 最重要的等效电路。pnp 晶体管的端子分别用 C′，E′和 B′表示。IGBT 的集电极 C 即为 pnp 晶体管的发射极 E′。就 IGBT 的物理特性而言，它就是一个发射极。

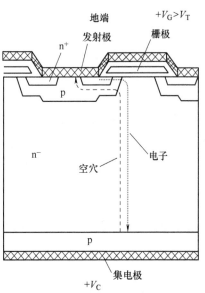

图 10-1　IGBT 导通状态下($V_G > V_T$)电子和空穴电流

当栅极电压 V_G 高于阈值电压时沟道形成；沟道电流 I_{CH} 流过 pnp 晶体管的基极端。令 C′端的电流为 $I_{C'}$，那么 $I_{C'} = \beta_{pnp} I_{CH}$，又由双极型晶体管章节提到的关系式 $\alpha = \beta/(\beta + 1)$ 可知

$$I_{C'} = \frac{\alpha_{pnp}}{1 - \alpha_{pnp}} I_{CH} \tag{10-1}$$

则有 IGBT 的集电极电流为

$$
\begin{aligned}
I_C &= I_{C'} + I_{CH} \\
&= \frac{\alpha_{pnp}}{1 - \alpha_{pnp}} I_{CH} + I_{CH} \\
&= \frac{1}{1 - \alpha_{pnp}} I_{CH} \tag{10-2}
\end{aligned}
$$

因此可知，IGBT 的集电极电流总是比沟道电流要高。IGBT 的饱和电流也比

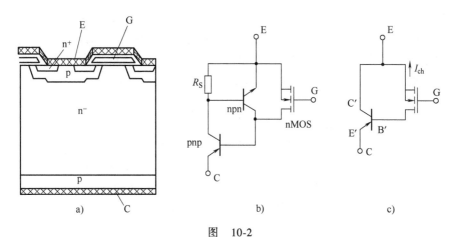

图　10-2

a) IGBT 简化结构　b) 含有寄生 npn 晶体管和电阻 R_S 的等效电路

c) 简化后的等效电路

MOSFET 的饱和电流要高出许多。由式(9-4)定义的 MOSFET 的沟道电导率系数 κ 可以得到 IGBT 的饱和电流为

$$I_{Csat} = \frac{1}{1 - \alpha_{pnp}} \frac{\kappa}{2} (V_G - V_T)^2 \tag{10-3}$$

然而，α_{pnp} 不可调得过高，为了应对不同的要求，α_{pnp} 应该精确调整。闩锁所需的电流须足够高，以使应用中不会出现闩锁。为了达到这个值，在 IGBT 的设计过程中采取了各种各样的措施，将会在下文中进行介绍。

10.2　IGBT 的 *I-V* 特性

IGBT 的正向 *I-V* 特性如图 10-3 所示。其特性与 MOSFET 相似。

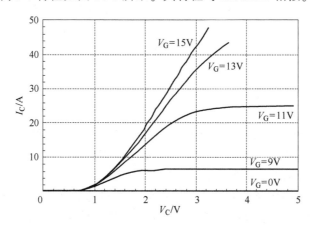

图 10-3　20A/600V IGBT 的 *I-V* 特性曲线

当栅极电压 V_G 比阈值电压 V_T 高时，沟道导通。与 MOSFET 不同的是 IGBT 在集电极一侧存在一个 pn 结的结电压。IGBT 通常用作功率器件时是工作在饱和区的，类似于 MOSFET 和双极型晶体管一样。工作点在 $V_G = 15V$ 的特征曲线分支上。在这个分支的状态下工作，当电流 I_C 给定时，就能读出产生的压降 V_C。

图 10-4 是 $V_G = 15V$ 时，$I_B = 2.5A$ 的高驱动下 IGBT 与双极型晶体管特性曲线的对比图。这两个模式都是指 600V 的情况，并且存在一个可比较的区域。在 IGBT 的特性下反向 pn 结所引起的阈值电压是可识别的。低电流密度下由于没有达到阈值电压，双极型晶体管会产生下限压降。然而，在 14A 型以上的高电流密度下，IGBT 的正向电压比双极型晶体管要小得多。所示的 IGBT 的额定电流为 20A；但是尽管在高基极电流下，双极型晶体管达不到这个电流水平。

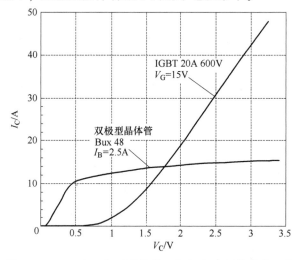

图 10-4   IGBT 和双极型晶体管正向电流-电压特性的比较

对更高电压范围内的功率器件进行比较，将会有更大的差异。尤其是 IGBT 也可以为高电压而设计；它并不像 MOSFET 和双极型晶体管一样受物理机理的限制。这将在以下的内容中做出更加详细的讲解。与此同时，高达 8kV 的 IGBT 已经生产出来[Rah02]；2016 年高达 6.5kV 的产品已经商业化。

10.3   IGBT 的开关特性

用如图 10-5 所示的感性负载电路可以测试 IGBT 的开关特性。该负载的时间常数 $\tau = L/R$ 被选得很高，以便在开关瞬间之前可以把电流和电压假定为常数。

场控器件的开通过程已经在 MOSFET 的章节中讨论过。电流上升时间、电压下降时间、内部电容和栅极电阻的关系与图 9-18 所讨论的类似。IGBT 在大多数应用中要带一个 pin 续流二极管；导开通过程中，它要承受反向电流峰值和续流二极管存储电荷。其过程如图 5-20 和图 5-21 所示，并用式（5-82）~式（5-84）描述出来。

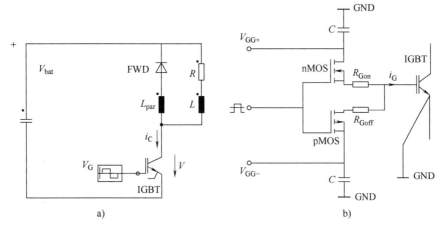

图 10-5　IGBT 开关特性的测试(摘自本章参考文献[Nic00])

a)功率电路　b)包含栅极电阻 R_{Gon} 和 R_{Goff} 栅极驱动的简化输出电路

IGBT 每一次脉冲的开通能量，在下面的简化公式中给出：

$$E_{on} = \frac{1}{2}V_{bat}(I_C + I_{RRM})t_{ri} + \frac{1}{2}V_{bat}\left(I_C + \frac{2}{3}I_{RRM}\right)t_{fv} \tag{10-4}$$

用示波器可做出更精确的测试，见式(9-33)。

在 IGBT 关断时，正栅极电压被置为 0 或负值，在第一时间间隔，所有过程与图 9-19 所示的 MOSFET 的关断过程相似。只要 IGBT 存储的电荷不是太高，电压上升时间与内部电容和所选栅极电阻之间的关系也是相似的。如果栅极电容突然放电，那么沟道电流则被阻断。通常使用一个栅极电阻，V_G 会降低到密勒稳定值 $V_G = V_T + g_{fs}I_D$。电压上升期间，感性负载电路中 IGBT 的电流持续不断地产生，直到电压比外加电池电压 V_{bat} 高为止。在电压上升时间内，沟道电流减少，同时流经 p 阱的空穴电流等量增加，载流子被空穴电流从 n 基区抽取。与稳态导通模式相比，空穴电流得到了增加。关断过程最严重的问题就是可能出现闩锁效应。为了达到避免闩锁效应的要求，就要限制 IGBT 可能关断的最大电流。

空穴电流使荷电载流子从 n 基区消除，形成空间电荷区，并使器件承载外加电压。当电压增加到 V_{bat} 后，电流急剧下降。在 IGBT 中，下降电流的斜率 di_C/dt 可以由栅极电阻有限调节。斜率 di_C/dt 在寄生电感中引起一个感应电压峰值，再加上续流二极管的正向恢复电压峰值 V_{FRM}，那么电压峰值为

$$\Delta V = L_{par}\frac{di_C}{dt} + V_{FRM} \tag{10-5}$$

标称电压范围越高，V_{FRM} 分量就越重要，见 5.6 节，尤其是图 5-15。

作为与 MOSFET 和双极型晶体管的最大不同点，IGBT 的特点是关断期间有一个拖尾电流。包括拖尾电流的 IGBT 的关断测试如图 10-6 所示。电流下降到 I_{tail}，然后在时间间隔 t_{tail} 期间电流缓慢下降。拖尾电流终点的测量非常困难，因为它下

降得非常缓慢。拖尾电流时间 t_{tail} 取决于器件中剩余荷电载流子的复合。非穿通型 IGBT 具有典型的高电荷载流子寿命, t_{tail} 可以达几微秒, 而 t_{rv} 大约为100ns 量级, t_{fi} 也在 100ns 范围内。

在拖尾电流时间内, 电压高, 并且在此期间产生的损耗增加不可忽视。在实践中, 每个脉冲关断能量都是由示波器测量的;整个关断时间间隔电流波形和电压波形相乘并积分。简化估计

$$E_{\text{off}} = \frac{1}{2}V_{\text{bat}}I_{\text{C}}t_{\text{rv}} + \frac{1}{2}(V_{\text{bat}} + \Delta V)I_{\text{C}}t_{\text{fi}} + \frac{1}{2}I_{\text{tail}}V_{\text{bat}}t_{\text{tail}} \qquad (10\text{-}6)$$

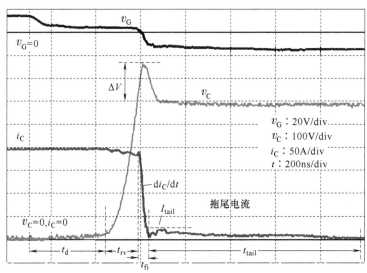

图 10-6 非穿通型 IGBT 的关断(200A/1200V BSM200GB120DN2,
英飞凌制造)$T = 125℃$, $R_{\text{Goff}} = 3.3\Omega$

IGBT 通常应用在桥式电路中。IGBT 大多数是在负栅极电压下关断, 如图 10-6 所示。阻断模式下, 施加 -15V 电压, 有时也施加更小的 -8V 电压。这不但对栅极电压的波形没有影响, 对关断时的电流电压波形也没有太多影响。

10.4 基本类型:PT-IGBT 和 NPT-IGBT

在第一代 IGBT 中, MOSFET 的 n^+ 衬底被 p^+ 衬底所取代。这种结构对寄生晶闸管的闩锁效应特别敏感。通过增加一个中等掺杂的 n 层可以改善这种特性, 这就是所谓的 n 缓冲层, 在 p^+ 衬底和低掺杂的 n^- 层中间。n 缓冲层必须要有足够的掺杂浓度 N_{buf}[Nak85]。电场可以穿透到 n 缓冲层中, 形成梯形电场。根据这个特点将其称为穿通 IGBT 或 PT-IGBT(从穿通这个词的准确意思来讲, 这种称呼并不正确, 见5.1 节)。结构如图 10-7 所示。

如前所述, α_{pnp} 必须要被调制, 并且不必太高。缓冲掺杂 N_{buf} 对其有影响。

在双极型晶体管的章节中，α 由两项组成

$$\alpha = \gamma \alpha_T \tag{10-7}$$

对于注入比 γ 的估算可以采用式(7-23)；对于给定的 p 发射极，它可以写成[Mil89]

$$\gamma = \cfrac{1}{1 + \cfrac{\mu_n}{\mu_p} \cfrac{N_{buf}}{N_{sub}} \cfrac{L_p}{L_n}} \tag{10-8}$$

因为空穴在 n 缓冲层的扩散长度 L_p 和空穴在衬底中的扩散长度 L_n 在同一量级上，又因为 μ_n/μ_p 取值为 2~3，只要缓冲层的掺杂浓度 N_{buf} 和 p^+ 衬底的掺杂浓度 N_{sub} 不在

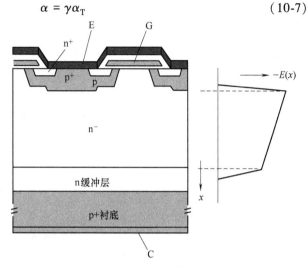

图 10-7　PT-IGBT 的结构和电场形状

同一数量级范围内，因此很难使得式(10-8)中的分母明显大于 1。任何对 γ 的控制都是困难的。对于 PT-IGBT，我们可以假设 $\gamma \approx 1$。

因此在 PT-IGBT 中 α_{pnp} 是由输运因子 α_T 调整的。根据式(7-29)，基区宽度 w_B 和衬底中的扩散长度 L_p 是两个重要的因素⊖

$$\alpha_T = 1 - \frac{w_B^2}{2L_p^2} \tag{10-9}$$

式(2-118)给出的 L_p 为

$$L_p = \sqrt{D_p \tau_p} \tag{10-10}$$

在低载流子寿命下，L_p，α_T 以及最终的 α_{pnp} 都会减小。为了降低载流子寿命，要采用一些产生复合中心的技术，如第 4 章所述。使用铂扩散、电子辐照、He^{2+} 离子或质子辐照，或以上方法其中两个的任意组合；对于不同的供应商和他们特殊的器件级别具体过程是不同的。这些器件具有关断损耗低的特点。

PT-IGBT 的基本材料的制备是采用外延工艺。n 缓冲层和 n^- 层淀积在 p^+ 衬底上。这项技术很适用于 600V 以内电压范围的器件。对于 1200V 的器件，因为必须要厚外延层，对外延技术的要求增加。在过去几年里，PT-IGBT 在阻断电压 600V 及其以下的应用中占主导地位。

作为另一种概念，所谓 NPT-IGBT (非穿通 IGBT) 被提出。它是基于 Jenö Tihanyi[Tih88] 的建议，由西门子(今天的英飞凌)实现[Mil89]。其结构如图 10-8 所示。

⊖　式(10-9)通常是在小注入下推导的，但是这个考虑定性地来说对于大注入也适用。

空间电荷区为三角形。阻断电压是由 $E(x)$ 曲线下所包围的面积决定,有着相同阻断电压的器件,必须设计更厚的基区宽度 w_B。第一代 NPT-IGBT,在空间电荷区终端 $x=w$ 处和 p 集电层 $x=w_B$ 之间选择一个相对较长的距离。因此,高电压下 pnp 晶体管的有效基区为 w_B-w。如式(10-9)所述,扩大有效基区可以使 α_T 和 α_{pnp} 有所减小。

α_{pnp} 的控制是通过注入比 γ 来完成的。p 集电层低掺杂,并且其穿透深度很浅。因此低注入比得到了调节。3.4 节的式(3-100)推导了注入比,厚度 $p_L \approx n_L$ 的 p 发射极注入比如下:

$$\gamma = 1 - q h_p \frac{p_L^2}{j} \tag{10-11}$$

为了达到低的 γ,发射系数 h_p 必须大。对于 p 发射极,如式(3-98)所述

$$h_p = \frac{D_n}{p^+ L_n} = \frac{D_n}{p^+ x_p} \tag{10-12}$$

当 x_p 很小时,扩散长度 L_n 可以被 p 发射极很浅的穿透深度 x_p 替代。在给出的结构中,p^+ 很低且 $x_p<1$,注入比将会很低。h_p 高意味着在总复合中发射复合占有很大比例。此时没有必要再用特殊措施减少载流子寿命。

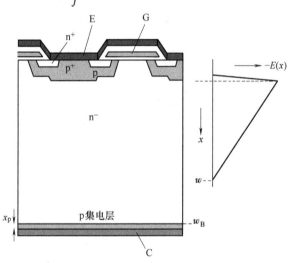

图 10-8　NPT-IGBT 的结构与电场形状

因此 NPT-IGBT 对闩锁效应有着很强的抑制作用,非常经得起短路的冲击[Las92]。这种类型的等离子体调制控制有着进一步的优势。其正向电压的温度依赖性非常适合并联。在典型的 I_C 工作电流范围,压降 V_C 在集电极电流 I_C 和栅极电压 V_G 恒定不变的情况下随着温度的升高而增大。

利用式(5-47)对于 pin 二极管低掺杂中间区域的电压降可以估算为

$$V_{drift} = \frac{w_B^2}{(\mu_n + \mu_p)\tau_{eff}} \tag{10-13}$$

有效载流子寿命为

$$\frac{1}{\tau_{eff}} = \frac{1}{\tau_{HL}} + \frac{h_p p_L^2}{w_B \bar{p}} + \frac{h_n p_R^2}{w_B \bar{p}} \tag{10-14}$$

式(10-14)中右边最后两项代表发射区的贡献。和 pin 二极管相比,基本类型的 IGBT 给出了不同的等离子体分布(见图 10-8)。然而,式(10-13)只能用来估算。

对 PT-IGBT 而言，寿命 τ_{HL} 控制着有效寿命 τ_{eff}。τ_{eff} 随温度升高而增大。当温度从 25℃ 升高到 125℃ 时，视所用复合中心的不同，τ_{HL} 会增大 2 ~ 4 倍。式(10-13)中 τ_{eff} 的影响很大，所以 V_{drift} 以及 V_C 随着温度的升高而下降。

对于 NPT-IGBT，低掺杂中间区域的载流子寿命 τ_{HL} 被调高，这样发射极复合的两项则对 τ_{eff} 起着主要影响。τ_{HL} 随着温度的增加而增加，但是却对 τ_{eff} 影响很小，这是因为发射极项占优势，并且它们对温度的依赖性很弱。根据式(10-13)温度对漂移区两端电压的依赖关系，主要受温度和迁移率关系的控制。随着温度的升高迁移率显著减少，即 $(\mu_n + \mu_p)_{(125℃)} \approx 0.5(\mu_n + \mu_p)_{(25℃)} V_{drift}$，$V_C$ 随着温度的升高而升高。

V_C 的这种温度依赖性(亦称"V_C 的正温度系数")一方面使高温工作状态下导通损耗增大，但是另一方面，如果器件是并联的，这也是优点：如果其中一个器件由于生产的偏差而 V_C 较小，它就要承受较大的电流，该器件的温度就会上升。然后其 V_C 就会升高，电流就会减小。由于这种负反馈的产生，并联器件系统变得稳定了。

NPT-IGBT 的制造工艺可以控制得更加精确；应用离子注入技术可将集电极端的注入比调节得更加准确。由于经久耐用并适合并联，NPT-IGBT 成为应用中的主要器件。同时，600V 的 NPT-IGBT 也被开发出来，并站稳了市场。

在关断时，NPT-IGBT 有一个很长的拖尾电流，见图 10-6。PT-IGBT 的拖尾电流较短但是幅度更大。这一点在考虑了内部等离子体分布以后就更容易理解。

10.5　IGBT 中的等离子体分布

接下来，以 NPT-IGBT 为例研究载流子的内部分布和等离子体分布。图 10-9 显示了 1200V IGBT 在不同电流密度的导通状态下的等离子体的模拟分布。IG-BT 低掺杂的 n 基区布满了自由载流子。由于电中性，双极型器件中 $n \approx p$。因此空穴的分布与图 10-9 所示的电子的分布几乎完全相同。图 10-9 的左侧对应于元胞结构区；坐标 x 与图 10-8 相同。对这种 NPT-IGBT，其右边的 p 集电层有一个不到 $1\mu m$ 的穿透深度，图中无法分辨。

对比二极管的等离子体分布(见图 5-6)，常规 IGBT 元胞结构一侧的等离子体分布下降很多，这符合 pnp 晶体

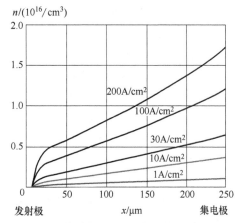

图 10-9　导通时的电子浓度，1200V NPT-IGBT
(引自本章参考文献[Net99]© 2008 isle Steuerungs-
stechnik und Leistungselektronik GmbH)

管的等离子体分布形状；IGBT 的集电极在这种情况下就是 pnp 晶体管的发射极(见图 10-2)。晶体管的典型情况是等离子体浓度由发射极到集电极逐渐降低(见图 7-6)。

考虑到 1200V 的额定电压，器件被设计得很厚，基区宽度 w_B 为 $250\mu m$。第一个 NPT-IGBT 采用的基区宽度 $w_R = 220\mu m$。根据式(5-1)和图 5-5，$110\mu m$ 的基区宽度就足够满足三角形电场的条件了。但是，非常宽的 n 基区对第一代 NPT-IGBT 而言是很典型的。

带有感性负载关断时，器件必须首先被施加电压，但是负载电流仍然存在。关断过程中内部等离子体的展开如图 10-10 所示。

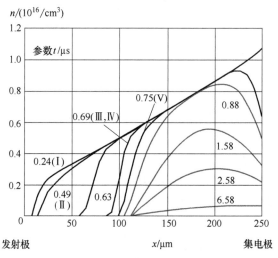

图 10-10 1200V NPT-IGBT 在 $80A/cm^2$ 关断电流时的电子浓度，在(Ⅲ，Ⅳ)时刻器件承受外加电池电压，并且电流下降(引自本章参考文献[Net99]© 2008 isle Steuerung-stechnik und Leistungselektronik GmbH)

直到时间 $t = 0.69\mu s$，电压升高到外加电压的值。在电压升高期间，基区左半部分的电荷被迅速抽取。达到外加电压之后，电流瞬间减小到拖尾电流的值，如图 10-6 所示。基区被抽取的部分延伸到大约 $x = 90\mu m$ 的位置。$t = 0.75\mu s$ 之后，基区右半部分的剩余电荷被消除。在图 10-10 中，这个过程不再被电场驱动。外加电压达到 600V，空间电荷区扩展到 $100\mu m$ 并且分压。在进一步的过程中，空间电荷区仅有很小的增长。对于紧靠集电极部分的载流子的消除，复合是决定性的机理。由于载流子寿命高，存在拖尾电流时，器件中仍然有相当大的电荷，甚至直到 $t = 6.58\mu s$，在整个的时间 t_{tail} 中拖尾电流一直存在。

在时间间隔 t_{tail} 期间，器件两端的电压为外加电源电压的值。因此，关断过程的主要损耗就是拖尾电流造成的。

由于基区较窄，PT-IGBT 显示出时间更短、衰减更快的拖尾电流。然而，PT-IGBT 由于载流子寿命缩短，其通态模式下的等离子体分布更加下垂(hangingdown)。与图 10-9 相比，发射极的等离子体浓度较低，但是在集电极端却要更高。因此，PT-IGBT 的拖尾电流时间较短，但数值较高。

在之前描述的关断过程中，在电流下降之前电压首先上升，带有感性负载的开关也被称为"硬开关"，PT 和 NPT-IGBT 的关断损耗是相同的。然而，NPT-IGBT 较长的拖尾电流是其在"软开关"的关断过程中的缺陷，在这个过程中，在感应电路中电压过零或者是接近过零，电流就会关断，电压上升缓慢。在关断过程的第一个阶段中，仅有很少的载流子被消除。在拖尾电流期间，在时间 t_{tail} 处，电压增加可能会导致电流的额外增加。因此，产生额外的损耗。

10.6 提高载流子浓度的现代 IGBT

第一代 IGBT 的等离子体分布如图 10-9 所示。与图 7-6 相比，这个分布是双极型 pnp 晶体管的预期分布。因此，首先想到 IGBT 与双极型晶体管有着相同的限制：导通时压降 V_C 较高，并且完全适合 1700V 以上的阻断电压。但是 IGBT 还得改善。

图 10-10 显示，由于关断过程中电压升高，存储在 IGBT 发射极端的等离子体在电场的作用下迅速消除。集电极端高、发射极端低的这样一种等离子体分布（见图 10-9），导致载流子的主要部分在拖尾阶段被消除的效应。在发射极端，载流子的浓度可以被显著增大，而关断损耗没有显著增大。一个较高的等离子体浓度可使基区压降 V_{drift} 减小，从而使通态压降 V_C 更低。为了达到这一目的，在很长一段时间内人们认为有必要研发一种新型器件。MOS 控制晶闸管（MOS Controlled Thyristor，MCT）及其相似器件的研究和开发活动都已经开始了。然而，人们后来发现 IGBT 就可以达到内部等离子体的这样一种理想分布，因而新型器件未必需要。

10.6.1 高 n 发射极注入比的等离子增强

Kitagawa 及其同事在 1993 年介绍了一种有可能提高发射极端等离子体浓度的效应。他们称这个器件为注入增强绝缘栅双极型晶体管（Injection Enhanced Insulated Gate Transistor，IEGT）[Kit93]。Kitagawa 等人在为 4.5kV 设计的沟槽栅 IGBT 中发现了这种效应。这种器件在发射极端的载流子浓度增高，而在正向导通时压降惊人得小。其基本原理也可以用平面 IGBT 来解释[Lin06]。

图 10-11 为一个 IGBT 结构的局部剖面图。在开始的简化研究中，IGBT 被分为两个区域：一个是双极型 pnp 型晶体管，一个是 pin 二极管。

在晶体管区域，IGBT 的行为就像一个在饱和模式的 pnp 晶体管。IGBT 的集电极端对应 pnp 晶体管的发射极端，见图 10-2。自由载流子浓度在 J_1 结最高，并向着 J_2 结方向减少；在 J_2 结几乎减小到零。作为对比，见第 7 章关于双极型晶体管的描述（见图 7-6）。等离子体的分布形状如图 10-9 画出的。在这幅图中，J_2 结位于 $x \approx 7\mu m$ 的位置。如果等离子体分布由双极型晶体管决定，其分布形状就是这样。

在栅极下面的二极管区域，IGBT 与 pin 二极管具有相同的情况。电子由 MOS

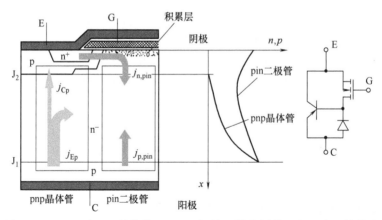

图 10-11 IGBT 中 pnp 晶体管和 pin 二极管区域的划分,在两个区域载流子等离子体的分布,带有 MOS 开关 n 发射极的包含 pin 二极管的等效电路

管的沟道提供。MOS 沟道的特性就像一个理想的发射极;此处的电流完全是电子电流。栅极上方的正向电压会在 p 阱之间的半导体表面建立一个电子的堆积层。来自 J_1 结的空穴不会在这里通过。此处的等离子体分布近似于 pin 二极管的等离子体分布,如第 5 章图 5-6 及其上下文中所述。

二极管区域的电压降在一级近似情况下就是 IGBT 的正向电压降 V_C,其值由下式给出:

$$V_C = V_{CH} + V_{drift} + V_{J1} \tag{10-15}$$

式中,V_{CH} 为沟道两端的电压降,V_{drift} 为基区的电压降,V_{J1} 为 J_1 结的自建电压。为了使 V_{drift} 变得更低,二极管面积相对 pnp 晶体管面积的比例应该尽可能高。如果元胞之间距离很大,那么这一点就可以做到。随着元胞间距(元胞沟槽栅)增大,V_{drift} 减小。但是 IGBT 的元胞密度会降低,因此,沟道两端的电压降 V_{CH} 将会增加,如第 9 章 MOSFET 所解释的那样。对于图 10-11 所示的平面栅 IGBT,人们发现了一个元胞距离可以使 V_C 最小。

本章参考文献[Omu97]给出了更为详尽的研究。整个顶部的元胞结构被当作一个 n 发射极。在 p 阱之间的区域,栅极氧化层的下方,正向栅极电压会建立一个自由电子的积累层。这个积累层和 p 阱一起形成了一个有效的 n 发射极。一个高效的 n 发射极将会形成。因此这个发射极必须注入高电子电流。n 发射极的注入比可以类比式(3-99)得到

$$\gamma = \frac{j_n}{j} \tag{10-16}$$

式中,j_n 为沟道的电子电流。由 $j = j_n + j_p$,式(10-16)可以化为

$$\gamma = \frac{j - j_p}{j} = 1 - \frac{j_p}{j} \tag{10-17}$$

为了达到较高的 γ,需要

1) 增加各个元胞之间的距离，本章参考文献[Omu97]显示了总电流中 j_n 部分随着元胞距离增加而增加。

2) 注意到 j_p 在总电流密度 j 中仅占有很小的一部分。空穴电流 j_p 流经 p 阱，见图 10-11。如果 p 阱面积减少，j_p 也会减少。在图 10-11 中的平面结构中，通过减小 p 阱面积可以减少空穴电流。

因此如果空穴电流 j_p 减少，增加等离子体浓度的同时减少电压降 V_{drift} 也是可能的。发射极附近的等离子体分布受到其注入比的严重影响。在 MOS 控制二极管（MCD）中，正如在图 5-39 中见到的，漂移层电压降可以被发射极注入控制。利用同样的方式，可以得到 p 阱和沟道的有效注入比。在 MCD 中，组合形成 p 发射极，通过 n 沟道的电流为少数载流子电流。通过从沟道注入少数载流子，减小注入比以达到减少在 p 发射极侧的等离子体浓度的目的。在 IGBT 中，p 阱、沟道、电子堆积层形成了一个 n 发射极。从 p 阱流出的空穴流为少数载流子。减少少数载流子电流 j_p 会增加 n 发射极的注入比；因此紧靠发射极的等离子体浓度增加。对于宽基区电流的输运有更多的电荷载流子可利用，电压降 V_C 减少。

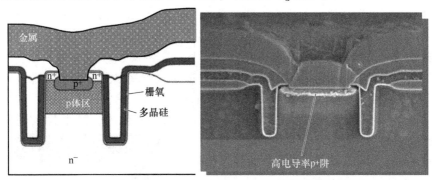

图 10-12　IGBT 的沟槽栅元胞。结构（左图），光栅电子显微镜下的元胞的截面照片（右图）
（引自 T. Laska，Infineon Technologies）

这个原理可以利用平面栅结构和沟槽栅结构来实现。沟槽栅结构为其提供了一种特殊的优势。英飞凌的沟槽栅 IGBT[Las00] 是一个例子。其元胞结构如图 10-12 所示。n^+ 发射层和导电沟道只安排在两个沟槽栅之间的元胞的中部。元胞之外，放置一个不与发射极接触的层。比较 IGBT 的沟槽栅元胞和图 9-6 所示的 MOSFET 的沟槽栅元胞，两者的沟槽栅特性模式是不同的。在 MOSFET 中，由于沟道电阻 R_{Ch} 很大程度上决定了总压降，所以表面很大一部分都必须设置成沟道；通过安排数个沟道并联可以使其变小。在 IGBT 中，沟道电阻对通态压降只是次要影响。由于 IGBT 是双极型器件，IGBT 中的压降由中间层的等离子体浓度决定。为了降低压降，等离子体密度必须要高，因此要减少 j_p 以使 γ 增大。

沟槽栅 IGBT 中的等离子体浓度与图 10-8 的传统 NPT-IGBT 的等离子体浓度比较如图 10-13 所示[Las00b]。图 10-13 中发射极在图的左侧，集电极在图的右侧。"平面型"线代表传统 IGBT,这里等离子体分布就像 pnp 晶体管,其发射极在右侧。对于沟槽栅 IGBT,在 IGBT 发射极侧得到了一个增强等离子体浓度,它近似于 pin 二极管中的等离子体分布。

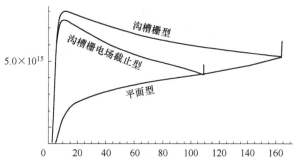

图 10-13 传统平面栅 IGBT、沟槽栅 IGBT、沟槽栅电场阻止 IGBT 的等离子体分布(图引自英飞凌[Las00b])

在本章参考文献[Tak98]中,表明如果某些元胞没有接触,沟槽栅 IGBT 的压降 V_C 会减少。只要非接触元胞的数量不是很多,因为接触的元胞部分减少,等离子体浓度将等量增加。因为等离子增强的效果远远高于沟道两端压降的增加,所以 V_C 会减小。

10.6.2 无闩锁元胞几何图形

现代 IGBT 的实质是避免关断时出现寄生晶闸管的闩锁。在等离子体浓度增加的条件下是可以做到这一点的。为了满足这个要求,元胞必须有一个优化的结构。图 10-14 显示了沟槽栅元胞的细节。由于电中性条件,大部分空穴电流将会紧接电子电流传输,因此,它将紧靠沟道传输,若要继续传输到达 p^+ 区电极接触,那么空穴电流必须要在 n^+ 源区下面流过。n^+p 结正偏,如果因空穴电流流过长为 L 的 n^+ 层下方,而产生的电压降 V_p 达到 n^+p 结自建电压 V_{bi} 的数量级,那么 n^+ 区就会有空穴注入,结果就会造成寄生晶闸管闩锁,失去关断能力,器件也会失去控制,进而造成 IGBT 损毁。

利用图 10-14 的描述,根据本章参考文献[Ogu04]电压降 V_p 可以简化为

$$V_p = \int_0^L \rho j_p y \mathrm{d}y = \frac{1}{2}\rho j_p L^2 \qquad (10\text{-}18)$$

式中,ρ 是 n^+ 源区下面的 p 层的方块电阻率,单位为 $\Omega/\square$,L 是源区的长度。为了保证 V_p 甚至在高电流密度下低于自建电压(25℃时约为 0.7V,并随着温度下降),不仅 L 要小,而且 ρ 也必须要低。正如图 10-12 所示,在现代沟槽栅 IGBT 中,L 被设计得很短,在源极层下

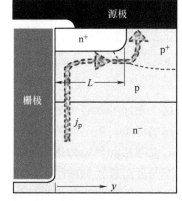

图 10-14 沟槽栅单元 IGBT 的细节图

方的重掺杂 p^+ 层要沿沟槽栅方向尽可能向远处扩展。利用这些设计方法,也可以防止高电流密度下破坏性的闩锁效应。

这个设计方法可以被称为"无闩锁几何结构"[Las03],此方法依靠高电导 p^+ 阱实现,并根据 p^+ 阱到沟槽栅侧壁的距离在亚微米级上进行调整(见图 10-14)。这一层会形成电阻 R_S(见等效电路图 10-2b)。如果 R_S 足够低,就能有效抑制寄生 npn 双

极型晶体管，并且包含 npn 和 pnp 双极型晶体管的晶闸管闩锁就不会发生。这里讨论的方法不仅限于沟槽栅元胞，对于平面栅结构可以利用同样的方法。

我们将会在后面第 13 章继续回到这一话题。对于具有高阻断能力的器件，在关断时，会出现动态雪崩工作模式，产生额外的空穴电流，并且电流密度会局部升高。对元胞结构进行了适当设计后的 IGBT 能够克服这些更糟的情况。

10.6.3 "空穴势垒"效应

发射极元胞下方的等离子体浓度获得增加还可以通过采用增加额外的 n 掺杂层实现。这由本章参考文献[Tai96]以沟槽栅 IGBT 为例首次提出，此结构被命名为"载流子存储沟槽栅双极型晶体管"（Carrier Stored Trench Gate Bipolar Transistor，CSTBT）。此效应在本章参考文献[Tai96]中是这样解释的：在 n^-n^+ 结建立了一个大约 0.17V 的扩散电势会阻碍空穴流出。这个外加的层被设计为空穴势垒。

在平面栅 IGBT 中，p 阱下的 n 掺杂层也有着相同的作用[Mor07, Rah06]，见图 10-15。在 n 掺杂层中，空穴电流是少数载流子电流，它在进入 p 阱之前会大幅衰减。在式(10-17)中，这会使 j_p 减小并使全部上端元胞结构的发射极注入比 γ 增加，这里我们再次合并 p 阱、n 沟道、n 积累层形成一个有效 n 发射极。最终结果使得等离子体浓度增加，如图 10-15 右侧所示。

空穴势垒阻碍了空穴外流。为了保持中性条件，额外的电子由 n 沟道输送。等离子体浓度增加见图 10-15 的右侧。

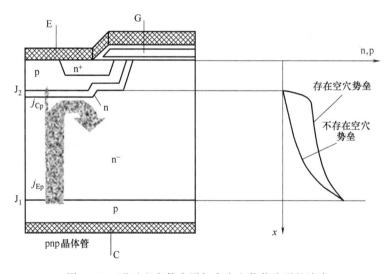

图 10-15 通过空穴势垒增加自由电荷载流子的浓度

这一方法的缺点就是增加阻断结 J_2 下方的掺杂会降低阻断能力。这必须要通过略微增加 IGBT n 基区的厚度来补偿，并且这样做会增大正向压降，使得一部分优势得而复失，但是这一效应可以保持最小影响[Lin06]。

制造商三菱电气在"载流子存储沟槽栅双极型晶体管"(CSTBT)中做到了空穴势垒与沟槽栅结构的结合(见图 10-16)。在沟槽栅结构内部 n 层作为空穴势垒设计在 p 层下方。在空穴势垒下方存在空穴的堆积;为了维持中性,额外的电子被沟道有效地输送,等离子体浓度局部增加。

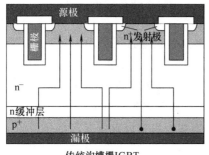

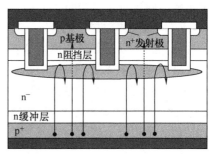

图 10-16 载流子存储沟槽栅双极型晶体管(右图)与传统沟槽栅 IGBT(左图)
的比较(图引自三菱电气)

空穴势垒可以和之前所述的增加元胞之间的距离减少 p 层横向扩展的方法相结合。在沟槽栅 IGBT 中,通过禁止一部分元胞可以很容易做到这一点。这些元胞被称为"插塞元胞"[Yam02]。在这些元胞中的多晶硅作为栅极短接到发射极金属层,并且元胞会防止建立 n 沟道。这一方法还具有一个额外的优势就是有源区电流 I_{Dsat} 减少,使得短路情况下的电流下降。

10. 6. 4 集电极端的缓冲层

除了所述的等离子体浓度的增加,每一个现代 IGBT 还会采用设计梯形电场而不是三角形电场来减小 n 基区宽度的效应。这通过在 p 集电层前面增加 n 层掺杂来完成。命名因制造商而异:"场阻止""软穿通""轻穿通"等,但是基本上都一样。

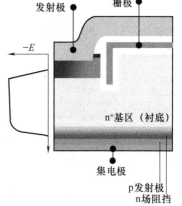

"沟槽栅场阻止"IGBT 的等离子体浓度如图 10-13 所示。相比沟槽栅 IGBT,沟槽栅场阻止 IGBT 中 n 基区被缩短。图 10-17 显示了这一新结构。在集电层的前面,掺杂浓度增加(n 场阻止)。如果外加电压接近于额定的阻断电压,空间电荷区就是梯形的。这已经在图 10-17 左侧画出。实际上,正如人们从如图 10-17 可以看到,这只是一个近似的梯形,更接近于矩形,并且不完全是矩形。

图 10-17 英飞凌沟槽栅场阻止 IGBT 的结构(图引自英飞凌)

从电场分布形状的观点出发,场阻止 IGBT 与 PT-IGBT 相似。与 NPT-IGBT 相比，带有集电极端缓冲层的 IGBT 中在相同的阻断电压下，其基区宽度 w_B 显著减少。根据式（10-13）基区两端的电压 V_{drift} 与 w_B^2 成比例。因此，在这一设计中电压降 V_C 显著减小。

不过，这只是与 PT-IGBT 相同的特征。沟槽栅场阻止 IGBT 并不像 PT-IGBT 那样制造在有 n 外延层的 p⁺ 衬底上；它更愿意采用均匀 n 掺杂晶圆。与 NPT-IG-BT 相同的是集电层的制作恰好准确调整发射极注入比[Las00b]。α_{pnp} 受发射极注入比的调节；采用的是浅穿透深度和低掺杂浓度的发射层。电荷载流子寿命没有下降。沟槽栅场阻止 IGBT 的工作模式更接近于 NPT-IGBT，而不是 PT-IG-BT。因此，V_C 对于温度的依赖性与 NPT-IGBT 相似。保留了理想的"正向温度系数"。

图 10-18 显示了沟槽栅场阻止 IGBT 的关断特性。如果人们用这个图对比图 10-6 中 NPT-IGBT 的关断特性，会发现拖尾电流明显变短。另外，电流下降时间 t_{fi} 增加，di_C/dt 减少，这会导致电压峰值 ΔV_C 变低。

通态中存储的等离子体下半部分在关断时保持紧靠集电极一侧的效应引起拖尾电流变短。大多数存储电荷的消除在电压上升时间 t_{rv} 内完成。如果外加电压 V_{bat} 增加到 600V 以上，如图 10-18 所示，拖尾电流更加短，最终完全消失，然后空间电荷迅速扩展到整个中间层。如果 V_{bat} 进一步增加，则在下降时间 t_{fi} 结束时将会发生电流急速切断类似于阶跃二极管的反向恢复特性。这种电流阶跃切断会导致高的过电压峰值。

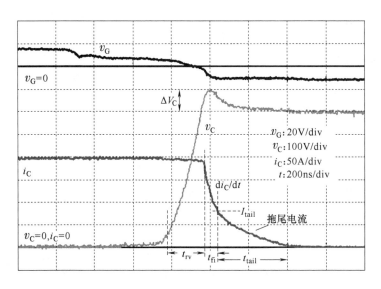

图 10-18　沟槽栅场阻止 IGBT 的关断（FF200R12KE3 来自英飞凌，200A，1200V 组件）。
$T = 125℃$，$R_{Goff} = 5\Omega$

10.7 具有双向阻断能力的 IGBT

对于一些电力电子方面的应用，例如矩阵变流器，必须有双向阻断器件。IG-BT 结构包含一个 p 层在集电极端形成的 pn^- 结，基本结构如图 10-1 所示，具有在底部 pn^- 结以及顶部的 n^-p 结有承受电场的能力。这种结构与具有双向阻断能力的晶闸管的结构相似。然而在背面的 pn^- 结没有明确的结终端。对于浅 pn 结来说，这种平面结终端需要微观结构。因为对于晶片单面上制造微观结构的半导体技术已经很完善了，所以结终端制造工艺仅仅在晶片的正面是可行的。

一个可能的解决方法是把背面 pn 结引到晶片正面。这可以通过穿透整个晶片的深 p 层扩散来完成；这项技术被称为"扩散隔离"[Tai04]。带有深边缘扩散的 IGBT 的原理图如图 10-19 所示。在某个区域内进行深扩散后，集电极端的 pn^- 结就被引接到晶片前端，在最后一步芯片切片时也在这个深扩散区域。现在就可以在两个方向都采用结终端结构了，在图 10-19 中对于正向就是利用电势环(potential ring)实现结终端结构，正如图 4-20 所示。正向结终端结构终止于沟道截断环，对于反向结终端结构应用了场板结构(见图 10-19)。

器件在两个方向阻断电压就像一个晶闸管。双向阻断 IGBT 设计尺寸就像 NPT 类型。p 集电层前面的缓冲层将会在反向中减小，甚至消除反向阻断能力。因此对三角形电场分布需要最小基区层厚度 w_B。在参考文献[Nai04]中，对一个 1200V 的反向阻断 IGBT，这一厚度为 $200\mu m$；电场分布与图 10-8 相似。

由于无法使用缓冲层，所以反向阻断 IGBT 的正向压降 V_C 无法达到与其他现代 IGBT 一样低。但是 V_C 肯定比串联 IGBT 其中之一和二极管要低。

在后来的矩阵变流器的应用中，在某些开关动作时反向阻断 IGBT 工作与续流二极管类似；它会像二极管一样无源关断。由于 IGBT 中载流子寿命高，所以就会出现高反向恢复峰值电流 I_{RRM} 和高反向恢复电荷。在本章参考文献[Nai04]的概念中，使用了电子辐照，可以使 I_{RRM} 减少 10%。载流子寿命变短又会增加开通损耗，因此必须要做出折中。

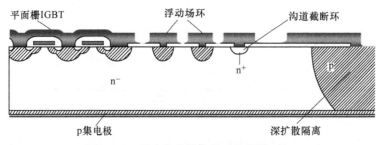

图 10-19　具有边缘扩散的对称关断 IGBT
(图引自本章参考文献[Ara05]© 2005 EPE)

今后的工作主要是改善反向阻断 IGBT。然而，图 10-19 右侧所示的深扩散也会造成侧面横向扩散，该扩散范围大约是扩散深度的 0.8 倍。采用厚度大于 $100\mu m$ 的晶片，这个深 p 层将会变得很宽。这会导致承受电流区域面积的损失，有源区损失，不能用来输运电流的结终端结构所占面积的比例很高。为了改进这一结构展开了许多研发工作，例如，用深沟槽栅代替深扩散区域[Ara05]。

10.8　逆导型 IGBT

如果在集电极部分区域中增加一个 n^+ 层，见图 10-20，则由 n^+ 层和 p 体材料就会形成一个二极管。单片集成二极管有几个优点。主要是，它减小了芯片的面积。二极管的热计算和 IGBT 在三相逆变器中的应用[Rut07]必须要节省很多面积，而 RC-IGBT(逆导型 IGBT)具有和 IGBT 几乎一样的面积，二极管的面积就可以节省出来。

在许多文献中 RC-IGBT 的概念首次实现是在对电灯镇流器的应用优化[Gri03]。这种镇流器应用需要 600V 阻断电压和 1A 的电流范围，并且没有硬换流(整流)二极管。这些器件的实现可以不需要优化二极管。

为了满足硬开关应用的要求，必须优化集成二极管的反向恢复性能，对于二极管，背面的 n 掺杂区作为续流二极管的阴极发射极(见图 10-20)，而 IGBT 的 p 体区和前端附近的重掺杂 p 型抗闩锁区域作为续流二极管的阳极发射极集成在芯片中。

不幸的是，这种具有重掺杂 p 发射区的二极管等离子体分布如图 10-21 所示。在阳极一侧浓度很高，在阴极侧浓度比较低，这会产生一个高反向恢复峰值和急速反向恢复特性，如第 5 章详细讨论的一样。软恢复二极管的内部等离子体分布作为对比也在图 10-21 中给出。

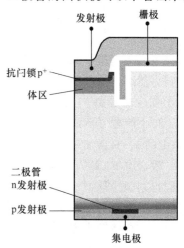

图 10-20　带沟槽栅的逆导型 IGBT
(图引自本章参考文献[Rut07]
© 2007 IEEE)

为了减少阴极侧⊖的等离子体浓度，人们尝试了各种方法。本章参考文献[Tai04b]中对逆导型 IGBT 采用 He^{2+} 离子辐照。反向恢复峰值电流 I_{RRM} 可以减小到接近商业续流二极管的值。但是辐照技术也有缺点。在本章参考文献[Rut07]中报道过离子辐照会在栅氧和硅栅氧界面产生非理想陷阱电荷。这些电荷会导致阈值电压升高和更宽的参数分布，因此在本章参考文献[Rut07]中使用的方法就是通过减

⊖　此处疑为阳极侧。——译者注

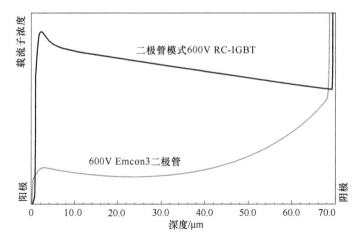

图 10-21   600V EMCON3 与 600V RC-IGBT 中二极管模式的
载流子浓度分布比较(图引自本章参考文献[Rut07]© 2007 IEEE)

少离子注入剂量来减少抗闩锁 p⁺ 发射极的注入比。这种方法的优点就是对 V_C 没有影响。然而，掺杂剂量的减少受到过电流关断稳定性（闩锁效应稳定性）的限制。对于如今的器件，人们发现在相同的稳定性下通过降低 p⁺ 发射极掺杂剂量来使 Q_{RR} 减小的潜力是在 15%~25% 之间[Rut07]。通过铂扩散，Q_{RR} 减小到 60%，而 IG-BT 中的 V_C 只增加了 0.1V[Rut07]。

改进 IGBT 的方法和改进续流二极管的方法在许多方面互相存在矛盾。然而，我们也期望逆导型 IGBT 在感应负载电路中也可以开关，因为通过节省一半功率管芯的数量就有可能减少电力电子系统的成本。在对二极管反向恢复特性要求中等的应用上，这些解决方法可能是成功的，例如，低电流应用达到 1kW，因为在低电流时，寄生电感中的能量存储小。这种应用有着很广的领域，例如空调、冰箱等的逆变器。

本章参考文献[Rah08]提到了一个关于额定 3300V 逆导型 IGBT 的非常引人关注的概念。在未来的大功率电机的应用中，续流二极管的要求最高。图 10-22 给出了这一新结构。

这一结构利用了一些方法，这些方法与它们对 IGBT 和二极管中等离子体分布的影响不冲突。利用 p 阱下面的 n 层，正如图 10-15 中命名的"空穴势垒"。它减小了注入的空穴电流，对于 IGBT 的有效发射极，它使发射极注入比增强。对于二极管，它可以减小 p 发射极注入比。

从 GTO 晶闸管中可知，在集电极端，n⁺ 层作为一种阳极短路点，会减小 IGBT 集电极端的发射极注入比。集电极端 p 层的掺杂以及 n⁺ 层的掺杂和宽度必须仔细调整，以满足二极管和 IGBT 的要求。对于二极管，在 p 阱下方采用额外的局部寿命控制区，正如第 5 章 CAL 二极管所讲的那样。利用掩膜轻离子辐照可以产生复

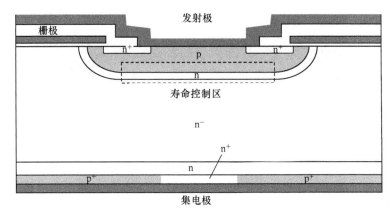

图 10-22　3.3kV 的带有优化集成二极管的 RC-IGBT（图引自本章参考文献［Rah08］）

合中心。通过断开沟道可以进一步改善二极管的反向恢复特性。通过二极管导通模式下沟道注入的电子可以减少 p 发射极的注入比，正如在 MOS 控制二极管中讲述的那样（见 5.7 节）。

本章参考文献［Rah08］中的研究显示，IGBT 和二极管在某些方面由于集成甚至可以更有益。对于应用，这样做有很大的优势。IGBT 的有效面积增加 50%，二极管的有效面积甚至增加了 200%。相同面积的模块中，IGBT 的额定电流可以高出 50%，然而因为管壳中热阻的限制，实际中只能利用其中一部分。实现的 RC IGBT 在正向特性中表现出回跳现象：首先，n 区域承载电流，随着 p 层开始注入载流子，正向电压快速回跳到较低的电压。为了避免这种不必要的行为，器件被分为一个普通没有 n 短路点的 IGBT 区域（引导 IGBT）和另一个具有逆导的区域。该器件称为双模绝缘栅晶体管（Bimode Insulated Gate Transistor，BIGT）［Rah09］，如图 10-23 所示。人们发现 n 短路点的最佳设计是径向条纹形式［Sto11］，其近似值如图 10-23 所示。在本章参考文献［Wer14，Wer15］中介绍了 6.5kV 逆导 IGBT，其中续流二极管集成在 IGBT 中。该器件称为"带有二极管控制的逆导 IGBT"（Reverse Conducting

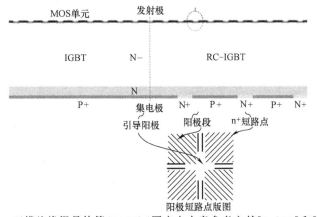

图 10-23　双模绝缘栅晶体管（BIGT）（图来自本章参考文献［Rah09］和［Sto15］）

IGBT with Diode Control，RCDC)（见图 10-24）。

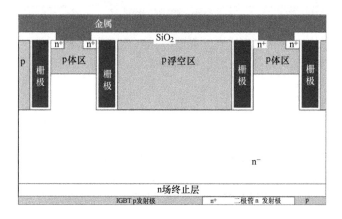

图 10-24　具有整流二极管的逆导沟槽 IGBT(图片来自 D. Werber，英飞凌[Wer15])

在晶体管工作期间，另外使用前一个二极管区域，在二极管工作期间另外使用前一个晶体管区域。相比上一个只有 750A 额定电流的设计版本，通过这种集成，使具有相同轮廓的模块目前的额定电流可以达到 1000A。尤其有趣的是，这种设计能够通过栅极牢牢地控制二极管特性。在二极管导通模式中，−15V 时栅极有最佳负载。电子流受阻停止，p 发射极效率提高。内部等离子体如图 10-25 所示。导通模式下的电压降非常低，仅在 2.5V 以上的范围内，见图 10-26。施加一个例如 15μs 的 +15V 的"退饱和脉冲"，在关断二极管之前会出现短路。注入电子的 n 沟道平行于 p 掺杂二极管发射极区域形成。p 发射极效率现在变得非常低，正向电压很高(见图 10-26)。对于具有低反向恢复电流最大值的关断来说，载流子的内部等离子体形状达到最佳(见图 10-25)。在短暂的死区时间后，IGBT 导通，二极管反向整流，这会使得二极管的关断损耗降低(降低 40%)并且 IGBT 的导通损耗也降低(降低 34%)。场控二极管的功能以令人印象深刻的方式展现出来。

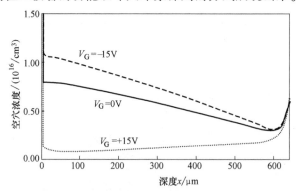

图 10-25　125℃ 的不同栅压下，二极管导通模式下 RCDC 的模拟载流子浓度，通过具有 n 发射极的背面区域，沿着垂直切割(图来自本章参考文献[Wer15]，PCIM Europe 2015)

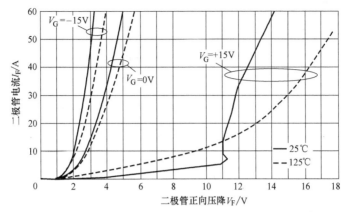

图 10-26　在室温和 125℃下栅极电压 $V_G = -15V$，0，$+15V$ 的二极管导通模式下，
测量的 RCDC 特性。每个芯片的标称电流达到 28A（图来自本章参考文献[Wer14]和[Wer15]）

人们期望逆导 IGBT 的另一个有利方面是可靠性。在典型的电机驱动应用条件下，在下弯波谷半波中是 IGBT 发热，而在其他地方是二极管发热。不活跃周期的缺乏可能会缩小温度纹波并且会增加模块的寿命，细节请见第 12 章。在 2017 年，逆导型 IGBT 已经可用于 4500V[Dug17] 和 1200V[Tah16,Osa17]。逆导 IGBT 仍是研发的主题。

10.9　IGBT 的潜力

利用现代 IGBT，人们实现了内部等离子体的改善分布，因此，IGBT 应用可以扩展到以前只能用晶闸管实现的电压范围。因为新结构没有必要，所以新结构器件的发展，特别是 MOS 控制的晶闸管和 IGBT 效仿器件的发展，已出现倒退或停止不前。人们希望的各项优势在 IGBT 中的很大程度上得以实现。10 多年来，IGBT 在商业上可获得高达 6.5kV 的阻断电压。人们开发了适用于 8kV 或 10kV 电压范围的 IGBT，但这些器件尚未上市。

然而，为了减少 IGBT 的导通和开关损耗，必须进行进一步的研究和开发工作。利用 IGBT，可以实现一个非常低的正向压降，从而使得导通损耗非常低[Sum12,Sum13]。一种新结构如图 10-27 所示，在图 10-27a 的结构中，从集电极 C 流到发射极 E 的电流穿过栅极 G 和控制栅极 CG 之间的窄栅极。如果在 CG 处施加正电压，则空穴电流流动受到抑制。该结构近似于理想的 n 发射极，j_p 近似为 0，并且 γ 趋近于 1。利用这种高发射极效率，可以使 n 发射极侧的载流子密度非常高，见图 10-27b，此时的通态损耗将很低。利用控制栅极处的信号可以控制关断损耗。在 CG 处加载负电压时，载流子密度将变低并且使关断损耗减小。与 Nakagawa[Nak06] 计算的"IGBT 极限"相比，取得的进展在图 10-28 中如圆点所示。

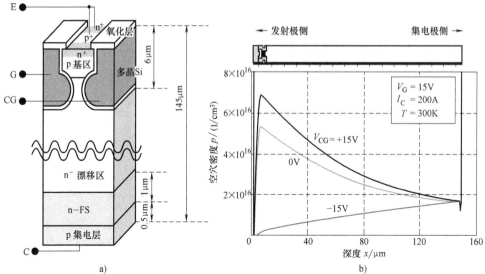

图 10-27　具有极低正向压降的 IGBT 结构(图片来自本章参考文献

[Sak13]ⓒ2013 日本电气工程师协会)

a)结构　b)充满自由载流子

对于具有理想 n 发射极效率 $\gamma_n = 1$ 的 IGBT,在本章参考文献[Nak06]中计算了 IGBT 极限。图 10-28 中 IGBT 的曲线用于计算在额定电流工作点的 $R_{on} = V_C/I_C$,这意味着它们针对双极型器件进行了简化。在本章参考文献[Sum13]中,对于在 $300A/cm^2$ 下 1.2kV 的 IGBT,实现了 1.6V 的正向电压降,对这一阻断电压的值甚至接近于额定晶闸管的正向电压。

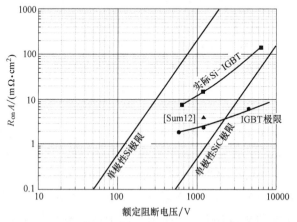

图 10-28　图 10-27 中结构的导通电阻(记为[Sum12])与单极器件的导通电阻

(Si 极限,SiC 极限)的比较,采用现有技术的 IGBT(实际 Si IGBT)和理论上

可能的 IGBT 极限,称为 Nakagawa 极限(图来自本章参考文献[Nak06]和[Sum12])

在 HVDC(高压直流)应用中,目前使用的是额定电压为 3.3kV 和 4.5kV 的 IG-

BT，未来使用的电压额定值可能达到 6.5kV 以上，这需要用更少的串联器件实现变换器 500kV 甚至更高的输出电压。如今的 6.5kV IGBT 已经具有 3.7V 的 V_C，这远远高于 Nakagawa 极限理论上可能的值。

图 10-29 给出了现有技术 6.5kV 的示例性图（$T = 125℃$）。最先进的模块（2016）额定电流为 750A，和 125℃ 时的压降为 3.7V，它包含 24 个 IGBT 芯片，每个芯片的有效面积约为 1.21cm^2。这导致 $R_{on}A$ 为 143mΩ·cm^2（参见图 10-28 中"实际的 Si IGBT"）。根据本章参考文献［Nak06］的"IGBT 极限"，7.5mΩ·cm^2 也有可能实现。假设可以接近该极限的 2 倍，意味着该值可以达到 15mΩ·cm^2。这使得相同的功率损耗密度下，电流导通能力为 2300A，正向压降为 1.45V。

如果达到这个目标，则具有相同输出功率的功率变换器采用的 IGBT 模块数量可以减少到三分之一，并且与具有最先进 IGBT 的解决方案相比，只有 15% 的传导损耗会被耗散。但是，优化必须考虑所有要求，尤其是过载能力和短路承受能力。另外，这种考虑还忽略了开关损耗。然而，对于一些大功率应用，例如 HVDC 应用的模块化多电平变换器要求使用低开关频率。因此，这样的目标并非不切实际。

此外，最常用的 1200V 电压范围的 IGBT 能够在很大程度上减小其损耗。有可能实现将正向电压进一步降低至 1.5V 以下的 IGBT。这样用于电机驱动时，逆变器的损耗可以大大降低。

再回头研究图 10-28，可以看出，就正向压降来说，电压高于 3kV 的 IGBT 性能优于 SiC 单极型器件。SiC 双极型器件也是有可能的，但是由于受主的深能级杂质水平，高掺杂的 p 发射极区域会发生不完全电离现象。目前已经有一些关于 SiC IGBT 的研究工作，然而，它们需要一段时间才能成为成熟的器件。

具有额外集成功能的 IGBT，如反向阻断 IGBT 和逆导型 IGBT，预计将在市场上出售。人们在逆导型 IGBT 方面取得了一些重大进展。

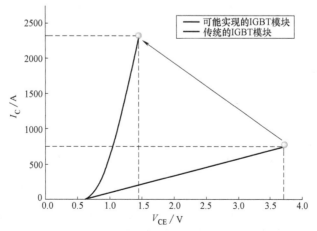

图 10-29　现有技术 6.5kV 模块的正向特性（$T = 125℃$）的示例图，以及近似于 Nakagawa 极限 2 倍的可能发展趋势

随着 IGBT 不断进步,用一个小面积器件控制的功率会越来越大,但是,单位面积的功耗散热也会增加,这些功耗必须通过封装来消除,因此对于封装技术的挑战和需求不断增强,这正是下一章的主题。

参 考 文 献

[Ara05]   Araki, T.: Integration of power devices – next tasks. In: Proceedings of the EPE, Dresden (2005)

[Bal82]   Baliga, B.J., Adler, M.S., Grey, P.V., Love, R.P.: The insulated gate rectifier (IGR): a new power switching device. In Proceedings of the IEDM, pp. 264–267 (1982)

[Bal83]   Baliga, B.J.: Fast-switching insulated gate transistors. IEEE Electron Device Lett. **4** (12), 452–454 (1983)

[Bec80]   Becke, H.W., Wheatley, Jr C.F.: Power MOSFET with an anode region. United States Patent Nr. 4,364,073, 14 Dec 1982 (filed 25 Mar 1980)

[Dug17]   Dugal, F., Baschnagel, A., Rahimo, M., Kopta, A.: The next generation 4500 V/3000A BIGT Stakpak modules. In: Proceedings PCIM Europe 2017, pp. 765–769 (2017)

[Gri03]   Griebl, E., Hellmund, O., Herfurth, M., Hüsken, H., Pürschel, M.: LightMOS – IGBT with integrated diode for lamp ballast applications. In: PCIM 2003, p. 79ff (2003)

[Iwa17]   Iwamuro, N., Laska, T.: IGBT history, state-of-the-art, and future prospects. IEEE Trans. El. Dev. **64**(3), 741–752 (2017)

[Kit93]   Kitagawa, M., Omura, I., Hasegawa, S., Inoue, T., Nakagawa, A.: A 4500 V injection enhanced insulated gate bipolar transistor (IEGT) in a mode similar to a thyristor. In: IEEE IEDM Technical Digest, pp. 697–682 (1993)

[Las92]   Laska, T., Miller, G., Niedermeyr, J.: A 2000 V non-punchthrough IGBT with high ruggedness. Solid State Electron. **35**(5), 681–685 (1992)

[Las00]   Laska, T., Lorenz, L., Mauder, A.: The field stop IGBT concept with an optimized diode. In: Proceedings of the 41th PCIM, Nürnberg (2000)

[Las00b] Laska, T., Münzer, M., Pfirsch, F., Schaeffer, C., Schmidt, T.: The Field Stop IGBT (FS IGBT) – a new power device concept with a great improvement potential. In: Proceedings of the ISPSD, Toulouse (2000)

[Las03]   Laska, T., et al.: Short circuit properties of trench/field stop IGBTs design aspects for a superior robustness. In: Proceeding 15th ISPSD, pp. 152–155, Cambridge (2003)

[Lin06]   Linder, S.: Power semiconductors. EPFL Press, Lausanne, Switzerland (2006)

[Mil89]   Miller, G., Sack, J.: A new concept for a non punch through IGBT with MOSFET like switching characteristics. In: Proceedings of the PESC' 89, vol. 1, pp. 21–25 (1989)

[Mor07]   Mori, M., et al.: A planar-gate high-conductivity IGBT (HiGT) with hole-barrier layer. IEEE Trans. El. Dev. **54**(6), 1515 (2007)

[Nai04]   Naito, T., Takei, M., Nemoto, M., Hayashi, T., Ueno, K.: 1200 V reverse blocking IGBT with low loss for matrix converter. In: Proceedings of the ISPSD '04, pp. 125–128 (2004)

[Nak84]   Nakagawa, A., Ohashi, H., Kurata, M., Yamaguchi, H., Watanabe, K.: Non-latch-up 1200 V 75A bipolar-mode MOSFET with large ASO. In: Proceeding IEEE International Electron Devices Meeting, Dec 1984, pp. 860–861

[Nak85]   Nakawaga, A., Ohashi, H.: 600–1200 V bipolar mode MOSFETS with high-current capability. IEEE-EDL **6**(7), 378–380 (1985)

[Nak06]   Nakagawa, A.: Theoretical investigation of silicon limit characteristics of IGBT. In: Proceedings of the ISPSD, Neapel (2006)

[Net99]   Netzel, M.: Analyse, Entwurf und Optimierung von diskreten vertikalen IGBT-Strukturen, Dissertation. Isle-Verlag, Ilmenau (1999)

[Nic00]   Nicolai, U., Reimann, T., Petzoldt, J., Lutz, J.: Application Manual Power modules, ISLE Verlag (2000)

[Ogu04]   Ogura, T., Ninomiya, H., Sugiyama, K., Inoue, T.: 4.5 kV injection enhanced gate transistors (IEGTs) with high turn-off ruggedness. IEEE Trans. Electron Devices **51**, 636–641 (2004)

[Omu97]   Omura, I., Ogura, T., Sugiyama, K., Ohashi, H: Carrier injection enhancement effect of high voltage MOS-devices – device physics and design concept. In: Proceedings of the ISPSD, Weimar (1997)

[Osa17]   Osawa, A., Higuchi, K., Kiamura, A., Inoue, D., Takamiya, Y., Yoshida, S., Gohara, H., Otsuki, M.: The highest power density IGBT module in the world for xEV power train. Proc. PCIM Europe **2017**, 1761–1766 (2017)

[Plu80]   Plumer, J.D., Scharf, B.W.: Insulated-gate planar thyristors: I-Structure and basic operation. IEEE Trans. Electron Devices **27**(2), 380–387 (1980)

[Rah02]   Rahimo, M., Kopta, A., Eicher, S., Kaminski, N., Bauer, F., Schlapbach, U., Linder, S.: Extending the boundary limits of high voltage IGBTs and diodes to above 8 kV. In: Proceeding ISPSD 2002, Santa Fe, USA, pp. 41–44

[Rah06]   Rahimo, M., Kopta, A., Linder, S.: Novel enhanced–planar IGBT technology rated up to 6.5 kv for lower losses and higher SOA capability. In: Proceeeding ISPSD 2006, Naples, pp. 33–36 (2006)

[Rah08]   Rahimo, M., Schlapbach, U., Kopta, A., Vobecky, J., Schneider, D., Baschnagel, A.: A high current 3300 v module employing reverse conducting IGBTs setting a new benchmark in output power capability. In: Proceeding ISPSD, Orlando, FL (2008)

[Rah09]   Rahimo, M., Kopta, A., Schlapbach, U., Vobecky, J., Schnell, R., Klaka, S.: The Bi-mode insulated gate transistor (BiGT) A potential technology for higher power applications. In: Proceeding ISPSD09, p. 283 (2009)

[Rog88]   Rogne, T., Ringheim, N.A., Odegard, B., Eskedal, J., Undeland, T.M.: Short-circuit capability of IGBT (COMFET) transistors. IEEE Ind. Appl. Soc. Annu. Meet. **1**, 615–619 (1988)

[Rus83]   Russell, J.P., Goodman, A.M., Goodman, L.A., Neilson, J.M.: The COMFET – a new high conductance MOS-gated device. IEEE Electron Device Lett. **4**(3), 63–65 (1983)

[Rut07]   Rüthing, H., Hille, F., Niedernostheide, F.J., Schulze, H.J., Brunner, B.: 600 V reverse conducting (RC-) IGBT for drives applications in ultra-thin wafer technology. In: 19th International Symposium on Power Semiconductor Devices and IC's, ISPSD '07, pp. 89–92 (2007)

[Sak13]   Sakane, H., Sumitomo, M., Arakawa, K., Higuchi, Y., Asai, J.: Injection Control Technique for High Speed Switching with a double gate PNM-IGBT. In: The Papers of Joint Technical Meeting on Electron Devices and Semiconductor Power Converter, IEE Japan, Paper No. EDD-13-046 SPC-13-108 (2013)

[Scf78]   Scharf, B.W., Plummer, J.D.: A MOS-controlled triac device. In: Proceeding IEEE International Solid-State Circuits Conference, pp. 222–223 (1978)

[She15]   Shenai, K.: The invention and demonstration of the IGBT. IEEE Power Electron. Mag. June 2015

[Sto11]   Storasta, L., et al.: The radial layout design concept for the bi-mode insulated gate transistor. In: ISPSD, San Diego, USA (2011)

[Sto15]   Storasta, L., Rahimo, M., Häfner, J., Dugal, F., Tsyplakov, E., Callavik, M.: Optimized power semiconductors for the power electronics based HVDC breaker application. In: Proceedings PCIM 2015, Nuremberg (2015)

[Sum12]   Sumitomo, M., et al.: Low loss IGBT with partially narrow mesa structure (PNM-IGBT). In: Proceedings ISPSD (2012)

[Sum13]   Sumitomo, M., et al.: Injection control technique for high speed switching with a double gate PNM-IGBT. In: Proceedings ISPSD, Brügge (2013)

[Tah16]   Takahashi, M., Yoshida, S., Tamenori, A., Kobayashi, Y., Ikawa, O.: Extended power rating of 1200 V IGBT module with 7G-RC-IGBT chip technologies. In: Proceedings PCIM Europe 2017, pp. 438–444 (2016)

[Tai96]   Takahashi, H., Haruguchi, H., Hagino, H., Yamada, T.: Carrier stored trench-gate bipolar transistor (CSTBT) – a novel power device for high voltage application. In: ISPSD '96 Proceedings 8th International Symposium on Power Semiconductor

Devices and ICs 20–23 May 1996, pp. 349–352, 1133 (1996)

[Tai04]   Takahashi, H., Kaneda, M., Minato, T.: 1200 V class reverse blocking IGBT (RB-IGBT) for AC matrix converter. In: Proceedings of the 16th ISPSD, pp. 121–124 (2004)

[Tai04b]   Takahashi, H., Yamamoto, A., Aono, S., Minato, T.: 1200 V reverse conducting IGBT. In: Proceedings of the 16th ISPSD, pp. 133–36 (2004)

[Tak98]   Takeda, T., Kuwahara, M., Kamata, S., Tsunoda, T., Imamura, K., Nakao, S.: 1200 V trench gate NPT-IGBT (IEGT) with excellent low on-state voltage. In: Proceedings of the ISPSD, Kyoto (1998)

[Tih88]   Tihanyi, J.: "MOS-Leistungsschalter", ETG-Fachtagung Bad Nauheim, 4.-5. Mai 1988, Fachbericht Nr. 23, VDE-Verlag, S. 71–78 (1988)

[Wer14]   Werber, D., Pfirsch, F., Gutt, T., Komarnitskyy, V., Schaeffer, C., Hunger, T., Domes, D.: 6.5 kV RCDC for increased power density in IGBT-modules. In: Proceedings of the 26th ISPSD, Waikoloa, pp. 35–38 (2014)

[Wer15]   Werber, D.: A 1000A 6.5 kV power module enabled by reverse-conducting trench-IGBT-technology. In: Proceedings PCIM 2015, Nuremberg (2015)

[Yam02]   Yamada, J., Yu, Y., Donlon, J.F., Motto, E.R.: New MEGA POWER DUAL™ IGBT module with advanced 1200 V CSTBT chip. In: Record of the 37th IAS Annual Meeting Conference, vol. 3, pp. 2159–2164 (2002)

第11章 功率器件的封装

11.1 封装技术面临的挑战

功率半导体器件在工作过程中会产生损耗。用下面的例子来估算一下这种损耗的数量级。

IGBT 模块 BSM50GB120DLC(英飞凌公司),安装在一个风冷散热器上。

工作条件:$I_C = 50A$,$V_{bat} = 600V$,$R_G = 15\Omega$,$T_j = 125℃$,$f = 5kHz$,占空比 $d = t_{on}/(t_{on}+t_{off}) = 0.5$。

下列参数可在数据表上查到:

正向电压降:$V_C = 2.4V$;

单脉冲开通能量损耗:$E_{on} = 6.4mW \cdot s$;

单脉冲关断能量损耗:$E_{off} = 6.2mW \cdot s$。

E_{on} 的详细介绍见图 5-20 和图 5-22,式(10-4)给出了 E_{on} 的简化计算关系式,用示波器可以测量出精确值,其表达式为式(9-33)。E_{off} 的详细介绍见图 10-6,式(10-6)适用于简化计算。

在现代 IGBT 和 MOSFET 的应用中,通常可以忽略漏电流产生的损耗。所以,器件总的功率损耗由通态损耗和开关损耗组成。

$$P_V = P_{cond} + P_{on} + P_{off} = dI_F V_C d + fE_{on} + fE_{off} \tag{11-1}$$

该例子的总损耗为 123W,这相对于大约 30kW 的控制功率来说是微不足道的。计算效率时需将续流二极管考虑进来;大多数应用都会采用两开关串联的半桥结构,然而,这种功率控制电路的效率在 98% 的范围。

一个面积只有 1cm 左右的 IGBT 开关要产生 123W 的功率损耗,这就需要一个 $123W/cm^2$ 或 $1.23MW/m^2$ 的热流密度。这样的热流密度甚至达到水冷散热器的 2~3 倍,并且是在最大限度地发挥散热器功用的情况下。图 11-1 给出了与其他热源功率耗散的对比。

功率半导体芯片与传统厨房中的炉灶相比,其热流密度高了一个数量级,并且高于奔腾 4 处理器的热流密度。因此,功率模块需要有很高的热导率。此外,功率器件的封装需满足多个要求:

1) 高可靠性,即长的使用寿命,因此,在交变载荷条件下要有高的持久性(功率循环稳定性)。

2) 封装元器件的高电导率以降低不希望的(寄生)电特性(寄生电阻、寄生电

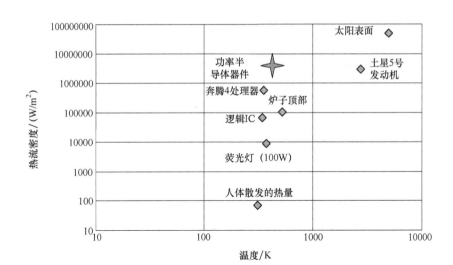

图 11-1　不同热源的热流密度(数据由赛米控公司的 W. Tursky 博士提供)

容、寄生电感)。

3) 在各个开关之间、电路与散热片之间为功率模块提供额外的电绝缘性。

解决这个问题具有非常重要的意义,它是目前令工程师最兴奋的挑战之一。在电力电子应用中,功率模块采用的是最普遍的封装类型,关于它们的具体细节会在后面章节中讨论。

11.2　封装类型

半导体器件的功率大小是决定其封装类型的主要准则。图 11-2 给出了几种主要功率器件的功率范围。

分立式封装普遍应用于各种小功率范围。这种封装的器件要焊接到"功率电路板"(PCB)上应用。由于产生的功率损耗相对小,散热要求不高,故这种封装的设计大多不用内绝缘,因而每个封装中只能有一个开关。晶体管大多采用这种类型的封装,因此称之为"晶体管外形"(Transistor Outline, TO)封装。

分立式封装的设计需要实现以下功能:

1) 负载电流和控制信号的传导;

2) 散热;

3) 保护器件不受环境影响。

培养皿型[○]封装也属于分立式封装。它们应用于功率模块尚不能达到的高功率范围。培养皿型封装也不带内绝缘,可以双面冷却。在极高功率性能范围,功率芯

　○　即图 11-2 中的压接式。——译者注

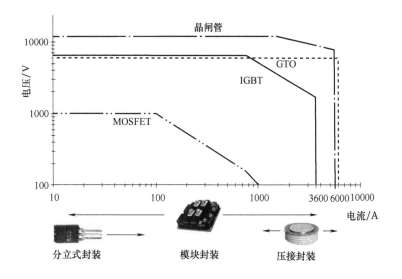

图 11-2　现代半导体器件(2009)的功率范围和主要的封装类型

片的大小可以是一个整晶圆。所以，具有圆形管脚的培养皿型封装是圆形芯片的理想封装形式。因为它的外形，这种封装也被称为"曲棍球"形封装$^\ominus$。

三菱公司生产的一种耐压为 12kV 的 1.5kA 晶闸管采用饼形封装。英飞凌公司的饼形封装晶闸管有特性为 3kA，8.2kV 的，以及最近为高压直流输电应用开发的 5.6kA，8kV 晶闸管。这些封装中的"芯片"是一个完整的 6in 晶圆，其直径约为 150mm。

三菱公司供应一种饼形封装的门极关断(GTO)晶闸管，其芯片也是用 6in (150mm)单一晶圆制成的，性能为 6kA、6kV。

相对于分立式封装，功率半导体模块具有如下特点：

1) 是一个将电路元件与散热安装面介电隔离的绝缘结构；

2) 通常以芯片并联的方式实现一些单一功能(相位滞后电路)。

功率半导体模块以阻断电压 1200V 及其以上，电流 10A 以上为主。在较低功率范围内，它们以集成多种弱电功能(例如，变流器-逆变器-制动拓扑)为特点。在高功率领域，英飞凌公司供应一种由若干 6.5kV IGBT 芯片及辅助的续流二极管组成的模块，其最大连续电流为 900A。针对 1200V 的阻断电压，英飞凌公司制造了一个连续电流为 3.6kA 的模块，该模块包含 24 个并联的 IGBT 芯片和 12 个并联的续流二极管。这些例子表明，模块已经深深地渗透到之前由饼形封装主导的大功率范围，这种趋势还将继续。

$\ominus$　我国业界称为"饼形"，以下即按国内习惯译为饼形。——译者注

11. 2. 1 饼形封装

图 11-3 中用简化示意图显示了饼形封装的内部结构，为了均衡压力避免出现压力峰值，硅器件（例如晶闸管）装在两块金属片之间。钼因其高硬度和良好的热膨胀系数是为此之用的理想金属材料。如图 11-3 所示的结构，硅器件在阳极这一边与一块钼圆片刚性地烧结在一起，然后在阴极侧压接到第二个钼圆片上，使芯片处于封装内部中央的对准装置（在图 11-3 中没有被清晰显示出来，门极接触弹簧也没能显示），该接触通过在阴极压接片中开槽引到硅器件的中心。该封装通过将两个金属环片焊接在一起而密封起来。

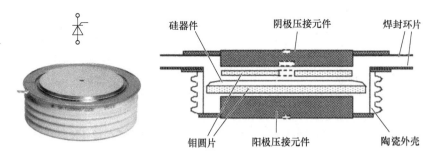

图 11-3　一种饼形封装的内部结构（简图）

一个完全的电热合一接触只需对封装施加规定的压力就可做成，压力的典型范围为 $10 \sim 20 \mathrm{N/mm^2}$。

硅器件和钼片之间的连接因封装尺寸和厂商而异。直径不大于 5cm 的小芯片，焊接界面是可行的，但选择焊接材料时需注意其高压下是否只发生小的塑性蠕变。较大直径的器件通常选择合金接口更好一些，设计时钼和硅之间不采用刚性连接也是可行的，它允许功率器件的浮动式设计。硅钼互连的一种先进技术是扩散烧结法，即在将要连接的两个面镀上贵重金属，然后喷上银粉，在高压和 250℃ 左右的温度下烧结此界面层即可做成一个非常可靠的连接。

最常规的器件都采用饼形封装，如二极管、晶闸管、GTO 和由 GTO 派生的 GCT。饼形封装的优点有

1）器件表面区和封装表面区之间具有良好联系的紧凑设计；

2）器件双面冷却；

3）没有引线连接，引线连接通常代表可靠性不高；

4）在具有不同热胀系数的材料之间，没有或几乎没有刚性连接。

最后两条使其有望实现高可靠性。饼形封装的缺点有

1）无介电隔离，用户需在应用中提供绝缘；

2）安装组件时有点费事，必须施加和维持一个确定大小的单轴高压力。

由于饼形封装的这些优点，它也被用作 IGBT 的封装。不过，与晶闸管相比，现在生产的 IGBT 都是小尺寸芯片。因为现代 IGBT 芯片的元胞密度很高，增大芯

片尺寸将导致因单个元胞缺陷而引起的成品率问题。最大的商用 IGBT 面积为 $300mm^2$。此外，相比并联开关速度较低的晶闸管，并联开关速度较高的 IGBT 相对简单，再加上大面积芯片在热特性方面的不利因素，开发更大面积的 IGBT 并不存在市场压力。不过，为了使 IGBT 适应饼形封装，在所谓压接包 IGBT 中并联排列方形芯片是一项技术挑战。

一个压接包 IGBT 的例子如图 11-4 所示。芯片组装在一个大的钼盘上，每个芯片的集电极侧接触占据一个小的钼方格。校准框确定芯片的相互位置。带有栅极接触区切口的方形小钼片置于发射极接触上。栅极连接用弹簧来实现，用另一个校准装置来定位。上面的压接元件必须给下面的每一个芯片传输均匀的压力，为了使 21 个并联 IGBT 上的压力相同，这种封装的每个部件必须保持极小的公差。在该系统中还需要考虑电接触电阻和热接触电阻。

图 11-4　压接包 IGBT：发射极压接元件（左图），芯片布局（右图）

为了在上面的压接元件实现集成，安装了一块用表贴器件（Surface Mounted Device，SMD）技术载入栅极电阻的印制电路板。与半导体模块相比，压接包 IGBT 的复杂结构使其对多部件的精确对准和部件的允许误差要求更高。与模块相比，有源功率循环模块更有望获得更高可靠性，但还没有在实验中验证。在高功率负载下，内部温度梯度会使压接包变形，这会导致压力分布不均，甚至在外部出现接触断开。这种失效模式是栅极氧化物损坏和微电弧。

11.2.2　TO 系列及其派生

分立式封装在较低功率范围也很常见。目前，"晶体管外形封装"（TO）在该领域占主导地位。其基本设计形式如图 11-5 所示。

TO 封装系列包括一个广泛的封装标准，TO-220 和 TO-247 代表了最流行的封装形式。在这些标准封装中，功率硅芯片直接焊在作为支撑面的实铜底座上。因此，该封装没有内绝缘。将接触引线或接触管脚固定在"压铸模"的外壳上。其中一个接触引线直接和铜底座相连，其他接触引线用铝线与硅芯片上的负载接触区和

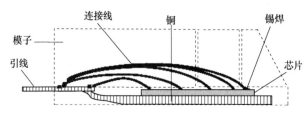

图 11-5　TO 封装的基本设计

控制接触区相连接(见图 11-5)。

硅芯片和铜底座之间热膨胀系数的差别限制了这类封装的可靠性。IXYS 引入的 ISOPLUS 封装可以改善这种情况。如图 11-6 所示,用陶瓷衬底取代实铜底座,该技术被成功应用于功率模块中,与标准的 TO 封装相比,这种设计具有更多的优势:

1)更好地改善了热膨胀问题,有助于得到高可靠性;

2)内绝缘;

3)寄生电容比标准 TO 封装小,标准的 TO 封装要借助外部聚酰亚胺绝缘膜装在散热器上(详见 11.5 节)。

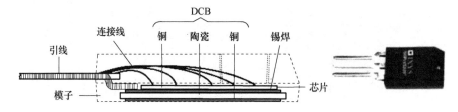

图 11-6　TO 外观的 ISOPLUS,但使用绝缘底座

陶瓷层的导热系数比铜的小,乍看上去这似乎是一个严重的缺点。然而在一个系统中,通常会有几个分立式封装器件安装在同一个散热片上,而这些分立式封装器件的铜底座往往电位不同。陶瓷绝缘系统相对于标准的 TO 封装,其优越性主要体现在外部采用了电绝缘箔。

MOSFET 是采用 TO 封装外壳的最常见的功率器件。对于这种器件,在过去的几年中已经成功实现了对导通电阻 R_{on} 的大幅降低。于是,这种封装设计的缺陷就逐步突显出来:TO 封装的寄生电阻和现代 MOSFET 器件中的导通电阻具有同样的数量级。

电极引线是重要的限制因素。电阻可以通过下式计算:

$$R_Z = \rho \frac{l}{A} \qquad (11\text{-}2)$$

考虑到铜输入引线和铜输出引线的截面积为 0.5mm^2,每根长为 5mm,铜的电阻率为 $\rho_{Cu} = 1.69 \mu\Omega \cdot cm$,总的电阻为 0.34m$\Omega$。电流为 50A 时,导线上的功耗约

为 0.85W。

$$P_Z = R_Z I^2 \tag{11-3}$$

因为电极引线冷却效果不明显，欧姆损耗使温度升高，这个温度几乎接近印制电路板中采用的焊料合金的熔点温度了[Swa00]，这种效应破坏了焊料接触，使可靠性降低。

PCB 上的通孔是标准的，且需要满足保持引线间最小绝缘间隔距离的要求，不能简单地通过增加线宽去实现导线横截面的加粗（见图 11-7）。但可以通过改善导线形状的方法增加截面积，如图 11-7 中右图所示，从而使 TO 封装中的载流能力增加了 16%。制造商将这类改进的 TO-247 封装命名成"超级-247"封装。

TO-247引脚　　　　增大的引脚　　　　超级-247引脚

图 11-7　TO 封装中减少电极引线电阻

PCB 技术的发展为元件封装建立了"表贴器件"（SMD）技术。该技术允许在 PCB 的两侧组装元件，并形成具有掩埋层的多层 PCB。由于经典 TO 封装的通孔技术与该组装工艺不兼容。因此开发了新一代封装技术，如图 11-8 所示。标准化封装外形配备了用于 SMD 安装的引线接触。"超级"版的封装不但电极引线被设计得尽可能短，以便封装大面积的硅器件，而且还对电极引线接触进行了优化。据本章参考文献[Swa00]介绍，这种改进使封装的寄生电感降低 33%。

TO 封装及其 SMD 派生物的缺点是铝线连接，这增加了封装的寄生欧姆电阻。可以通过加粗导线或增加键合线的数量来尝试改善。另外，连接导线的寄生电感和有限的热传输能力也需要寻找更好的解决方案，例如，用铜金属取代发射极接触。

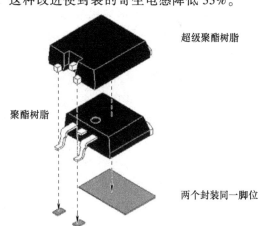

超级聚酯树脂

聚酯树脂

两个封装同一脚位

图 11-8　SMD 技术优化的封装设计

美国国际整流器公司提出了一种有划时代意义的解决方案，它完全消除了电极引线和键合线的问题。这种"DirectFET"封装示于图 11-9。英飞凌公司也有相同的封装"Can-Pack"。硅器件的发射极和门极都进行了可软焊的表面金属化。一块被称为"漏极夹子"（drain clip）的铜片通过焊接与器件的漏极接触。这类封装通过"倒装片"的形式安装在 PCB 表面，其中，SMD 与栅极、源极和漏极的焊接是兼容的，焊接过程可以一次性通过回流焊接步骤完成。

除了安装过程简单外，这种封装的优点在于载流能力不受电极引线的限制，而且可完全消除导线上的寄生电感。此外,这种封装可实现双面冷却,而且"漏极夹子"可以比 PCB 散发更多的热量。

　　然而,这种封装并非十全十美,它无法使硅敏感器件免受湿气和腐蚀的影响。此外,肉眼几乎无法看到封装背面的焊接互连情况,这妨碍了对 PCB 组装过程中的质量控制。如果这种新的封装设计理念能够被大家接受,总有一天我们会看到它的应用和现场试验。

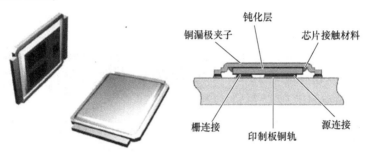

图 11-9　DirectFET 封装[Swa01]

　　然而,随着分立 TO 封装的发展和优化,"引线框式"结构和"压铸模"技术的结合已发展引导出一个强有力的种类,即压铸模"智能功率模块"(IPM)封装。在这些封装中,两种技术的优势结合在一起,将各种功能集成在一个封装管壳之内。图 11-10 就是一个 IPM 压铸模封

图 11-10　三菱公司的传递模式 DIP-IPM 封装

装的例子,其中包含了一个三相逆变器及其驱动集成电路。

　　图 11-11 是压铸模 IPM 器件的内部结构,这种封装概念具有高潜能,它在当前世界上低功率 IPM 领域占主导地位。尽管前面讨论了这种封装设计的所有缺点,但在制造工艺中,这种高度优化了的引线框式封装非常具有竞争力。生产中,通过框架单元将引线框彼此相互连接形成一个连续带,从而可以自动装配。经过芯片焊接和导线键合,连续带分离成单个的引线框,使之适用于内部结构完全密闭的压铸模工艺。现在,导线用塑料封装固定,并在装备过程中连接可变形的电极引线用于引线连接,然后被冲压成型。

　　目前,压铸模类型的 IPM 封装月产量达 1000 万以上,它在功率半导体市场的低功率应用领域占主导地位。

11.2.3　模块

　　功率模块作为隔离构造型封装的一个产物在应用中具有重大的优势。在 Semikron 于 1975 年推出第一个绝缘功率模块后不久,这种新的封装形式就打开了市场,虽然最初的设计因多界面而相当复杂。图 11-12 所示为第一个功率模块的后续产

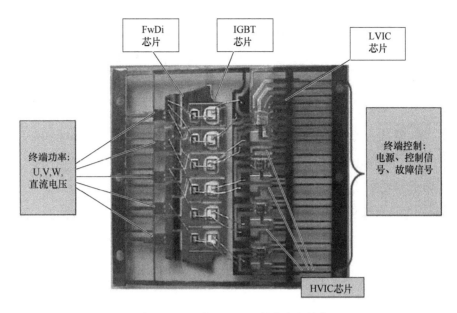

图 11-11 三菱 DIP-IPM 封装内部结构

品，该产品现在还在大量生产。所示产品为功率模块的第五代，其外形和第一个功率模块完全相同，但内部结构已有很大改进。

　　模块中，具有可焊接金属化阳极、阴极和门极接触区的晶闸管芯片通过焊锡接口与电极引线相连。阴极连接片由一个和硅热膨胀系数相匹配的复合材料构成。硅芯片的阳极与钼片结合在一起。这个中间层用于调节硅和铜之间热胀系数的差异。钼片焊接在一个紧凑排布的向阳极传导电流的铜端子上。铜端子焊接在一种 DBC 陶瓷衬底的铜表面上，所谓 DBC（Direct Bonded Copper）陶瓷即用"直接键合"技术在表面覆盖了一层薄铜片的陶瓷，用这种材料做衬底方便于连接件之间的绝缘。该衬底用另一焊料层连接到模块的基底上。总之，这种结构共包含了五个焊料层，尽管结构复杂，但这种功率模块能在自动化装配线上高产量地制造出来。

　　从图 11-12 的截面图中可以看到很多接口，硅器件上的热流量必须通过这些接口传导到底座进而达到散热器，这个过程没有在框图中显示出来。因为每个焊料层都会形成给性能带来稍许影响的焊料空隙，大量的焊接接口增加了这种影响，且这也是潜在误差的来源。

　　如 IGBT 或 MOSFET 这类先进功率器件的引进，使封装概念发展到能够容纳多个电功能并联的芯片。在电力电子中，该结构已成为"标准"或"经典"的模块设计。从图 11-13 所给的例子可以看到这个概念的一般特点为硅器件的顶部通过铝线连接。钼适配盘和铜端子底部完全被忽略。在低功率电子结构 DBC 衬底上部的铜层中，形成电流通路的沟道类似于我们所熟悉的 PCB。几个功率芯片直接和铜线焊接，并由铝线连接到其他线路上，强大的负载电流端和衬底的负载电流

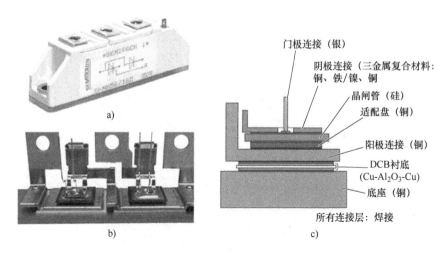

图 11-12　一个经典的晶闸管功率模块结构

a）外观图　b）内部结构　c）层结构的截面图

线路连接在一起。

图 11-13 所示标准模块中的各层厚度见表 11-1。欧洲制造商(Infineon, Semikron, IXYS, Danfoss, Dynex)生产的所有功率模块中, 70%～80%都属于这种结构,

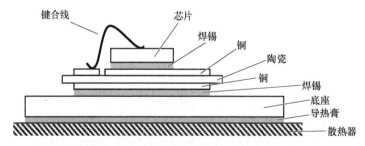

图 11-13　经典的底座模块剖面示意图(上图)

和每开关含两个芯片的半桥 IGBT 模块(下图)

这种结构在亚洲制造商生产的模块中也很普遍。

表 11-1　带底座的模块设计中各层的厚度

	标准模块 Al$_2$O$_3$ 陶瓷 Cu 底座 d/mm		高功率模块 AlN 陶瓷 Cu 底座 d/mm		高功率模块 AlN 陶瓷 AlSiC 底座 d/mm	
焊锡	0.05~0.1		0.05~0.1		0.05~0.1	
铜	0.3		0.3		0.3	
陶瓷层	Al$_2$O$_3$	0.381 0.635	AlN	0.635 1.0	AlN	1.0
铜	0.3		0.3		0.3	
焊锡	0.1 0.07		0.3~0.4 0.2		0.1	
底座	Cu	3	Cu	5	AlSiC	5
导热膏	0.05		0.04		0.04	

老一代模块中陶瓷层的厚度为 0.63mm。为了降低热阻，带底座的较新一代模块的陶瓷层厚度只有 0.38mm。陶瓷板的厚度以 mil 为单位（1mil $= 1 \times 10^{-3}$ in $= 25.4\mu$m），因此 0.635mm 等于 25mil，0.381mm 等于 15mil。通过焊接界面将衬底连接到底座，焊料厚度从 0.07mm 变化到 0.1mm，对热阻有轻微的影响。

模块对热导率或绝缘性要求较高，因而可以用 AlN 陶瓷取代 Al$_2$O$_3$ 陶瓷。AlN 的标准厚度为 0.63mm，但因为对陶瓷绝缘性的要求较高，应用中一般采用 1mm。不像 DBC 的制备过程有可用于形成氧化物-氧化物界面的表面氧化物，AlN 衬底的制备与 Al$_2$O$_3$ 衬底相比，需要额外的工艺步骤。因此，必须首先生长一层氧化物，或者采用其他的焊接技术，这将增加 AlN 衬底的制造成本。此外，AlN 的热膨胀系数（也是 AlN-DBC 的热膨胀系数）小于 Al$_2$O$_3$，这增大了衬底和铜底座之间热胀系数的差别，在热应力下缩短了界面的寿命。解决办法是将焊料界面的厚度增加到 200μm 或更大，以减小界面中的应变。该办法要在焊接工艺之前进行，这样可以确保焊料厚度均匀。为此，在一些高性能的功率模块中，铜底座被一种金属基复合材料 AlSiC 取代。制备 AlSiC 底座的第一步先形成具有可控孔隙的 SiC 母体，第二步用铝填充孔隙。这种材料的特性参数由这两个成分的比例决定，因而可根据实际应用的需要进行调整。

用 AlSiC 做底座材料的优点是热膨胀适应性强，缺点是没有铜的热电导率高。这是模块设计概念中没有底座的主要原因。即使用铜作底座材料，也会增加芯片和散热片之间垂直方向上的热阻，所以没有底座的系统会更有优势。图 11-14 表示了这种结构的剖面。

在带底座的模块中使用同样的衬底材料和焊接材料。对 Al$_2$O$_3$ 衬底，陶瓷层的标准厚度是 0.38mm，偶尔也采用 0.5mm 或 0.63mm 厚度。尤其是在那些为了适应大电流应用而增加铜厚度的衬底中，增加陶瓷的厚度有助于增强衬底的机械强度（例如，0.5mm 厚的 Al$_2$O$_3$ 陶瓷两侧各有 0.4mm 厚的铜）。在 AlN 衬底中，陶瓷层

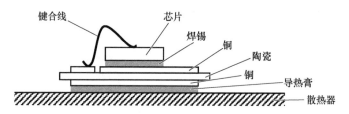

图 11-14   无底座模块的横剖面示意图

的标准厚度是 0.63mm。在没有底座的模块中，其他的陶瓷材料很容易被取代。

市场上的无底座模块有 Semikron 公司的 SKiiP 系列、迷你 SKiiP 系列和 Semitop 系列，以及 Infineon 公司的 EasyPIM 系列产品。这种封装理念在 IXYS 公司的一些模块中已存在多年。它还被应用于绝缘板的 TO-247 封装。由于底座和衬底间的焊料界面被取消，所以这种封装只在芯片和散热片之间有一个焊料界面。

与底座模块相反，无底座结构不必受衬底尺寸的限制。因此复杂的电路可以做在单一的衬底上。一个高度集成的无底座模块的衬底样板如图 11-15 所示。它包含了一个单相输入整流器和一个中功率变频器中的三相输出逆变器，同时还集成了分流电阻和温度传感器。

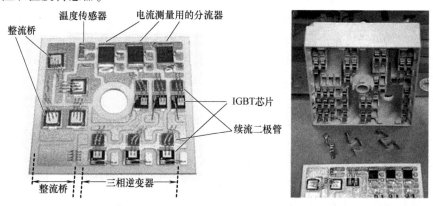

图 11-15   带输入整流器、输出逆变器和传感器的现代功率模块的内部结构（左图），
以及弹簧触点的外壳（右图）（Semikron 的迷你 SKiiP）

在这种封装理念中，负载、控制和传感器端子都用的是同样的簧片。借助这种弹簧触点技术，再多的负载和控制接触几乎都可以布置在衬底的任何位置上，从而以一种非常灵活的接触技术在同一封装平台上实现多种不同电路。每个弹簧可以持续传导 20A 电流；电流更大时可以并联几个簧片。

无底座模块不受引脚占位大小的限制。这种模块的生产比较简单，复杂电路的互联数目也最少，从而减少了潜在的故障源。另一方面，对复杂压力系统不得不用较大的引脚占位集成到模块中去，以确保衬底和散热器之间有优化的热接触。这种压力系统的热容量对散热片和模块外壳之间传热界面的影响，引起热界面层厚度的不同，如表 11-2 所示。最后，无底座模块有改善模块内部热梯度的优势，从而可以降低热应力，提高有源热循环下的可靠性[Scn99]。没有底座也有一些缺点，首先，底座的热扩散对降低整个芯片中的温度分布不均匀性的作用不复存在。因此，小尺寸芯片更倾向于无底座设计。第二个缺点是底座的热容量消失了，而底座热容可在 50~500ms 的时间范围内对绝热过载提高模块的热阻抗。

表 11-2　无底座模块设计中各层的厚度

	Al_2O_3 衬底, d/mm		AlN 衬底, d/mm	
焊锡	0.05~0.1		0.05~0.1	
铜	0.3 0.4		0.3	
陶瓷	Al_2O_3	0.381 0.5 0.635	AlN	0.635
铜	0.3 0.4		0.3	
导热膏	0.02~0.08		0.02~0.04	

模块和散热片表面之间的界面问题是所有模块设计中常见的问题。因为接触面存在几何偏差，无法实现金属对金属电极的完美接触。其间的空隙需要用"热界面材料"（Thermal Interface Material，TIM）来填补，热界面材料的热导率典型值一般为 $1W/(m \cdot K)$。尽管这比空气的热导率高 30 倍，但和大多数金属薄层相比差了不止 100 倍。所以导热脂的厚度必须在保证无气隙的前提下尽可能地薄。

在安装散热片的过程中，导热脂的厚度是否最优，对很多功率模块用户而言都是个严重的质量问题。因此，Semikron 公司的 SKiiP 模块系列在发货时就装在一个导热脂厚度可控的用户散热器上。对于带底座的模块，模块和散热片之间的界面热阻 R_{thch} 用其典型值列于特性表中，其值大约是从芯片到管壳的内热阻的 50%。虽然这个界面很难控制，但在应用中对功率模块的热特性而言是最重要的。最近，一些电源模块制造商在散热器接口上提供预应用的 TIM 层，为简化客户的安装过程，该 TIM 层已具有优化的横向分布。

11.3　材料的物理特性

封装材料的性能是模块特性的基础。其中最重要的是材料的热导率和热胀系数（Coefficient of Thermal Expansion，CTE），但电导和热容也很关键。因此，首先要清楚知道材料特性，才能将其应用于功率模块的封装。

功率电子封装中最重要的一些材料的热导率如图 11-16 所示。用于绝缘的最好陶瓷材料都具有热导率与金属不分伯仲的特点。早期功率模块设计中使用的陶瓷是热导率最高的 BeO。但是因为 BeO 尘埃的毒性会对人体造成威胁以及废料处理的困难，现在这种材料已经不再使用。在此调查中排名第二的陶瓷绝缘体是 AlN。但是 AlN 衬底要比标准 Al_2O_3 衬底的价格高几倍。因此这种材料只在高功率密度要求下不得不用时才用。环氧树脂和聚酰亚胺 (Kapton®) 之类的有机绝缘体只有较低的热导率。

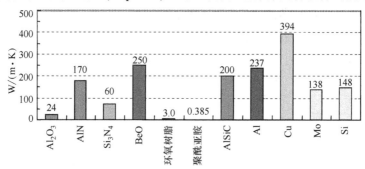

图 11-16　在封装技术中经常使用的不同材料的热导率

负荷条件的变化对功率模块而言是不可避免的,它会产生温度波动。不同材料热膨胀的差异使封装受力。为了最大限度地减少由相邻不同材料层的热膨胀引起的应力,其热膨胀系数 (CTE) 应该差不多大 (或更精确地从一叠薄层各层内部存在的热梯度来说,相邻各层的温度与热胀系数的乘积应尽可能小)。

图 11-17 表明 Si 和 Cu 的热膨胀系数相差颇大。因此,像标准 TO 封装 (见图 11-5) 那样,直接连接两种材料是非常不利的。基于功率模块的概念,在 Cu 底座和 Si 芯片之间采用陶瓷衬底,可以显著减少相邻层之间的热失配,从而延长寿命。采用具有 0.3mm Cu 层的 Al_3O_3 DBC,在芯片和衬底之间产生的应力,类似于衬底和底座之间产生的应力[Sen99]。用 AlN DBC 代替 Al_2O_3 DBC,减少了芯片和衬底之间的热膨胀应力,但增加了衬底和铜底座之间的应力。在高性能功率模块中,底座材料采用 AlSiC 可以降低衬底接口的应力。改变这种金属基复合材料中两种组分的比例,可将其热膨胀系数调整到适合 AlN 衬底的最佳值。另一方面,导热率显著降低至接近 ALN 的水平,如图 11-16 所示。从热膨胀的角度看,采用最常用的 Al_2O_3 陶瓷材料作为功率 (DBC) 衬底,最佳的折中方法是一面接硅另一面接铜。

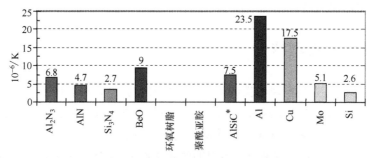

图 11-17　封装技术中经常使用的材料的热膨胀系数
(标星号 * 者表示依赖于复合物的组成成分)

有机绝缘材料环氧树脂和聚酰亚胺 (Kapton®) 具有较大的弹性变形范围,因此热膨胀系数不是很重要,所以在图 11-17 中被省略。另一方面,这些有机绝缘体的特点是具有更高的击穿电压（请参阅附录 C 和 D），从而可以采用很薄的薄层。表 11-3 给出了一份概要的标准材料参数和标准厚度，这是以现有封装技术为基础的。比较表明，在相同击穿电压下，聚酰亚胺层厚度比陶瓷绝缘体小了 10 倍。

表 11-3　绝缘体的标准层厚和散发属性

材　　料	标准厚度/ μm	导热系数/ [W/（K·cm^2）]	单位面积热容/ （pF/cm^2）	击穿电压/ kV
Al_2O_3	381	6.3	22.8	5.7
AlN	635	28.3	12.5	12.7
Si_3N_4	318	28.3	25.6	4.5
BeO	635	39.4	11.8	6.4
环氧树脂	120	2.5	52.4	7.2
聚酰亚胺	25	1.5	138.1	7.3

尽管很薄，有机绝缘底座上的衬底还是比陶瓷衬底热导率低[Jor09]。此外，薄层会引起高电容，这种寄生电容一样会在功率电路中造成不利影响。

通过对所有的绝缘材料性能的比较，在功率半导体封装中，当 BeO 由于其毒性被遗弃时，AlN 在技术上是绝缘材料的最佳选择。AlN 具有最高热导率。另外，凭借其高击穿电压特性，它在击穿电压高于 3kV 的模块中是不可或缺的。然而，由于它的脆性结构，AlN 表现出高破碎风险，从而在模块的工业生产中造成了更大的挑战。在高达 1200V 的电压范围内，基于 Si_3N_4 的高弯曲强度，可以通过减小层厚度以实现与 AlN 的传热系数相匹配。目前，很多小组都开展了将 Si_3N_4 衬底应用于汽车方面的评估。

11.4　热仿真和热等效电路

11.4.1　热参数与电参数间的转换

描述一维热传导物理过程的微分方程组和描述一维电传导的方程组具有相同的形式。因此通过相应的参数交换，热学的问题可以转化成电学的问题，反之亦然。由于微分方程等价，所有的电学网络的操作可以转换到热学网络，尤其是通过集总网络中的一套离散原理对连续导线的近似。由于现在有多种工具可模拟电学网络，可以通过计算等效的热学电路，解决热耗散问题。

标准程序是首先将热参数转换成相应的模拟电参数。然后通过应用先进的电学网络仿真工具解决对应的等效网络。最后再把结果转换回热参数。表 11-4 给出了一个对应的基本参数列表[Lap91]。

表 11-4　电参数和热参数之间的对等关系

电　参　数	热　参　数
电压 V（V）	温差 ΔT（K）
电流 I（A）	热流 P（W）
电荷量 Q（C）	热量 Q_{th}（J）
电阻 R（Ω）	热阻 R_{th}（K/W）
电容 C（F）	热容 C_{th}（J/K）

　　根据这些基本参数可以得到其他相应的参数。例如，衡量电阻和电容的电学时间常数，对应衡量热阻和热容量的热学时间常数。

　　乍一看，电参数和热参数之间的对应关系似乎具有完美的对称性。然而，它们之间也是有区别的，这些区别破坏了完美的对称性，热方程中的温度清晰地表现出了这种差异。要密切研究这种差异，先来定义几何位置 a 和 b 之间的热阻 R_{th}，即

$$R_{\mathrm{th(a-b)}} = \frac{T_{\mathrm{a}} - T_{\mathrm{b}}}{P_{\mathrm{V}}} = \frac{\Delta T}{P_{\mathrm{V}}} \tag{11-4}$$

　　在电学理论中，欧姆定律假设，在恒定温度这个边界条件下，欧姆电阻是不依赖于电压的常数。这个边界条件反映出这样一个事实，即材料的性能一般都依赖于温度。但是，因为温度是热阻定义中明确提到的参数，与欧姆定律相对应的热学理论中边界条件 T = 常数是不合理的，因为这意味着，热阻始终依赖于温度[Scn06]。

　　根据本章参考文献[EFU99]，硅、铝和铜的热导率对温度的依赖性如图 11-18 所示。基于本章参考文献[Poe04]，硅的温度特性在 $-75 \sim +325\,^{\circ}\mathrm{C}$ 之间可近似地表示为

$$\lambda_{\mathrm{Si}} = 24 + 1.87 \times 10^{6} T^{-1.69}\,\mathrm{W/(m \cdot K)} \tag{11-5}$$

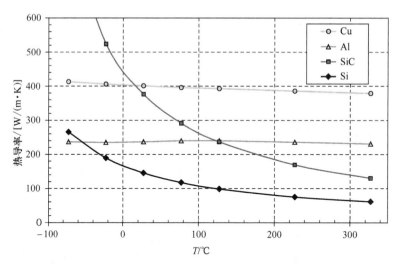

图 11-18　Si, SiC, Al 和 Cu 的热导率与温度的依赖关系
(数据根据本章参考文献[EFU99]和[Fel09]得到，Si 的数据由式(11-5)计算得到)

　　只有当 λ 与温度无关时，热阻式(11-4)才是常数。对于铝、铜和大多数其他材料来说，在 $-50 \sim +150\,^{\circ}\mathrm{C}$ 区间是可以这样近似认为的。在电力电子系统中，硅的热阻只相当于总热阻的 2% ~ 5%。所以，忽略其随温度的变化，在大多数情况下带来的误差很小。为了避开这个基本问题，可以在等效网络中用一个与电压有关的电阻来模拟一个依赖于温度的热阻，这在大多数电学网络仿真工具中都可以做到。

　　热学模拟中另一个普遍的问题是温度的判读。常规的参照点是环境温度 T_a，散热器温度 T_s，外壳温度 T_c 和所谓的虚拟结温 T_{vj}。在三维系统中，热状态不平衡，系统的每一层表现出明显的温度梯度。因此，一个单一的温度 T_c 或 T_s 对一个真正的系统只是一个粗略的估计，其底座（就模块而言）和散热器表面要用温度分布来表征。

　　结温 T_j 尤其是这样。功率器件在功率耗散过程中呈现出最大温度梯度。因此，假设一个有效结温 T_{vj} 作为硅器件的特征温度是行之有效的。在一个小的感应电流下测量 pn 结的电压降，通过此电压降定义这个参数，如 3.2 节所讨论的那样。

　　在电流非常小的情况下，pn 结正向电压降强烈依赖于温度，它总是随着温度升高而降低。要由此效应来确定温度，探测电流必须小到可以忽略其对温度的影响的程度。通常情况下，选择电流密度为 $100mA/cm^2$ 或更低。图 11-19 显示的是在 50mA 下测量一个 50A 二极管 pn 结正向电压降与温度的函数关系。经过校准之后，该器件的结温就可以通过施加 50mA 探测电流并测量其既非正向导通也非反向阻断的瞬间的电压降而得到。图 11-19 对测量的校准函数与按式（3-53）和式（3-55）求算出的结果进行了比较。对这种快恢复二极管，在式（3-55）中取理想因子 $n = 1.05$。

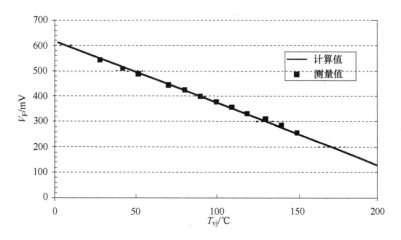

图 11-19　一个 50A、1200V 硅 pn 结二极管作为 pn 结温度传感器的校准曲线［该 50A 二极管的 pn 结正向电压降是在 50mA 电流下测得的。计算根据式（3-53）和式（3-55）进行］

　　结合不同环境温度下电压降的校正，这种方法提供了一种不用破坏封装便可方便确定有效结温的技术。这种技术在二极管和 IGBT 中应用很好。可以用此方法测量晶闸管中门极和阴极之间 pn 结的温度。对于 MOSFET，其寄生反并联二极管可以用来对其进行结温的测量，这时探测电流方向应相反。

　　正如之前指出的那样，在非平衡条件下，没有一个真正的功率器件表面温度是恒定的。硅芯片边缘的温度比芯片中心的温度要低，因为热通量不仅可以垂直向散热器传播，也可以远离芯片中心传播，可以通过图 11-13 和图 11-14 中的剖面图来设想，这种现象被称为热扩散。图 11-20 所示的一个取样模拟说明了一个 200W 功率耗散所产生影响，该功耗均匀产生于一个$(12.5 \times 12.5)\,\text{mm}^2$ 的 IGBT 芯片中。计算出的温度分布揭示出中心温度比芯片边缘温度大约高 20℃。

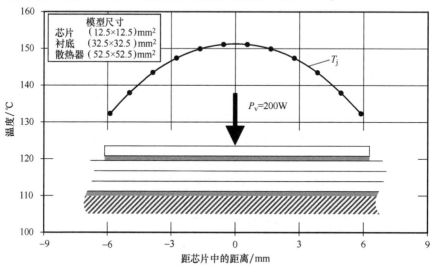

图 11-20   参考图 11-14 的各层情况下硅芯片中模拟的温度分布(引自参考文献[Scn06])

本章参考文献[Ham98]介绍了对这个模拟温度分布的实验验证。温度用一个电位分离传感器测量，这种传感器由一端涂有磷光粉的石英玻璃棒构成，用一个激光器来激励磷光粉发光。利用石英玻璃棒尖端的磷光辐射对温度的依赖性来测量温度。用此电位分离传感器可以测量 IGBT 芯片表面不同位置的温度。测出的芯片中心温度和边缘温度与有效结温有密切的关系，有效结温由 100mA 探测电流下的电压降决定(见图 11-21)。对于高负载电流，中心与边缘之间的温差在 20℃ 的范围内。结果还表明，温度 T_{vj} 是实际温度分布的平均值。T_{vj} 向较热的芯片中心转移。

T_{vj} 向热的芯片中心转移的原因与小电流下 IGBT pn 结(参考图 10-10)背面电压降的温度特性有关。虽然 IGBT 正向电压降的温度系数在额定电流范围内是正的，但在小电流时电压降只决定于 pn 结的物理性质，具有负的温度系数。这就导致了芯片热区的小电阻，并意味着热区在探测电流经过的平均过程中权重更大。这是一个在温度测量时希望的特点，因为重点放在高温区，就缩小了与实际芯片最高温度的差别。但应记住，对大芯片和大负载电流而言，最高温度仍然会高于有效结温。

根据芯片本身的电参数对温度依赖性，确定结温具有很大的优点，即不需要传感器，因此无须考虑模块封装或制造商的修改。原则上，器件的任何温度敏感电参数(Temperature Sensitive Electrical Parameter, TSEP)都可应用于芯片温度的无传感器测量[But14]。但是，应该强调的是，不同的测量方法会得到不同的温度值。特别是

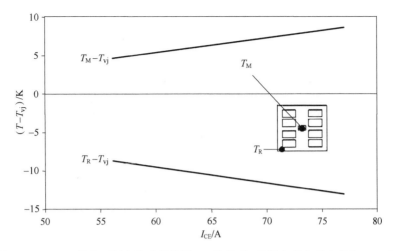

图 11-21　IGBT 的表面温度和有效结温 T_{vj} 的关系（根据本章参考文献[Ham98]）

对于不同测量方法之间或与 FEM 模拟结果之间的比较，对测量温度值的几何解释就很有必要。

最常见的 TSEP 方法是 $V_j(T)$ 方法，也称为 $V_{CE}(T)$ 方法，如上所述，它定义一个虚拟结温 T_{vj}。对 IGBT 这样的快速开关器件，器件温度可在负载电流脉冲关断不到 $100\mu s$ 的时间内测量。本章参考文献[Scn09]中对探测电流平均效应的调查表明，测量的温度值对应于整个区域的平均温度。

然而，这种测量技术有两个主要缺点。第一个缺点是，这种方法不能直接用在像频率逆变器中 PWM 那样的实际开关应用中测量芯片温度。在实际的逆变器工作中，不可能用 TSEP 来评估特定的工作条件。

对于单个芯片，仅考虑一个特征温度值，而不用考虑芯片的中心热和边角冷这样的温差的信息。在并联芯片条件下，这个问题变得更加明显。如果并联芯片之一具有更高的热阻（譬如由于焊锡质量不高），其较高的温度只对平均值有很小影响。

确定其他参考点的温度 T_c 和 T_s 的测量技术也是非常重要的。壳温 T_c 在有底座的经典模块中是一个公共参考点，为了测量 T_c，要在散热器上正对着产生功耗的硅器件的中心处钻孔，如图 11-22 所示。因此，这种测量方法需要知道模块内芯片的确切位置。这个钻孔会干扰流向散热器的热通量。然而，由于标准模块底座的热扩散，这种干扰对原始值引起的偏差不大于 5%，这在热模拟中得到了验证。

在不带底座的模块上，钻孔对温度的影响更严重，因为无法通过底座散热。可以采用盲孔来取代散热器上的通孔[Hec01]，其中盲孔只通到散热器表面下 2mm 的深度。因为模块和散热器间的热接触口与散热路径集成在一起，所以这种测量配置具有一定的优点。这种方法可应用于任何类型的模块。这里定义的参考温度称为散热器温度 T_s（原来的出版物中称为 T_h）。

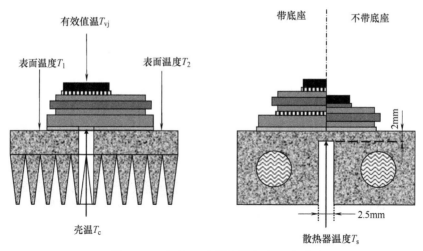

图 11-22   壳温 T_c 和散热器温度 T_s 的定义

与有效结温的测量相反，壳温或散热器温度的测量限制在热平衡状态。热电偶的瞬态响应时间为 100ms 或 100ms 以上，所以不能用来测量功率模块中快速的温度变化，模块内部热阻的典型时间常数约为 1s。

这些考虑说明电力电子系统的热特性不管是通过仿真还是测量都是不容易得到的。需要一定的经验和严谨的思维来选择正确的模型，并对仿真结果进行分析解释。温度测量也必须认真仔细。科学出版物必须讨论温度测量的应用方法，以便解释结果。热特性测量是电力电子系统中最困难的工作之一，只有将实验技能与正确应用的热模拟相结合才能取得成功。

11. 4. 2   一维等效网络

在一维等效网络中，热源的功率消耗用一个电流源表示。网络中的电阻和电容代表模拟热系统中的热阻 $R_{th,i}$ 和热容 $C_{th,i}$。地电位相当于环境温度。在物理正确的考尔(Cauer)模型中，热容由模型中的每个节点连接到地电位。如果系统中产生了功率损耗，节点温度将升高，热能存储在这些热容中。对功率耗散之前的状态，存储的能量和温差成正比。因此，这个网络正确反映了物理事实(见图 11-23)。

与考尔模型相反，在福斯特(Foster)模型中，热容和热阻并连。应当指出的是这两个网络中热阻值和热容值是不同的。就热源之后的第一个节点的温度而言，福斯特等效模型和考尔模型具有相同的瞬态行为。虽然考尔模型中的内部节点可以解释为系统的几何位置，福斯特模型的内部节点则不可以。这一最重要的事实或许可用福斯特模型中 R_s 和 C_s 的成对交换不会改变整个系统的瞬态响应这一特性来记住。而考尔模型中 R_s 和 C_s 的交换将改变系统的瞬态响应，因为真实系统中，层与层的交换必然会改变系统的瞬态响应。这种与系统几何上没有关联也意味着福斯特模型中的热阻和热容的大小不能像考尔模型那样通过材料常数来计算。最后，一个福斯特模型既不可以分解，也不可以将两个福斯特模型连接在一起，而这两个操作在考尔模型中是可以的。

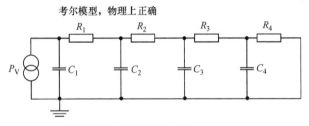

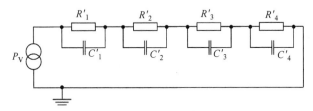

图 11-23　一维等效热网络

福斯特模型应用上的这些严格限制会产生这样一个问题：究竟为什么我们还要使用这种类型的模型。答案是，随时间变化的热阻（常常指系统热阻 Z_{th}）可以表示为一个简单的解析式。表达式中的模型参数 R_i' 和 C_i' 由系统对功耗的阶梯函数响应决定。例如，应用最小二乘方拟合算法，测量加热或冷却曲线，解析式中的参数被优化直至响应时间与瞬态系统响应匹配

$$Z_{th} = R_{th}(t) = \sum_{i=1}^{n} R_i' \left[1 - \exp\left(-\frac{t}{\tau_i} \right) \right] \tag{11-6}$$

式中，$\tau_i = R_i' C_i'$。

R_i' 和 τ_i 的值通常被清晰地列在功率封装的数据表中。因此应用工程师可以快速计算复杂功率封装的瞬态响应。

在考尔模型中，热阻和热容的值可以简单地从材料参数中计算出来

$$R_{th} = \frac{1}{\lambda} \frac{d}{A} \tag{11-7}$$

$$C_{th} = c\rho dA \tag{11-8}$$

式中，d 为层厚；A 为截面面积；λ 热导率；c 热容；ρ 密度。当选择等效网络的节点位于每层同质材料的重心时，每层的热容量由材料参数和每层的体积确定。这样，两节点之间的电阻由两部分组成，材料常数和接触层的半厚度（见图 11-24）。注入层中的节点电流和表示层温度平均值的节点电压，体现了同质层中产生的功率损耗。

根据这些提取规则，可以推导出一个分层系统的考尔模型，该模型允许完整的几何解释和所有的几何操作，例如合并或分解。

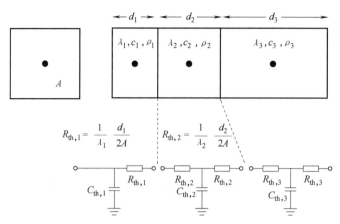

图 11-24   从某一层的几何参数和材料常数中提取 R_{th} 和 C_{th}

11.4.3   三维热网络

一维考尔模型在一个真正的功率模块中仅仅是对其复杂层状结构的粗糙近似。一般各层有不同的横截面,一维模型不能很好地描述由此产生的横向热蔓延(参考 11.2 节,特别是图 11-13 和图 11-14)。高热导的铜层要比高热阻层(陶瓷、导热膏)拓展的有效导热面积大。如图 11-25 所示,这些三维特性可以通过将考尔模型拓展到三维空间而考虑进来。这时的节点构成一个三维点阵,相邻节点通过电阻连接。

图 11-25 中的节点定在每个立方体单元的中心。节点之间的电阻由传热路径上的材料参数决定,从而横跨两个相邻层的接口电阻由两层材料的参数决定。

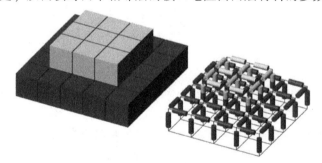

图 11-25   简单双层系统的三维模型,展示点阵节点以及互连的电阻
(由本章参考文献[Scn06]得到)

图 11-25 体现了三维模型中元件数的激增。即使是这个只有两层的简单系统,其中第 1 层有 9 个节点,第 2 层有 25 个节点,总计也需要 86 个电阻来连接这些节点。另外,如果考虑系统的瞬态响应的话,还有 34 个电容必须连接到每个节点与地之间。一个真实的功率半导体封装模型有几百个节点和超过 1000 个元件。这样复杂的网络需要快速的网络仿真工具和合适的预处理器来从一个给定的几何形状中生成输入数据。然而,模拟结果显示的是各层温度的变化,如果对该系统没有相当大的干扰,这是很难测量的。此外,三维模拟是唯一通过测量来计算干扰影响的方

法，对于未干预系统，三维模拟允许量化补偿。最后，在硅器件以外的其他所有层中，快速瞬态温度变化事实上很难被测量[Hec01]；而只有仿真模型可以给出准确数据，这对于功率模块封装的热特性是必要的。

11.4.4　瞬态热阻

三维模型下瞬态热阻或热阻抗 Z_{th} 的仿真如图 11-26 所示。对使用氮化铝衬底的三种不同的功率模块进行了计算比较：两个有底座模块如图 11-13 所示，层尺寸见表 11-1；另一个无底座模块如图 11-14 所示，层厚度见表 11-2。

对于 50ms 以下的单个短脉冲，热阻抗非常小并且它是独立于模块设计之外的，因为热量几乎是完全存储在硅芯片和衬底上。对于大的脉冲长度，热阻抗接近平衡时的热阻抗值，这就是热阻 R_{th}。比较不同的设计表明，无底座模块的热阻比具有铜底座模块的热阻有所减小，这是垂直方向底座热阻的结果。由于 AlSiC 的热导率较低，AlSiC 底座模块热阻是相当高的。与铜底座模块相比，较差的热导率也使其在 50 ~ 500ms 的中等脉冲宽度范围内的热阻抗增大。然而，无底座模块的 Z_{th} 在此区间中具有最高值，这是因为没有底座热容导致的。因此，在单脉冲 50 ~ 500ms 过载条件下，无底座模块设计的缓冲能力比较低。

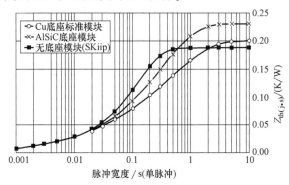

图 11-26　基于 AlN 衬底的不同模块的瞬时热阻仿真
（图形从本章参考文献[Scn99]得到）

然而，系统单脉冲响应只与数量有限的应用程序有关。系统中，一个单脉冲事件在额外热容方面具有最大优势，因为脉冲结束后有无限的时间来消耗热量。在重复脉冲条件下情况是不同的。然后，在我们讨论的底座中，额外热容的优势是有限的。

对于无限恒功率脉冲系列，系统中温度的变化[如式(11-6)所示]可以通过解析计算得到。对于一个在 t_{on} 时间内功率恒定为 P_{on}，而接下来的 t_{off} 时间内无功率的一系列恒功率脉冲，可以计算静止的最高温度波动为

$$\Delta T_{\mathrm{max,stationary}} = P_{\mathrm{on}} \sum_{i=1}^{n} R_i' \frac{1 - \exp\left(-\dfrac{t_{\mathrm{on}}}{\tau_i}\right)}{1 - \exp\left[-\dfrac{(t_{\mathrm{on}} + t_{\mathrm{off}})}{\tau_i}\right]} \tag{11-9}$$

还可以计算由一系列恒定脉冲产生的静态温度纹波的最低温度

$$\Delta T_{\text{min,stationary}} = P_{\text{on}} \sum_{i=1}^{n} R_i' \frac{\exp\left(-\dfrac{t_{\text{off}}}{\tau_i}\right) - \exp\left[-\dfrac{(t_{\text{on}} + t_{\text{off}})}{\tau_i}\right]}{1 - \exp\left[-\dfrac{(t_{\text{on}} + t_{\text{off}})}{\tau_i}\right]} \tag{11-10}$$

两个方程共同决定了静态温度纹波

$$\Delta T_{\text{ripple,stationary}} = \Delta T_{\text{max,stationary}} - \Delta T_{\text{min,stationary}} \tag{11-11}$$

如果定义占空比 $D = t_{\text{on}}/(t_{\text{on}} + t_{\text{off}})$,则可以更详细地讨论热容量对系统响应的影响。对于非常低的占空比,如图 11-26 所示的单脉冲特征可以用作很好的近似。在实际应用中,这适用于焊接或高电流脉冲之间的长脉冲感应加热。大多数电力电子的应用方向仍然是电机驱动。IGBT 以及二极管在输出电流的半周期内有负载;在接下来的半周期内无负载。在首次近似中应简化 50% 的负载周期。图 11-26 中三个系统的热阻抗的对比如图 11-27 所示。可以看出,无底座模块仍逊色于铜底座模块,但在整个频率范围内它优于 AlSiC 底座设计。由于 AlSiC 的热导率很小,储存到底座的热量不能很快地分散到散热器,从而无法具有占空比 50% 的优势。

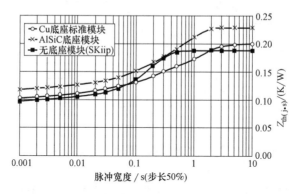

图 11-27 仿真占空比为 50%、基于 AlN 衬底的不同模块的瞬时热阻仿真

式(11-9)和式(11-10)对于确定平衡状态下的纹波振幅是非常有用的。这些等式决定于静态条件下的温度纹波的幅度,定义了最高温度和最低温度之间的差异。图 11-28 说明了这些依赖关系。

下面是一个应用实例。此例中我们考虑耗散功率 $P_{\text{av}} = 300\text{W}$,输出电源频率为 5Hz,占空比为 50%。例如,IGBT 变速驱动一个缓慢旋转的电动机。对于铜底座模块,在图 11-26 和图 11-27 显示的静止状态下,采用 0.2K/W 的热阻,由式 (11-4)可以得到温度增量 $\Delta T_{\text{jav}} = 60\text{K}$。在 100ms 脉冲长度下,下面要计算:

$$\Delta T_{\text{jmax}} = Z_{\text{thjc}} P_{\text{on}} \tag{11-12}$$

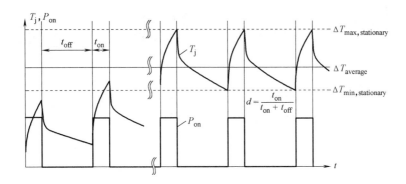

图 11-28　在 t_{on} 时间内功率脉冲 P_{on} 的温度波动

其中，按图 11-27 所示 $Z_{thjc} = 0.13K/W$，$P_{on} = 600W$，可以得到 $\Delta T_{jmax} = 78K$。在占空比为 50% 的特殊情况下，ΔT_{jmax} 和 ΔT_{av} 的差别是温度波动的一半，温度波动总计等于 36K。对于无底座模块，$Z_{thjc} = 0.19K/W$ 时，可得到 $\Delta T_{jav} = 57K$；如图 11-27 所示，$Z_{thjc} = 0.135K/W$ 时，可得到 $\Delta T_{jmax} = 81K$，温度波动总计等于 48K。对于 AlSiC 底座，可得到 $\Delta T_{jav} = 69K$，$\Delta T_{jmax} = 90K$，温度波动总计等于 42K。

铜底座模块中铜和氮化铝之间的热失配较大，因此，从高可靠性的角度出发只考虑其他系统。然而，在温度很高时，无底座模块中的温度波动较大；AlSiC 底座模块中的温度波动较低。最高温度会影响可靠性和温度波动。对于寿命估计的详细介绍参考第 12 章。

在电动机驱动应用中，对 t_{on} 期间恒定损耗的简化是不切实际的。事实上，通态损耗与 $\sin^2 \omega t$ 成正比，开关损耗与 $\sin \omega t$ 成正比。然而，比较发现结果是相似的。

11.5　功率模块内的寄生电学元件

每一个功率模块都含有由内置导电轨迹引起的寄生电阻和寄生电感，以及由绝缘层分开的平行导体产生的寄生电容，它们的影响是不可忽略的，尤其是在快速开关过程中。

11.5.1　寄生电阻

内部和外部连接器对分立式封装总电压降的明显增加已经在前面 11.2 节叙述过了。图 11-29 说明了美国国际整流器公司(IR)产品封装设计的演化。表 11-5 列出了这些封装类型的特性参数。

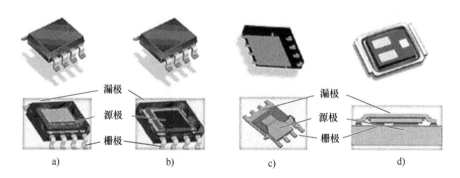

图 11-29　为减少寄生电阻和寄生电感，分立封装结构的优化以及热阻的改进[Zhg04]

a) SO-8　b) Copperstrap　c) PowerPak　d) DirectFET™

表 11-5　图 11-29 所示封装设计的特性参数[Zhg04]

封装类型	寄生电阻/ mΩ	寄生电感/ nH	结与 PCB 间的热阻 R_{th}/(K/W)	结与上表面间的热阻 R_{th}/(K/W)
SO-8	1.6	1.5	11	18
铜带设计	1	0.8	10	15
Power-Pak	0.8	0.8	3	10
DirectFET	0.15	<0.1	1	1.4

从 SO-8 封装到铜带设计的过渡中，铜带对金属连线的替代减小了寄生电阻和寄生电感。由于芯片技术的发展成功地使 40V MOSFET 的导通电阻减少了约 1mΩ，所以这个封装的改善是强制性的。PowerPak 封装外壳的标志性进展是通过采用铜底座使热阻有很大改进，它提供了一种有效的散热途径，同时又起到漏电极的作用。最终的进步是 DirectFET 封装技术的发展，它使寄生效应和热阻降到最小。

在功率模块中的寄生电阻也是需要考虑的。对于先进的功率模块，厂家在数据表中往往会明确标出由封装引起的寄生电阻的大小。英飞凌公司对其额定电流为 3600A 的 1200V IGBT 高性能功率模块 FZ3600R12KE3 标出的寄生电阻为 0.12mΩ。因此，寄生电阻在电流为 3600A 情况下会产生 0.43V 的附加电压降。IGBT 的通态电压降典型值为 1.7V。因此，封装引起的电压降大约占总电压降的 20%。其他大电流模块的特性参数有类似的值。

如果该英飞凌功率模块中的 36 个额定电流为 100A 的 IGBT 芯片用通态电阻 $R_{DS,on}$ = 4.9mΩ 的 75V 100A MOSFET 芯片代替，则封装电压降就和这些 MOSFET 的电压降在同一范围。

尽管功率模块的总寄生电阻阻碍了电力电子的应用，因为它会产生额外损耗，并降低系统效率，但内部寄生电阻的影响更严重，因为它们会影响复杂并联芯片中高功率模块的静态电流分布。在下面的简单示例中更详细地考虑了这种影响。

这个简单的模型包括 5 个并联的二极管芯片，每个芯片额定电流为 70A。芯片焊接到 DBC 衬底上，DBC 衬底通过一层薄的热界面材料与散热器连接，如图 11-30[⊖] 所示。衬底左侧是阴极，右侧是阳极。DBC 衬底上 Cu 层的寄生电阻、引线键合的寄生电阻，以及 5 个二极管的(与温度相关)正向电压降一起组成了电网络。基于材料参数和与实际接近的几何尺寸假设，再加上边界条件可求解出该网络中的电流分布，边界条件为每个电流路径产生的电压降相同。

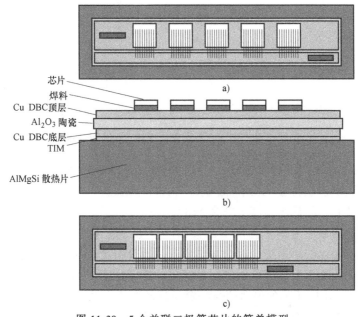

芯片
焊料
Cu DBC顶层
Al$_2$O$_3$ 陶瓷
Cu DBC底层
TIM
AlMgSi 散热片

a)

b)

c)

图 11-30　5 个并联二极管芯片的简单模型

a)芯片间隔距离为 5mm 的俯视图　b)截面图　c)芯片间隔距离为 1mm 的俯视图[Scn15]

第一步，假设 5 个二极管的温度相同，并且在芯片之间距离为 5mm 时求解网络(见图 11-30a)。第二步，根据图 11-30b 将电流流经每个二极管产生的损耗带入 FEM 模型中，并且计算与面积相关的芯片平均温度。将这些温度重新带入网络开始迭代过程，该过程将针对具体问题收敛于一个热-电常数解，结果如图 11-31 所示(线条仅用于指示说明)。

三角形标注的为芯片距离为 5mm 时的求解结果，结果表明，当温度在 115~150℃变化时，图 11-30a 中最右边芯片中的电流变化最显著，电流在 40~86A 之间变化，此时额定总电流为 350A。造成这种不平衡的主要原因是 DBC 上的阳极电流轨迹的宽度较小，从而导致芯片上位置 5 处芯片中的电流和温度最大。

芯片之间的寄生电阻是引起这种不平衡的根本原因，因此可以通过减小电阻的来改善电流分布。这可以通过缩小芯片距离来实现，如图 11-30 所示，芯片之间的距离仅为 1mm。然而，这种布局的改变会增加芯片之间的热交换。采用与芯片之

⊖　此处原书误为图 11-14。——译者注

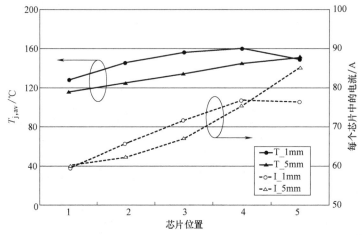

图 11-31　基于图 11-30 模型中电流分布和温度分布的热电一致性解决方案[Scn15]

间距离为 5mm 时相同的迭代过程，结果也显示在图 11-31 中（圆圈标注）。由图可以看出，最大电流实际上可以降低到约 77A。但是，对于这种减小寄生电阻的布局，位置 4 处芯片的最大温度上升到 160℃。

这个简单的模型考虑了并联的二极管。这些二极管具有正向压降的负温度系数，这会放大温度的不平衡，因为较热的芯片会吸引更多的电流。对于在额定电流下具有明显正温度系数的并联 IGBT，热耦合的影响将不太明显。

虽然图 11-31 中所示的绝对值与特定模型的假设有关，但总体趋势适用于具有并联芯片的每个高功率模块设计，即每种设计总是要在并行芯片间的最小寄生电阻和最小热耦合之间进行折中。进一步降低导通状态电压以用于未来的功率芯片生成将增加寄生电阻不平衡的影响。新一代功率芯片中要求进一步降低导通电压降，这会加剧寄生电阻不平衡的影响。

这个例子表明，降低功率模块中的寄生电阻是一个重要目标，尤其是对高电流和低电压模块。然而，内部的寄生电感对封装性能的影响更大。

11.5.2　寄生电感

每个电流通路都会产生寄生电感，可以采用经验法则来估计导电轨迹电感的大小

$$L_{\mathrm{par}} \approx 10\mathrm{nH/cm} \tag{11-13}$$

正负轨迹平行排列可减小电感；这项技术常常被应用在现代功率模块内。对于经典模块设计，模块电感的典型值在 50nH 范围内。对于更先进的封装，这个值减小到了 10~20nH。这些寄生电感影响着换向电路，如图 11-32 所示。

L_1 和 L_6 代表直流侧电容器的电感和直流侧导电轨迹的电感。

L_2 是由正端和衬底上引向 IGBT 集电极的导电轨迹形成的电感，该 IGBT 焊接在衬底上。

L_3 由 IGBT 发射极的键合线和衬底上引向交流端的导电轨迹所形成的电感

构成。

L_4 由从交流端与焊接在衬底上的
续流二极管阴极接触之间的导电轨迹
的电感合成。

L_5 由续流二极管的阳极键合线和
通向负端的导电轨迹以及端子本身的
电感组成。

L_8 代表负载电感,在变换期间它
充当主要电流源。这个电感以及交流
端(L_7)的串联电感在切换电路中是没
有影响的。有效的内部寄生电感都是
串联的,这样它们可以合并成一个模
块电感 L_{pm}

$$L_{pm} = L_2 + L_3 + L_4 + L_5$$

(11-14)

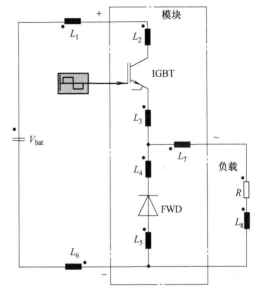

图 11-32　切换电路的寄生电感

总寄生电感 L_{par} 是由模块电感和直流环节电感的串联产生的

$$L_{par} = L_{pm} + L_1 + L_6 \tag{11-15}$$

功率模块内寄生电感对动态特性的影响将在以下两个例子中进行说明。第一个
例子,我们可以考虑一个三相电动机驱动器的变频器,这个变频器由三个 1200V、
额定电流 800A 的 IGBT 半桥模块组成。

最大直流电压 V_{DC} 等于 800V,每相寄生电感 L_{par} 假定为 20nH。电流上升率
$\mathrm{d}i_r/\mathrm{d}t$ 为 5000A/μs。在这些假设下,转换期间的电压特性可以由式(5-72)计算
出来

$$V(t) = -V_{DC} - L_{par}\frac{\mathrm{d}i_r}{\mathrm{d}t} + V_{tr}(t)$$

对这一方程赋值可得到过载电压的峰值为 100V。因此,产生的最大电压会达
到 900V,这对于功率模块的规格界限是安全的。此外,IGBT 电压 $V_{tr}(t)$ 的典型特
征不是突然中止而是开通后缓慢减小。因为 $V_{tr}(t)$ 与寄生电感产生的尖峰电压有相
反的极性,所以在实际测量中探测不到高于 800V 的尖峰电压,如图 5-21 所示。

第二个例子考虑一个用在 42V 汽车电源系统的起动发动机中的半桥模块。其
中的 MOSFET 功率开关的额定电流为 700A,阻断电压为 75V。如前面所说,寄生
电感假设为 20nH, $\mathrm{d}i_r/\mathrm{d}t$ 为 5000A/μs。考虑寄生电感产生的过电压峰值为 100V,
那么最高产生 142V 的总电压。与 IGBT 相反,导通后 MOSFET 的电压将突然变化,
所以它对于减小总的过电压峰值是没用的,结果使得 142V 的峰值电压明显高于
MOSFET 的最高阻断电压。

这些例子说明了一个电力电子应用中的普遍特征,即大电流系统在低压下对寄

生电感最敏感。此外，在这些应用中对称电流通道问题更加值得注意。

为了更深入地研究这个问题，考虑在一个 DBC 衬底上用 5 个 IGBT 和具有 1200V 阻断能力的续流二极管构成的并联结构(见图 11-33a)，负载终端的位置已确定，图 11-33b 描写了这个设计的电路原理图。衬底上的电流通路由电感 $L_1 \sim L_9$ 来体现，这里 $L_{10} \sim L_{15}$ 代表金属连线。

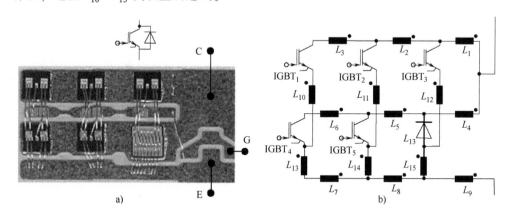

图　11-33

a) 实际的电源电路包含 5 个并联的 IGBT 芯片和一个反并联续流二极管芯片

b) 电路原理图包括功率器件和由电流轨迹产生的寄生电感

虽然经过 IGBT3 终端通孔的交换电路电流通路仅包含 4 个寄生串联电感，而经由 IGBT1 的有关电流通路则包含 8 个寄生串联电感。因为在给定的结构中，寄生电感的值在同一数量级，因而两个 IGBT 寄生电感之间有 2 倍的关系。这将导致在电路转换期间电流分布有明显的动态不平衡。另外，寄生电感会导致芯片间的振荡，这将在第 14 章中讨论。

在大电流功率模块中很难找到大量并联芯片的对称分布。总而言之，图 11-34 的例子是一个较好的解决方法；在这种情况下，通过短程电流通路连接的芯片与通过长程电流通路连接的并联芯片的结合是一个有很大问题的设计。在电感测量中，沿着短路径的低寄生电感将在结果中占主导因素。然而内部广泛的差异将产生严重的动态不平衡。

本章参考文献[Mou02]已经给出了这个问题的解决方案，这是一个重大的突破，尤其是在高电流、低电压的应用方面。图 11-34 给出了一个例子。基本单元是两个半桥结构的 MOSFET 芯片。MOSFET 开关的内部二极管实现了续流二极管的功能。采用 Fast-Henry 算法[Kam93]对基本单元进行数值仿真优化，这种算法可以计算三维模型中高频率转换下的动态电流分布，它考虑了趋肤效应和涡流。图 11-34a 中的优化单元设计显示了单个基本单元的寄生电感为 1.9nH。通过对称并联 7 个这种基本单元，连接直流母线和正负端子顶部的金属层片，寄生电感可以在纳亨范围内。如上面第二个例子所述，这个模块结构适用于集成化的启动发电机系统。

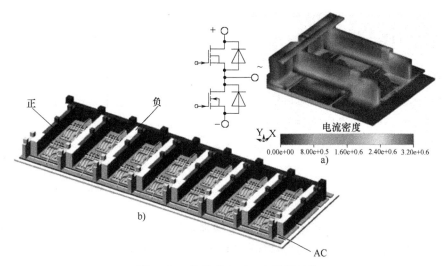

图 11-34 先进的 MOSFET 半桥结构

a）仿真得到寄生电感为 1.9nH 的基本单元 b）每半桥结构中并联 7 个基本单元的

高对称电路设计[Mou02]

11.5.3 寄生电容

功率模块中的绝缘衬底产生的电容也会影响电源电路的动态特性，如图 11-35 中的简单结构所示。

在模块中，衬底上的铜轨道产生两个接地（模块外壳）电容 C_{PA} 和 C_{PK}。串联的 C_{PA} 和 C_{PK} 与二极管内部的结电容并联。在更复杂的电路中，这些电容也会电容耦合连接到电路的其他部分。这些电容的尺寸由绝缘材料和绝缘层的厚度决定。11.3 节的表 11-3 给出了特性参数。

因为环氧树脂和聚酰亚胺绝缘层的热导率很小，但是击穿电压很高，这些材料层被做得很薄，它会导致单位面积的高电容，因而限制了这些绝缘材料（如 IMS 衬底）元器件在快速开关器件中的应用。

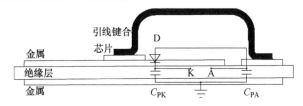

图 11-35 绝缘陶瓷衬底上的二极管芯片封装寄生电容[Lin02]

在一个绝缘 TO-220 封装中，阴极电流接触面积为 8mm×12.5mm。陶瓷绝缘层介电常数 $\varepsilon_r = 9.8$，假设其厚度为 0.63mm，在阴极端产生的寄生电容 C_{PK} 为

$$C_{PK} = \varepsilon_0 \varepsilon_r A/d \tag{11-16}$$

在给定结构下，给上式赋值得到的寄生电容为 14pF，对一个厚度为 0.38mm 的薄陶瓷层，寄生电容值上升到 23pF。如果这个例子中的二极管是 GaAs 肖特基二

极管 DGS10-18A,那么100V 电压下的结电容(由电压决定)$C_{\mathrm{j}}(100\mathrm{V}) = 22\mathrm{pF}^{[\mathrm{Lin02}]}$。这个值和由封装引起的阴极寄生电容在同一范围内。因此,动态特性并非只决定于结电容,外部的寄生电容也会对动态特性进行修正。

然而,正如前面所说,与结电容并联的寄生电容由 C_{PK} 和 C_{PA} 的串联值决定。由于阳极电流轨迹的面积一般比阴极电流轨迹的面积小,这带来的问题就比较小。与结电容并联的总的寄生电容 C_{PG} 为

$$C_{\mathrm{PG}} = \frac{C_{\mathrm{PK}}C_{\mathrm{PA}}}{C_{\mathrm{PK}} + C_{\mathrm{PA}}} \tag{11-17}$$

如果 C_{PA} 只是 C_{PK} 的 1/5,那么与结电容并联的总的寄生电容 C_{PG} 只是 C_{PK} 的 1/6。这个有利条件在 TO 系列封装中被普遍应用。

现在把这个范例电路扩展一下。为了增加阻断能力,TO 封装内的两个二极管串联,然而每个二极管的结构仍然如图 11-35 所示。扩展后范例的等效电路原理图如图 11-36 所示。与二极管 D_1 的结电容 C_{J1} 并联的寄生电容由 C_{PA1} 和 C_{PK2} 并联后再和 C_{PK1} 串联构成。对于两个相同封装,假设其面积如前面所讨论,并联到 C_{J1} 的寄生电容总计为 C_{PK1} 的 6/11 倍或 C_{PK1} 的 0.54 倍。

与二极管 D_2 的结电容 C_{J2} 并联的寄生电容由 C_{PK2} 和 C_{PA1} 并联后再和小电容 C_{PA2} 串联构成。计算得到这个电容值为 0.17 倍的 C_{PK1}。

因此,这个寄生电容形成了一个不对称的动态电压分布,这在高频开关过程中会在两个二极管上产生不同的电压降。这个例子说明了寄生电容会导致不利影响,这种影响不容易被发现。

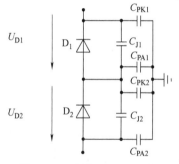

图 11-36 两个 TO-220 二极管的串联寄生电容[Lin01]

如果没有内部绝缘的 TO 封装被安装在一个公用的散热器上,那么就必须采用聚酰亚胺金属薄片作为外部绝缘层。这些外部的金属箔片也会产生寄生电容,从表 11-3 可看出它将有更高的值。

宽禁带器件功率模块更具有挑战性,例如,SiC-MOSFET。除了已知的芯片内部电容 C_{gs},C_{gd} 和 C_{ds} 之外,器件封装还包含了衬底绝缘层 Al_2O_3 或 AlN 的电容,如图 11-37b 中的 $C_{\sigma+}$、$C_{\sigma\mathrm{out}}$ 和 $C_{\sigma-}$。另一个需要考虑的是 $C_{\sigma\mathrm{out}}$ 在每次开关过程中都会重新充电,并且会向散热器供应不需要的电流。如果两个 L_σ 和 $C_{\sigma+}$、$C_{\sigma-}$ 不平衡,则它们也会产生流入散热器的电流。

这种简单的例子可以通过分析检查进行评估,然而,实际的有多种芯片和电流通路的多芯片封装具有更高的复杂性,采用分析的方法对其进行研究几乎是不可能的。

由于不能同时考虑寄生电阻、电感和电容,以及功率器件的结电容,所以实际的情况会更复杂。它们在动态切换过程中的相互作用会形成谐振电路,这会导致振荡[Gut01],在第 14 章将对此进行讨论。如今,像 Fast-Henry 算法这样的软件工具可

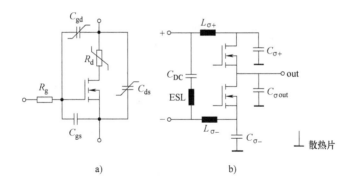

图 11-37　a）芯片内的寄生元件　b）开关单元的寄生元件[Fei15]

以对复杂三维系统的电学特性进行详细模拟。为提高电力电子系统的可靠性，对功率模块寄生效应的分析和优化是可行的也是必要的。

11.6　先进的封装技术

功率半导体封装已成为电力电子器件发展中的一项关键技术，它面临着四个基本挑战：

1）功率器件中的电流密度在不断增加。即使在今天，在额定电流下，功率模块中由封装引起的压降已累积到占总压降的相当大的百分比。因此，需要改进封装结构，以降低负载电流路径上的电阻。

2）先进的电力电子应用技术对功率密度的要求越来越高，这需要提高单位面积的功率密度。这就要求在现代的功率模块设计中发展先进的散热技术。

3）硅半导体器件的物理特性允许在有选择的应用中最高结温不超过 200℃。可以预期，在对漏电流和钝化的可靠性作了必要的改善以后，额定电压为 600V 的 MOSFET，IGBT 和续流二极管可以工作到最高结温 $T_j = 200℃$。用 SiC 和 GaN 制成的宽带器件能够工作在更高的温度下。因此在扩展的温度波动和扩展的最高温度下，必须确保可靠性，特别是在有功功率周期中。已有的标准模块结构不能满足今天的这些要求，必须发展新材料和互联技术。

4）必须把寄生电感和电容最小化或控制住。这样它们就会从不受欢迎的干扰转化为电力电子电路中的功率元素。

找到解决这些挑战的方法是世界各地的研究和开发组织面临的一项艰巨的任务。"电力电子系统中心"（Center Power Electronic System，CPES），它是一个由美国 5 所大学和一些相关企业组成的联合体，他们提出用铜箔代替铝丝，为芯片顶部接触处提供一个更大的有效横截面[Wen 01]。铜箔与芯片金属化层之间的连接是通过

"凹坑阵列技术"[⊖]来实现的,那里铜箔只有局部压焊在芯片上。然而,这项技术迄今为止还没有在系列产品中应用,预期的寿命增加也没有在有功功率循环中得到证实。

　　为了提高功率模块的导热能力,提出了将冷却系统集成到底座上的方法。这种想法省去了在底座和散热器之间所需的热接触材料,这种材料对总热阻有相当大的影响。把冷却系统集成到 DBC 衬底上的技术是更进了一步[Scz00],因为它也省去了衬底和底座之间的接触层。衬底作为芯片的装配层和为散热器提供电气绝缘,集三种功能于一身。这个建议的缺点是冷却液通道的横截面相对较小,这是造成冷却系统高压差的原因。这使得系统在冷却过程中容易受到污垢颗粒的影响。此外,这种高度匹配的冷却系统的可靠性对于器件运行至关重要。超过最大排热能力会导致在冷却的表面和流动液体之间形成蒸汽层,引起系统热阻瞬间急剧增加,如此高效率系统短时间维持这种状态,导致结温突然升高,这将损坏或可能损坏半导体器件。这种可靠性问题是所有高效冷却系统所共有的,目前的研究是以热管为基础或是基于冲击的冷却方法。

11.6.1　银烧结技术

　　一个最重要的任务在高的最高结温 T_j 很高的情况下完成足够长的功率循环寿命。实现这一目标的一个非常有前途的方法是"低温焊接技术"(Low Temperature Joining Technology, LTJ)。这种工艺是一种扩散烧结技术,一种银粒子粉末放在二个待焊接的表面之间。这些表面需要先用贵金属镀敷。有机保护层会抑制银粒子,以避免其在烧结工艺前扩散。加热过程近于 250℃,其间对烧结的界面加高压,融解保护涂层,激活银粒子的扩散。这导致粉末层致密化,形成高可靠的多孔的刚性互联层[Mer02]。

　　该互联层的所有性能参数都优于焊接界面。烧结层的特征热导率可以高达 220W/(m·K),因而,几乎是常规 SnAg 3.5 焊料层热导率的 4 倍。加之其特征厚度不到 20μm,相比于典型厚度>50μm 的常规焊料层,这种烧结工艺大大降低了芯片与衬底之间的热阻。

　　但是,银扩散烧结界面的主要优点是互连的熔解温度高。这一优势可以通过均质温度的概念来说明。机械工程师利用这一概念来评估机械应力下互连的可靠性。均质温度是用绝对温度表示的工作温度与材料熔化温度的比值。图 11-38 显示的

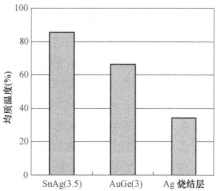

图 11-38　均质温度

传统 SnAg(3.5), $T_{液化}$ =221℃焊接界面,
高熔点 AgGe(3), $T_{液化}$ =363℃焊接界面,
银扩散界面 Ag, $T_{液化}$ =961℃,工作
温度为 150℃

　　⊖　这是用多点点焊形成焊点阵列,把铜箔和芯片金属化层焊接起来的一种方法。——译者注

是，假设工作温度为 150℃，普通 SnAg(3.5)焊接界面。高温 AgGe(3)焊接界面，以及银扩散界面的均质温度。

机械工程师认为互连在均质温度低于 40% 时具有机械稳定性，均质温度在 40%~60% 的蠕变区对机械应力敏感，高于 60% 则难以承载工程负荷。图 11-38 清楚地说明，即使是具有液化温度 363℃ 的焊接界面，其工作温度的可靠性也有限，而银扩散工艺在机械应力的作用下是可靠的。

银扩散工艺的另一有利特点是在连接过程中没有液相，这在第一眼看上去易被忽略。而在焊接过程中，焊料界面却要通过液相，而温度又超过液相温度，在焊接过程的这一阶段，芯片飘浮在液体薄膜上，这就产生了一系列基本问题：

1) 芯片可能会飘离或偏离它应到的位置，为此，有必要使用焊接夹具或焊料阻挡层，以尽量降低其影响。这两种对策都需要相当的空间，因此，焊接过程的定位精度是有限的。

2) 焊料层由于表面浸润性的变化，会呈现楔形厚度分布，这对热阻有相当大的影响，因而影响焊接界面的可靠性。

3) 在工业化系列生产中，不能完全消除焊料空隙。

因为银扩散工艺不需要通过液相过渡，所以消除了焊接工艺已知的这些问题。在一个控制良好的银扩散工艺中，芯片完全对齐，交接面厚度均匀，没有任何大的空洞。

在 20 世纪 90 年代中期，扩散烧结工艺已被应用于诸如 IGBT、MOSFET 和续流二极管等现代功率器件的组装中[Kla 96]。进一步的工艺改进验证了可以在单个工艺步骤中同时实现多个(不同的)功率芯片的连接，这使得该技术兼容于现代系列产品的生产[Scn 97]。2008 年推出了第一个商用系列功率模块，它不含焊接界面[Scn 08]。该模块设计结合了银扩散工艺与弹簧压接系统技术。

实验结果证实了在极端的功率循环下的高可靠性，在 $\Delta T_{\rm j} = 130{\rm K}$ 的功率循环试验中，循环了 30000 个周期，这比经典底座模块用 LESIT 曲线外推[式(12.2)]得出的估计寿命高出 20 倍[Amr05]。这项技术似乎很有前途。甚至工作温度高达 200℃——就像在 $\Delta T_{\rm j} = 160{\rm K}$[Amr06] 下有功功率循环试验那样——这就允许功率模块的应用可以扩展到像混合动力汽车马达舱那样具有挑战性的环境之中。

银扩散烧结技术有潜力替代金属丝键合，用一条银箔与芯片顶部接触连接，如图 11-39 所示。这消除了传统模块结构中的另一弱点，即铝丝键合。这

图 11-39 应用于芯片的底部和顶部接触的银扩散烧结工艺，消除了传统的焊接界面，用银箔替代了金属丝(来源自 TU Braunschweig)

项改进降低了芯片顶部接触的寄生电阻和电感,进一步提高了功率循环的可靠性[Amr05]。

11.6.2　扩散钎焊

另一种提高芯片与衬底间相互连接可靠性的方法是扩散钎焊技术。该原理是基于一种称为"瞬态液相键合"的工艺,此方法已经在工业上应用多年,主要用于钛合金[Mac92]。将该原理应用于 SnCu 合金,可以显著提高芯片互连的均质温度。

首先,将一种 Sn 和 Cu 的薄共晶合金至 227℃ 液化,而芯片表面和衬底上都镀敷有 Cu 层,Cu 被扩散到液态焊料中,形成金属间化合物相,见图 11-40。靠近 Cu 表面的富 Cu 相 Cu_3Sn,熔融温度为 676℃,随后形成一层 Cu_6Sn_5 相,Cu 含量较少,熔点为 415℃。在接下来的扩散工序中,将保持较高的温度,金属间化合物相将向焊料层的中心生长,并逐步消耗共熔合金中的 Sn 含量。最终,Cu_6Sn_5 相的前沿从两边向中心扩展并相遇,同时原来的焊料合金将几乎全部转化为金属间化合物相,其熔点至少为 415℃,如图 11-41 所示。

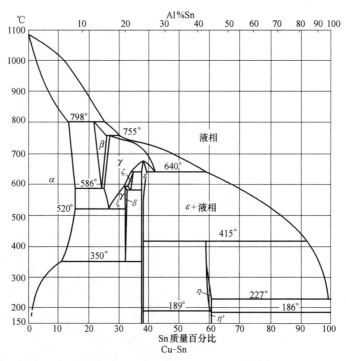

图 11-40　Sn-Cu 合金的平衡相图[Smi76]

要维持一个几分钟的合理扩散时间,焊层厚度必须不超过 $10\mu m$,这就限制了芯片与衬底表面之间可接受的公差。为了降低这一限制,提出一种改进方法,即将 Cu 粒子分散加入到共晶焊料合金中去,这些粒子可以成为 Cu 扩散的额外来源,这样就可以在不增加扩散时间的情况下,实现更厚的互联层。然而,这一方法有 Cu

粒子的均匀分散问题。如果这些 Cu 粒子聚集在共晶合金的糊状物中，则金属间化合物相的增长将不会均匀分布。在最坏的情况下，凝聚的 Cu 粒子甚至可以在芯片和衬底之间形成垂直支柱，从而在互联层中产生空洞。

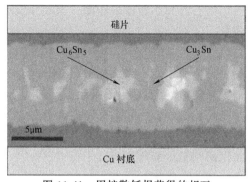

图 11-41　用扩散钎焊获得的相互连接横截面的 REM 图像[Gut10]

但是，如果有 Cu 背面金属化的芯片并满足特定的工艺要求，则扩散钎焊可以建立熔点为 415℃ 及以上的芯片互联到衬底上，同时保持工艺温度在 250℃ 范围内。预计热机械应力下的寿命增加低于 Ag 扩散烧结的增加，但扩散钎焊避免了银烧结所需的 40MPa 范围内的高压。

工业规模的扩散钎焊已由本章参考文献[Gut10，Gut12]提出，在本章参考文献[Gut10]中也报道了衬底与底座间的新焊接工艺。新焊层含有高熔点的垂直金属间化合物相（见图 11-42）。

在温度波动和相邻层之间给定的 CTE 不匹配的情况下，横向裂缝要通过较硬的垂直方向的金属间化合物相是困难的。因此，裂缝扩展速度明显减慢，这已为功率循环试验所证实，该试验的底座温度波动 ΔT 高达

图 11-42　含有垂直金属间化合物相的衬底焊料层（图来自本章参考文献[Gut10]）

100K，其目的是对底座至衬底的相互连接加应力。已经证实，功率循环能力的预期增加了 2.5~3 倍[Hen10]。

11.6.3　芯片顶部接触的先进技术

标准的 MOSFET 或 IGBT 功率模块用直径 300~500μm 的 Al 丝作为芯片顶部接触已经超过 30 年了（见图 11-13）。一台超声波点焊机在不到一秒内就能用单根金属丝将顶部金属化了的芯片与衬底连接起来，金属化部分通常是 4μm 厚的 Al 层，单根 Al 丝长度为 10mm，直径为 300μm 和 500μm，可分别传输 18A 和 50A 的电流，这是由于标准功率模块安装在高效散热器上，具有强大的散热能力。

金属丝的键合工序是高度灵活的，能够适应不同的布局，并通过简单的软件更新来变更设计。这个巨大的优势伴随着某些关注，金属丝键合给模块带来寄生电阻和电感，这就限制了电流容量和寿命（这将在 12.7.2 中详细讨论）金属丝在极端过

电流下将会起到熔断器的作用，这会导致起弧和爆炸，经常使电力电子系统发生严重损坏。

21 世纪初的 10 年，两个因素推动了改进芯片顶部接触的需求。首先，为了提高器件的电流密度，需要增加 Al 键合丝的数量。而现代低压 MOSFET 已经很难把所需数量的 Al 丝放置到源接触上。其次，最高结温从 150℃ 提高到 175℃，并且将来甚至要到 200℃，这就需要提高模块的寿命。如果单靠增加寿命来提高工作温度，则根据经验，工作温度每提高 25℃ 寿命需要增加 5 倍，因此，标准模块的寿命技术必须至少提高 25 倍。

1. Cu 键合丝

Cu 键合丝已由英飞凌[Gut10]引入。Cu 具有 140MPa 的高屈服强度，而 Al 是 29MPa，Cu 的 CTE 是 $16.5 \times 10^{-6}/K$，比 Al 的 $23.5 \times 10^{-6}/K$ 更符合 $Si(2 \times 10^{-6}/K)$。Cu 的电导率和热导率都比 Al 高。长度为 1 的键合丝的功率损耗 P_{bond} 由下式给出：

$$P_{bond} = R_{bond}I^2 = \rho \frac{l}{A} I^2 \qquad (11\text{-}18)$$

对于同样长度和直径，同样的 P_{bond} 下，电流按 $\sqrt{\rho_{Al}/\rho_{Cu}}$ 的规律增加。采用软退火工艺开发的专用软 Cu 键合丝，具有低变形抗力[HER15]，与大部分 Cu 相比，实际电阻略有增加，给出的电阻率为 $\rho_{Cu} = 1.8\mu\Omega \cdot cm$，熔化温度 Cu 比 Al 高。最后，在 11.6 节先进的封装技术[Her 12]中给出了单位金属丝的熔断电流，相同线径和长度下，Cu 是 Al 的 1.25~1.27 倍。计算出来的键合丝环的温度 Cu 比 Al 低 50K[Sie10]。

图 11-43 展示的是一种 Cu 键合丝的横截面和有 Cu 键合的衬底。

与 Al 丝键合相比，Cu 丝键合要求更高的键合压力，以及高得多的超声功率，并改进切割工具。在图 11-44 中对键合参数作了比较，Cu 键合不适用于器件的 Al 金属化表面，因为高功率和施加的力量会导致半导体本身出现裂纹。此外，IGBT 和 MOSFET 的元胞结构中分别在栅极-发射极以及栅极-源极之间有一薄层 SiO_2 隔离层对过高的局部机械负荷敏感。Cu

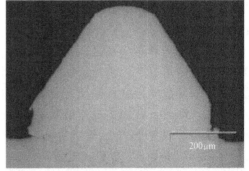

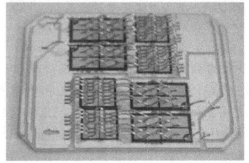

图 11-43 一个 Cu 键合脚(顶部)的横截面具有 Cu 金属化和 Cu 键合丝以及芯片的衬底的视图(图来自本章参考文献[Gut10])

丝键合需要足够厚的 Cu 金属化层，本章参考文献[Her12]提出是 5~50μm。Cu 金属化已经在微电子器件制造中得到了认识，那里，具有亚微米结构的器件可以产生高电流密度。金属化需要扩散屏障，以免污染到 Si，金属化工艺已成功地从微电子移植到了电力电子。

Cu 丝键合的模块可以达到很高的功率循环性能，键合丝不再限制寿命。

Cu 与 Al 相比，具有更高的热容量，因此，这一优势使 Cu 层的厚度明显高于 4μm 厚的 Al 金属化层。但是，由于 Si 的热不匹配，这会导致晶片弯曲，这是金属化精细图形的一个障碍，对薄片技术更是一个很大的挑战。同时 IGBT 的 300mm 晶片技术即将问世，因此必须权衡其利弊。

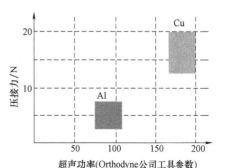

图 11-44 Cu 和 Al 的键合参数对比
图由本章参考文献[Bec15]改编

2. 键合缓冲技术

因为只有某些制造商的一些芯片用了 Cu 金属化，键合缓冲技术被丹佛斯（Danfoss）引入，所以通过银烧结在芯片顶部附着一片薄 Cu 片（"键合缓冲片"）。图 11-45 显示了所谓"DBB 工艺"结构，除了在顶部银烧结外，这种相互连接亦适用于底部，并代替芯片焊料层。

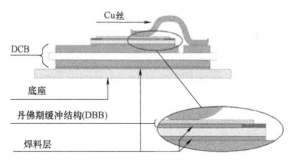

图 11-45 键合缓冲技术

该工艺只需要金属化芯片的贵金属表面。如果是这样，则一些制造商的不同的芯片都可以用。由于元胞结构已被有效保护，用相当的超声功率就能完成这道 Cu 丝键合工序，所以高的功率循环能力是可以预期的。

该结构在热阻和热电阻上具有优势，与焊料层相比，底侧薄 Ag 烧结层改善了热阻。键合缓冲片和 Cu 键合丝引入了额外的热容量，在短时间负载时，靠近芯片的 Z_{th} 下降了，特别是在脉冲持续时间 10ms 及以下时[Rud12]。

然而，Cu 缓冲片的厚度不能增加太多，否则由于顶部金属化中高热不匹配而在温度循环或功率循环期间将会造成开裂。与 Cu 金属化相反，键合缓冲箔将不会覆盖器件全部有效面积，在发生很短的过载事故时，如持续时间 10μm 或更短时间的短路,那些在顶部没有能量储存缓冲的元胞将会首先被损坏。

3. 覆 Al 的 Cu 丝的键合

用覆 Al 的 Cu 丝目的是把 Cu 的优越电气和热性能及适于批量生产的 Al 丝键合工艺的优点结合了起来。图 11-46 显示了一个 300mm 丝线的例子。Cu 芯直径约为 230~250μm,Al 覆盖层约为 25~35μm。

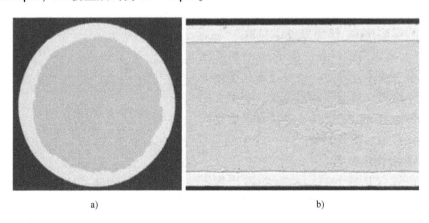

a)　　　　　　　　　　　　　　　　　　b)

图 11-46　300μm 覆 Al 的 Cu 丝键合横截面(图来自本章参考文献[Sct12])

a)径向图　b)纵向图

在键合过程中,Al 和 Al 用超声键合互连,可以预期,在重复的热负荷下可以有纯 Al 的相似失效机理。但是,丝键合的有效 CTE 降低了,同时降低了电阻率,增强了热导率,裂纹的萌生和蔓延减少了。事实上,在本章参考文献[Sct12]中已经指出其功率循环能力已显著增强。图 11-47 显示了结果。

在图 11-47 中对两种均匀镀敷了 Al 的键合丝作了比较。硬 Cu 芯的"硬"型显示了最佳的功率循环结果,可用于顶部 Al 金属化的二极管。而软退火 Cu 芯的"软"型镀敷丝可以降低顶部有元胞结构的敏感

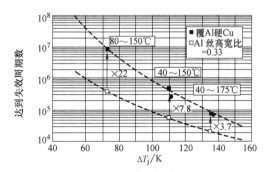

图 11-47　键合丝功率循环结果的比较

□:Al 丝(较低的线)

■:覆 Al 硬 Cu

●:覆 Al 软 Cu

器件的损坏风险,可用于 IGBT。在图 11-47 中还进行了 Ag 钎焊"无焊料"封装的功率循环试验,该焊层对功率循环能力没有限制。

即使如果软退火 Cu 达到损坏的周期数比"硬"Cu 低,这也是一个有意义的进展。

11.6.4 改进后的衬底

采用氧化铝和氮化铝，改进了芯片互联层和顶部接触技术，衬底将成为下一个制约因素。在图 11-48 中对标准的和新的陶瓷衬底作了比较，参数见表 11-6。

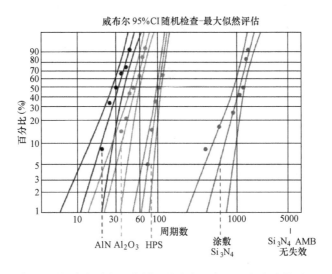

图 11-48 两面有 Cu 层的陶瓷衬底温度循环能力的比较。温度波动范围：$-55 \sim +150℃$。
图来自本章参考文献[Goe12]

表 11-6　图 11-48 内衬底的特性参数

	热导率/ [W/(mm·K)]	热膨胀/ $(10^{-6}/K)$	抗拉强度/ MPa	厚度/ mm
Al_2O_3	0.024	6.8	400	0.38
HPS	0.026	7.1	600	0.32
Si_3N_4	0.06	3.4	800	0.32
AlN	0.17	4.7	270	0.63

所谓的 HPS 衬底（高功率衬底）由 Al_2O_3 和 9% 的 ZrO_2 组成。其标准厚度为 0.32mm[ELE09]。在图 11-48 中比较了不同衬底的温度循环能力。因为 AlN 陶瓷中会发生贝壳状裂纹，所以它的循环能力最弱[Dup06]。Al_2O_3 展示了良好的循环寿命。其次，HPS 的周期数是 Al_2O_3 的 2 倍，而 Si_3N_4 在两种生产工艺中可以使用。一种是用作涂敷层应用在通常 Cu 直接键合工序中，另一种是活性金属钎焊（Active Metal Brazing，AMB），这是一种采用含 1.5%Ti 的 AgCu 合金进行的高温活性钎焊，涂敷过的样品，在温度循环中 Si_3N_4 呈现了极高的稳定性。在 AMB 样品中，它提供了极佳的温度循环能力。周期从 $-30 \sim 180℃$，780 个周期没有失效[Dup06]。结果见图 11-48，运行了 5000 个周期没有出现缺陷。因此，使用这种衬底的甚至可以增加 Cu 层厚度，例如 400μm 或 500μm。这样使衬底有通过大电流的能力，也使之有非常好的散热效果[KYO05]。

本章参考文献[Miy16]指出，断裂韧性是 Si_3N_4 AMB 高稳定性的决定性参数，而温度循环能力并不是取决于挠曲强度。

除了图 11-48 所示的 Cu 金属化衬底，还可能有 Al 金属化衬底。Al 层上覆盖了一层焊接允许的 Ni 膜或 Ni-Au 膜。与 Cu(85~100MPa)相比，Al 的屈服应力(30~35MPa)低得多，并还有非常扁平的可塑特性[Dup06]。它在周期为−55~+125℃的温度循环中能力出色。缺点是 Al 的热导率较低，因而热阻较高。此外，必须考虑 Al 层显示出来的结构重建的影响，这可能是功率循环能力的障碍。金属层结构重建问题将在 12.7.2 节中讨论。

11.6.5　先进的封装理念

先进的封装理念实现了前面章节介绍的新技术，并用在了产品上。一些解决方案侧重于封装改进的不同方面。

1. 具有强散热能力的模封模块

三菱的模具封装模块顶部接触焊接到 Cu 引线框架上[Mot12]。图 11-49 所示结构称为引线直接键合(Direct Lead Bonding, DLB)技术。该模块采用环氧基模化合物封装，即熟知的 TD 系列。

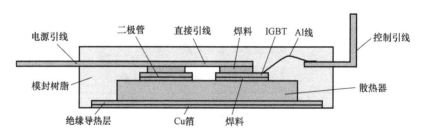

图 11-49　三菱模封模块，DLB 技术

图来自本章参考文献[Mot12]

为了隔离电势，用了所谓的 TCIL 层(导热绝缘层)，其底部有一薄层层压 Cu 箔。由于有机绝缘体的热导率明显低于陶瓷，所以在绝缘层上方有一层 Cu 层用于横向散热，增加了垂直方向热传导面积。声称其热阻可与用 AlN 陶瓷衬底的模块相比拟[Mot12]。

富士绿线技术立足于两面都有 1mm 厚的 Cu 层的 Si_3N_4 衬底，见图 11-50。厚 Cu 层用作有效的散热器，其热性能又得到有高热导率的 Si_3N_4 的支持。在中等时间常数时，热阻抗可以大幅降低[Hor14]。

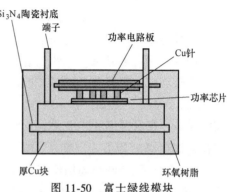

图 11-50　富士绿线模块

图来自本章参考文献[Mot12]

在顶部，半导体管芯用 Cu 针连接到 PCB 板(印制电路板)，整个模块采用环氧化合物模具成型封装。本章参考文献[Bec15]使用 10.6mm 相同硅芯片对两种封装理念作了 FEM(有限元模拟)模拟比较，两者同样都用 70μm(2W/K)的热箔连接到热导率为 5000W/(m·K) 的散热器上。参照表 11-1 Al_2O_3 的模块，Al_2O_3 陶瓷厚 0.38mm，芯片焊料 100μm，用厚 500μm 的焊料焊接到 3mm 厚的底座上(见图 11-51)。

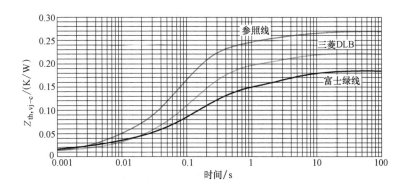

图 11-51　经典模块与带强散热件模块热阻抗的比较

在 0.01~0.1s 之间的小时间常数中，新封装理念取得了很大改进。在静态热阻方面也有明显的改善，其中富士绿线理念最为突出，这是两面都有厚 Cu 层的 Si_3N_4 陶瓷具有高热导率的结果。同时，高热量被低导热层上面两层 1mm Cu 层传递到散热器上，这对热流的传递非常有效。

2. SKiN 技术

SKiN 技术是 Semikron 在本章参考文献[Bel11]中提出来的。横截面原理图显示在图 11-52 上，金属丝键合被柔性电路板取代，它与芯片顶部金属化层用银扩散烧结技术相互连接。芯片与衬底，以及衬底与散热器都采用扩散烧结技术实现互联。这项技术不仅消除了经典模块设计中的焊层与键合丝连接在可靠性上的薄弱环节，也用高可靠的扩散烧结连接取代了经典设计中模块与散热器之间连接所需的热界面材料(Thermal Interface Materials，TIM)。所有相互连接全部采用 Ag 烧结技术，即芯片顶部、芯片底部以及衬底与冷却板的连接。

在图 11-52 里，底部用了一块梳翼状冷却板，称之为"散热器"。顶部芯片接触层是柔性电路板的一部分。柔性电路板由两个金属化层组成，在聚酰亚胺膜两侧各有一个。底部金属化层传输负载电流，称为"电源侧"选择的层厚在 100μm 范围内。顶部金属化层被称为"逻辑侧"，层厚 35μm 就足够了。该层分配控制和传感器的信号。柔性电路板上的导孔将电源侧的栅触点连接到逻辑侧，如图 11-52 所示。附加的 SMD[⊖] 组件装在靠近芯片的逻辑侧。

⊖　SMD：印制电路板表面贴装器件。——译者注

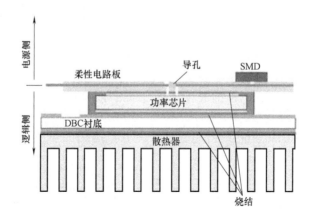

图 11-52 SKiN 技术。图来自本章参考文献[Scn12]

在 $\Delta T_j = 70\mathrm{K}$ 下，SKiN 技术证实了有超过 300 万个周期的高循环能力，它把最先进的功率模块的功率循环寿命提高了 40 倍。

上述的封装理念是为了改进 Si 器件的封装而设计的，它们的能力还不足以开拓先进的宽禁带器件。快速开关的 SiC 和 GaN 器件允许显著提高开关频率，但是这就需要大幅度减小封装的寄生电感。对 1200V SiC MOSFET 工业功率模块封装的调查表明，不是显著的电压振荡降低了最高的直流回路电压，就是需要较高的栅极电阻来降低器件的开关速度。

英飞凌[Bor13] 提出了一个具有低寄生电感的条带线状封装方案。多对 DC$^+$和 DC$^-$成对排列，近距离接触，使模块的杂散电感低于 7nH（图 11-53）。

利用 SKiN 技术取得的进展造出的模块样品，其换向寄生电感约有 1.4nH[Bel16]。如图 11-54 所示，柔性层理念已推广到了顶部 DC－和底部

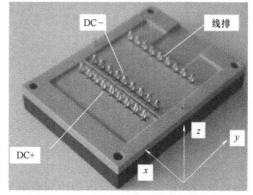

图 11-53 用条线式理念的低电感封装。图来自本章参考文献[Bor13]

DC+的传导上。在柔性层和 PCB 板或汇流排之间用弹性部件建立小截面接触。

正如 11.6 节开始时所提到的，要面对四项基本挑战：

1）低电阻；

2）高效率散热；

3）高可靠的相互连接；

4）寄生电感和电容最小化。

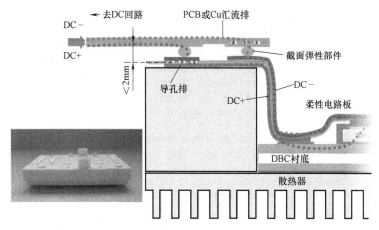

图 11-54　采用 SKIN 技术的低电感封装。图来自本章参考文献[Bel16]

新的结构面对这些挑战，并显示出明显的进步。具有强散热的塑封模块（见图 11-49 和图 11-50）明显改善了热阻抗和结至外壳的热阻。带有梳状翼片的底座（见图 11-52）使模块明显改善了连接外界的热阻[Hen10]。在英飞凌的 XT 技术中，应用了 Cu 键合丝和扩散钎焊。进一步的解决方案还在研究开发中，本文所介绍的只是一些范例，而不是创新理念的完整清单。

为了评价先进封装技术的改进潜力，就整个系统的性能而言，不可避免地要考虑单项优化的复杂的相互依赖关系，特别是寄生的影响不可忽视。这方面问题将在第 15 章中更详细地介绍。

参 考 文 献

[Amr05]　Amro, R., Lutz, J., Rudzki, J., Thoben, M., Lindemann, A.: Double-sided low-temperature joining technique for power cycling capability at high temperature. In: Proceedings of EPE, Dresden (2005)

[Amr06]　Amro, R., Lutz, J., Rudzki, J., Sittig, R., Thoben, M.: Power cycling at high temperature swings of modules with low temperature joining technique. In: Proceedings of ISPSD, pp. 1–4, Naples (2006)

[Bec15]　Becker, M.: Neue Technologien für hochzuverlässige Aufbau- und Verbindungstechniken leistungselektronischer Bauteile. PhD-Thesis, Chemnitz (2015)

[Bel11]　Beckedahl, P., Hermann, M., Kind, M., Knebel, M., Nascimento, J., Wintrich, A.: Performance comparison of traditional packaging technologies to a novel bond wire less all sintered power module. In: Proceedings of PCIM Europe, pp. 247–252, Nuremberg (2011)

[Bel16]　Beckedahl, P., Buetow, S., Maul, A., Roeblitz, M., Spang, M.: 400 A, 1200 V SiC power module with 1nH commutation inductance. In: Proceedings of CIPS, pp. 365–370, Nuremberg (2016)

[Bor13]　Borghoff, G.: Implementation of low inductive strip line concept for symmetric switching in a new high power module. In: Proceedings of PCIM Europe, pp. 185–191, Nuremberg (2013)

[But14]   Butron Ccoa, J.A., Strauß, B., Mitic, G., Lindemann, A.: Investigation of temperature sensitive electrical parameters for power semiconductors (IGBT) in real-time applications. In: Proceedings of PCIM Europe, pp. 456–464, Nuremberg (2014)

[Dal06]   Dalin, J., Knauber, A., Reiter, R., Wesling, V., Wilde, J.: Novel aluminium/copper fiber-reinforced bonding wires for power electronics. In: Proceedings of Electronics System integration Technology Conference (ESTC), pp. 1274–1278, Dresden (2006)

[Dup06]   Dupont, L., Lefebvre, S., Khatir, Z., Bontemps, S.: Evaluation of substrate technologies under high temperature cycling. In: Proceedings of CIPS, pp. 63–68, Naples (2006)

[EFU99]   eFunda engineering fundamentals, http://www.efunda.com/materials/

[ELE09]   Electrovac/Curamik: ZrO_2 doped alumina DBC substrates – Cur HPS, Datenblatt, unreleased draft (2009)

[Fei15]   Feix, G., Hoene, E., Zeiter, O., Pedersen, K.: Embedded very fast switching module for SiC power MOSFETs. In: Proceedings of PCIM Europe, pp. 104–110, Nuremberg (2015)

[Fel09]   Felsl, H.P.: Silizium-und SiC-Leistungsdioden unter besonderer Berücksichtigung von elektrisch-thermischen Kopplungseffekten und nichtlinearer Dynamik. PhD-Thesis, Chemnitz (2009)

[Goe12]   Goetz, M., Lehmeier, B., Kuhn, N., Meyer, A.: Silicon nitride substrates for power electronics. In: Proceedings of PCIM Europe, pp. 672–679, Nuremberg (2012)

[Gut01]   Gutsmann, B., Silber, D., Mourick, P.: Kolloquium Halbleiter-Leistungsbauelemente und ihre systemtechnische Integration, Freiburg (2001)

[Gut10]   Guth, K., Siepe, D., Görlich, J., Torwesten, H., Roth, R., Hille, F., Umbach, F.: New assembly and interconnects beyond sintering methods. In: Proceedings of PCIM Europe, pp. 232–237, Nuremberg (2010)

[Gut12]   Guth, K., Oeschler, N., Boewer, L., Speckels, R., Strotmann, G., Heuck, N., Krasel, S., Ciliox, A.: New interconnect technologies for power modules. In: Proceedings of CIPS, pp. 380–384, Nuremberg (2012)

[Ham98]   Hamidi, A.: Contribution à l'étude des phénomènes de fatigue thermique des modules IGBT de forte puissance destines aux application de traction. PhD-Thesis, Grenoble (1998)

[Hec01]   Hecht, U., Scheuermann, U.: Static and transient thermal resistance of advanced power modules. In: Proceedings of PCIM Europe, pp. 299–305, Nuremberg (2001)

[Hen10]   Hensler, A., Lutz, J., Thoben, M., Guth, K.: First power cycling results of improved packaging technologies for hybrid electrical vehicle applications. In: Proceedings of CIPS, pp. 85–90, Nuremberg (2010)

[Her12]   Herold, C., Hensler, A., Lutz, J., Thoben, M., Guth, K.: Power cycling capability of new technologies in power modules for hybrid electric vehicles. In: Proceedings of PCIM Europe, pp. 486–493, Nuremberg (2012)

[HER15]   Heraeus: Thick Copper Bonding Wire of Extreme Softness. online https://www.heraeus.com/media/media/het/doc_het/products_and_solutions_het_documents/bonding_wires_documents/fact_sheets/Factsheet_PowerCuSoft.pdf, published July 20, 2015, visited July 10, 2017

[Hof13]   Hofmann, K., Herold, C., Beier, M., Lutz, J., Friebe, J.: Reliability of Discrete Power Semiconductor Packages and Systems – D^2Pak and CanPAK in Comparison. In: Proceedings of EPE, Lille (2013)

[Hor14]   Hori, M., Saito, M., Hinata, Y., Nashida, N., Ikeda, Y., Mochizuki, E.: Compact, low loss and high reliable next generation Si-IGBT module with advanced structure. In: Proceedings of PCIM Europe, pp. 472–477, Nuremberg (2014)

[Jor09]   Jordà, X., Perpiñà, X., Vellvehi, M., Millán, J., Ferriz, A.: Thermal characterization of insulated metal substrates with a power test chip. In: Proceedings of ISPSD, pp. 172–175, Barcelona (2009)

[Kam93]   Kamon, M., Tsuk, M.J., White, J.: FastHenry: A multipole-accelerated 3-D inductance extraction program. In: Proceedings of ACM/IEEE Design Automation Conference, pp. 678–683 (1993)

[Kla96]　Klaka, S.: Eine Niedertemperatur-Verbindungstechnik zum Aufbau von Leistungshalbleitermodulen, Dissertation, Braunschweig (1996)

[Kuh91]　Kuhnert, R., Schwarzbauer, H.: A novel large area joining technique for improved power device performance. IEEE Trans. Ind. Appl. **27**, pp. 93–95 (1991)

[KYO05]　Kyocera: Si Si₃N₄ AMB products, product presentation (2005) http://www.ivf.se/upload/pdf-filer/Arbetsomr%C3%A5den/Elektronikutveckling/KYOCERA%20Si3N4%20AMB%20Products%202005%20(R0052D).pdf

[Lap91]　Lappe, R., Conrad, H., Kronberg, M.: Leistungselektronik, 2nd edn. Verlag Technik, Berlin (1991)

[Lin01]　Lindemann, A.: Kolloquium Halbleiter-Leistungsbauelemente und ihre systemtechnische Integration, Freiburg (2001)

[Lin02]　Lindemann, A., Friedrichs, P., Rupp, R.: New semiconductor material power components for high end power supplies. In: Proceedings of PCIM Europe, pp. 149–154, Nuremberg (2002)

[Mac92]　MacDonald, W.D., Eagar, T.W.: Transient liquid phase bonding. Annu. Rev. Mater. Sci. **22**, pp. 23–46 (1992)

[Mer02]　Mertens, C., Sittig, R.: Low temperature joining technique for improved reliability. In: Proceedings of CIPS, pp. 95–100, Nuremberg (2002)

[Miy16]　Miyazaki, H., Iwakiri, S., Hirotsuru, H., Fukuda, S., Hirao, K., Hyuga, H.: Effect of mechanical properties of the ceramic substrate on the thermal fatigue of Cu metallized ceramic substrates. In: IEEE 18th Electronics Packaging Technology Conference (EPTC) (2016)

[Mot12]　Motto, E.R., Donlon, J.F.: IGBT module with user accessible on-chip current and temperature. In: Proceedings of Applied Power Electronics Conference and Exposition (APEC), pp. 176–181, Orlando (2012)

[Mou02]　Mourick, P., Steger, J., Tursky, W.: 750A 75 V MOSFET power module with sub-nH inductance. In: Proceedings of ISPSD, pp. 205–208 (2002)

[Poe04]　Poech, M.H., Fraunhofer-Institut Siliziumtechnologie, Itzehoe, private communication (2004)

[Pol13a]　Poller, T., D'Arco, S., Hernes, M., Lutz, J.: Determination of the thermal and electrical contact resistance of press pack housings. In: Proceedings of EPE, Lille (2013)

[Pol13b]　Poller, T., D'Arco, S., Hernes, M., Ardal, A.R., Lutz, J.: Influence of the clamping pressure on the electrical, thermal and mechanical behaviour of press-pack IGBTs. Microelectron. Reliab. **53**, pp. 1755–1759 (2013)

[Rud12]　Rudzki, J., Osterwald, F., Becker, M., Eisele, R.: Novel Cu-bond contacts on sintered metal buffer for power module with extended capabilities. In: Proceedings of PCIM Europe, pp. 784–791, Nuremberg (2012)

[Saw00]　Sawle, A., Woodworth, A.: Innovative developments in power packaging technology improve overall device performance. In: Proceedings of PCIM Europe, pp. 333–339, Nuremberg (2000)

[Saw01]　Sawle, A., Standing, M., Sammon, T., Woodworth, A.: Directfet™ – a proprietary new source mounted power package for board mounted power. In: Proceedings of PCIM Europe, pp. 473–477, Nuremberg (2001)

[Scn97]　Scheuermann, U., Wiedl, P.: Low temperature joining technology – a high reliability alternative to solder contacts. In: Workshop on Metal Ceramic Composites for Functional Applications, pp. 181–192, Wien (1997)

[Scn99]　Scheuermann, U.: Power module design for HV-IGBTs with extended reliability. In: Proceedings of PCIM Europe, pp. 49–54, Nuremberg (1999)

[Scn06]　Scheuermann, U.: Aufbau- und Verbindungstechnik in der Leistungselektronik, in Schröder D, Elektrische Antriebe Bd. 3 – Leistungselektronische Bauelemente, 2. Auflage, Springer Berlin (2006)

[Scn08]　Scheuermann, U., Beckedahl, P.: The road to the next generation power module – 100% solder free design. In: Proceedings of CIPS, pp. 111–120, Nuremberg, (2008)

[Scn09]   Scheuermann, U., Schmidt, R.: Investigations on the VCE (T) method to determine the junction temperature by using the chip itself as sensor. In: Proceedings of PCIM Europe, pp. 802–807, Nuremberg (2009)

[Scn12]   Scheuermann, U.: Reliability of planar SKiN interconnect technology. In: Proceedings of CIPS, pp. 464–471, Nuremberg (2012)

[Scn15]   Scheuermann, U.: Packaging and reliability of power modules – principles, achievements and future challenges. In: Proceedings of PCIM Europe, pp. 35–50, Nuremberg (2015)

[Sct12]   Schmidt, R., Scheuermann, U., Milke, E.: Al-Clad Cu wire bonds multiply power cycling lifetime of advanced power modules. In: Proceedings of PCIM Europe, pp. 776–783, Nuremberg (2012)

[Scz00]   Schulz-Harder, T., Exel, J., Meyer, A., Licht, K., Loddenkötter, M.: Micro channel water cooled power modules. In: Proceedings of PCIM Europe, pp. 9–14, Nuremberg (2000)

[Sie10]   Siepe, D., Bayerer, R., Roth, R.: The future of wire bonding is? Wire Bonding! In: Proceedings of CIPS, pp. 115–118, Nuremberg (2010)

[Smi76]   Smithells, C.J.: Metals Reference Book, 5th edn. Butterworths, London & Boston (1976)

[Tin15]   Tinschert, L., Årdal, A.R., Poller, T., Bohländer, M., Hernes, M., Lutz, J.: Possible failure modes in Press-Pack IGBTs. Microelectron. Reliab. **55**(6), pp. 903–911 (2015)

[Wen01]   Wen, S., Huff, D., Lu, G.Q., Cash, M., Lorenz, R.D.: Dimple-array interconnect technique for interconnecting power devices and power modules. In: Proceedings of CPES Seminar, pp. 75–80, Blacksburg (2001)

[Yam03]   Yamada, J., Simizu, T., Kawaguchi, M., Nakamura, M., Kikuchi, M., Thal, E.: The latest high performance and high reliability IGBT technology in new packages with conventional pin layout. In: Proceedings of PCIM Europe, pp. 329–333, Nuremberg (2003)

[Zhg04]   Zhang, J., Choosing the right MOSFET package. IR application note Feb 2004, http://www.eepn.com/Locator/Products/ArticleID/29270/29270.html

第 12 章 可靠性和可靠性试验

电力电子器件和元件的可靠性在前面的章节中提到过几次，它非常的重要，因为对于应用中的性能来说它是一个先决条件。可靠性是一个系统或组件在额定条件下和特定的时间周期内，执行一定功能的能力[SAE08]。对电力电子系统使用寿命的要求很少在 10 年以下，而甚至可以达到 30 年。

以下章节中将要详细讨论的可靠性试验的内容，已经在基于 Si 器件技术的功率封装中开发、实施了 30 多年。随着 SiC 和 GaN 等宽禁带器件的日益成熟，因为实际应用对可靠性的要求具有可比性，所以似乎应该将相同的测试程序应用于这些新型器件技术的模块。然而，宽禁带器件与 Si 器件相比表现出明显的特定差异，可靠性测试中必须考虑这些差异。这些特殊要求将在相应章节中讨论。

12.1 提高可靠性的要求

电力电子器件的应用正面临着日益增长的高可靠性的需求，有以下几个原因：

1）电力电子持续面临着增加功率密度的需求，通常表示单位体积的功率控制。这种需求导致功率芯片电流密度的增大和功率模块封装密度增大，从而在封装时具有更高的温度和温度梯度。

2）新的应用领域为功率封装定义了更加恶劣的环境，比如汽车混合动力牵引系统，为其电力电子器件散热的是冷却液温度高达 120℃ 的内燃机冷却系统。这种需求拓展了工作温度的范围，最高温从 $T_j = 150℃$ 增大到 175℃ 的规格界限。

3）在一些工业自动化领域，一些相互依存的频率逆变器的数目不断增长，比如汽车装配，一个单一的生产线几百个工艺步骤是联系在一起，每一步都在保持整个生产线的运行。单一逆变器装配线上，相同操作的实用性，使得每个逆变器的平均无故障时间被除以互联的逆变器，这很容易将失败率的数量级减小到可接受的范围。

这些总的趋势在过去已经成为电力电子封装进步的边界条件，在今后将继续这样做。

在现场应力条件下，试验功率模块的可靠性显然是不可能的，因为这些试验需要持续 10~30 年的预期寿命时间。因此，在过去的 30 年，功率模块的制造商已经开发出快速试验的程序，这来自于经验，并被认为是产品合格的底线，在总的寿命时间内验证预期的功能。

有意义的地方就是能够更容易理解下面的内容：乍看之下，对所有的功率模块制造商来说，一般的试验类别都是相同的，但近看之后却表现出相当大的差异。国际标准规定了一般的试验步骤，但程序的细节仍然含糊不清。因此，每个功率模块的制造商已经建立了内部试验理念，这能够定义、维护和改善内部的质量水平，但是这很难对不同厂家的试验结果合格的限制条件进行对比评定。

表 12-1 收集了 IGBT 和 MOSFET 功率模块加速质检的一组通用测试数据，测试条件依据[LV324]。表中列举的标准是测试条件的选择背景。

表 12-1　工业应用中 IGBT/MOSFET 模块合格的可靠性试验，参照常规模块

	名称	条　件	标准
HTRB	高温反偏试验	MOS/IGBT：1000h，T_{vjmax}，$0.8V_{Cmax}$ 尤其 $V_{Cmax}(\leqslant 2.0\text{kV})$，Conv.：1000h，$T_{vjmax}$ -20K， $V_R/V_D = 0.8V_{RRM}/V_{DRM}$ resp. $0.66V_{RRM}/V_{DRM}^{①}$	IEC 60747-9：2007 IEC 60747-2/6
HTGS （HTGB）	高温栅极 应力试验	1000h，V_{Gmax}，T_{vjmax}	IEC 60747-9：2007
H3TRB （THB）	高湿高温反 偏试验	1000h，85℃，85%RH， $V_C = 0.8V_{Cmax}$，然而最大值为80V， $V_G = 0V$	IEC 60749-5：2003
LTS	低温存储试验	$T = T_{stgmin}$，1000h	JESD-22 A119：2009
HTS	高温存储试验	$T = T_{stgmax}$，1000h	IEC 60749-6：2002
TST	热冲击	$T_{stgmin} - T_{stgmax}$，typ. $-40\sim +125$℃， $t_{storage} \geqslant 15\text{min}$，$t_{change} \leqslant 30\text{s}$ 1000 周期 Conv.：25 周期^{①}	IEC 60749-25：2003
PC_{sec}	功率循环	内部加热，外部冷却 $t_{on} < 5\text{s}$；$I_L > 0.85I_{nom}^{②}$	IEC60749-34：2011
PC_{min}	功率循环	内部加热，外部冷却 $t_{on} > 15\text{s}$；$I_L > 0.85I_{nom}^{②}$	IEC60749-34：2011
V	振荡	正选扫描：5g，10~1000Hz，每个轴2h（x，y，z）	IEC 60068-2-6 Test Fc
MS	机械冲击	半正弦波脉冲：30g，18ms，每个方向 3 次（$\pm x$，$\pm y$，$\pm z$）	IEC 60068-2-27 Test Ea

① 传统器件：晶体管、二极管；

② 本章参考文献 [LV324] 中至少一个数据。

通过举例说明，现代 IGBT 和 MOSFET 模块相比传统二极管和晶闸管模块的发展："高温反向偏压"的试验条件为，100%的额定阻断电压和功率循环周期从10000 增加到 20000。

在更详细地讨论每个试验之前，我们为试验添加一个重要的定义：失效标准。

必须要强调的是定义失效标准在任何试验评估中都是必不可少的。表 12-2 给出了在合格试验和耐力试验中常见的失效标准，他们是由国际标准规定的。

表 12-2　耐力试验失效标准

失效标准 IEC 60747-9（2001）：

栅极泄漏电流 I_G	+100% USL
集电极/漏极泄漏电流 I_C/I_D	+100% USL
通态电压 $V_D/V_{C(sat)}$ $/V_F$[①]	+20% IMV 或 0% USL
阈值电压 V_T	+20% USL
	−20% LSL
热阻 R_{thjc}/R_{thjh}[②]	+20% IMV or 0% USL
隔离电压 V_{ISOL}	不低于规定限制

注：USL：规格上限；LSL：规格下限；IMV：初始测量值。

　　LV324 功率循环试验① +5% IMV ② ΔT_j < +20% IMV。

表 12-2 中给出的失效标准，相对于规格限制或初始测量值，允许有一定的增加。因为加速试验条件的目标是模拟应用到总服务寿命的应力，所以在一定限制下允许超过规格限制。对模块性能不太重要的参数可超出的范围更大，如漏电流。其他更关键的参数，如正向电压降或热电阻必须保持接近于规格限制，因为它们会直接影响芯片的温度。

表 11-6 中的合格试验可以分为三组。第一次的三个试验都是与芯片相关的合格试验，这也是每一个芯片合格限定条件的一部分。但由于芯片在模块装配过程中被暴露到不同的物质中（如焊料剂、清洗溶剂和硅橡胶软模），所以必须要对装配模块芯的可靠性进行确认。这套与芯片相关的试验之后，是一组与封装的稳定性相关的 7 个试验，特定操作、储存温度范围、外部和内部的温度波动。在应用中，尤其是动力循环试验对功率模块的寿命是重要的。最后的两个试验是确认封装机械完整性的。

12. 2　高温反向偏置试验

高温反向偏置试验（High Temperature Reverse Bias test，HTRB）（有时也被称为热反向试验）用于验证长期稳定情况下芯片的泄漏电流。HTRB 试验中，半导体芯片被施加反向偏压，在极限工作温度下，施加的反向偏压稍低于器件的阻断电压。可以预期体硅器件在这些温度下没有退化，但试验揭示了在器件边缘和钝化层中场耗尽结构的弱点或退化效应。

在场耗尽结构中为了降低芯片表面的切向场，电场分布要扩展到功率器件的边缘。场环结构可实现这样的电场分布，采用变化的横向掺杂或合适的几何外形来形成场环结构。然而，表面电场强度为 100~150kV/cm。可动离子会积累在这些高场区，产生表面电荷。装配过程或工艺残留物会污染这些可动离子源，例如，焊料剂。高温会加速工艺过程。表面电荷会改变器件的电场,产生额外的泄漏电流。它甚至可以在器件的低掺杂区产生反型沟道,并形成通过pn结的短路通道。

试验之后,失效的标准限制允许漏电流的增加,当器件与电压源断开冷却时,可以阻止这种退化效应。另外,大多数半导体器件厂商用持续1000h的试验来观测漏电流,整个试验中需要一个稳定的漏电流。

图12-1显示了一个在高温反向偏置试验中记录的漏电流的例子。本次试验持续观察8个器件,这些器件初始比较稳定,但当大约200h后漏电流开始增加。本次试验在920h后停止,因为一些器件达到了最大漏电流的值。实验中因为采用的结钝化不能满足要求,有些器件失效了。

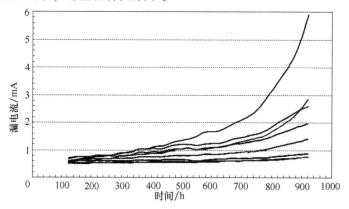

图 12-1　高温反向偏置试验中记录的漏电流——失效试验的例子

本次试验条件中应用的应力比典型值高很多,在真正的系统中,器件标称的直流母线电压在特定器件阻断电压的50%~67%;只是短暂的电压峰值能够超过器件的直流母线电压。另外,正常的应用中,器件仅仅偶尔能够达到最大的工作温度。因此,对于一个20年或更高寿命的器件持续6周的试验过程是一个加速产生应力的过程。

但是,即使结钝化满足要求和装配过程,该试验也能够揭示出封装设计的缺陷。图12-2示出了一个单个器件经受将近100h试验时间后,漏电流暂时增加的例子。当漏电流达到最大值之后就开始慢慢减少,在试验的最后表现出一个小幅度的增加。接下来的调研表明器件单个焊线的错误结构:没有循环,直接铺设在IGBT的保护环钝化层上。对具有正确焊线的器件重复该试验,观察到的漏电流的增加可以被消除。结果证明了HTRB试验与封装发展的相关性。

大多数情况下,SiC的结终端采用"降低表面电场"(RESURF)结构,由低掺杂p层制成结终端延伸,类似于图4-25。由于SiC的材料特性,临界电场强度在2.5MV/cm量级,在元胞边缘处甚至高达3MV/cm[Rup14]。如今,SiC的高临界电场强度并未得到充分利用。与Si相比,在最先进的器件中使用了更高的安全裕量。然而,预期SiC表面的电场大于1MV/cm。

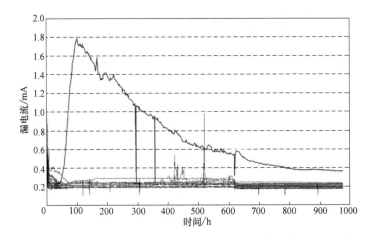

图 12-2　高温反向偏置试验中记录的漏电流——试验通过，但揭示了键合线结构的设计缺点

此外，注入结终端区域的受主通常被表面电荷部分补偿（或增强），这些电荷由六方 SiC 的不同表面极性（Si 面和 C 面具有不同极性）产生，或在工艺中（例如氧化或干法蚀刻工艺，见本章参考文献［Yan00］）产生。表面电荷通常在 $10^{12}/cm^2$ 数量级，也就是说，它们会影响对结终端的优化设计，以得到最大击穿电压。如上所述，可动离子累积，并且会改变初始表面电荷。表面电荷会影响器件中的电场分布，并改变结终端的击穿电压。根据初始状态值，电压有可能增加也有可能减少。图 12-3 中给出了 SiC 器件设计中，击穿电压对结终端扩展（JTE）剂量的依赖关系。

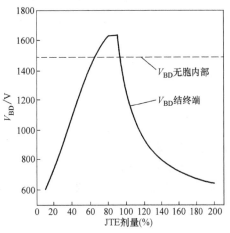

图 12-3　1200V 器件单区 JTE 注入工艺条件下，击穿电压模拟值和元胞内击穿电压相应于 JTE 边缘剂量变化的对比关系（来自英飞凌 R. Elpelt）

即使器件设计时在元胞内存在雪崩击穿[Rup14]，可动离子引起 JTE 电荷的改变甚至可能导致雪崩从元胞内向外围发生转变，与此同时雪崩电流承受能力降低。如果这种效应在芯片圆周上非均匀发生，则会变得更糟，但主要集中在导致点状雪崩的特定区域位置上。边缘终止区中的这种表面电荷，甚至可以在器件中的低掺杂区中产生沟道反型，并产生穿过 pn 结的短路路径。在相同的阻断电压下，由于对于相同的阻挡电压，SiC 中的基区掺杂浓度比 Si 中高约 100 倍，因此产生沟道反型也需要 100 倍的表面电荷。一般而言，在成熟的 SiC 器件设计中，HTRB 试验中发生

硬故障的可能性不大，但仔细监控由应力试验引起的击穿电压和漏电流的改变仍很重要。这种改变对于不够坚固的 JTE 设计是一个很好的指标，这不仅适用于 HTRB，更适用于高压 H3TRB 应力试验（见 12.4 节）。

12.3 高温栅极应力试验

高温栅极应力试验或者高温栅极偏置试验用于证明栅极漏电流的稳定性。尽管最大允许栅极电压限制在 ±20V，在先进 IGBT 和 MOSFET 中，该电压被施加到厚度不超过 100nm 的栅极氧化层上，导致栅极氧化层产生一个 2MV/cm 的电场。对于稳定的漏电流，栅极氧化层必须没有缺陷并且只允许有低密度的表面电荷。试验中最大工作温度的边界条件，再一次加速试验的进行。

由于漏电流非常小（<10nA），该试验对芯片表面污染很敏感。在试验模块中，热电偶粘在 IGBT 发射极接触处用于测量，发现栅极漏电流大大增加。漏电流的增加是由于胶水溶剂的残留引起的。胶水溶剂残留在栅极和发射极之间芯片的表面，引起漏电流的增加。因此，栅极漏电流的试验也要保持模块组装过程中的清洁。

虽然 Si MOSFET 和 IGBT 在栅极应力试验中通常非常稳定，但栅极氧化物的可靠性一直是 SiC 衬底材料上 MOS（金属-氧化物-半导体）结构的一大挑战[Lip 99]。随着 SiC 技术的成熟，SiC MOS 器件在时间相关的介电击穿（Time-Dependent Dielectric Breakdown，TDDB）特性方面逐渐得到改善。然而，即使到目前为止，大型器件（5~50mm²）栅极氧化物的可靠性还未能达到栅极氧化物面积相当的 Si 器件早期故障率那么低。

特别是 R_{on} 与栅极氧化物中允许的电场之间的权衡，对于 SiC 来说更具挑战性。沟道电阻是 R_{on} 的主要部分。MOSFET 的 R_{CH} 由式（9-3）给出，基于式（9-1）可以写为

$$R_{CH} = \frac{L}{W\mu_n C_{ox} (V_G - V_T)} = \frac{Ld_{ox}}{W\mu_n \varepsilon_0 \varepsilon_r (V_G - V_T)} \quad (12\text{-}1)$$

式中，W 和 L 是整个沟道的宽度和长度；μ_n 是自由电子的迁移率；V_G 是施加的栅极电压；V_T 是阈值电压；d_{ox} 是栅极氧化物厚度。尽管取得了一些进展，但 SiC 中的沟道迁移率仍远低于 Si。由于氧化物厚度对沟道电阻的影响，与 Si-MOSFET 和 Si-IGBT 相比，可以通过减少 SiC-MOSFET 中的 d_{ox} 来降低 R_{CH}。采用比推荐值更大的 V_G，为实现低 R_{CH} 提供了另一种可能性，见式（12-1）。这两种措施都会增加栅极氧化物中的电场，并且存在持久性的风险。

表 12-1 中的合格条件要求在 V_{Gmax} 和 125℃ 下进行 1000h 的试验，最新的规范[LV324] 要求 T_{vjmax} 可以高达 175℃ 或 200℃。但是，对于高质量的氧化层，在合理的时间内寿命不可能终止。内部失效是由于 SiO_2 键的破坏或由于 Fowler-Nordheim 隧道效应引起的，并且对于 SiO_2 预期为 10MV/cm。更详细的模型[McP85,Kim97]

允许根据电场、温度和时间计算氧化物击穿。基于本章参考文献［Kim97］中的参数，假设氧化物厚度 $d_{ox}=80nm$，$V_{Gmax}=20V$，$E=V_{Gmax}/d_{ox}=2.5\times10^{6}V/cm$，即使对于 $T_{vjmax}=200℃$，也可得到大约 32 年的本征寿命，这不适用于寿命终止试验方法。

在本章参考文献［Bei16］和［Bei17］中提出了一种新的试验方法。它基于外部和内部失效之间的区别。外部失效归因于氧化物中的缺陷或弱点，而内部失效则代表氧化物自身的实际质量[Coo97]。简而言之，任何外部的失效都被认为是栅氧化物太薄[Lee88]。如图 12-4 所示，栅极氧化物厚度 d_{ox} 为标准厚度。d'_{ox} 和 d''_{ox} 是外部失效引起的减薄的栅氧化层厚度。对于最小厚度 d''_{ox}，由于在给定栅极电压下电场最高，将最先发生栅极氧化层击穿。

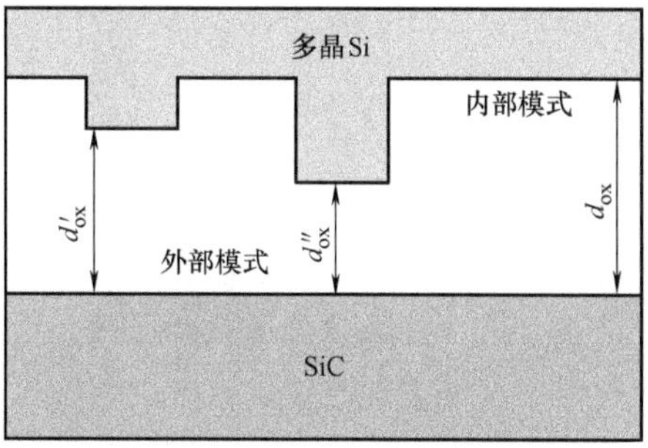

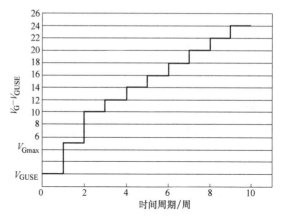

图 12-4　外部和内部失效模型，d''_{ox} 和 d'_{ox} 是外部失效模式下栅氧化层厚度

150℃的试验温度下，试验期间每 168h（一周）递增施加到器件的栅极电压 V_G。在每个 168h 的间隔之后，中断测试以测量室温下的阈值电压。根据数据手册，第一步中的栅极电压是额定栅极电压 V_{GUSE}。在第二步中，将电压设置为最大栅极电压 V_{Gmax}。之后，以规定的步骤增加栅极电压。

试验策略如图 12-5 所示。由图可以看出每个 168h 间隔内的电压阶梯递增。为了对不同的器件进行对比，施加的栅极电压 V_G 与制造商推荐的使用栅极电压 V_{GUSE} 之间的差值，用 V_G-V_{GUSE} 进行表征。通过采用 V_G-V_{GUSE} 的方法，

图 12-5　阶梯增加 V_G-V_{GUSE} 的试验过程示例

可以在每个实验室中重复试验。V_G-V_{GUSE} 用于评估应用中栅极过电压的影响。

图 12-6 所示的试验结果，表明两家制造商产品的栅极稳定性存在相当大的差异。两个试验中，可以观察到失效率显著增加。这种增加可归因于失效模式从外部失效向内部失效的转变。制造商 2 的器件在 $V_G-V_{GUSE}=20V$ 时达到内部极限（见图 12-6a），而制造商 3 的产品在该应力条件下没有失效。制造商 3 的器件在 $V_G-V_{GUSE}=44V$ 时达到了内部极限（见图 12-6b）。

本章参考文献［Bei17］表明，基于类似的试验方法，两家专业制造商的 Si

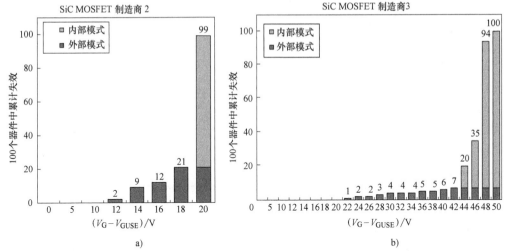

图 12-6　不同制造商的两种 SiC MOSFET 阶梯增加 V_G-V_{GUSE} 时的试验结果

a）制造商 2　b）制造商 3

IGBT 的外部失效率差别很小。第一家制造商的 IGBT 内部极限在 45~55V，第二家制造商的 IGBT 在 75 V。内部失效极限的差异归因于栅极氧化物厚度的不同，参见式（12-1）的讨论。从应用的角度来看，即使有数百万个 IGBT 在各种应用场合中工作，也没有证据表明有制造商的 IGBT 存在明显的栅氧化层故障。必须考虑到的是，试验中施加的栅极电压远高于实际应用中使用的栅极电压。

与 IGBT 相比，只有制造商 3 的 SiC MOSFET 器件特性与之类似。与 Si IGBT 相比，第一次内部失效的栅极电压范围相同，外部失效水平略高。这可以证明，SiC MOSFET 的栅极氧化物的可靠性可与 Si IGBT 相当。然而，在最先进的 SiC MOSFET 中，试验证明不同制造商的产品存在巨大的差异。

本章参考文献［Lut17］认为，SiC 和 Si MOSFET 之间的差异表现在工艺结束时 SiC MOS 结构的缺陷密度高出 3~4 个数量级。这种高得多的缺陷密度很可能与衬底缺陷，金属污染物和颗粒有关。如果进一步的调查能证实所提出的累积栅极应力试验中的外部失效是早期失效，那么可以在此基础上开发有效的筛选试验。本章参考文献［Sie17］给出的关于失效数据和试验时间的函数关系表现为失效率随时间降低的规律，因此失效类别被判定为早期失效。该试验程序还可为 SiC MOSFET 定义必需的栅极氧化物厚度，以实现其可比拟的栅极氧化物可靠性，就像目前在商用 Si 开关器件中所建立的那样。

12.4　温度湿度偏置试验

温度湿度偏置试验（THB），又叫高湿高温反向偏压试验（H3TRB），主要用于测试湿度对功率组件长期特性的影响。

饼形封装，当无缺陷的装配、密封之后与外界环境隔离，但大多数功率模块的封装不是这种形式。虽然键合线和芯片完全嵌入到硅树脂软模子中，但这种材料有很好的透水性。因此湿度可以浸入封装，到达芯片表面和结钝化区。这个试验的目的是发现芯片钝化时的缺点，了解封装材料与湿度相关的退化过程。

有时，建议增加一个保护层来抑制湿度的浸入。但必须考虑两个有力的争论：首先，硅树脂软模子具有高线性热膨胀系数（约为 300ppm/K），当温度波动时，这将使体积大幅度增加，使得在软模子顶部应用一个密封的紧密层变得很困难。而且，如果密封无法实现，那么附加层就只能减少湿度的扩散率。然而，扩散率的减小在两方面起作用：增加湿度的浸入时间，但也会增加浸入湿度被逐出的时间。因此非密封保护层将会增加湿度的持续时间，影响器件的工作条件，这是不可取的。如果湿度不能从浸入的封装中保持，那么当模块将要进入工作模式时应快速将湿度排出。正因为如此，应该首选高穿透嵌入化合物。

试验过程中施加的电场，用于半导体表面离子积累和极性分子的驱动力。另一方面，漏电流所产生的功率损失不会使芯片及其环境温度升高，因而会降低相对湿度。所以，标准芯片的自加热温度应不超过 2℃。因此，对于低阻断电压的 MOS-FET，其反偏电压被限制为阻断电压的 80%。在过去，对于高阻断能力的器件，限制反向阻断的电压的最大值为 80V。

过去几年中，许多现场经验表明试验条件相对于实际应用的环境是不充分的。现场失效，很明显归咎于湿度的影响，这已经引发了关于最大施加电压为 80V 的讨论。由于现代半导体芯片的漏电流很低，对于阻断电压为 1200V 或更高的器件，即便为额定阻断电压的 80%，2℃ 以内的温度增加也是允许的，将电压限制在 80V 似乎已经过时。

加速湿度偏压试验[Zor14] 已经证实，电压增大时，失效率会大大增加。此外，施加电压为标称阻断电压的 65% 和 90% 时，可以观察到阻断电压降低（见图 12-7），这在 80V 偏置电压下未观察到。

功率半导体暴露于湿度环境中，最显著的腐蚀机制是电化学迁移和铝腐蚀[Zor15]。另一方面，湿度还会增强可动离子的迁移，这些可动离子来源于工艺过程，聚酰亚胺钝化或模塑化合物的使用[Beu89]。与 HTRB 测试相比，这会更快地改变结终端的阻短能力。

本章参考文献［Bay16］给出了

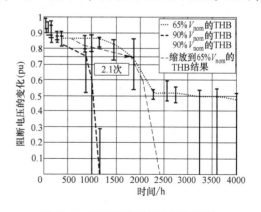

图 12-7　湿度试验偏压为标称阻断电压的 65% 和 90% 时，阻断电压的变化（经 VDE Verlag 许可使用）

一个用于模拟变流器和功率模块内部湿度的模型。该模型通过等效的 *RC* 网络描述了聚合物中湿度的扩散、渗透和储存。发现转换器柜内的水分可能会显著高于周围环境条件，并且在不利的操作条件下会发生水的冷凝。

SiC 器件对湿度也同样敏感，图 12-8 显示了 1200V SiC MOSFET 模块的相位管脚试验，偏压设置在 1080V 为额定电压的 90%。长达 122h 的时间内，85℃温度下，漏电流仍低于测量分辨率。之后漏电流增大才可测量，134h 后漏电流快速增加，模块失效。

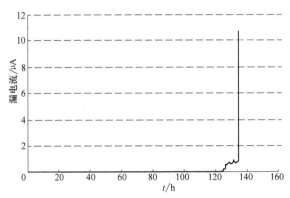

图 12-8　1200V SiC MOSFET 模块的一个相位管脚的漏电流，相对湿度 85%，
温度 85℃，直流电压 1080V (开姆尼茨理工大学试验结果)

功率器件很多都应用在户外，例如光伏逆变器。当变流器外壳和模块外壳内的温度随着日常温度变化和天气条件变化时，湿度可能更为关键。本章参考文献 [Sad16] 给出了这样一个试验，即电源模块一半放置在室内，一半放置在室外，两者都在逆变器模式下运行，这个实验的缺点是没有加速失效机制。

目前，已经开始着手想办法改善高偏压下功率器件的湿度敏感性。同时，在功率模块认证程序中实施高压湿度试验（HV-H3TRB）。这些措施将进一步提高密度功率模块在高湿度应用环境中的可靠性。

12.5　高温和低温存储试验

在最高和最低存储温度下实施的存储试验，验证了在大多数最先进的功率模块封装中使用材料的完整性，如塑料材料、橡胶材料、有机芯片钝化材料、胶水和硅树脂软模具。这些材料必须在整个存储温度范围内保持其特性。

此时，需要注意防止对术语"存储温度"的误解。在半导体功率模块的早期，已经确立了对"存储温度"的命名。它是指电力电子系统中的装配功率模块的非工作温度的限制，而不是指非装配功率模块的存储条件，正如名称所暗示的那样。称它为非工作温度限制可能更合适，但功率模块早期的传统阻碍了这一转变。

长期在高温下存储对所有热塑性外壳材料的机械强度是很关键的，同时对热塑性材料预防火灾隐患需要的阻燃添加剂存在威胁。硅树脂软模子在温度高于 180℃ 时性能开始退化，所以专门开发的高温硅胶必须在结温高于 175℃ 时使用。

长期在低温下存储对塑性材料和橡胶材料的柔软剂很关键，它们可能会失去作用，也可以破坏塑料材料的弹性能力，最低存储温度也会限制硅树脂软模子化合物，大多数标准软模子被限制在 -50℃。低于这个温度，软模子中就会出现裂缝，当温度升高时裂缝不会消失，因此对高阻断电压器件不能维持绝缘环境。

标准的存储温度限制在 -40℃／+125℃，在这个温度范围内，多种材料具有稳定的性能。今天的许多实际应用要求扩展温度区间，这将使这些质量试验在未来更具挑战性。

12.6　温度循环和温度冲击试验

在每一个电力电子元器件的应用中，温度波动是其必需的应力条件。温度循环试验和温度冲击试验是用来模拟环境温度波动的两种方法。

试验条件随外界温度的变化率而有所区别，如果温度变化率较低在 10～40℃／min 范围内，该试验称为温度循环试验。在温度冲击试验中，环境温度变化时间少于 1min。对于功率模块，温度变化通常由一个双室型设备实现，在该设备中，空气被持续加热或冷却到最大或最小试验温度，在小于 1min 的时间间隔内，电梯携带被测器件在两个腔室之间移动。由于气体环境的热交换率很低，模块内温度达到平衡分布的时间在 30min～2h 之间变化，这取决于被测器件的总热容。

一个更极端的温度冲击试验版本是液体-液体的热冲击试验，本次试验中环境温度由液体加热或冷却到需要的温度极限，例如，石油在 150℃ 或更高、液氮在 -196℃，这样的试验条件对模块来说不常见，但是经常在 DBC 衬底的封装元素中出现。液体环境中热传导比气体快，所以温度的平衡分布在数分钟内就可以实现而不是几个小时。

由于热传导率范围很宽，温度冲击试验的名称有些模糊。然而，英飞凌公司采用双室气体试验作为温度冲击试验，以区别于单室试验，其环境温度变化率相当慢，在 20℃／min 范围内。赛米控公司采用双室气体环境试验作为温度循环试验，以区别于速度很快的液体-液体试验。当对比品质需求和不同制造商的试验结果时，这些模糊的命名必须记住。

所有类型的温度循环试验有一个共同边界条件，要求循环时间必须足够长，以使所有组件的装配能够达到最大或最小温度，这是典型的存储温度的极限，以至于组件处于热平衡条件下。由于试验模拟的是外界温度变化的影响，例如环境温度的变化或别的热源使散热器温度增加，所以电流和电压对功率模块的影响不是很大。在初始和最终的测量中，检查参数的变化必须遵守失效准则。

不同热膨胀系数材料的结合导致了系统中机械应力较高。更何况，双金属效应会引起模块的循环形变。功率模块热机械性能的模拟表明[Mik 01]，如果双金属的这种弯曲减少，例如，在模块上安装散热器，应力减少、寿命延长。因此，在试验中模块应该安装在底座上，以尽可能模拟实际的工作环境。

温度循环产生的循环机械形变，是由于材料层不同的膨胀系数引起的功能层和互连层的应力所导致的，这将会随着时间的推移引起裂纹的出现，并导致在这些层中的生长脱层。扫描声学显微镜（SAM）是检测功率半导体模块分层的有效方法。

在一个 34mm 底座模块中，温度循环过程中引起破坏的例子，其 SAM 图像如图 12-9 所示。在本次试验中，比较了衬底-底座界面两种不同的焊接材料，一个是和 SnAg（3.5）兼容的 RoHS 焊料，以及经典的 SnPb（37）焊料。通过在 SAM 信号中对每一种焊料类型选择合适的飞行时间窗口，对两个焊料界面（衬底和底座之间的界面，芯片和衬底之间的界面）进行研究。与初始的测量进行比较，在双室试验设备 200 次温度循环（-40℃/+125℃）试验后的 SAM 图像表明，两种焊料版本中衬底-底座焊料层中的分层都增加，这些可以从拐角和衬底的短边向内移动的白色区域（高反射区）明显看出来。经典的共熔 SnPb 焊料显示了沿衬底短边向外有更多的损伤，此位置是衬底顶部连接终端的位置。

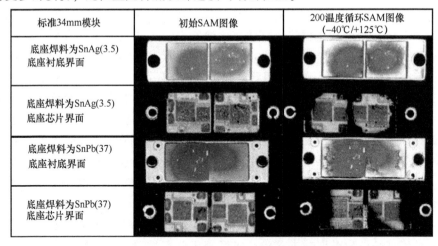

图 12-9　200 个温度循环（-40℃/+125℃）前后，标准 34mm 模块的扫描声学显微镜
（SAM）图像（不同的底座焊接材料有不同的分层模式）

芯片-衬底界面的 SAM 图像显示在芯片焊料界面没有出现任何焊料疲劳，但它呈现出黑色区域，在该区的衬底（底座焊料层发现了焊料分层。这种情况的产生是由于这些区域缺乏声波能量造成的，因为大多数信号在衬底）底座焊料层的分层中被反射。因为 SAM 信号由底座表面进入，底座附近的反射减少了信号向更深层的传播。然而，这个共同的人为现象很方便评估分层距芯片的位置有多远。图 11-37 清楚地表明分层已经传播到 SnPb 焊料系统的芯片区域的更深层，SnAg 焊接

系统对芯片热阻的不利影响更明显。

温度循环下的寿命决定于不同材料（不同的热膨胀系数）的组合和互联层的稳定性。由于机械形变，较小的 TO 系列的封装比更大、更复杂的模块稳定。由于被动温度循环的源在模块的外面，只有采用的材料和互联层决定封装的稳定性。

12.7　功率循环试验

与温度循环试验相反，在功率循环试验中，功率芯片是被功率器件自身所产生的损耗主动加热。这两种试验的根本区别就在于功率模块在功率循环试验中的耐久性是由所用的材料的 CTE 以及各层的几何结构决定的。芯片技术和装在模块里的硅片面积可能影响损耗的大小。因此，任何功率循环寿命的要求都可以做到，只需装上面积足够的 Si 片以降低由芯片损耗产生的温度波动。然而商业上的考虑在实际应用中限制了这一选项。

12.7.1　功率循环试验的实施

在功率循环试验中，被试器件像应用时那样被装在散热器上。功率芯片导通恒定的直流负载电流，并以功率损耗加热芯片。当芯片达到最高目标温度时，关断负载电流并使系统冷却到最低温度。达到最低温度也就完成了周期，同时再次开通负载电流开始下一个周期。在每个周期中，模块内部产生了相当大的温度梯度。

图 12-10 显示的是为 Si IGBT 建立的示范性试验设施。器件用恒定的直流负载

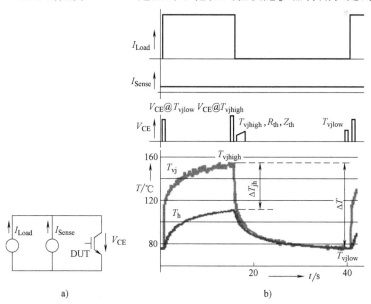

图 12-10　a）基本测试设备　b）负载电流、检测电流、实施的电压测量、功率循环
试验一个周期的有效结温和散热器温度等的时间流程

脉冲电流加热。当负载脉冲结束时达到高端温度 T_{vjhigh} 并冷却器件。当结温到达下限 T_{vjlow} 的瞬间，负载电流再次开通，循环往复。功率循环试验的特征参数温度波动 ΔT 是由加热状态结束时的最高结温 T_{vjhigh} 与冷却阶段结束时的最低结温 T_{vjlow} 之间的温度差给出的

$$\Delta T = T_{vjhigh} - T_{vjlow} \tag{12-2}$$

在图 12-10 中，ΔT_j 可以确定为 78K。

另一个功率循环试验的主要参数是温度波动的中值温度

$$T_m = T_{vjlow} + \frac{T_{vjhigh} - T_{vjlow}}{2} \tag{12-3}$$

因为这些关系，任何一对参数 ΔT_j，T_m，T_{vjhigh} 和 T_{vjlow} 都可以用作温度波动的特征参数。下一个参数，即脉冲持续时间，其重要性在于功率脉冲持续时间长(图 12-10 中是 15s)对于器件通常代表应力较大。

结温的测量是通过恒定的检测电流 I_{Sense} 来实现的。它必须足够小，以使得产生的损耗微不足道，$I_{Sense} \approx 0.001 I_{Load}$。pn 结被用作温度传感器，它的结电压是温度敏感参数(Temperature Sensitive Electrical Parameter，TSEP)。这个方法被称为虚拟结温 T_{vj} 测定法，这是根据 pn 结的物理性质，已在第 3 章里用式(3-50)和式(3-51)作了描述。它导致电压 V_j 强烈依赖于式(3-52)给出的温度，图 3-12 中已给出了一个例子。

在式(3-51)里，由于 n_i 的支配作用，电压 V_j 随 T 逐步减小。如果计入基区的电压降，则线性关系就不复存在。

首先，确定了标定函数 $V_j(T)$，见图 11-19，利用电流 I_{Sense}，可以读出温度。刚好在 I_{Load} 关断后确定 T_{vjmax}，并恰好在下一次开通前确定 T_{vjmin}，这在图 12-10b 中已经做到了。从功率器件发展一开始，就创立了这个确定 T_{vj} 的方法。在本章参考文献[Oet73]中，就用于二极管的 pn 结或双极晶体管的基极-发射极结。在欧洲制造商的数据表里，热阻就是用 $V_j(T)$ 法确定的。

如此确定的有效结温 T_{vj} 与芯片表面上的最高和最低温度有相当大的偏差。面积大于 $1cm^2$ 的芯片在强迫水冷条件下，芯片横向温度梯度相当可观(见图 11-20)，芯片中心位置的温度比边沿高出 20K，比用 $V_j(T)$ 测出的低 40K。对一种 IGBT 有效结温值的几何解释的详细调查发表在本章参考文献[Scn09]上。他指出，T_{vj} 与芯片表面平均温度相关的区域有关。当比较温度测量与仿真结果时，这一点很重要。与红外摄像机测量相比，这项调查揭示了 IGBT 表面的温度辐射被金属键合丝遮挡，从而影响温度的测量，并导致结温平均值相关区域温度值较低。

一个 IGBT 在 I_{Load} 关断时刻的测量细节显示在图 12-11 上。测到的正是在关断前时刻的 I_{Load}($=I_{CE}$)和 V_{CE}，于是 $P_V = I_{CE}V_{CE}$。在关断和一个时间间隔 t_d 后，以 I_{Sense} 测得 V_{CE}($=V_j$)，这借助于标定函数，它给出了 $T_{vjhigh} = f(V_{CE})$。外壳温度 T_{case} 用热电偶测得的。因此得到 $\Delta T = T_{vjhigh} - T_{case}$，见图 12-10。于是热阻为

$$R_{\mathrm{thjc}} = \frac{\Delta T}{P_{\mathrm{V}}} \qquad\qquad (12\text{-}4)$$

收集更多的测量点（在 t_{d} 后），可以从冷却曲线计算出热阻抗。

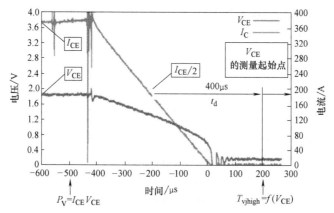

图 12-11　图 12-10 中负载电流关断时刻的测量细节

时间间隔 t_{d} 必须设定，因为关断时可能发生振荡，假设使用的是双极器件，内部也有复合过程。在这段时间间隔内，Si 器件在一般功率密度时的冷却范围应不超过 2K，具有高功率密度和先进冷却系统的模块的冷却范围最多为 4K，通常这种冷却是被忽略的。这可以用仿真模型来修正，但是在试验的评价中应该被提及，如果作详细评估，那么 t_{d} 应该给出。

德国自动化标准[LV324] 正在制订，测试程序比国际 JEDEC 标准更为详细。它要求：

1）在试验时，有效结温 T_{vj} 必须按照本章参考文献 ［Scn09］ 提出来的 $V_{\mathrm{CE}}(T)$ 法来确定。

2）必须监管失效标准，用参数电压降（IGBT：V_{CE}，MOSFET：V_{DS}，二极管：V_{F}）和 T_{vj} 的温度波动。在整个试验的每一周期，这两项参数都必须记录在案。

3）EOL 标准将进行持续监督检查。必须小心谨慎足够细微地按照预期寿命测量数据，以保证 EOL[⊖] 要求的数据是有价值的和精确的。

失效的标准是：

1）$V_{\mathrm{CE}}/V_{\mathrm{DS}}/V_{\mathrm{F}}$ 增加 5%，

2）R_{thjh}，ΔT_{j} 各自增加 20%。

3）器件的功能之一失效，例如阻断能力失效或 IGBT 和 MOSFET 的栅极至发射极（栅极至源极）间的绝缘被破坏或栅极键合丝剥离。

在初始设置阶段调整所需的测试条件后，加热时间 t_{on} 和冷却时间 t_{off} 被用作整个试验期间的恒定的控制参数。这是优选的控制策略，但是不同的控制策略今天仍

　⊖　EOL：End-of-Life，寿命终止。——译者注

然在使用，它对试验结果有相当大的影响，将在本节末尾详加讨论。

在温度波动期间，不同材料膨胀系数的差异与该层状系统纵向和横向的温度梯度，一起在界面上产生机械应力。这种热应力在长期运行中造成材料和内部连接的疲劳。图 12-12 显示了用标准模块所做的功率循环的试验结果。试验期间，IGBT 的正向电压 V_C 是被监控的。此外，在负载电流断开后，输入几 mA 的检测电流流过器件，用于测定高端温度 T_{vjhigh}，用于标定函数（比较图 11-19）。还在线测量了功率损耗 P_V。从结温 T_{vjhigh}，上部散热器温度 T_h 和 P_V，用式（11-4）计算出热阻。由于所用传感器的响应时间问题，测量散热器快速变化的温度是困难的。所以测量的热阻可能偏离准确的静态值。特别是在 10s 以下的短周期内。然而，即使是这样的相对值，也可以用来监测热阻 R_{thjh} 的相对变化。

在图 12-12 中，人们可以看出，在大数量周期数内 IGBT 的通态电压降几乎不变，而热阻在大约 6000 个周期后开始缓慢增加。热通道里热阻的增加是一个迹象，主要是焊料疲劳引起的。在超过 9000 个周期后，观察到了 V_C 特性的第一台阶，这是键合丝退化的一个标准。经过短时间，逐步看到键合丝终于全部损坏，电源电路开路，试验不能再继续进行下去了。

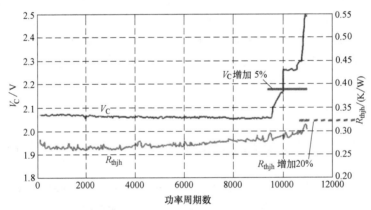

图 12-12　$\Delta T_j = 123K$，功率循环试验中热阻 R_{thjh} 和通态电压降 V_C 的行为

键合丝退化和焊料疲劳是标准功率模块的主要失效机理。但是根据图 12-12 的形状来确定主要的失效机理是困难的。在约 11000 个周期之后，R_{thjh} 达到了失效极限。但是 R_{thjh} 的增高导致 T_{high} 上升并将使键合丝的热应力逐渐升高。因此，焊料疲劳是本次试验的重要失效机理，甚至是主要的失效机理。另一方面，键合丝的剥离导致 V_C 上升，与恒定电流一起造成损耗加大和高端结温 T_{high} 上升，结果使焊料层里的热应力更高。由于失效模式的相互依存，功率循环试验需要一个细致的失效分析。

如前所述，在功率循环试验中，可以应用不同的控制策略。为了评价不同控制策略对试验结果的影响，设计了特殊的试验装置，它可以在功率循环试验中调整试验条件[Scr10]。在这个特殊的试验装置里，一个 IGBT 芯片，在相同启动条件下进行功率循环，但有四个不同的控制策略（见图 12-13）：

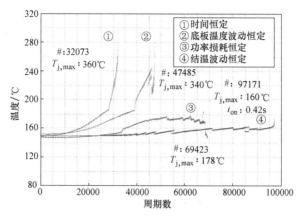

图 12-13　用文献［Scr10］提出的 4 种不同控制策略
下功率循环试验中最高芯片温度的演变

（1）时间恒定（t_{on} 和 t_{off} 二者都不变）　这个策略意味着试验自始至终操作条件保持不变，对热阻的增加或损耗的消散不做反应。此策略对退化效应不提供任何补偿，并且达到失效的周期数最少。

（2）底板温度波动恒定　在这个策略里，信号取自紧贴在芯片中心下面底板上的热电偶，用这个信号来确定负载电流开通和关断的开关程度。这个策略在功率循环试验的早期已被应用，当时几个功率循环试验装置共用一套冷却循环系统。例如当其他试验装置因为产生损耗而使冷却液的温度上升时，脉冲持续时间会缩短，而冷却水平也会提高，以保持相同的温度波动。另一方面，底板和散热器之间的热通道退化也可以用这个方法来补偿，其结果是提高了到达失效的周期数，如图12-13 所示。由于今天的每台功率循环试验装置都配备了单独的冷却系统，所以这个策略已经过时了。

（3）功率损耗恒定　这个策略的目标是试验始终保持功率损耗不变，这可以通过控制栅极电压来实现。试验开始时，栅极电压降低，在试验过程中，当因为退化使功率损耗增加时，即通过提高栅极电压来补偿。这种退化的补偿提高了到达失效的周期数，达到被试载体的 2 倍。

（4）结温波动恒定　这个策略的目标是在试验中始终保持温度波动不变。在本章参考文献［Scr10］里是用在试验期间，当温度上升时，通过缩短负载脉冲持续时间来实现的。在试验结束时，负载脉冲持续时间从开始时的 2s 降至 0.42s，而寿命比没有退化补偿高 3 倍。

应该指出的是图 12-13 显示的温度是最高芯片温度，它是在与所有其他功率循环结果作比较中用高温计在芯片中央测得的，显示为 T_{vjhigh}。这个改动是必要的，以允许以结温值来有效控制负载脉冲持续时间。

这个例子表明控制策略对功率循环寿命有重大影响。在比较用不同试验策略得到的结果时,务必记住这一点。

12.7.2 功率循环诱发的失效机理

12.7.2.1 键合丝退化

在图 12-14 中显示了带底座的标准模块在功率循环试验后的典型故障图像。所有键合丝都从 IGBT 芯片上剥离。背景里的键合丝是最后一个失效点。剥离时电流瞬间流过闪烁的电弧在键合丝缝下方击出一个凹坑。在前景上显示出剥离是键合丝失效模式的特征。键合丝与芯片金属化层的交接面没有发生剥离,但它一定程度上出现在键合丝体内。在芯片的金属化层表面仍可检测到键合丝材料的残留物。

图 12-15 是在芯片金属化层上剥离区域的放大图。这个例子显示在键合区中心没有黏附。改进键合工艺可以显著提高附着质量。本章参考文献 [Amr06] 显示,用银钎焊技术代替芯片焊接,可以使功率循环能力提高很多,高达 $T_{high} = 200℃$。从高温应用的观点看来,键合丝似乎不是主要限制因素。

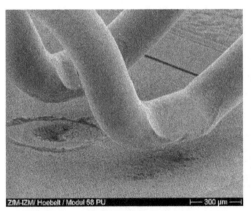

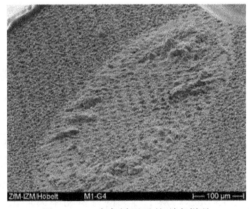

图 12-14 IGBT 标准模块经过 $\Delta T_j = 100K$
的功率循环试验后剥离了的键合丝。全部
失效发生在 10791~13000 周期之间

图 12-15 功率循环后的剥离样品

在有中心栅极接触的芯片上,必须特别注意栅极引线的键接。对于具有场效应栅极结构的功率器件,栅极的泄漏电流很小,以致需要几天的时间才能将其通过漏电流从栅极排出。因此,如果在栅极处于持续开通而负载电流又被外部开关所控制的情况下,则栅极引线键合丝的剥离将不会被觉察。在这种情况下,为了检验栅极性能,必须安排特殊的功能试验。这就是在每一周期的冷却阶段,切换栅极电压,然后在此阶段必须使供给控制电流的恒流源进入电压限制模式。这项技术保证栅极键合丝剥离可以被检测到。

研究发现,如果键合丝外涂上一层聚酰亚胺,则会延长其寿命[Cia01]。另一项改善 Al 丝键合寿命的建议是改进键合丝环的几何形状。对周期性机械应力下的 Al 丝键合所做的调查显示，其寿命随着环高度的增加而增加[Ram00]。因此，增加高宽比，即键合丝环的高度除以缝合点间距，还应增加其机械稳定性从而增加功率循环试验中的寿命。然而，增加了 Al 键合丝的高宽比，经机械测试后立即进行的第一次功率循环试验，这一预期没有得到证实（见图 12-16）。

又过了 10 年，这种矛盾才得到解释。对底板有不同高宽比的 Al 键合丝的模块进行了有功功率循环试验[Scn11]。按每种高宽比生产了两组模块，一组是焊接的芯片，另一组是 Ag 扩散烧结的芯片。$\Delta T_{vj} = 70K$（$T_{vjhigh} = 150℃$，$T_{vjlow} = 80℃$，$t_{on} = 1.2s$）下的试验结果的比较展示在图 12-16 上。芯片焊料疲劳限制了较高高宽比下循环寿命的提高，如果芯片与衬底采用 Ag 扩散烧结互连消除了焊料疲劳，则其寿命远高于有较高键合环所能达到的寿命。

试验结果还表明，Al 键合丝的失效模式受到高宽比的影响；高高宽比的失效模式主要是键合丝剥离。低高宽比的失效模式主要是跟部开裂。如图 12-17 所示。这些跟部裂纹发生在芯片-衬底间用丝键合连接的芯片的第一条焊缝上。

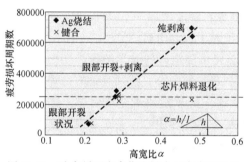

图 12-16 功率循环寿命作为键合丝高宽比以及

Ag 扩散烧结芯片的函数，$\Delta T_j = 70K$[Scn11]

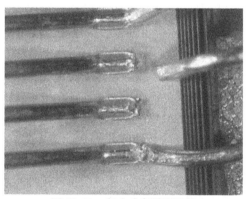

图 12-17 有功功率循环后键

合丝跟部开裂[Scn11]

如 11.6.3 节所述，用 Cu 代替 Al 作为金属丝键合材料，进一步提高了顶部芯片互连的功率循环寿命。它完全有能力消除功率模块中键合退化的失效模式，并揭示了作为一种新的铜金属化 DBC 衬底疲劳的失效模式[Heu14]。

12.7.2.2 金属化的重建

在高温波动的有功功率循环中，观察到了芯片金属化层的重建。这种接触金属化通常由真空金属化的 Al 层组成，具有颗粒状结构。由于 Si 和 Al 的热膨胀系数不同，在温度反复波动期间，该层承受着相当大的应力。Si 片随着温度升高只是略有膨胀（$2 \sim 4 \times 10^{-6}/K$），而 Al 金属化层中的颗粒则膨胀显著（$23.5 \times 10^{-6}K$）。因此，在温度循环的加热阶段，金属化层受到了压应力。

Si 上 Al 膜重建在 20 世纪 60 年代后期被首次报道[Pad68]，随后对这种退化效应作了详细研究。对温度循环试验过的样品与等时等温退火的未经循环的样品作了比较，发现热循环使表面重建增加了 2~5 倍，其数值取决于温度和 Al 膜颗粒的大小[San69]。对高温（175℃以上）和低温（175℃以下）时的重建现象进行了分析，发现在这些温度范围内，有不同的疲劳机理。假定高温时扩散蠕动和塑性形变以及位错运动占主导地位，那么低温时由压缩疲劳引起的塑性形变是质量输送唯一可能的机理[Phi71]。

尽管早先的研究是因在集成电路中观察到表面重建而引发的，但在功率电子器件里也发现了同样的效应[Cia96]。在温度循环处于加热阶段，当周期性压应力超出弹性极限时引起粒子的塑性形变。按照本章参考文献 [Cia01]，以上是发生在结温超过 110℃ 时的情况。这种塑性形变能导致单个粒向外突出。此过程导致金属化层表面粗糙度增加，外观上表面没有光泽。在温度循环的冷却阶段，拉伸应力如果超过弹性限度，会在粒子边际产生空蚀效应。这也解释了金属化层表面电阻增加的原因[Lut08]。

在 IGBT 器件经过重复短路操作后，在失效的器件里发现了 Al 接触层的重建[Ara08]。最近，在厚 Al 层中也观察到了表面粗糙度增加的类似效果。该 Al 层是"Al 直接键合"（DBA）在衬底上经过−55~250℃温度循环后观察到的。经过 300 个周期后，AlN 衬底上的 300μm 厚的 Al 层表面粗糙度增加了 10 倍以上，而在横断面上观察到大量空洞。作者把这种效应归因于粒子边界滑移[Lei09]。

图 12-18 显示了这种功率循环试验后的金属化层重建的光学图像。二极管金属化层的重建呈现出乳白色的斑点，它们集中在芯片的中心。特别有趣的是焊料空洞周围区域。这可以在 X 射线图像中看到。在这一区域重建也非常明显。这证实了重建是温度波动的产物。最高温度的峰值出现在芯片的中心，而在有焊料空洞的区域热阻有局部增加。重建的不对称性是由温度分布决定的[Sen99]。

图 12-18　在有功率循环后，二极管的光学图像（左）和 X 射线图像（右），乳白色无反射斑点是金属化的重建，最明显的是在芯片中心和有焊料空洞的区域

　　在功率循环过程中，最大温度的影响体现在图 12-19 中。图 12-19a 显示的是经历了 320 万次 85 ~ 125℃ 功率循环后的 IGBT 金属化层。图来自本章参考文献 [Cia02]。图 12-19b 给出了历经 7250 次功率周期后的 IGBT 金属化层。试验条件为 $\Delta T = 131K$，$T_{high} = 171℃$。图 12-19c 最后显示的是在历经 $\Delta T = 160K$，$T_{high} = 200℃$ 下 16800 周期后的二极管的金属化层。在留有空洞的金属化层的表面上出现了直径约 5μm 的大颗粒。

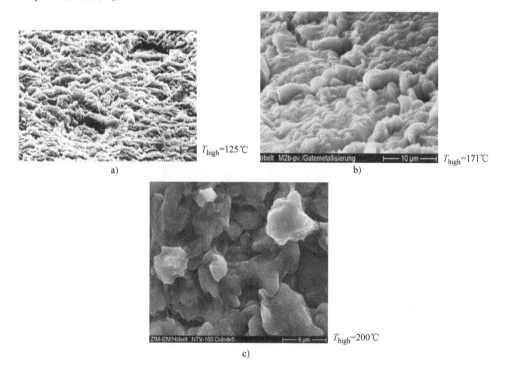

图 12-19　REM 图像显示了功率循环期间接触重建随着最高循环温度 T_{high} 的增加而增加

　　在键合丝缝下的重建受到抑制。图 12-20 显示了键合丝剥离后在键合缝边缘处的一个金属化细节。在 $\Delta T_j = 130K$，$T_{high} = 170℃$ 条件下，这个二极管在经历了 44500 个周期后幸存了下来。这是因为单面 Ag 烧结技术才会获得如此高的周期数[Amr06]。其他研究表明聚酰亚胺覆盖层会抑制重建效应[Ham01]。这是一个预期的现象，因为任何覆盖层都会限制颗粒挣出接触层的运动。尽管如此，层中应力依然很高，可以预计，键合缝交接面的断裂的萌生和发展是由同样的 CTE 失配所驱动，并产生了金属化层的重建。

　　芯片金属化重建降低了接触层的密度，因而增加了接触层的电阻率。由于通常层厚约在 3~4μm。粒子的大小与图 12-19c 的层厚相当，可以预期，它们的运动会显著改变该层的电导率。

层电阻率可用范德堡法测定[Pfu76]。对图 12-19c 所举的功率循环二极管这个例了，测得的比电阻是 0.0456mΩ·m。而无应力同型二极管测得的电阻率为 0.0321mΩ·m。接近纯 Al 的 0.0266mΩ·m 的书面值。稍微有点高是可以预见的，因为芯片金属化层有颗粒结构，并含有一些小的 Si 掺杂物。在功率循环期间，观察到电阻率增加了 42%[Lut08]，这是器件特性的剧烈变化。在图 12-19c 和图 12-20里，器件功率循环期间，检测到的 V_F 即使有微小的增加，也会影响器件内的电流分布，从而在高应力条件下降低功率器件的寿命。

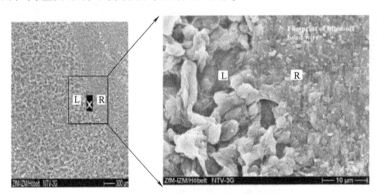

图 12-20　键合丝剥离后键缝区边缘的 REM 图像。在键缝区外，重建更为显著。二极管在约 44500 个周期后失效，试验条件：$\Delta T_j = 130K$，$T_{high} = 170℃$

对重复短路下的器件失效的最新调查揭示，处于临界热破坏状态下的接触层重建导致接触电阻增大是失效的根本原因[Ara08]。可以预测，这种重建现象必定会对续流二极管的承受浪涌电流的能力产生影响。

12.7.2.3　焊料疲劳

在有功功率循环中，焊料界面的退化是一个基本失效模式。所谓的焊料疲劳是由于焊接界面发生裂缝而形成的，这导致了热阻的增加，从而加速器件的完全失效。在正向压降温度系数为正的器件里（例如 IGBT 和 MOSFET），温度升高会导致功率损耗增加，从而在正反馈循环中加速退化。但是，常规设计的模块最终失效往往是丝键合接触被击穿。在功率循环后，如果没有借助扫描声学显微镜（SAM）对焊料交接面进行分析研究，则焊料疲劳的影响不可能被评估，而键合丝击穿将被误认为是失效的根本原因。

图 12-21 显示了正向电压降的变化和由六组器件构成的无底座模块中心桥臂的 IG-BT，在每个加热阶段结束时达到的最高温度。在 65000 个周期后最高温度开始上升，因为正温度系数，器件内的功率损耗跟着增加。85000 个周期后，温度波动已增至 $\Delta T_j = 125K$，并继续快速增长，如果丝键合不先出故障，那么温度会直升至焊料熔点。这个例子表明，只通过改善顶部的芯片接触（如丝键合），而不改善底部的接触（如焊接层），其寿命的改善是有限的，因为温度的升高将会破坏任何顶部的芯片接触。

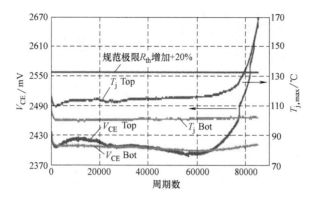

图 12-21　无底座模块中 IGBT 相臂功率循环的结果，$\Delta T_j = 80K^{[Sen02b]}$。
温度的演变是焊料疲劳的重要标志

遵循预期的恶化模式，图 12-22 中 SAM 图像里描绘出了焊料退化的几何形状。芯片边缘的不连续是由于边缘尤其是芯片角上出现的应力峰值造成的。因此，裂缝开始于外角和边缘，并向芯片的中心延伸。在这种情况下，平行排列的四个芯片会产生一个温度分布，靠近四重芯片组中心的芯片拐角处温度最高。因此，焊料层的退化从拐角点开始并向组合中心推进和向外扩展。

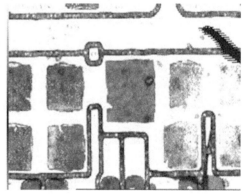

图 12-22　图 12-21 中的功率循环试验里的 IGBT 模块的光学图像和 SAM 图像，
损坏的 TOP 开关中四个并联的 IGBT（见右边图像）显示了焊料疲劳效应

封装热阻的持续改进和先进冷却系统散热能力的增强，大大提高了现代 IGBT 芯片的功率密度，辅之以芯片薄型化趋势（新一代 600V 沟槽芯片厚度降到了 70μm），这降低了横向热传导率，从而有可能减少热扩散效应，而芯片的横向温度梯度变得越来越明显。图 12-23 描述了这种效应，其中 IGBT 芯片面积为 12.5×12.5mm²，它的水冷却 Cu 散热器的冷却液温度为 9℃，它的对角线温度梯度超过 40℃$^{[Scn09]}$。

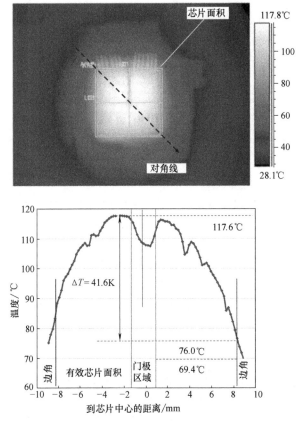

图 12-23 一个（12.5×12.5）mm^2，1200V 的 IGBT 芯片被 DC 150A 电流连续加热时的红外图像。模块装在 Cu 水冷散热器上，冷却液温度 9℃。沿着穿过芯片中心对角线的静态温度分布表明中心和拐角之间的温度梯度超过 40℃（下图）

对于这种明显的横向温度梯度，芯片中心由高温而产生的应力超过了边缘裂缝引起的应力，这时退化从中心开始而不是边缘和角落。图 12-24 中经过功率循环试验后，先进的功率模块的 SAM 图像证实了这一点。这里高反射的明亮区域表明损坏区域在芯片中心，而芯片边缘似乎没有影响。

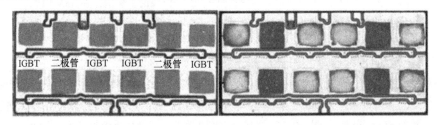

图 12-24 SAM 图像：原始焊料层（左）和与之相比较的经过超过 100 万个周期功率循环，寿命已经终了的 IGBT 样品（右）。试验条件：
$T_{high} = 150℃$，$\Delta T_j = 70K$，加热段 0.2s。无应力二极管焊料保持不变

其他作者也报道了这一发现，然而有些出版物把这种现象归因于用了特殊类型的焊料[Moz01]，其他作者也在无铝和富铝焊料系统中观察到这种现象[Her07]。焊料交接面层的特性可能对焊料疲劳进程稍有影响，但是热膨胀系数的不同引起的高应力是导致焊接界面退化的驱动力。

这种失效机理的变化可能对疲劳过程的演变有相当大的影响。焊接界面的开裂提高了受影响芯片部位的热阻，从而提高了该处的温度。如果开裂开始于边缘，则相对较冷的芯片区域温度是增加的，而在芯片中心的最高温度则保持不变。与这种情况不同的是，当芯片中心最高温度下开始开裂时，最高的芯片温度立刻升高，可以预期，这个正反馈环必将加速疲劳的进程，从而降低功率模块的寿命。

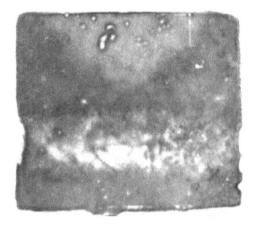

图 12-25　AlSiC 底座与衬底用无铅焊料焊接的模块在有功功率循环下焊料层退化的 SAM 图像

相当于芯片量级的温度梯度也会产生在衬底与底座间的焊料层。对带有 AlSiC 底座的模块作了功率循环试验，试验条件为 $\Delta T_j = 67\text{K}$，$T_{high} = 150℃$。从这个试验的结果在衬底与底座的交接面看到了退化效应，并从芯片位置的下方开始，如图 12-25 所示。

因为互连界面内热的、机械的特性相互作用，这些结果说明了焊料疲劳的复杂性。为了超越经典模块设计在可靠性方面的局限，必须解决焊料疲劳问题。

12.7.3　寿命预测模型

因为带基板的功率模块的构造有一套标准工艺，即便不同供应商，所用技术和材料都非常相似。一项为标准功率模块测定寿命的研究项目早在 20 世纪 90 年代初期已经实施。在这个名为 LESIT 的项目中对来自欧洲和日本的不同供应商提供的模块进行了测试。其共同特点是采用图 11-13 所示的标准封装，并采用表 11-1 左行所列的 Al_2O_3 陶瓷。试验在不同的 ΔT_j 和不同的平均温度 T_m 下进行。其结果已总结归纳在本章参考文献 [Hel97] 中，以对不同平均温度下失效循环次数 N_f 与 ΔT_j 的关系曲线的形式显示在图 12-26 上。

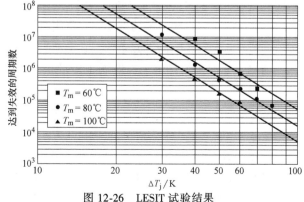

图 12-26　LESIT 试验结果

图 12-26 的线条表明本章参考文献[Scn02b]与实验数据是吻合的。在给定温度波动 ΔT_j 和平均温度 T_m 下，预测的到达失效的循环次数 N_f 可以用式(12-5)来近似，平均温度用绝对温标 K 表示

$$N_f = A\Delta T_j^{\alpha} \exp\left(\frac{E_a}{k_B T_m}\right) \tag{12-5}$$

式中，玻耳兹曼常数 $k_B = 1.380 \times 10^{-23} \text{J/K}$，激活能 $E_a = 9.89 \times 10^{-20} \text{J}$，参数 $A = 302500$，$\alpha = -5.039$。

式(12-5)由 Coffin-Manson 定律构成。也就是说，到达失效的周期数(N_f)被假定与 $\Delta T_j^{-\alpha}$ 成正比[Hel97]。当用 $\log(N_f)$ 对 $\log(\Delta T_j)$ 作图时，得到的是一条直线。此外，一个 Arrhenius 系数也被添加到了 Coffin-Manson 定律里，该系数是一个依赖于激活能的指数[Hel97]。

这个 LESIT 模型是第一个寿命模型。它包含的参数比温度波动 ΔT_j 更多。它可以作为一个经验寿命模型。因为一方面它是建立在功率循环试验结果上的，另一方面它包含的参数只与试验条件直接相关。图 12-26 中所指的实验数据 ΔT_j 和 T_m 是与功率循环试验相关联的原始试验条件下的数据，也就是它们是在能够观察到退化的影响之前的原始试验条件。

按照 LESIT 模型，在给定的 ΔT_j 和 T_m 下有可能用式(12-5)计算出达到失效的周期数。如果知道了应用中的典型的周期，则可以计算出模块在这些条件下的预期寿命。

自 1997 年以来，标准模块的技求得到了改进。图 12-27 中显示的是两个不同供应商提供的较新的功率模块功率循环的结果。它们与 $T_{low} = 40\text{℃}$ 下用式(12-5)计算出来的结果做了比较，并把温度波动外推到比图 12-26 更高的范围。可以看到，在 $\Delta T_j > 100\text{K}$ 范围内，与式(12-5)预测相比，达到失效的周期数增加了 3~5 倍。

但是，用温度波动 ΔT_j 和平均温度 T_m 作为功率循环试验唯一特征性试验条件是不足够的。对 ΔT_j 而言，它是能耗的函数，而能耗对于给定的芯片技术是由正向电流和试验施加时间 t_{on} 以及试验设备的热阻决定的。负载电流、脉冲持续时间和冷却条件的不同组合可以在给定的功率模块中产生相同的温度波动和平均温度。选择特定的对测试结果有一定影响的试验条件，它们必须被包含在功率循环寿命模型之中。

这就为标准模块提供了扩展模型的动机[Bay08]。立足于模块的大量功率循环结果，导出了下式：

$$N_f = K\Delta T_j^{\beta_1} \exp\left(\frac{\beta_2}{T_{low}}\right) t_{on}^{\beta_3} I^{\beta_4} V^{\beta_5} D^{\beta_6} \tag{12-6}$$

参数 K 用数值 9.30×10^{14}，其他参数 $\beta_2 \cdots \beta_6$ 在表 12-3 中给出[Bay08]。式(12-6)称为 CIPS 08 模型，另外还包含了以 s 表示的加热时间 t_{on}，若片上每条键缝上的电流 I，用 A 表示，则器件的电压范围 V 用 $V/100$ 表示(反映半导体芯片厚度的影响)

以及键合丝直径 D，用 μm 表示。$t_{on}=15s$ 时用新的 CIPS 08 模型预测的结果也显示在图 12-27 上。CIPS 模型对 Al_2O_3 为衬底的标准模块有效，它不适用于高功率牵引用模块，那是用 AlN 和 AlSiC 材料制造的，见表 11-1。

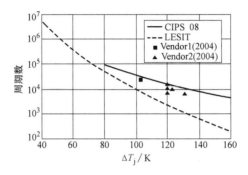

图 12-27　最先进的 2004 年的模块功率循环试验结果与按 LESIT 模型式(12-5)预测结果以及按 CIPS 08 模型式(12-6)预测结果所做的比较。$T_{low}=40℃$

　　式(12-6)是纯统计分析的结果，而不是基于物理的模型[Bay08]。在式(12-6)中周期时间 t_{on} 的依赖关系是短周期时间达到失效的周期数较高。可能的解释是实际上退化机理像粘塑性形变或者说断裂发育是时间相关的过程，即应力持续时间短，产生的损害要比持续时间长的少。此外，模块中的温度梯度将取决于负载脉冲的持续时间。短负载脉冲热机械应力主要发生在半导体与键合丝之间的交接面，而在离散热器较近的层温度升高有限，那里产生的应力较小。依赖于芯片每条键合缝能改善电流 I 在芯片上的分布，有更多的键缝大概会对键缝的热容量产生积极的影响。与 Al 键合丝的直径 D 有关，是它关系到较粗的键合丝对键合缝有较大的机械应力。对电压等级 V(阻断电压除以 100)的关系实际上是器件的厚度，它从 600V 增加到 1700V。较薄的器件，由 Si 材料引起的焊接界面的机械应力会降低。注意 1200V($V=12$)和 600V($V=6$)所用的器件都是薄片技术生产的，用外延晶片生产的器件如 PT IGBT 或 epi 二极管不能用式(12-6)。

　　由于包含了额外的测试参数(负载脉冲持续时间 t_{on} 和每条键缝的负载电流 I)，因此在 CIPS 08 模型中，模型参数不再具有统计学上的独立性，这一点已为作者本身指出和讨论过[Bay08]。这可以用事实来说明，在一系列功率循环试验中，既要调整不同的温度波动数值 ΔT_j，又要保持电流大小和负载脉冲电流持续时间不变，这一般是不可能的。虽然改变栅极电压，允许 IGBT(见图 10-3)或 MOSFET 在有限范围内改变给定电流的损耗，但该选项却不适用于二极管的功率循环试验。不同加热时间 t_{on} 的影响显示在图 12-28 上。图 12-27 给人的印象是 $\Delta T_j<60K$ 时，新模型预测的失效周期数 N_f 小于前面说的 LESIT 模型。但是对加热时间的依赖表明，假定低 ΔT_j 时如果加热时间 t_{on} 短，那么最先进的 2008 模块寿命 N_f 会更高。

表 12-3   按照式(12-6)计算功率循环能力用的参数

β_1	-4.416
β_2	1285
β_3	-0.463
β_4	-0.716
β_5	-0.761
β_6	-0.5

尽管式(12-6)事实上只是根据一家制造商生产的模块建立起来的,但该方程对其他制造商的模块计算寿命似乎也很有用。如果寿命计算对于高可靠性的应用场合是至关重要的,那么制造公司理应向其咨询。

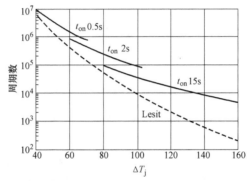

图 12-28   根据式(12-6)的 CIPS 08 模型在不同加热时间 t_{on} 时与 LESIT 模型所做的比较。$T_{low} = 40℃$

12.7.4   失效模式的离析

12.7.3 节中给出的经验寿命模型没有区分在 12.7.2 中讨论过的不同的失效模式,因为每种失效模式的退化过程所涉及的材料是不同的,具有明显的物理性质、性能和特征不同的热行为,每种失效机理展示了各自的退化驱动因素,导致了不同的寿命限制。因此,通过加速寿命试验获得的数据,外推到与应用相关的领域,如果加速试验中限制寿命的失效机理不同于应用中占主导的失效机理,则可能导致错误的寿命判断。因此,结论是焊料疲劳和键合丝退化应分别加以研究,以区分各自对经验寿命模型的影响。然而,这在互连的先进更为可靠的替代方案取得进展之前是不可行的。

今天,高可靠的互联技术可以隔离不同互连的退化,将这些先进技术与传统技术结合起来,就可以在没有相互作用下研究传统互联技术的寿命。SKiM63 寿命模型就是立足于 Semikron 的 SKiM63 模块的几次功率循环试验结果建立起来的[Scn13]。该模块没有底座,用压接技术装配起来[Scn08]。内部连接技术的特点是烧结芯片,其顶部连接是用改进的几何形状为环形的 Al 丝键合的。由于负载电流的端子是用压力接触实现的,并用了辅助弹簧触点,而标准的 SKiM63 是一个 100% 无焊料模块,因此,连接到芯片丝键合的退化决定了其寿命。SKiM63 寿命模型可以被看作 Al 丝键合寿命模型。下列函数描述了负载情况下的寿命：

$$n_f = (\Delta T_j, T_{jm}, ar, t_{on}) = A\Delta T_j^\alpha ar^{\beta_1 \Delta T_j + \beta_0} \left(\frac{C+t_{on}^\gamma}{C+1}\right) \exp\left(\frac{E_a}{k_B T_{jm}}\right) f_{diode} \quad (12\text{-}7)$$

A 是一个普通的定标因子。用 K 表示的温度波动 ΔT_j 和平均温度 T_{jm} 的影响分别用 Coffin-Manson 关系和一个带激活能 E_a 与玻耳兹曼常数 k_B 的 Arrhenius 项来表示。正如 12.7.2 讨论过的，丝键合高宽比 ar，也就是丝环的高度与从 DBC 板至芯片间距离的比值对寿命有影响。SKiM63 寿命模型还考虑了负载脉冲持续时间 t_{on}（用 s 表示）的影响。系数 f_{diode} 对应着 1200V 测试二极管芯片厚度的影响，因为二极管芯片较厚，其寿命比 1200V 测试 IGBT 的寿命低。导出的方程参数见表 12-4。

为了研究芯片焊料互连的寿命，本章参考文献[Sct12a]提出了分离失效模式的方法。额外的调查[Jun15,Jun17,Sct13]主要是试验条件对芯片焊料界面寿命的影响与 Al 丝键合互连的寿命之间的比较。为此，同时进行了两组模块的功率循环试验，一组用烧结芯片的商售 SKiM63 模块，没有焊料退化问题，另一组是改进型 SKiM63 模块，用了 Sn Ag3.5 焊接芯片和高可靠覆 AlCu 丝[Sct12b]。或许其他高可靠互联技术诸如芯片与 DBC 板用扩散烧结互连，或是芯片顶部用 Cu 丝键合都可以实施，虽然后者芯片顶部表面需要 Cu 金属化。

表 12-4　SKiM63 寿命模型式（12-7）所用参数表

α	−4.923
β_1	−9.012×10⁻³
β_0	1.942
C	1.434
γ	−1.208
E_a/eV	0.06606
f_{diode}	0.6204

为了研究平均温度 T_{jm} 对芯片附近的互联处功率循环寿命的影响。本章参考文献[Sct13]在每次试验中对加载时间 t_{on} 和温度波动 ΔT_j 都等量调整。在本章参考文献[Jun15]不管 T_{jmax} 或 T_{jmin} 在所有试验中都是相同的（$T_{jmax}=150℃$ 或 $T_{jmin}=40℃$，$t_{on}=2s$），单独改变 ΔT_j 从而改变 T_{jm}。结果（见图 12-29）揭示用标准 Al 键合的烧结模块。在高 ΔT_j 下寿命低于覆 AlCu 键合的焊接模块。相比之下，焊料疲劳成为低 ΔT_j 时寿命的决定因素。此外，还证明了焊料疲劳机理受平均结温的影响远大于金属丝键合的退化。这也反映在焊料疲劳的激活能 $E_a=0.097eV$，相比之下丝键合退化的激活能是 $E_a=0.042eV$。两种失效机理温度相关性的差异可以用所涉及材料的热机械性能来解释。试验期间，焊料层的温度接近焊料的熔点，随着温度的升高，裂缝形成和延伸速度加快，相比之下，Al 的熔点要高得多。但是芯片的 Si 的热膨胀系数与丝键合的 Al 大不相同，芯片与丝键合交接面对温度波动非常敏感，如结果所描述的那样。

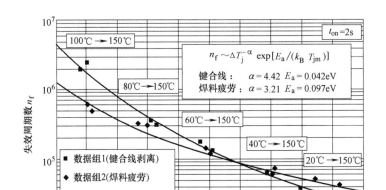

图 12-29 Al 丝键合和 SnAg3.5 芯片焊接各自的寿命与 $\Delta T_j(\mathrm{K})$ 的关系

$(t_{on}=2\mathrm{s}, T_{jmax}=150\mathrm{K})^{[Jun15]}$

进一步[Jun17]分析了负载脉冲时间的影响。脉冲持续时间在大幅度变化,而其他试验条件在整个试验过程中保持不变($T_{jmax}=150℃$,$\Delta T_j=70\mathrm{K}$ 或 110K,$t_{on}=0.075\sim0.60\mathrm{s}$)。图 12-30a 描述了负载脉冲 $t_{on}\leqslant2\mathrm{s}$ 下的寿命结果。而 $t_{on}\geqslant2\mathrm{s}$ 的寿命结果提供在图 12-30b 上。各自用 SKiM63 寿命模型评估了寿命。焊料寿命随着负载脉冲持续时间的缩短而增加。虽然不像丝键合互连的寿命那么明显,但焊料寿命与键合互连两者都随负载脉冲的增宽而以某一下降率降低。

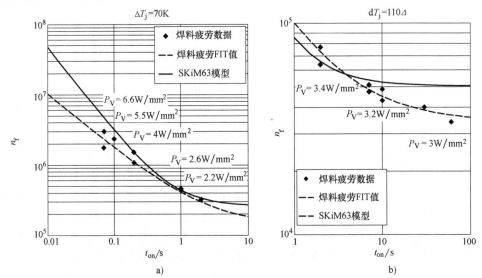

图 12-30 Al 丝键合和 SnAg3.5 芯片焊接各自的寿命与 t_{on} 的关系

a) $\Delta T_j=70\mathrm{K}$,$\Delta T_{jmax}=150\mathrm{K}$,$t_{on}\leqslant2\mathrm{s}$ b) $\Delta T_j=110\mathrm{K}$,$\Delta T_{jmax}=150\mathrm{K}$,$t_{on}\geqslant2\mathrm{s}$

收集的用于 Al 丝键合退化和 SnAg3.5 芯片焊料疲劳的功率循环数据作为今后改进经典功率模块寿命模型的数据基础。

这里给出的是建立在特定结构，即 1200V 的 SKiM63 模块上的试验得出的功率循环试验结果，当把这种模型应用到其他带底座的模块设计中去时，必须考虑潜在的与底座有关的失效模式(如衬底与底座焊接面的焊料疲劳问题)，这些是不包括在研究中的。

但是，通过区分失效模式的研究收集起来的扩充了的数据基础对标定和试验失效物理寿命模型非常有用。该模型是基于材料本构模型的仿真模型。

目前，很多研究小组正在研究所谓的失效物理的寿命模型，这些寿命模型是仿真程序来实现，并以材料本构模型为基础的。而经验模型主要是建立在实验结果和统计数据的基础上的。仿真模型的目的是将材料的形变复制成与应力状态相吻合，并在材料层面上对失效机理进行描述，以推导出它对寿命的影响。热致机构应力在这里被认为是激活和培育退化机理的指标。为了讨论下列例子，仿真模型需要用实际试验结果来参数化。

在本章参考文献[Kov15]中提出了一个仿真模型来描述功率半导体模块内平面焊接点的寿命。通过基于 Clech 算法的数值逐次逼近的计算方法[Cle97]，计算了应力应变，对于给定的热负荷剖面，材料响应是滞后的。因此，描述焊料和时间无关的弹性和塑性形变以及随时间而变的黏塑性形变的合适的焊料本构模型是必需的。根据 Morrow 型疲劳定理[Cle02]，定义了一个超过一定的临界累积形变能量 W_{crit} 的失效，能够估算出在焊料层内给定温度剖面下的寿命。仿真模型需要功率循环试验结果来参数化。在建模过程中，由疲劳和对应力应变滞后的影响使焊接互连的性质引起的变化是不考虑的。

与此相反，在本章参考文献[Dep06]中，焊点内裂纹的扩展是直接确认的。Paris[Par63]用了裂纹生长模型，依照累积的蠕变应变沿界定的裂纹扩展线，模拟了焊点内裂纹的萌生和扩展。后者是用本章参考文献[Dep07]中 Déplanque 提出的本构焊料方程计算出来的。最后裂纹模型根据经验数据进行了换算，该数据库是用热循环产生的裂纹长度用 SAM 测量收集得来的。

裂纹扩展模型也已经用在模拟 Al 丝键合界面的疲劳上，在本章参考文献[Yag13]中键合界面的损坏就是用裂纹扩展破坏模型来模拟的。为了获取时间的敏感效应，分析是在时间维度内进行的，而不是描述与循环有关的损坏。此外，损坏的积累和损坏在热激活过程中的去除，两者都要考虑进去。

所提出来的本构寿命模型需要了解所研究的互联内部温度的演化。对于重复性循环试验，这可以通过有限元模拟得到。但是，对于一个实际应用程序复杂的任务配置，不可能确定其内部温度的演化，它可能包含数百万个非重复性负载变化。因此，为了评估复杂任务配置，经验模型是必不可少的。另一方面，来自于非常低应力的加速试验，应用程序运行 20 年或以上的经验寿命模型用来验证是不可能的。在这方面，本构寿命模型以材料的视角,外推到特殊应力水平的应用场合非常有用。

12.7.5 功率循环的任务配置和叠加

除了已讨论过的限制之外,寿命模型都是从重复相同的功率周期导出的,但是在实际应用中叠加了各种不同的温度波动。

为了计算具有叠加功率周期的实际应用保形条件下的寿命,本章参考文献[Cia08]假定了一个线性累积的损伤作为讨论的例子

$$Q_i(\Delta T_j, T_m, \cdots) = \frac{N_i(\Delta T_j, T_m, \cdots)}{N_{fi}(\Delta T_j, T_m, \cdots)} \tag{12-8}$$

参数由应用的寿命模型给出。如果周期数是 N_i 达到一个特定的参数 N_{fi}(这是达到失效的周期数),则这时使用寿命模型计算出来的参数 Q_i 等于 1。这种假设通常被称为"Miner 规则"[Min45],其贡献在于能把复杂任务配置中的不同周期综合起来直至得到累积的损伤。累积损伤的倒数是估计值的重复率 N_r,为被考虑的任务配置方程式(12-9)。如果重复率 N_r 等于 1,则寿命由这个任务配置的一次运行所消耗。如果它大于 1,则任务配置可以重复 N_r 次。如果它小于 1,则功率模块将无法在一次运行中幸存下来。

$$N_r = \frac{1}{\sum_{i=1}^{n} Q_i} = \frac{1}{\dfrac{N_1}{N_{f1}} + \dfrac{N_2}{N_{f2}} + \cdots + \dfrac{N_n}{N_{fn}}} \tag{12-9}$$

本章参考文献[Fer08]报道了两个功率循环的叠加研究。一个 140℃ 的高 ΔT_j 周期,叠加上低 ΔT_j 的短周期。但是,高 ΔT_j 的周期在所选叠加中占失效的主导。通常很难用一种方式定义两个叠加的功率脉冲,使其中每一个对累积损坏的贡献都是 50%。

在本章参考文献[Scn02b]中报道了一种不同的方法,首先在两种不同温度波动下进行单一周期的常规功率循环试验,然后将两个循环条件交叉互换再进行试验。结果表明,这与线性疲劳累积的假定是矛盾的,达到失效的周期数等于每个单独试验条件下的周期数之和。对此结果的一种可能解释是试验条件引发了不同的失效机理,它们之间又不相互作用。

该方法适用于在已知保形温度演化下的循环计数,作为任务配置对寿命估计有根本的重要性。简单地收集温度波动的最大最小值是价值不大的,它低估了热机械应力,而它对分析的分辨率非常敏感。一种更为高明的方法,它符合失效物理导向的模型里的应力-应变特性,即被广泛接受的 Rianflow 计数法[Dow82]。它对分辨率的变化不敏感,而更重视基本频谱的评估。

一个适当的周期计数法的重要性可以用一个简单的例子来说明。让我们假定,一个可靠性工程师,在他的应用程序中有一个功率模块的寿命问题。对于 $T_{low} =$ 40℃,$T_{high} = 120℃$ 的循环,根据 LESIT 模型式(12-5)可以估算出其寿命为 5.1×10^4 个周期。而应用上需要是该周期数的 8 倍。工程师有了一个主意,他在温度波动的

大斜坡上加了一个小的温度波动，从而将它分成如图 12-31 中所示较小的波动。

应用简单的计数法和式(12-5)、式(12-8)和式(12-9)，工程师计算了他的如图 12-31b 所示的修改后的周期，重复率显示在表 12-5 中。他通过小的修改，把最高温度波动从 $\Delta T_j = 80K$ 降至 $\Delta T_j = 42K$，满足了他的需要。他现在计算的重复率 $N_r = 4.2 \times 10^5$。但是，与图 12-31a、b 所示的温度曲线相比，通过如此小的修改使寿命增加到 8 倍以上，这似乎不太可信。

用 Rainflow 算法修改图 12-31b 中的曲线后，这个问题就解决了。该算法分解了修改后的曲线。图 12-31c 产生了一个 $\Delta T_j = 80K$ 的基本周期和两个 $\Delta T_j = 4K$ 的叠加的小周期。由于这些小周期造成的损伤可以忽略不计，修正后的周期的重复率就与原来简单的循环相同。

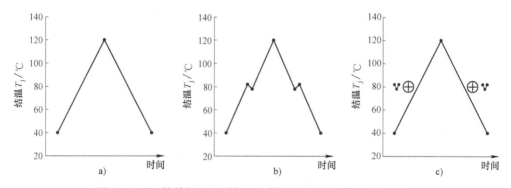

图 12-31　a)简单的温度周期　b)修正后的周期　c)用 Rainflow
算法分解的修正后的周期。线条只是示意图

基于源自热循环产生线性损伤的累积这一假设，结合使用 Rainflow 算法和寿命模型导出的结果，应用程序特定的任务配置可以被评估为如图 12-32 所示。流程从应用的特定的需求开始，例如发动机驱动的转速和转矩的变化或是风力涡轮机风力分布是时间的函数。然后发动机或发电机的动态特性也必须考虑，结果形成一个数值序列，其中包含时间段落、输出电压、输出电流、输出频率、电压与电流间的相位差，开关频率和直流回路电压。这个序列是特定应用程序的电气任务配置所产生的损耗，对于已知温度可以用功率模块的数据表计算出来。这需要一个迭代循环，因为必须要把冷却系统的动态特性考虑进去。从得到的温度剖面结温的周期可以通过 Rainflow 算法推导出来，然后通过寿命模型把不同周期的累积损伤进行估算，并将重复率作为特征性任务配置确定估计寿命的指标。

当功率模块内的器件和包括交接面在内的散热器的热特性用一个维度的 Foster 网络来估算时，百万次的任务配置用最先进的笔记本电脑可以在几分钟内计算出来。

但是，对于这个评估过程，需要一个统一的结温定义。使用 $V_j(T)$ 法（见 12.7.1 节）可以满足这一要求。可用于热阻抗测量还有功率循环试验中的结温的测量。此外，功率循环的控制策略应该是对退化不提供补偿。通过定义初始温度波动 ΔT_{vj}(在稳定的热条件下)和初始损耗作为特征试验参数。所有退化效应在本质上包含在寿命模型之中。如果不是这样，则系统的功率损耗和热阻抗将成为消耗掉的寿命的函数，这使得任务配置估计过程更为复杂。

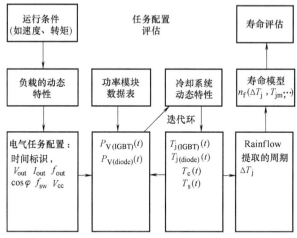

图 12-32　任务配置评估过程[Sen15a]

此外，寿命模型提供的失效周期数必须是有效结温、电流、电压和负载脉冲持续时间之类操作参数的函数。因此，它必须是一个经验寿命模型。本构模型需要知道互连处的温度，这在这个任务配置评估方法中是做不到的。当需要进行 FEM⊖ 模拟时，需要知道每一时间段上获得的输入参数，温度计算的迭代循环将耗费几分钟到几个小时的计算时间，以致用来评估扩展了的任务配置是不现实的。然而，经验寿命模型仍然存在一个严重问题，即它们无法在非常低的温度波动下进行验证。假设打算用 20 年的时间来做这个试验，那么技术的进步将会把它的所有结果淘汰掉。如果可以发展本构寿命模型，在广泛的试验条件下正确预测加速循环试验的实验结果，则它们可以提供支持经验寿命模型外推的证据。

表 12-5　图 12-31 用 LESIT 寿命模型式(12-5)计算叠加循环的实例

	$T_{low}/℃$	$T_{high}/℃$	N_f	Q_i	ΣQ_i	N_r
简单循环	40	120	5.1×10^4	2.0×10^{-5}	2.0×10^{-5}	5.1×10^4
修正后循环简易计数	40	82	4.1×10^6	2.4×10^{-7}	2.4×10^{-6}	4.2×10^5
	78	120	4.6×10^5	2.2×10^{-6}		
	78	82	1.8×10^{11}	5.5×10^{-12}		
修正后的循环 rainflow 计数	78	82	1.8×10^{11}	5.5×10^{-12}	2.0×10^{-5}	5.1×10^4
	40	120	5.1×10^4	2.0×10^{-5}		
	78	82	1.8×10^{11}	5.5×10^{-12}		

⊖　FEM：有限元模拟。——译者注

当边界条件满足时，基于任务配置的寿命估计是一个可以验证系统设计能否满足寿命要求的有效方法。应该指出的是，这个估计寿命只考虑了应用特定热机械应力的影响，其他寿命相关因素，诸如湿度、腐蚀性环境、宇宙射线失效等可能导致更低的寿命。因此，这个估计寿命在特殊应用场合规定了功率模块寿命的上限。

12.7.6　TO 封装模块的功率循环能力

将 DBC 板为基础转换成如图 11-6[Amr04] 所示的模塑的 TO 外壳，发现它有很高的功率循环能力。具有这类封装的在 $\Delta T = 105℃$，$T_m = 92.5℃$ 下功率循环试验结果如图 12-33 所示。达到失效的周期数（威布尔 50% 累积概率）大约比 LESIT 模型式（12-5）预测的高 10 倍，并且还明显高于 CIPS 08 模型式（12-6）。统计方法将在 12.9 节中详细讨论。

图 12-34 显示的是一幅器件里键合丝的图像，它在上述条件下经历了 75000 个周期功率循环后幸存下来。在前景黑的暗区域是最初连接键合丝脚，在仍然连着的第一根键合丝上一条跟部裂纹清晰可见。

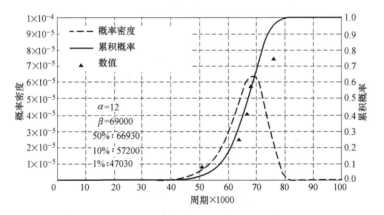

图 12-33　一个 TO 封装系列的一组功率循环试验的威布尔分析

图 12-34　历经 $\Delta T = 105K$，75000 个功率循环周期后的 DCB 为衬底的软模 TO 封装的失效分析，前景（左侧）是一个剥离掉键合丝的痕迹，而仍然依附着的键合丝脚跟部有一条裂缝

硬模材料与键合丝涂层有相似的效果,它额外机械地阻碍了键合丝从芯片表面剥离。甚至键合丝已呈现出严重恶化迹象,但电接触仍然保持。与装有 Cu 引线框架的标准 TO 封装相比,使用 Al_2O_3 衬底降低了半导体材料 Si 与装配层之间的热失配。

图 11-5 中带有 Cu 引线框架的经典 TO 封装展示出了 Cu 和 Si 之间热膨胀的严重失配。大尺寸芯片的功率循环能力明显不如陶瓷衬底封装的芯片。标准 TO 封装的面积为 $63mm^2$ 的芯片,在 $\Delta T_j = 110℃$,$T_m = 95℃$ 的功率循环试验中,六个芯片中有两个芯片丧失了阻断能力,这发生在仅仅 3800 个周期之后。对这些 TO 封装所做的失效分析揭示 Si 器件里的断裂是根本原因。图 12-35 显示了 Si 芯片的这种断裂。

尽管如此,对余下的四个样品继续进行试验,循环次数超过 38000 个周期时,虽然没有发生更多的失效,但 Si 器件里的断裂造成的早期失效仍然令人担忧。大概这种早期失效与较大面积的 Si 器件密切相关,因为这种效应在较小芯片($\leqslant$ $30mm^2$)同类封装的功率循环试验中是观察不到的。

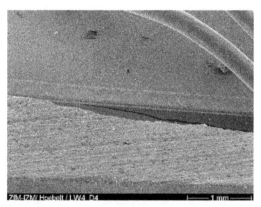

图 12-35 转移到在 Cu 引线框架上模塑封装的 Si 二极管,在 38000 个周期后;
芯片上的裂缝。试验条件:$\Delta T_j = 110K$,$T_m = 95℃$

12.7.7 SiC 器件的功率循环

当比较 Si 和 SiC 材料参数时,发现两者机械特性有一个显著的差异。代表材料在机械应力作用下的刚度的杨氏模量,SiC 是 Si 的 3 倍(SiC 是 501GPa,而 Si 是 162GPa)。温度波动和热失配将机械应力引入封装导致疲劳。为了评价在焊料层中所预期的效应,根据 Darveaux[Dar02] 的方法,经常使用塑性应变能量密度 ΔW。采用有限元模拟[Pol10] 研究在热机械应力下功率模块中的 Si 和 SiC 芯片。结果证明了 SiC 芯片焊料层中裂纹扩展速度是 Si 芯片的 3.5 倍。如果用反比作为一级近似,则功率循环寿命将会因这个因素而缩短。

用肖特基二极管作功率循环试验,为了确定结温,结电压可以用作为温度的敏感参数(TSEP),因为第 6 章式(6-3)讨论过的电流-电压特性非常接近 pn 结的数值，所以 12.7.1 节中描述过的相同的试验流程就可以使用。

图 12-36 显示的是 Si IGBT 和 SiC 肖特基二极管用同样的无底座功率模块封装，在相似的循环条件下所做的比较。图 12-36a 比较的是选定的一个 IGBT 和一个肖特基二极管的热阻演变。SiC 器件出现失效的周期数是 Si 器件的 1/3。图 12-36b 显示的是失效的 SiC 器件焊料层的金相图，裂纹开始于焊层的边缘并向中心扩展，这是图 12-36a 所示结果的根本原因。图 12-36c 最后显示了所有试验的摘要，再次表明了出现失效的周期数 SiC 器件是 Si 器件的 1/3。器件都用标准封装技术，这证实了本章参考文献[Pol10]的模拟结果，并表明要达到相同的功率循环能力，SiC 器件需要一个更为有效的封装技术。对于 SiC MOSFET，定义一个合适的 TSEP 是困难的。因为有些参数表现出漂移，这使得它们不适合作为可靠的温度指标[Ibr16]。通态电阻 $R_{DS,on}(T)$ 虽然有很强的温度依赖性，但是因为键合丝一失效它就增大，并使它与退化效应的分割变得复杂。此外按照式(12-1)，进入到 $R_{DS,on}$ 的 V_G-V_T 也受

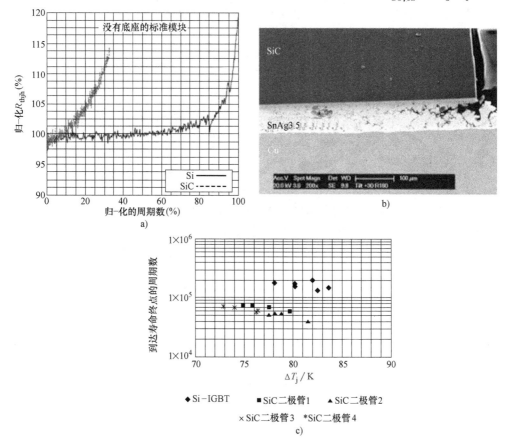

图 12-36　一个焊接的 600V SiC 肖特基二极管与采用同样技术的一个 1200V IGBT 功率循环的比较。$\Delta T_j = (81\pm3)\mathrm{K}$，$T_{jmax} = 145℃$。a)取决于周期数的热阻 R_{thjc}　b)失效的 SiC 器件焊料层的金相图，由 Infineon Warstein 提供　c)寿命终端的比较，图来自本章参考文献[Hed14]

到栅极阈值电压 $V_T(T)$ 漂移的影响。

栅极阈值电压 V_T 有很强的温度依赖性，但受陷阱现象的影响。在一个功率周期后，发现 SiC MOSFET 恢复到初始 V_T 值需要数秒时间，此效应示于图 12-37。对于制造商 #1 的 MOSFET 发现增加了 30mV(在功率脉冲后 1ms 测量)。制造商 #2 的检测到 140mV 的漂移，并且返回到初始状态要耗费几秒的时间。对于这个器件，用作 TSEP[⊖]，测量误差达到 26K。此外，功率循环诱发 V_T 随 SiC MOSFET 漂移是可能的。基于这些发现，认为 V_T 不适合用作 TSEP。

其次，在低测量电流时，反向二极管有一个电压降 $V_{SD}(T)$，然而，SiC MOSFET 的沟槽栅在 $V_G=0$ 时没有完全关闭。当电压降升至 pn 结的内建电压时，沟槽部分打开并能使一部分电流通过有限的反向沟槽。反向二极管的电流电压特性取决于 9.12.3 节图 9-32 所示的栅极电压。为了得到一个稳定的二极管特性和能够测到结电压 $V_j(T)$，这表示 -6V 或更低的栅极电压是需要的。

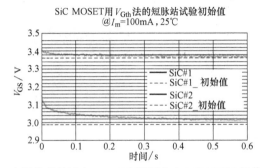

图 12-37 一个短负载脉冲($V_G=15V$)下两个 SiC MOSFET 阈值电压的测量

由于电流通过 MOS 沟道将取决于栅源阈值电压，它必须确保沟道安全关闭，因此推荐一个低于 -6V 的负栅极电压。图 12-38 显示了 SiC MOSFET 在 $V_G=-10V$ 时的 $V_j(T)$。

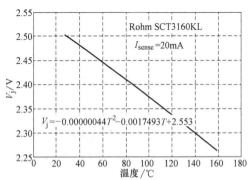

图 12-38 一个 17A，1200V SiC MOSFET(Rohm)在 $V_G=-10V$ 时的标定函数 $V_j(T)$

⊖ TSEP：对温度敏感的电气参数。——译者注

对于 MOSFET 的功率循环，自动化标准[LV324]允许使用产生功率损耗的体二极管。然而，Si 和 SiC MOSFET 反向二极管的通态损耗随着温度升高而减小，而正向操作时损耗却随温度升高而增大。使用反向二极管，当温度升高时，功率损耗会降低。这不像典型的应用程序。因此，建议 SiC MOSFET 用漏-源正向电流来产生功率负载。

推荐的 MOSFET 的试验方法是正向模式产生功率损耗，反向模式测量 $V_j(T)$。图 12-39a 显示的是一个在试器件（Device Under Test，DUT）的试验设施。可能有几个器件串联连接，与电流源串联的一些二极管是为了保护 I_{sense}。图 12-39b 显示的是一个周期中施加的控制信号。首先，将 V_G 设定为制造商指定的电压 V_{Guse}，然后合上辅助开关，现在负载电流开通，在负载脉冲结束时关断辅助开关。在短暂的 $1 \sim 50 \mu s$ 延迟之后，加负电压（这里是 $-7V$）通过反向二极管的 V_f 测量温度。

为了测量 V_j，与图 12-11 相比，在关断负载电流和测量时刻间再有一次延迟时间 t_d，经过 t_d 的冷却，SiC 器件温度比 Si 器件高出 $4 \sim 5K$ 甚至 $6K$（$t_d = 1ms$）。通常是因为功率密度较高[Hed16]现在这是很有意义的，特别如果对 SiC 和 Si 的封装作比较时，用方均根 t 法[Bla75]进行修正是可行的

$$T_{vj}(t) - T_{vj}(0) = \frac{2P_v}{A\sqrt{\pi\rho\lambda c_{spec}}}\sqrt{t}$$

(12-10)

式（12-10）适用于半无限厚圆柱表面平板热源的边界条件，假定是一维热流，由于 SiC 器件主要热源在靠近器件表面的狭窄区域，所以式（12-10）被确认适用于 SiC 器件，具有良好的准确性[Hed16]。

为了精确评价用 SiC 器件的功率循环试验，选择的负载电流关断与测量之间的延迟时间 t_d 应被编入试验文件。当测量数据用 Z_{th} 模式或其他方法校正时必须提及它。

本章参考文献[Hed17]报道了用图 12-39 中所示方法对 SiC MOS-FET 做了试验，试验样品为 250A，1200V 的功率模块。

在本章参考文献[Sct17]的功率

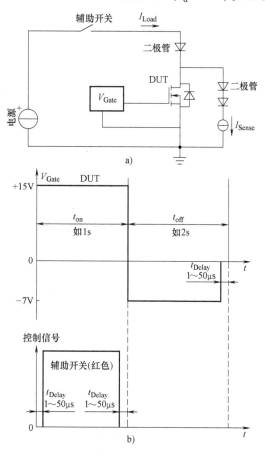

图 12-39　SiC MOSFET 的功率循环试验
a）试验设备　b）加在 MOSFET 和辅助开关上的脉冲形状

循环试验中，用了 $V_G = -6V$ 的 $V_j(T)$ 法作为温度感知方法。用银烧结和顶部 $125\mu m$ Al 丝键合的新封装技术，能达到非常高的功率循环能力，图 12-40 显示了 T_{vjhigh} 在功率循环试验中的演变。试验条件：t_{on}，t_{off} 均为常数，$\Delta V_j = 110K$。在超过 110 万个周期后，由于衬底失效，模块最终损坏。

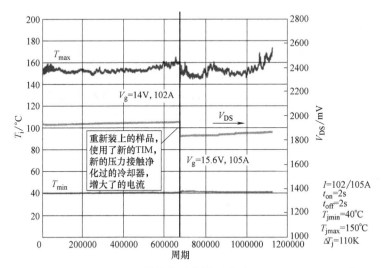

图 12-40　SiC MOSFET 模块的功率循环试验。V_{DS}，$T_{vjlow}(T_{min})$ 和

$T_{vjhigh}(T_{max})$ 的演化，图来自本章参考文献[Sct17]，PCIM Europe 2017

本章参考文献[Sct17]的结果表明，SiC 器件如果用了改进后的封装技术，则会有杰出的功率循环能力。

但是，将设计导入对可靠性敏感的应用领域之前，任何新的解决功率循环能力的方案都必须经过验证。

德国的汽车公司已经建立了相互交付的规定，用于汽车用功率电子元器件的资格论证，包括试验方法和功率循环试验条件[LV324]。尽管如此，这个互交规定还需要拓展到这里讨论的关于 Si 和 SiC MOSFET 最新研究成果，这是通往功率循环试验方法和文件标准化路径上重要的里程碑。一个为该领域主要从业人员所接受的功率循环试验的国际标准将有助于提供更透明和可比性的功率循环试验结果。

12.8　宇宙射线失效

12.8.1　盐矿试验

将具有关断能力的高电压半导体器件引入到电力牵引变流器中始于 1990 年，在使用过程中观察到的失效用当时已有知识无法解释，失效发生在器件的阻断模式期间。在实验室里用应用现场的条件以及长时间在阻断方向施加高直流电压进行试验，试验证实发生了自发性失效[Kab94]。失效的自发性特征是奇怪的，在器件行为中它没有先兆，例如漏电流增加。在一些英文文献里，宇宙射线失效被称为单粒子烧毁(Single Event Burnout，SEB)[Alb05]。

图 12-41 显示了盐矿试验的结果。首先试验在实验室里进行，在 700 器件小时中发生 6 个器件失效。中断试验并移至盐矿继续进行，试验地点上方有 140m 固体岩石层。在这些条件下，没有失效发生。盐矿里的试验再次被中断，并在实验室继续试验，现在失效以之前在实验室发生的类似比例再次出现。试验装置被搬到了一个高层建筑的地下室里，试验位置上方有 2.5m 厚的混凝土层。失效继续发生，但占比降低了。

除了本章参考文献[Kab94]，还有两个研究小组[Mat94,Zel94]在同一会议上发表了研究成果。本章参考文献[Mat94]展示了用 2m 厚的混凝土屏蔽了 10 余年，失效率降了下来。这些结果证明了宇宙射线是功率半导体器件在高电压应力下产生上述失效的根本原因。

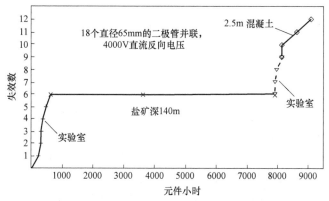

图 12-41　盐矿实验结果。失效数与直流电压应力累积时间的关系。

图来自本章参考文献[Kab94]© 1994 IEEE

12.8.2　宇宙射线的由来

主要的宇宙射线由高能粒子组成，其中 87% 质子，12% 是阿尔法粒子和 1% 重核，超高能光子也是其中之一。超过 $10GeV(10^{10}eV)$ 的粒子被认为主要来自太阳。高达 $10^{16}eV$ 的粒子主要来自超新星的爆发。高达 $10^{18}eV$ 的粒子预计来自银河系。$10^{18}eV$ 以上的超新星无法解释这样极端的能量。远程活跃星系的核心是超高能量粒子的潜在源头。

高能的初级宇宙射线粒子通常不会直接到达地球表面，它们会先与大气分子的原子核相互碰撞，产生各种次级高能粒子，并且以地面宇宙辐射的形式洒落在地球表面。一个主要高能粒子甚至能够产生 10^{11} 个次级粒子的粒子雨。在一般的地面高度与 SEB 最相关的是中子，在海平面中子通量密度在 $20/(cm^2 \cdot h)$ 范围内[Nor96]并随海拔的增加而急剧增加。在海拔 12.2km(40000ft⊖ 民航飞机飞行高度上限)，

───────────

⊖　1ft = 0.3048m。

纬度 45°区域,中子通量密度在 7200/(cm² · h)[IEC10]。最大中子通量密度发现在海拔 18km。再有的与此相关的高能质子部分,在海平面它们在全部宇宙辐射中占 20%~30%,在海拔 12.2km,占 50%,在更高大气层的粒子阵雨中,创生和吸收竞相发生,还有像介子这样的短命高能粒子产生,它很快衰变为次一级粒子。介子通量约为质子通量的 1%~3%[IEC10]。

在空间应用方面,在近地轨道质子通量是能量粒子通量的主要组成部分[Das17]。然而,质子作为带电粒子是可以被屏蔽的,但是厚度 2.5mm 的 Al 是不能完全阻挡质子流的,因为大部分的质子通量能量超过 100MeV[Das17]。在海平面,通常只考虑中子触发造成的功率器件宇宙射线失效。应当注意的是太阳活动增强了范艾伦带的屏蔽效应。随着范艾伦带的增强,削弱了高能带电粒子的通过,并和大气分子碰撞,最终到达地球表面的中子减少了。图 12-42 显示了太阳活动和地球表面相关中子通量之间的关系。

太阳活动在大约 11 年内会有规律的重复。一些时间高强度活动之后,强制带变得明显。在这一方面,太阳活动保护多于破坏。由于地球磁场在赤道更为有效,所以那里海平面上的二次粒子通量只有纬度 45°的 1/3,在两极,屏蔽作用较弱,那里的强度是其 3 倍[IEC10]。

对于高空飞机和空间应用,问题更为复杂。太阳的辐射爆发使海拔 12km 的粒子通量增加了 300 倍,可以持续几个小时。这类事件在 67 年里发生了七次[IEC 10]。

高能粒子来自深空。图 12-43 显示的是主要的宇宙辐射通量密度作为动能的函数。在卫星上已有可能直接观察到 $10^{14} \sim 10^{15}$ eV 的宇宙辐射。至于更高的能量,数据来自地面上的空气淋浴检测器,它观察的是由高能初始粒子激发的次级粒子潮[Gai13]。已经发现了 10^{20} eV 以上能量的初始粒子。欧洲核子研究中心加速器中人类技术所能达到的最高能量在 10^{13} eV 范围内,远低于宇宙粒子所能达到的能量。

对于非常高的能量,活跃星系的核心是作为源头唯一合理的选择,图 12-44 显示的是我们附近最近的活跃星系,半人马座 A 和我们的距离是 1200 万光年。

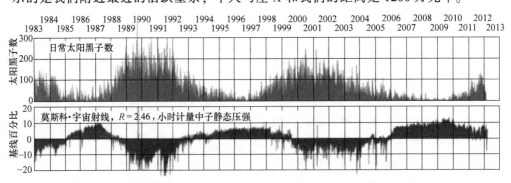

图 12-42 太阳活动(当日无太阳黑子)和地球表面相应的中子通量。

图来自本章参考文献[Wil12],图来自 D. Wilkinson,Wikinmedia Commous 专利

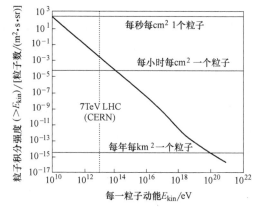

图 12-43　主要宇宙射线的通量密度作为动能的函数。CERN，地球上最大的加速器，可以产生 1×10^{13} eV。图来自本章参考文献[Sti09]，数据来自本章参考文献[Zom90]

图 12-44　半人马座 A，左：光学图像 ESO 2.2m，智利天文台 Silla 望远镜。右：X 射线图像，钱德拉 X 射线望远镜。显示两种粒子之一以相对论速度从核心喷出的核子流。两幅复印图来自 Wikimedia Commons 专利

　　与其他活跃星系相比，半人马座 A 是一个能量相当低的活跃星系。例如天鹅座 A，距离我们大约 7.5 亿光年。阿根廷 Pierre Auger 天文台使用了 3000km² 的面积以检测二次粒子，监测高能粒子的影响，并从这些观察结果中重新计算初始粒子的路径和能量。对一些高能事件，活跃星系被认为是源头[Blu10]，但是大多数的粒子似乎来自一个随机的背景。

　　宇宙射线粒子可能在它们的旅程中在与地球大气碰撞之前，已经经历了几千万年或一亿年。用简化的星系核中的"黑洞"来解释至今没有成功[Joo06]，到目前为止，还没有人能理解创造如此高能量的真正过程。

12.8.3　宇宙射线失效模式

功率器件的宇宙射线失效是单粒子烧毁(SEB)或是 MOSFET[IEC13]和其他场控器件中的单粒子栅极断裂(Single Event Gate Rupture,SEGR)。SEGR 指的是栅极氧化物击穿首先导致栅极泄漏,最终是栅极破裂。在质子辐照的功率 MOSFET 中,栅极断裂解释为由反冲离子的电荷沉积所致[Tit98]。Griffoni 等[Gri12]对 Si IGBT、Si 超结和 MOSFET 用中子进行了试验。他们只在超结 MOSFET 功率器件中观察到了SEGR,然而这只是应用在空间领域中的主要影响,而在所有其他应用领域 SEB 是主要影响。因此,在下文中重点关注 SEB 的影响。

在实验室测试中 SEB 失效的器件显示出一个针孔大小的熔融通道,位于阴极和阳极之间随机分布在芯片区域。在实验室试验中由宇宙射线引起的器件失效的失效图片展示在图 12-45 上。在图 12-45 左边能看到一个针孔,在右边可以看到金属化里的气泡,在金属化下面隐藏着一个针孔。失效图清楚地显示这种情况发生在很狭窄的区域。

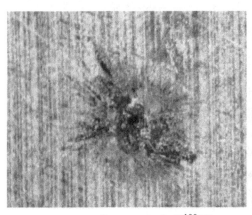

◆━━━━━◆ ≈100μm   ◆━━━━━◆ ≈200μm

图 12-45　在 4.5kV 二极管的实验室试验中,宇宙射线破坏后的失效图片。失效图直径小于
50μm,照片是从阴极一侧拍摄的。左边:小针孔;右边:金属化
带气泡的熔融区。照片来自 Jean-Francois,Alstom

图 12-46 显示的是一个 3.3kV IGBT 芯片在实验室试验中宇宙射线失效图。再次发现了针孔,其大小与 IGBT 芯片元胞尺寸相当。

图 12-47 显示的是一个 IGBT 芯片失效处的横截面,被破坏的区域穿过器件的整个漂移层。n 漂移区内的熔融 Si 迅速固化,并在急剧冷却过程中产生裂纹。

对不同的器件设计做了多次试验。在高海拔地区(Zugspitze 2964m,Jungfraujoch 3580m)安排了失效率加速试验站。地球上的宇宙粒子通量随海拔高度增加而增加,直至海拔11km 以上[All84]。相对于海平面的失效率而增加的失效加速因子从海拔 3000m 的 10 增加到海拔 5000m 的约 45[Kai05]。在加速试验中,使用了粒子加速器,器件在高反向电压下用高能中子、质子和其他高能加速的离子照射,特别是用在中子和 Si 非弹性碰撞产生的各种能量和类型的离子的照射。适宜于详细研究失效机理。在这个场合，开展了大量的研究工作，例如本章参考文献[Soe00]。今天，试验用了"白色中子源"，它与宇宙中子或单色质子束有相似的能谱。结果表明，高能质子(>150MeV)会产生与白色中子相似的结果[IEC13]。

必须强调的是，本节给出的失效图像都是由加速或非加速实验室试验产生的。在实验室的测试中，只有非常有限的能量，所以初始的破坏图像可以评估，在真正的电力电子应用中，在直流回路中含有能量高得多的电容器将会造成相当大的损伤。一般来说，不大可能将宇宙射线失效与任何其他器件失效导致的器件短路模式区分开来。

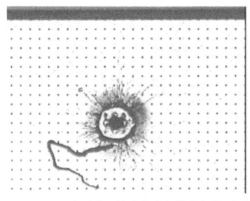

图 12-46　3.3kV IGBT 在元胞区域内的宇宙射线失效(实验室试验)。

元胞间距 15μm。图来自 G. SölKner, Infineon

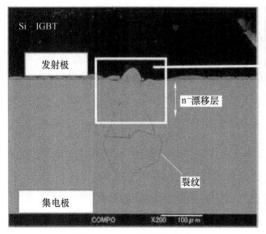
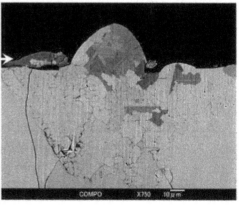

图 12-47　在实验室试验中，一个 IGBT 的宇宙射线失效位置处的横截面。

图来自 T. Shoji, Toyota[Sho11] © IEEE 2011

12.8.4　基本的失效机理模型

粒子与晶格原子的原子核碰撞不会造成功率半导体被 SEB 效应所破坏。前提条件是有高电场和存在碰撞电离。

现在考虑图 12-48a 中一个带梯形电场呈阻断状态的器件。一个中子穿过阻断的半导体器件空间电荷区，在非弹性散射过程中被 $^{28}_{14}$Si 原子核捕获，见图 12-48b，产生的 $^{29}_{14}$Si 原子核高度活跃，迅速衰变成几个轻离子。轻离子有很高的动能，并创造电子-空穴对局部形成密集的电荷载流子等离子体，所有这些都发生在几皮秒的瞬间。

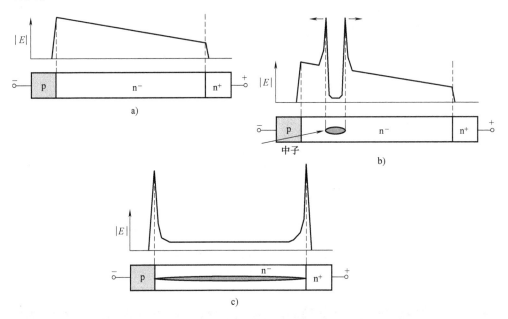

图 12-48 一个被中子破坏的功率器件(二极管)。a)器件处于阻断状态 b)注入粒子的非弹性散射形成一个电子-空穴等离子体，在等离子体边缘有高场峰 c)场峰穿过器件形成闪流。在 pn⁻ 和 nn⁺ 结处产生最高电场。图由 Kaindl[Kai05] 和 Weiss[Wei15] 授权

在等离子体中是高密度的电子和空穴，由于它的状态几乎保持中性，所以不可能产生高电场，而等离子体区域的电场是低的。但是，在等离子体和空间电荷之间的边界上却有一个极端高电荷密度出现，导致非常高而陡峭的场峰。在 Si 内，甚至可以达到 1MV/cm[Wei15]。如果电场超过一定的阈值，则碰撞电离产生的载流子多于通过扩散流出等离子区的载流子。一个场峰快速移动至阳极，而另一个移向阴极。形成所谓的"闪流"⊖，类似于气体中的放电。器件在几百皮秒内局部浸没在自由载流子中，因而产生了局部电流管道。基本失效模型假设是极高的局部电流密度破坏了半导体器件[Kab94,Kai04]。

⊖ "闪流"：原文为"streamer"。——译者注

当电场峰到达 pn⁻ 和 nn⁺ 结后，会以 Egawa 形式（见第 13 章）在 pn⁻ 和 nn⁺ 结处形成双峰。这种现象如图 12-48c 所示的突变结的状态，将在 12.8.6 节中在扩展模型里再来讨论这一过程。

12.8.5　基本的设计规则

基本设计规则考虑的是碰撞位置上的电场强度，电场强度越低，失效概率越低。

图 12-49 中 PT 和 NPT 的设计略图是为相同额定电压绘制的。在 PT 设计中，最高电场很低，电场的形状是为两个相同厚度和相同阻断电压的简化结构二极管绘制的。虚线 $-E(x)$ 下的面积对应反向电压，两个器件是相同的，但是，在 PT 设计中 E_0 值非常低。在同样电压下，碰撞电离对于 PT 设计的器件可以忽略不计。要发生碰撞电离，施加的电压必须提高，从而使图 12-49b 上的 $-E(x)$ 线向上平移，直至 E_0 接近图 12-49a 的数值。接着 PT 二极管内也会发生碰撞电离，但是是在较高的电压下。

关于这种效应的实验的和模拟的结果如图 12-50 所示，图来自本章参考文献 [Kai04]，额定电压 3.3kV 的二极管用 ¹²C 离子辐照并在辐照期间提高所加的反向电压。比较两种二极管设计，一种是三角形电场（NPT 设计，见图 12-49a），另一种二极管电场是梯形的（PT 设计，见图 12-49b），用 FS（Rield Rtop）表示。在低电压下单用 ¹²C 离子所产生的电荷对所有样品来说都是少的，高于定义的阈值电压，强电荷载流子出现倍增，产生的电荷增量超过 30 倍。对于 PT 设计的 FS 二极管其阈值电压比 NPT 二极管高 700V。为了增加宇宙射线稳定性，器件设计必须在应用要求的最高直流电压 V_{bat} 下保持最高电场 E_0 尽可能的低。因此，基区掺杂 N_D 必须降低，这样就可以实现 PT 尺寸。此外，加宽漂移区 w_B 可以降低 E_0，然而，后者对传导和开关损耗不利。

此外，该设计依赖的一些定量模型是 Zeller[Zel95] 第一个介绍和发表的。给出的失效率单位是失效时间（Failure In Time, FIT）。1FIT 是 10^9h 内有一次失效。例如在牵引上应用的功率电子模块，失效率需要在 100FIT 以下。考虑到这种应用场合的一种典型功率模块由 24 个 IGBT 芯片和 12 个续流二极管芯片组成。单个器件的失效率必须再低一个数量级以上。

Zeller 模型失效率 r 如下：

$$r = a_1 A S^2 e^{-\frac{b_1}{S}}, \text{其中 } S = 0.2786 \frac{V}{t} + 0.8972 \frac{t}{\rho} \tag{12-11}$$

器件面积 A 用 cm² 表示，基区掺杂电阻率 ρ 用 $\Omega \cdot$cm 表示，电场强度因子 S，施加的电压 $V = V_{DC} = V_{bat}$，用 V 表示，基区层厚度 t 用 μm 表示。此方程的优点是它所用的数据都是设计者知道的，如厚度和电阻率。可以证明，其结果与宇宙射线影响下的电场强度相等，并也可写成

$$r = a e^{-\frac{b}{E_c}} \tag{12-12}$$

对于>2kV 的高压器件,该模型与实验结果高度吻合。对于额定电压较低的器件,Pfirsch 和 SölKner[Pfi10] 指出对 IGBT 和续流二极管的失效率估计过高,他们用修正因子 $f(V_{bat})$ 把 V_{bat} 扩展到 2kV 以下。

$$r = f(V_{bat}) a e^{-\frac{b}{E_c}} \tag{12-13}$$

因子 $f(V_{bat})$ 如图 12-51[Pfi10] 所示,对于 $V_{bat} > 2kV$,它趋近于 1,$V_{bat} < 500V$,失效率 r 变得无关紧要。

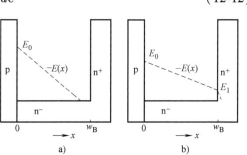

图 12-49　电场形状示意图。
a) NPT 设计　b) PT 设计。同样厚度,施加同样阻断电压

此外,Kaminski[Kam04] 发表了一个模型。该模型是基于一个制造商的 IGBT 功率模块的试验结果,并与之很好吻合。在海平面,$T = 25℃$ 方程给出的结果是

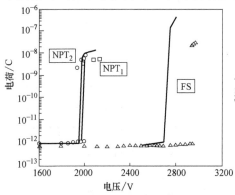

图 12-50　单独用动能 1.7MeV 的 ^{12}C 离子辐照 3.3kV 二极管所生成的电荷作为辐照期间施加的直流反向电压的函数。图中曲线为模拟的结果;实验结果用符号表示:三角形电场 NPT_1(方块),NPT_2(圆圈);梯形电场 FS(三角形)图来自本章参考文献 [Kai04]ⓒ2004IEEE

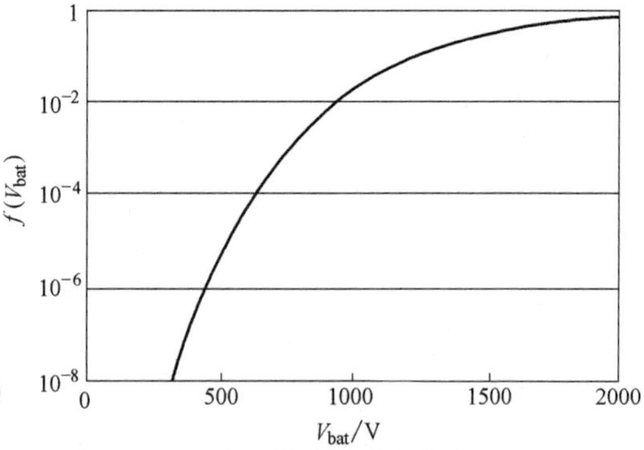

图 12-51　宇宙射线失效率的修正因子 $f(V_{bat})$,图改编自本章参考文献[Pfi10]

$$r = C_3 a e^{\frac{C_2}{C_1 - V_{bat}}} \tag{12-14}$$

$V_{bat} > C_1$ 有效。

Zeller,Pfirsch 和 Kaminski 的模型是为不同生产商的器件设计的。图 12-52 给出的是面积 0.44cm^2 1700V 器件的定量比较。

Pfirsch 模型预测的失效率比 Zeller 的低。在很大范围内,Kamiski 模型预测的

失效率甚至比 Zeller 的更高。然而，Kamiski 函数的形状是不同的。在式（12-14）中，电压有一个极点 C_1，低于 C_1，模型无效，失效率为 0。

此外，Kaminski 模型包含了对温度和海拔高度的依赖。完整的表达式是

$$\gamma = C_3 a e^{\frac{C_2}{C_1 - V_{\text{bat}}}} e^{\frac{25 - T_{\text{vj}}}{47.6}} e^{\frac{1 - \left(1 - \frac{h}{44300}\right)^{5.26}}{0.143}} \tag{12-15}$$

其中，温度 T_{vj} 用 ℃ 表示，海拔 h 以 m 表示，这个表达式的第 2 项和第 3 项对从一个条件的结果转换到另一条件的结果非常有用。如果没有更为详细的说明，则它们也可用于其他厂商的器件。低温下失效率最高，并随温度的升高而下降，这是因为雪崩电离率是随温度升高而降低的，见第 2 章。对海拔的依赖是由于中子通量随海拔升高而增大。本章参考文献 [IEC10] 中最高达到 12000m 的数据与它有很好的一致性。海拔超过

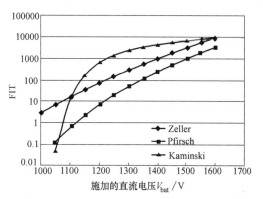

图 12-52　不同模型对 1700V，面积 0.44cm^2 器件的预测

18km，中子通量再次下降。来自本章参考文献 [Kam04] 的图 12-53 显示了一个 6.5kV IGBT 对海拔依赖关系的例子。

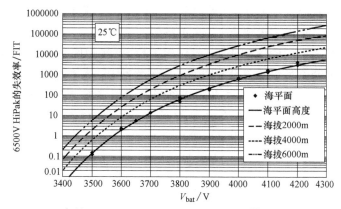

图 12-53　ABB 产品 SSNA0600 G650100 6.5kV IGBT 模块，在 $T = 25$℃ 时的宇宙射线失效率。图来自本章参考文献 [Kam04]

遵循这些规则和数据，如果有需要，则可以通过应用和器件设计的有效结合估算出宇宙射线诱发的失效概率，还能推导出降低失效率的措施。也发现了开关时电压峰值对宇宙射线导致的失效有明显的作用[Hae12]。

然而，回到图 12-52，知识状况并不令人满意。参照同一区域，失效率的差异得自总量不下 20 的不同模型。因此，不确定性很大。为了减少这种不确定性，试

验数据是需要的。

此外，有些模型适用于包含 IGBT 和续流二极管的模块的，这些模型不能区分 IGBT 和二极管。失效率较高的器件将会支配总失效率，一种情况可能是 IGBT，另一种情况可能是续流二极管。

对于高压器件，宇宙射线稳定性的尺度规则与优化器件特性的其他规则是矛盾的，例如二极管与软恢复行为的要求相矛盾，如果用了强 PT 尺度法，则这个要求很难达到，必须权衡不同的要求。为了满足上述需求，今天大部分的高压器件使用的设计层厚 w_B 远大于阻断能力的需要。但是，这会导致正向导通模式时较高的损耗，和/或增加关断损耗。

在 MOSFET 中，失效机理被解释为寄生双极晶体管的最终激活和双极晶体管的二次击穿[Was86]。在二极管中，不存在任何晶体管类型的寄生成分。即使是强的局部雪崩击穿也应该是稳定的，见 13.4 节。与第三度动态雪崩相似的电场再分配效应在深亚微米 CMOS 器体中，被用于改善对抗辐射引起的单粒子脉冲[DaG07]。

一般来说，绝大多数功率器件制造商都没有公开实验数据。大客户在保密协议下被要求对数据保密，所以没有开放的科学比较是可能的。但是，新的团队已经开始从事宇宙射线稳定性的研究。已经发现比以前讨论过的模型的起始电压高得多的 Si 器件。与此同时，一些公众刊物上不仅提供了试验数据，而且还有很有见地的解释。

12.8.6　考虑 nn⁺ 结后的扩展模型

Schulze 和 Lutz[Scu06]认为，二极管的失效机理是出现了 Egawa 型电场，它有两个场峰，类似于三度动态雪崩。Egawa 电场的两个场峰，一个在 pn 结，一个在 nn⁺ 结。具有高电流密度的闪流形成时(或作用下)的电场如图 12-48c 所示。在这种情况下，pn 与 nn⁺ 两结处电场都是突变的。对于这种 Eqawa 型电场，在两个结处发生了碰撞电离。此图与将在 13.4.2 节中详细讨论的第三度动态雪崩有明显的相似之处。图 13-16 和图 13-17 在细线位置作了比较。图 12-54a 是从本章参考文献[Scu06]改编的，与图 12-48c 非常相似。图 12-54 是理解扩展模型的关键。

如果结的低掺杂 n⁻ 层和 n⁺ 层各自显示出掺杂有非常缓慢的增长，且梯度 dN_D/dx 是低的，则可以得到像图 12-54b 中闪流中的电场。因为闪流中电子浓度是预期的 $10^{17}/cm^3$ 或更高，dN_D/dx 必须低，特别是在这个范围内。图 12-55 显示了阴极层的掺杂分布图，它导致了像图 12-54b 那样的闪流中的电场。

图 12-55 所示的掺杂分布图取自图 7-3。它用来作为双极晶体管的集电极层。这类分布是为了增加双极晶体管抗二次击穿的稳定性。相同类型的掺杂分布会阻碍动态雪崩时 Eqawa 型电场的形成，像将会在 13.4 节中讨论的那样，它还会增加对宇宙射线的稳定性。

按照 Weiss[Wei15]的说法，形成闪流的时间是非常短的，电场峰的运动速度是饱和速度的 5 倍。它只需要 200ps，在过短的时间内，温度不会剧增而导致毁坏。

到达 pn 和 nn⁺ 结后，闪流缩短了二极管两边，并在第一瞬间与两侧的 Eqawa 型雪崩结合。对于一个突变的 nn⁺ 结，阴极侧注入提供了产生电流的主要部分。在闪流里，载流子横向扩散降低了载流子浓度。直至缩短阳极和阴极的通道消失，需要 20ns。在这段时间内，强烈的升温发生了，毁坏了器件。对于所研究的具有突变 nn⁺ 结的二极管，最高温度发生在 nn⁺ 结。但是，对于其他器件结构最高温度可以出现在 pn 结或闪流内部靠近 pn 结的地方[Wei15]。

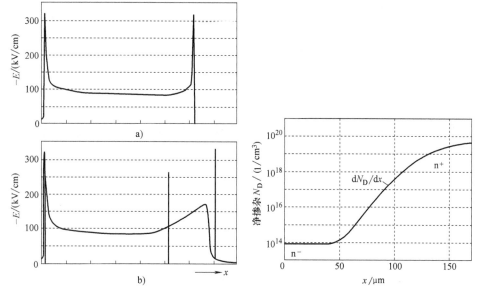

图 12-54　闪流内高电流密度处的电场。a) pn⁻ 和 nn⁺ 突变结　b) 低梯度 dN/dx 的 pn, nn⁺ 突变结。图来自本章参考文献[Scn06]

图 12-55　n⁺ 层的掺杂分布图。它可以 得到如图 12-54b 所示的闪流

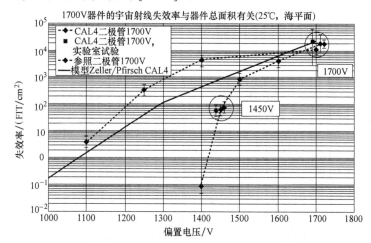

图 12-56　1700V CAL 二极管在 $T=25℃$ 时的宇宙射线失效率与模型 (Zeller 已被 Pfirsh 修正过) 以及参照二极管之间的比较。图来自本章参考文献[Scn15b]

综上所述,考虑了中子撞击下的电场强度的基本模型是不完整的,它必须扩展。pn 结处发生碰撞电离和闪流的形成是需要考虑进去的,但还不是二极管宇宙射线失效的充分条件。如果加上在 nn⁺ 结上发生碰撞电离,则闪流是破坏性的,这是导致失效的充分条件。如果二极管的二次雪崩或是在其他器件内另外的放大机理能够避免,那么可以得到较高的抗宇宙射线的稳定性。

同时,对扩展模型进行了验证。对于 1700V CAL 二极管[Lut94],研究表明其宇宙射线破坏的阈值在 1400V 范围[Sen15b]。在 1000~1400V 之间失效率可以忽略不计或远低于 Pfirsch/Zeller 模型的预测,并且检测到的阈值电压远高于式(12-14)里的 983V 的阈值 C_1,它是本章参考文献[Kam04]为 1700V 器件给出的,1700V 器件的结果综合在图 12-56 里。

1200V CAL 二极管在 1200V 范围内发现一个阈值,而 600V CAL 二极管即使在 750V 也没有发生失效。

相似的结果在 Shoji 等人之前已有发表[Sho13] IGBT 和二极管的失效率如图 12-57a 所示,结果表明每个器件有一个阈值电压。图 12-57b 显示了三种不同设计的 IGBT 和一个二极管,其宇宙射线失效阈值电压取决于器件基区层的厚度。

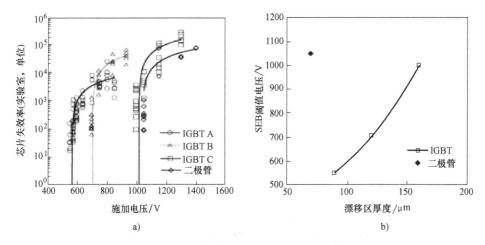

图 12-57 IGBT 和二极管的失效率。a) 失效,以阈值电压表示
b) IGBT 和一个二极管的宇宙射线失效(SEB)阈值电压与器件基区厚度的关系。
图来自本章参考文献[Sho13]ⓒ2013 日本应用物理学会

值得注意的是二极管有 70μm 宽的基区,这通常用于 600~700V 的二极管。这比通常用于 1700V IGBT n⁻ 层约 160μm 的宽度要好。

图 12-58 显示的是图 12-57 中二极管的电场。雪崩起始或中等电流密度时的电场标记为线(1)。电流密度增加,电场有了线(2)的形状。在闪流里器件模拟电场显示为线(3)。闪流由电子组成的前缘到达阴极侧时,电子浓度越高,n⁺ 层的掺杂

被补偿得越多，且电场透入进 n⁺ 层越深。图 12-58 与图 12-54b 非常相似。

这两种设计都有很强的抗宇宙射线的能力，CAL 二极管[Scn15b] 和本章参考文献[Sho13] 的二极管含有相似的低掺杂梯度 dN_D/dx 的 n⁻n⁺结。在高浓度电子到达时，它们一部分被带正电施主的增加的浓度所补偿，并且电场可以进一步扩展进入这个补偿层。

综上所述，可以认为有突变的 nn⁺ 结二极管的失效机理是因为出现了具有双场峰的 Eqawa 型电场，它类似于本章参考文献[Scu06] 宣称的三次动态雪崩，这已被 Scheuemann 2015[Scn15b] 和 Snoi 2013[Sho13] 的实验所证实，并受到本章参考文献[Wei15] 器件模拟的支

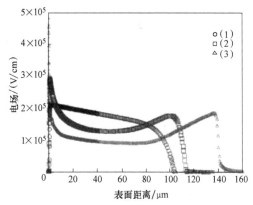

图 12-58 二极管的模拟电场。(1)低电流密度(2)高电流密度(3)至闪流里非常高的电流密度。

图来自本章参考文献[Sho13]

©2013 日本应用物理学会

持。用缓冲区缓变掺杂的设计可能是很有效的，其阈值电压甚至可以高过额定电压。

发现现代 IGBT 的失效率高于对宇宙射线稳定的二极管，但比图 12-56[Scn15b] 中作为参照的二极管好得多。来自本章参考文献[Sho13] 的图 12-57 也证实了 IGBT 的阈值电压比设计良好的二极管低一些。不可能把深度 n⁺分布以图 12-55 同样的形式搬到 IGBT 中去，因为如此高的缓冲区掺杂会导致 pnp 晶体管的电流增益非常低。然而缓冲区是有作用的，其结果如图 12-59[Uem11] 所示。称为 E-LPT 的最新设计有一个更为平坦的缓冲层，掺杂梯度 dN_D/dx 较低。尽管新设计具有较小的基区宽度，但它的失效率低于常规 PT 设计一个数量级。

在 nn⁺结至缓冲区有第二个场峰的 Eqawa 电场应该与 IGBT 宇宙射线失效的根本原因有关[Sho13]。它生成的载流子激活了 pnp 晶体管，在 nn⁺交接处突发的碰撞电离使 IGBT 寄生晶体管开通，这种现象在 IGBT 中被称为破坏性闭锁。

12.8.7 扩展模型设计的新进展

除了 nn⁺结对宇宙射线失效率有影响外，pn 结也有影响。图 12-60 比较了两个 p 层[Wei15]，其中一层为标准层，第二层是深度较浅，相比于式(5-107)整体掺杂浓度 G_n 较低。浅阳极显示宇宙射线失效阈值降低了约 100V。

必须考虑的是在闪流里，载流子浓度至预期的 $10^7/cm^3$ 范围。在 pn 结处，这个浓度的空穴到达并能补偿 p 层带负电的受主。电场穿透 p 层并可能局部到达半导体表面。然后大量载流子通过金属层注入。这种效果已经显现在本章参考文献[Wei15] 的器体模拟里。

据报道，这种效应在太浅的掺杂分布突然发生，超过一定的限度，其他效应支

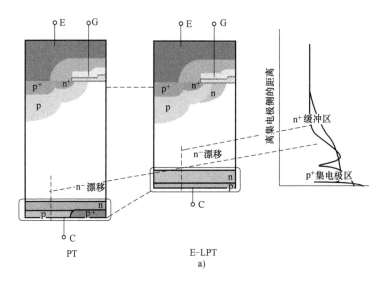

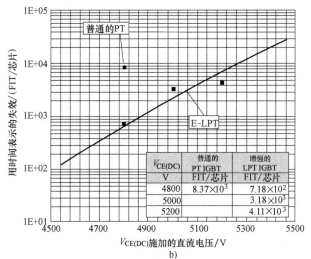

图 12-59 缓冲区掺杂对 6.5kV IGBT 宇宙射线稳定性的影响

a) 前一代(PT)和先进一代(E-LPT)的结构。

b) 前代(PT)和先进一代(E-LPT)的失效率。图来自

本章参考文献[Uem11]PCIM Europe2011

配了失效率。这与二次动态雪崩有明显的相似之处,其中掺杂过低的阳极层被电流丝中的空穴浓度所补偿,参考 13.4.2 节。但是,在宇宙射线诱发的闪流里,甚至可以预期到比动态雪崩情况更高的电流密度。

有一个附加的非常浅和高掺杂的 p^+ 层直接位于金属-半导体界面(接触植入),电场将不再能到达半导体表面,有报道称具有浅发射极的二极管的宇宙射线失效阈

值电压不再降低[Wei15]。类似的结果发表在本章参考文献[Mit15]中，那里同样研究了附加的浅 p+ 层和较高的掺杂可以改善稳定性。

在 MOSFET 中，失效机理被解释为寄生的双极晶体管激活和双极晶体管的二次击穿[Was86]。对于超结 MOSFET，报道了 p 柱补偿区和 n+ 衬底区之间的距离是有影响的（与图 9-10 相比）。该距离越大，宇宙射线的稳定性就越好[Wel15]，但是元胞结构也被发现有影响。关于宇宙射线稳定性，超结器件是受质疑的。

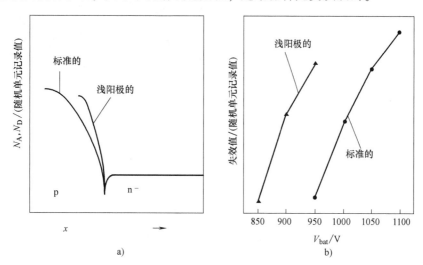

图 12-60　阳极设计对二极管的影响。a) 标准的和很浅掺杂阳极的比较
b) 用质子束测得的失效率。图改编自本章参考文献[Wei15]

有关 IGBT 和 MOSFET"单粒子毁坏"的失效机理的详细的最终模型仍然是一个研究课题。

12.8.8　SiC 器件的宇宙射线稳定性

SiC 有时被认为是"抗辐射"的，但是从来没有关于抗宇宙射线失效有较高稳定性或抗单粒子烧毁（SEB）的实验证据。实际上，在 SiC 中相同电压下空间电荷区宽度要小 10 倍，见图 6-8。对于相同的器件面积，给出的高电场强度也要低 10 倍。另一方面，相同条件下，电场强度高了 10 倍。这些因素中哪一个的影响更大？

最初公布的实验结果是矛盾的。600V SiC 肖特基二极管的失效率比 Si pin 二极管高。1200V SiC 肖特基二极管和结型场效应晶体管 JFET 失效率明显低于 Si pin 二极管。因此，早期的结果难以评判。同时，我们知道，有些 pin 二极管失效率的变化达几个数量级，见最后段落，这可能解释了相互矛盾的结果。对于 SiC，我们只是最近有了第一个认可的评估结果。SiC 缺陷的产生与 Si 的宇宙射线失效看起来非常相似，见图 12-61[Sho14]。

图 12-62 中比较了不同 Si 器件和一个 SiC MOSFET 的失效率，失效率归一化至

通态电阻,但是,重要的是不同器件有不同的阈值电压,特别是一些超结MOSFET 更明显。1200V Si IGBT 阈值电压在 750~800V 之间,而 SiC MOSFET 直到 950V 还未失效。

到目前为止,SiC 似乎有优势。然而,在乌普萨拉用频谱与海平面宇宙射线频谱相似的中子束对之进行了实验研究,Consentino 等[Con15]发现 1200V SiC MOSFET 的阈值电压在 1020V 范围。在本章参考文献[Scn15b]中,相比于图 12-60 的 NPT IGBT这是一种最近设计(fieldstop)的 Si IGBT,发

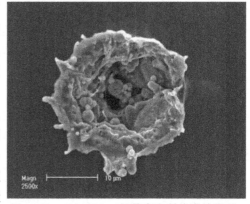

图 12-61　SiC MPS 二极管宇宙射线失效微观图像。图来自本章参考文献[Sho14]

现其阈值电压为 850V。作为第一次定量比较,可以假定 Si IGBT 的宇宙射线失效的阈值电压为额定电压 V_{rated} 的 70%,而 SiC MOSFET 为额定电压 V_{rated} 的 85%(见图 12-63)。

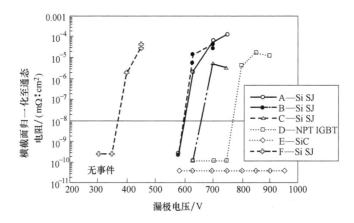

图 12-62　四种 Si 超结结构以及 Si IGBT,SiC MOSFET 的宇宙射线失效率。
超结器件额定电压 600V(F),900V(C),1000V(B),1100V(A),
Si IGBT 和 SiC MOSFET 额定电压 1200V。图来自本章参考文献[Gri12]©2012IEEE

Shoji 对 SiC MPS 二极管作了宇宙射线失效模拟,发现效果与 Si 二极管相似[Sho14],闪流缩短了阳极和阴极,碰撞电离在阴极侧产生更多的电荷。所以可以断定:在 n^-n^+ 交界面的碰撞电离产生 SEB 电流是 Si 和 SiC 功率器件都有的。因此,在功率二极管中 SEB 与 Eqawa 型电场(三次动态雪崩,13.4.2 节)引发的热破坏是一致的。在本章参考文献[Sho14]中同样的效应被称作本地二次击穿。

Si pin 二极管和 SiC 二极管之间的比较在本章参考文献[Feg16a]里已经给出,其结果见图 12-64。Si 二极管 C 有一个突变的 nn^+ 结,那里闪流里的电场将可与图12-54a 相比,Si 二极管 A(CAL)有一个低浓度梯度 dN/dx 的软 nn^+ 结且闪流里的电

场与图 12-54b 相似。两种 Si 二极管的结果大不相同，SiC 二极管比 Si 二极管 C 更坚固，但不如 Si 二极管 A。

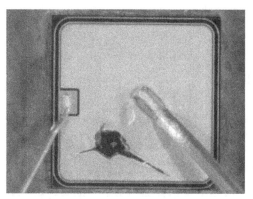

图 12-63　SiC MOSFET 的宇宙射线
失效。图来自本章参考文献
［Con15］PCIM Europe 2015

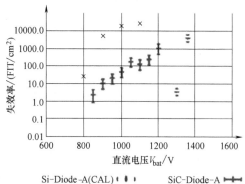

图 12-64　两种不同的 Si 二极管和一个 SiC
二极管的宇宙射线失效率。所有二极管额定
电压都是 1200V。（图改编自本章参考文献
［Feg16a］PCIM Europe 2016）

本章参考文献［Feg16b］提供了 SiC MOSFET 和 Si IGBT 的详细比较。器件比较的不仅是额定电压，而且还有测得的击穿电压。发现被研究的 1200V Si IGBT 的额定电压是测得的击穿电压 V_{BD} 的 88%～89%，SiC MOSFET 是 73%。对于 1700V，Si IGBT 用击穿电压的 79% 作为额定电压，而 SiC MOSFET 则是 64%。这表明 SiC 的高临界电场强度只有部分使用于所研究的 SiC 设计中。用与 V_{DC}/V_{BD} 的相关性来分析结果，这意味着用施加的直流电压 V_{DC} 与测得的击穿电压 V_{BD} 之比来归一化，结果如下：对于 1200V 器件 SiC MOSFET 有一小的优势（见图 12-65a），对于 1700V 器

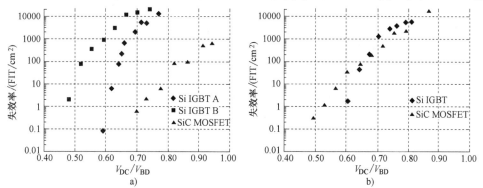

图 12-65　Si IGBT 与 SiC MOSFET 宇宙射线失效率的比较。用直流电压 V_{DC} 与击穿电压 V_{BD} 之比
V_{DC}/V_{BD} 归一化。a）额定电压 1200V 的器件　b）额定电压 1700V 的器件。（图按照来自
本章参考文献［Feg16b］的数据）

件,其失效率在相似的 V_{DC}/V_{BD} 下变得显著(见图 12-65b)。

Si 和 SiC 的宇宙射线失效的物理现象似乎非常相似。然而,随着未来晶体质量的提高,SiC 材料的潜力也将得到充分开发利用。SiC 和 Si 的更多数据是人们高度感兴趣的。对于相同的额定电流,SiC 器件面积较小,因此,SiC 仍然可以保持一个小的优势。

12.9 可靠性试验结果的统计评估

利用统计方法可以显著提高可靠性试验结果的评估和解释。统计软件集成(例如 Minitab® 统计软件[MIN18])为可靠性试验数据分析或现场失效的调查研究提供了强有力的工具。而统计方法如果应用得当,那么会非常有用,它们也可能被误用或被没有实践经验的工程师误解。提供统计学的基本知识将超出本书的范围,因此这里将给出一些统计解释的例子,还将讨论一些不正确应用或对统计数据的误读,这有时会在可靠性调查研究中遇到。

统计分析的一个很好的例子就是对功率模块功率循环试验结果寿命末端的评估。如果只有一次试验结果,那么就不能说出在相同条件下第二次试验的任何预期结果。通常这样的单个试验结果与 50% 的失效概率相关,但是由于没有失效的统计分布信息,所以这个解释不受统计学支持。

如果在相同的试验条件下进行了若干次功率循环试验,则会有很多关于失效统计特性的信息为统计工具所提取。表 12-6 中的例子显示了 6 次功率循环试验的结果,都是在相同的试验条件下进行的。用 244A 直流负载电流,以 $t_{on} = 1s$,$t_{off} = 1s$ 的功率脉冲施加在 1200V IGBT SKiM63 模块上,该模块键合高宽比 $ar = 0.31$。试验直到所有键合丝全部失效为止,达到这种失效的周期数以 N_{ex} 表示。

使用 Minitab 这样的统计软件可以分析得到的数据 N_{ex}。Minitab[MIN18] 提供了一种分布识别工具,它与一个由 Anderson-Darlin-Test 给出的特定统计分布的样品概率作比较。这个试验证实了数值 N_{ex} 极可能是威布尔分布。威布尔分布是用概率密度函数来描述的

$$f(x, \alpha, \beta) = \frac{\alpha}{\beta^{\alpha}} x^{\alpha-1} \exp\left[1 - \left(\frac{x}{\beta}\right)^{\alpha}\right] \tag{12-16}$$

用了形状参数 α 和尺度参数 β,参数 x 表示在这种情况下达到失效的周期数。在给定的周期数下的累积失效数是通过在概率密度函数上积分到 x 来得到的,它给出了威布尔分布的累积分布函数

表 12-6 6 个 1200V IGBT SKiM63 模块的功率循环试验结果、温度波动参数、

试验结果 N_{ex} 及其修正值 N_{corr}

	T_{jmin} /℃	T_{jmax} /℃	ΔT_j /K	T_{jm} /℃	N_{ex}	N_{mod}[①]	$f_{corr} = N_{ex}$ /N_{mod}	$N_{corr} =$ $N_{ref} f_{corr}$
1T	80	148	68	114	521940	499549	1.0448	459829
1B	80	150	70	115	451810	440103	1.0266	451810
2T	83	152	69	117.5	464440	461578	1.0062	442832
2B	80	149	69	114.5	537050	468641	1.1460	504346
3T	82	153	71	117.5	454520	409564	1.1098	488411
3B	82	150	68	116	594860	494492	1.2030	529432
参考值	80	150	70	115		440103		

① SKiM 63 寿命模型是用 $ar = 0.31$ 和 $t_{on} = 1s$ 来评估的。

$$F(x, \alpha, \beta) = 1 - \exp\left[-\left(\frac{x}{\beta}\right)^\alpha\right] \qquad (12-17)$$

从累积分布函数，可以导出如图 12-66 所示的威布尔分布的参数。通过绘出 ln $[-\ln(1-F)]$ 除以 $\ln(x/\beta)$，威布尔分布是一条直线，其斜率由形状参数 α 给出。两边两条附加的线画出了威布尔分布有 95% 的置信水平的区间，也就是说实际分布的直线可以位于两线间区域的任何位置，都有 95% 的可信度。

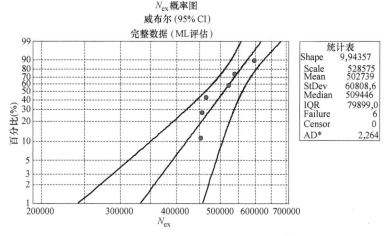

图 12-66 表 12-6 中 N_{ex} 的威布尔分布，参数和用 Minitab® 进行最大似然估计的

间隔有 95% 的可信度。

但是，如果看一下表 12-6 里温度波动的极值 T_{jmin} 和 T_{jmax}，则会发现所有 6 个试验的功率循环条件下是完全相同的。这是因为在功率循环试验中被试器件（DUT）是主角，温度波动不仅由电流和负载脉冲持续时间等外部参数决定，但也由内部特性，如 DUT 的正向电压降和热阻所决定的。这些器件参数的变动是因为材料的公差和生产过程中的不一致引起的，其结果是使温度波动略有差异。温度波动的参数必须在所有初始瞬态过程都已结束，试验处于稳定阶段才能确定。这些瞬态过程是

散热器和模块另件的加热，模块和散热器之间界面材料热的再分配以及冷却液温度控制器的稳定化。另一方面，原始温度波动参数必须在任何退化效应发生之前加以确定，所以没有一个通用的规则可用。对于表12-6所列的试验，其原始值是用 T_{jmin} 和 T_{jmax} 的平均值以几千次循环后的几百个周期的数值进行平均并四舍五入至整数的。

可以假设表12-6中温度波动 ΔT_j 和中值温度 T_{jm} 的微小变化对试验结果有影响。如果有一个寿命模型可以计算对失效周期数的影响，则对于此参数变化，试验结果将被修正。对于表12-6给出的例子，寿命模型是有的，这就是在12.7.4介绍的SKiM63模型。将表12-4中的模型参数应用到温度波动数据，可以计算出来自寿命模型的失效周期数 N_{mod}。修正因子 $f_{corr} = N_{ex}/N_{mod}$ 描述了在实验温度波动时实验结果与模型预测的关系。如果在参照温度波动下进行试验，则应该得到失效周期数 $N_{corr} = N_{ref} f_{corr}$，假设寿命模型是正确的。因此，可以消除温度波动的变化，对修正后的数据进行统计分析，如图12-67所示。

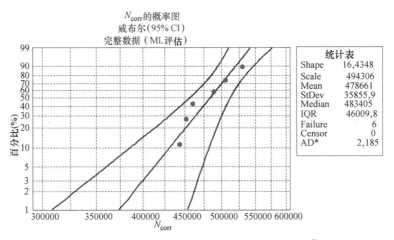

图 12-67　在表12-6中修正后的值 N_{corr} 的威布尔分布。该值由 Minitab® 用最大似然估计值提取

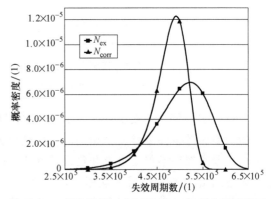

为了评估修正过程，可以比较图12-68中的两个威布尔分布的概率密度函数。对于未修正的值，威布尔分显示出较宽的概率密度函数，其形状因子为9.9，对修正过的值是16.4。对于一个有效的寿命模型，这是必须期待的，因为修正后的值更为精确，而未修正的值的特征是随参数的变化而扩大分布。

这一修正过程可以用于对完整的寿命模型的统计评估。因此可以

图 12-68　实验结果 N_{ex} 与用 SKiM63 寿命模型修正后的结果 N_{corr} 的概率密度函数之间的比较

像在表 12-6 中已经所做的将广泛变化的参数变成单一参考条件，描绘出所有功率循环结果。然而，由于所选的参考点是任意的，所以可以简单地选择修正因子 f_{corr} 进行评估。而 SKiM63 寿命模型[Sen13] 参数化的基础是已经做了 100 多次功率循环试验结果的完整的数据集。由于模型系数（见表 12-4）是最小二乘拟合决定的，所以数据值的一半应>1。因为图 12-69 里的失效概率显示为一个与失效周期数相关的函数减去了一参数威布尔分布的阈值（0.507），所以在数值 ~0.5 处达到预期的 50% 的失效概率（图 12-69 中长箭头）。当寿命模型预测用 0.8 的边际系数（图 12-69 中的短箭头）相乘时，有 15% 的参数组合在估计寿命之前出现失效，而 85% 会显示较长的寿命。

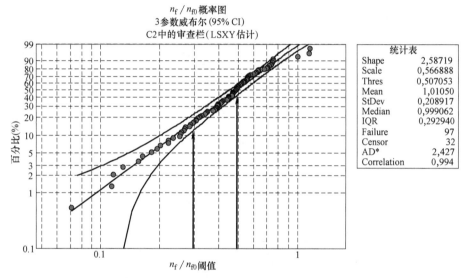

图 12-69　用 3 参数威布尔分布对 SKiM63 寿命模型的统计评估。边际因子 0.8（短箭头）表示失效概率为 15%[Sen13]

应该强调的是，对一个完整的寿命模型的评价比图 12-66 和图 12-67 中单个试验参数的组合的评价更为重要。单个试验条件的结果没有提供试验参数不同设定下的统计分布方面的信息。寿命模型的评价给出了整个参数空间的统计信息，该参数空间涵盖了用以确定寿命模型系数的数据库。

对试验结果的统计分析提供了失效周期数与预期累积失效概率之间的相关性。然而，一个重要问题仍然存在，即应该为预期寿命定义哪些失效概率。通常，系统设计人员要求部件的寿命估值累积失效概率为 1% 甚至更低。这可以理解为在应用中寻求尽可能低的失效概率。但是从统计学的观点来看，这种说法是有问题的。从一个试验样品到寿命终结，从威布尔分布来看，估计寿命的最高精确度是 63% 的失效概率。这在以前展示的概率图里可以看到，63% 的概率下，置信区之间的差别最小。对于较高或较低的失效概率，置信区之间的差异增大。因此，定义的失效概率越低,在概率图上被直线标明的中值分布参数的不确定性越高。这个结果来自实际,在一个统计样本中,有很大一部分元素会靠近概率密度函数的最大值,而仅有少量元素会走极端。因此,10%~15%的失效概率似乎是一种低失效概率和预测的不确定性之间的良好折中。

统计分析不限于功率循环试验,它可以应用于可靠性试验中观察到的所有失效。图 12-70 显示了 1700V CAL 二极管在加速试验时宇宙射线失效的概率图,试验偏置电压为 1450V。用单能的 200MeV 质子束,其通量密度为 $1.8 \times 10^6 /(\text{ps} \cdot \text{cm}^2)$。有关的海平面自然宇宙射线通量密度 $[10/(\text{ph} \cdot \text{cm}^2)]$,该试验的加速因子为 6.48×10^8。

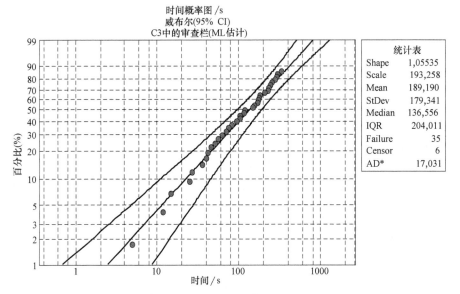

图 12-70 1700V CAL 二极管 (面积 44mm²) 的宇宙射线失效的统计分析。
偏置电压为 1450V,用通量密度 $1.8 \times 10^6 /(\text{ps} \cdot \text{cm}^2)$ 的 200MeV 质子束进行
加速试验 (中间值在图 12-56)。由软件 Minitab® 提供

乍一看,其概率图和以前的似乎没有差别。但是,可以从图 12-70 所给出的数据中看出形状因子非常接近 1。

为了解释结果,必须看一下失效率的统计定义。可靠性函数或威布尔分布的累积生存率是

$$R(x\alpha\beta) = 1 - F(x\alpha\beta) = \exp\left[-\left(\frac{x}{\beta}\right)^{\alpha}\right] \tag{12-18}$$

当 x 为任意值时,失效率是由概率密度函数除以该 x 下的生存概率给出的,这样就得到了威布尔分布

$$\lambda(x\alpha\beta) = \frac{f(x\alpha\beta)}{R(x\alpha\beta)} = \frac{\alpha}{\beta^{\alpha}} x^{\alpha-1} \tag{12-19}$$

从式(12-19)可以看出，形状因子 $\alpha = 1$ 的威布尔分布，失效率是一个常数 $\lambda = 1/\beta$，独立于参数 x。因此，可以从尺度因子 $\beta = 193\text{s}$ 确定这个 44mm^2 的二极管，其海平面失效率为 $\lambda = 29\text{FIT}$。这等同于如图 12-56 中显示的常规失效率 65FIT/cm^2，是 1450V 下的中间值。统计分析还允许计算测量数据定义的置信区间，就像统计学标准教科书所描述的，如本章参考文献[Rau04]。

统计方法也有助于计算加速试验能达到的最大分辨率以及选择样品尺寸和试验持续时间。图 12-71 所示的是加速宇宙射线试验的一个例子。如果为了统计评估，至少需要 5 个失效，由质子辐照给出的最大加速因子限制了可检测的失效率至约 0.01FIT，适用于 100 个样品，30min 束照时间的实际试验条件。

对宇宙射线失效的分析表明，它们遵循形状因子为 1 的威布尔分布，与之相对照的功率循环试验的失效的特征是 $\lambda > 1$。造成这种差异的原因是它们分属于不同的类别或类型。

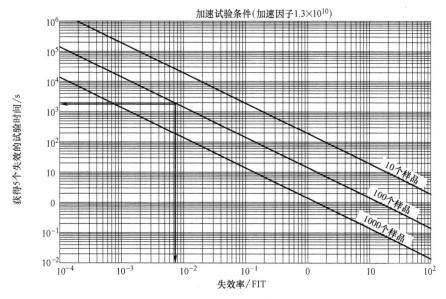

图 12-71　平均试验持续时间，以获得不同样品在特定失效率下的 5 个失效。
加速因子为 1.3×10^{10}，对于 100 个样品和 30min 试验时间，箭头标出了
实际检测限制。图来自本章参考文献[Scn16]

在功率循环的过程中产生的应力会引起退化和疲劳，以及与之相关的在系统中的累积损伤。因为累积损伤需要时间，所以开始时失效率低，随着时间的推移而增高。因此，可以预计，图 12-72 中的功率循环失效属于"寿命终止"的失效类型。

宇宙射线失效不随时间的推移而增加，失效率在整个系统寿命内保持不变。原因是这个事件来自系统外部。这是失效的根源所在。假设系统已经运行了一小时或一百万小时，这并不重要，宇宙射线粒子的撞击概率保持不变，这种失效类型称为

随机失效。

第三种是"寿命早期"失效，其特征是失效率随着时间的推移而下降。这种失效类型与弱系统有关，它是被突发失效从族群中筛选出来的。一旦弱元素被移除，则剩下的族群会变强，失效率降低。

由于图12-72内的浴盆曲线是威布尔分布建立的，所以可靠性函数或生存概率可以从分布参量和式(12-18)计算出来，其结果见图12-73。正如前面所讨论的，由于使用寿命受退化的限制，通常要求99%的生存概率。在连续运行17.5年以后，图12-73的条件达到了。然而，17.5年之后，因寿命早期失效和随机失效而可能有更多的失效发生。必须记住，当目标指向所谓的健康监视概念时，我们的想法是监控功率电子元器件并在元器件失效前发出警告。由于只有寿命终止的失效与退化关联，所以这些概念必然对寿命早期和随机失效视而不见。因此，当寿命早期失效和随机失效可以忽略不计时，健康监测的概念才会有意义。

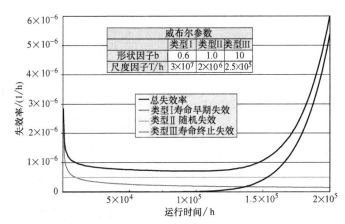

图 12-72　一个假设系统的浴盆曲线作为寿命早期失效、随机失效和寿命终止失效的概括

在可靠性评估中，MTTF(平均失效时间)通常被定义为是一种对元器件或系统可靠性的适当的度量。然而，MTTF经常被误解，假设一个恒定的失效率为500FIT或0.5×10^{-6}/h。对于一个恒定的失效率，与之有关的威布尔分布的形状因子必定是1，且MTTF简化成 $MTTF = \beta = 1/\lambda = 2\times10^{6}$h。有时人们会这样说："一个200万h的MTTF是一个很不错的数值，我们的逆变器设计寿命是2×10^{5}h。因为MTTF是它的10倍，所以逆变器不会坏。"这个解释以为，MTTF值可以预测单个逆变器的失效，但事实并非如此。MTTF是统计实体的特征，$MTTF = 2\times10^{6}$/h预测的是一个包含1000个系统的实体，整个系统每运行2000h预计出现一个失效。

MTTF是失效的期望值

$$MTTF = \int_{0}^{\infty} R(x)\,dx \qquad (12-20)$$

对于威布尔分布，这个期望值可以用 gamma 函数 $\Gamma(x)$ 来计算

$$MTTF = \beta \Gamma \left(1 + \frac{1}{\alpha}\right) \tag{12-21}$$

现在可以用式(12-21)计算出图 12-72 中威布尔分布的 MTTF 值,用式(12-20)得出浴盆曲线的 MTTF 值。还可以用式(12-18)计算 3 个威布尔分布的可靠性函数 $R(MTTF)$。对于浴盆曲线,可靠性函数是由 MTTF 数值中 3 个贡献函数的乘积决定的,其结果见表 12-7。

表 12-7　MTTF 值和威布尔分布在 MTTF 时的生存概率
以及图 12-72 作为结果的浴盆曲线

失效类型	形状因子 α	尺度因子 β/h	MTTF/h	$R(MTTF)(\%)$
寿命早期失效	0.6	3×10^7	4.5×10^7	27.9
随机失效	1	2×10^6	2×10^6	36.8
寿命终止失效	10	2.5×10^5	2.4×10^5	54.5
浴盆曲线	—	—	2.2×10^5	67.1

假定失效率恒定为 500FIT,结果表明,在 MTTF = 2×10^6 h 时逆变器集群只有约 37% 的生存概率。而在此 MTTF 下寿命早期失效其生存概率为约 28% 甚至更糟。这个例子说明,单独的 MTTF 不是系统可靠性好的标志。没有关于失效分布的附加信息,MTTF 提供不出有关统计实体生存概率的信息。

最后将讨论寿命早期失效的失

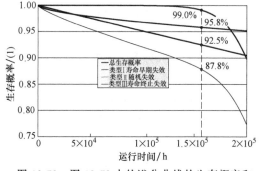

图 12-73　图 12-72 中的浴盆曲线的生存概率和不同失效类型对假设系统的贡献[Sen15a]

效类型。这种失效类别包含有降低失效率的失效。降低这种失效率的一个方法是安排适当的试验来筛选出较弱的成分从而降低初始失效率。但是,必须验证试验条件,那些条件往往超出元器件的规格限制,展示出的降低的失效率是试验时间的函数。

这种筛查试验的一个例子发表在本章参考文献[Sie17]上。SiC 沟槽 MOSFET 在温度 150℃ 的情况下进行栅极应力试验。施加的栅极电压超过了 15V 的规格限制。观察到的失效作为试验时间的函数如图 12-74 所示。这幅图的结果表明,每个测试级别的失效率都随时间而降低。

G_1 组在 30V 栅极电压下观察到的失效统计评估显示在图 12-75(图 12-74 里的下曲线)上。与以前讨论的概率图相比,大多数元素都没有失效。在 30V 栅极电压下,1000 个 MOSFET 经过 100 天的失效试验,只有 8 个器件失效。在试验中幸存下来的 MOSFET 被考虑为删失值。在分析中,没有失效的元素被标记为右删失。威布尔分布的形状因子是 0.37，证实了该试验的结果是寿命早期失效。估算出来的形状因子精度很差是因为失效元素所占份额太少。用增加试验持续时间使之有更多的失效发生，或是增加应力，在这例子里是加更高的栅极电压。这些方法可以大为改善形状因子。

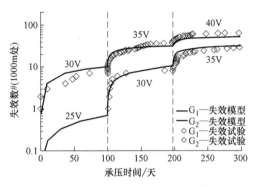

图 12-74　在 150℃ 下对 1000 个 SiC 沟槽 MOSFET 进行长时间栅极应力试验的结果。器件额定最高栅极电压为 15V。图来自本章参考文献[Sie17]

当不考虑删失值时，得到的结果完全不同，如图 12-76 所示。如果被试的 MOSFET 是 7 个并且全部失效，则这个概率图将是正确的。但是，在本章参考文献[Sie17]中试验里发表的只是小份额的元素失效，在 30V 栅极电压下试验幸存下来的器件超过 99%。

统计工具也可用于分析现场失效。但是，如果在丝键合功率模块中的一个器件发生短路，则在蕴含很高能量的电力电子系统一般会引发巨大的破坏，很少有可能找出根源。因此，只有图 12-72 中的累积浴盆曲线可以确定。此外，现场失效只在整个运行系统的一个小的局部发生。这与图 12-75 和图 12-76 中讨论过的情况相同。分析现场失效的难点在于收集同一应用程序中所有功能系统的运行信息。如果信息是有的或如果可以用有效假设来近似，那么统计分析可以对未来可能出现的失效数量进行评估。

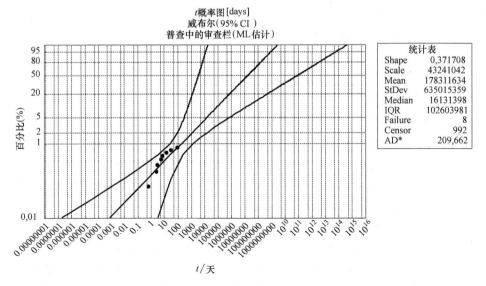

图 12-75　在图 12-74 中用 Minitab® 做出的 G₁ 组 SiC MOSFET
在 30V 栅极电压下的失效概率图(较低的曲线)

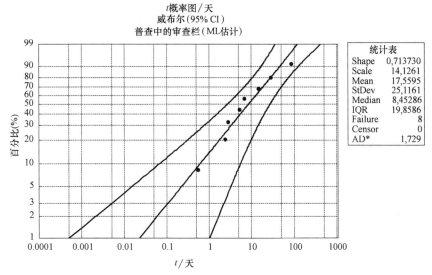

图 12-76　在图 12-74 中的 G_1 组 SiC MOSFET 在 30V 栅极电压下用
Minitab 做出的没有删失值的失效概率图（较低的曲线）

12.10　可靠性试验的展望

与表 12-1 中给出的示例相似的试验序列是功率模块制造商的所有系列产品都强制要做的。但是，对于特殊应用领域，可以通过协商进行附加试验。

对于在极端环境下的应用，建议在有腐蚀性氛围下进行特殊试验，腐蚀性气体会严重危害功率模块的可靠性功能，硅胶软模对腐蚀性气体几乎没有抵抗能力。除了贵金属，SO_2 与所有金属表面都会相互作用，H_2S 对银和银合金以及无保护的铜表面有很强的腐蚀性。Cl_2 遇到高湿度将会产生 HCl，它腐蚀非贵金属，特别是 Al。NO_x 的作用今天还不完全清楚，但它与湿度有关的腐蚀作用可以和 SO_2 相比。对于这些应用场合，非密封模块的可靠性必须在单一的或混合的腐蚀性气体的加速腐蚀气氛试验中验证。

类似的腐蚀作用与盐雾的影响有关，这特殊的应力条件在海滨或近海应用尤其显著，这是风力发电系统的典型环境。NaCl 的水溶液分解并产生 HCl，它随着时间逐渐穿透软模覆盖层并溶解 Al 键合丝。如果在这样的环境中使用非密封模块，则系统中必须有附加的保护措施，以防止功率模块和驱动印刷电路板的腐蚀退化。

对于特殊应用场合，可以进行额外的试验以验证功率电子模块在极端环境中的适用性。

前几节中讨论过的标准试验程序总是在每个可靠性试验中用刚生产出来的新功率模块。有些可靠性领域的专家提议组合试验，以提高功率电子元器件的可靠性。

甚至通过连续的或同时应用不同应力条件来加速功率模块达到失效的时间。其可能的序列和组合的数量相当高,而对于这样的试验条件尚无经验可循。

但是,这个主意是符合 HALT/HASS 试验的理念的。高加速寿命试验(Highly Accelerated Lifetime Test,HALT)实际上不是一个试验,而更多的是试验理念,它伴随着开发过程而产生。在 HALT 过程中,选择一个器件的参数并逐步增加甚至远远超过规格限制,直至样品最终失效。典型的例子是逐步增加绝缘试验电压直至失效或在被动的温度循环试验期间逐步增加温度的波动。这个程序的目标是将应力增加到破坏极限。从失效分析中,小的修改有时能显著改善设计的稳健性。

第二步,是应用高加速应力筛选(Highly Accelerated Stress Screening,HASS),用 HALT 程序结果形成的失效极限远超出规定的极限,可以定义一个 HASS 应力等级,它高于规定的限制却又有足够的安全边界而远离破坏极限。在一段固定的时间内,对100%的产品进行加速应力筛选试验,以识别在系列生产中的薄弱零件并改进生产流程,以增强产品的可靠性。在这个试验序列中,组合应力水平是常见的。典型的例子是一个高负载电流下运行的功率模块,又处在变化着的环境温度波动下,甚至有时还组合着机械振动的应力。

一般的理念是在进一步发展中推荐稳健验证的理念[SAE08]。这个理念是结合实验确定失效限制和模拟结果,并将这些限制与应用的可靠性要求进行比较,定义在任务配置和规范中,以提高自动化电气或电子模块的可靠性。

一个普遍的问题是对实际应用中需要的应力分布和应力水平所知有限。在功率电子系统中实现数字驱动技术提供了在现场运行中监控和记录特征参数的机会,从而能够提供更真实的数据,以满足现实应用场合对应力数据的需求。

参 考 文 献

[Alb05]   Albadri, A.M., Schrimpf, R.D., Walker, D.G., Mahajan, S.V.: Coupled electro-thermal simulations of single event burnout in power diodes. Trans. Nucl. Sci. **52**, pp. 2194–2199 (2005)

[All84]   Allkofer, O.C., Grieder, P.K.F.: "Cosmic rays on earth", Physik Daten 25, Fachinformationszentrum Energie, Physik, Mathematik (1984)

[Amr04]   Amro, R., Lutz, J., Lindemann, A.: Power cycling with high temperature swing of discrete components based on different technologies. In: Proceedings of PESC, pp. 2593–2598. Aachen (2004)

[Amr06]   Amro, R., Lutz, J., Rudzki, J., Sittig, R., Thoben, M.: Power cycling at high temperature swings of modules with low temperature joining technique. In: Proceedings of ISPSD, pp. 1–4. Naples (2006)

[Ara08]   Arab, M., Lefebvre, S., Khatir, Z., Bontemps, S.: Investigations on ageing of IGBT transistors under repetitive short-circuits operations In: Proceedings of PCIM Europe. Nuremberg (2008)

[Bay08]   Bayerer, R., Licht, T., Herrmann, T., Lutz, J., Feller, M.: Model for power cycling lifetime of IGBT modules – various factors influencing lifetime. In: Proceedings of CIPS, pp. 37–42. Nuremberg (2008)

[Bay16]   Bayerer, R., Lassmann, M., Kremp, S.: Transient hygrothermal-response of power modules in inverters – the basis for mission profiling under climate and power loading. IEEE Trans. Power Electron. **31**, pp. 613–620 (2016)

[Bei16] Beier-Möbius, M., Lutz, J.: Breakdown of gate oxide of 1.2 kV SiC-MOSFETs under high temperature and high gate voltage. In: Proceedings of PCIM Europe, pp. 172–179. Nuremberg (2016)

[Bei17] Beier-Möbius, M., Lutz, J.: Breakdown of gate oxide of SiC-MOSFETs and Si-IGBTs under high temperature and high gate voltage. In: Proceedings of PCIM Europe, pp. 365–372. Nuremberg (2017)

[Beu89] Beuhler, A.J., Burgess, M.J., Fjare, D.E., Gaudette, J.M., Roginski, R.T.: Moisture and purity in polyimide coatings. In: Material Research Society Symposium Proceedings, vol 154, pp. 73–90, doi:https://doi.org/10.1557/PROC-154-73 (1989)

[Bla75] Blackburn, D.L., Oettinger, F.F.: Transient thermal response measurements of power transistors. IEEE Trans. Ind. Electr. Control Instrum., IECI-22, pp. 134–141 (1975)

[Blu10] Blümer, J.: Partikel in der Pampa. Physik J **9**, 31–36 (2010)

[Cia96] Ciappa, M., Malberti, P.: Plastic-strain of aluminium interconnections during pulsed operation of IGBT multichip modules. Qual. Reliab. Eng. Int. **12**, pp. 297–303 (1996)

[Cia01] Ciappa, M.: Some reliability aspects of IGBT modules for high-power applications. Dissertation, ETH Zürich, (2001)

[Cia02] Ciappa, M.: Selected failure mechanisms of modern power modules. Microelectron. Reliab. **42**, pp. 653–667 (2002)

[Cia08] Ciappa, M.: Lifetime modeling and prediction of power devices. In: Proceedings of CIPS, pp. 27–35. Nuremberg (2008)

[Cle97] Clech, J.: Solder reliability solutions: a PC-based design-for-reliability tool. Soldering Surface Mount Technol. **9**, pp. 45–54 (1997)

[Cle02] Clech, J.: Review and analysis of lead-free solder material properties. Report to NIST, on: http://www.metallurgy.nist.gov/solder/clech/Intro-duction.htm (2002)

[Con15] Consentino, G., Laudani, M., Privitera, G., Pace, C., Giordano, C., Hernandez, J.: Are SiC HV power MOSFETs more robust of standard silicon devices when subjected to terrestrial neutrons? In: Proceedings of PCIM Europe, pp. 512–517. Nuremberg (2015)

[Coo97] Cooper, Jr, J.A.: Oxides on SiC. In: IEEE/Cornell Conference on Advanced Concepts in High Speed Semiconductor Devices and Circuits, pp. 236–243. Ithaca (1997)

[DaG07] DasGupta, S., Witulski, A.F., Bhuva, B.L., Alles, M.L., Reed, R.A., Amusan, O.A., Ahlbin, J.R., Schrimpf, R.D., Massengill, L.W.: Effect of well and substrate potential modulation on single event pulse shape in deep submicron CMOS. IEEE Trans. Nucl. Sci. **54**, pp. 2407–2412 (2007)

[Dar02] Darveaux, R.: Effect of simulation methodology on solder joint crack growth correlation and fatigue life prediction. J. Electron. Packag. **124**(3), pp. 147–154 (2002)

[Das17] Dashdondog, E., Harada, S., Shiba, Y., Sudo, M., Omura, I.: The failure rate calculation method for high power devices in low earth orbit. In: International Symposium Space Technology and Science, pp. 1–5. Matsuyama City (2017)

[Dep06] Déplanque, S., Nuchter, W., Wunderle, B., Schacht, R., Michel, B.: Lifetime prediction of SnPb and SnAgCu solder joints of chips on copper substrate based on crack propagation FE-analysis. In: Proceedings of EuroSime, pp. 1–8. Como (2006)

[Dep07] Déplanque, S.: Lifetime prediction for solder die-attach in power applications by means of primary and secondary creep. Ph.D. thesis, (2007)

[Dow82] Downing, S.D., Socie, D.F.: Simple rainflow counting algorithms. Int. J. Fatigue **4**, pp. 31–40 (1982)

[Feg16a] Felgemacher, C., Vasconcelos, S.A., Nöding, C., Zacharias, P.: Benefits of increased cosmic radiation robustness of SiC semiconductors in large power-converters. In: Proceedings of PCIM Europe, pp. 573–780. Nuremberg (2016)

[Feg16b] Felgemacher, C., Araújo, S.V., Zacharias, P., Nesemann, K., Gruber, A.: Cosmic radiation ruggedness of Si and SiC power semiconductors. In: Proceedings of ISPSD, pp. 235–238. Prague (2016)

[Fer08] Feller, M., Lutz, J., Bayerer, R.: Power cycling of IGBT- modules with superimposed thermal cycles. In: Proceedings of PCIM Europe. Nuremberg (2008)

[Gai13]   Gaisser, T.K., Stanev, T., Tilav, S.: Cosmic ray energy spectrum from measurements of air showers. Front. Phys. **8**, pp. 748–758 (2013)

[Gri12]   Griffoni, A., van Duivenbode, J., Linten, D., Simoen, E., Rech, P., Dilillo, L., Wrobel, F., Verbist, P., Groeseneken, G.: Neutron-induced failure in silicon IGBTs, silicon super-junction and SiC MOSFETs. Trans. Nucl. Sci. **59**, pp. 866–871 (2012)

[Hae12]   Haertl, A., Soelkner, G., Pfirsch, F., Brekel, W., Duetemeyer, T.: Influence of dynamic switching on the robustness of power devices against cosmic radiation. In: Proceedings of ISPSD, pp. 353–356. Bruges (2012)

[Ham01]   Hamidi, A., Kaufmann, S., Herr, E.: Increased lifetime of wire bond connections for IGBT power modules. In: Proceedings of IEEE APEC, pp. 1040–1044. Anaheim (2001)

[Hed14]   Herold, C., Poller, T., Lutz, J., Schäfer, M., Sauerland, F., Schilling, O.: Power cycling capability of modules with SiC-Diodes. In: Proceedings of CIPS, pp. 36–41 (2014)

[Hed16]   Herold, C., Franke, J., Bhojani, R., Schleicher, A., Lutz, J.: Requirements in power cycling for precise lifetime estimation. Microelectron. Reliab. **58**, pp. 82–89 (2016)

[Hed17]   Herold, C., Sun, J., Seidel, P., Tinschert, L., Lutz, J.: Power cycling methods for SiC MOSFETs. In: Proceedings of ISPSD, pp. 367–370. Sapporo (2017)

[Hel97]   Held, M., Jacob, P., Nicoletti, G., Sacco, P., Poech, M.H.: Fast power cycling test for IGBT modules in traction application. In: Proceedings of Power Electronics and Drive Systems, pp. 425–430 (1997)

[Her07]   Herrmann, T., Feller, M., Lutz, J., Bayerer, R., Licht, T.: Power cycling induced failure mechanisms in solder layers. In: Proceedings of EPE. Aalborg (2007)

[Heu14]   Heuck, N., Guth, K., Ciliox, A., Thoben, M., Oeschler, N., Krasel, S., Speckels, R., Böwer, L.: Aging of new interconnect-technologies of power modules during power cycling. In: Proceedings of CIPS, pp. 69–74. Nuremberg (2014)

[IEC10]   Process management for avionics – Atmospheric radiation effects – part 1: accommodation of atmospheric radiation effects via single event effects within avionics electronic equipment, E DIN EN 62396-1:2010-11 (IEC 107/129/DTS:2010)

[IEC13]   Process management for avionics – Atmospheric radiation effects – part 4: design of high voltage aircraft electronics managing potential single event effects, IEC 62396-4, Edition 1.0, 2013-09

[Ibr16]   Ibrahim, A., Ousten, J., Lallemand, R., Khatir, Z.: Power cycling issues and challenges of SiC-MOSFET power modules in high temperature conditions. Microelectron. Reliab. **58**, pp. 204–210 (2016)

[Joo06]   Jooss, C., Lutz, J.: The evolution of the universe in the light of modern microscopic and high-energy physics. In: Proceedings of AIP Conference, vol. 822, pp. 200–205 (2006) https://cds.cern.ch/record/945132

[Jun15]   Junghaenel, M., Schmidt, R., Strobel, J., Scheuermann, U.: Investigation on isolated failure mechanisms in active power cycle testing. In: Proceedings of PCIM Europe, pp. 251–258. Nuremberg (2015)

[Jun17]   Junghaenel, M., Scheuermann, U.: Impact of load pulse duration on power cycling lifetime of chip interconnection solder joints, Micorelctron. Reliab. **76–77**, pp. 480–484 (2017)

[Kab94]   Kabza, H., Schulze, H.-J., Gerstenmaier, Y., Voss, P., Wilhelmi, J., Schmid, W., Pfirsch, F., Platzöder, K.: Cosmic radiation as a possible cause for power device failure and possible countermeasures. In: Proceedings of ISPSD, pp. 9–12. Davos (1994)

[Kai04]   Kaindl, W., Soelkner, G., Becker, H.W., Meijer, J., Schulze, H.J., Wachutka, G.: Physically based simulation of strong charge multiplication events in power devices triggered by incident ions. In: Proceedings of ISPSD, pp. 257–260. Kitakyushu (2004)

[Kai05]   Kaindl, W.: Modellierung höhenstrahlungsinduzierter Ausfälle in Halbleiterleistungsbauelementen. Dissertation, Munich (2005)

[Kam04]   Kaminski, N.: Failure rates of HiPak modules due to cosmic rays. ABB Application Note 5SYA 2042-02 (2004)

[Kim97]　Kimura, M.: Oxide breakdown mechanism and quantum physical chemistry for time-dependent dielectric breakdown. In: Proceedings of IEEE International 35th Annual Reliability Physics Symposium, pp. 190–200. Denver (1997)

[Kov15]　Kovacevic-Badstuebner, I., Schilling, U., Kolar, J.W.: Modelling for the lifetime predication of power semiconductor modules. Reliab. Power Electron. Converter Syst., pp. 103–140 (2015)

[Lee88]　Lee, J.C., Chen, I.-C., Chenming, H.: Modeling and Characterization of Gate Oxide Reliability. IEEE Trans. Elect. Dev. **35**(12), pp. 2268–2278 (1988)

[Lei09]　Lei, T.G., Calata, J.N., Lu, G.-Q.: Effects of large temperature cycling range on direct bond aluminum substrate. Trans. Device Mater. Reliab. **9**, pp. 563–568 (2009)

[Lip99]　Lipkin, L.A., Palmour, J.W.: Insulator investigation on SiC for improved reliability. IEEE Trans. Elect. Dev. **46**, pp. 525–532 (1999)

[Lut94]　Lutz, J., Scheuermann, U.: Advantages of the new controlled axial life-time diode. In: Proceedings of PCIM, pp. 163–169. Nuremberg (1994)

[Lut08]　Lutz, J., Herrmann, T., Feller, M., Bayerer, R., Licht, T., Amro, R.: Power cycling induced failure mechanisms in the viewpoint of rough temperature environment. In: Proceedings of CIPS, pp. 55–58. Nuremberg (2008)

[Lut17]　Lutz, J., Aichinger, T., Rupp, R.: Reliability evaluation. In: Suganuma, K.(eds.) Wide Bandgap Power Semiconductor Packaging: Materials, Components, and Reliability, to be published. Elsevier (2017)

[LV324]　Qualification of Power Electronics Modules for Use in Motor Vehicle Components, General Requirements, Test Conditions and Tests, supplier portal of BMW:GS 95035, VW 82324 Group Standard, Daimler, (2014)

[Mat94]　Matsuda, H., Fujiwara, T., Hiyoshi, M., Nishitani, K., Kuwako, A., Ikehara, T.: Analysis of GTO failure mode during DC voltage blocking. In: Proceedings of ISPSD, pp. 221–225. Davos (1994)

[McP85]　McPherson, J.W., Baglee, D.A.: Acceleration factors for thin gate oxide stressing. In: 23rd Annual Reliability Physics Symposium, pp. 1–5 (1985)

[Mik01]　Mikkelsen, J.J.: Failure analysis on direct bonded copper substrates after thermal cycle in different mounting conditions. In: Proceedings of PCIM, pp. 467–471. Nuremberg (2001)

[MIN18]　Minitab® Statistical Software, Version 18, www.minitab.com

[Min45]　Miner, M.A.: Cumulative damage in fatigue. J. App. Mech. **12**, pp. A152–A164 (1945)

[Mit15]　Mitsuzuka, K., Yamada, S., Takenoiri, S., Otsu, M., Nakagawa, A.: Investigation of anode-side temperature effect in 1200 V FWD cosmic ray failure. In: Proceedings of ISPSD, pp. 117–120, Hong Kong (2015)

[Moz01]　Morozumi, A., Yamada, K., Miyasaka, T.: Reliability design technology for power semiconductor modules. Fuji Electric. Rev. **47**, pp. 54–58 (2001)

[Nor96]　Normand, E.: Correlation of in-flight neutron dosimeter and SEU measurements with atmospheric neutron model. Trans. Nucl. Sci. **48**, pp. 1996–2003 (2001)

[Oet73]　Oettinger, F.F., Gladhill, R.L.: Thermal response measurements for semiconductor device die attachment evaluation. Int. Electron Dev. Meet. **19**, pp. 47–50 (1973)

[Pad68]　Paddock, A., Black, J.R.: Hillock formation on aluminum thin films presented at the Electrochemical Society Meeting, Boston, May 5–9 (1968)

[Par63]　Paris, P., Erdogan, F.: A critical analysis of crack propagation laws. ASME J. Basic Eng. **85**, pp. 528–533 (1963)

[Pfi10]　Pfirsch, F., Soelkner, G.: Simulation of cosmic ray failures rates using semiempirical models. In: Proceedings of ISPSD, pp. 125–128, Hiroshima (2010)

[Pfu76]　Pfüller, S.: Halbleiter Messtechnik. VEB Verlag Technik, Berlin, pp. 89ff, (1976)

[Phi71]　Philofsky, E., Ravi, K., Hall, E., Black, J.: Surface reconstruction of aluminum metallization – a new potential wearout mechanism. In: Proceedings of Reliability Physics Symposium, vol. 9, pp. 120–128. Las Vegas (1971)

[Pol10]　Poller, T., Lutz, J.: Comparison of the mechanical load in solder joints using SiC and Si chips. In: Proceedings of ISPS. Prague (2010)

[Ram00] Ramminger, S., Seliger, N., Wachutka, G.: Reliability model for Al wire bonds subjected to heel crack failures. Microelectron. Reliab. **40**, pp. 1521–1525 (2000)

[Rau04] Rausand, M., Hoyland, A.: System reliability theory – models, statistical methods, and applications, 2nd edn. Wiley, Hoboken (2004)

[Rup14] Rupp, R., Gerlach, R., Kabakow, A., Schörner, R., Hecht, C.h., Elpelt, R., Draghici, M.: Avalanche behaviour and its temperature dependence of commercial SiC MPS diodes: influence of design and voltage class. In: Proceedings of ISPSD, pp. 67–70 (2014)

[Sad16] Sadik, D.-P., Nee, H.-P., Giezendanner, F., Ranstad, P.: Humidity Testing of SiC Power MOSFETs, pp. 3131–3136. IPEMC-ECCE, Asia (2016)

[SAE08] SAE/ZVEI.: Handbook for Robustness Validation of Automotive Electrical/Electronic Modules. www.zvei.org/ecs, (2008)

[San69] Santoro, C.J.: Thermal cycling and surface reconstruction in aluminum thin films. J. Electrochem. Soc. **116**, pp. 361–364 (1969)

[Scn99] Scheuermann, U.: Power module design for HV-IGBTs with extended reliability. In: Proceedings of PCIM, pp. 49–54. Nuremberg (1999)

[Scn02b] Scheuermann, U., Hecht, U.: Power cycling lifetime of advanced power modules for different temperature swings. In: Proceedings of PCIM, pp. 59–64. Nuremberg (2002)

[Scn08] Scheuermann, U., Beckedahl, P.: The road to the next generation power module – 100% solder free design. In: Proceedings of CIPS, pp. 111–120. Nuremberg (2008)

[Scn09] Scheuermann, U., Schmidt, R.: Investigations on the $V_{CE}(T)$ method to determine the junction temperature by using the chip itself as sensor. In: Proceedings of PCIM Europe, pp. 802–807. Nuremberg (2009)

[Scn11] Scheuermann, U., Schmidt, R.: Impact of solder fatigue on module lifetime in power cycling tests. In: Proceedings of EPE. Birmingham (2011)

[Scn13] Scheuermann, U., Schmidt, R.: A new lifetime model for advanced power modules with sintered chips and optimized al wire bonds. In: Proceedings of PCIM Europe, pp. 810–817. Nuremberg (2013)

[Scn15a] Scheuermann, U.: Packaging and reliability of power modules – principles, achievements and future challenges. In: Proceedings of PCIM Europe, pp. 35–50. Nuremberg (2015)

[Scn15b] Scheuermann, U., Schilling, U.: Cosmic ray failures of power modules – the diode makes the difference. In: Proceedings of PCIM Europe, pp. 494–501. Nuremberg (2015)

[Scn16] Scheuermann, U., Schilling, U.: Impact of device technology on cosmic ray failures in power modules. IET Power Electron. **9**, pp. 2027–2035 (2016)

[Scr10] Schuler, S., Scheuermann, U.: Impact of test control strategy on power cycling lifetime. In: Proceedings of PCIM Europe, pp. 355–360. Nuremberg (2010)

[Sct12a] Schmidt, R., Scheuermann, U.: Separating failure modes in power cycling tests. In: Proceedings of CIPS, pp. 97–102. Nuremberg (2012)

[Sct12b] Schmidt, R., Koenig, C., Prenosil, P.: Novel wire bond material for advanced power module packages. Microelectron. Reliab. **52**, pp. 2283–2288 (2012)

[Sct13] Schmidt, R., Zeyss, F., Scheuermann, U.: Impact of absolute junction temperature on power cycling lifetime. In: Proceedings of EPE, pp. 1–10. Lille (2013)

[Sct17] Schmidt, R., Werner, R., Casady, J., Hull, B., Barkley, A.: Power cycle testing of sintered SiC-MOSFETs. In: Proceedings of PCIM Europe, pp. 694–701. Nuremberg (2017)

[Scu06] Schulze, H.J., Lutz, J.: Patent application DE 102006046845A1, 2.10.2006

[Sho11] Shoji, T., Nishida, S., Ohnishi, T., Fujikawa, T., Nose, N., Hamada, K., Ishiko, M.: Reliability design for neutron induced single-event burnout of IGBT. Trans. Ind. Appl. **131**, pp. 992–999 (2011)

[Sho13] Shoji, T., Nishida, S., Hamada, K.: Triggering mechanism for neutron induced single-event burnout in power devices. Jpn. J. Appl. Phys. 52, pp. 04CP06-1-04CP06-7 (2013)

[Sho14]　Shoji, T., Nishidas, S., Hamada, K., Tadano, H.: Cosmic ray induced single-event burnout in power devices. In: Proceedings of ISPS, pp. 5–14. Prague (2014)

[Sie17]　Siemieniec, R., Peters, D., Esteve, R., Bergner, W., Kück, D., Aichinger, T., Basler, T., Zippelius, B.: A SiC trench MOSFET concept offering improved channel mobility and high reliability. In: Proceedings of EPE ECCE Europe. Warzaw (2017)

[Soe00]　Soelkner, G., Voss, P., Kaindl, W., Wachutka, G., Maier, K.H., Becker, H.W.: Charge carrier avalanche multiplication in high-voltage diodes triggered by ionizing radiation. Trans. Nucl. Sci. **47**, pp. 2365–2372 (2000)

[Sti09]　Stiasny, T: Cosmic Rays Failure in Power Devices Part 1. ISPSD Short Course Lecture Notes, pp. 5–16, Barcelona (2009)

[Tit98]　Titus, J.L., Wheatley, C.F.: Proton-induced dielectric breakdown of power MOSFETs. Trans. Nucl. Sci. **45**, pp. 2891–2897 (1998)

[Uem11]　Uemura, H., Iura, S., Nakamura, K., Kim, M., Stumpf, E.: Optimized design against cosmic ray failure for HVIGBT modules. In: Proceedings of PCIM Europe, pp. 10–15. Nuremberg (2011)

[Was86]　Waskiewicz, A.E., Groninger, J.W., Strahan, V.H., Long, D.M.: Burnout of power MOS transistors with heavy ions of 252-Cf. Trans. Nucl. Sci. NS-33, pp. 1710–1713 (1986)

[Wei15]　Weiß, C.: Höhenstrahlungsresistenz von Silizium-Hochleistungs-bauelementen. Ph.D. Thesis, Munich 2015

[Wil12]　Wilkinson, D.: Space environment overview. https://commons.wikimedia.org/wiki/File:SpaceEnvironmentOverview_From_19830101.jpg, SpaceEnvironmentOverview From 19830101, Excerpt by J.Lutz,https://creativecommons.org/licenses/by-sa/3.0/legalcode

[Yag13]　Yang, L., Agyakwa, P.A., Johnson, C.M.: Physics-of-failure lifetime prediction models for wire bond interconnects in power electronic modules. IEEE Trans. Dev. Mater. Reliab., pp. 9–17 (2013)

[Yan00]　Yano, H., Kimoto, T., Matsunami, H., Bassler, M., Pensl, G.: MOSFET performance of 4H-, 6H-, and 15R-SiC processed by dry and wet oxidation. Mater. Sci. Forum **338–342**, pp. 1109–1112 (2000)

[Zel94]　Zeller, H.R.: Cosmic ray induced breakdown in high voltage semiconductor devices, microscopic model and phenomenological lifetime prediction. In: Proceedings of ISPSD, pp. 339–340. Davos (1994)

[Zel95]　Zeller, H.R.: Cosmic ray induced failures in high power semiconductors. Solid State Electr. **38**, pp. 2041–2046 (1995)

[Zom90]　Zombeck, M.V.: Handbook of Space Astronomy and Astrophysics, 2 edn. Cambridge University Press, Cambridge (1990)

[Zor14]　Zorn, C., Kaminski, N.: Temperature humidity bias (THB) testing on IGBT modules at high bias levels. In: Proceedings of CIPS, pp. 101–107. Nuremberg (2014)

[Zor15]　Zorn, C., Kaminski, N.: Acceleration of temperature humidity bias (THB) testing on IGBT modules by high bias levels. In: Proceedings of ISPSD, pp. 385–388. Hong Kong (2015)

第13章　功率器件的损坏机理

本章将讨论功率器件的一些损坏机理，为此给出了一些典型的失效图片。失效分析中经验很重要，特别是功率电路的失效条件，必须认真考虑。尽管一些失效图片看起来有些相似，但很难仅从失效图片上得出结论。实践中工程师在寻找失效原因时会遇到各种问题，以下几节可能会对此有所帮助。

13.1　热击穿——温度过高引起的失效

本书第2章对本征载流子浓度 n_i 进行了解释，它强烈地依赖于温度，就像式(2-6)所描述的一样。硅的本征载流子浓度 n_i 在室温下近似等于 $10^{10}/cm^3$，这和本底掺杂相比可以忽略不计。然而，n_i 会随着温度的增加迅速增加。因此，温度很高时，热产生成为载流子产生的主要机理。

通过引入一个本征温度 T_{int}，可以预测当温度升高时在器件内出现的一些关键机理[Gha77]。T_{int} 是指由热产生得到的载流子浓度 n_i 等于本底掺杂浓度 N_D 时的温度，它是 N_D 的函数，如图13-1所示。当温度小于 T_{int} 时，载流子浓度对温度的依赖性很小。当温度高于 T_{int} 时，根据式(2-6)，载流子浓度随温度升高按指数规律增加。从图13-1可以看出，一个高压器件要求 N_D 的范围在 $10^{13}/cm^3$ 数量级，T_{int} 会达到一个比低压器件低得多的温度；在低压器件中，N_D 的范围在 $10^{14}/cm^3$ 数量级。

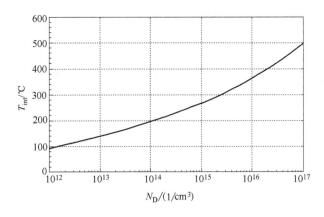

图 13-1　硅的本征温度与本底掺杂的函数关系

然而，这种观点太过于简化。本征载流子浓度是在热平衡状态下定义的，但器件通常不是在热平衡状态下工作。因此我们必须考虑器件的工作模式，以及温度升高或局部温度升高带来的影响。

对在短时间间隔内工作在雪崩击穿模式下的低压 MOSFET，温度刚刚升高到 T_{int} 以下，就可以观察到器件发生损坏。对常用的 60V MOSFET，这个温度在 320°C 左右[Ron97]。如果假设掺杂浓度 N_D 为 $4 \times 10^{15}/\mathrm{cm}^3$（该浓度对这个耐压范围是合理的），上述结论符合图 13-1 所示的结果。

如果双极型器件工作在正向导通模式下，以浪涌电流为例，在这种状态下充斥的自由载流子的浓度高于 10^{16}，甚至会略微高于 $10^{17}/\mathrm{cm}^3$。

当热产生载流子浓度累积到这一范围时，它就成为主导机制。所以在如此短的时间内，器件会在没有损坏的情况下达到一个非常高的温度。在浪涌电流模式下，T_{int} 的温度预期可达 500°C。

在阻断模式下，空间电荷区形成，载流子移出耗尽区，载流子浓度由漏电流决定，在多数现代功率器件中其值较小（除了金-扩散器件）。此时器件的热稳定性由漏电流的大小决定。

因此，必须考虑导致高温的相关机理。对稳定性的研究，必须考虑电机制对温度的依赖性，它会导致高温损耗和相关高温。

如果发热是由高漏电流引起的，高温区域的漏电流还会进一步升高。这些区域就会变得更热，这又进一步导致漏电流的升高。这种现象在这里将被称为正反馈。如果器件的冷却装置不能带走这么高的功率损耗密度，这个器件将不可避免地被损坏。

如果高损耗由超过击穿电压 V_{BD} 的高电压产生——将促使器件发生雪崩击穿，这会产生损耗，增加温度。然而，V_{BD} 随着温度增加而升高。发生雪崩击穿的区域会向温度较低的区域移动。尽管这样的电机制会导致局部的热丝，但温度的增加会释放局部压力，形成一个负反馈效应。

然而，如果温度到达 T_{int}，热产生将成为主导因素，温度增引起正反馈。

具有共同起源的电流密度即便很小，它们将会被快速放大。考虑面积大于几平方毫米的器件，如果温度达到 T_{int}，就必须期望是电流管或灯丝了。

如果 P_{gen} 是产生的功率密度，P_{out} 是功率密度，则可以通过封装和散热器最大限度的降低功率密度，我们可以得出热击穿条件的表达式[Lin08]为

$$\frac{\partial P_{gen}}{\partial T} > \frac{\partial P_{out}}{\partial T} \tag{13-1}$$

如果这个条件在一个固定的工作点上实施，则温度会以指数规律快速升高。式 (13-1) 是用来表示双极型晶体管热稳定性的一般形式[How74]，即

$$S = R_{th} V_C \frac{\partial I_C}{\partial T} \tag{13-2}$$

如果稳定系数 S 的增量大于 1，则任意的温度干扰都会诱发热击穿。

最后，器件的损坏总是因为高温。损坏的器件显露出局部熔融半导体材料。如果局部温度升高发生在器件的一个非常小的点状区域内，人们甚至可以发现晶格中的裂缝。然而，通过该裂缝，可区分导致温度升高的因素。这些效应的描述如下。

举一个简单的例子，图 13-2 给出的是一个因功率损失过大而损坏的 IGBT。该 IGBT 只强调正

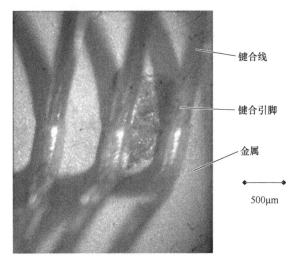

键合线

键合引脚

金属

500μm

图 13-2　高温导致 IGBT 的损坏

向电流，过低的栅极电压 V_G 导致了器件失效。在发射极可以发现一个面积相当大的熔融区($>1\mathrm{mm}^2$)。它通常位于器件中心附近，靠近键合线处。

当器件在阻断模式和导通模式之间高频率转换时，如果在应用中发生温度过高的情况，器件的损坏图可能会不同。随着温度的升高，阻断能力先消失。几乎所有的平面结终端器件都会在边缘发生击穿。因此损坏点都在器件的边缘，或至少是器件边缘的一小部分。

13.2　浪涌电流

在二极管或晶闸管的整流应用中，会发生瞬间很高的过电流脉冲。因此，在整流二极管、快速二极管和晶闸管的数据手册中会给出可能出现的浪涌电流。在评估一个二极管时，一个单一的正弦半波电网电流被施加到正向二极管上。图 13-3 给出了一个 1200V 快速二极管的浪涌电流测量结果，该二极管的面积为(7×7) mm^2，其电流波形、电压波形，以及功率 $p=vi$ 都是时间的函数。

由于被测二极管结电压和测量设备中晶闸管结电压的存在，虽然电网频率为 50Hz，但电流脉冲持续时间不是 10ms，而是 7.5ms。从图 13-3 测量得到的 I-V 特性如图 13-4 所示。由于器件内部达到一个高的温度，特性图分为上升和下降两部分。下降部分电压降很低。

基于模拟软件 SIMPLORER 的热模拟结果，对图 13-3 中半导体的温度进行了评估，其结果示于图 13-5 中。图 11-13 给出的二极管封装中，$\mathrm{Al}_2\mathrm{O}_3$ 陶瓷的厚度为 0.63mm。根据图 13-3 的测量结果，在 7.5ms 时间内和 3060W 的振幅下，热通量以正弦-二次方的函数形式被送入器件内低掺杂的 n^- 层。根据式(11-5)来考虑硅的热

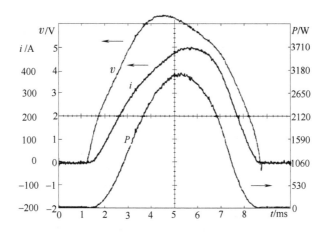

图 13-3　快恢复二极管过电流负载时电压电流功率随时间变化图

导率对温度的依赖关系，该结果对预期达到的高温来说，将具有重要的意义。在图 13-5 的估算中，器件中 n^- 层（硅有源区）的温升高达 382℃。

可以用这个高温来解释图 13-4 中正向电压降在下降部分和上升部分的巨大差异。电压降 V_F 包含两部分 $V_F = V_j + V_{drift} V_d$，$n_i$ 随温度升高迅速增大，所以 V_F 在高温下会降低。V_{drift} 对温度的依赖性可以基于式（5-47）进行讨论，即

$$V_{drift} = \frac{w_B^2}{(\mu_n + \mu_p) \tau_{eff}} \quad (13-3)$$

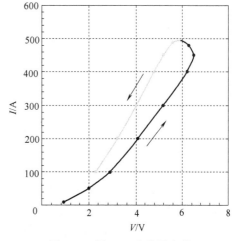

图 13-4　图 13-3 中浪涌负载
电流的 I-V 特性

式中，τ_{eff} 包含了载流子寿命 τ_p 和发射极的影响，参见式（5-52）。

以下效应都与这个温度依赖关系有关：

1）载流子寿命。载流子寿命随着温度的升高而增大，这使得正向电压降随着温度的升高而降低。

2）发射极的复合。对于这一点，俄歇复合很重要，而且在高电流密度下，τ_{eff} 将变得非常小。另外，在许多现代器件中，发射极宽度小于扩散长度，而且在发射极参数中必须包含发射极宽度。然而，可以预期发射极复合对温度没有很强的依赖性。

3）迁移率。迁移率随着温度升高而快速下降，这个效应导致正向电压降增加。

4）金属化和键合线的电阻对温度的依赖关系，电阻随温度的升高而增大。

5）热产生载流子浓度 n_i 强烈地依赖于温度。如果 n_i 在自由载流子浓度中占主

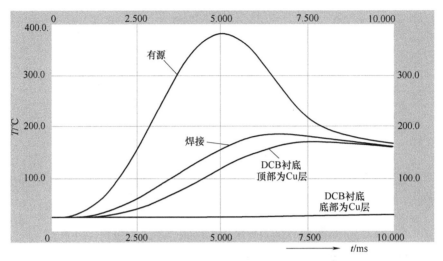

图 13-5　图 13-3 在浪涌电流情况下的温度仿真

导地位(浪涌电流条件下，其值在 $10^{17}/cm^3$ 数量级)，可以预测正向电压降明显降低。此时，式(13-2)不再有效。然而，式(5-34)是用来推导正向导通状态的基础，它可以被写为

$$V_{drift} = \frac{j}{q} \int_0^{w_B} \frac{1}{[\mu_n(x) + \mu_p(x)]p(x)} dx \qquad (13-4)$$

自由载流子浓度 $p(x) \approx n(x)$ 显著增长，V_{drift} 降低。

因此，制造工艺不同，二极管的 I-V 特性曲线也不同。图 13-4 所示的特性通常在专门的快速二极管中能观察到。最后，器件的失效机理主要有以下几方面：

(a) 顶部金属的金属化，这种情况尤其会发生在功率模块中的键合二极管中。

(b) 机械损坏、器件裂缝，这是由热膨胀导致的超高温和机械应力造成的。

(c) 如果 n_i 最终占主导地位，则器件特性犹如一个具有负温度系数的电阻[Sil73]。正向电压降会急剧下降，同时产生一个正反馈。不难预料，流入管子的电流丝的电流密度非常高。

在本章参考文献[Sil73]中，估计温度上升到使 n_i 近似等于 $0.3\bar{n}$ 之后，根据机理(c)，电阻具有负温度系数。也有一些线索显示其对器件面积有依赖性。因为很难形成电流丝，所以小二极管可以承受更高的电流浓度。如果失效基于机理(c)产生，那么它通常将出现在靠近有源区边界的地方，因为这些位置具有最大的电流密度。

如图 11-13 所示，对于 IGBT 模块中的引线键合二极管，顶部的阳极层是典型的浅结。散热区靠近金属化层和键合线，可以预测这类二极管的失效机理基于(a)。采用 SentaurusTCAD 器件模拟器[Syn07]进行一个更详细的仿真可以发现，金属化层和键合引脚的排列对温度和浪涌电流大小有很大影响[Hei08b]。金属层越厚，短

时间内吸收热量的能力越强，这是因为它可以充当附加的热容。另一个影响二极管浪涌电流大小的重要因素是键合线接触区域的位置和大小。二极管阳极高比例的键合引脚面积将会增加浪涌电流的值。

破坏极限以下的浪涌电流应力对半导体自身不会导致不可逆转的改变。如果浪涌电流增加超过图 13-4 中的数值。裂缝特性将会增加，器件会产生高温，直至器件损坏。

然而，图 13-5 以简化的温度推测，芯片焊料层的温度增加到 186℃。这样的温度已经接近焊料层的热软化温度。因此，在焊料层、金属化层和键合引线中可能产生不可逆转的改变。所以，浪涌电流容量适用于非正常的过载事件，它的目的不是功率半导体器件的常规工作。

DCB 衬底底部铜层的温度仅增长到 27℃，这是可以忽略的。因此，在浪涌电流条件下，可以忽略封装部件的进一步影响。所以，所有的效应都发生在半导体和它的相邻层中。

一个快恢复二极管的浪涌电流是其额定电流的 10 ~ 12 倍。按电网频率运行的二极管或晶闸管的浪涌电流是额定电流的 20 倍。因为这些器件的载流子寿命较高，所以它们的正向压降较低。

一个被浪涌电流破坏的二极管如图 13-6 所示。熔化区通常靠近键合引脚，浪涌电流作用下界面上的温度最高点在键合引脚的旁边，这里的损坏

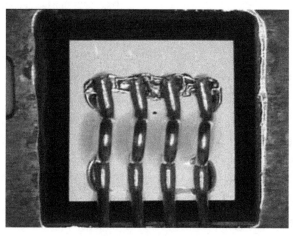

图 13-6　浪涌电流损坏的引线-键合二极管

机理为(a)。这种情况下的熔化区总是在器件的有源区。在器件制造商质检部门的分析中，这样的图片可以明确定义为是浪涌电流造成的。

器件在实际应用中，电流脉冲可能具有不同的形式，但一定不会在正弦脉冲形式下被损坏。数据手册上用数值 $i^2 t$ 来整体描述任意的电流脉冲形式。器件的损坏由电流过大导致的极高温造成，或由描述的机理之一造成。

13.3　过电压——电压高于阻断能力

功率器件的阻断能力受到雪崩击穿的限制。当电压高于器件的额定电压时会发生雪崩击穿。大多数功率器件在雪崩击穿模式下可以承受一定的电流。然而，生产商的数据手册都不允许器件在雪崩模式下工作，除非器件是雪崩型的。

一些电压高达 1000V 的 MOSFET 和二极管是雪崩型的，这些器件可以短时间在雪崩模式下工作。生产商的数据手册中定义了最大雪崩耗散能量 E_{av}，它的一般形式为

$$E_{av} = \int_{t_{av}} V_{BD} i(t) \, dt \qquad (13-5)$$

式中，V_{BD} 是器件的击穿电压；$i(t)$ 是雪崩电流脉冲；t_{av} 是电流脉冲持续时间。雪崩击穿通常发生在"非钳位感应开关"处，该 MOSFET 被一个有串联电感 L 的电路关断。这时，电压上升到击穿电压，电流按下式减小：

$$\frac{di}{dt} = \frac{V_{BD} - V_{bat}}{L} \qquad (13-6)$$

如果 $i(t)$ 在 t_{av} 时间内从 $I_{av(peak)}$ 衰减到零，如同电感能量耗散的情况，则式 (13-5) 可以表示为

$$E_{av} = \frac{1}{2} V_{BD} I_{av(peak)} t_{av} \qquad (13-7)$$

在这种情况下的耗散能量是电感的存储能量 $0.5 L I_{av(peak)}^2$ 和附加能量 $0.5 V_{bat} I_{av(peak)} t_{av}$，这是电压源 V_{bat} 在 t_{av} 时间内交付的能量。低压 MOSFET 的额定雪崩值高达 $E_{av} = 1J$，这样的能量耗散只能单个发生，不能在高工作频率下连续发生。

MOSFET 雪崩耐量是根据器件发生击穿的容积设计的，例如平面 MOSFET 芯片中心的 p^+ 层（见图 9-4），这里的 n^- 基区是最窄的。雪崩耐量对沟槽 MOSFET 同样适用（见图 9-6），对于这样的结构，需要一个附加的设计以使雪崩不会发生在沟槽拐角处[Kin05]。

器件发生击穿对于正斜角结终端二极管来说同样适用（见图 4-17）。在浮动电位环平面终端二极管中，击穿发生在边缘处（见图 4-19）。设计很好的电位环可以承受雪崩电流，即使它主要在边缘流动。然而，当大于 1200V 时或在更严格的条件下，则很难找到额定雪崩值。

雪崩耐量的第二个条件就是要避免负微分电阻（Negative Differential Resistance，NDR）。下面将对此进行更详细的说明。

一个器件的额定阻断电压越高，它的掺杂浓度越低，如图 3-17 所示。如果发生雪崩时的电场是三角形或梯形分布，电子空穴对在高电场区域产生。产生的电子空穴对随电场按指数规律增长，pn 结附近是主要的产生区域。

空穴流向阳极，电子流向阴极。根据载流子的极性，可以将空间电荷区中的产生载流子 p_{av} 和 n_{av} 包含在式 (2-107) 中，其一维的表达式为

$$\frac{dE}{dx} = \frac{q}{\varepsilon_o \varepsilon_r} (N_{D^+} + p_{av} - n_{av}) \qquad (13-8)$$

电子不能到达空间电荷区的阳极侧边缘，空穴输运形成反向电流。忽略扩散电流和复合中心引起的漏电流，然后，可以得到

$$P_{\mathrm{av}} = \frac{j_{\mathrm{R}}}{qv_{\mathrm{sat}}(p)} \tag{13-9}$$

在给定的高电场下，j_{R} 表示反向电流，$v_{\mathrm{sat}}(p)$ 表示空穴的饱和速度。在阴极侧边缘，反向电流是单纯的电子电流，产生电子的浓度为

$$n_{\mathrm{av}} = \frac{j_{\mathrm{R}}}{qv_{\mathrm{sat}}(n)} \tag{13-10}$$

在 $T = 300\mathrm{K}$ 时，$v_{\mathrm{sat}}(n)$ 等于 $1.05 \times 10^7 \mathrm{cm/s}$。

产生的自由载流子会影响有效掺杂浓度 N_{eff}，从而影响电场的分布，器件模拟给出了反馈结果，如图 13-7 所示。在左侧的 pn 结，$N_{\mathrm{eff}} = N_{\mathrm{D}} + p_{\mathrm{av}}$。根据式(13-8)和式(13-9)，随着 j_{R} 的增大，电场的梯度变得更加陡峭，并在 pn 结处产生了一个峰值电场。

在 nn$^+$ 侧 $N_{\mathrm{eff}} = N_{\mathrm{D}} - n_{\mathrm{av}}$，所以 N_{eff} 的值较低。如果 n_{av} 小于 N_{D}，则一部分带正电荷的失主将被补偿。如果我们假设一个高压二极管的 N_{D} 等于 $1.1 \times 10^{13}/\mathrm{cm}^3$，如图 13-7a 所示。在设计 a)中，仅需要一个 $j_{\mathrm{R}} = 19\mathrm{A/cm}^2$ 的电流浓度就可完全补偿本底掺杂，梯度 $\mathrm{d}E/\mathrm{d}x$ 变得平缓。图 13-7b 中给出的设计 b)条件相同，除了掺杂浓度 N_{D} 增加到 $1.7 \times 10^{13}/\mathrm{cm}^3$。

电压大小与 $E(x)$ 下方的面积有关。对于设计 a)来说负电压面积总是比在 nn$^+$ 结产生的正电压面积大。对于设计 b)来说，电流密度高达 $40\mathrm{A/cm}^2$ 时，nn$^+$ 结处的正电压面积更大，导致雪崩特性之后的正分支。

在模拟的 *I-V* 特性中，雪崩载流子浓度增加后，根据各自的设计[Hei05]，出现了正微分电阻分支和负微分电阻(NDR)分支。图 13-8 显示了雪崩击穿后的特性。设计 a)中二极管的本底掺杂浓度低 $N_{\mathrm{D}} = 1.1 \times 10^{13}/\mathrm{cm}^3$，在 $0.1\mathrm{A/cm}^2$ 处出现了 NDR。设计 b)增加了二极管的掺杂浓度，它具有更低的击穿电压，但随后出现了一个正微分电阻。

为了进一步提高电流密度，在 nn$^+$ 结会产生一个次级电压高峰。最终，在一个非常高的雪崩电流密度下，设计 b)与设计 a)运行在同一条直线上，因为在这种情况下，阻断能力不再由掺杂浓度决定，而是由自由载流子和器件的厚度决定。图 13-8 中，设计 c)的基区更厚，它具有正微分电阻的扩展分支。

Egawa 首先对 NDR 分支做出解释[Ega66]。在高电流密度下，它们与类似吊床的电场分布相结合，如图 13-7 所示。这被称为 Egawa 型电场。这样的电场和 NDR 分支的前提是由式(13-10)计算得到的电子电流比 N_{D} 更高。在非常高的电流密度下，只有低压器件才满足这个条件，但是对于低本底掺杂的高电压器件，它可以达到一个中等的电流密度。这就是为什么高压器件通常不会发生额定雪崩的原因之一。

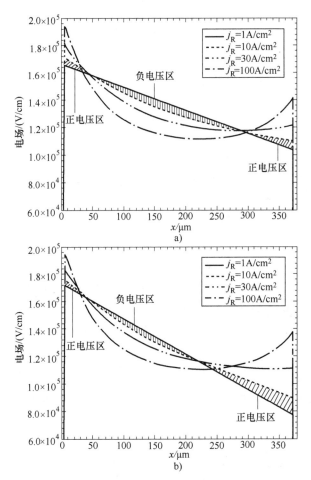

图 13-7 低雪崩电流增大后的电场 E 分布,设计 a)中 $N_D = 1.1 \times 10^{13} / \text{cm}^3$,

负微分电阻设计 b)中 $N_D = 1.7 \times 10^{13} / \text{cm}^3$,正微分电阻高达 10A/cm²

(图片来源于本章参考文献[Lut09]@ 2009 IEEE)

在 nn⁺ 结,雪崩是由电子触发的,必须引入电子雪崩倍增因子,它比空穴倍增因子大得多,如图 3-15 所示。所以,低电场时 nn⁺ 结就已经发生碰撞电离。nn⁺ 结的碰撞电离会产生电子空穴对,这些空穴流过 pn 结会增加 pn 结的雪崩击穿。在左侧和右侧之间将会产生一个碰撞电离的正反馈。nn⁺ 结的雪崩击穿作为器件的失效机理已经描述过[Ega66,How70]。

在图 13-7 中,图 13-7a 和图 13-7b 的区别仅仅在于图 13-7b 的掺杂浓度增加了。采用较厚的基区 w_B,可以扩展正微分电阻的范围。最有效的是缓冲层,它是在 nn⁺ 结前面增加一个高掺杂的区域得到的。基于这个特殊的缓冲层,可以降低 nn⁺ 结的电场,而且可以大范围地消除负微分电阻分支,详细的介绍参见本章参考文献[Fel06]。

在平面结终端器件中,器件可能产生的最大阻断能力通常受限于边缘。雪崩击

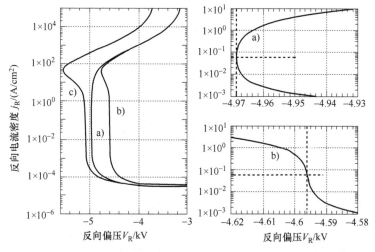

图 13-8　基区掺杂和宽度对静态雪崩特性的影响。a) 和 b) 中 $w_B = 375\mu m$，

a) 的掺杂浓度等于 $1.1 \times 10^{13}/cm^3$，b) 的掺杂浓度等于 $1.7 \times 10^{13}/cm^3$，

c) 的掺杂浓度等于 $1.7 \times 10^{13}/cm^3$，$w_B = 450\mu m$

（图形来源于本章参考文献 [Lut09] ⓒ2009 IEEE）

穿首先在边缘发生。因此，电流浓度足够高导致的 Egawa 电场分布，主要发生在边缘处。对于由过电压引起的损坏，器件的边缘通常被包含在破坏区域内。图 13-9 给出了 1700V 二极管的损坏图片。这个器件具有场限环的平面结终端，这类似于图 4-19。可以看到在图的上部有三个场限环。损坏点位于阳极层和第一场限环之间。这是具有最高电场的位置之一，如图 4-19 中的标记。

这样的失效位置表明是电压引起的失效。然而，根据图 13-9 很难得出一个清楚的结论，究竟是超过器件额定电压的过电压，还是器件制造过程中产生的薄弱点造成的？如果没有大电流经过损坏点，图 13-9 给出的是刚发生的损坏图片。

场限环

金属化

50μm

图 13-9　电压对 1700V 二极管造成的破坏

图 13-10 示出的是损坏的半导体图片，在失效后有大电流流过。部分边缘和大部分的有源区被蒸发。如果图片中的情况发生了，可以假设损坏先是在边缘发生的，然后再延伸到键合线。

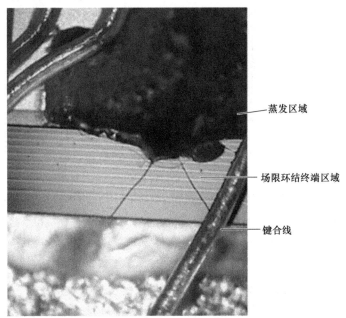

图 13-10　过电压在 3.3kV 二极管中可能引起的破坏

然而，晶格劈裂并不典型。这些劈裂表明在一个小小的点状位置有一个局部过热点。这样的失效图片也可在强烈的动态雪崩(第三级动态雪崩见 12.4.2 节)中拍到。因此这张失效图片是毋庸置疑的。

13.4　动态雪崩

13.4.1　双极型器件中的动态雪崩

在所有双极型器件的关断过程中，电压上升发生在此前传导正向电流的存储载流子大部分仍存在于器件之中的瞬间。电压上升过程中，这些存储载流子部分被移走，作为空穴电流穿过空间电荷区。

图 13-11 以一种简化的方式显示了这个过程，$x=0$ 处代表双极型器件的阻断 pn 结，空间电荷区在 pn 结和 w_{SC} 之间扩展，以承担电压。在 w_{SC} 和低掺杂层的末端存在一个等离子体区，在该区域内 $n \approx p$。在一级近似中忽略右侧的影响。这个位置或者是二极管的 nn^+ 结，或者是 IGBT 的集电区，或者是 GTO 晶闸管的阳极区等。只要不施加很硬的开关条件，该处不会出现空间电荷。

作为空穴电流通过空间电荷区，$j=j_p$。由此瞬时的电流密度可以计算空穴浓度 p 为

$$p = \frac{j}{qv_{sat(p)}} \tag{13-11}$$

式中，$v_{sat(p)}$ 是强场条件下空穴的饱和漂移速度。它在硅中接近于电子的饱和漂移速度 $v_{sat(n)}$，近似等于 $1 \times 10^7 cm/s$。电流密度 j 等于 $100A/cm^2$ 时，$p = 8.2 \times 10^{13}/cm^3$，这个数量级相当于 1200V 双极型器件的本底掺杂浓度。此空穴浓度 p 不能再被忽略。

空穴和带正电荷的电离施主具有相同的极性，因此，空穴浓度 p 被添加到本底掺杂中，导致有效掺杂 N_{eff} 为

$$N_{eff} = N_D + p \tag{13-12}$$

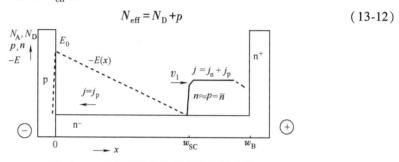

图 13-11　双极型半导体器件的关断过程

在泊松方程中，N_{eff} 决定电场的梯度

$$\frac{dE}{dx} = \frac{q}{\varepsilon}(N_D + q) \tag{13-13}$$

这样，dE/dx 就增大了。这种情况下，电场分布更加陡峭，E_0 增大，降落在宽度为 w_{SC} 的空间电荷区上的电压首先升高。然而，E_0 只能上升到雪崩电场强度 E_c。于是，施加在器件上的电压还远小于额定阻断电压时，电场就会达到 E_c，雪崩发生。这个受控于自由载流子的过程称为动态雪崩。

这个过程在二极管、GTO、IGBT 关断时发生，然而更进一步的细节必须考虑器件各自的特性和它们的物理机理。

13.4.2　快速二极管中的动态雪崩

在图 13-11 中，因为空间电荷不能进入到等离子体区，所以电场的分布近似为三角形。对于三角形的电场分布，可以使用式（3-84）来描述雪崩击穿电压 V_{BD} 和掺杂之间的关系

$$V_{BD} = \frac{1}{2}\left(\frac{8}{B}\right)^{\frac{1}{4}}\left(\frac{qN_{eff}}{\varepsilon}\right)^{-\frac{3}{4}} \tag{13-14}$$

式中，Shields 和 Fulop 建议对离化率在室温下采用 $B = 2.1 \times 10^{-35} cm^6/V^7$ 和 $n = 7$[Shi59, Ful67]。这个公式的推导见第 3 章中的式（3-75）～式（3-84）。当动态雪崩由空穴控制时，可以采用这个公式。

如果把式（13-11）和式（13-12）代入到式（13-14）中，则可以得到动态雪崩的初始

状态和空间电荷区中电流密度之间的联系，如图 13-12 所示。1700V 器件和 3300V 器件的本底掺杂浓度 N_D 的典型值分别为 $N_D = 4.3 \times 10^{13}/\mathrm{cm}^3$ 和 $N_D = 1.7 \times 10^{13}/\mathrm{cm}^3$。

推导公式(13-14)时，假设在空间电荷的边界处，少数载流子电流从相邻的中性区流入，类似 3.3 节中静态雪崩击穿的情况。实际上，这时空间电荷已和等离子体区域连接，如图 13-11 所示。等离子体中电子和空穴电流成分的表达式见式(5-85)，该公式给出的穿过空间电荷区的空穴电流 j_p 的值，明显更大。作为击穿条件，式(3-71)中的电离积分 $\int_0^w \alpha E(x)\,\mathrm{d}x$ 项的值一定不会等于 1，满足条件 $\int_0^w \alpha E(x)\,\mathrm{d}x = 1 - \mu_p/(\mu_n + \mu_p)$ 已经足够了。进一步的推导与式(3-75)~式(3-79)类似，采用了 Shields 和 Fulop 提出的电离率[Shi59]，结果如式(13-14)[Bab11]，忽略了等离子之前的效应。对比式(13-14)，采用 Si 材料的近似关系 $\mu_n \approx 3\mu_p$，可以得到 $V_{\mathrm{av,dyn}} = 0.93 V_{\mathrm{BD}}$ 与图 13-12 所示的结果相比，动态雪崩的初始条件有所降低。

$$V_{\mathrm{av,dyn}} = \frac{1}{2}\left(\frac{8}{B}\right)^{\frac{1}{4}}\left(\frac{qN_{\mathrm{eff}}}{\varepsilon}\right)^{-\frac{3}{4}}\left(\frac{\mu_n}{\mu_n + \mu_p}\right) \qquad (13\text{-}14a)$$

从图 13-12 可以看出，具有高静态阻断能力的器件，其雪崩起始电压会严重下降。在一个 3.3kV 二极管中，动态雪崩在反向电流密度为 30A/cm^2 时就会开始。在反向电流密度为 200A/cm^2 时，动态雪崩开始的界限降低到 1050V，比 1700V 器件的界限高不了多少。两个不同额定电压二极管之间的差别很小，因为在式(13-12)中代表自由载流子的第二项占主导地位。

13.4.2.1　第一级动态雪崩

动态雪崩接近开始时，失效就已经被检测到，并且被认为是半导体物理中一个不可避免的现象[Por94]。甚至有时假设功率密度 $VI/A = 250\mathrm{kW/cm}^2$ 是"硅极限"[Sit02]。图 13-12 给出了 250kW/cm^2 的曲线，该曲线与由式(13-14)计算得到的 pn 结动态雪崩的初始条件接近。

然而，Schlangenotto[Sco89b] 发表了另一个观点。中等的动态雪崩，第一级动态雪崩不是关键的。动态雪崩在空间电荷区中产生的电子会中和带正电荷的空穴，然后存储起来，即

$$N_{\mathrm{eff}} = N_D + p - n_{\mathrm{av}} \qquad (13\text{-}15)$$

增加的空穴浓度部分被补偿，这应该是自我稳定机制。承受相当大的动态雪崩电流的二极管证实了这一点[Lut97]。Nagasu 等[Nag98] 和 Domeij 等[Dom99] 采用高于所谓极限 1.7 倍的电压，对 3.3kV 二极管进行测量，测量结果也在图 13-12 中给出。

功耗密度给出了对雪崩强度的一个估测，但它没有给出失效界限的物理解释，因为高功率密度只发生在 10ns 内，同时消耗的能量低。如果它是个一次性效应，则温度升高是可以忽略的。

然而，这一点要成立的前提是器件在设计上没有弱点。本章参考文献[Nag98]

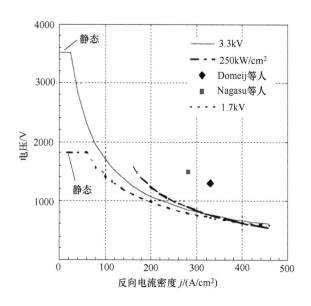

图 13-12　雪崩初始电压和反向电流密度的依赖关系[根据式(13-14)，前者假设
250kW/cm² 的限制，功率二极管最大 3.3kV 的工作点。功率密度前期的
工作由 Domeij 等[Dom99]和 Nagasu 等[Nag98]完成。
引自本章参考文献[Lut03]，得到 Elsevier 许可]

和[Tom96]表明有源区的边缘是
非常重要的。在具有平面场限环
结构的二极管中，阳极面积比阴
极面积小。在阳极边缘，正向传
导过程中源自 n⁺ 区的附加电流
有贡献，如图 13-13 所示。

阳极边缘的电流密度增加，
并且在器件模拟中可以观察到，
在关断的起始阶段有一个电流
丝。在边缘实施一个电阻区以减
少这个弱点，如图 12-14 所示。
钝化层下方的 p 层区根据电阻 R
的值延伸出来。在软恢复二极管
中，阳极侧的 p 区被适当的掺

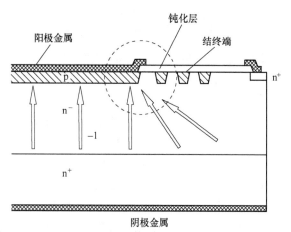

图 13-13　一个二极管的平面结终端，该二
极管有源区边缘电流密度增加(引自本章参考文
献[Lut03]，得到 Elsevier 许可)

杂，因此电阻 R 在 p 区边缘起到一个电流阻尼的作用，边缘处的电流密度将减
少。边缘处的这样一个结构曾被称为"HiRC"(高反向恢复能力)结构[Mor00]。

13.4.2.2 第二级动态雪崩

随着电流密度的增加，由于空间电荷效应，动态雪崩导致电流丝，这正如 Oetjen 等人的报道[Oet00]。图 13-15 给出了 p^+np^+ 结构的电场分布和 I-V 特性的静态仿真结果。这个图代表了图 13-11 的过程。然而，当电流密度增大时，图

图 13-14 阳极边缘降低电流密度的电阻区(引自本章参考文献[Lut03]，得到 Elsevier 许可)

13-11 的等离子体层被引入空穴的 p^+ 层代替。图 13-15a 给出了电流密度为 $500A/cm^2$ 和 $1500A/cm^2$ 时的电场，该电场在 pn 结处达到了雪崩电场的强度，该处对应于图中 $x = 8\mu m$ 处。在 $j = 500A/cm^2$ 时，电场的分布近似为三角形。在高电场强度区域，雪崩产生电子-空穴对。然而，这种产生不只发生在局部，它会出现在 x 方向一定长度内。因为这对于载流子的加速是必需的。空穴流向左侧，空穴流向右侧。

靠近 pn 结的区域，雪崩引起空穴浓度增加。在 pn 结处，有

$$\frac{dE}{dx} = \frac{q}{\varepsilon}(N_D + p + p_{av}) \qquad (13-16)$$

基于此，在该 pn 结处，dE/dx 变得非常高。这里给出了 $j = 1500A/cm^2$ 时的情况。在距 pn 结更远处的区域 b，动态雪崩产生的电子 n_{av} 流向右侧，这里也会产生一些空穴 p_{av}，但它们的浓度随着与 pn 结距离的增大在减小。在区域 b 中可以得到

$$\frac{dE}{dx} = \frac{q}{\varepsilon}(N_D + p + p_{av} - n_{av}) \qquad (13-17)$$

在区域 b 中，一部分的产生电子和流动的空穴发生补偿，p_{av} 在右侧减少，而 n_{av} 增加。因此，电场 dE/dx 的梯度变得平缓。在等离子体的边界处必须保持 $E = 0$。因此，在区域 c 梯度 dE/dx 必须再次增加。区域 a 至 c 的电场将形成一个典型的弓形分布。

电压与 $E(x)$ 作用下的面积有关，它在高电流密度下会有所降低(见图 13-5b)。I-V 特性有一个微弱的负微分电阻区。这样的特性分裂成一个全面积均匀分布的低密度电流和一个高密度的电流丝。在本章参考文献[Wak95]中，图 13-15b 中的这类特性被描述为 S 形，它会导致稳定电流丝的形成。

对这些条件下的器件模拟结果表明，电流丝中的电流密度为 $1000 \sim 2000$ A/cm^2。然而，由于以下原因会形成的一些反作用机制，破坏应该是可以避免的。

1) 微分电阻的负阻性不强，电流的进一步增加会使电压再次上升。因此，电流丝中的密度是有限的。

2) 电流丝内的温度上升导致该处碰撞电离减少，这对电流丝的形成起反作用。

3) 电流丝内局部的高密度电流迅速将存储的载流子移出等离子体区，这对动态雪崩的驱动力也是一个反作用。

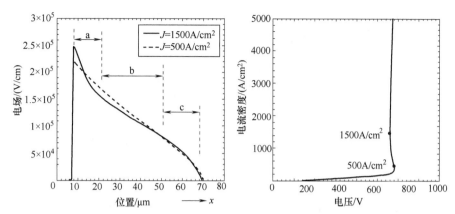

图 13-15 增大的电流密度时，动态雪崩的例子。电场分布形状（左图），
I-V 特性（右图）（引自本章参考文献[Lut03]，得到 Elsevier 许可）

所以，上升状态、截止状态、跳变状态或者电流丝的移动状态都将是可能发生的，但是一个二极管应有能力承受这些效应。必须要注意的是，有源区的边缘不会产生局部固定的电流丝，如图 13-13 所示器件结构中的情况。在二维器件模拟中，可以观察到电流丝的移动和跳变[Nie05, Hei06]。必须要说明的是，二维模拟是有限的，因为电流丝是一个三维效应。然而，这样的模拟对时间的耗费是巨大的，而且到目前为止都是不可能的。在真正的器件中，有源区的边缘很不均匀，它会触发第一条电流丝[Hei07]。对于这样一个包括有源区边缘的结构，二维模拟能够显示出主要的效应。

这个区域大部分的模拟是在等温条件下完成的，这意味着可以不用考虑丝内温度的任何增加。然而，雪崩系数强烈地依赖于温度。与等温模拟相比，关于这个问题最初的一些与温度有关的模拟还是证明了温度的影响、电流丝的形成，以及不同速度的降低。不过，这些行为在定性上是一致的[Hei07]。

13.4.2.3　第三级动态雪崩

动态雪崩使应力进一步增加，这会在 nn⁺ 结产生一个电场，而且在 pn 结处仍然有动态雪崩。图 13-16 以一种简单的方式显示了这个效应。这里仍然保持有等离子体区，其与 pn 结之间的电场是弓形的，这类似第二级动态雪崩。在等离子体区和 nn⁺ 结之间建立一个次级电场，它的峰值在 nn⁺ 结处，它的梯度与左侧的空间电荷区相比是反向的。

如果自由电子浓度过高，以至于它过度补偿了本底掺杂

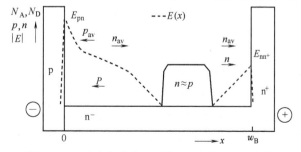

图 13-16　强动态雪崩下的效应（该图摘自本章参考文献[Lut09]ⓒ2009 IEEE）

中的带正电的施主，则这时仅出现梯度反向的电场，有

$$\left|\frac{dE}{dx}\right| = \frac{q}{\varepsilon}(n + n_{av} - N_D) \tag{13-18}$$

如果 n_{av} 增加，则 dE/dx 的绝对值将增加，最后碰撞电离也就发生在 nn$^+$ 结处。这通常在该 pn 结上一个已经形成了高密度电流丝的局部区域开始。在这个位置上出现一个双侧动态雪崩。

一个处于这种情况下的二极管的模拟结果如图 13-17 所示[Hei08]。图 13-17a 给出的是在该 pn 结上 $y = 3600\mu m$ 和 $4400\mu m$ 之间形成的一个宽电流丝的电流密度。在 $y = 4000\mu m$ 的 nn$^+$ 结处，产生一个狭窄的高电流丝。图 13-17b 同时给出了电场分布。在 nn$^+$ 结处出现一个次级电场，而高电场的峰值在 $y = 4000\mu m$ 处。

这种吊床形状的电场，就像 12.3 节中的 Egawa 类型电场[Ega66]。这也类似于双极型晶体管中 nn$^+$ 结的二次击穿电场，将 GTO 晶闸管破坏极限模型 Wachutka 应用于快速软恢复二极管[Wac91]，采用[Ben67] 边界条件可以得出结论，pn 结的动态碰撞电离应该是稳定的，反之，nn$^+$ 结的碰撞电离是高度不稳定的。电离积分 $\int_0^w \alpha E(x)\,dx$ [见式 (3-67)] 的值足以达到 0.3，进入一个不稳定的模式。电流丝中的电流密度将以纳秒级的一个时间常数增加[Dom03]。nn$^+$ 结的碰撞电离由电子触发，它会在较低的电场强度下发生，这是因为电子的电离率较高。这里假设局部电流密度的快速增加是器件损坏的原因。

在近期的工作中，数值模拟结果表明等离子体扩展到阴极侧电流丝附近的 nn$^+$ 结。这一行为和阳极侧电流丝不同，这是由高电场区电子和空穴的饱和速度不同造成的[Bab09]。电流丝附近耗尽层的减薄抑制了电流丝的横向移动，所以会导致强烈的局部发热。这会产生一个破坏性的热丝。

假定在 nn$^+$ 结 (图 13-16 的右侧) 上一个超过 100kV/cm 限度的 Egawa 型电场就能导致二极管的破坏，这就可以解释实验发现的破坏界限。图 13-18 显示了一个额定电压为 3.3kV 二极管在很快的 di/dt 条件下的失效。反向恢复电流峰值 I_{RRM} 为 360A 代表反向电流密度为 400A/cm^2。因为在这个实验装置里每个 IGBT 的门极和发射极之间都有一个 22nF 的附加电容，所以二极管上的电压快速增加。I_{RRM} 之后 200ns，电压攀升到 2000V。达到电压峰顶后二极管立即被烧坏。

二极管毁坏以后，如果使用的 IGBT 能承受短路应力，并且能将电流成功关断，则能看到图 13-19 所示的失效图片。在有源区的一点上发现一个小的熔化通道。在第三级动态雪崩情况下，发现裂缝的角度为 60°。失效图片对应于硅晶圆 111 晶向上点状应力的破坏点。这说明在一个小区域上有一个电流丝，它具有非常高的电流密度和非常高的温度。

这样的失效限制会在相同类型、不同生产批次的器件中重现。测量结果如图 13-20 所示 (黑色圆点)。图 13-20 中的 x 轴是反向恢复电流峰值 I_{RRM} 的电流密度，

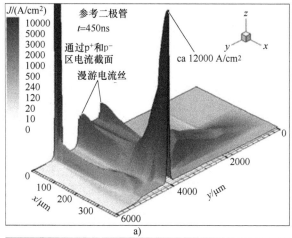

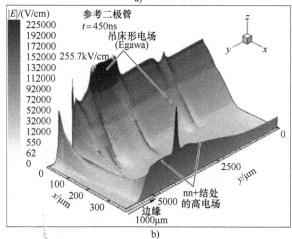

图 13-17　强动态雪崩下的效应：3.3kV 二极管关断时电流线和电场的仿真，
条件 $V_{bat} = 1800V$ 时，$di/dt = 1600A/\mu s$，$L_{par} = 1.125\mu H$

（图来自本章参考文献 [Lut09] ⓒ2009 IEEE）

a）强的动态雪崩情况下电流密度的分布，pn 结的电流管，在 $x = 4000\mu m$ 的 nn^+
结处高电流线的上升　b）电场分布，$x = 4000\mu m$ 处 Egawa-type 型电场的上升

它可以根据 di/dt 的变化进行调整。y 轴是失效之前的电压峰值 V_{pk}（见图 13-18）。可以确认的是对电压有一定限制，这种限制只是微弱地依赖于测量间隔的电流密度。

图 13-20 中的实线是采用 AVANT Medici 对器件的模拟结果。失效条件就是在 nn^+ 结建立的次级电场，如果这一电场强度增大到 100kV/cm，则失效就会发生。

模拟结果表明如果增加二极管 n^- 区的宽度，在更高的电压下就会出现 Egawa 类型的电场（见图 13-20 中的虚线）。一个基于中间层为 $50\mu m$ 厚的二极管试验验证了这个结论。然而，试验产生的失效界限有低于模拟得到的失效界限的倾向。不

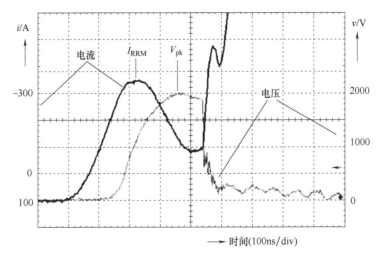

图 13-18　强烈的动态雪崩条件下一个 3.3kV 二极管的失效
（引自本章参考文献 ［Lut03］，得到 Elsevier 许可）

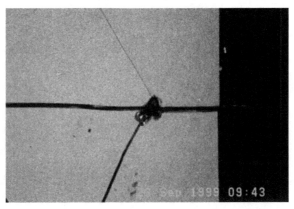

图 13-19　第三级动态雪崩摧毁了一个二极管的图片

过，图 13-20 表明可以通过选择需要的厚度对耐用性进行调节。

　　很多近期的实验结果表明，耐压范围高达 3300V 的续流二极管可以获得很高的承受动态雪崩的能力[Rah04]。图 13-21 给出了一个对高应力二极管的测量，高电池电压 $V_{bat}=V_{DC}$、高 di/dt，尤其是一个 2.4μH 的高电感。电压增加之后，立即就发生了强烈的动态雪崩，增加电压时，在 $t=4.1$μs 时观察到一个高于 1500V 的电压，反向恢复电流峰值展宽，并且电压增加非常缓慢。强烈的动态雪崩后，在 $t=4.55$μs 等离子体内部突然耗尽，之前出现在等离子体内部的空穴电流突然消失，因而，这就是动态雪崩不再存在的原因。现在电压迅速爬升，但它受二极管自身限制。这个限制大约是 3700V，接近于二极管静态雪崩击穿电压。

　　然而，图 13-21 中的电流波形，在这个时间点上没有发生折断，而只是一个小倾角。此后，产生一个静态雪崩电流。这种模式被称为开关自钳位模式（Switching Self-Clamping Mode，SSCM）[Rah04]，其中二极管钳位在电压峰值。

在 SSCM 模式中[Hei05] 有

$$\frac{di}{dt} = \frac{V_{SSCM} - V_{bat}}{L_{par}} \qquad (12-19)$$

式中，V_{SSCM} 是一个接近但低于静态击穿电压 V_{BD} 的电压。二极管能够从动态雪崩转换到静态雪崩，其耐用性就会提高很多。根据本章参考文献［Rah04］对这个二极管的设计，实现高耐用性的必要措施是 p$^+$ 阳极层高掺杂。设计有源区边缘时，

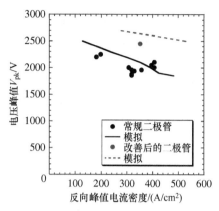

图 13-20　试验失效限制和模拟失效限制
（引自本章参考文献［Lut03］，得到 Elsevier 许可）

应设法避免局部电流的拥挤。尤其是这个二极管的 nn$^+$ 结有一个非常缓的梯度。如果 nn$^+$ 结的掺杂略微增加，即 N_D 增加，则根据式（13-18）需要更多的电子才能使电场的分布梯度反向，Egawa 型电场出现的风险就被降低。

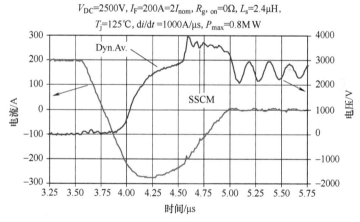

图 13-21　SSCM 模式下，3.3kV 二极管强烈的动态雪崩
（引自本章参考文献［Rah04］©2004 IEEE）

13.4.3　具有高动态雪崩能力的二极管结构

在 n$^+$ 侧增加缓冲层的掺杂可以降低 Egawa 电场，因为带正电失主离子浓度的增加会补偿一部分电子。然而，更有效的结构是注入空穴以补偿雪崩产生的电子。

场电荷抽取（Field Change Extraction，FCE）是这些结构中的一个结构[Kop05]。如图 13-22 所示，在阴极侧，一部分阴极面积包含一个 p$^+$ 层。在阳极侧，注入 He^{++} 以减少局部寿命，调整软恢复特性，参见第 5 章。可以采用不同的方法实现软恢复。FCE 结构的影响在阴极侧：如果在阴极侧建立空间电荷区，则 p$^+$ 区将注入

空穴。注入的空穴会补偿由动态雪崩产生的电子。

这个结构的缺点是损失了一部分向等离子体区注入载流子的阴极面积。因此，二极管正向电压降增加。

背部注入空穴可控（Controlled Injection of Backside Holes，CIBH）结构避免了这个缺点。它引入了浮在阴极 n^+ 层前面的 p 层[Chm06]，该结构如图 13-23 所示。

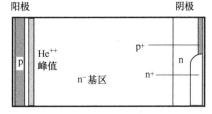

图 13-22 场电荷抽取（FCE）二极管
（引自本章参考文献 ［Kop05］©2005 IEEE）

背面连续的 p 层实现了一个四层二极管，本章参考文献 ［Mou88］对这种结构进行了讨论。这样一个四层二极管和晶闸管扮演同样的角色。阴极侧的 pn 结被突然触发克服之后，它正向导通。这会在二极管开通时导致一个附加的电压峰值，从而使这个结构不可用。所以，在 CIBH 二极管中，这个 p 层被距离为 c 的区域断开，形成一个与附加的 J_2 和 J_3 并联的电阻。J_2 和 J_3 之间的 p 层厚度是非常小的。J_3 结两侧都是高掺杂区，这会导致在小的反向偏压下雪崩击穿就会开始，就像在一个雪崩二极管中一样。相比集成雪崩二极管，CIBH 二极管是一个被加工过的 pin 二极管，它并联着一个电阻。距离 c 必须足够宽，以避免开通特性恶化，同时它又必须足够小，以消除阴极侧的高电场。

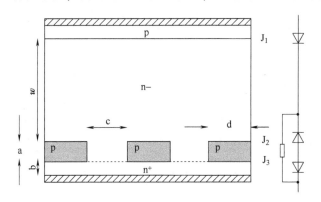

图 13-23 背面注入空穴可控（CIBH）二极管
（引自本章参考文献 ［Chm06］©2006 IEEE）

电场的抑制效果如图 13-24 所示，为了便于比较，图 13-24a 给出了参考二极管反向恢复过程中的电场分布。nn^+ 结电场峰值在 $t = 400ns$ 开始形成，并且正如前面所述，在 $t = 400ns$ 后形成一个临界的 Egawa 电场分布。

与参考二极管相比，在相同的开关条件下，CIBH 二极管表现出了一个完全不同的瞬态电场分布，如图 13-24b 所示。背面的情形明显得到改善，J_3 结的受控雪崩开始之后，背面的电压降被限制在 J_3 的击穿电压值，J_3 结雪崩注入必要多的空穴，以补偿电子。与背面空间电荷区有关的次级峰值电场的发展被充分抑制。

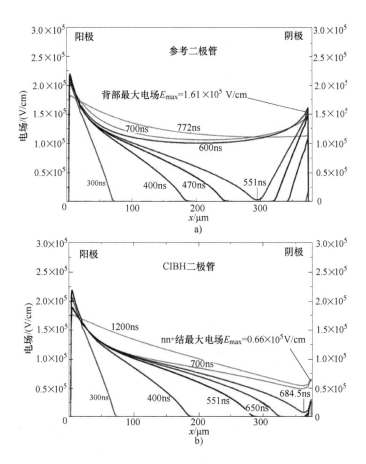

图 13-24 高应力动态雪崩情况下电场分布的模拟结果 $T = 300K$, $J_F = 100A/cm^2$,

$V_{bat} = 2500V$, $di/dt = 2000A/(\mu s \cdot cm^2)$, $L_{par} = 1.25\mu H$

（图片来自本章参考文献 [Chm06] ⓒ2005 IEEE）

a) 参考二极管 b) CIBH 二极管

因为 Egawa 电场可以有效避免，CIBH 二极管有极高的动态雪崩耐力。图 13-25 给出了两个 3.3kV CIBH 二极管在极端应力下的关断曲线。其关断时的最大功率密度是 2.5MW/cm²，也是原假设限制的 10 倍以上。

CIBH 二极管在关断时有额外的优势，即在等离子体区消除期间，不能和阴极区分开，它仍然与阴极连接在一起，如图 13-24b 所示。与图 5-26 所示的常规的反向恢复过程相比，CIBH 二极管的等离子体只能从阳极侧移走。

这种效应早在反向恢复时发生，J_3 结进入雪崩模式产生一个注入电流 $J_{p,ava}$，然后由阴极侧等离子体层的运动可以得到[Bab08]

$$v_R = \frac{j_p - j_{p,ava}}{q\bar{n}} \tag{13-20}$$

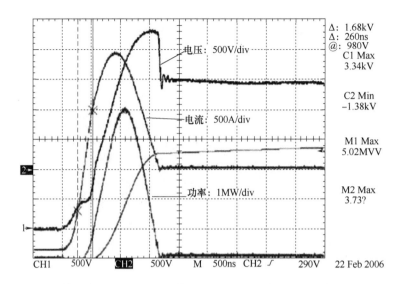

图 13-25 一个模块中两个 CIBH 二极管耐用性测量试验，5.5×额定电流，$T = 400K$，$V_{bat} = 2500V$，$di/dt = 6500A/\mu s$，$L_{par} = 0.75\mu H$，电压（CH1），电流（CH2），耗散功率（Math1）（引自本章参考文献［Chm06］© 2005 IEEE）

v_R 的绝对值减少，并且如果 $j_{p,ava} = j_p$，v_R 为 0，则等离子体和 nn+ 结连接在一起。在式（5-94）中，v_R 等于 0，可以得到 $w_x = w_B$。所以整个基本的宽度 w_B 来支持电压 V_{sn}。在式（5-95）中有 $w_x = w_B$。

现在如果空间电荷区到达 w_B（这是低正向电流、高寄生电感、高电压条件下关断的例子，通常续流二极管表现出快恢复特性），则 p 层注入额外的空穴。如果进一步增大外加电压，则反向恢复将进一步改善。这是对 DSDM（动态自阻尼模式）的介绍［Fel08］。

相比另一个厚度和存储电荷相差不多的二极管，CIBH 二极管的正向电压降没有明显增加，这是因为正向导通过程中，一个触发晶闸管和一个二极管是并联的。因为空穴注入电场中，一个可能的缺点是静态击穿电压 V_{BD} 的损失。通过调整工艺参数，即使在高 p 剂量和高 p 面积比情况下，静态击穿电压的损失也不可避免，但是软度得以改善。采用高注入剂量，二极管击穿电压的损失的最大值为 7%［Fel08］。

市场上推出的英飞凌 3.3kV 模块中采用了 CIHB 二极管。CIBH 二极管，可以将功率器件设计为能在动态雪崩中承受高应力的类型。

本章参考文献［Lut09］给出了高压器件中动态雪崩的评论。然而，制造商仍然将允许的反向电流 I_{RRM} 限制在安全工作区（SOA）中。这个 SOA 图通常针对阻断电压为 3.3kV 及以上的器件，形状类似于图 13-12。该图不允许将器件应用于动态雪崩。

可以从图 13-12 得出结论：如果要避免动态雪崩，器件的额定电压越高，对允许的反向电流密度的限制也就越多。另一方面，器件中的存储电荷 Q_{RR} 以二次方的关系随基区宽度增加［见第 5 章式（5-64）］。随着 Q_{RR} 增加，I_{RRM} 也在增加。为了保持较低的 I_{RRM}，电流斜坡 di/dt 必须很小。然而，若晶闸管开通过程中 di/dt 较小，会增加开通损耗。所以对 I_{RRM} 必需的限制制约了在应用中降低开关损耗的可能性。

额定电压越高，形成电流丝和电流管的电流密度越低[Nie04]。因此，尽管取得了一定的进展，但仍需要进一步对功率器件进行研究，以了解其在安全工作区边界的行为，特别是对于高压器件。

在很高的电流密度下，低电压 ESD 保护器件中的负差分电阻和运动的电流丝有类似的效应。高电流密度下，在 60V 的 CMOS 器件中也出现了具有两个峰值的 Egawa 型电场。最后，在关于宇宙射线失效的章节中，给出了 Egawa 型电场作为最终破坏机制的内容，见 12.8.6 节。

13.4.4　IGBT 关断过程中的过电流和动态雪崩

关断过电流是 IGBT 非常关键的工作点。与短路不同，器件关断时内部充满了高浓度的自由载流子。3.3kV 的第一代 IGBT 将过电流关断能力限制为额定电流的两倍[Hie97]，不允许在更高的电流下关断。如果 IGBT 中出现了较高的电流，则必须等到 IGBT 处于饱和电流模式下再开启驱动器，同时电压增加，然后 IGBT 在短路模式下关断。请注意，在短路模式下，IGBT 可以在 5~6 倍额定电流下安全关断。

在关闭过电流期间，沟道首先关断，因而流过沟道的电子电流消失，空穴电流作为总电流持续一小段时间，图 13-26 以 NPT IGBT 为例给出了该过程。

由剩余等离子体提供的空穴电流流过 n^- 层，会形成一个自建电场。自由空穴的浓度叠加到本底掺杂浓度上。如式（13-11）~式（13-13）描述的一样，电场梯度变得更加陡峭。因此，阻断能力降低，如式（13-14）所示。在靠近阻断 pn 结的区域内，动态雪崩产生电子-空穴对。这些空穴流向图 13-26 中的左侧，电子则流向右侧。动态雪崩中增加的空穴电流，必须通过电阻 R_S 流过 p 阱（见图 10-2b）。在这种工作模式下，空穴浓度最高，寄生 npn 型晶体管导通和 IGBT 锁存的危险最大。如果 R_S 足够低，则 IGBT 将能成功承受这种条件。

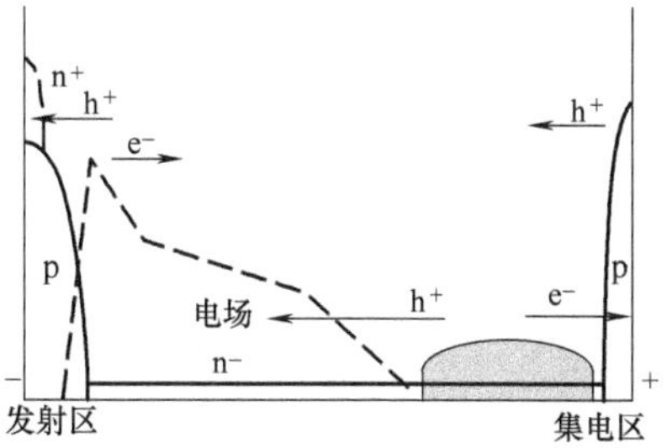

靠近 pn 结产生的电子流向右侧，它们补偿空穴电流。在强动态雪崩模式下，电场增大，如图 13-26 所示。该电场与二级

图 13-26　NPT IGBT 关断过电流和动态雪崩

动态雪崩中的 S 形电场非常相似，式（13-16）和式（13-17）相关内容对此进行了讨论。

　　图 13-26 所示形状的电场会在 I–V 特性中产生一个很小的负差分电阻，并且基于器件模拟研究结果表明[Ros02]，在某些区域出现的电流管会跃变到邻近的元胞，这个过程也类似于二级动态雪崩。

　　然而，二极管的根本区别在于等离子体右侧存在一个 p 层，并且在给定的集电极侧 pn 结正向偏置。该层注入空穴，会补偿动态雪崩中从剩余等离子体耗尽层中过来的电子。这与从集电极侧去除剩余的等离子体相反。由于 p 集电区中受体离子带负电，其极性和到达集电极侧电子电荷的极性相同，即使电子密度很高，也不会在此处建立空间电荷区。因此，在 NPT IGBT 中不会出现三级动态雪崩。

　　另一种情况是，在现代 IGBT 中集电区前面，有场阻止层或 n 缓冲层，如图 13-27 所示，电子电流流向右侧。如果来自集电极的空穴电流不足以补偿电子电流，那么在 n⁻n 结处带负电荷的自由电子和缓冲层中带正电荷的施主离子之间，会产生空间电荷区，并且电场会增大。

　　本章参考文献 [Rah05] 认为这个过程是危险的，特别是在最终去除等离子体和 IGBT 转换到自关断模式 (Switching Self Camping Mode，SSCM)

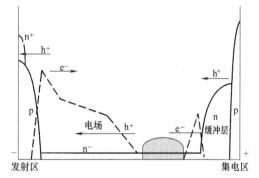

图 13-27　带 n 缓冲层的 IGBT 中动态雪崩时的过电流关断，在更恶劣的条件下，n 缓冲层前面的二级电场增大

时。在大的寄生电路电感条件下，过流关断期间，IGBT 中会出现 SSCM。SSCM 中，在 nn⁺ 结处会出现具有二级电场场峰的电场分布，类似于双极型晶体管中的二次击穿，这种现象不稳定。然而，如果从 p 集电区流过足够高的空穴电流，并且它补偿了电子电流，则 SSCM 现象在 IGBT 中是稳定的。为实现这一点，p 集电区的发射极效率和相应的电流增益 α_{pnp} 不能太小。

　　图 13-28 给出了 3.3kV IGBT 在高过电流情况下的关断过程。电压上升到大约 2000V，电压变化平缓，这是强烈动态雪崩的标志，流过空间电荷的空穴限制了该时间间隔内的阻断能力。在电压达到 2600V 的直流电压之后，电流开始衰减，器件中仍存在强烈的动态雪崩。在 3500V 的电压下，器件转换到 SSCM。电压上升至 4000V 时，接近器件的静态雪崩击穿电压。与二极管中的 SSCM 过程相比，电流和电压波形似乎更稳定（见图 13-21）。来自集电区的空穴电流增加了 SSCM 过程的稳定性[Rah05]。图 13-28 显示 IGBT 器件的动态雪崩可能会出现非常高的应力。

　　本章参考文献 [Mue15] 对 6.5kV IGBT 中的动态雪崩进行研究。在关断期间，如果 R_G 小于制造商推荐的值，则在随后的高 dv_c/dt 条件下，IGBT 可幸免于数百万次的雪崩事件。然而，关断延迟时间和导通过程中的 di/dt 会有所增加。雪崩效应会将电荷载流子注入栅极氧化物中。这种情况下，从集电极到栅极的反馈电容，

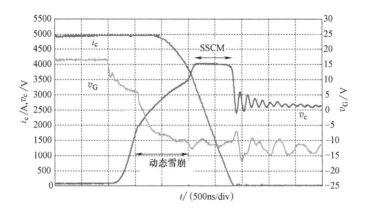

图 13-28　3.3kV 1200 A IGBT 模块以 4 倍额定电流的关断过程，电压 V_{bat} = 2600V，强动态
雪崩持续一段时间后，SSCM 出现（图片来自本章参考文献［Rah05］© 2005 IEEE）

即米勒电容被修正[Mue15]。在高压 IGBT 的重复操作中，不建议出现强烈的动态
雪崩。

13.5　超出 GTO 的最大关断电流

在一个 GTO 晶闸管关断时，发射极条下方的电流从边缘向中间集中。这些内
容在 GTO 晶闸管章节中已给出，如图 8-16 所示。最终，在发射极条的中间保持一
个狭窄的电流导通区域，它在阳极电流衰减之前代表一个电流丝。即使有高准确度
的制造加工技术，也并非 GTO 晶闸管所有的发射极条完全相同，甚至在一个单一
的发射极条中，也会有某个地方最后通过电流。如果超过最大关断电流，就会在这
一点出现一个熔化区。用化学方法去除金属化并在浓 KOH 中刻蚀之后，会发现一
个狭窄的洞，如图 13-29 所示。浓缩 KOH 溶解多晶硅比单晶硅快。

图 13-29　超过最大关断电流 GTO 晶闸管失效（阴极条中间的熔融通道由电流丝引起）

图 13-29 中的暗区表示最终的电流丝或电流管的位置，而熔融通道延伸到器件背面。

图 13-29 给出的一个失效图片，是由超过器件的最大关断电流造成的。然而，它也可以因为 RCD 缓冲器中一个元件的失效而发生（见图 8-18），所以在一个 GTO 晶闸管关断过程中，必须对电压斜坡 dv/dt 加以限制。

13.6　IGBT 的短路和过电流

13.6.1　短路类型Ⅰ、Ⅱ、Ⅲ

三种类型的短路对于 IGBT 是有区别的[Eck94,Eck95,Let95]。

短路类型Ⅰ是直接将 IGBT 导通短路。电压 V_C、集电极电流 I_C 和栅极电压 V_G 的变化过程如图 13-30 所示。导通之前，当在栅极施加一个负电压时电压 V_C 较高。导通后进入短路状态时，电流 I_C 增大直至超过饱和电流值 6kA，在一些数据表中用 I_{SC} 表示这个饱和电流值，它对应于 $V_G = 15V$。在短路脉冲中，IGBT 能够同时承受高电流和高电压负载一段时间。它必须在规定的时间内关闭，通常指定为 10μs 或更低，以确保安全工作，避免因过热而失效。

图 13-30 中，I_{SC} 因器件的自加热而随时间降低。在短路电流关断过程中，会产生一个感应电压峰值。图中的这个电压峰值大约为 2000V。短路脉冲存在的条件是，在指定的安全工作区内，必须保持峰值电压低于额定电压。为了确保这一点，

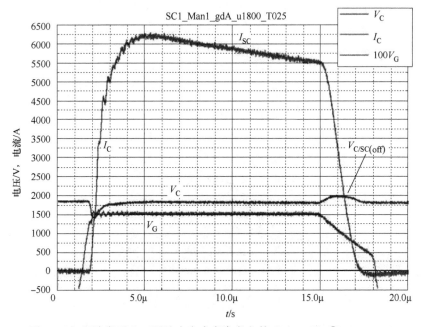

图 13-30　短路类型Ⅰ（图片来自本章参考文献［Lut09b］ⓒ 2009 EPE）

必须在限制的 di/dt 条件下短路关断。通常情况下，短路关断时驱动器采用更高的栅极电阻来限制 di/dt。这种软关断如图 13-30 所示。

短路类型 II 是在 IGBT 导通模式下发生的短路[Eck94, Let95, Ohi02]，如图 13-31 所示，这与图 13-30 中的 IGBT 相同。IGBT 承担负载电流 I_{Load}，电压降为 V_{CEsat}。一旦发生短路，集电极电流将急剧增大。di/dt 的值由直流母线电压 V_{bat} 和短路回路的电感确定。在时间间隔 I 期间，IGBT 欠饱和。因此，集电极-发射极电压的高 dv_C/dt，会使得位移电流通过门极-集电极电容，这会增加栅极-发射极电压[Nic00]。从图 13-31 可以看出，由于这种效果，V_G 增加到 20V，反过来，V_G 的增加又会导致一个高的短路电流峰值 $I_{C/SC(on)}$，在这种情况下该值为 14kA。

在 V_C 较低时，栅极-集电极电容较高，所以在低电压下位移电流的影响最重要。欠饱和期间栅极电压的增加会导致一个负的栅极电流流回驱动器。负栅极电流、互连寄生电容和 IGBT 的输入电容，会引起 V_G 的振荡，如图 13-31 和图 13-33 所示。

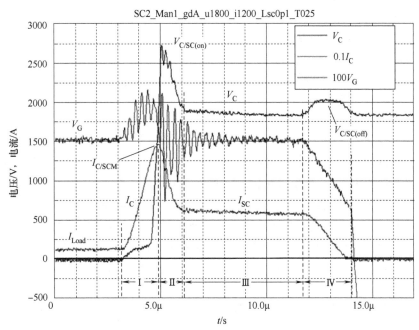

图 13-31 短路类型 II（图片来自本章参考文献 [Lut09b] ⓒ 2009 EPE）

欠饱和阶段完成后，短路电流将下降到其静态值 I_{SC}（时间间隔 II）。由于电流下降时具有负的 di/dt，会在寄生电感上产生一个电压 $V_{C/SC(on)}$，这作为 IGBT 的峰值电压是可以看出来的。

$$V_{C/SC(on)} = V_{bat} + L_{SC} \left| \frac{di_C}{dt} \right|_{max} \tag{13-21}$$

固定的短路阶段（时间间隔 III）之后，短路电流关断。由于 di/dt 为负，整流电路的电感将再次引起 IGBT 上的过电压 $V_{C/SC(off)}$（时间间隔Ⅳ），并且必须再次确保这个电压峰值在指定的安全工作区内分别低于额定电压。为了限制 $I_{C/SCM}$，并使栅极-发射极电压保持在允许的限制内，V_G 必须钳位。

应当指出的是，短路类型Ⅱ比短路类型Ⅰ要求的条件更苛刻。虽然驱动器的软开关功能限制了 $V_{C/SC(off)}$，但这不能对 $V_{C/SC(on)}$ 形成限制，$V_{C/SC(on)}$ 可以很容易地超出器件的额定电压。

除了众所周知的 dv_C/dt 效应之外，本章参考文献［Mue16］表明在高压 IGBT 也出现了栅极氧化物下的空穴累积效应。这种所谓的"自导通"是由自充电位移电流引起的，并且增加了栅极电压。即便在低电感短路Ⅰ中，一些 IGBT 的 V_C 几乎保持恒定。

短路类型Ⅲ是续流二极管在导通模式下，负载上发生的短路。短路类型Ⅲ可以发生在所有典型的 IGBT 应用中。在电机驱动应用中，IGBT 的占空比高于续流二极管，发生短路类型Ⅱ的可能性更大。但是，例如火车从山上下来，电机作为发电机，能量从火车传送回电网。在这种工作模式下，续流二极管的占空比比 IGBT 的高，因此短路类型Ⅲ发生的可能性高于短路类型Ⅱ。

可以用图 13-32 来解释短路类型Ⅲ的发生，该图所示为单相逆变器。

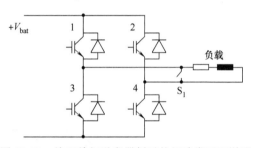

图 13-32　关于单相逆变器例子的短路类型Ⅲ说明

脉宽调制逆变器通常都由辅助信号驱动。假设 IGBT 1 和 IGBT 4 最先开始工作，电流流经 IGBT 1、负载和 IGBT 4，接下来 IGBT 1 和 4 关闭，在经过一段很短的死区时间后 IGBT 2 和 3 的栅极信号置为"开"。因为电感负载决定电流的方向，在这种情况下，电流经过二极管 2 和 3 返回到电压源。如果现在短路发生在负载上（以开关 S_1 关闭为标志），则二极管 2 和 3 在高的 di/dt 下换向，在此时间间隔内，IGBT 2 和 IGBT 3 的栅极信号被设置为"开"，它们将面临短路的风险。因此，电流快速地从二极管换向到 IGBT，IGBT 开通进入到短路状态。短路期间，续流二极管的反向恢复过程发生；然而，电压由 IGBT 和 IGBT 过渡到欠饱和模式时产生的高 dv/dt 确定。

在短路前，正的 $V_G = 15V$ 已经施加在 IGBT 上；然而，它的电流等于零，因为在这个阶段 PWM 模式下的续流二极管导通。当短路发生时电流换向，IGBT 被迫导通，这类似二极管方式。在通常工作中，经过 IGBT 的电压比导通前高。在目前特定情况下，它的电压低。因此，IGBT 产生了一个正向恢复峰值 V_{FRM}，这与二极管的正向恢复过程有关。本章参考文献［Pen98］中在一个特别设计的具有低电压峰值的零电压开关电路中观察到了这点。根据 di/dt，这个正向恢复峰值 V_{FRM} 可以很高，在宽基区高电压 IGBT 上可以高达几百伏。IGBT 的正向恢复电压峰值可以比二极管的高[Bab09]。然而，图 13-33 给出的是在输出电极上的测量，寄生模块电感的贡献很大。此外，与 IGBT 并联的二极管处于反向恢复过程，这个瞬间测量的电流对二极管和 IGBT 的电流有贡献，在使用安装中无法区分。

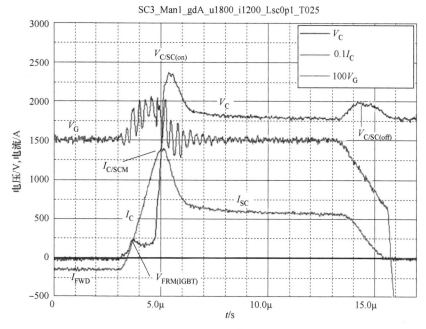

图 13-33　短路类型Ⅲ（图片来自本章参考文献［Lut09b］ Ⓒ 2009 EPE）

动态短路峰值电流 $I_{C/SCM}$ 高达 14kA，这几乎与在短路类型Ⅱ中的值一样。对于不同厂家的 IGBT，短路类型Ⅲ中的 $I_{C/SCM}$ 与短路类型Ⅱ中的 $I_{C/SCM}$ 类似[Lut09b]。

IGBT 中的 V_{FRM} 不是由附加应力导致的，因为它发生在 IGBT 的正向，此时 IGBT 具有高阻断能力。短路期间，短路类型Ⅲ中模块的主要附加应力是续流二极管的反向恢复过程。二极管的反向恢复的两步电压斜坡，对于 FWD 是一个特殊的应力，其中第二步可能会出现特别高的 dv/dt。通常情况下，短路会使 IGBT 失效，然而，在短路类型Ⅲ的一个实验中，观察到二极管发生故障而 IGBT 却能正常工作[Lut09b]。

在图 13-33 中，只能测量模块电流，本章参考文献［Fuh15］对短路类型Ⅲ（SC Ⅲ）的 IGBT 到 FWD 电流进行测量。可以看出，低电压下二极管的反向恢复首先在 0.6μs 和 1μs 之间出现，然后在 $t=1$μs 时，二极管中出现高的 dv/dt。第二个反向恢复峰值出现时，二极管处于强动态雪崩（见图 13-34）。

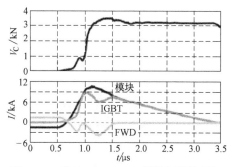

图 13-34　基于 3.3kV IGBT 测量短路类型Ⅲ，$V_{bat}=2.9$kV，$I_C=-1.5$kA

（图片来自本章参考文献［Fuh15］）

因短路而损坏的 3.3kV IGBT 的一个典型图片如图 13-35 所示，其典型特征是发射区大面积烧毁。一个类似于图 13-35 所示的毁坏的 IG-BT 图片给专家一个提示，短路可能是引起失效的原因。短路类型 Ⅰ、短路类型 Ⅱ 和短路类型 Ⅲ 引起的失效，典型特征都是烧坏发射区。

13.6.2 短路的热、电应力

从 IGBT 的基本功能来看，它有限制电流短路的能力。I_{SC} 是 IGBT 正向 I-V 特性有源区的电流，它近似于式（10-3），即

$$I_{SC} = \frac{1}{1 - \alpha_{pnp}} \frac{\kappa}{2} (V_G - V_T)^2 \big|_{V = V_{bat}}$$

（13-22）

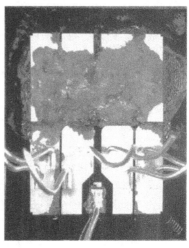

图 13-35　短路引起 IGBT（3.3kV）芯片的损坏

器件（短路类型 Ⅰ）中的电场或者建立于欠饱和状态（短路类型 Ⅱ、短路类型 Ⅲ）。短路类型 Ⅱ 中，短路前的饱和状态中可能有剩余的等离子体。电场迅速建立，剩余的等离子体在很短时间内被提取，图 13-32 显示了一个 NPT-IGBT 的短路过程。在阻断 pn 结上建立电场，这个电场承担施加的电压 V_{bat}。在发射极侧，也就是图 13-32 的左侧，n 沟道导通。电子流入空间电荷区，空穴从 p 发射极注入。在电场作用下，载流子以漂移速度流动，该速度由第 2 章中的式（2-38）给出。电流密度 j_{SC} 由 j_n 和 j_p 组成，其中

$$j_n = qnv_n$$
$$j_p = qpv_p$$

（13-23）

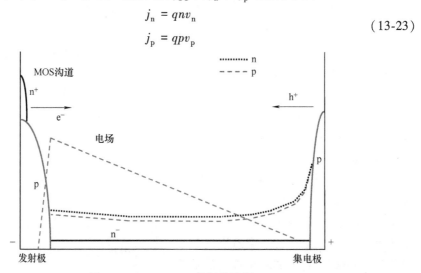

图 13-36　NPT-IGBT 的短路过程

由于 v_n，v_p 比在等离子体层高很多，电子和空穴的总数比正向导通状态低很多，n 和 p 在 $10^{16}/\mathrm{cm}^3$ 数量级。有时 $v_{sat(n,p)}$ 用于计算载流子的浓度，但空穴的漂

移速度往往在给定的电场下不能达到饱和。n 和 p 通常是在几个 $10^{14}/\mathrm{cm}^3$ 的数量级，明显高于本底掺杂 N_D。因此，运动的载流子会引起一个反馈电场

$$\frac{\mathrm{d}E}{\mathrm{d}x} = \frac{q}{\varepsilon}\left(N_D - \frac{j_n}{qv_n} + \frac{j_p}{qv_p}\right) \tag{13-24}$$

式中，括号内的几项合成为有效掺杂浓度 $N_{eff} = N_D - n + p$。具体的反馈取决于所用的 IGBT 技术和条件。在具有高注入比的 PT-IGBT 中，比较典型的情况是空穴电流这一项占主导地位，因而 N_{eff} 将会增大。在 NPT-IGBT 中，电子浓度 n 大于空穴浓度，$\mathrm{d}E/\mathrm{d}x$ 的减小导致空间电荷区展宽到 n^- 层，降低了 pn 结处的电场[Las92]。在带有缓冲层的 IGBT 中，甚至可能出现 $n > N_D + p$，电场的梯度就会反向，电场峰值转移到集电极侧。

有源区是晶体管的一个稳定条件，在短路 I 情况下存储的能量为

$$E = V_{bat}I_{SC}t_{SC} \tag{13-25}$$

由于 V_{bat}，I_{SC} 同时具有很高的值，温度会快速升高。如果短路在要求的时间间隔内切断（对于早期的 IGBT 来说，这个时间间隔是 $10\mu s$，对于新一代 IGBT 是 $7\mu s$），在大多数情况下，IGBT 能承受短路模式下的热应力。

空穴流经 p 阱接近发射区，如图 10-14 所示。这条通路的电压降必须远低于结上的内建电势差 V_{bi}。一方面，短路时载流子的浓度与额定电流状态相比低很多，IGBT 中充满了等离子体。另一方面，短路时温度非常高。高温使 V_{bi} 降低，因此，随着温度的升高闩锁的风险增加。然而，制造方面高掺杂的 p^+ 阱进展很大，因此，在新一代的 IGBT 中，闩锁不会再对短路能力造成限制。

式（13-22）给出了决定 I_{SC} 的参数。现代 IGBT 在集电极侧采用一个低的注入比能将 α_{pnp} 的值调小，通常在 $0.33 \sim 0.4$ 的范围。式（13-22）中另一个决定性的参数——沟道参数 κ，它确定 MOS 沟道的电导率。由于现代 IGBT 的优势是具有相对较高的单元间距（见 10.6 节部分内容），沟通道参数 κ 一定要合适。因此，现代 IGBT 在通常的正向导通状态下，尽管在发射极侧具有一个高浓度的等离子体，它也能取得一个低的 I_{SC}。图 13-37 显示了一个平面 IGBT 和传统 IGBT 的对比[Mor07] 的例子。平面 IGBT（HiGT）尽管在典型工作条件下 V_C 较低，但它的饱和电流没有增加

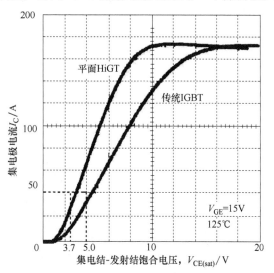

图 13-37 3.3kV 传统 IGBT 和平面 IGBT（平面型）的前期特性曲线

[图 13-37 中记为 $V_{CE(sat)}$]。额定电流为 50A 的 IGBT,其 I_{SC} 大约为 175A。由于热短路能力取决于短路中存储的能量,这个能量由 $I_{SC}V_{bat}t_{SC}$ 给定,平面 IGBT 与传统 IGBT 相比,它们的短路能力相当。

在 1200V IGBT 的几个数据表里,新一代 IGBT 的 I_{SC} 甚至更低。I_{SC} 被定义为大约是额定电流的 4 倍,与此相比老一代的为额定电流的 5~6 倍,这与高掺杂的 p 阱结合在一起,会导致一个非常低的电阻 R_S(见图 10-2b),在现代 IGBT 中可以获得一个非常高的短路强度。然而随着未来一代 IGBT 器件面积和体积的进一步降低,短路脉冲关闭前的允许时间 t_{SC} 将从 $10\mu s$ 被限制到更低的值即 $(5~7\mu s)$。在应用中,采用可以获得的快速反应来改善栅极驱动单元是可能的。

13.6.2.1 中压 IGBT 的热极限

中压 IGBT 的短路能力受温度限制。因短路类型 I 而毁坏的 600V IGBT 如图 13-38 所示。在这种情况下施加的电压超出了器件的短路能力。图 13-38a 中,在电池电压为 540V 时,短路持续了大约 $60\mu s$ 的时间,器件毁坏。由图 13-38b 可以看出,短路电流在大约 $40\mu s$ 后关断。在短路脉冲存在过程中,器件被加热到一定温度,以至于关断之后出现了一个高的漏电流。在如此高的温度下,会出现额外的热产生电荷载流子,根据式(2-6)漏电流进一步增大。在大约 $100\mu s$ 或更长的时间后,器件因高漏电流引起的过热而毁坏。

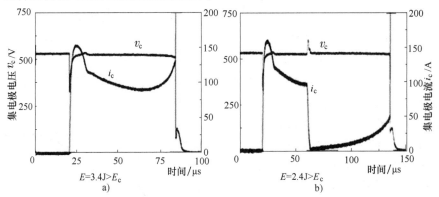

图 13-38 600V IGBT 的短路 $V_{bat}=540V$,$T=125℃$,存储能量超过临界能量 E_c,
IGBT 毁坏时的电流和电压的变化过程(图片来自于本章参考文献[Sai04])

对短路事件重复、长时间的测试结果表明:在器件不被破坏的前提下,重复短路的次数可高达 10000 次[Sai04],这适用于存储能量小于某一临界能量 E_c 的时间尽可能长的情况。一个 600V IGBT 重复短路测试的总结如图 13-39 所示。耗散能量的一个确定限制是 $T=125℃$ 的临界能量 E_c 要比 $T=25℃$ 时低。超过 E_c 限制后,IGBT 在一次过热后就会毁坏。在短路负载允许的短时间内,器件向外传输的热量小,可以根据器件的热容量计算温度的升高,与式(11-8)对照,将式(13-25)中的存储能量 E 作为热能量 Q_{th} 对待,有

$$\Delta T_{SC} = \frac{E}{C_{th}} = \frac{V_{bat} I_{SC} t_{SC}}{c\rho dA} \tag{13-26}$$

对不同 IGBT 的评价以及相应的半导体内存在电场区温度升高的计算，使得温度在 600℃ 范围内。对于不同厚度的 IGBT 也有一个类似的最终温度。

图 13-39 所示的结果表明，对于我们研究的 600V IGBT 来说，短路失效完全是因为热。此外，需要特别注意的是在大量短路脉冲后，在低于 E_C 的情况下 IGBT 的老化机理、漏电流和阈值电压没有变化。然而，随着脉冲周期的增加，正向压降 V_C 增加、短路电流 I_{sc} 降低。故障分析表明，大约 10000 个周期后铝金属化层电阻率增加、铝重建引起的芯片金属化严重退化（见图 13-40），并且键合线接触也严重退化[Lef08]。

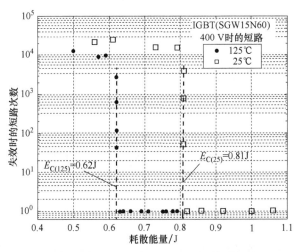

图 13-39　重复短路中 15A、600V IGBT 的耐用性，$V_{bat} = 405V$

（图片来自本章参考文献［Lef05］©2005 IEEE）

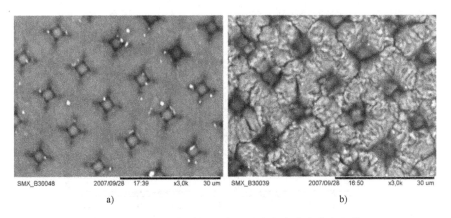

图 13-40　重复短路后铝金属化层的重建（图片来自本章参考文献［Lef08］）

a）测试前　b）24600 次短路循环后

金属化的退化可能导致电流分布不均匀，最终造成局部过热。老化机理与功率循环类似，金属层的老化和焊线的剥离[Lut08] 参见 12.7.2 节中的介绍。

因为温度是主要的破坏因素，器件能从中摄取热量的临界能量 E_C 取决于它的热容量。现代 IGBT 为了减少整体损耗，在设计时采用窄 w_B 和低掺杂的 n¯基区层。此外，对于给定的器件面积，正向导通过程中电压降 V_C 减小，允许器件有更高的额定电流。因此 IGBT 芯片面积和厚度减小了，热容量也相应下降。

由英飞凌公司生产的不同代的 1200V、75A 的 IGBT 的芯片面积如图 13-41 所示。不同代 IGBT 的芯片厚度和三种不同的额定电压如图 13-42 所示。1200V、75A 的 IGBT 芯片与 1990 的第一代 IGBT 相比，面积减少到原来的 44%、厚度减少到原来的 55%，根据式（11-8），热容量减少到原来的 24%。

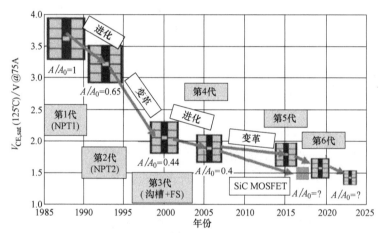

图 13-41　英飞凌公司的不同代 IGBT 的芯片面积和正向电压降
（图片由英飞凌公司的 T. Laska 和 T. Basler 提供，2016）

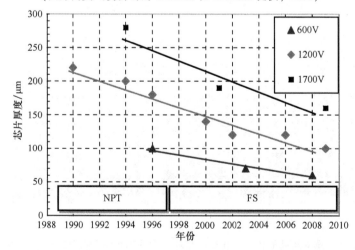

图 13-42　英飞凌公司不同代的 IGBT 的器件的厚度（图片由英飞凌公司提供）

随着热容量的急剧减少，存储在器件中的热能也以同样的方式减少，为了保持短路器件的耐用性，I_{SC} 的值必须很小。

13.6.3　短路时的电流丝

600V 和 1200V IGBT 短路失效的限制主要是热原因和老化造成的[Lef08]，这并不适用于高压 IGBT。由于器件厚度较大和电流密度的降低，根据式（13-26）计算得到的温升通常较小。尤其是由短路限制确定后，在经过一个长的 t_{SC} 后，短路关断时，及关断完成后，不能观察到失效，如图 13-37 所示。在短路类型 Ⅰ 中它们通常发生在固定的阶段，如图 13-43 所示的测量图就是这样的一个例子[Kop09]。

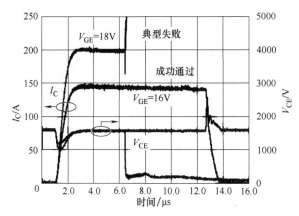

图 13-43　典型的短路过程和失效波形，短路类型 Ⅰ 模式下测量 6.5kV IGBT

（图片来自本章参考文献［Kop09］Ⓒ 2009 IEEE）

图 13-43 所示为 6.5V IGBT 短路失效的概要，它是施加的直流母线电压 V_{bat} 的函数，在 V_{bat} = 2000V 左右时其值最低，当 V_{bat} 增加时开始再次升高。需要注意的是，4500V 的 IGBT 耐用性高于 1000V 的。

可以看出在 1500~2500V 之间短路能力最低。额定电压为 4.5kV 的 IGBT，在

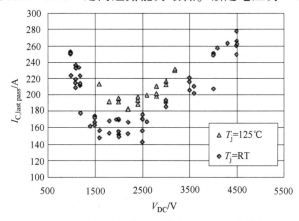

图 13-44　6.5kV IGBT 的短路能力与直流母线电压 V_{bat} 的依赖关系，以及起始结温

（图片来自本章参考文献［Kop09］Ⓒ2009 IEEE）

1200~1800V 时短路能力最低；额定电压为 3.3kV 的 IGBT，在 1000V 左右短路能力最低。这种特殊的电压依赖关系需要新的解释。

在带有缓冲层的高压 IGBT 的集电极侧，短路应力下电场的重新分配会在集电极侧出现一个电场峰值[Kop08,Kop09]，这起因于一个高的电子浓度 $n > N_D + p$，式 (13-24)，见图 13-45。然而，nn+结的电场峰值适中，并且随着电压的增大迅速增加，这排除了二次击穿和 Egawa 型失效机理。

此外，人们发现集电极侧 p 型发射区注入比的增加提高了耐用性[Kop08, Kop09]。对相对给定的低 α_{pnp} 来说，α_{pnp} 的增加对 I_{SC} 的影响不明显。这一实验结果也排除了失败的根本原因是闭锁这一观点。在本章参考文献 [Kop09] 中，建议将电流丝的形成作为失效机理。在数值模拟中发现，这些电流丝是由电子和空穴不同的漂移速度造成的。尤其在中等电压下这个电场适中，并且空穴的漂移速度远远低于电子的漂移速度，见第 2 章图 2-15。局部高电流密度的电流丝导致了 IGBT 的破坏。

本章参考文献 [Bab14] 报道的内容与 1200V IGBT 在中等电压下短路能力降低的效果相同。实验发现，最低短路能力为 600V。除了 x 轴的电压不同外，与图 13-44 中的电压依赖关系非常类似。

电场再分布，在 n‾层到 n 缓冲区的高低节处形成一个电场峰值，如图 13-45 所示。在发射极一侧的低场区域中，形成一个准等离子体层。Tanaka 和 Nakagawa[Tan15] 指出，如果 n-n 处的电场和雪崩产生率超过临界值，则会产生短路模式的电流丝。不同的是，本章参考文献 [Bho16] 的模拟结果表明，短路损坏可能是由于非雪崩产生率触发的电流丝造成的。在两种解释中，认为电流丝是器件失效的主要原因。

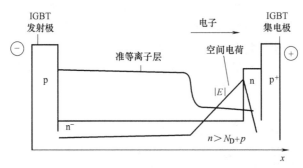

图 13-45　大电流 IGBT 短路期间准等离子层和电场强度的简化视图[Bab14]

早期的文献表明[Kop08]，集电极侧 p 型发射极效率的增加可以抑制电流丝的形成。本章参考文献 [Tan16] 认为，采用轻掺杂的 n 缓冲层可以增大 p 型发射区效率。然而，高的 p 型发射区效率会增大漏电流，这限制了它的应用。本章参考文献 [Bho17] 建议采用新的二级发射区，通过在集电区之前附加掩埋一个不连续的 p 层形成，如图 13-46 所示，该附加层用作空穴电流的放大器。

空穴的放大功能如图 13-47 所示。在标准结构中，n-n 结处高电流密度电流丝

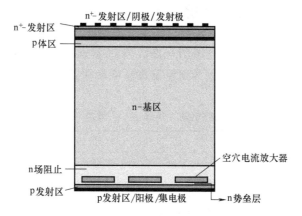

图 13-46 p 发射区前面具有浮动 p 型放大器的 IGBT 结构

（IGBT 简化结构，来自本章参考文献［Bho17］© 2017 IEEE 再版时获得许可）

中，高达 180kV/cm 的电场继续增大。新结构中，在集电区处直接出现了更低的空穴密度。然而，在第二个不连续的 p 型浮层的前面，空穴密度增大。由于空穴密度增大，所以要在更高的短路电流下才能在位置 $n > N_D + p$ 处形成电场峰值，并且在一般的电流下，该位置处不会建立电场峰值，电场保持较低的矩形分布。

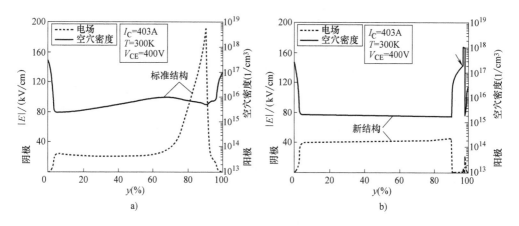

图 13-47 短路期间的电场强度和空穴密度

a）IGBT 标准结构　b）IGBT 新结构，$T = 300K$[Bho17]

新型的 IGBT 结构可以显著提高现代 IGBT 的短路（SC）能力，因为在短路关断和脉冲期间，它可以在一定程度上抑制由于电流集中引起的故障。新结构中集电区中较低的 p 掺杂可以减小漏电流。因此，短路事件后由于热失控引起的故障会减少，并且可以适当增加短路脉冲时间[Bho17]。到目前为止，新结构仅在模拟中进行分析，还未经实验验证。

13.7 IGBT 电路失效分析

下面将含有 IGBT 的电源电路的一些失效机制总结性地串起来讨论一下。表 13-1 列出了不同的失效机理,分为电流温度、电压和动态效应引起的失效。失效原因以斜体字表示。

表 13-1 IGBT 模块中的一些失效机理 (黑体字:失效原因。正常字体:失效器件图像)

电流温度	电 压	动态效应
		外加电压低于额定电压
额定电流过高	**产品故障**	**缺少续流二极管的动态耐用性**
芯片出现了直径为几个毫米的熔融区域。失效位置在有源区	失效位置从边缘开始	换向回路中的二极管和晶体管被损坏
超过浪涌电流	**电压峰值超过额定电压**	**缺少续流二极管的动态耐用性**
局部熔融区,面积大约 1mm,有时晶格中的裂纹、失效位于有源区	失效位置从边缘开始	只有二极管损坏,针孔直径小于 100μm
超过 IGBT 的短路能力	**钝化层缺乏长久稳定**	**三级动态雪崩**
只有 IGBT 损坏,发射区的大部分被烧毁	失效位置从边缘开始	针孔的直径小于 100μm,裂纹在晶格中开始

对于电流引起的失效,其典型特征是器件的有源区中有一个熔化区。在非常高的平均电流下,能发现一个直径为几毫米的破坏区域。

如果二极管的失效是由浪涌电流造成的,则熔化面积通常较小,大约在 1mm 范围内。对于键合二极管,往往在键合引脚旁边能观察到金属熔化的现象。如果在应用中出现了浪涌电流,例如当一个非载流直流母线电容器和一个与电网连接的二极管整流电路相连时,会在瞬间产生一个非常高的电流脉冲,这时就会出现一个应用故障。这种情况下直流母线电容器的一个负载电路会起作用。功率半导体制造商非常清楚地知道他们的器件因浪涌电流失效的典型图片,如图 13-6 所示,他们可以识别这类失效。

如果失效是由电压造成的,则失效位置主要出现在器件的边缘,例如结终端结构。在这些位置,表面会出现最高的电场。结终端在功率器件制造中非常重要,并且对生产线的污染物非常敏感,光刻故障是由灰尘颗粒造成的。如果一个器件的生产过程存在瑕疵,这主要出现在器件的边缘。电流引起的失效主要由应用故障导致的,而这种情况一定不是电压引起的失效。应用故障(电压峰值高于额定电压)以及生产故障也要考虑在内。

动态效应引起的失效主要与开关过程有关。电压保持低于器件的额定电压,在开关过程中,晶体管与续流二极管互动作用,图 13-48 给出了相应的换向回路。功率向负载传送时（见图 13-48a），IGBT$_1$ 和二极管 D$_2$ 换向，如果二极管 D$_2$ 在关断过程中失效，则在换向回路中与之关联的晶体管就会导通形成短路，这样在桥内就会形成一个电感很低的短路。因此，IGBT 会因短路而损坏。这同样适用于反向功率通量，这时的换向回路如图 13-48b 所示，其中，IGBT$_2$ 和二极管 D$_1$ 换向。

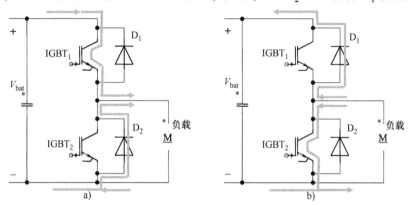

图 13-48　半桥式换向回路

a）从直流母线到负载的功率传输　b）反向功率通量

如果二极管及其换向回路中并联的晶体管都被损坏，则失效的原因通常是由二极管引起的。如果二极管失效，则 IGBT 也可能被损坏。另一方面，如果 IGBT 失效，则这时二极管上是不承受应力的，它没有理由失效。可能的例外是，在模块内部产生火花燃烧，这会进一步破坏器件。

有了这样的考虑，即使一个模块被严重损坏，有时仍有可能总结出失效的原因。

短路之后，如果续流二极管失效，IGBT 成功关断，则会在二极管中出现一个典型的针孔。对于额定电压为 1200～1700V 的续流二极管来说，这样的针孔是动态耐用性不足的表现；对于高额定电压的续流二极管，可能会被一个很高的反向电流密度及其伴随的一个高电压损坏。这样的失效是由三级动态雪崩造成的，我们可以发现由针孔诱发的晶格裂纹。这些裂纹是局部高温点的标志，图 13-19 给出了一个例子。

如果只有晶体管被破坏，则失败的原因一定在晶体管当中。短路失效永远是值得考虑的可能机理之一。对于短路失效，发射区大面积的剥离是典型情况。但是要注意的是，短路类型Ⅲ中（见 13.6 节），极高的 dv/dt 和二极管换向时的电压尖峰可能会导致一个二极管失效，但不会破坏 IGBT[Lut09b]。

IGBT 失效的另一个模式是动态闩锁，这是由 IGBT 模块中含有弱势单元的单个芯片引起的。这种失效不会在器件制造商的静态参数测试中发现。对由许多 IGBT 芯片并联而成的模块来说，制造商应在应用电路中进行最终的测试，包括很高应力条件下的动态关断，以发现单个弱势器件，避免其在具体应用中失效。

故障分析是一个复杂的过程，需要许多经验。一些其他的失效模式，比如宇宙射线失效，其典型现象是出现针孔。大多数情况下，不能直接从一个失效图片中总结出失效原因，因为不同的失效模式可能导致类似的失效图片。另外，必须对功率电路及其应用条件进行研究。

并行连接的器件，一个非对称的组装都可能引起振荡，进而导致某一特殊位置的过应力。失效分析中经常出现新的问题。总之，失效研究非常复杂，但研究结果通常也极其宝贵。

参 考 文 献

[Bab08] Baburske, R., Heinze, B., Lutz, J., Niedernostheide, F.J.: Charge-carrier plasma dynamics during the reverse-recovery period in p⁺-n⁻-n⁺ diodes. IEEE Trans. Electron. Dev. **55**(8), 2164–2172 (2008)

[Bab09] Baburske, R., Domes, D., Lutz, J., Hofmann, W.: Passive turn-on process of IGBTs in Matrix converter applications. In: Proceedings EPE, Barcelona (2009)

[Bab10] Baburske, R., Lutz, J., Heinze, B.: Effects of negative differential resistance in high power devices and some relations to DMOS structures. In: Proceedings 2010 IEEE International Reliability Physics Symposium, pp. 162–169 (2010)

[Bab11] Baburske, R.: Dynamik des Ladungsträgerplasmas während des Ausschaltens bipolarer Leistungsdioden, Dissertation, Universitätsverlag Chemnitz (2011)

[Bab14] Baburske, R., van Treek, V., Pfirsch, F., Niedernostheide, F.J., Jaeger, C., Schulze, H. J., Felsl, H.P.: Comparison of critical current filaments in IGBT short circuit and during diode turn-off. In: Proceedings of ISPSD '14, pp. 47–50 (2014)

[Ben67] Benda, H.J., Spenke, E.: Reverse recovery process in silicon power rectifiers. Proc. IEEE **55**(8), 1331–1354 (1967)

[Bho16] Bhojani, R., Palanisamy, S., Baburske, R., Schulze, H.J., Niedernostheide, F.J., Lutz, J.: Simulation study on collector side filament formation at short-circuit in IGBTs. In: Proceedings of ISPS, pp. 70–76 (2016)

[Bho17] Bhojani, R., Baburske, R., Schulze, H.J., Niedernostheide, F.J., Lutz, J.: A Novel Injection Enhanced Floating Emitter (IEFE) IGBT structure improving the ruggedness against short-circuit and thermal destruction. In: Proceedings of ISPSD '17, Sapporo, pp. 113–116 (2017)

[Bie08] Biermann, J., Pfaffenlehner, M., Felsl, H.P., Gutt, T., Schulze, H.: CIBH diode with superior soft switching behavior in 3.3 kV modules for fast switching applications. In: Proceedings of the PCIM Europe, 367–371 (2008)

[Chm06] Chen, M., Lutz, J., Domeij, M., Felsl, H.P., Schulze, H.J.: A novel diode structure with Controlled Injection of Backside Holes (CIBH). In: Proceedings of ISPSD, Neaples (2006)

[Dom99] Domeij, M., Breitholtz, B., Östling, M., Lutz, J.: Stable dynamic avalanche in Si power diodes. Appl. Phys. Lett. **74**(21), 3170 (1999)

[Dom03] Domeij, M., Lutz, J., Silber, D.: On the destruction limit of si power diodes during reverse recovery with dynamic avalanche. IEEE Trans. Electron Dev. **50**(2), 486–493 (2003)

[Eck94] Eckel, H.G., Sack, L.: Experimental investigation on the behaviour of IGBT at short-circuit during the on-state. In: 20th International Conference on Industrial Electronics, Control and Instrumentation, IECON'94, vol. 1, pp. 118–123 (1994)

[Eck95] Eckel, H.G., Sack, L.: Optimization of the short-circuit behaviour of NPT-IGBT by the gate drive. In: Proceedings of EPE 1995, Sevilla, pp. 213–218 (1995)

[Ega66]   Egawa, H.: Avalanche characteristics and failure mechanism of high voltage diodes. IEEE Trans. Electron Dev. **ED-13**(11), 754–758 (1966)

[Fel06]   Felsl, H.P., Heinze, B., Lutz, J.: Effects of different buffer structures on the avalanche behaviour of high voltage diodes under high reverse current conditions. IEE Proc. Circuits Devices Syst. **153**(1), 11–15 (2006)

[Fel08]   Felsl, H.P., Pfaffenlehner, M., Schulze, H., Biermann, J., Gutt, T., Schulze, H.J., Chen, M., Lutz, J.: The CIBH diode – great improvement for ruggedness and softness of high voltage diodes. In: Proceedings of ISPSD 2008, Orlando (2008)

[Fuh15]   Fuhrmann, J., Member, IEEE, Klauke, S., Eckel, H.G.: IGBT and diode behavior during short-circuit type 3. IEEE Trans. Electron Dev. **62**, 3786–3791 (2015)

[Ful67]   Fulop, W.: Calculation of avalanche breakdown voltages of silicon p-n junctions. Solid State Electron. **10**, 39–43 (1967)

[Gha77]   Ghandhi, S.K.: Semiconductor Power Devices. Wiley, New York (1977)

[Hei05]   Heinze, B., Felsl, H.P., Mauder, A., Schulze, H.J., Lutz, J.: Influence of buffer structures on static and dynamic ruggedness of high voltage FWDs. In: Proceedings of the ISPSD, Santa Barbara (2005)

[Hei06]   Heinze, B., Lutz, J., Felsl, H.P., Schulze, H.J.: Influence of edge termination and buffer structures on the ruggedness of 3.3 kV silicon free-wheeling diodes. In: Proceedings of the 8th ISPS, Prague (2006)

[Hei07]   Heinze, B., Lutz, J., Felsl, H.P., Schulze, H.J.: Ruggedness of high voltage diodes under very hard commutation conditions. In: Proceedings EPE 2007, Aalborg, Denmark (2007)

[Hei08]   Heinze, B., Lutz, J., Felsl, H.P., Schulze, H.J.: Ruggedness analysis of 3.3 kV high voltage diodes considering various buffer structures and edge terminations. Microelectron. J. **39**(6), 868–877 (2008)

[Hei08b]   Heinze, B., Baburske, R., Lutz, J., Schulze, H.J.: Effects of metallisation and bondfeets in 3.3 kV free-wheeling diodes at surge current conditions. In: Proceedings of the ISPS, Prague (2008)

[Hie97]   Hierholzer, M., Bayerer, R., Porst, A., Brunner, H.: Improved characteristics of 3.3 kV IGBT modules. In: Proceedings PCIM Nuremberg (1997)

[How70]   Hower, P.L., Reddi, K.: Avalanche injection and second breakdown in transistors. IEEE Trans. Electron Dev. **17**, 320 (1970)

[How74]   Hower, P.L., Pradeep, K.G.: Comparision of one- and two-dimensional models of transistor thermal instability. IEEE Trans. Electron Dev. **21**(10), 617–623 (1974)

[Kin05]   Kinzer, D.: Advances in power switch technology for 40 V–300 V applications. In: Proceedings of the EPE, Dresden (2005)

[Kop05]   Kopta, A., Rahimo, M.: The Field Charge Extraction (FCE) diode – a novel technology for soft recovery high voltage diodes. In: Proceedings of ISPSD Santa Barbara, pp. 83–86 (2005)

[Kop08]   Kopta, A., Rahimo, M., Schlapbach, U., Kaminski, N., Silber, D.: Neue Erkenntnisse zur Kurzschlussfestigkeit von hochsperrenden IGBTs, Kolloquium Halbleiter-Leistungsbauelemente, Freiburg (2008)

[Kop09]   Kopta, A., Rahimo, M., Schlapbach, U., Kaminski, N., Silber, D.: Limitation of the short-circuit ruggedness of high-voltage IGBTs. In: Proceedings of ISPSD, Barcelona, pp. 33–37 (2009)

[Las92]   Laska, T., Miller, G., Niedermeyr, J.: A 2000 V non-punchthrough IGBT with high ruggedness. Solid State Electron. **35**(5), 681–685 (1992)

[Las03]   Laska, T., et al.: Short circuit properties of trench/field stop IGBTs design aspects for a superior robustness. In: Proceedings of ISPSD, Cambridge, pp. 152–155 (2003)

[Lef05]   Lefebvre, S., Khatir, Z., Saint-Eve, F.: Experimental behavior of single chip IGBT and COOLMOS™ devices under repetitive short-circuit conditions. IEEE Trans. Electron Dev. **52**(2), 276–283 (2005)

[Lef08]   Lefebvre, S., Arab, M., Khatir, Z., Bontemps, S.: Investigations on ageing of IGBT transistors under repetitive short-circuits operations. In: Proceedings of the PCIM Europe, Nuremberg (2008)

[Let95]   Letor, R.R., Aniceto, G.C.: Short circuit behavior of IGBT's correlated to the intrinsic device structure and on the application circuit. IEEE Trans. Ind. Appl. **31**(2), 234–239 (1995)

[Lin08]   Linder, S.: Potentials, limitations, and trends in high voltage silicon power semiconductor devices. In: Proceedings of the 9th ISPS, Prague, pp. 11–20 (2008)

[Lut97]   Lutz, J.: Axial recombination centre technology for freewheeling diodes. In: Proceedings of the 7th EPE, Trondheim, p. 1.502 (1997)

[Lut03]   Lutz, J., Domeij, M.: Dynamic avalanche and reliability of high voltage diodes. Microelectron. Reliab. **43**, 529–536 (2003)

[Lut08]   Lutz, J., Herrmann, T., Feller, M., Bayerer, R., Licht, T., Amro, R.: Power cycling induced failure mechanisms in the viewpoint of rough temperature environment. In: Proceedings of the 5th International Conference on Integrated Power Electronic Systems, pp. 55–58 (2008)

[Lut09]   Lutz, J., Baburske, R., Chen, M., Heinze, B., Felsl, H.P., Schulze, H.J.: The nn$^+$-junction as the key to improved ruggedness and soft recovery of power diodes. IEEE Trans. Electron Dev. **56**(11), 2825–2832 (2009)

[Lut09b] Lutz, J., Döbler, R., Mari, J., Menzel, M.: Short circuit III in high power IGBTs. In: Proceedings EPE, Barcelona (2009)

[Mor00]   Mori, M., Kobayashi, H., Yasuda, Y.: 6.5 kV ultra soft & Fast Recovery Diode (U-SFD) with high reverse recovery capability. In: Proceedings ISPSD 2000, Toulouse, pp. 115–118 (2000)

[Mor07]   Mori, M., et al.: A planar-gate high-conductivity IGBT (HiGT) with hole-barrier layer. IEEE Trans. Electron Dev. **54**(6), 1515–1520 (2007)

[Mou88]   Mourick, P.: Das Abschaltverhalten von Leistungsdioden, Dissertation, Berlin (1988)

[Mue15]   Münster, P., Wigger, D., Eckel, H.G.: Impact of the dynamic avalanche on the electrical behavior of HV-IGBTs. In: Proceedings of the PCIM Europe 2015, Nuremberg, pp. 906–915 (2015)

[Mue16]   Münster, P., Lexow, D., Eckel, H.G.: Effect of Self Turn-ON during turn-ON of HV-IGBTs. In: Proceedings of the PCIM Europe 2016, pp. 924–931 (2016)

[Nag98]   Nagasu, M. et al.: 3.3 kV IGBT modules having soft recovery diodes with high reverse recovery di/dt capability. In: Proceedings of the PCIM 98 Japan, 175 (1998)

[Nic00]   Nicolai, U., Reimann, T., Petzoldt, J., Lutz, J.: Application Manual Power modules. ISLE Verlag (2000)

[Nie04]   Niedernostheide, F.J., Falck, E., Schulze, H.J., Kellner-Werdehausen, U.: Avalanche injection and current filaments in high-voltage diodes during turn-off. In: Proceedings of the 7th ISPS'04, Prague (2004)

[Nie05]   Niedernostheide, F.J., Falck, E., Schulze H.J., Kellner-Werdehausen, U.: Periodic and traveling current-density distributions in high-voltage diodes caused by avalanche injection. In: Proceedings of the EPE (2005)

[Oet00]   Oetjen, J., et al.: Current filamentation in bipolar devices during dynamic avalanche breakdown. Solid State Electron. **44**, 117–123 (2000)

[Ohi02]   Ohi, T., Iwata, A., Arai, K.: Investigation of gate voltage oscillations in an IGBT module under short circuit conditions. In: Proceedings of the 33rd Annual Power Electronics Specialists Conference, IEEE, vol. 4, pp. 1758–1763 (2002)

[Pen98]   Pendharkar, S., Shenai, K.: Zero voltage switching behavior of punchthrough and nonpunchthrough insulated gate bipolar transistors (IGBT's). IEEE Trans. Electron Dev. **45**(8), 1826–1835 (1998)

[Pog03]   Pogany, D., Bychikhin, S., Gornik, E., Denison, M., Jensen, N., Groos, G., Stecher, M.: Moving current filaments in ESD protection devices and their relation to electrical characteristics. In: Annual Proceedings—Reliability Physics Symposium, pp. 241–248 (2003)

[Por94]   Porst, A.: Ultimate limits of an IGBT (MCT) for high voltage applications in conjunction with a diode. In: Proceedings of the 6th ISPSD (1994)

[Rah04] Rahimo, M., Kopta, A., et al.: Switching-Self-Clamping-Mode "SSCM", a break-through in SOA performance for high voltage IGBTs and diodes. In: Proceedings of the ISPSD, pp. 437–440 (2004)

[Rah05] Rahimo, M., et al.: A study of switching-self-clamping-mode "SSCM" as an over-voltage protection feature in high voltage IGBTs. In: Proceedings of ISPSD, Santa Barbara (2005)

[Ron97] Ronan, H.R.: One equation quantifies a power MOSFETs UIS rating. In: PCIM Magazine, August 1997, pp. 26–35 (1997)

[Ros02] Rose, P., Silber, D., Porst, A., Pfirsch, F.: Investigations on the stability of dynamic avalanche in IGBTs. In: Proceedings of the ISPSD (2002)

[Sai04] Saint-Eve, F., Lefebvre, S., Khatir, Z.: Study on IGBT lifetime under repetitive short-circuits conditions. In: Proceedings of the PCIM Europe, Nuremberg (2004)

[Sco89b] Schlangenotto, H., Neubrand, H.: Dynamischer Avalanche beim Abschalten von GTO-Thyristoren und IGBTs. Arch. Elektrotech. **72**, 113–123 (1989)

[Shi59] Shields, J.: Breakdown in silicon pn-junctions. J. Electron. Control **6**, 132ff (1959)

[Sil73] Silber, D., Robertson, M.J.: Thermal effects on the forward characteristics of silicon pin-diodes at high pulse currents. Solid State Electron. **16**, 1337–1346 (1973)

[Sit02] Sittig, R.: Siliziumbauelemente nahe den Grenzen der Materialeigenschaften. ETG Fachtagung, Bad Nauheim, ETG Fachbericht **88**, 9 ff (2002)

[Syn07] Advanced TCAD manual. Synopsys Inc. Mountain View, CA. Available: http://www.synopsys.com (2007)

[Tan15] Tanaka, M., Nakagawa, A.: Simulation studies for avalanche induced short-circuit current crowding of MOSFET-Mode IGBT. In: Proceedings ISPSD '15, pp. 121–124 (2015)

[Tan16] Tanaka, M., Nakagawa, A.: Growth of short-circuit current filament in MOSFET-Mode IGBTs. In: Proceedings of ISPSD '16, pp. 319–322 (2016)

[Tom96] Tomomatsu, Y., et al.: An analysis and improvement of destruction immunity during reverse recovery for high voltage planar diodes under high dI_{rr}/dt condition. In: Proceedings of the ISPSD, pp. 353–356 (1996)

[Wac91] Wachutka, G.: Analytical model for the destruction mechanism of GTO-like devices by avalanche injection. IEEE Trans. Electron Dev. **38**, 1516 (1991)

[Wak95] Wacker, A., Schöll, E.: Criteria for stability in bistable electrical devices with S- or Z-shaped current voltage characteristic. J. Appl. Phys. **78**(12), 7352–7357 (1995)

第 14 章　功率器件的感应振荡和电磁干扰

14.1　电磁干扰的频率范围

　　每个电力电子器件的开关动作都会导致电流偏离理想的正弦 AC 电流或理想的恒定 DC 电流。开关动作通常是周期性地发生的，每个周期性的动作都可以通过傅里叶变换分解为一组正弦分量和余弦分量。通过这种方法，可以计算出所产生的频率、谐波，以及它们的幅值。

　　图 14-1 概要地描述了由功率器件引起的干扰和振荡情况。它区分了由电力电子变流器中开关动作引起的干扰、中低频频率范围内的开关谐波，以及器件引起的高频干扰。

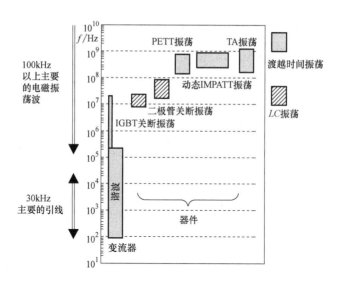

图 14-1　电力电子效应造成的典型频率范围内的干扰

　　低频时，例如在相控变流器中，由输入整流器引起的干扰会在 50Hz 或 60Hz 电网频率的整数倍时发生，其幅值按比例 $1/n$ 下降。在具有现代功率器件的自换相变流器中，变流器中使用的 IGBT 的典型开关频率为 $1\sim20\mathrm{kHz}$。在这种情况下，可能会产生对应于不同开关频率的谐波。更高开关频率的功率器件可以使用 MOSFET。目前，开关电源频率可能高达 1MHz 以上。

　　另一方面，功率器件的感应振荡来源于开关动作。由于功率器件的开关时间远短于开关频率的周期，因此，电磁干扰在显著高于开关频率的频率范围内发生。

当频率低于 30kHz 时，电磁干扰主要通过电线和电缆传播，它们通过电网反馈的形式干扰电网。当频率高于 100kHz 时，电磁干扰是以电磁波的形式大范围传播，这会导致与其他电子和电力电子设备不兼容。

谐波

图 14-2 给出了两个简单的电信号例子，描绘的是电流曲线或是电压曲线。

对于一个以 2π 为周期、幅值为 a，占空比为 50% 的方波信号，如图 14-2a 所示，其谐波可以通过傅里叶变换计算出来。

$$y = \frac{4a}{\pi}\left(\sin\omega t + \frac{1}{3}\sin3\omega t + \frac{1}{5}\sin5\omega t + \cdots\right) \tag{14-1}$$

产生的谐波频率是开关频率 $f = \omega/(2\pi)$ 的整倍数，也就是，3 次、5 次、7 次…谐波。随着次数 n 的增加，谐波的幅值按比例 $1/n$ 衰减。

然而，对于一个以 2π 为周期、幅值为 a、占空比为 50% 的梯形波信号，如图 14-2b 所示，其傅里叶变换结果为

$$y = \frac{4}{\pi}\frac{a}{\mu}\left(\sin\mu\sin\omega t + \frac{1}{3^2}\sin3\mu\sin3\omega t + \frac{1}{5^2}\sin5\mu\sin5\omega t + \cdots\right) \tag{14-2}$$

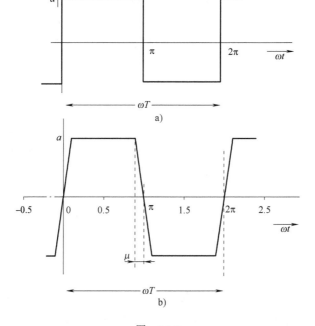

图　14-2

a）方波信号　b）梯形波信号

其谐波幅值按比例 $1/n^2$ 减小。虽然波形不对称会产生一些附加项,但其谐波衰减较快,所以梯形波比较合适。如果使用 MOSFET 和 IGBT,则可以通过栅极电阻调整斜率 di/dt,即在图 14-2 中用 μ 来描述。为了减少谐波,可以通过增加栅极电阻来缩短开关时间。但是,这将增加开关损耗。在很多应用中,必须在开关损耗和电磁发射之间进行折中。

一个提高电磁兼容性的方法是可以通过添加合适的滤波器。这一点在本章中不再作深入解释,需要注意的不是功率器件本身产生的振荡。

14.2　LC 振荡

14.2.1　并联 IGBT 的关断振荡

在功率模块中,通常有大量的单个芯片并联。很难对所有芯片在传输电流到主端子的路径长度方面给以同样的对称条件,驱动信号的引线长度也是这样。热条件也必须有所考虑。通常必须进行折中。图 11-31 是一个用 5 个 IGBT 芯片并联的例子,其中每个芯片对主电流的通路都是不相同的。图 11-31b 的示意电路没有画出驱动器信号的引线,但对其对称性的配置是非常重要的。

图 14-3 给出了两个并联 IGBT 的测量结果。为了产生差别,对栅极电阻的选择做了精细调整:芯片 1 栅极电阻为 6.02Ω,芯片 2 栅极电阻为 6.45Ω[Pal99]。额定电流为 100A 的 IGBT 芯片,每个芯片承受 20A 的正向电流。根据较低的栅极电阻,芯片 1 由关断过程开始。于是,芯片 2 的电流一开始会增长,然而总电流会保持不变。那么,电流下降的过程中,在两个芯片之间就会产生振荡。可以读出的一个周

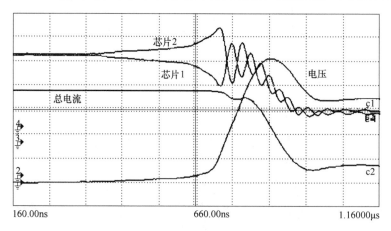

图 14-3　两个并联 IGBT 的电流振荡。芯片 1 中栅极电阻为 6.02Ω,
芯片 2 中栅极电阻为 6.45Ω。电流为 10A/div,电压为 50V/div
(图片来自本章参考文献[Pal99]ⓒ 1999 EPE)

期为 50ns，其对应的频率为 20MHz。在这一实验的过程中，总电流是不会发生振荡的。只有测量每一个芯片的电流，才能显示出芯片之间发生的振荡。

图 14-4a 显示了第一代压接封装 IGBT 外壳的关断振荡，该封装类型如图 11-4 所示。在许多芯片并联的结构中，测量单个芯片的电流，该电流显示了一个在 10MHz 频率范围的高频振荡。

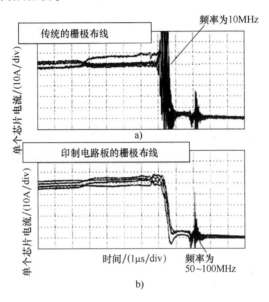

图　14-4

a）压接封装 IGBT 中的关断振荡

b）与集成 PCB 板连接的对称分布的栅极信号对关断振荡的消除

（图片来自本章参考文献［Omu03］ⓒ 2003 IEEE）

如果控制端子采用一个印制电路板（PCB）实现，这会导致 42 个并联的芯片具有相同的条件，那么就可以消除关断振荡，如图 14-4b 所示。图 14-5 中显示的这样一个 PCB 两侧都具有铜层，一侧是栅极信号的电势，另一侧是控制发射端的电势。栅极电阻分布在 PCB 板上，与每个芯片非常靠近。

当频率范围在 10～20MHz 之间时，会发生关断振荡。显然，这高于可以预期的开关过程谐波的频率值（对比图 14-1）。必须避免关断振荡，这不仅因为电磁发射，而且因为它会额外增加芯片的关断损耗，并导致热失效。

减小关断振荡的可能对策如下：

1）布置要尽可能地对称。也可以考虑把并联的分立器件当作一个单独的模块。

2）如果因为机械和其他原因不能实现对称，那么 IGBT 和 MOSFET 的栅极电阻 R_G 就要增大。这可以减小振荡，但在相同的方式下，它会增加关断损耗。对于 IGBT 情况的分析，可以通过比较式(10-6)，以及图 9-19 中栅极电阻对 MOSFET 的影响得出。

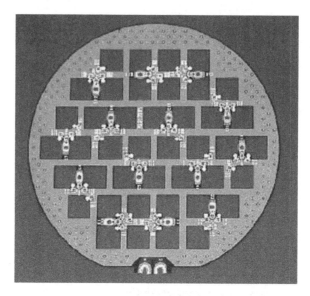

图 14-5　在压接封装 IGBT 中，PCB 确保了控制端的对称分布

(引自本章参考文献[Omu03] © 2003 IEEE)

14.2.2　阶跃二极管的关断振荡

快速二极管反向恢复特性欠佳，比并联 IGBT 的不对称性更容易在电源电路中引起振荡。阶跃恢复特性的详细介绍见第 5 章。图 5-19 所示电路中阶跃二极管关断过程中的电压波形，如图 14-6 所示。这是一个在电池供电的电动汽车的降压变流器电路中的应用。图 5-19 中，用一个额定电压为 100V 的 MOSFET 代替 IGBT 作为功率开关器件。二极管中反向电流的急变会导致一个 100V 的电压峰值。正向状态下突然的急变会导致一个电流过冲，二极管再次关断，产生第二、第三个电压峰值，最终以一个阻尼 LC 振荡结束这个效应。

阶跃二极管产生的 LC 振荡的频率由器件的电容 C_j 和寄生电感 L_{par} 确定

$$f = \frac{1}{2\pi} \sqrt{\frac{1}{L_{par} C_j}} \qquad (14\text{-}3)$$

这样一个振荡器的等效电路如图 14-7 所示[Kas97]。必须指出，电容 $C_j = c_j A$ 取决于电压，见式(3-109)。二极管的互联电阻 R_b 充当减幅的元件；二极管的基极电阻 $R_{n,p}$ 具有同样的功能。关断过程中电子和空穴从基区移走，$R_{n,p}$ 不是线性的，事实上它会剧烈变化。

LC 振荡过程中，C_j 不是常数。额定阻断电压 1200V 的二极管，pn 结的 p 层具有陡直的杂质分布。为了估测预期的振荡频率，可以假设 C_j 为 250pF/cm²[Kas97]。考虑到二极管的面积、一些典型的外壳，以及它们各自的寄生电感，可得到的数值见表 14-1。

一个旧结构类型 IGBT 模块中二极管的额定电流为 100A，额定电压为 1200V，

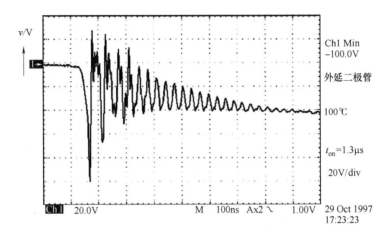

图 14-6　阶跃二极管关断过程中的电压波形(周期为 30ns，频率为 33MHz)

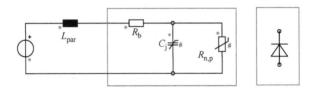

图 14-7　由二极管及其寄生元件组成的一个振荡器的等效电路

(图片来自本章参考文献[Kas97])

其典型的寄生电感为 100nH，预期由阶跃二极管引起的 *LC* 振荡频率在 48MHz 范围内。现代 IGBT 模块的寄生电感大约为 20nH，频率可达 100MHz 范围。额定电压 1200V 的大功率模块中，12 个额定电流为 100A 的二极管并联会给出很大的容量。因为模块的体积越大，需要的互连线越长，然而，这种模块的寄生电感会显著降低。根据电感可以预期所讨论的振荡频率在 5~15MHz 范围。

表 14-1　1200V 续流二极管的 *LC* 振荡频率范围估计

	C_j/nF	L_{par}/nH	f/MHz	$T(=1/f)$/ns
100A 双极型二极管 有效区面积为 0.44cm²	0.11	20	107	9.3
		100	48	20.8
二极管 1200A 模块	1.32	100	13.9	72
		800	4.9	204

如果采用软恢复二极管，则可以消除上述振荡。现在，已经可以生产软恢复二极管，并且它们对于一个现代电力电子变换器是必不可少的。

然而，必须要注意的是，并不是与二极管连接中的每一种振荡都来源于阶跃关断特性。在一个不合适的非对称并联中，即使采用软恢复二极管，依然会产生振荡。图 14-8 给出的一个例子[Eld98]中，三个二极管并联，二极管 D_1 靠近主端子，

D_2 和 D_3 通过额外的连线并联在 D_1 上。具有最小电感的二极管 D_1 在换向时产生最高的 di/dt。最大的反向恢复电流首先到达 D_1,接着到达 D_2,最后到达 D_3,在这个过程中换向速率 di/dt 增加。在反向恢复过程中,器件之间的振荡在 D_3 中最大,因为反向电流在 D_1 和 D_2 中已经衰减。最后,换向结束时这些内部振荡也叠加到总电流 i_D 的振荡上。

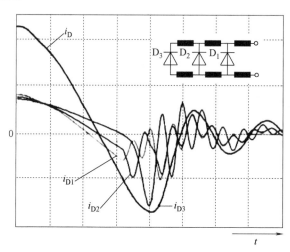

图 14-8 具有不同引线电感的并联二极管的反向恢复电流变化

(50ns/div,50A/div,25℃,V_{bat} 大约为 300V。图片来自本章参考文献[Eld98])

假设在一个并联的续流二极管的反向恢复中出现了振荡,也必须考虑该振荡是否是由引线或互连的非对称结构引起的。

假设二极管开关时间 t_{rr} 与 LC 振荡电路谐振周期的一半相等,甚至在单个软恢复二极管中也会发生振荡,这在 MOSFET 和 IGBT 的应用中很容易被证实:改变 IGBT 或 MOSFET 的栅极电阻 R_G 可以改变晶体管的开通斜率,并且它的换向速率 di/dt 不变。所以在这种情况下,调整二极管的开关时间 t_{rr} 可以消除振荡。

14.2.3 宽禁带器件的关断振荡

在大电流应用中,如果仅用 SiC 取代 Si,则在振荡方面可能会出现严重的问题。据报道,将 300A/1200V SKIM 功率模块应用于 70kW 的逆变器中,该逆变器开关频率为 30kHz[Win12],并且用 SiC 肖特基二极管取代 Si 双极续流二极管。

肖特基二极管的结电容与寄生电感之间会产生 LC 振荡,其中 C_j 为

$$C_j = \sqrt{\frac{q\varepsilon N_D}{2(V_j + V_r)}}\, A \tag{14-4}$$

当施加的电压 V_r 为零时,得到最大的 $C_j(0V)$ 值。$C_j(0V)$ 的值通常在数据表中给出。由于电压相同时,采用 SiC 可以使 N_D^+ 增加 20 倍(见图 3-19)。因此,在有源区面积相等时,C_j 将高出 10 倍。由肖特基二极管的电容导致的电流峰值 $I_{D,peak}$ 可

表示为

$$I_{\mathrm{D,peak}} = C_{\mathrm{j}}(0V)\frac{\mathrm{d}v}{\mathrm{d}t} \tag{14-5}$$

式中，$\mathrm{d}v/\mathrm{d}t$ 为 IGBT 的电压变化率。从图 14-9 可以推断出，$\mathrm{d}v/\mathrm{d}t$ 大约为 30V/ns。图 14-9 测量时采用的肖特基二极管的电容 $C_{\mathrm{j}}(0V)$ 值大约为 754pF，其给出电流峰值 $I_{\mathrm{D,peak}}$ 约为 90A，这与测量结果吻合很好。

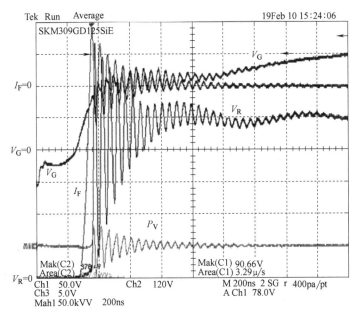

图 14-9　SiC 肖特基二极管作为续流二极管 IGBT 导通时的振荡。
肖特基二极管上的电压 V_{R} 为 120V/div，反相二极管电流 I_{F} 为 50A/div，
IGBT 的栅极电压 V_{G} 为 5V/div，125℃（图片来自本章参考文献［Win12］）

　　为了减少图 14-9 中的振荡，必须增大 IGBT 的栅极电阻，这会增大 IGBT 的导通损耗。最后，如果要满足低电磁辐射的要求，则低损耗 SiC 二极管的所有优点都将丢失。需要注意的是，这里采用的 SKIM 模块已经开发出了低寄生电感方面的应用。然而，对于 SiC 肖特基二极管来说，这还不够。因此，只有在新的低电感封装中付出更多努力，才能实现高电流 SiC 二极管应用。

　　Si 双极器件中的尾电流可以抑制振荡，但 SiC 中不存在尾电流，这对新的封装技术来说是一个挑战。应用宽禁带器件，强烈要求降低封装中的低寄生效应。图 14-10 给出了一个例子，它表明了低电感外壳中 SiC MOSFET 能接受的开关特性。

　　除了已知的芯片内部电容 C_{gs}，C_{gd} 和 C_{ds} 外，器件封装还包含由衬底绝缘层形成的电容，如 $\mathrm{Al_2O_3}$ 或 AlN，如图 14-11b 中的 $C_{\sigma+}$，$C_{\sigma\mathrm{out}}$ 和 $C_{\sigma-}$。需要考虑的另一点是 $C_{\sigma\mathrm{out}}$ 在每次开关时都会重新充电，并且会向散热器提供不需要的电流。如果两个 L_{σ} 与 $C_{\sigma+}$ 和 $C_{\sigma-}$ 不平衡，则它们也会产生流入散热器的电流[Fei15]。

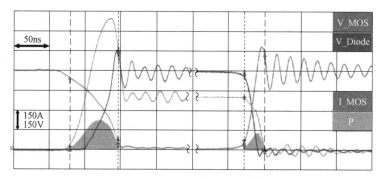

图 14-10 带有体二极管的 SiC MOSFET。400A，600V，150℃，dv/dt 为 40V/ns。图片来自本章参考文献[Bec16]

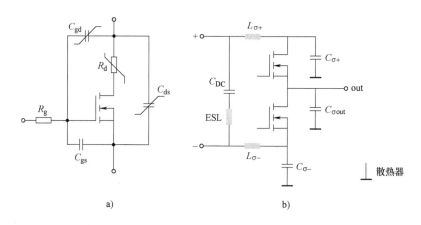

图 14-11 SiC MOSFET 的寄生元件。a) 芯片内 b) 开关单元寄生效应 。图片来自本章参考文献[Fei15] PCIM Europe 2015

  SiC 和 GaN 的封装中，尤其是寄生电感 L 必须非常低。GaN 中的 dv/dt 和 di/dt 也很高，需要低电感封装。目前已经付出了很多努力来开发极低电感封装。尤其要注意并联情况，因为并联芯片前面的非对称电感，会导致不良的动态电流共享和内部的 LC 振荡，如图 14-8 所示。

14.3 渡越时间振荡

  功率器件有一个厚度为 w_B 的低掺杂中间层。双极型器件关断过程中，存储的电荷载流子要被移除，它们中的一部分在瞬间建立起空间电荷区，载流子以漂移速度 v_{sat} 流过空间电荷区，这会产生一个渡越时间，其第一近似关系式为

$$t_T = \frac{w}{v_{sat}} \tag{14-6}$$

电子和空穴的漂移速度 $v_{\text{sat(n)}}$ 和 $v_{\text{sat(p)}}$ 由式（2-38）给出，开关过程中空间电荷区的宽度 w 小于或等于基区宽度 w_{b}。载流子渡越时间对应的频率是 $1/t_{\text{T}}$。渡越时间振荡发生的频率范围取决于基区宽度；它在 100MHz～1GHz 之间或者更高，如图 14-1 所示。发生的频率取决于效应的类型和它的相位关系，这部分内容见下面的介绍。

渡越时间振荡被用于制作微波器件，这类器件常用在微波振荡器中[sze81]。对于功率器件必须消除这类振荡，因为它们对于功率器件本身是危险的，而且它们的电磁发射可能会对驱动电路和其他周围环境中的电子元器件产生不良影响。在功率器件的两个效应中能观察到渡越时间振荡的发生，下面的段落对此进行描述，并且对消除振荡的措施进行讨论。

14.3.1　等离子体抽取渡越时间振荡

等离子体抽取渡越时间（Plasma-Extraction Transit-Time，PETT）振荡可以发生在双极型器件关断时的拖尾电流期间。在 IGBT 和软恢复续流二极管中已经观察到这种现象[Gut01,Gut02]。图 14-9 给出了一个 IGBT 的例子。

这种振荡因栅极电压的变化而被察觉，但主要是集电极电流 I_{C} 和集电极电压 V_{C} 的振荡。因其幅值较小而很难被分辨出来，因此主要通过对栅极信号的干扰表现出来。这种振荡发生在器件加压后并且处在拖尾电流的流动时间间隔内。

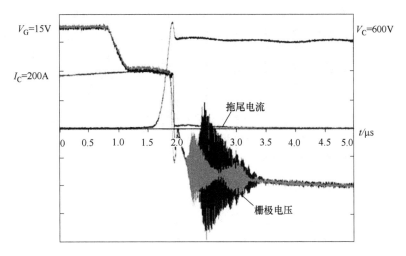

图 14-12　IGBT 关断过程中的 PETT 振荡（图片来自本章参考文献[Gut01]© 2001 IEEE）

图 14-13 给出了一个发生在软恢复续流二极管中的 PETT 振荡的例子[Sie03]，测试对象是一个额定电流为 600A、额定电压为 1200V 的 IGBT 模块。IGBT 开通时，续流二极管关断，PETT 振荡发生在续流二极管的拖尾电流期间。只有软恢复二极管会导致 PETT 振荡，然而在快速二极管的这类应用中，软恢复特性是至关重要的，因为二极管阳极电流测量的分辨率太低。在这个例子中，用金属圈作为天线放置在靠近二极管的地方来检测 PETT 振荡。

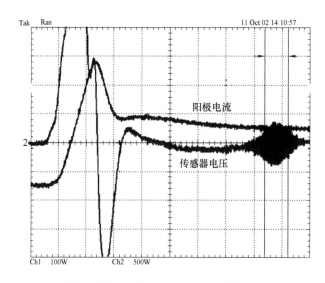

图 14-13　IGBT 开通过程中软恢复续流二极管拖尾电流中的 PETT 振荡

(V_{bat} = 600, I_F = 200A, di/dt = 400A/μs, T = 300K。图片来自

本章参考文献[Sie03]ⓒ 2003 EPE)

　　振荡的机理与作为微波振荡器的势垒注入渡越时间(简称为"势越", BARITT)二极管的机理有关。BARITT 二极管有一个金属-半导体-金属结构或一个 pn⁻p 结构。当施加一个反偏电压时，电场到达对面的金属-半导体结或对面的 p 层，在那里释放注入的载流子[Sze81]。与 BARITT 效应相反，在 PETT 效应中，空间电荷区只达到剩余载流子的存储区或剩余等离子体区，这里仍然存储有很多自由载流子，并供给拖尾电流。

　　图 14-14 显示了一个续流二极管中 PETT 振荡过程的例子。关断过程中，在阳极侧(见图 14-14 的右侧)建立一个电场来承担电压。

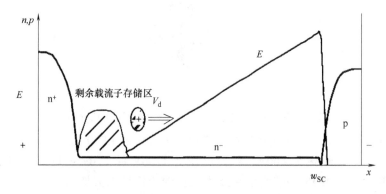

图 14-14　续流二极管中 PETT 振荡的发生过程

　　与图 5-25 或图 5-33 相比，为拖尾电流提供电荷的剩余载流子存储区仍位于阴极侧(见图 14-14 的左侧)。拖尾电流作为空穴电流流经空间电荷区，此时电场的分

布呈三角形。

本章参考文献［Eis98］详细讨论了这种情况下出现的振荡。对于一个 PETT 振荡，如图 14-15 所示。假设一个高频交流电压 $V_{RF}\sin\omega t$ 叠加到直流母线电压 V_{DC} 上（见图 14-15a）。在 BARITT 效应中有相同的方式，交流电压产生的注入电流 j_{inj} 的最大值在 $\omega t = \pi/2$ 处（见图 14-15b）。注入电流以速度 v_d 流经空间电荷区。器件端电极上相应的电流密度 j_{inj} 遵循 Ramo-Shockley 法则［Eis98］，如图 14-15c 所示。流过器件端电极的电流在 $\omega t = \pi/2$ 开始，在载流子渡越空间电荷区所需的时间间隔 ωt_T 后形成。产生的射频功率可以由下式给出：

$$P_{RF} = \frac{A}{2\pi}\int_0^{2\pi} j_{inf}(\omega t) V_{RF}\sin\omega t d\omega t \tag{14-7}$$

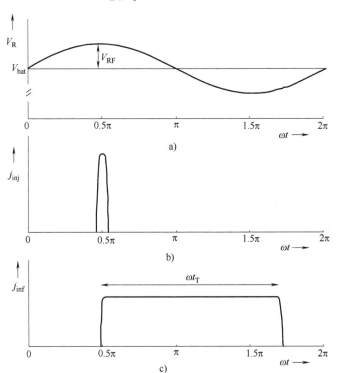

图 14-15　PETT 振荡的起源（图片来自本章参考文献［Sie08］ⓒ 2006 年 IEEE）

a) 高频交流电压叠加到施加的直流电压上

b) $\omega t = \pi/2$ 时在 $w = w_P$ 处的注入电流　c) 器件端电极的电流

由图 14-15a 和 c 可以看出，在 $\omega t_T < \pi$ 时，P_{RF} 是正的；在 $\omega t_T = \pi$ 时，P_{RF} 等于 0；在 $\omega t_T > \pi$ 时，P_{RF} 是负的。P_{RF} 为负值意味着可以产生射频功率。在 $\omega t_T = 3\pi/2$ 时产生的射频功率最大，并且在 $\omega t_T = 3\pi/2$ 时再次降低。只要 P_{RF} 为负，器件充当电流源，发射射频功率。

渡越时间 t_T 由下式给出［Gut02］：

$$t_{\mathrm{T}} = \int_{w_{\mathrm{P}}}^{w_{\mathrm{SC}}} \frac{1}{v_{\mathrm{d}}(w)} \mathrm{d}w \tag{14-8}$$

对比第 2 章中的式(2-39)和图 2-15，载流子在空间电荷区的速度 v_{d} 取决于电场强度，在给定情况下，电场分布呈三角形[Sie06b](见图 14-11)。

对于 BARITT 二极管，一级近似下渡越时间由式(14-6)给出[Sze81]即 $t_{\mathrm{T}} = w_{\mathrm{SC}}/v_{\mathrm{sat}}$(式中，$v_{\mathrm{sat}}$ 是高电场条件下(在硅中近似等于 $10^7\mathrm{cm/s}$)空穴的饱和漂移速度)。需要注意的是，在空间电荷区的大部分区域内，漂移速度 v_{d} 低于饱和速度 v_{ast}。基于这种简化，并考虑到最大射频功率的产生点在 $\omega_{\mathrm{T}} = 3\pi/2$ 时，PETT 振荡的频率可以近似表示为

$$f_{\mathrm{T}} = \frac{3v_{\mathrm{sat}}}{4w_{\mathrm{SC}}} \tag{14-9}$$

本章参考文献[Sze81]中给出的结论也是如此。

由图 14-15 可以看出，叠加的交流电源的激励可能在一个特定的频率范围内。由此可以推断出 PETT 振荡只在"负阻"条件下才会发生，且在这个时间段内整个电路中负阻特性大于其他所有的阻性元件。此外，器件端子上振荡电压和交流电流之间的相位移对于这类振荡的发生也是至关重要的。再者，从图 14-15 中可以看出，RF 发射效率很低，因为在 $\pi/2$ 的时间间隔内，功率总是耗散的。低效率是 BAR-ITT 二极管的一个特点[Sze81]。因此，由结电容和靠近器件的键合引线电感组成谐振电路时，PETT 振荡才会发生，此时的共振频率接近于由式(14-9)确定的 f_{T}。

此外，在器件中只要有大量的剩余等离子体或者相应的反向电流很大，PETT 振荡是不会发生的，因为存储的电荷阻碍了振荡的发生。最重要的一个参数是施加的电压 V_{bat}，这个电压决定了 w_{SC} 和温度，因为漂移速度取决于温度。PETT 振荡的典型特点是只有在非常特殊的条件下才会发生，假如偏离了这些条件，PETT 振荡是不会出现的。因此，可能发生的 PETT 振荡在功率模块的限制过程中很容易被忽略。

本章参考文献[Gut02]和[Sie06b]对 PETT 效应进行了模拟。本章参考文献[Fuj12]给出了详细的模拟结果，认为空穴的速度不是恒定的，而是随着漂移区中电场强度的变化而变化。

PETT 振荡是电磁波辐射，这种辐射会对电力电子设备产生影响，导致其与电磁兼容性(EMC)的要求相违背。EMC 要求在不同的标准中是固定的，例如欧洲标准 EN55011(国际标准 IEC CISPR 11)[DIN00]。相关的详细信息请参阅在这一领域的专门文献。

图 14-16a 和 b 给出了一个 600A、1200V 模块的电磁辐射测量实验，其中振荡如图 14-12 所示[Sie03]。因为没有采用防止外部电磁辐射干扰的屏蔽室，对环境中存在的电磁干扰进行测量是必要的。图 14-16a 显示了对环境进行 EMC 测量的结果，历时 2h，紧接着是随后的测量。图 14-16a 中不同的灰色条标志了广播和通信

的频率范围。显然，移动通信设备是最大的干扰信号，图 14-16b 给出了由 PETT 振荡引起的、额外产生的信号的测量系列图。

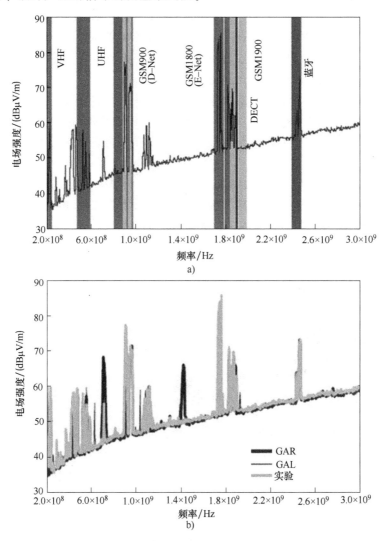

图 14-16   PETT 振荡的 EMC 测量与环境背景辐射的对比

(图片来自本章参考文献 [Sie06b] ⓒ 2006 IEEE)

a) 无模块工作的环境   b) 有模块工作：模块 GAR 在 700MHz 和 1.4GHz 时的 PETT 振荡

关断过程中的 PETT 振荡 (标记为 GAR) 在频谱中产生两个尖峰，分别在 700MHz 和 1.4GHz，这可能被认定为基频和 2 次谐波。

在给定条件下，模块 GAR 中使用的二极管的空间电荷宽度总计近似等于 85μm。如果空穴的漂移速度是 8×10^6 cm/s，由式 (13-7) 得出的频率近似为 700MHz，与实测值一致。

虽然 PETT 振荡的杂散辐射强度相对较低，但是仍会很容易超过 EMC 的限制，特别是如果使用多个功率模块，单个模块的辐射会叠加在一起，这是电力电子设备的特点。

另一个应用中，PETT 振荡发生在 1.8MW 的高频变换器中，此时工作频率大约为 100kHz。设备包括 100 多个功率模块，振荡开始时会在控制单元中产生一个错误信号[Sie06b]。因此 PETT 振荡必须消除。

为了防止 PETT 振荡而改进半导体器件本身的作用不是很显著。如果施加电压，则每个功率半导体都会产生一个空间电荷区，所以根据式(14-9)，它就具备了振荡的能力。然而，避免 LC 电路中渡越频率下的谐振是至关重要的，渡越频率由式(14-9)给出。

图 14-17 显示了模块 GAR 的设置，在其中出现了图 14-12 和图 14-17b 所示的 PETT 振荡，并且振荡发生在续流二极管中，该二极管在图 14-17 左侧，标记为 FWD，在图 14-17 所示的等效电路中，为底部的二极管。

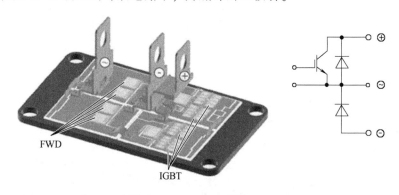

图 14-17　图 13-10 中模块 GAR 的 PETT 振荡测量组件和它的内部电路
(图片来自本章参考文献[Sie06b]ⓒ2006 IEEE)

图 14-18 的左侧显示了该模块的阻抗[Sie06b]。为了计算，采用 FLO/EMC[FLO04] 三维 EMC 仿真软件，它在数值上求解了完整的麦克斯韦方程组。图 14-17 中的模块结构，用正交传输线交点将空间分成单元模块。不可能将真实的半导体引入到 FLO/EMC 中，因此一个简化的模型可以再现器件(IGBT 和 FWD)的正确的结电容或者通态电阻。对于功率模块的特性，在 FWD 上施加了增量脉冲形式的激励，用这样的方式，可以计算电场和磁场以及所产生的阻抗。

图 14-18 显示了功率模块 GAR 的阻抗仿真结果(激励施加在 FWD 上)。谐振点的频率大约是 700MHz，该结果和由 FWD 的渡越频率[见式(14-9)]确定的振荡频率相吻合。这个谐振点是 PETT 振荡发生的必要条件，三维 EMC 仿真可以预测一个复杂机械结构的谐振点。

但必须指出的是，在安装中做出的小修改有可能改变 PETT 振荡发生的条件，或者削弱，甚至消除它。

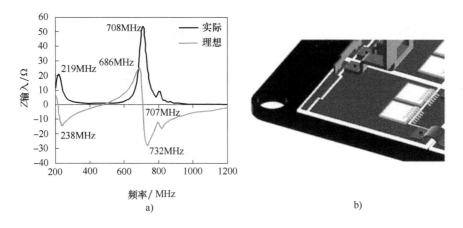

图 14-18　（图片来自本章参考文献［Sie06b］© 2006 IEEE）

a) 图 14-17 所示模块的阻抗　b) 发生 PETT 振荡的续流二极管的具体排列

图 14-18b 显示了 GAR 模块键合线的排布，考虑到给定的芯片面积和其产生空间电荷的能力，在 700MHz 的频率范围内，LC 谐振电路只有一个很小的电感。它仅仅由邻近芯片的组件形成，例如直接敷铜（DCB）衬底上的下一个导通路径、键合线，以及它们的排列。

在阳极接触面积之间提供附加的短路是一个可以显著降低电感的方法，如图 14-19b 所示，这如同发表于 1995 年的一个早期专利中的应用[Zim95]。这个结果清楚地显示了在渡越频率范围内对模块谐振的抑制，如图 14-19a[Sie06b] 中给出的 FLO/EMC 的仿真结果，在 700MHz 范围内没有发现更多的谐振点。

尽管当时还没有知识可以详细地描述导致 PETT 振荡发生的过程，但本章参考文献［Zim95］提出了一个可以抑制 PETT 振荡的有效方法。

要防止 PETT 振荡，功率模块的谐振点必须不同于由功率半导体结构控制的渡越时间频率 f_T，三维 EMC 计算对此有益、理想情况下，未来的仿真系统可以求解完整结构的麦克斯韦方程组，并计算半导体器件的特性，例如求解基本的半导体方程。虽然计算能力在稳定提高，但是目前这个任务还是很复杂的。

14.3.2　动态碰撞电离渡越时间振荡

软恢复续流二极管关断时，出现的一个动态摆动效应就是碰撞电离渡越时间（Impact-Ionization Transit-Time，IMPATT）振荡[Lut98]，其动态特性表明了振荡的发生与开关过程有关。动态 IMPATT 振荡是高能量的，辐射高强度的干扰，会导致现有的模拟和数字电路（比如驱动电路）发生故障。这种效应的测量有可能在实验室实现，如图 14-20 所示。

应用按图 5-19 所示降压电路形式执行的测量结果，如图 14-20 所示。二极管的温度为 0℃，反比地绘制电压的变化过程，该二极管的额定静态阻断能力为 1200V，它的雪崩击穿电压大于 1300V。反向恢复电流在其峰值点（t_1 时间点）后减

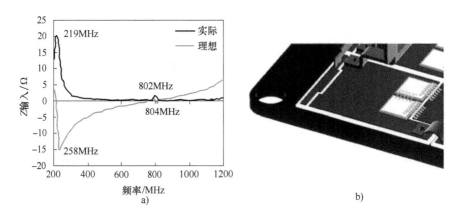

图 14-19 抑制 PETT 振荡的对策(图片来自本章参考文献[Sie06b]ⓒ 2006 IEEE)

a) 模块的阻抗　b) 具有短键线的续流二极管的具体排列

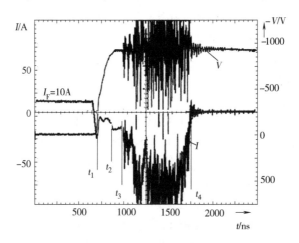

图 14-20 具有由辐射诱发复合中心的续流二极管的动态 IMPATT 振荡

($T=0℃$。引自本章参考文献[Lut98],经 Elsevier 许可)

小,在 $t_1 \sim t_2$ 时间内,电压上升到接近施加的电池电压值,此时二极管中流过拖尾电流。在 t_2 之后,拖尾电流中出现一个电流驼峰。只有电池电压高于 910V 时,才会出现驼峰。进一步增加电池电压到 930V 时,突然出现一个高反向电流,其幅值是反向恢复电流峰值的若干倍,叠加为一个高频率振荡。几个 100ns(t_4)之后,振荡完成。

电压减小 1V 或 2V,温度升高 1℃ 或 2℃,就可以消除该效应。

动态 IMPATT 振荡的机理和 IMPATT 二极管有关,二极管同时又可以充当微波振荡器[Sze81]。在 IMPATT 二极管中,超过其静态反向阻断能力后,器件工作在雪崩模式下。相比之下,当电压明显低于雪崩击穿电压时,动态 IMPATT 振荡发生,动态 IMPATT 振荡是由 K 中心引起的,高能粒子辐射半导体会产生 K 中心[Lut98]。

第 4 章中图 4-30 给出了大部分重要中心的能级，K 中心的能级位于禁带中间的下方。最新的研究发现，它的本质是 C_iO_i，一种由填隙碳原子和氧原子组成的缺陷[Niw08]。它对复合的贡献很小，但是它的浓度高于 OV 中心的浓度，在典型的退火工艺中，OV 中心决定了被辐照器件的复合[Sie06]。

K 中心有临时施主的特性，正向导通时，如果器件中充斥着自由载流子，它被空穴占据带正电，有效的掺杂浓度为

$$N_{eff} = N_D + N_T^+ \tag{14-10}$$

式中，N_T^+ 是带正电荷 K 中心的浓度。当电压改变极性后，该中心放电为

$$N_T^+(t) = N_T^+ e^{-t/\tau_{ep}} \tag{14-11}$$

这种放电过程的时间常数 τ_{ep} 是随温度而变化的，在高工作温度下，它很短（400K 时，大约为 100ns）；温度低于 300K 时，它为数微秒量级。这会导致器件内的掺杂浓度临时性地增加，掺杂浓度决定了雪崩击穿的开始电压 V_{BD}，式 (3-84) 可以用于给定的情况。掺杂浓度 N_{eff} 的增加会显著降低 V_{BD} 的值。如果此时有一个快速开关晶体管（比如 IGBT），在很短的时间内给二极管施加电池电压，当二极管电流过零后，器件的雪崩电压就会降低，碰撞电离开始。图 14-20 中，电压 V_{BD} 在 t_2 时刻临时降低，雪崩产生的电流就会在电流曲线上鼓起一个峰。如果该器件因此被驱动进入雪崩模式或更甚，则动态 IMPAT 振荡就会开始。

这个过程中，器件内的情形如图 14-21 所示。在 t_1 到 t_2 之间有一个小的拖尾电流（见图 14-20），在这种情况下，靠近阴极侧存在一个由剩余等离子体形成的电荷存储区，电场分布呈三角形。由碰撞电离产生的电子包穿过电场到达右侧。

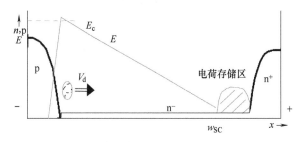

图 14-21　器件的动态 IMPATT 振荡过程

假设一个高频交流电压 $V_{RF}\sin\omega t$ 叠加到直流母线电压 V_{DC} 上（见图 14-22a），将产生一个电流脉冲 j_{inj}。因为碰撞电离过程需要时间，产生的电流脉冲由 $\omega t = \pi/2$ 转移到电压峰值处，出现在 $\omega t = \pi$ 处，电压的直流成分过零点（见图 14-22b）。注入电流以速度 v_d 流经空间电荷区。根据 Ramo-Shockley 法则[Eis98]，器件端子上相应的电流 j_{inj} 如图 14-22c 所示。在 $\omega t = \pi$ 时刻，端子中出现电流。

产生的 RF 功率 P_{RF} 满足式 (14-7)，P_{RF} 是负值，当 $\omega t_T = \pi$ 时达到最大值，当 $\omega t_T > \pi$ 时再次降低。二极管充当电流源，它发射 RF 功率。在 $\omega t_T = \pi$ 时产生的射频

功率最大，IMPATT 效应产生的渡越时间振荡频率为[Sza81]

$$f_T = \frac{v_{sat}}{2w_{SC}} \tag{14-12}$$

与 BARITT 效应的振荡相比，IMPATT 效应有无相位间隔，发射功率被衰减。IMPATT 效应导致高能量的高频振荡，IMPATT 二极管的射频效率高达 30%，正如本章参考文献[Eis98]报道的。此外，IMPATT 效应的信号不在一个非常窄的频带内，就像图 14-16 描绘的 PETT 振荡，但是包含了大量的噪声。这显著表明，任何情况下的雪崩振荡都必须消除。

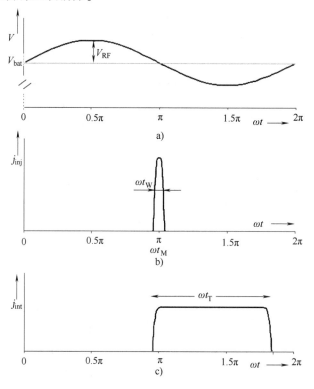

图 14-22 IMPATT 振荡的起源

a) 高频交流电压叠加到直流电压上 b) $\omega t = \pi$ 时，时间点注入电流 c) 器件端子的电流

如果功率半导体包含太多的 K 中心，则 IMPATT 振荡就会发生。电子辐射剂量太高[Lut98]，或者高剂量的 He 辐射到器件的不恰当位置[Sie04,Niw08]都会造成这种结果。对产生一个均匀寿命的电子辐照，本章参考文献[Lut98]给出了一个尺度规范：一个器件最多只能有那么多数量的 K 中心，这个数量要能保证其在最低工作温度(-40℃)下承受最大的直流母线电压(通常为额定电压的 75%)而不发生雪崩。本章参考文献[Sie06]给出了电子辐射时 K 中心的产生率，如果遵守这样的规则，一定可以消除动态 IMPATT 振荡。

14.3.3 动态雪崩振荡

3.3kV IGBT 的大电流关断期间，会出现另一种类型的高频振荡。测量和仿真都表明，这种振荡是由 IGBT 内载流子的雪崩产生和传输时间效应引起的。传输时间效应发生在关断过程中集电极电压上升期间，尤其是在动态雪崩阶段，频率范围为几百 MHz。由于这种振荡出现在伴随动态雪崩的开关过程中，因此称为动态雪崩（Transient Avalanche，TA）振荡。

图 14-23 给出了 TA 振荡的测量结果，在应用于传导天线的电压信号以及栅极电压的波形中可以观测到这种振荡。栅极导线中的振荡是杂散效应。当电压超过2800V（这是动态雪崩的开始）时，出现振荡，此时仍存在一个大的集电极电流 I_C，$\mathrm{d}V_C/\mathrm{d}t$ 受雪崩过程的限制。在动态雪崩过程的开始、过程中和结束时都会出现振荡。

13.4 节对动态雪崩进行了阐述，在特定条件下可以采用公式（13-13a）[⊖]

$$V_{av,dyn} = \frac{1}{2}\left(\frac{8}{B}\right)^{\frac{1}{4}}\left(\frac{qN_{eff}}{\varepsilon}\right)^{-\frac{3}{4}}\left(\frac{\mu_n}{\mu_n+\mu_p}\right)^{\frac{1}{4}} \tag{14-13}$$

此时 IGBT 中的变化过程与 13.4.2 节中对二极管变化过程的描述类似。在 IGBT 的基区部分建立电场，并且流过的电流为空穴电流。这导致动态雪崩的开始条件远低于额定电压，见图 13-12。

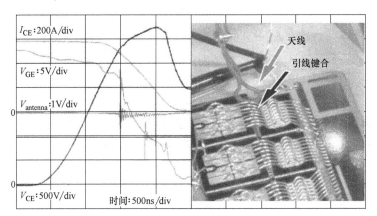

图 14-23　3.3kV IGBT 关断时 TA 振荡的测量结果，天线信号以及栅极电压的波形中出现了振荡。图片来自本章参考文献[Hon15]

图 14-22 中的简化载流子注入机制可用于计算这种传输时间结构中的 RF 功率产生的效率。端电压由 DC 部分 V_{bat} 和 HF 部分 V_{RF} 组成。在注入角 ωt_W 期间，载流子以 wt_M 注入耗尽区，以传输时间 t_T 漂移通过耗尽区，漂移角为 ωt_W。由本章参考文献[Eis98]可知，RF 效率保持不变，如图 14-22 所示。

⊖　原书误为（13-13b）。——编辑注

$$\eta = \frac{P_{RF}}{P_{DC}} = \frac{-\dfrac{A}{2\pi}\displaystyle\int_{\omega t_M}^{\omega t_M + \omega t_T} j_{inf}(\omega t)\, V_{RF}\sin(\omega t)\,\mathrm{d}\omega t}{\dfrac{A}{2\pi}\displaystyle\int_{\omega t_M}^{\omega t_M + \omega t_T} j_{inf}(\omega t)\, V_{DC}\,\mathrm{d}\omega t} \tag{14-14}$$

如果另外考虑注入角 ωt_W，则式(14-14)的解为

$$\eta = \frac{V_{RF}}{V_{DC}}\,\frac{\sin(\omega t_W/2)}{\omega t_W/2}\,\frac{\cos(\omega t_M + \omega t_T) - \cos\omega t_M}{\omega t_T} \tag{14-15}$$

式(14-15)中的三项可缩写为 η_1，η_2 和 η_3。$\omega t_W < \pi/5$ 时，第二项 η_2 的值接近 1，对于第三项 η_3，由于渡越时间与 IMPATT 和 PETT 结构相关，它的解决方案如图 14-24 所示。尽管 η_3 的峰值随着漂移角的增加而减小，但 IMPATT 的第二峰值仍然和 PETT 的第一峰值一样高。对于特定的耗尽区宽度 w_{sc}，图 14-24 给出了对应于渡越时间本征频率(f_{1IM}，f_{2IM}，f_{1PE})的每个 η_3 峰值，这些频率的信号将被极其有效地放大。

频率 f_{1IM}，f_{2IM} 和 f_{1PE} 的值可以基于下式得到：

$$f_T = \frac{\omega t_T v_{sat}}{2\pi w_{sc}} \tag{14-16}$$

电子的有效漂移速度(IMPATT) $v_{sat,n} = 8.93\times10^6\,cm/s$，空穴(PETT)的 $v_{sat,p} = 6.44\times10^6\,cm/s$。图 14-24 给出了 f_{1IM}，f_{2IM}，f_{1BA} 对空间电荷区宽度的依赖关系。f_{1IM} 的值类似于式(14-12)，f_{1PE} 的值类似于式(14-9)，另外，f_{2IM} 为 f_{2IM} 的一次谐波。

TA 振荡通常需要谐振电路，该谐振电路由器件的结电容 C_{IGBT} 和 C_{diode} 组成。进而衬底和靠近管芯布线的寄生电容，如图 14-26a 所示。

从图 14-24 可以识别出三种可能的谐振电路，两种器件的结电容与电压的依赖关系为

$$C_j = \frac{\varepsilon A}{w_{sc}} \tag{14-17}$$

式中，空间电荷区宽度 w_{sc} 对电压的依赖关系，类比 3.1 节式(3-19)。耗尽区延伸导致 IGBT 和二极管中的芯片电容都减小，这意味着所有谐振电路中的谐振频率增加。由于 IGBT 关断时具有很高的等离子体密度，耗尽区在 IGBT 中延伸的速度比在二极管中慢。图 14-24 所示的谐振频率通过以下方法粗略地确定，假设相同电压下二极管中 w_{sc} 增大为 2 倍，并且在 3.3kV 二极管中，耗尽区到达场截止层时为 400μm。图 14-25 中在接近交叉点的条件下出现振荡。

可以应用谐振电路和传输时间频率不匹配的方法来应对 TA 振荡。除此之外，

可以借助合适的驱动器来消除 TA 振荡：在雪崩之前不久，施加额外的短驱动脉冲对栅极充电，使其再次导通，这样 MOS 管的沟道部分导通，可以从 MOS 管沟道传导电子电流，从而减小发射极侧的空穴电流和空穴密度。阻断结处的电场峰值相应减小，这样可以抑制雪崩产生。

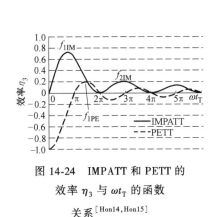

图 14-24　IMPATT 和 PETT 的

效率 η_3 与 ωt_T 的函数

关系[Hon14,Hon15]

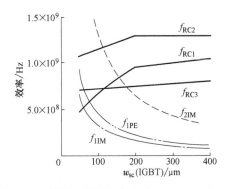

图 14-25　耗尽区的固有频率为 f_{1IM}，f_{2IM} 和 f_{1BA}

（见图 14-24）；谐振电路的固有频率为

f_{RC1}，f_{RC2} 和 f_{RC3}（见图 14-26）。转载

自本章参考文献［Honl4］ⓒ2014 IEEE，获得授权

14.3.4　传输时间振荡的总结

　　表 14-2 总结了传输时间振荡方面的一些内容。强度方面，动态 IMPATT 振荡表现最差，其次是 PETT 和 TA 振荡。然而，完全避免 TA 振荡最困难，因为动态雪崩发生在高压双极 Si 器件中。目前的研究结果表明，它们的强度很低并且需要谐振电路。然而，IMPATT 效应具有高的 RF 效率，并且在一些特殊情况下不能被消除，例如，它们甚至在与外部谐振电路的谐振频率不相同时，会发生强烈的动态雪崩。

　　即使是更高级别类型的传输时间振荡，如称为 TRApped 的等离子体雪崩触发传输（TRAPATT）振荡，也可以通过功率器件实现。它发生在具有梯形电场（PT-Design）的器件雪崩期间。在雪崩模式下电流足够大，电子和空穴的等离子

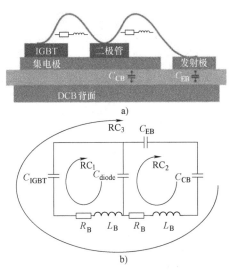

图 14-26　a) IGBT 和二极管之间直接引线键合的衬底　b) 图 a) 中设置的谐振电路（RC$_1$，

RC$_2$ 和 RC$_3$）。转载自本章参考文献

［Honl4］ⓒ2014 IEEE，获得授权

体形成[DeL70],并且雪崩区域蔓延至整个器件。

TRAPATT 振荡的 RF 效率非常高,甚至达到了 75%[Sze81],远远高于 IMPATT 振荡。本章参考文献[Kas95]通过对窄基极二极管的反向电流断开状态,进行数值模拟来解释 TRAPATT 振荡。快速断开时高 di/dt 产生一个大于击穿电压的电压峰值,该电压被二极管雪崩钳位。表现出来的电压振荡幅度几乎与施加的直流电压一样高,然而这是模拟中的现象。在大多数电力电子应用中不再采用快速二极管,参见 14.2.2 节,软恢复特性是必要的。

本章参考文献[Chi16]基于传输线脉冲(Transmission Line Pulse,TLP)方法对超结 MOSFET 进行研究,报道了在器件雪崩能力范围内的 TRAPATT 振荡。利用 TLP 方法,在雪崩模式中施加短时、高压、大电流脉冲,在很短的时间间隔内就出现了高频振荡。

然而,在 IGBT 的关断时也会产生电压峰值,它也会产生雪崩击穿电压过冲。因此,不排除会出现进一步的振荡效应。

表 14-2 传输时间振荡的总结对比

	动态碰撞电离传输时间(IMPATT)振荡	等离子体提取传输时间(PETT)振荡	瞬态雪崩(TA)振荡
振幅	200~400V	<60V	10V
强度	强烈的辐射、驱动等阻止功能	易于检测、认定,但会扰乱 EMC	难以认定,但会扰乱 EMC
现象	大于阈值电压时,随温度升高而降低	在一定的电压和温度下发生,条件变化时可以避免	在非常特殊的条件下,很难预测
是否涉及 LC 谐振电路	不需要	需要	多数情况下需要
根本原因	带正电的深 K 中心降低了雪崩起始电压	剩余的等离子体层不连续地注入载流子	主要是动态雪崩,涉及 PETT 机制
对策	器件设计,限制深 K 中心的数量	去 LC 谐振电路	去谐振电路,电子短暂通过沟道注入

参 考 文 献

[Bec16] Beckedahl, P., Buetow, S., Maul, A., Roeblitz, M., Spang, M.: 400 A, 1200 V SiC power module with 1nH commutation inductance. In: Proceedings CIPS 2016, VDE Verlag GmbH (2016)

[Chi16] Chirilă, T., Reimann, T., Rüb, M.: Dynamic avalanche in charge-compensation MOSFETs analyzed with the novel single pulse EMMI-TLP method. In: Proceedings of 2016 IEEE International Reliability Physics Symposium (IRPS), pp. 1–5 (2016)

[DeL70] DeLoach B.C., Scharfetter D.L.: Device physics of TRAPATT oscillators. IEEE Trans.

Electron Devices **17**(1), 9–21 (1970)

[DIN00] DIN EN 55011 – Industrielle, wissenschaftliche und medizinische Hochfrequenzgeräte; Funkstörungen – Grenzwerte und Messverfahren, VDE-Verlag GmbH, Berlin (2000)

[Eis98] Eisele, H., Haddad, G.: Active microwave diodes. In: Sze, B.M. (eds.) Modern Semiconductor Device Physics. Wiley, New York (1998)

[Eld98] El-Dwaik, F.: Ein Beitrag zur Optimierung des Wirkungsgrades und der EMV von Wechselrichtern für batteriegespeiste Antriebssysteme, Dissertation, Chemnitz (1998)

[Fei15] Feix, G., Hoene, E., Zeiter, O., Pedersen, K.: Embedded very fast switching module for SiC Power MOSFETs. In: Proceedings PCIM Europe, pp. 104–110 (2015)

[Fuj12] Shigeto Fujita, S.: Simulation study on insulated gate bipolar transistor turn-off oscillations. Jpn J Appl Phys **51**, 054101 (2012)

[FLO04] Flomerics Ltd.: FLO/EMC Reference Manual Release 1.3, 2004

[Gut01] Gutsmann, B., Silber, D., Mourick, P.: Explanation of IGBT tail current oscillations by a novel plasma extraction transit time mechanism. In: Proceeding of the 31st European Solid-State Device Research Conference, pp. 255–258 (2001)

[Gut02] Gutsmann, B., Mourick, P., Silber, D.: Plasma extraction transit time oscillations in bipolar power devices. Solid-State Electron. **46**(5), 133–138 (2002)

[Hon14] Hong, T., Pfirsch, F., Bayerer, R., Lutz, J., Silber, D.: Transient avalanche oscillation of IGBTs under high current. In: Proceedings ISPSD (2014)

[Hon15] Hong, T.: Transient avalanche oscillation of IGBTs under high current, Ph.D. thesis Chemnitz (2015)

[Kas95] Kaschani, K.T., Sittig, R.: How to avoid TRAPATT oscillations at the reverse recovery of power diodes. In: International Semiconductor Conference, CAS'95 Proceedings, pp. 571–574 (1995)

[Kas97] Kaschani, K.T.: Untersuchung und Optimierung von Leistungsdioden, Dissertation, Braunschweig (1997)

[Lut98] Lutz, J., Südkamp, W., Gerlach, W.: IMPATT oscillations in fast recovery diodes due to temporarily charged radiation induced deep levels. Solid-State Electr. **42**(6), 931–938 (1998)

[Niw08] Niwa, F., Misumi, T., Yamazaki, S., Sugiyama, T., Kanata, T., Nishiwaki, K.: A Study of correlation between CiOi defects and dynamic avalanche phenomenon of PiN diode using he ion irradiation. In: Proceedings of the PESC, Rhodos (2008)

[Omu030] Omura, I., et al.: Electrical and mechanical package design for 4.5 kV ultra high power IEGT with 6kA Turn-off capability. In: Proceedings of the ISPSD, Cambridge (2003)

[Pal99] Palmer, P.R., Joyce, J.C.: Causes of parasitic current oscillation in IGBT modules during turn-off. In: Proceedings of the EPE, Lausanne (1999)

[Sie03] Siemieniec, R., Lutz, J., Netzel, M., Mourick, P.: Transit time oscillations as a source of EMC problems in bipolar power devices. In: Proceedings of the EPE, Toulouse (2003)

[Sie04] Siemieniec, R., Lutz, J., Herzer, R.: Analysis of dynamic impatt oscillations caused by radiation induced deep centres with local and homogenous vertical distribution. In: IEEE Proceedings Circuits, Devices and Systems, vol. 151(3), pp. 219–224 (2004)

[Sie06] Siemieniec, R., Niedernostheide, F.J., Schulze, H.J., Südkamp, W., Kellner-Werdehausen, U., Lutz, J.: Irradiation-induced deep levels in silicon for power device tailoring. J. Electrochem.l Soc. **153**(2) G108-G118 (2006)

[Sie06b] Siemieniec, R., Mourick, P., Netzel, M., Lutz, J.: The plasma extraction transit-time oscillation in bipolar power devices – mechanism, EMC effects and prevention. IEEE Trans. El. Dev. **53**(2) 369–379 (2006)

[Sze81] Sze, S.M.: Physics of semiconductor Devices. Wiley, New York (1981)

[Win12] Wintrich, A.: "Herausforderungen beim Einsatz von SiC in Hochleistungsmodulen", ELEKTRONIKPRAXIS Leistungselektronik & Stromversorgung, Mai (2012)

[Zim95] Zimmermann, W.: Sommer KH, Patent DE 19549011C2 (1995)

第 15 章　集成电力电子系统

15.1　定义和基本特征

"电力电子系统"这一表述在不同的语境下有不同的含义。在介绍性的第 1 章中术语"电力电子系统"指的是完整的变流器系统，读者应该清楚这种变流器系统包括许多子系统。在集成电力电子系统的背景下，术语"电力电子系统"将用于执行能量转换任务所必需的那些部件的组合，并且可以集成到特定的集成技术中。

图 15-1 以混合动力推进系统为例对该定义进行说明。

在混合动力车辆中，主要的电力电子功能是实现从蓄电池到电力牵引电动机之间的能量转换，反之亦然。基本的开关过程发生在硅功率器件中，这些未能在图 15-1 中展示出来。从这个抽象的层次上看，其主要部件就是在第 1 章中介绍的（见图 1-5）一个带有内部电路的三相变流器模块，如图 15-2 所示。该变流器模块包含的电力电子器件为 6 个 IGBT 和 6 个续流二极管，以及所有电气接触和散热器接口。如图 15-2 所示，这种变流器拓扑结构可封装在单个功率模块中。

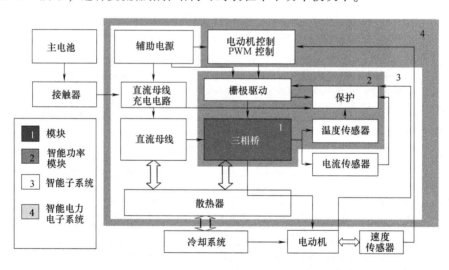

图 15-1　以汽车混合驱动装置为例说明术语"电力电子系统"

（引自赛米控公司 W. Tursky）

进一步层面上的功能通过以下措施实现：为 6 个 IGBT 添加栅极驱动，增加温度传感器、可能的话再装上电流传感器和保护逻辑电路。这些功能被整合在一个叫作智能功率模块（Intelligent Power Module，IPM）的封装单元里。IPM 在商业上应用于中小功率领域。

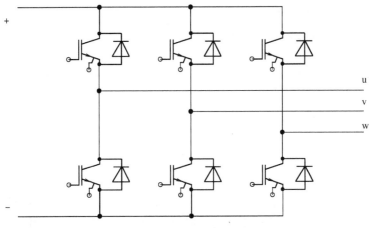

图 15-2　三相变流器电路

再对这个系统增补直流母线能量存储、直流母线充电电路、辅助电源，以及散热片，使系统具有更进一步层面上的功能，形成智能子系统。针对具体应用，市面上有集成特殊定制智能子系统出售。

现在，构成一个完整的电力电子系统所缺少的唯一部件是一个数字信号处理器（DSP）或微处理器，它们发出脉宽调制（PWM）信号，并通过合适的软件控制电力电子系统的各个方面。外置式热交换器、电源（具有安全接触器的电池）和消耗能量的部件（具有速度传感器的电动机）不能作为电力电子系统的一部分。

一个电力电子系统必须包含以下特征：

1）所有电气功能：电力电子电路及其相关驱动电路，检测变换器运行状态（输出电流、直流母线电压、参考温度）的传感元件，同时包含启动电路、保护电路和辅助供电电路。

2）热管理组件：散发从硅功率器件产生的热量是电力电子系统运行中要最优先考虑的事。这些组件的有效功能应永久监测，以避免其工作于过热条件下。

3）PWM 和控制的软硬件：PWM 和控制算法的基本意义是使电力电子系统能够高效、可靠地运行。它们可以通过选择电动机的最优工作条件来提高能量的应用效率，也可以保护电力电子系统不受意外的应力条件和诸如电动机短路这样的外部故障的干扰。

对于有效系统优化，系统方法是一个必不可少的先决条件。如果只考虑系统优化的一个方面，例如增加单位体积的功率密度，可能导致系统可靠性达不到最优，因为并非所有因素都被考虑在内。

在不牺牲系统可靠性的前提下，系统集成是提高功率密度的常规策略。功能集成可以消除接线和接口，有时可以通过在单一功能元件上集成多功能来使用协同效应。这种协同效应的例子经常出现在集成无源元件中，在那里，基于 PCB 工艺的层技术，电容和电感同时集成在一个结构单元中[Dic08,Waf05]。这一观念在未来改善电力电子系统性能方面具有很大的潜力。

一个行之有效的概念是单片集成。目前，组件用于小功率范围，它包含集成于单个芯片上的所有电力电子、控制和逻辑功能。混合集成在单个衬底上组装不同的元器件，它是系统集成的另一种方式。所有集成策略的共同点是减少元器件的占用面积、系统的体积和重量，同时减少互连和接口。

高度集成一方面减少了系统装配的必要工作，但另一方面增加了元器件的复杂性。日益复杂的高度集成元器件要求一个高质量的制造工艺和全面的测试程序，以验证元器件的功能。如果产量够高，这种制造工艺的努力改进仅在商业上可行。

电力电子系统的设计需要若干工程学科的知识，即机械工程、电气工程、材料科学和计算机科学。成功地设计出一个新的电力电子系统，需要这些领域工程师的通力合作，一个工程师很难独自完成系统设计的所有方面，因此团队合作是必要的。这种情况已经改变了对工程师的职业要求。

15.2　单片集成系统——功率 IC

单片集成就是将不同的功能集成到一个硅芯片上。传感器元件、模拟和数字电路，以及功率电子器件组合在一个单一的集成电路中。

标准 CMOS 技术是大多数集成系统的基础。缩略语 CMOS 表示互补 MOSFET，也表示适合 n 沟道和 p 沟道 MOSFET 的工艺技术。其他功能元件，如传感器、存储单元、功率器件和必要的互连，可以通过补充工艺步骤和掩蔽层次以相同的技术添加进来。

智能浅注入 p 沟道金属氧化物半导体(SIPMOS)技术是最早成功实施这一工艺扩展的技术之一[Pri96]。图 15-3 给出了一个在单个芯片上集成组合逻辑和功率电路的例子。

图 15-3 右侧所示的垂直功率晶体管(功率 N-MOS 管)已经在第 9 章中讨论过。显然，它与左侧的 CMOS 结构是兼容的。源极结构、栅极氧化物、栅极接触、钝化层和接触金属化层的制作全都可以沿用 CMOS 技术。

图 15-3 所示电路中不同组件的相互隔离是通过 pn 结实现的，因此，这个概念被称为"结隔离"，基于这种技术的器件阻断能力被限制在 $100 \sim 200\text{V}$ [Gie02]。仔细观察图 15-3，会发现在电路中存在许多寄生结构：npn 和 pnp 晶体管结构，甚至代表晶闸管型寄生元件的 pnpn 结构。在大电流密度，特别是高温、高压工作状态下，不同器件之间的相互作用会诱发寄生晶闸管结构的闩锁。这种效果是集成电路的主要失效模式，它限制了电流和电压的允许水平，同时从根本上限制了工作温度的范围。

适应高电压等级的是由 ST 微电子公司推出的"纵向智能功率技术"，本章参考文献[And96]对此有所介绍。图 15-4 展示了一个实用范例。图中左侧所示是一个作为输出级的纵向功率 MOSFET。这种器件在第 9 章中讨论过。逻辑电路中的诸元

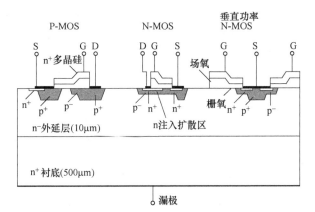

图 15-3　集成到 CMOS 逻辑元器件中的自隔离垂直 DMOS 晶体管

（引自本章参考文献[Thi88b]）

由几个 pn 结实现隔离，这些 pn 结（从 n^+ 衬底底部开始）是这样形成的：第一个 n^- 外延层、局部 p 和 n^+ 注入埋层、一个二级 n 型外延层、横向分布的深扩散 p 柱区，外延生长过程终止于 p 埋层和 n^+ 岛的注入。在重新开始的外延生长过程中，升高的工艺温度会诱发埋层开始扩散，并在该过程结束时达到设计的尺寸，这个精心设计的多层隔离技术使得逻辑电路元件的阻断电压高达 600V。

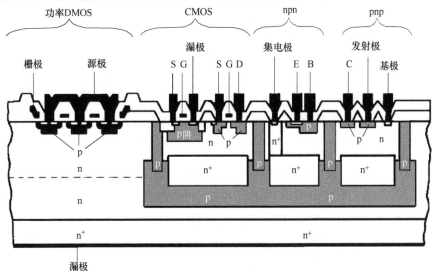

图 15-4　ST 微电子公司的纵向智能功率技术

（由 R. Herzer 根据 ST 微电子公司数据手册绘制）

　　npn 双极型晶体管的集电极通过一个垂直的 n^+ 柱区连接在埋层 n^+ 集电极岛上，这是高增益 npn 型晶体管的典型设计结构，被称为"准纵向"器件。

　　图 15-4 所示的技术代表了一个集成多元结构和模拟与数字电路功能的综合平台。用于功能元件的电学隔离而制造的深 p 区，其制作工艺非常精细。从表面开始

的这些柱形深扩散伴随着一个纵横比为 0.8 的横向扩散,对于一个 10μm 深的柱区,必须考虑一个 8μm 的横向扩散。因此,这种技术需要相当宽的隔离区,因而会损失有源器件的可用面积。

这种技术的另一个缺点是 pn 结上施加电压所产生的漏电流,这会使温度变得更高。漏电流限制了最大阻断能力,同时限制了工作温度范围。它们可能出现闩锁(寄生晶闸管结构导通),从而破坏电路。pn 结隔离技术限制高电压的最高温度为 150℃。

电介质隔离技术可以消除这些弊病,该技术采用氧化层实现不同器件之间的电气隔离。这些氧化层具有双向绝缘特性,而且漏电流也小得多。因此,即便在高工作温度下,也可以用很薄的隔离层实现更高的阻断能力。

使用这种被称为绝缘体硅基外延(Silicon-On-Insulator,SOI)技术结合沟槽技术的一个实例如图 15-5 所示。这种技术中使用的衬底用晶圆键合工艺来制备。晶圆键合就是把两个表面氧化的硅晶圆合二为一。在顶部的晶圆表面预先扩散形成一个 n⁺区,晶圆键合工艺结束后,研磨顶层到需要的厚度,然后抛光,接下来用蚀刻工艺形成深槽,注入工艺之后是扩散工艺,在沟槽侧墙上形成一个 n⁺层,然后在沟槽里填充二氧化硅,最终经过机械加工形成一个平整的表面。现在,就可以开始有源器件的实际制作了。

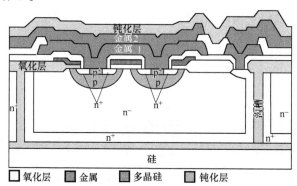

图 15-5 采用了绝缘体硅基外延厚膜技术与沟槽隔离技术的
一个准纵向 n 沟道 MOSFET 剖面(取自本章参考文献[Ler02])

图 15-5 展示了一个准纵向 n 沟道 MOSFET 的剖面(参考第 9 章),该结构采用 SOI 技术,阻断电压为 600V,可用于 230V 的电网。深处的 n⁺层与漏极接触,经由沟槽侧壁垂直的 n⁺区连接到芯片右侧边缘的表面电极。在相邻的电介质绝缘单元中可以放置其他独立的功率器件或任意的逻辑电路结构(CMOS,双极型器件)。

SOI 衬底的制造要求相当高,但是这项技术可以有效预防电路中不同器件之间的交互作用,即使在大电流、高电压,以及高温情况下。电路器件之间的串扰(另一个限制集成度提高的因素)也可以通过介质隔离来减少。SOI 技术的装填因数较高,并且由于绝缘区域较小而表现出更好的晶圆表面剥离特性。SOI 器件对于由寄生 pn 结构引起的闩锁问题具有免疫能力,集成器件在高达 200℃ 的工作温度下依然能正常工作。

过去几年里，单片集成在组装密度、阻断能力和温度稳定性等方面取得了巨大的进步。然而，它在高电压和温度稳定性之间存在相互矛盾的要求，一方面要抑制串扰影响，另一方面又要提高装填因数，这些矛盾因素构成了单片集成进一步发展的挑战。目前，集成在智能功率 IC 上的系统具有 1200V 的阻断能力，并且电流高达 10A。对于更高的电压和电流，最好还是选择混合集成或使用分立式元器件的解决方法。

15.3　GaN 单片集成系统

GaN 功率器件是横向器件，如第 10 章所述。目前，它们采用在 Si 上制备 AlGaN/GaN 工艺，见 4.11 节。该技术还在单片集成方面提供了新的机会，几个器件可以并排放置在单个芯片上，这可以通过在横向器件之间设置隔离区域实现，器件的所有端子在芯片的顶端互连[Rei16]。

图 15-6 给出了一个带有集成续流二极管的横向 GaN HEMT（见 9.13 节），与源极场板连接的肖特基接触，提供了一个与栅极状态无关的反向传导路径。耗尽区的耗散区域为 HEMT 和与其反并联的二极管两个器件共用。因此，内部结构几乎不需要额外的芯片面积，并且不会产生明显的寄生效应。

半桥配置和两个 HEMT，以及两个肖特基二极管集成在一个单芯片中，如图 15-7 所示。

该器件在一个芯片中实现了四个传统芯片的功能。由于 GaN 的高场强，可以采用非常窄的隔离距离。对于这种类型的集成，施加到衬底上的最佳电位是仍然存在的争议问题。在单个 HEMT 中，Si 衬底（见图 15-6）通常与源极连接，两者具有相同的电位。但是，图 15-7 中的两个源极电位都不相同。本章参考文献[Wei16]对背面耦合问题进行了研究，并给出了折中解决方案。为避免电流崩塌问题（见 9.13 节），衬底通过外部电阻网络连接到

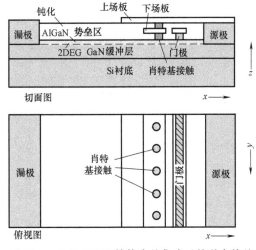

图 15-6　GaN HEMT 结构中的集成反并联肖特基二极管[Rei16]，芯片面积为 $(4\times4)\,\mathrm{mm}^2$

$V_{\mathrm{bat}}/2$，该网络在正电源和地之间有两个电阻 $R_{\mathrm{DIV}}=110\mathrm{k}\Omega$。

GaN 器件的低栅极电荷是一个非常有利的特征，与同类硅器件相比，它的驱动损耗降低了 20 倍[Kin16]。基于此，即使在高开关频率下也能实现低功率驱动电子设备。驱动器和逻辑功能可以集成在芯片中，如图 15-8 给出的例子。

650V GaN HEMT 在增强模式下，1MHz 开关频率时，驱动器损耗小于 35mW。集成在芯片上的驱动器将栅极电路中的环路电感降至最小，这对于快速开关来说是一个显著的优势。延迟时间 t_d、t_{on} 和 t_{off} 在 10～20ns 的范围内，该器件具有很高的 dv/dt 抗扰度，稳定性高达 200V/ns[Kin16]，同时还可以实现其他功能。本章参考文献[Kin17]报道了在一个 650V 半桥功率 IC 中，单片集成了 650V 增强型 GaN FET，它具有驱动、逻辑、电平转换、自举和保护功能。

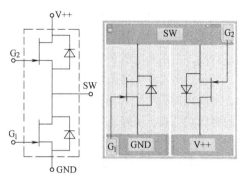

图 15-7　带集成反并联肖特基二极管的单片半桥电路和芯片布局芯片面积[Rei16]，

芯片面积为 $(4\times4)\,mm^2$

图 15-9 给出了可以在横向 Si 上 GaN 技术中实现的，不同半导体结构和功能的简化横截面图[Che17]。D 模式(耗尽型)HEMT 是常开型，E 模式(增强型)HEMT 是常闭型，通过在栅极下方进行局部氟注入来实现，对比图 9-35。

将不同的功能用于模拟和逻辑器件是可能的，除了功率 HEMT 晶体管之外，

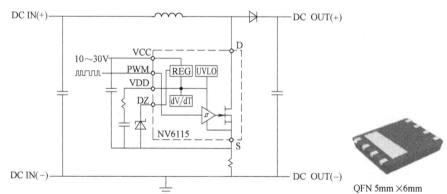

图 15-8　GaN 功率 IC，单片集成 GaN FET、GaN 驱动和 GaN 逻辑

(图片改编自本章参考文献[Kin16a])

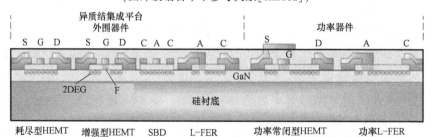

图 15-9　Si 上 GaN 技术单片集成平台。图片来自本章参考文献[Che17]ⓒSpringer 2017

还实现了肖特基二极管和二极管（横向场效应整流器，L-FER）。由于缺乏 p 沟道 GaN 器件，GaN IC 中反相器配置的是所谓的直接耦合 FET 逻辑，它使用 E 模式和 D 模式的 n 沟道 HEMT[Che17]。

本章参考文献[Cai06]给出了一个集成的增强/耗尽型 GaN HEMT，它的功能类比于 C-MOS 反相器，图 15-10 对原理图进行了比较。

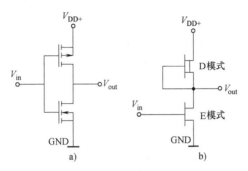

图 15-10　a) IC 中的经典 C-MOS 反相器，包括 p 沟道和 n 沟道 MOSFET
b) IC 中的经典 GaN 反相器，包括增强型 GaN 和耗尽型 HEMT。图片改编自本章参考文献[Cai06]

本章参考文献[Wan15]提出了一种具有全脉冲宽度调制（PWM）功能的 GaN 基 IC。该电路能够产生 1 MHz PWM 信号，其占空比在很宽的范围内调制。IC 可在高达 250℃ 的温度下工作。将来这种电路可以与 GaN 功率器件一起集成到单片功率 IC 中。

单片集成与高开关频率相结合，可实现小型无源元件和非常紧凑的电力电子系统，预计该领域可取得重大进展。

15.4　印制电路板上的系统集成

分立式无源元件，其传统的单独封装形式占用相当大一部分并网电力电子系统的体积，它们的主要功能是维护电网的高品质运行。电力电子器件的发展实现了高开关频率的转换，所以，降低了必要的电容、电感值，这种趋势有利于将这些无源元件集成在印制电路板（PCB）这样一个电力电子系统的通用平台上[Waf05]。嵌入式无源集成电路（emPIC）技术允许紧凑的电路设计和单位体积的高功率密度[Pop05]。

从图 15-11 中可以看出，设计这样一个系统需要具有特殊性能的层[Waf05]。被称为预浸料（即预浸纤维，PCB 生产过程中的半成品）的印制电阻的应用代表了一个工业生产的发展现状，尽管 emPIC 技术所要求的对准公差并不容易实现。研究的挑战是开发合适的具有高介电常数和高磁导率的层。

特殊 PCB 的预浸料可用于装载高介电材料的颗粒，以形成电容器。市售的名为"C-Lam"的功能层材料的相对介电常数 $\varepsilon_r = 12$，厚 $40\mu m$ 的这种介电层应用于两铜层之间，形成的组件具有 $0.26nF/cm^2$ 的电容，其介质损耗因数为 0.02，频率响应高达 1GHz。

电感磁心的软磁层

结构式电阻器

隔离

核心绕组

互连线

电容器电极

介质层

电感磁心的软磁层

图 15-11 高集成 emPIC PCB 各层的展开图[Waf05]

嵌入在高分子聚合物基体内的铁氧体颗粒允许制造磁性层。MagLam 是商用层材料的一个品牌名称，它与基于预浸料的 PCB 生产工艺兼容，MagLam 的相对磁导率 $\mu_r = 17$，饱和磁通密度为 300mT，频率应用范围超过了 10MHz。图 15-12 表明，适当的层结构可以构建一个具有闭合磁心的集成变压器。在层压过程中，将多个层在高温下压在一起，磁性层材料在垂直管道中被挤压，形成闭合的磁心。

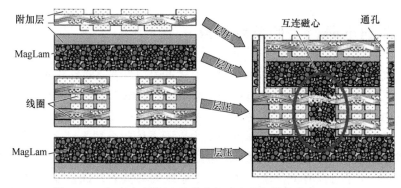

附加层

MagLam

线圈

MagLam

层压

互连磁心

通孔

图 15-12 与 PCB 层压工艺兼容的具有铁氧体高分子聚合物
"MagLam"的闭合磁心的制作过程

另一个实施磁性层的可行方法是采用"μ 金属"，它可以被整合成厚度为 50μm 的箔，由此可以实现相对磁导率 μ_r 超过 10000。然而，这种材料具有导电性，因此不适合高频应用。μ 金属箔可以被压制构造成普通的铜层，可以应用到薄的柔性衬底(聚酰亚胺)上做成"柔箔"，用来做弹性线圈[Waf05b]。

图 15-13 描绘了一个基于 emPIC 技术的完整系统的例子。该系统展示了一个

AC-DC 变换器的谐振拓扑，它从 230V 电网产生一个 60W 的输出功率，其效率高达 82%[Waf05]。功率 MOSFET 和驱动 IC 在表面上分立封装，大部分其他无源元件集成在印制电路板上。该系统只占用了一张信用卡大小的面积。

图 15-13　电源电压为 230V 的超薄系列 60W AC-DC 变流器——变压器和大多数电容都集成在 PCB 上

无源集成的设计和优化，需要考虑不同层和部件之间所有的相互作用，以防发生不良后果。一个通过求解麦克斯韦方程组对 PCB 内部的电磁场进行的三维仿真，是避免发生以上问题的有力工具。14.3 节中已经讨论过的完成该工作的软件工具。尽管如此，解析方法对于一个快速的概念设计仍然是必不可少的，尤其对于集成变压器[Waf05]。

无源元件的集成是电力电子系统设计中的一个巨大进步。PCB 以前只用于装配平台和布线元素，现在已发展成一个系统功能组件。PCB 走线的传统障碍，如寄生电感和寄生电容已经被转化为功能元素。焊点数量的显著减少，以及外部组件较少的紧凑设计，降低了系统对机械振动和冲击的敏感性，这些因素增加了系统的可靠性。在未来无源集成对于改善系统有很大潜力[Nee14]。

15.5　混合集成

电力电子系统集成构成了一个特殊的挑战，因为热量的产生和消散暗示了对小型化的限制，而这些热量产生于工作中的功率损耗部分。虽然微电子在过去几十年中取得了巨大的进步(根据"摩尔定律"，每两年在一个单个芯片上的晶体管数量就会增加一倍)，但一方面限制一个标准元器件组中的可能元器件数，另一方面按比例缩小这些标准元器件的尺寸，而电力电子技术只能初步适应这种策略。

三种主要模式的转变造就了信息技术的革命性进步。第一步是将信息简化为二进制元素(即 0 和 1 的序列)，从而实现数据的标准化；第二步是 CMOS 技术的引进，CMOS 反相器的结构和 DRAM(动态随机存取存储器)存储单元的组成如图 15-14a 所示[Bor05]，每个微电子系统的组件都是通过将基本元器件构建成复杂电路完成的，这个进步在于这些元器件的小型化；第三步是超大规模集成(Very Large Scale Integration，VLSI)技术。

电力电子技术中的类似模式的转变能否取得其在微电子学上的巨大成功？与信息技术中数字概念等价的是电力电子技术中的标准脉冲宽度调制(PWM)技术。输入端的能流被细分到单个元器件中，并在输出端组合成需要的能流，这可能是 DC

调节器中一个控制振幅的 DC 电流，或者是 DC 逆变器中一个具有可选频率电压特性的正弦电流。与信息技术发展的第二步也有相对应的，这就是图 15-14b(左侧) 中给出的在半桥或臂对配置(Phase- leg configuration) 中两个开关器件和两个反并联续流二极管的基本拓扑结构。作为电力电子技术中的一种标准拓扑结构，这种配置被绝大多数实用电力电子技术采用。

这个类比中的第三步尚未解决：信息技术中像 DRAM 这种标准存储单元在电力电子技术中等效为标准储能单元(图 15-14b 右侧)。在各种技术和封装外形中，各种单一的元器件没有一个明显的标准化趋势。系统装配的最后一步，即功率器件和无源器件的布线，是要煞费苦心的，无源元件在很大程度上决定着系统的容量和重量。像信息技术那样，通过集成度的提高而不断进步，对电力电子技术领域仍是不可想象。

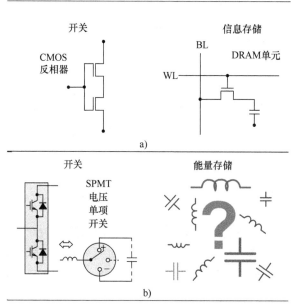

图 15-14　标准模块(根据本章参考文献[Bor05])

a) 信息技术　b) 电力电子技术

今天，最先进的功率电子器件可以工作在高开关频率下，尤其是功率 MOS-FET，这有利于减少电容和电感元件。15-4 节对具有高相对介电常数 ε_r 或高相对磁导率 μ_r 的材料进行了讨论。然而，除了电气要求外，还要考虑更多的边界条件。无源元件中功率损耗所产生的热量必须有效地消散。邻近功率器件产生的额外热量会显著增加无源元件的工作温度，所以它们必定处于高工作温度状态。最后，高膨胀系数(CTE)产生的应力与高工作温度综合在一起对元件的可靠性构成了一个挑战。这些额外的要求阻碍了电力电子系统集成的发展。

虽然无源元件集成仍处在起步阶段，但功率模块制造商已经另辟蹊径，将驱动电路集成到功率模块内。这些智能功率模块(IPM)方便了系统设计，并且在小功率范围内已达到了一定标准。

正如 11.2 节已讨论过的，基于铜引线框架的压铸模技术是低功率范围内集成驱动的一个理想平台(见图 11-11)。随着功率损耗的增加，通过接触引线的热传导是不够的，集成冷却结构增强了封装的热消散。图 15-15 给出了一个 Mitsubishi 公司对 DIP(双列直插式封装)IPM 的改进，这个封装适合于输出功率为 1.5kW、最大相电流 20A 的情况。

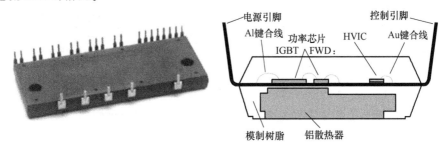

图 15-15　一个 Mitsubishi 公司 DIP-IPM 的照片(左图)和剖面图(右图)，
散热器结构增加了热量的散发[Mot99]

高输出功率需要更高的热驱散能力。使用陶瓷衬底可以设计出输出功率高达 22kW 的 IPM，图 15-16 给出了一个无底座功率模块的例子，其中包含一个三相输入变换器、一个三相逆变器、一个制动斩波器和一个七通道 SOI 驱动器(参见图 15-5)。这种设计的挑战是多个 SOI 接触中 DBC 衬底上生成的小电流轨迹。然而，SOI 芯片与散热器之间具有良好的热接触，使器件能够驱散更多的功率损耗，因而在输出端产生更高的栅极电流，能够驱动更大的芯片。

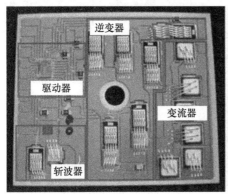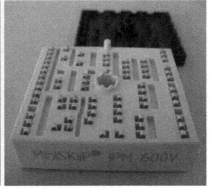

图 15-16　Semikron 公司无底座 IPM(包括一个输入变流器、一个逆变器、
一个制动斩波器和一个装配在单个衬底上的 SOI 驱动器)[Grs08]

先进的电平转换器集成在 SOI 芯片的 TOP 和 BOT 栅极驱动器中，在两个极性的基准电源中补偿转换。这种特点使得驱动器在静态和动态参考电位变化±20V 时仍不受影响。

另一种 IPM 设计方法是将一个通用的 PCB 驱动器集成到一个经典底座模块的封装中，如图 15-17 所示。PCB 通过焊接柱连接到功率电路上，该功率电路位于 PCB 下方模块外壳的顶盖上。

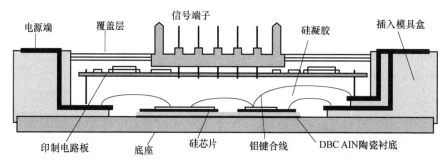

图 15-17　Mitsubishi 公司的额定功率高达 30kW 发动机用 IPM[Mot93]

这些 IPM 通常会配备一个通用温度传感器，驱动器提供短路检测和一些额外的保护功能，以确保安全工作。

提高集成度的下一步是把一个微控制器和脉宽调制的控制算法补充到一个独特的封装中去。这样，一个"电动机控制单元"就增加了一个电路控制板，该控制电路板含有一个带恰当控制软件的计算机芯片(见图 15-18)[Ara05]。当应用工程师收到一个像黑盒子一样的完整系统时，他们只需要简单地发送一系列控制指令就可以使系统达到应用的要求。

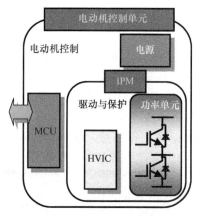

图 15-18　一个增加了微控制器和电源的完整电动机控制单元的一个 IPM 扩展[Ara05]

如图 15-19 所示，直流母线电容器的集成使封装升级为一个完整的电力电子系统。这个例子表明，一个单一外壳配备有一个三相 MOS-FET 逆变器、电流传感器、直流母线、直流母线电容器、驱动板和一个微控制器。密封的封装设计使得这种紧凑的结构非常适合应用在工业车辆服务方面。

尽管这些集成的概念旨在设计一个适用于多种不同应用的高容量系列产品，但 Semikron 公司推出的 Skiip 平台仍然侧重于一个灵活的、很容易满足不同要求的设计[Scn02]。图 15-20 反映了 Skiip 系列模块的概念：一个三相逆变电路，其中每个输出端都含有补偿电流传感器。DBC 衬底和 PCB(未表示)之间的负载和控制触点通过弹簧触点实现。应用工程师设计的控制 PCB 和直流母线可以满足应用的具体要求。通过不同的 DBC 布局和合适的功率器件，可以很容易定制模块设计，这种灵活性促成了一个中等产量的商业模块生产的成功。

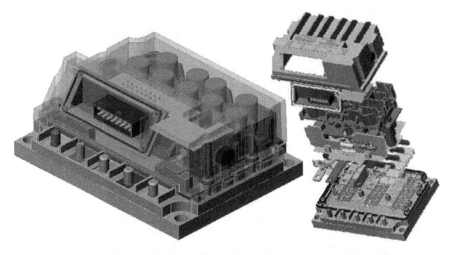

图 15-19　集成在一个紧凑封装内的额定功率为 13kW 电力电子系统
（包含电流和温度传感器、直流链接电容器、驱动器和微控制器）

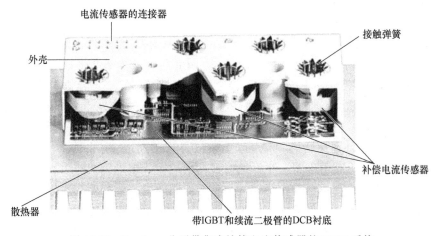

图 15-20　Semikron 公司带集成补偿电流传感器的 SKiiP 系统

上面介绍的混合集成例子中大多数已经成功地打入市场，通过解决供应问题、控制负载电流问题，以及排出热量问题，应用工程师简化了系统设计。然而，集成的某些重要方面的问题仍未解决：

1）无源元件的封装外形妨碍了它们的有效集成。集成在 PCB 中的先进的箔电容器和变压器会在未来获得新的机遇。

2）一个良好热接触的需求限制了 DBC 衬底二维表面上功率器件的安装平面。如果负载电流仅通过衬底上的电流路线，则将难以提供短路电流路径，而这些短的电流路径可以为并联芯片提供相同的路径长度，以减少寄生效应，并防止并行芯片间的不平衡。在未来的架构中，压接系统中的多触点内部链接有助于克服这个限制[Scn09]。

一个有前景的策略是利用集成的寄生效应来开发新功能，图 15-21 给出的例子很好地体现了该策略，图中展示了一个母线结构，该结构中集成了一个高频滤波器[Zha04]。

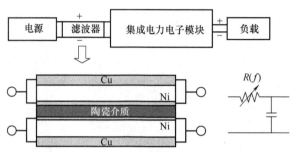

图 15-21 集成高频滤波器的母线结构[Zha04]

对于一个电力变换器，要求其母线要能够传导变流器和能源之间的负载电流。目前的技术发展现状是，直流电源通过导电片或导电条导电，这些导电物质被中间的绝缘层隔离，从而在开关器件附近形成了寄生电容。

图 15-21 所示的结构，在正负直流母线之间形成了一个 $BaTiO_3$ 介质绝缘层。在这个例子中，母线由一侧的薄 Ni 层和另一侧加厚的 Cu 层形成，两者之间由一个 Al_2O_3 陶瓷绝缘层隔离。Ni 层靠近 $BaTiO_3$ 层，Cu 层在外侧组装形成一个直流母线结构。低频电流主要由 Cu 层传导，因为它的电阻较低；另一方面高频电流由于近场效应被挤进 Ni 层。因此，高频的内阻尼更强，该结构形成了一个低通滤波器。这种母线结构的等效电路是一个电容和一个电阻器，其阻值随频率的增加而增加。这个例子说明，可以利用物理效应(通常被认为是不利因素)来巧妙布置元器件，这样只需很少的努力就可以将一个低通滤波器集成在一个母线结构中。

将多个功能集成到单一功能元器件中就是协同效应。协同效应代表了集成工艺中的一个非线性发展，它们不能被预先规划在一个项目计划或路线图中，但当它们出现时，会为进一步的发展产生一个出乎意料的推动作用。协同效应可能出现的领域如下：

1)器件级的协同效应：不同器件的电气功能集成在一个单独的芯片上。逆导型 IGBT 是一个例子，它将普通的 IGBT 和续流二极管集成在一个单独的芯片上。

2)封装级的协同效应：不同的功能融合到一个功能元器件中。将无源元件集成到 PCB 中是一个例子。

本章参考文献[Pop04]提供了一份针对集成一个 12V/24V DC/DC 变换器能提供的现有机会进行的调查，考虑了冷却性能、电气功能和电磁干扰的需求。该调查提出了一个设计，将所有的元器件组装到一个单独的导热轨道上，该设计可以将元器件数量从 38 个减少到 19 个，这将系统体积减小了约 1/8。调查显示可以通过集成来实现电力电子系统的小型化。

　　虽然集成驱动电子设备和传感器功能，在成功的 IPM 概念中已经达到了成熟的地位，但无源元件的集成还处在起步阶段。这方面的研究成果详情目前正在新产品中实施，但是它们仍然不系统。电力电子系统的热限制阻碍了其快速发展，不能获得其在微电子领域实现的那种发展速度。

　　功率密度的提高和电力电子系统体积的减小主要取决于具有低导通损耗和开关损耗功率器件的成功研制。在这个方向取得进一步的发展具有相当大的潜力，就像这个纲要在其他方面的表现。改进的器件将能在更高开关频率下工作，这将减小无源元件的尺寸。这大概会成为未来技术进步的主要驱动因素，并将持续推动系统集成，使其成为降低系统成本的一个必不可少的条件，从而成为提高先进电力电子系统能源效率的一个先决条件。

参 考 文 献

[And96] Andreini, A., Contiero, C., Glabiati, P.: BCD technologies for smart power ICs. In: Murati, B., Bertotti, F., Vignola, G.A. (eds.) Smart Power ICs. Springer, Berlin (1996)

[Ara05] Araki, T.: Integration of power devices – next tasks. In: Proceedings of EPE, Dresden (2005)

[Bor05] Boroyevich, D., van Wyk, J.D., Lee, F.C., Liang, Z.: A view at the future of integration in power electronics systems. In: Proceedings of PCIM, Nuremberg, pp. 11–20 (2005)

[Cai06] Cai, Y., Cheng, Z., Yang, Z., Tang, W.C.-W., Lau, K.M., Chen, K.J.: Monolithically integrated enhancement/depletion-mode AlGaN/GaN HEMT inverters and ring oscillators using CF4 plasma treatment. IEEE Trans. Electron Dev. **53**, 2223–2230 (2006)

[Che17] Chen, K.J.: Fluorine-implanted enhancement-mode transistors. In Meneghini, M., Meneghesso, G., Zanoni, E. (eds.) Power GaN Devices – Materials, Applications and Reliability. Springer, Switzerland (2017)

[Dic08] Dick, C.P., Hirschmann, D., Plum, T., Knobloch, D., De Doncker R.W.: Novel high frequency transformer configurations – amorphous metal vs. ferrites. In: Proceedings of IEEE PESC, 2008, pp. 4264–4269 (2008)

[Gie02] Giebel, T.: Grundlagen der CMOS-Technologie. Teubner Verlag, Stuttgart (2002)

[Grs08] Grasshoff, T., Reusser, L.: Integration of a new SOI driver into a medium power IGBT module package. In: Proceedings of PCIM Europe, Nuremberg (2008)

[Kin16] Kinzer, D., Oliver, S.: Monolithic HV GaN Power ICs. IEEE PELS Power Electron. Mag. **3**(3), 14–21 (2016)

[Kin16a] Kinzer D., Driving for zero switching loss power solutions. Presentation at PCIM Asia, Shanghai (2016) https://www.navitassemi.com/pcim-shanghai-keynote/

[Kin17] Kinzer, D.: GaN Power ICs at 1 MHz+: Topologies, Technologies and Performance, APEC 2017, PSMA Industry Session, Semiconductors (2017)

[Ler02] Lerner, R., Eckoldt, U., Knopke, J.: High voltage smart power technology with dielectric insulation. In: Proceedings of CIPS, pp. 83–88 (2002)

[Mot93] Motto, E.R.: New Intelligent Power Modules (IPMs) for motor drive applications. In: Proceedings of IEEE IAS, Toronto (1993)

[Mot99] Motto, E.R., Donlon, J.F., Iwamoto, H.: New power stage building blocks for small motor drives. In: Proceedings of Powersystems World Conference '99, pp. 343–349, Chicago (1999)

[Nee14] Neeb, C., Boettcher, L., Conrad, M., De Doncker, R.W.: Innovative and reliable power modules: a future trend and evolution of technologies. IEEE Ind. Electron. Mag. **8**(3),

6–16 (2014)

[Pop04]   Popović, J., Ferreira, J.A.: Concepts for high packaging and integration efficiency. In: Proceedings of PESC, Aachen, pp. 4188–4194 (2004)

[Pop05]   Popović, J., Ferreira, J.A., Waffenschmidt, E.: PCB embedded DC/DC 42/14 V converter for automotive applications. In: Proceedings of EPE, Dresden (2005)

[Pri96]   Pribyl, W.: Integrated smart power circuits technology, design and application. In: Proceedings of ESSCIRC (1996)

[Rei16]   Reiner, R., Waltereit, P., Weiss, B., Moench, S., Wespel, M., Müller, S., Quay, R., Ambacher, O.: Monolithically-integrated power circuits in high-voltage GaN-on-Si heterojunction technology. In: Proceedings of ISPS, Prague (2016)

[Scn02]   Scheuermann, U., Tursky, W.: IPMs zwischen Modul und intelligenten leistungselektronischen Antriebssystemen. In: Proceedings of Fachtagung Elektrische Energiewandlungssysteme, Magdeburg, pp. 105–110 (2002)

[Scn09]   Scheuermann, U.: Power module design without solder interfaces—an ideal solution for hybrid vehicle traction applications. In: Proceedings of APEC 2009, Washington D. C., pp. 472–478 (2009)

[Tih88b]   Tihanyi, J.: Smart SIPMOS technology. In: Siemens Forschungs- und Entwicklungsberichte Bd.17 Nr.1, pp. 35–42. Springer, Berlin (1988)

[Waf05]   Waffenschmidt, E., Ackermann, B., Ferreira, J.A.: Design method and material technologies for passives in printed circuit board embedded circuits. Special Issue on Integrated Power Electronics. IEEE Trans. Power Electron. **20**(3), 576–584 (2005)

[Waf05b]   Waffenschmidt, E., Ackermann, B., Wille, M.: Integrated ultra thin flexible inductors for low power converters. In: Proceedings of PESC, Recife (2005)

[Wan15]   Wang, H., Kwan, A.M., Jiang, Q., Chen, K.J.: A GaN pulse width modulation integrated circuit for GaN power converters. IEEE Trans. Electron Dev. **62**, 1143–1149 (2015)

[Wei16]   Weiss, B., Reiner, R., Waltereit, P., Quay, R., Ambacher, O., Sepahvand, A., Maksimovic, D.: Soft-switching 3 MHz converter based on monolithically integrated half-bridge GaN-chip. In: Proceedings of IEEE 4th Workshop on Wide Bandgap Power Devices and Applications (WiPDA), pp. 215–219 (2016)

[Zha04]   Zhao, L., van Wyk, J.D.: A high attenuation integrated differential mode RF EMI filter. In: Proceedings of CPES Power Electronics Seminar, Blacksburg, pp. 74–77 (2004)

附录 A Si 与 4H-SiC 中载流子迁移率的建模参数

A.1 硅中的迁移率

它们可以由 Caughey-Thomas 公式描述为[Cau67]

$$\mu = \mu_\infty + \frac{\mu_0 - \mu_\infty}{1 + (N/N_{ref})^\gamma}$$

如图 2-12 所示。图 2-12 中，300K 以下的参数 μ_0，μ_∞ 和 N_{ref} 是通过把公式和实验中 300K 下的载流子关系曲线进行拟合得到的[Thu80a,Thu80b,Mas83]。因为参数都与温度有关，所以还要考虑电阻率在温度为 250~450K 时对掺杂浓度的依赖性以及在不同的掺杂密度下电阻率和温度之间的依赖关系[Li77,Swi87,Li78]，并且还应考虑在掺杂浓度大约为 $10^{18}/\mathrm{cm}^3$ 时未完全电离的情况。利用下面列出的含温度的参数可以很好地拟合实验结果：

对于电子

$$\mu_0 = 1412\left(\frac{300}{T}\right)^{2.28}\mathrm{cm}^2/(\mathrm{V}\cdot\mathrm{s}) \qquad \mu_\infty = 66\left(\frac{300}{T}\right)^{0.90}\mathrm{cm}^2/(\mathrm{V}\cdot\mathrm{s}) \qquad (\text{A-1})$$

$$N_{ref} = 9.7\times10^{16}\left(\frac{T}{300}\right)^{3.51}/\mathrm{cm}^3 \qquad \gamma = 0.725\left(\frac{300}{T}\right)^{0.270} \qquad (\text{A-2})$$

对于空穴

$$\mu_0 = 469\left(\frac{300}{T}\right)^{2.10}\mathrm{cm}^2/(\mathrm{V}\cdot\mathrm{s}) \qquad \mu_\infty = 44\left(\frac{300}{T}\right)^{0.80}\mathrm{cm}^2/(\mathrm{V}\cdot\mathrm{s}) \qquad (\text{A-3})$$

$$N_{ref} = 2.4\times10^{17}\left(\frac{T}{300}\right)^{4.13}/\mathrm{cm}^3 \qquad \gamma = 0.70\left(\frac{T}{300}\right)^{0.00} \qquad (\text{A-4})$$

在本章参考文献 [Cau67] 中，300K 下的参数与原始值有较大差别，这是因为早期的测试数据[Irv62] 在后来已经被修正了。Scharfetter 和 Gummel[Sch69] 已经提出了很有用的硅中迁移率和电场及掺杂浓度的关系的公式，即

$$\mu = \frac{\mu^{(0)}}{\left[1 + \dfrac{N}{N/S+N_r} + \dfrac{(E/A)^2}{E/A+F} + \left(\dfrac{E}{B}\right)^2\right]^{1/2}} \qquad (\text{A-5})$$

式中，N 仍然是施主或受主浓度；当 N 和 E 很小时，$\mu^{(0)}$ 分别是对 $N<1\times10^{14}/\mathrm{cm}^3$ 时由式(A-1)到式(A-3)得到的迁移率。相对于电子和空穴，拟合参数 A，B，F，

N_r 和 S 如下表所示:

参数	N_r	S	A	F	B
电子	3×10^{16}	350	3.5×10^8	8.8	7.4×10^3
空穴	4×10^{16}	81	6.1×10^8	1.6	2.5×10^4

A.2　4H-SiC 中的迁移率

如第 2 章所述,4H-SiC 的迁移率略微有点各向异性,但是在建模中迁移率的各向异性可以忽略。根据参考文献[Scr94]与总掺杂浓度 N 和温度的关系,迁移率的表达式为

$$\mu=\mu_\infty+\frac{\mu_0(T/300)^\alpha-\mu_\infty}{1+(N/N_{ref})^\gamma} \tag{A-6}$$

式中的参数值如下:

对于电子

$$\mu_0=947\text{cm}^2/(\text{V}\cdot\text{s}) \qquad \mu_\infty=0$$

$$N_{ref}=1.94\times10^{17}/\text{cm}^3$$

$$\alpha=-2.15 \qquad \gamma=0.61$$

对于空穴

$$\mu_0=124\text{cm}^2/(\text{V}\cdot\text{s}) \qquad \mu_\infty=15.9\text{cm}^2/(\text{V}\cdot\text{s})$$

$$N_{ref}=1.76\times10^{19}/\text{cm}^3$$

$$\alpha=-2.15 \qquad \gamma=0.34$$

附录 B 复合中心及相关参数

B.1 有效的简并因子

发射率的测量，例如受主能级的电子发射率，表达式如下：

$$e_n = A\left(\frac{T}{300}\right)^{m'} \exp\left(-\frac{\Delta E'}{kT}\right) \tag{B-1}$$

式中，A 和 E' 是常数，幂项指数 m' 通常为 2。尽管首先讨论了受主能级的电子发射率，但下面得到的等式对施主能级的空穴发射率来说公式形式相同，因此对施主和受主两种情况的等式中省略了下标 "n，a" 或 "p，d"。选择 $m' = 2$，与式（2-61）中的 $c_{n,a}N_c \sim T^m$ 的指数的理想理论值一致。但实际上 m 与 2 的差别很大。

式（2-61a）和式（B-1）的等式右边相等，由此得到

$$B\left(\frac{T}{300}\right)^m g \exp\left(-\frac{\Delta E}{kT}\right) = A\left(\frac{T}{300}\right)^{m'} \exp\left(-\frac{\Delta E'}{kT}\right) \tag{B-2}$$

式中，$B \equiv c_{n,a}(300)N_c(300)$ 且 $\Delta E \equiv E_c - E_r$。通过该等式，激活能 ΔE 可以被确定为 T 的函数

$$g' \equiv \frac{A}{B}\left(\frac{T}{300}\right)^{-\Delta m} \tag{B-3}$$

式中，$\Delta m \equiv m - m'$，引入有效简并因子 g'，当 $\Delta m = 0$ 且 $\Delta E = \Delta E' = $ 常数时，g' 等于在 2.5 节中引入的本征简并因子 g。使用简并因子 g'，式（B-2）的形式变成

$$g \exp\left(-\frac{\Delta E}{kT}\right) = g' \exp\left(-\frac{\Delta E'}{kT}\right) \tag{B-4}$$

与 N_C 相乘，左侧与式（2-61a）相同，$n_r = n_a$，右侧等式（2-79a）。求解 ΔE，式（B-4）写成

$$\Delta E(T) = \Delta E' + kT \ln\left(\frac{g}{g'}\right) \tag{B-5}$$

求导得到

$$\frac{d\Delta E}{dT} = k\left[\ln\left(\frac{g}{g'}\right) + \Delta m\right] \tag{B-6}$$

二阶导数 $d^2\Delta E/dT^2 = k\Delta m/T$ 在物理上是不相关的，因为 m' 仅与式（B-1）中的常数 A 有关，并且在某种程度上是任意的。由式（B-1）表示的测量值与式（2-61）、式（2-61a）一起仅给出关于 ΔE 的线性变化的信息。如果 T_0 是实验温度区域的中心

点，则由式(B-5)和式(B-6)得到 $\Delta E(T_0)$ 和 $\mathrm{d}\Delta E/\mathrm{d}T(T_0)$，则可以推出下述方程：

$$\Delta E(T) = \Delta E' - \Delta m k T_0 - \alpha_\mathrm{T} T \tag{B-7}$$

式中，负温度系数 α_T 由下式给出：

$$\alpha_\mathrm{T} = k\left\{\ln\left[\frac{g'(T_0)}{g}\right] - \Delta m\right\} \tag{B-8}$$

式(B-8)由 g' 和 Δm 可以确定 α_T。

由式(B-8)求解为 g'，得到

$$g' = \underbrace{\exp(\Delta m)}_{g_\Delta} \underbrace{\exp\left(\frac{\alpha_\mathrm{T}}{k}\right)}_{\chi} g \tag{B-9}$$

根据式(B-7)，如果 α_T、$\Delta m > 0$，$\Delta E' > \Delta E$，则需要简并因子 $g' > g$ 来补偿 $\Delta E'$ 而不是 ΔE 的使用。由于分量 $g_\Delta \equiv \exp(\Delta m)$，相同的测量可以导致不同的简并因子 g'，这取决于 m' 的选择。

因子

$$\chi \equiv \exp\left(\frac{\alpha_\mathrm{T}}{k}\right) \tag{B-10}$$

被称为"熵因子"，其原因如下：禁带宽度 E_g 和激活能 ΔE 实际上是自由焓（吉布斯自由能）[Vec76]。根据基本热力学关系 $\Delta S = -\partial \Delta E/\partial T$，$\Delta E$ 的负导数相对于温度，例如 α_T，等于熵 ΔS 的变化，在我们的情况下与载流子发射相关。因此式(B-10)可以写成

$$\chi \equiv \exp(\Delta S/k)$$

本章参考文献[Vec76]中讨论了熵变的物理原因。

如上所述，上述等式也适用于施主能级的空穴发射率 $e_\mathrm{p,d}$，其中常数 B 定义为 300K 时 $c_\mathrm{p,d} N_\mathrm{V}$ 的值，m 作为温度依赖关系 $c_\mathrm{p,d} N_\mathrm{V} \sim T^m$ 的指数。因此，对于施主能级的空穴浓度 $p_\mathrm{d} \equiv p_\mathrm{r}$，由式(B-4)可以得到式(2-79b)。

在某些情况下，例如对于金受主能级，已经测量了一个能级上电子和空穴发射率，因此除了获得 $g'_\mathrm{n,a}$ 之外，还能立即得到简并因子 $g'_\mathrm{n,a}$。通过用它们的倒数代替简并因子 g 和 g'，即 $g \to 1/g$，$g' \to 1/g'$。上述等式就变成了受主能级的空穴发射率的等式。这使得

$$g'_\mathrm{p,a} \equiv \frac{B}{A}\left(\frac{T_0}{300}\right)^{\Delta m_\mathrm{p}} = \frac{g}{\exp(\Delta m_\mathrm{p})\exp(\alpha_\mathrm{T,p}/k)} \tag{B-11}$$

式中，$B \equiv c_\mathrm{p}(300) N_\mathrm{V}(300)$ 且 $\Delta m_\mathrm{p} = m_\mathrm{p} - m'_\mathrm{p}$，$\alpha_\mathrm{T,p} = -\mathrm{d}\Delta E_\mathrm{p,a}/\mathrm{d}T$。因为 $\Delta E_\mathrm{n,a} + \Delta E_\mathrm{p,a} = E_\mathrm{g}$，所以 ΔE_n 和 ΔE_p 的(负)温度系数之和可以写成 $\alpha_\mathrm{T,n} + \alpha_\mathrm{T,p} = -\mathrm{d}E_\mathrm{g}/\mathrm{d}T = \alpha_\mathrm{Eg}$。利用这一点，电子的有效简并因子和受主能级的空穴发射率之间产生以下关系：

$$\frac{g'_\mathrm{n,a}}{g'_\mathrm{p,a}} = \exp(\Delta m_\mathrm{n} + \Delta m_\mathrm{p})\exp\left(\frac{\alpha_\mathrm{Eg}}{k}\right) \tag{B-12}$$

与本征简并因子 g 相反,电子能级的有效简并因子 g'_n 和空穴能级的有效简并因子 g'_p 彼此不同。从第 2 章式(2-9)和表 2-1 中,对于 350K 的硅得到:$\alpha_{Eg} = 2.76 \times 10^{-4} \text{eV/K}$,并且 $\exp(\alpha_{Eg}/k) = 24.7$。通过这个因子,如果 $e_{n,a}$ 的指数 m_n 和 m'_n 以及 $e_{p,a}$ 的指数 m_p 和 m'_p 一致(即 $\Delta m_n = \Delta m_p = 0$)或者如果 $\Delta m_p = -\Delta m_n$,则可以得到简并因子 $g'_{p,a} < g'_{n,a}$。对于施主能级,式(B-12)的左边必须用 $g'_{p,d}/g'_{n,d}$ 代替,因此电子简并因子 $g'_{n,d} < g'_{p,d}$。这种不对称性的原因是 g'_n 和 g'_p 以相反的方式取决于 $g_\Delta \chi$。

B.2 具有两个能级的深杂质的电荷

如在 2.7.2b 节中,假定具有施主和受主能级作用的陷阱。对施主能级的从稳态条件 $R_n = R_p$,可以得到正电荷和电中性中心的浓度比为

$$\frac{N_r^+}{N_r^0} = \frac{c_{n,d} n_d + c_{p,d} p}{c_{n,d} n + c_{p,d} p_d} \equiv A \tag{B-13}$$

对受主能级的从稳态条件 $R_n = R_p$,可以得到负电荷和电中性中心的浓度比为

$$\frac{N_r^-}{N_r^0} = \frac{c_{n,a} n + c_{p,a} p_a}{c_{n,a} n_a + c_{p,a} p} \equiv B \tag{B-14}$$

因此,三种电荷状态的浓度彼此相关

$$N_r^+ : N_r^0 : N_r^- = A : 1 : B \tag{B-15}$$

由于总陷阱浓度为 $N_r = N_r^0(1 + A + B)$,则可以得到

$$N_r^+ = \frac{A}{1+A+B} N_r, \quad N_r^- = \frac{B}{1+A+B} N_r \tag{B-16}$$

因此,在电中性 n 区域中,电子和空穴浓度通过以下等式关联在一起:

$$n = N_D + p + \frac{A-B}{1+A+B} N_r \tag{B-17}$$

上式可以通过迭代求解。

B.3 硅中金的复合参数

对于温度依赖性,使用以下规则:电中性中心的俘获截面 $\sigma_{ij} \equiv c_{i,j}/v_{i,\text{therm}} \sim c_{i,j}/\sqrt{T}$(下标 i 代表 n 或 p,j 代表 a 或 d),与温度无关。这意味着俘获率 $c_{n,a}$ 和 $c_{p,d}$ 依赖于温度的二次方根。在例子中带电中心的俘获率,$c_{p,a}$ 和 $c_{n,d}$ 随着 T 的增加而减小,$c_{p,a}$ 的温度依赖性参考本章参考文献[Han87]。对于本章参考文献[Scm82]中 $c_{n,d}$ 与 $1/T^2$ 成比例,比本章参考文献[WuP82]中的 $c_{n,d}$ 与 $1/T^{3/2}$ 成比例更好一些,因为它与观察到的 τ_{HL}[Sco76] 依赖于 T^2 的关系吻合得更好。

室温值:捕获率 $c_{p,a}$ 取自 Fairfield 和 Gokhale 的文献[Fai65],其值与本章参考

文献［WuP82］差别不大。因为其他俘获率是根据 $c_{p,a}$ 确定的，所以这种俘获概率确定了金的浓度和寿命之间的关系。俘获率 $c_{n,a}$ 由 $c_{p,a}$ 和受主能级的发射率 $e_{n,a}$，$e_{p,a}$ 确定，根据式（2-6）有

$$c_{n,a}c_{p,a}=e_{n,a}e_{p,a}/n_i^2 \qquad (B-18)$$

这是有可能的，因为对于 Au 受主能级，两种发射率都已经测量是温度的函数[Sah69,Eng75,Par72]。使用 Sah 等人[Sah69] 给出的发射率，因为它们通过拟合公式表示，并且它们的空穴发射率在其他论文报道的差别很大的结果之间处于中间位置。如果从式（2-6）、式（2-8）和式（2-9）计算 n_i^2，则得到 300K 时，$c_{n,a}=5.6\times10^{-9}\,\mathrm{cm^3/s}$。该值对于本章参考文献 ［Fai65，WuP82，LuS86］ 中提到的更小的值也是优选的，因为根据 $N_D=5\times10^{13}/\mathrm{cm^3}$ 获得的 $t_p(p)$ 函数的最大值，和根据 $N_D=5\times10^{16}/\mathrm{cm^3}$ 获得的最小值（见图 2.20）会更加明显。所提出的 $c_{n,a}$ 值比 $c_{p,a}$ 小一个数量级以上，这与本章参考文献 ［Fai65，WuP82］ 的结果一致。随着温度的升高，式（B-18）左侧的 $c_{n,a}$，$c_{p,a}$ 的温度依赖性下降略微慢于式（B-18）的右侧，但这是在发射率的误差范围内。

俘获率 $c_{n,d}$（基本上）由 2.7.2 c 小节中的标准 I，n-Si 中高能级与低能级寿命的比率确定。从标准Ⅲ和 $c_{n,a}\ll c_{p,a}$ 使用式（2-82）可以得到必须保持 $c_{n,d}\ll c_{p,d}$ 的关系。由于这些不等式，高能级少子寿命（大约）仅由施主水平确定，并且等于 p 区域中的低能级电子寿命，其中 $p_0\gg p_d$，即 $\tau_{n_0}^{(d)}=1/(N_r c_{n,d})$。由于 $n_0\gg n_a(=2.00\times10^{11}\,\mathrm{cm^3})$ 的 n-Si 中的低能级空穴寿命等于 $\tau_{p0}^{(a)}=1/(N_r c_{p,a})$，n-Si 中高能级与低能级空穴寿命的比率由 $\tau_{HL}/\tau_{p,LL}\equiv\gamma\approx c_{p,a}/c_{n,d}$ 给出，因此 $c_{n,d}\approx c_{p,a}/\gamma'$。使用实验平均值 $\gamma=5.3$，表 2.3 中 $c_{n,d}$ 的值可以准确计算结果。它比本章参考文献［Fai65］的值小 2.7 倍，但比本章参考文献［WuP82］的值高 3.9 倍。

300K 时俘获率 $c_{p,d}$ 必须很好地满足 $c_{p,d}\gg c_{n,d}$ 的关系，以便在低温下也满足要求，在低温它按照 $c_{p,d}/c_{n,d}\sim T^{2.5}$ 的关系减小。然而，对于 $c_{p,d}>c_{p,a}$ 的情况，在 $n_0\gg p_d$ 的 n-Si 中，寿命 τ_p 取值最小值，如图 2.20 中 $N_D=5\times10^{16}/\mathrm{cm^3}$ 的情况所示。由此得到下式：

$$\tau_p=\frac{1}{N_r c_{p,a}}\frac{1+\dfrac{c_{p,a}}{c_{n,a}}\left(1+\dfrac{c_{p,d}}{c_{n,d}}\dfrac{p}{n}\right)\dfrac{p}{n}}{1+\dfrac{c_{p,d}}{c_{n,a}}\dfrac{p}{n}} \qquad (n_0\gg p_d,n_a) \qquad (B-19)$$

该式由式（2-83）可得。由于强度最小值与 Hangleiter[Han87] 的测量结果不一致，因此不能使用非常高的 $c_{p,d}$ 值。作为该限制与要求 $\dfrac{c_{p,d}}{c_{n,d}}\gg 1$ 之间的折中，选择 $c_{p,d}=2.8\times10^{-7}\,\mathrm{cm^3/s}$，寿命达到最小值之后变得平坦，而 $\dfrac{c_{p,d}}{c_{n,d}}$ 仍然很高。$T<200K$ 时，选择的 $c_{p,d}$ 值比从本章参考文献［WuP82］中的俘获截面 $\sigma_{p,d}$ 得到的因子高 5 倍。因

为只测量过受主能级的发射率[Sah69,Pa174,LuN87]，所以根据式（B-18），发射率不能用于确定 $c_{p,d}$。

对于电子受主能级的有效简并因子，其具有常数 $A = 1.77 \times 10^{12}/s$[Sah69]，$B \equiv c_{n,a}(300) N_C(300) = 1.602 \times 10^{11}/s$ 和 $\Delta m = 0.5 + 1.58 - 2 = 0.08$。当 $T_0 = 350K$ 时，在感兴趣的温度区域中，人们可以从式（B-3）得到 $g'_{n,a} = 10.9$。该简并因子与 $\Delta E'_{n,a} = 0.5472eV$[Sah69] 一起用于式（2-79a），以计算 n_a 和 $p_a = n_i^2/n_a$。从式（B-8）取 $g = g_a = 4$，得到 $\Delta E_{n,a}$ 的负温度系数 $\alpha_{T,a} = 0.795 \times 10^{-4} eV/K$。这是从式（2-9）以及表 2.1 的参数获得的 350K 下 $-dE_g/dT$ 的 29%。从式（B-7）得到，350K 时的实际激活能为 $\Delta E_{n,a} = (0.5472 - 0.0336)eV = 0.5136eV$。根据 Sah 等人的受主能级的空穴发射率，得到 $A = 5.23 \times 10^{11}/s$[Sah69]，其中 $B \equiv c_{p,a}(300) N_V(300) = 3.57 \times 10^{12}/s$，且式（B-11）中 $\Delta m_p = -1.7 + 1.85 - 2 = -1.85$，得到有效空穴简并因子 $g'_{p,a} = 5.13$。结合 $g'_{p,a}$ 的取值，$\Delta E_{p,a} = E_a - E_V$ 的线性温度系数遵循式（B-11）

$$\alpha_{T,p} = k\left[\ln(g_a/g'_{p,a}) - \Delta m_p\right] = 1.38 \times 10^{-4} eV/K$$

总和 $\alpha_{T,n} + \alpha_{T,p} = 2.17 \times 10^{-4} eV/K$ 相当于式（2-9）在 350K 时获得的值的 79%。考虑到完全不同的实验方法，这可以看成是一个令人满意的吻合度。

对于施主能级的空穴发射率，本章参考文献[Sah69]中给出的常数 $A = 2.43 \times 10^{13}/s$。与 $B = c_{p,d}(300) N_V(300) = 8.68 \times 10^{13}/s$ 和 $\Delta m = 0.5 + 1.85 - 2 = 0.35$ 一起，人们可以从式（B-3）得到在 350K 时 $g'_{p,d} = 2.65$。由于本征简并因子 $g_d = 2$，这意味着根据式（B-8），施主能级与价带的距离几乎是恒定不变的。在式（2-79b）中使用的有效激活能是 $\Delta E'_{p,d} = 0.3450eV$[Sah69]。

附录 C 雪崩倍增因子与有效电离率

C.1 倍增因子

以下推导基于 McIntyre 的论文[McI66]。假设原有一个电子空穴对位于反偏 pn 结耗尽层中的 x 点处，来求倍增因子 $M(x)$，也就是雪崩过程中由原有的电子空穴对产生的总电子空穴对数，包括由新产生的载流子再次电离而产生的载流子。在图 3-14 所示的二极管方向，电子被扫入左侧（中性 n 区），空穴被扫入右侧（p 区）。经过一段距离 $\mathrm{d}x$ 后，电子碰撞（晶格）产生电子空穴对的概率为 $\alpha_n \mathrm{d}x$。同样空穴也会在 $\mathrm{d}x$ 这段长度内产生电子空穴对，平均概率为 $\alpha_p \mathrm{d}x$。在 x' 点处新产生的每对电子空穴对又会在其运动路径上再激发新的载流子对，从而形成倍增其因子为 $M(x')$。把原有的电子空穴对的倍增都加在一起，可以得到

$$M(x) = 1 + \int_0^x \alpha_n M(x') \, \mathrm{d}x' + \int_x^w \alpha_p M(x') \, \mathrm{d}x' \tag{C-1}$$

式中，α_n 和 α_p 与 x' 处的电场强度 E 有关。微分后得到

$$\frac{\mathrm{d}M}{\mathrm{d}x} = (\alpha_n - \alpha_p) M(x) \tag{C-2}$$

这样就可以解出

$$M(x) = M(0) \exp\left[\int_0^x (\alpha_n - \alpha_p) \, \mathrm{d}x' \right] \tag{C-3}$$

$$= M(w) \exp\left[-\int_x^w (\alpha_n - \alpha_p) \, \mathrm{d}x' \right] \tag{C-4}$$

如果将式（C-3）代入式（C-1）的右边，则当 $x=0$ 时可以得到

$$M(0) = M_p = \frac{1}{1 - \int_0^w \alpha_p \exp\left[\int_0^x (\alpha_n - \alpha_p) \, \mathrm{d}x' \right] \mathrm{d}x} \tag{C-5}$$

因为这是空间电荷层边界 $x=0$ 处的原有载流子的倍增因子，其中来自电中性 n 区的空穴进入耗尽层，$M(0)$ 就等同于饱和空穴电流密度 j_{ps} 的倍增因子。同样把式（C-4）代入式（C-1）的右边，当 $x=w$ 时可以得到

$$M(w) = M_n = \frac{1}{1 - \int_0^w \alpha_n \exp\left[-\int_x^w (\alpha_n - \alpha_p) \, \mathrm{d}x' \right] \mathrm{d}x} \tag{C-6}$$

这就是电子从中性 p 区的 $x=w$ 处进入耗尽层的倍增因子。对任意 x，由式（C-3）

和式(C-5)得到

$$M(x) = \frac{\exp\left[\int_0^x (\alpha_n - \alpha_p) \mathrm{d}x'\right]}{1 - \int_0^w \alpha_p \exp\left[\int_0^{x'} (\alpha_n - \alpha_p) \mathrm{d}x''\right] \mathrm{d}x'} \tag{C-7}$$

并由式(C-4)和式(C-6)可得到相同的数学表达式。假设耗尽层中均匀热产生率为 G，$M(x)$ 的平均值就是空间电荷区产生电流 j_{sc} 的倍增因子，即

$$M_{sc} = \overline{M} = \frac{\dfrac{1}{w}\int_0^w \exp\left[\int_0^x (\alpha_n - \alpha_p) \mathrm{d}x'\right] \mathrm{d}x}{1 - \int_0^w \alpha_p \exp\left[\int_0^x (\alpha_n - \alpha_p) \mathrm{d}x'\right] \mathrm{d}x} \tag{C-8}$$

因为根据式(C-3)和式(C-4)可得到

$$\frac{M_n}{M_p} = \exp\left[\int_0^w (\alpha_n - \alpha_p) \mathrm{d}x\right] \tag{C-9}$$

由式(C-5)和式(C-9)，可知 M_n，M_p 和 M_{sc} 在相同的电场分布和电压下趋于无限大。如果 $x_n > x_p$，则倍增因子遵守不等式 $M_n > M_{sc} > M_p$（低于无限大）。上述 Si pn 结束方程的数值结果如图 3-15 所示。

雪崩倍增始终是决定功率器件击穿的重要因素，对于仅包括一个 pn 结的功率二极管，它是唯一的决定因素。

C.2 二极管的有效电离率和击穿条件

在二极管中，当倍增因子趋于无穿大时达到击穿电压，利用式(C-5)中分母的电离率积分可以写出击穿条件为

$$I_p \equiv \int_0^w \alpha_p \exp\left[\int_0^x (\alpha_n - \alpha_p) \mathrm{d}x'\right] \mathrm{d}x = 1 \tag{C-10}$$

因为 $\alpha_n/\alpha_p = \gamma$ 与电场无关，所以可以从击穿条件式(C-10)中得到

$$\begin{aligned} 1 &= \int_0^w \alpha_p \exp\left[\int_0^x (\gamma - 1)\alpha_p \mathrm{d}x'\right] \mathrm{d}x \\ &= \frac{1}{\gamma - 1}\left\{\exp\left[\int_0^w (\gamma - 1)\alpha_p \mathrm{d}x\right] - 1\right\} \end{aligned} \tag{C-11}$$

因为 $\int_0^x f'(x')\exp[f(x')]\mathrm{d}x' = \{\exp[f(x)]\}\big|_0^x$。从式(C-11)中，有 $\gamma = \exp\left[\int_0^w (\gamma - 1)\alpha_p \mathrm{d}x\right]$ 可以写成下面的式子：

$$\int_0^w \frac{\alpha_n - \alpha_p}{\ln(\alpha_n/\alpha_p)} \mathrm{d}x = \int_0^w \alpha_{eff} \mathrm{d}x = 1 \tag{C-12}$$

其中，有效电离率被定义为

$$\alpha_{eff} = \frac{\alpha_n - \alpha_p}{\ln(\alpha_n/\alpha_p)} \tag{C-13}$$

因此 α_{eff} 可以和式(C-12)结合起来计算出 pn 结的击穿电压。当对积分结果有决定性作用的电场分布的上边界范围较小时,在大部分情况下,都能够充分满足前置常数 α_n/α_p。

附录 A、B 和 C 的参考文献

[Cau67]   Caughey, D.M., Thomas, R.E.: Carrier mobilities in silicon empirically related to doping and field. Proc. IEEE **23**, 2192–93 (1967)

[Eng75]   Engström, O., Grimmeis, H.G.: Thermal activation energy of the gold ac-ceptor level in silicon. J. Appl. Phys. **46**, pp. 831–837 (1975)

[Fai65]   Fairfield, J.M., Gokhale, B.V.: Gold as a recombination centre in silicon. Solid-St. Electron. **8**, 685–691 (1965)

[Han87]   Hangleiter, A.: Nonradiative recombination via deep impurity levels in silicon: Experiment. Phys. Rev. B **15**, 9149–9161 (1987)

[Irv62]   Irvin, J.C.; Resistivity of bulk silicon and of diffused layers in silicon. Bell Syst. Tech. J. **41**, 387–410 (1962)

[Li77]   Li, S.S., Thurber, W.R., The dopant density and temperature dependence of electron mobility and resistivity in n-type silicon. Solid St. Electron. **20**, 609–616 (1977)

[Li78]   Li, S.S.: The dopant density and temperature dependence of hole mobility and resistivity in boron doped silicon. Solid St. Electron. **21**, 1109–1117 (1978)

[LuN87]   Lu, L.S., Nishida, T., Sah, C.T.: Thermal emission and capture rates of holes at the gold donor level in silicon. J. Appl. Phys. **62**, 4773–4780 (1987)

[LuS86]   Lu, L.S., Sah C.-T.: Electron recombination rates at the gold acceptor level in high-resistivity silicon, J.Appl. Phys., **59**, 173–176 (1986)

[Mas83]   Masetti, G., Severi, M., Solmi, S.: Modeling of carrier mobility against concentration in Arsenic-, Phosphorus-, and Boron-doped Silicon. IEEE Trans. Electron Devices **ED-30**(7), 764–769 (1983)

[McI66]   McIntyre, R.J.: Multiplication noise in uniform avalanche diodes. IEEE Trans. Electron. Dev. **ED-13**, 164–168 (1966)

[Pal74]   Pals, J. A.: Properties of Au, Pt, Pd, and Rh levels in silicon measured with a constant capacitance technique, Solid-St. Electronics, **17**, 1139–1145 (1974)

[Par72]   Parrillo, L. C., Johnson, W. C.: Acceptor state of gold in silicon – Resolution of an anomaly, Appl. Phys. Lett., **20**, 101–106 (1972)

[Sah69]   Sah, C.T., Forbes, L., Rosier, L.I., Tasch, A.F. Jr, Tole, A.B.: Thermal emission rates of carriers at gold centers in silicon. Appl. Phys. Lett. **15** 145–148 (1969)

[Scf69]   Scharfetter, D.L., Gummel, H.K.: Large-signal analysis of a silicon Read Diode oscillator. IEEE Trans. Electron Dev. **ED-16**, 64–77 (1969)

[Scm82] Schmid, W., Reiner, J.: Minority carrier lifetime in gold-diffused silicon at high carrier concentrations. J. Appl. Phys. **53**, 6250–6252 (1982)

[Sco76] Schlangenotto, H., Maeder, H., Dziewior, J.: Neue Technologien für Si-lizium-Leistungsbauelemente - Rekombination in hoch dotierten Emitterzo-nen. Research Report T 76–54, German Ministry of Research and Technology (1976)

[Scr94] Schaffer, W.J., Negley, G.H., Irvine, K.G., Palmour, J.W., Conductivity anisotropy in epitaxial 6H and 4H SiC. Mater. Res. Soc. Symp. Proc. **339** 595–600 (1994)

[Swi87] Swirhun, S.E.: Characterization of majority and minority carrier transport in heavily doped silicon. Ph.D. Dissertation, Stanford University (1987)

[Thu80a] Thurber, W.R., Mattis, R.L., Lium Y.M., Filliben, J.J.: Resistivity-dopant density relationship for phosporous-doped silicon. J. Electrochem. Soc. **127** 1807–1812 (1980)

[Thu80b] Thurber, W.R., Mattis, R.L., Liu, Y.M., Filliben, J.J.: Resistivity-dopant density relationship for boron-doped silicon. J. Electrochem. Soc. **127**, 2291–2294 (1980)

[Vec76] Van Vechten, J.A., Thurmond, C.D.: Entropy of ionization and temperature variation of ionization levels of defects in semiconductors. Phys. Rev. B **14**, 3539–3550 (1976)

[WuP82] Wu, R.H., Peaker, A.R.: Capture cross sections of the gold and acceptor states in n-type Czochralski silicon. Solid-St. Electron. **25**, 643–649 (1982)

附录 D 封装技术中重要材料的热参数

材　　料	热导率/ $[W/(mm \cdot K)]$	热容/ $[J/(mm^3 \cdot K)]$	热膨胀系数/ $(10^{-6}/K)$	来　　源
半导体				
Si	0.13	1.65×10^{-3}	2.6	[IOF01]
GaAs	0.055	1.86×10^{-3}	5.73	[IOF01]
SiC	0.37		4.3	[IOF01]
GaN	0.13	2.33×10^{-3}	5.6	[Qua08, Yam11]
绝缘体				
SiO_2	0.0014	1.4×10^{-3}	0.55	[Sze81]
Al_2O_3	0.024	3.02×10^{-3}	6.8	Hoechst
AlN	0.17	2.44×10^{-3}	4.7	Hoechst
Si_3N_4	0.07	2.10×10^{-3}	2.7	Toshiba
BeO	0.251	2.98×10^{-3}	9	Brush-Wellman
环氧树脂	0.003		—	DENKA-TH1
聚酰亚胺	3.85×10^{-4}		—	Kapton CR
金属				
Al	0.237	2.43×10^{-3}	23.5	
Cu	0.394	3.45×10^{-3}	17.5	
Mo	0.138	2.55×10^{-3}	5.1	
化合物				
AlSiC	0.2	2.21×10^{-3}	7.5	
焊球				
Sn	0.063	1.65×10^{-3}	23	Demetron
SnAg(3.5)	0.083	1.67×10^{-3}	27.9	Demetron
SnPb(37)	0.07		24.3	Doduco 1/89
互联层				
Ag 烧结层	0.25	2.1×10^{-3}	18.9	[Thb06]
热脂				
Wacker P 12	8.1×10^{-4}	2.24×10^{-3}	—	Wacker

附录 E 封装技术中重要材料的电参数

材料	25℃时电阻率/ ($\mu\Omega \cdot cm$)	相对介电常数	临界电场强度/ (kV/cm)	来源
半导体				
Si	*	11.7	150~300	
GaAs	*	12.9	400	
SiC	*	9.66	3000	
GaN	*	9.5	3000	[Qua08]
绝缘体				
SiO_2	$10^{20} \sim 10^{22}$	3.9	4000~10000	[Sze81]
Al_2O_3	10^{18}	9.8	150	Hoechst
AlN	10^{20}	9.0	200	Hoechst
Si_3N_4	10^{19}	8	150	Kyocera
BeO	10^{21}	6.7	100	Brush-Wellman
环氧树脂		7.1	600	DENKA-TH1
聚酰亚胺		3.9	2910	Kapton CR
金属				
Al	2.67	—	—	
Cu	1.69	—	—	
Mo	5.7	—	—	
化合物				
AlSiC	≈ 40	—	—	
焊球				
Sn	16.1	—	—	Demetron
SnAg(3.5)	13.3	—	—	Demetron
SnPb(37)	13.5	—	—	Doduco 1/89
互联层				
Ag 烧结层	1.6	—	—	
热脂				
Wacker P 12	5×10^{15}			Wacker

注:表中 * 表示掺杂关系未定义。

附录 D 和 E 的参考文献

[IOF01]   Ioffe.: Physical Technical Institute, St. Petersburg, Russia (2001). http://www.ioffe.rssi.ru/SVA/NSM/Semicond/

[Thb06]   Thoben, M., Hong, H., Hille, F.: Hoch-zeitaufgelöste Zth-Messungen an IGBT-Modulen. Kolloquium Halbleiter-Leistungsbauelemente, Freiburg (2006)

[Qua08]   Quay, R.: Gallium nitride electronics, Springer, Berlin, Heidelberg (2008)

[Sze81]   Sze, S.M.: Physics of semiconductor devices. Wiley, New York (1981)

[Yam11]   Yam, F.K., Low, L.L., Oh, S.A., Hassan, Z.: Gallium nitride: an overview of structural defects. In: Predeep, P. (eds.) Optoelectronics - Materials and Techniques, (2011). doi: 10.5772/19878